能量转换材料与技术

王　强　李国建　苑　铁等　编著

科　学　出　版　社

北　京

内 容 简 介

要解决传统能源面临的短缺问题，一是寻找储量丰富、可再生的清洁能源，二是提高传统能源的能量转换效率。能量转换材料的研发与应用技术的发展是提高能量转换效率的关键。本书共 8 章，包括绪论、光电光热能量转换材料与技术、热电能量转换材料与技术、压电能量转换材料与技术、电致发光能量转换材料与技术、化学能-电能能量转换材料与技术、磁能-机械能能量转换材料与技术、其他能量转换材料与技术。

本书可以作为能源科学技术、材料科学、物理学、化学工程等相关领域的科研人员和工程技术人员的参考书，以及高等学校和研究院所能源科学技术等相关专业本科生及研究生的教材或教学参考书。

图书在版编目（CIP）数据

能量转换材料与技术 / 王强等编著. —北京：科学出版社，2018.10

ISBN 978-7-03-057823-5

Ⅰ. ①能… Ⅱ. ①王… Ⅲ. ①能量转换-功能材料-研究 Ⅳ. ①TB34

中国版本图书馆 CIP 数据核字（2018）第 129256 号

责任编辑：张淑晓　付林林 / 责任校对：杜子昂　樊雅琼
责任印制：赵　博 / 封面设计：东方人华

科学出版社 出版
北京东黄城根北街 16 号
邮政编码：100717
http://www.sciencep.com

北京市金木堂数码科技有限公司印刷

科学出版社发行　各地新华书店经销

*

2018 年 10 月第 一 版　开本：720×1000　1/16
2025 年 1 月第五次印刷　印张：28 1/4
字数：570 000

定价：158.00 元

（如有印装质量问题，我社负责调换）

前　言

能源是国民经济发展的重要物质基础，近年来，煤矿、石油、天然气等矿物资源被大量开采和过度使用，造成传统能源逐渐消耗殆尽，全球普遍出现了严重的能源短缺及环境污染问题，威胁着人类的生存与可持续发展。要解决传统能源面临的问题，一方面是找到储量丰富、可再生的清洁新能源，另一方面是提高传统能源的能量转换效率。因此，1981 年联合国提出了以新技术和新材料为基础，开发可再生能源取代化石能源的计划，以应对当前的能源危机。开发清洁安全的新能源并实现能量间的高效转化成为推动新能源产业前进的技术关键。

近些年，太阳能、水能、风能、核能等新能源技术的发展较快、日益成熟，水电、风电、核电、光伏产业的发展可作为应对能源危机的重要手段。但目前新能源技术的利用率较低、成本较高，这使其在未来相当长时间内占能源消费总量的比例仍会远小于传统化石能源。目前，发达国家的能源利用率（约 40%）比中国等发展中国家高约 10%，但是仍然存在普遍较低的问题。如何提高能源的利用率，实现能量间的高效转化，对新能源产业的发展具有重要的战略意义，潜力巨大。

能量转换材料的研究与应用技术的发展是实现能量高效转化的关键环节。实际上，不同的物理性质可以并存于同一材料中，并且不同性质间可以相互转化。利用材料的这一特性制作不同器件，对能量进行有效转化，有利于提高能源的利用率。目前，研究较为广泛的能量转换材料包括光电光热能量转换材料，应用于太阳能电池、太阳能集热器、太阳能热发电等；热电能量转换材料，应用于热电发电机、温差制冷机等；压电能量转换材料，应用于机电换能及压电谐振方面，如变压器、频率器件等；电致发光能量转换材料，是仪器仪表照明、平面显示器件制造的重要原料；化学能-电能能量转换材料，用作电极；还有应用于磁能-机械能能量转换的磁致伸缩材料等。能量转换材料的种类繁杂，在军事、民生的多个产业中有重要应用，产生了巨大的利益与效益，为人类生活带来众多便利，提高了人们的生活质量。

我国 2009 年出台的《新能源产业振兴和发展规划》指出了中国新能源发展的战略，预计到 2020 年，中国在新能源领域的总投资将超过 3 万亿元。尽管投资总额大，但我国在新能源领域缺少具有自主知识产权的核心技术，产业体系的持续发展堪忧。因此，为增强自主创新能力，我国陆续在高校开设新能源相关专业，提供职业教育机会，加大人才的培养力度。能量转换材料与技术是新能源产业自主创新的重要方向，广泛开展该领域人才的培养迫在眉睫。然而，由于该学科在国内发展时间较短，目前尚无本科生、研究生适用的有关能量转换材料与技术的完整、系统性书籍，因此我们编写本书用于教学和科研。本书可供材料类、能源类相关学科或工程技术人员学习和参考。

本书共8章。第1章介绍了能源、能量、能量转换原理及能量转换材料与技术的种类。第2章介绍了光电、光热能量转换材料与应用技术。第3章介绍了热电能量转换材料基本理论、材料制备及其应用技术。第4章介绍了压电原理，压电材料的分类、制备及其应用技术。第5章介绍了电致发光的原理，电致发光材料的分类、制备及其应用技术。第6章介绍了化学能-电能能量转化材料的转换原理、制备方法及其应用技术。第7章介绍了磁能-机械能能量转换材料的制备方法及应用技术。第8章介绍了其他能量转换材料与技术，如光能-化学能能量转换材料与技术、磁能-热能能量转换材料与技术及相变能-热能能量转换材料与技术。

本书由东北大学王强教授、李国建副教授主笔，负责全书的统稿和整体修改工作。具体撰写分工为：第1章，王强；第2章，李国建；第3章，苑轶；第4章，王凯；第5章，董书琳；第6章，袁双；第7章，刘铁；第8章，王强。东北大学材料科学与工程学院高杨、肖玉宝、刘诗莹、孙金妹、李显亮、苗玲等及冶金学院贾宝海、段晓、陈曦等研究生在本书数据搜集、资料整理等方面做了大量工作，借此机会一并表示感谢。此外，本书参考了相关领域的诸多研究成果，由于篇幅有限，未能一一列举所有引用工作的文献，在此对相关作者表示感谢。

由于编者水平有限，且本书涉及内容广泛，书中难免有不足之处，恳请读者批评指正！

王　强　李国建

2018年3月于沈阳

目　录

第1章 绪　论

1.1 能　源

1.1.1 能源的定义

能源是指能够直接或经过转换而获取某种能量的自然资源，包括煤、石油、天然气、太阳能、风能、水能、地热能、核能等。为了便于运输和使用，上述自然资源经过加工可以得到一些更符合使用要求的能量，如煤气、电力、焦炭、蒸汽、沼气、氢能等。另外，能源既可以是能够提供某种形式能量的物质，如煤、石油、天然气等；也可以是在运动中能够提供能量的物质，如风能、水能等。由此可见，能源物质中储存着各种形式的能量，并通过能量转换提供给人类使用。

1.1.2 能源的分类

可被人类利用的能源多种多样，通常有以下六种分类方法：按能量来源分类、按被利用的程度分类、按获得的方法分类、按能否再生分类、按能源本身的性质分类和按对环境的污染情况分类[1, 2]。

（1）按能量来源可分为三类：一是来自地球本身蕴藏的能源，如核能、地热能等；二是来自地球外天体的能源，如宇宙射线、太阳能及由太阳辐射引起的水能、风能、波浪能、海洋温差能、生物质能、光合作用、化石燃料等；三是来自地球和其他星体的相互作用，如潮汐能。

（2）按被利用的程度可以分为常规能源（或传统能源）和新能源（或非常规能源、替代能源）。其中，常规能源开发时间长、技术成熟、能大量生产并广泛使用，如煤炭、石油、天然气、薪柴燃料、水能等。而新能源开发利用较少或正在研究开发之中，如太阳能、地热能、潮汐能、生物质能等。

（3）按获得的方法可以分为一次能源和二次能源。一次能源是可供直接利用的能源，是自然界中以天然形式存在并没有经过加工或转换的能量资源。一次能源包括可再生的水力资源和不可再生的煤炭、石油、天然气资源。其中，水、石油和天然气三种能源是一次能源的核心，也是全球能源的基础。除此以外，太阳能、风能、地热能、海洋能、生物质能及核能等可再生能源也在一次能源的范围内。二次能源是指由一次能源直接或间接加工转换而成的能源，使用方便、易利用，是高品质的能源，如电力、煤气、汽油、柴油、焦炭、洁净煤、激光和沼气等。

（4）按能否再生可以分为可再生能源和不可再生能源。可再生能源不会随其本身的转化或人类的利用而减少，如水能、风能、潮汐能、太阳能等。而不可再生能源会随人类的利用而减少，如石油、煤、天然气、核燃料等。

（5）按能源本身的性质可以分为含能体能源（载体能源）和过程性能源。含能体能源本身是可提供能量的物质，可以直接存储，如石油、煤、天然气、地热、氢等；而过程性能源是由可提供能量的物质运动而产生的能源，无法直接存储，如风能、水能、海流、潮汐、波浪、火山爆发、雷电、电磁能和一般热能等。

（6）按对环境的污染情况可以分为对环境无污染或污染很小的清洁能源（如太阳能、水能、海洋能、生物质能、核能等）和对环境污染较大的非清洁能源（如煤、石油、天然气等化石燃料）。

1.1.3 能源的评价方法

能源多种多样，各有优缺点，为了正确选择和使用能源，必须对各种能源进行正确的评价。一般可以从以下几个方面对能源进行评价：①储量；②能量密度，是指在一定的质量、空间或面积内，从某种能源中所能得到的能量；③储能的可能性与供能的连续性，也就是能源是否可以存储，是否可以立即使用，是否可以连续不断使用；④能源的地理分布；⑤开发费用和利用能源的设备费用；⑥运输费用与损耗；⑦能源的可再生性；⑧能源的品位；⑨对环境的影响。

1.1.4 能源的发展现状

能源与环境问题是人类在21世纪面临的最大挑战，能源发展的第一个问题是能源结构问题。图1.1是2015年世界主要发达国家与中国的一次能源消费结构对比图，在发达国家中，美国能源消费的构成为：煤炭17.4%、原油37.3%、天然气31.3%、水力发电2.5%、核能8.3%、可再生能源3.2%。而中国能源消费的构成为：煤炭63.7%、原油18.6%、天然气5.9%、水力发电8.5%、核能1.3%、可再生能源2.0%。其中，中国煤炭消费量的比例明显偏高，天然气与核能比例明显偏低，与世界平均水平相差甚远。这种以煤炭为主的能源结构并不合理，不仅受制于煤炭资源和开采安全问题，而且不利于环境保护。据预测，中国的能源结构将在接下来的二十年内发生重大变化。其中，对煤炭的需求份额将在2035年降至45%以下，取而代之的可再生能源和核能等份额将在2035年升至25%[3]。

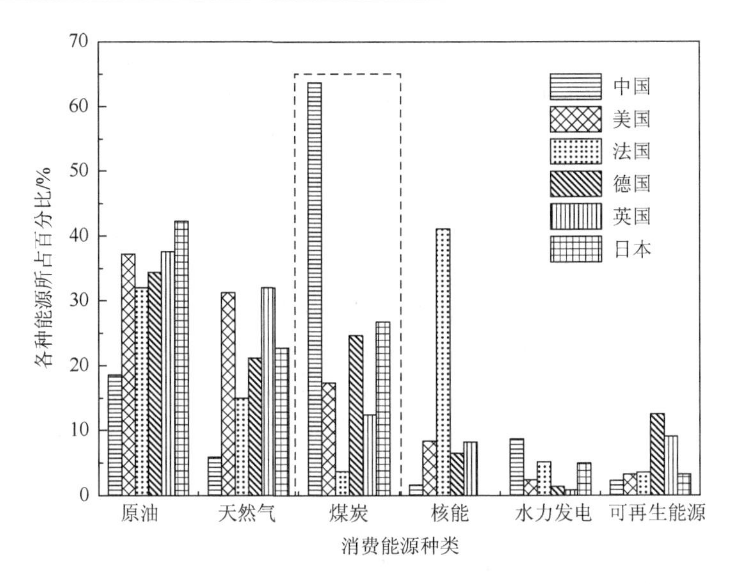

图 1.1　2015 年世界主要发达国家与中国的一次能源消费结构对比图

能源发展的第二个问题是能源效率问题，它是指终端用户使用能源得到的有效能源量与消耗的能源量之比。提高能源效率是缓解能源危机的途径之一。从能源效率上来看，中国能源从开采、加工与转换，到储运及终端利用的能源系统总效率很低，不到 10%，只有欧洲地区的一半。通常能源效率是指后三个环节的效率，中国的能源效率约为 30%，比世界先进水平低约 10%。

能源发展的第三个问题是能源环境的污染问题，其中大气污染和水体污染会直接危害生态环境和人体健康。从环境容量看，二氧化硫为 1620 万 t，氮氧化物为 1880 万 t，到 2020 年，如不采取措施，两者的排放量将分别达到 4000 万 t 和 3500 万 t。中国二氧化碳的排放量已居世界第 1 位，减排二氧化碳的任务十分艰巨。为了应对全球的能源危机及环境危机，目前，我国国家发展和改革委员会、国家能源局在 2016 年 12 月发布的《能源发展“十三五”规划》中提出，“十三五”时期是中国能源低碳转型的关键期。能源结构调整将进入油气替代煤炭、非化石能源替代化石能源的双重更替期，推动能源转型大势所趋、刻不容缓。

能源发展的另一个问题是能源安全问题，它是指能源可靠的供应保障。中国能源自给率为 94%，比经济合作与发展组织（OECD）国家平均水平高 20%。中国能源消费对外依存度仅 6%，中国人均一次能源消费量为 1.08 吨油当量，为世界平均水平的 66%，是美国人均水平的 13.4%，日本人均水平的 26.7%。中国原油进口占世界贸易量的 6.31%，而美国占 26.9%，日本占 11.3%。从 2009 年开始，中国已成为世界第一大能源生产国，在进口部分品种能源的同时，还向世界出口能源。2016 年中国原煤产量 34.1 亿 t，比上年下降 9.0%，而煤炭进口快速增长，全年进口 2.6 亿 t，同比增长 25.2%。原油产量 19 969 万 t，比上年下降 6.9%，进口原油 38 101 万 t，增长 13.6%。全年天然气产量 1369 亿 m^3，比上年增长 1.7%，而天然气进口量 5403 万 t，增长 22.0%。全年发电量 61 425 亿 kW·h，电力生产结构优化明显，非化石能源发电比例进一步提升，水电、风电、太阳能发电装机容量占世界第一[4]。目前中国已经形成了以煤炭为主体、电力为中心，石油、天然气和可再生能源全面发展的能源供应格局。

图 1.2 是 2016 年世界主要经济体一次能源消费量占世界总量的比例。2016 年中国一次能源消费量为 30.53 亿吨油当量，同比增长 5.6%，占世界的比例为 23.00%。而美国的消费总量为 22.73 亿吨油当量，同比下降 0.1%，占世界的比例为 17.12%。中美两国一次能源消费总量相差约 34%，中国仍是世界上连续 15 年一次能源消费增量最多的国家。世界著名的石油石化集团公司英国石油公司于 2014 年发布预测报告[5]，认为到 2035 年中国将成为世界上最大的能源进口国，依存度将从 15%上升至 20%。主要原因为中国的能源生产将上升 61%，而消费将增加 71%，对所有化石燃料的需求将扩大，石油、天然气和煤炭将占需求增长的 70%。此外，预测中国到 2025 年将超过俄罗斯成为世界第二大天然气消费国，到 2027 年将超过美国成为世界上最大的石油消费国。由此可见，大量的能源需求和资源储备急速下降成为中国能源行业最大的威胁和挑战。

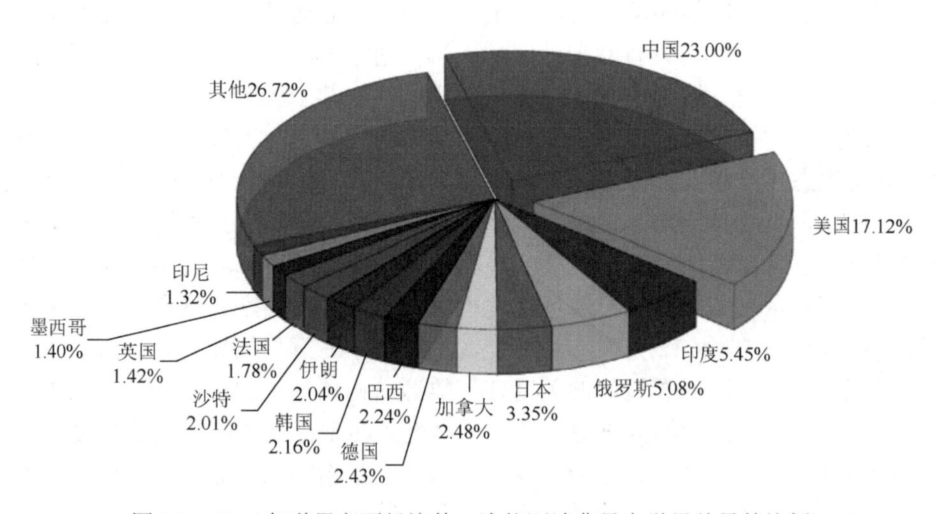

图 1.2　2016 年世界主要经济体一次能源消费量占世界总量的比例

随着 20 世纪 70 年代石油危机的爆发，美国等西方发达国家开始尝试改变他们的能源消费方式，并寻求新的能源代替对原油的依赖，触发了新能源材料的研究。而日益加重的能源、环境压力，低的能量转换效率也推动了能量转换材料与技术的不断发展。目前，能量转化及存储材料的研究与开发已经成为科学界的热门领域，各国政府也不断加大对该领域研究的投入。如何利用清洁能源（太阳能、风能、海洋能及水能等）产生能量，并能实现各种能量（热能、光能、电能及磁能等）之间的转化是当前科学家亟须解决的问题。而能量转换材料的开发为解决以上问题提供了有效途径，如已经获得广泛应用的太阳能电池，利用洁净的太阳光能，通过半导体材料中的光电效应产生电势，从而将光能转换为电能，使用过程中既不需要消耗燃料也不释放任何有害气体，是一种绿色无污染的可再生能源。除此之外，热电材料、压电材料、电致发光材料、化学能-电能转换材料、磁能-机械能转换材料等能量转换材料与技术的开发及应用也将对解决能源与环境危机起到关键作用，并对提高人类生活质量，促进科技文明进步具有重要意义。

1.2　能　量

1.2.1　能量的定义

宇宙间一切运动着的物体，都有能量的存在和转化。人类一切活动都与能量及其使用紧密相关。所谓能量，也就是产生某种效果或变化的能力。反过来说，产生某种效果或变化时，必然伴随能量的消耗和转换。因此，物质与能量是构成客观世界的基础。

常用的能量单位有：焦耳（J）、千瓦时（kW·h）、卡（cal）、大卡（kcal）等。功率的单位为瓦（W）。1 焦耳相当于 1 牛顿的力将物体移动 1 米的距离所需要的能量；1 卡是指 1 毫升的水由 15 摄氏度升高至 16 摄氏度（升高 1 摄氏度）时所需要的热量。在工程应用上，还会见到其他一些单位，如标准煤当量、标准油当量、百万吨煤当量、百万吨油当量等。表 1.1 为常用的能源单位换算表。

表 1.1　常用的能源单位换算表

单位	TJ（太焦）	Gcal（吉卡）	Mtoe（百万吨油当量）	MBtu（百万英热单位）	GW·h（吉瓦时）
1TJ	1	238.8	2.388×10^{-5}	947.8	0.2778
1Gcal	4.1868×10^{-3}	1	10^{-7}	3.968	1.163×10^{-3}
1Mtoe	4.1868×10^{4}	10^{7}	1	3.968×10^{7}	11 630
1MBtu	1.0551×10^{-3}	0.252	2.52×10^{-8}	1	2.931×10^{-4}
1GW·h	3.6	860	8.6×10^{-5}	3412	1

1.2.2　能量的存在形式

人类使用的能量存在各种不同的形式，目前人类所认识的能量形式主要有六类：机械能、热能、电能、辐射能、化学能和核能。

1）机械能

机械能是与物体宏观机械运动或空间状态相关的能量，前者称为动能，后者称为势能。其中，动能为系统或物体由于机械运动而具有的做功能力。如果质量为 m 的物体的运动速度为 v，则该物体的动能 E_k 可以用式（1.1）计算：

$$E_k = \frac{1}{2}mv^2 \tag{1.1}$$

式中，E_k——动能，J；

m——质量，kg；

v——速度，m/s。

势能是储存于一个系统内的能量，也可以释放或者转化为其他形式的能量。势能是状态量，又称为位能。势能不是属于单独物体所具有的，而是相互作用的物体所共有的。势能按性质不同可分为：重力势能 E_p，是受重力作用的物体因其位置高度不同而具有的做功能力；弹性势能 E_τ，是物体由于弹性变形而具有的做功能力；表面势能 E_s，是不同类物质或同类物质不同相的分界面上，由于表面张力的存在而具有的做功能力。其中，重力势能 E_p 可以用式（1.2）计算：

$$E_p = mgH \tag{1.2}$$

式中，E_p——重力势能，J；

g——重力加速度，m/s^2；

H——物体距离参考平面的高度，m。

弹性势能 E_τ 的计算公式为

$$E_\tau = \frac{1}{2}kx^2 \tag{1.3}$$

式中，k——弹性系数，N/m；

x——变形量，m。

表面势能 E_s 的计算公式为

$$E_s = \sigma A \tag{1.4}$$

式中，σ——表面张力系数，N/m；

A——相界面面积，m^2。

2）热能

热能是能量的一种基本形式，所有其他形式的能量都可以完全转换为热能，而且绝大多数的一次能源都是首先经过热能形式被利用，因此，热能在能量利用中具有重要意义。构成物质的微观分子运动的动能表现为热能。它的宏观表现是温度的高低，反映了分子运动的剧烈程度。地球上最大的热能资源为地热能。通常热能 E_q 可表述成如下的形式：

$$E_q = \int T dS \tag{1.5}$$

式中，T——热力学温度，K；

S——熵，J/(mol·K)。

3）电能

电能是和电子流动与积累有关的一种能量，通常由电池中的化学能转换而来，或是通过发电机由机械能转换得到；反之，电能也可以通过电动机转换为机械能，从而显示出电做功的本领。在自然界中，还有雷电等电能。电能 E_e 的计算公式为

$$E_e = UI \tag{1.6}$$

式中，U——电位差，V；

I——电流，A。

4）辐射能

辐射能是物体以电磁波形式发射的能量，如太阳能。太阳是最大的辐射源。物体会由于各种原因发出辐射能，从能量利用的角度而言，因热的原因所发出的辐射能（又称热辐射能）是最有意义的。例如，地球表面所接受的太阳能就是最重要的辐射能。物体的辐射能 E_r 可由式（1.7）计算：

$$E_r = \varepsilon c_0 \left(\frac{T}{100}\right)^4 \tag{1.7}$$

式中，ε——物体的发射率；

c_0——黑体的辐射系数，5.669W/(m^2·K^4)。

5）化学能

化学能是物质结构能的一种，即原子核外进行化学变化时放出的能量。它是一种很隐蔽的能量，不能直接用来做功，只有在发生化学变化时才释放出来，变成热能或者其他形式的能量。化学能的来源是在化学反应中由于原子最外层电子运动状态的改变和原子能级发生变化的结果。典型的化学能释放：煤燃烧、薪柴燃烧、蜡烛燃烧等。利用最普遍的化学能是燃烧碳和氢，而碳和氢正是煤、石油、天然气、薪柴等燃料中最主要的可燃元素。

化学能的度量主要分为高位和低位发热量，其中，高位发热量是指单位质量

或体积的燃料完全燃烧，且燃烧产物中的水蒸气全部凝结成水时所释放的热量，常用 HHV（high heat value）表示，单位有 kJ/kg、kJ/m^3；低位发热量是指单位质量或体积的燃料完全燃烧，燃烧产物中的水蒸气仍以气态存在时所释放出的热量，常用 LHV（low heat value）表示。水的汽化潜热公式为 $Q_{H_2O} = HHV - LHV$ 。国内一般采用 LHV 来进行燃料的热量计算，因为锅炉等设备在燃烧过程中，燃料中原有的水分和氢燃烧生成的水均呈蒸汽状态随烟气排出，故 LHV 较接近实际可利用的燃料发热量。

6）核能

核能是蕴藏在原子核内部的物质结构能。可定义为由于原子核内部发生变化而释放出的能量，或核反应或核跃迁时释放的能量。轻质量的原子核（氘、氚等）和重质量的原子核（铀等）核子之间的结合力比中等质量原子核的结合力小，这两类原子核在一定的条件下可以通过核聚变和核裂变转变为在自然界更稳定的中等质量原子核，同时释放出巨大的结合能。核能获得方式有三种：①核裂变，打开原子核的结合力；②核聚变，原子的粒子熔合在一起；③核衰变，自然的慢得多的裂变形式。

1.2.3　能量与能源的关系

能量是对一切宏观微观物质运动的描述，对应于不同形式的运动，能量分为机械能、电能、化学能、核能、热能等。能源，即能量资源，是指可产生各种能量（如电能、热能、机械能、光能、声能等）或可做功的物质的统称。目前，在可被利用的能源中，水能、潮汐能主要是通过水位差表现出重力势能；煤、石油、天然气和燃料电池是通过燃烧将化学能转变为电能；铀等核裂变燃料和氘等核聚变材料是通过原子核发生变化，表现为核能；地热、高温岩体可以产生热能；风力、波浪可以提供动能；而太阳通过热辐射方式提供太阳能，可进行光热转换和光电转换。由此可见，能源可以通过不同形式提供能量，从而被人类利用。

1.2.4　能量的性质

能量具有六个性质：①状态性，即与物质所处的状态有关，状态不同，所具有的能量不同；②可加性，即一个系统所具有的总能量为输入该体系的多种能量之和，$E = E_1 + E_2 + \cdots + E_n$；③传递性，即可从一地传到另一地，从一物传到另一物；④转换性，即能量间可进行转换；⑤做功性，即能量由一种形式转化为另一种形式；⑥贬值性，即不可逆过程可引起能的质量和品位的降低。在这六个基本性质中，能量的传递与转换是能量转换材料开发与应用的基础。

1.3 能量转换原理

能量在空间上的转移和时间上的转移即为能量的传输和储存。能量在工业生产中涉及的主要形式有：热能、机械能、电能、化学能。主要能量形式之间相互转换的关系如表1.2所示。

表1.2 主要能量形式之间相互转换的关系

输入能	输出能			
	热能	化学能	机械能	电能
热能	传热过程	吸热过程	热力发动机	热电偶
化学能	燃烧过程	化学反应	肌肉	电池
机械能	摩擦	—	机械转动	发电机
电能	电热	电解	电动机	变压器

在实现能量转换时，对转换装置的基本要求为：①转换效率要高，指转换后得到的能量与转换前的能量之比大；②转换速度要快，能流密度要大，设备紧凑、轻便；③具有良好的负荷调节性能；④满足环境上和经济合理性的要求。

表1.3为各种能量的转换形式、来源及其应用，从中可以看出：绝大多数的能量都是通过热能这个环节被利用的，在中国占到90%，世界各国平均也超过85%。而能量转换主要为三个方面的问题：能量转换量的问题、能量转换质的问题和能量转换效率的问题。

表1.3 能量的来源、转换形式及应用

来源	转换形式	转换材料与装置
太阳能	光能→电能 光能→化学能 光能→热能 光能→热能→机械能→电能	太阳能电池、太阳能集热器、太阳能热电发电站、太阳能催化材料
地热能 核能	热能→电能 热能→机械能→电能 核裂变→热能→机械能→电能 核裂变→热能→电能	热电能量转换材料、原子能电站、热力发电装置、热电子发电装置
水能、风能、潮汐、波浪	机械能→电能	压电能量转换材料、机电换能器、压电振荡器、水力发电装置、风力发电装置

续表

来源	转换形式	转换材料与装置
煤、石油等化石燃料 氢、乙醇等二次燃料	化学能→电能 化学能→热能 化学能→热能→机械能 化学能→热能→机械能→电能 化学能→热能→电能	电池、储能材料、燃料电池、热力发动机、热力发电装置、各种燃烧装置
电磁场	电磁能→机械能	磁致伸缩材料、磁致制冷材料、换能器
火力、风力、水力等二次能源	电能→光能	电致发光材料、发光二极管、发光器件

1.3.1　基本原理

能量转换的基本原理主要有三个：热力学第一定律、热力学第二定律和卡诺循环[6]。

（1）热力学第一定律揭示的是能量“量”的问题，是能量守恒与转换定律在热现象中的应用，用于判断所有满足能量守恒与转换定律的过程是否都能自发进行。自然界一切物质都具有能量，能量既不能被创造，也不能被消灭，只能从一种形式转换为另一种形式，从一个物体传递到另一个物体；在能量转换与传递过程中，能量总量恒定不变。对于封闭系统：$Q = \Delta E + W$，即输入能量 = 储存能量的变化 + 输出能量。$E = U + E_k + E_p$，其中，U 为分子动能（移动、转动和振动）和分子位能（相互作用）之和；E_k 为宏观的动能；E_p 为宏观的势能。而机械能为宏观动能和势能之和。

自发过程不需要任何外界作用而自动进行，具有方向性。典型的自发过程有：热传递过程，即热量从高温物体传入低温物体的过程；风的产生，即高压气体向低压气体的扩散过程；溶质扩散，即溶质自高浓度向低浓度的扩散过程。反过来，自发过程的逆过程必须消耗功，例如，电冰箱通过电功将热从低温物体传送到高温物体；真空泵通过电功将气体从低压处抽到高压处；蒸发浓缩过程必须给溶液提供热，使得溶剂蒸发。当借助外力，系统恢复原状后，会给环境带来影响。

（2）热力学第一定律指出了能量“量”的守恒问题，但并未指出能量“质”的高低及能量变化过程中的方向问题。而热力学第二定律指明了能量转换过程的方向、条件及限度，其实质就是能量贬值原理。针对各类具体问题，热力学第二定律可由各种形式表述，有两种最基本的表达形式：一是克劳修斯从热量传递的角度指出“不可能把热量从低温物体传到高温物体而不引起其他变化”。说明在自然条件下，热量只能从高温物体向低温物体转移，而不能由低温物体自动向高温物体转移。即在自然条件下，这个转变过程是不可逆的。要使热传递方向倒转过来，只有靠消耗功来实现。二是开尔文也从热功转换的角度指出“不可能从单一热源吸取热量使之完全转变成功而不产生其他影响”。说明热机不可能将从热源吸收的热量全部转变为有用功，而必须将某一部分传给冷源。

热力学第二定律指出了能量转换的方向性。而不同能量的可转换性不同，根据转换性的不同，可将能量分为三类：第一类是“高级能”，可以完全转换；第二类是“中级能”，具有部分转换能力；第三类是“低级能”，完全没有转换能力。热力学第二定律应用范围极为广泛，诸如热量传递、热功转换、化学反应、燃料燃烧、气体扩散、分离、溶解、结晶等过程和生物化学、生命现象、低温物理、气象等领域。

（3）卡诺循环描述的是一种理想热机循环过程。它描述的是工作温度分别为 T_1 和 T_2 的两个热源之间的正向循环（T_1 为高温热源，T_2 为低温热源），由两个可逆定温过程和两个可逆绝热过程组成，卡诺循环效率为 $\eta_c = 1 - \frac{T_2}{T_1}$。图 1.3 为卡诺循环示意图，$A \to B$ 阶段是等温膨胀，为吸热过程，其吸收热量 $Q_{AB} = T_1(S_2 - S_1)$，其中，S_1 和 S_2 分别是温度为 T_1 和 T_2 系统的熵；$B \to C$ 阶段为绝热膨胀过程，对外做功；$C \to D$ 阶段为等温压缩阶段，为放热过程，释放热量为 $Q_{CD} = T_2(S_2 - S_1)$；$D \to A$ 阶段为绝热压缩过程，对内做功。图中 W 表示所做的功。基于上述原理，能量之间可以实现相互转换，为人类社会的发展提供了非常广阔的应用前景，目前，各种能量转换技术逐步被人们广泛应用。

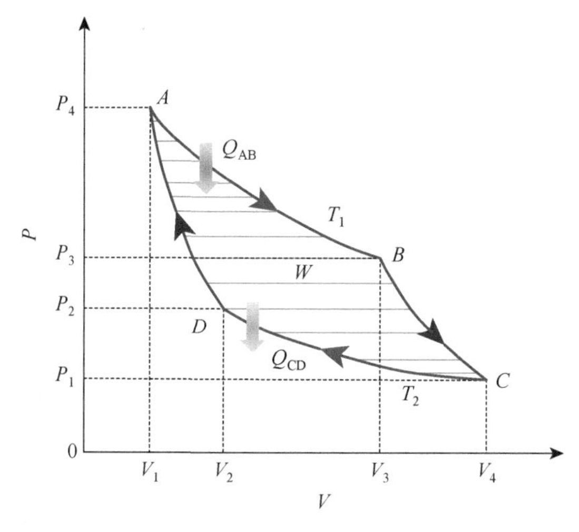

图 1.3 卡诺循环示意图

1.3.2　能量转换与材料

上述各种能源利用和能量转换过程都需要载体。能量转换材料能实现各种能量的转换，是开发新能量、提高能源利用率和转换效率的关键载体材料。而决定能量转换材料性能的最根本的因素是载流子的产生、浓度及迁移行为，原子结构，晶体结构和组织等。载流子的产生与外界激发密切相关，根据外界激发状态，能量转换材料可以分为太阳光激发的光电能量转换材料、热激发的热电能量转换材料、电激发的电致发光能量转换材料、应力激发的压电能量转换材料和化学反应激发的化学能-电能能量转换材料。产生的载流子的浓度及迁移行为与不同元素组成材料的原子结构、晶体结构和组织等微观结构有关，它会受到材料的结晶状态和维度的影响。这样根据结晶状态可以将材料分为有机能量转换材料和无机能量转换材料，而无机能量转换材料又分为晶体（包括单晶和多晶）和非晶。根据维度又可以将能量转换材料分为零维、一维和二维的低维能量转换材料和块体的三维能量转换材料。而磁致机械能、磁致热能等能量转换材料与上述载流子行为相关的能量转换材料不同，它们的性能与晶体结构和组织等密切相关。因此，根据产生载流子的激发方式，开发不同浓度及迁移行为、原子结构、晶体结构和组织等的能量转换材料是实现能源和能量高效利用与转换的关键。

1.4　能量转换材料与技术

1.4.1　功能材料

功能材料一般除了具有机械特性外，还具有其他功能特性，是指通过光、电、磁、热、化学、生化等作用后具有特定功能的材料。随着技术的发展和人类认识的扩展，新型的功能材料不断被开发出来，因此也产生了许多不同的分类方法。

材料的功能显示过程是指向材料输入某种能量，经过能量的传输或转换等过程，再输出提供给外部的一种作用。功能材料按其功能的显示过程可分为一次功能材料和二次功能材料。当向材料输入的能量和从材料输出的能量属于同一种形式时，材料起到能量传输部件的作用。材料的这种功能称为一次功能。以一次功能为使用目的的材料又称为载体材料。当向材料输入的能量和从材料输出的能量属于不同形式时，材料起能量转换部件的作用，材料的这种功能称为二次功能或高次功能，这种材料才是真正的功能材料。

1.4.2 能量转换材料

利用能量转换效应制造具有特殊功能的元器件的材料称能量转化材料。该类材料能实现不同形式的能量转换，在测试技术、传感器技术中有广泛应用。光电光热、热电、压电、电致发光发热、储能等转换现象都是能量在起作用。能量是守恒的，它既不会随便产生，也不会随便消失，它是以辐射、物体运动、处于激发状态的原子、分子内部及分子之间的应变力等多种形式出现的。能量转换的重要意义在于其数值是相等的，也就是说，一种形式的能可以转变成另一种或几种形式的能。例如：

（1）光能与其他形式能量的转换，如光合成反应、光分解反应、光化反应、光致抗蚀、化学发光、感光反应、光致伸缩、光生伏特效应和光电导效应等。

（2）电能与其他形式能量的转换，如电磁效应、电阻发热效应、热电效应、光电效应、场致发光效应、电化学效应和电光效应等。

（3）磁能与其他形式能量的转换，如光磁效应、热磁效应、磁冷冻效应和磁性转变效应等。

（4）机械能与其他形式能量的转换，如形状记忆效应、热弹性效应、机械化学效应、压电效应、电致伸缩、光压效应、声光效应、光弹性效应和磁致伸缩效应等。

由于能量之间可以相互转换，因此迫切地需要一种媒介，来实现能量与能量之间的相互转换，这种媒介就是能量转换材料。依据能量转换的类型，可以把这类材料分为光电光热材料、热电材料、压电材料、电致发光材料、化学能-电能能量转换材料、磁能-机械能能量转换材料等[7]。

1.4.3 能量转换材料与技术的分类

1. 光电光热能量转换材料与技术

太阳能是人类可以利用的储量最丰富的清洁能源，为了实现太阳能的有效利用，需要将太阳能转换成电能、热能等其他形式的能量，目前太阳能的利用主要包括光电转换和光热转换两个方面。

光电转换是基于光电效应实现光能到电能的转换，它是指在高于某特定频率的太阳光照射下，某些物质内部的电子会被光子激发出来而形成电流的现象。光电能量转换材料是指利用光电效应将光能转换成电能的材料，光电能量转换技术的主要应用就是太阳能电池，另外还包括光电管、光敏二极管、光敏电阻等。根据所用材料的不同，可以将光电能量转换材料分为：硅系太阳能电池材料，包括单晶硅太阳能电池材料、多晶硅太阳能电池材料；薄膜太阳能电池材料，包括多晶硅薄膜太阳能电池材料、非晶硅薄膜太阳能电池材料、多元化合物薄膜太阳能电池材料（砷化镓、碲化镉、铜铟硒）；有机物薄膜太阳能电池；染料敏化太阳能电池材料和钙钛矿太阳能电池材料。

光热转换是利用集热装置将太阳辐射能收集起来，再通过与介质的相互作用转换成热能，进行直接的热利用或间接的太阳能光热发电。光热能量转换技术的主要应用就是太阳能集热器、太阳能热泵和太阳能光热发电。实现光热能量转换的材料主要包括：集热材料、导热材料、储热材料，以及涂覆在集热材料上的选择性吸收涂层等。

2. 热电能量转换材料与技术

在由不同导体构成的闭合电路中，若使其两结合部出现温度差，则在此闭合电路中将有电流流过，或产生电势，这种现象称为热电效应或温差电效应，具体有塞贝克（Seebeck）效应、帕尔帖（Peltier）效应和汤姆逊（Thomson）效应。

热电材料是指利用热电效应，将热能转换成电能或者将电能转换成热能的材料。基于塞贝克效应，使用金属热电材料制作的热电偶，可用于测温，使用半导体热电材料制作的热电发电机，可用于热电发电；基于帕尔帖效应，使用半导体热电材料制作的热电制冷器，可用于加热或制冷。

热电材料主要分为以下两类。

（1）金属及合金热电材料。非贵金属热电偶材料有镍铬-镍铝、镍铬-镍硅、铁-康铜和铜-康铜等。贵金属热电偶材料最常用的有铂-铂铑、铱-铱铑等。低温热电偶材料常用铜-康铜、铁-镍铬、铁-康铜和金铁-镍铬等。

（2）半导体热电材料。典型半导体热电材料有 Bi_2Te_3 及其合金、PbTe 及其合金、硅化物、氧化物、方钴矿型化合物等，新兴的热电材料有 SnSe、ZnO、Zn_4Sb_3、有机热电材料等。

热电材料具有的优点：①体积小、质量轻、坚固，且工作中无噪声；②温度控制精度在±0.1℃之内；③不必使用氟利昂（CFC，氯氟碳类物质，被认为会破坏臭氧层），不会造成任何环境污染；④可回收热源并转变成电能（节约能源），使用寿命长，易于控制。因此，热电材料是一种有着广泛应用前景的材料，在环境污染和能源危机日益严重的今天，进行新型热电材料的研究具有很强的现实意义。但利用热电材料制成的装置的转换效率低于 10%，仍远比传统冰箱或发电机低。所以，若能大幅度提升热电材料的转换效率，将对废热的回收利用，如太空应用和半导体晶片冷却等，产生相当重要的影响。

热电材料在器件方面的应用研究较多的是热电发电机（thermoelectric generator，TEG）和热电制冷机，它们在军事、医用、物理等方面都有应用。对于遥远的太空探测器来说，放射性同位素供热的热电发电器是目前唯一的供电系统，它已被成功地应用于美国国家航空航天局发射的“旅行者一号”和“伽利略火星探测器”等宇航器上。自然界温差和工业余热均可用于发电，该热电发电利用自然界存在的非污染能源，具有良好的综合社会效益。

3. 压电能量转换材料与技术

压电材料可实现机械能和电能之间的相互转换，为机-电耦合的纽带，应用于机电换能方面。还可以利用其弹性及固有振动特性，应用于压电谐振方面，如频率器件（滤波器、谐振器）、电声器件、超声换能器、压电加速器、变压器等[8]。

压电效应分为正压电效应和逆压电效应。正压电效应是在极性晶体上施加压力、张力、切向力时，发生与应力成比例的介质极化，同时在晶体两端出现正负电荷。这种机械能转换为电能的现象称为“正压电效应”，如图 1.4（a）所示。逆压电效应是在极性晶体上施加电场，引起极化，将产生与电场强度成比例的变形或机械应力。当外加电场撤去时，这些变形或应力随之消失。这种电能转换为机械能的现象称为“逆压电效应”，如图 1.4（b）所示。

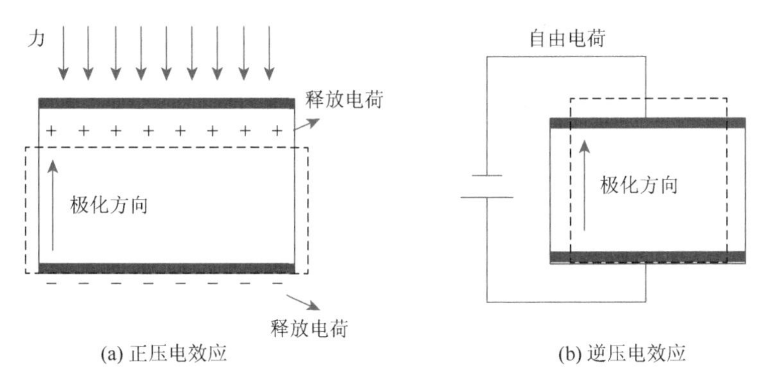

图 1.4　正压电效应和逆压电效应的示意图

压电材料主要分为五类：①压电单晶体，有石英（包括天然石英和人造石英）、铌酸锂（$LiNbO_3$）、水溶性压电晶体（包括酒石酸钾钠、酒石酸乙烯二铵、酒石酸二钾等）；②压电陶瓷，有钛酸钡压电陶瓷、锆钛酸铅系压电陶瓷、铌酸盐系压电陶瓷和铌镁酸铅压电陶瓷等；③压电聚合物，如聚偏氟乙烯（polyvinzoeylidene fluoride，PVDF）；④压电复合材料，如压电陶瓷和聚合物复合的压电材料；⑤压电半导体，如 ZnO、CdS 和 CdSe 等。随着电子工业的发展，对压电材料与器件的要求越来越高，二元系锆钛酸铅（PZT）已经满足不了使用要求，于是研究和开发性能更加优越的三元、四元甚至五元压电材料。

压电材料应具备以下几个主要特性：①转换性能，要求具有较高的压电常数；

②机械性能，机械强度高、刚度大；③电性能，高电阻率和高介电常数；④环境适应性，温度和湿度稳定性要好，要求具有较高的居里温度，获得较宽的工作温度范围；⑤时间稳定性，要求压电性能不随时间变化。

压电陶瓷可制成许多测量和感知动态或准静态的各种力、加速度、冲击和振动等物理量及其变化的传感器，目前已应用于各种检测仪表和控制系统中。例如，利用压电效应产生直线振动质量的线动量代替角动量制成压电陀螺，它具有体积小、质量轻、可靠性高、固体组件不需要维修，而且因无磨损部分而寿命长等优点。利用压电效应感知加速度变化，其原理和结构都很简单，而且精度高、动态范围宽，不仅可以测量飞行物体的加速度，还可以测量各种振动物体，如发动机、汽轮机叶栅等的加速度，它要求压电陶瓷具有高的压电电压常数和压电应变常数、高的机械品质因数、大的横向弹性模量和较高的居里温度，以提高材料性能与温度和时间的稳定性。

在医学上，将压电陶瓷探头放在人体的检查部位，通电后发出超声波，碰到人体组织后产生回波，然后将回波信号接收并显示在荧光屏上，便能了解人体内部状况。此外，压电陶瓷还可以应用在压力计、流量计、计数器、压电秤等仪表仪器中。表 1.4 列举了压电陶瓷目前的主要应用。

表 1.4　压电陶瓷的主要应用

应用领域		举例
电源	压电变压器	雷达、电视显像管、阴极射线管、激光管和电子复制机等高压电源和压电点火装置
信号源	标准信号源	振荡器、压电音叉、压电音片等用作精密仪器中的时间和频率标准信号源
信号转换	电声换能器	拾声器、送话器、受话器、扬声器、蜂鸣器
发射与接收	超声换能器	超声切割、焊接、清洗、搅拌、无损探伤等各种工业用的超声器件
	水声换能器	水下导航定位、通信和探测的声呐、超声探测、鱼群探测和传声器等
信号处理	滤波器	通信广播中所用各种分立滤波器和复合滤波器
	放大器	声表面信号放大器，以及振荡器、混频器、衰减器、隔离器等
	表面波导	表面波传输线
传感与计测	加速计、压力计	工业和航空上测定振动体或飞行器工作状态的加速计、自控开关、流量计等
	角速度计	测量物体角速度及控制飞行器航向的压电陀螺
	红外探测计	监视领空、检测大气污染浓度、非接触式测温，以及热成像、跟踪器等
	位移与制动器	激光稳频补偿元件，显微加工设备及光角度、光程长的控制器
存储	调制	电光和声光调制的光阀、光闸、光变频器和光偏转器，声开关
	存储	光信息存储器、光记忆器
	显示	铁电显示器、声光显示器等
其他	非线性元件	压电继电器等

4. 电致发光能量转换材料与技术

有些物质受到外界电场的作用而发光，即将电能直接转换成光能，这种现象称为电致发光（electroluminescent，EL）。具有这种将电能转换为光能能力的材料称为电致发光材料。

电致发光原理按工作电压可分为低场电致发光和高场电致发光两类。低场电致发光又称为注入式发光，主要是指半导体发光二极管（light emitting diode，LED）。高场电致发光又称为本征式发光，主要包括粉末型和薄膜型两种。低场电致发光的发光过程包括三部分：正向偏压下的载流子注入、复合辐射和光能传输。当电流作用于LED半导体晶片时，空穴和电子被推向量子阱并在其中复合，多余的能量会以光子的形式发出。高场电致发光原理是碰撞离化激发。在碰撞离化过程中处在导带中的电子在电场加速下达到较高的能量状态，并与发光中心碰撞而离化，即形成了激发态。当电子从这些能量较高的激发态再跃迁回到原来能量较低的状态时，就可能产生各种辐射复合发光。

随着环保、节能、低碳的议题持续升温，加上全球能源持续短缺的现状，绿色照明成为现在最热门的议题之一。白炽灯耗能过多，节能灯会产生汞污染，而作为新一代新能源之一的电致发光器件——LED，因其集节能、环保、低碳于一身而受到政府和企业的青睐，广泛应用于照明和显示领域。LED器件具有发光亮度高、功率低、耗电量少、使用寿命长、启动速度快、安全可靠性强、不容易产生视觉疲劳和有利于环保等优点。LED中心发光层材料是电致发光技术的关键。从发光材料角度来看，可将电致发光层材料分为无机电致发光材料和有机电致发光材料。目前常见的LED无机材料体系有四种：①用于小功率黄、黄绿、橙、琥珀色的GaP/GaAsP材料体系；②用于红光高亮度的AlGaAs/GaAs材料体系；③用于高亮度红、橙、黄、黄绿的AlGaInP/GaAs、AlGaInP/GaP材料体系；④用于高亮度的蓝、绿的GaInN/GaN材料体系。而有机电致发光（organic light emitting diode，OLED）材料依据其分子量不同又可分为小分子和高分子两大类，在高分子电致发光材料体系中，芴类电致发光材料和稀土有机物配合物两类材料因其自身优良特性是目前电致发光材料中的研究热点。

电致发光材料的应用是基于电致发光器件，作为电致发光器件的代表，LED的制备主要包括以下几部分：首先，各类发光层材料是制备LED芯片乃至整个器件的核心和关键。选择合适的发光层材料，并结合材料属性和使用条件进行芯片制备。其次，LED芯片只是一块很小的固体，将获得的LED芯片进行封装才能制备成LED器件。最后，在LED器件投入应用之前，还需要综合考虑驱动、散热和光学设计等问题，将其组装到具体设备当中。

电致发光材料与器件的应用已经进入并改变着人们的生活，最新研究的有机发光显示屏具有更好的图像显示效果、丰富的色彩表现力、屏幕超薄及低功耗等优点，给人们带来全新的视觉感受。相信在不久的将来，随着电致发光技术的发展，必将不断提高人们的生活品质。

5. 化学能-电能能量转换材料与技术

化学能-电能能量转换材料主要应用于储能领域，储能就是在能量富余时，利用特殊装置把能量储存起来，并在能量不足时释放出来，从而调节能量供求在时间和强度上的匹配性。可以设置储蓄能量的中间环节，类似稳压器[9]。

按照储存能量的形态，储能方式大致可分为如下四类。

（1）机械储能：以动能形式储存能量，如冲压机床所用的飞轮；以势能形式储能，如机械钟表的发条、压缩空气、水电站的蓄水库、汽锤等。

（2）蓄热：以物质内能方式储存能量的属于蓄热，而以任何方式储存热量也都属于蓄热。一般把物质内能随温度升高而增大的部分称为显热，把相变的热效应称为潜热，把化学反应的热效应称为化学反应热，把溶液浓度变化的热效应称为溶解热或稀释热。

（3）化学储能：不同储能材料通过媒介发生化学反应，将电能、热能等能量存储在化学反应装置中。化学储能装置在电能、热能等能量向化学能转换时存储能量，在化学能向电能、热能等能量转换时释放能量，从而实现能量的存储与转换，如电化学电源（蓄电池）等。

（4）电磁储能：把能量保存在电场、磁场或交变等电磁场内。

储能材料的种类很多，分为无机类、有机类、混合类等，对于它们在实际中的应用有下列要求：①合适的相变温度；②较大的相变潜热；③合适的导热性能（热导率一般宜大）；④在相变过程中不应发生熔析现象，以免导致相变介质化学成分的变化；⑤必须在恒定的温度下熔化及固化，即必须是可逆相变，不发生过冷现象（或过冷很小），性能稳定；⑥无毒、对人体无腐蚀，环境友好；⑦与容器材料相容，即不腐蚀容器；⑧不易燃；⑨较快的结晶速率和晶体生长速率；⑩低蒸气压；⑪体积膨胀率较小；⑫密度较大；⑬原材料容易获取、价格便宜。

考虑不同种类的储能材料，比较它们的能量储存密度和储存温度范围，可知液态氢和汽油的能量储存密度最大，分别达 33 000(W·h)/kg 和 11 600(W·h)/kg，金属铁的能量储存密度最小，只有 6(W·h)/kg，如表 1.5 所示。化学储能大于相变潜热储能，相变潜热储能大于显热储存。化学电源作为储能形式的一种，使用范围最广。它包括锂离子电池、锂硫电池、锂空气电池、铅酸电池、燃料电池等。就化学电源能量转换过程和介质而言，氧化物、硫化物、金属、碳材料等均可使用，但成本、能量转换效率、腐蚀性、毒性、安全性存在很大差异。锂空气电池能量密度可达 5200(W·h)/kg（包括氧气质量），或 11 400(W·h)/kg（不包括氧气质量）；锂硫电池能量密度为2674(W·h)/kg；锂离子电池能量密度为360(W·h)/kg（$LiCoO_2$/C体系）。可见，材料决定电池的能量存储性能。

表1.5 不同储能方式和储能材料的性能比较

储能种类	储能材料	储能密度/[(W·h)/kg]
常规燃料	油	11 000
	煤	8 300
	木材	4 200
显热存储	热水	58
	岩石、水泥	11
	铁矿石	11
	铝	12
	铁	6
相变潜热储存	冰（熔解热）	93
	水（汽化热）	630
	石蜡（熔解热）	47
	水合盐（熔解热）	55
	LiH（熔解热）	1 300
	LiF（熔解热）	290
化学储能	氨	5 150
	液态氢	33 000
	金属氢化物	600～2 500
	乙醇（液）	7 694
	甲醇（液）	1 389
	汽油	11 600

6. 磁能-机械能能量转换材料与技术

磁能-机械能能量转换材料是将磁能转换成机械能的材料。换能器是磁能-机械能转换的主要器件，它是一种能量转换器件，即将一种形式的能量转换成另一种形式的能量传递出去，而自身消耗很少一部分能量。其为节能环保、新一代信息技术、生物技术、高端装备制造、新能源、新材料、军工等产业提供了不可或缺的部件。

磁能-机械能能量转换材料在换能器中具有重要应用，其在外加磁场磁化过程中，自身长度和体积可以发生变化，又称为磁致伸缩材料。早期，研究人员开发了一系列具有这一特性的金属及合金材料，如 Ni 基合金（Ni、Ni-C 合金、Ni-Co-Cr 合金）、铁基合金（Fe-Ni 合金、Fe-Al 合金、Fe-Co-V 合金等）和铁氧体磁致伸缩材料（Ni-Co 和 Ni-Co-Cu 铁氧体材料等）。但这些材料因为磁致伸缩系数较小，在 20～80ppm，没有得到广泛应用。20 世纪 70 年代，Clark 博士发现了具有更大磁致伸缩系数的稀土-铁基合金，其磁致伸缩系数是纯 Ni 的 50 倍，是压电陶瓷的 5～25 倍，因此被称为超磁致伸缩材料，此外，该类材料还具有能量密度高、响应速度快、输出功率大、频带宽和可靠性好等特点。近些年，随着稀土-铁超磁致伸缩材料制造工艺不断完善、性能不断提高、成本不断降低，在军民两用高技术领域显示了广阔的应用前景，是 21 世纪军工与高新技术的重要战略材料。

7. 其他能量转换材料与技术

除了以上介绍的几种能量转换材料外，还有光催化材料、磁致冷材料等。

光催化材料是指能够加速光化学反应的一类催化剂。在光照下，光催化剂能够产生光生电子和光生空穴，从而具有还原和氧化能力，使催化剂上的物质发生氧化还原反应，实现光能向化学能的转换。常用的光催化半导体材料有 TiO_2（锐钛矿相）、Fe_2O_3、CdS、ZnS、PbS、$ZnFe_2O_4$ 等。以 TiO_2 为载体的光催化技术已成功应用于废水处理、空气净化、自清洁表面及抗菌等多个领域。近些年，全球面临能源危机和环境污染的严峻挑战，而光催化技术成本低、对环境友好等特点使其在环保、卫生保健、自洁净等方面展现了广阔的应用前景。

磁致冷材料是用于磁致冷系统的具有磁热效应的物质。磁致冷的基本原理为借助磁致冷材料的磁热效应，即磁致冷材料等温磁化时向外界放出热量，达到制冷的目的。这是以磁性材料为介质的一种全新的制冷技术。与传统气体压缩制冷相比，它具有制冷效率高、能耗小、运动部件少、噪声小、体积小、工作频率低、可靠性高及无环境污染等优点。根据应用温度，磁致冷材料可以分为三个温区使用：①极低温度温区（20K 以下），这个温区多为顺磁材料，以 $Gd_2Ga_5O_{12}$（GGG）和 $Dy_3Al_5O_{12}$（DAG）为主；②低温温区（20～77K），是液化氢、液化氮的重要温区，以 RAl_2（R 为稀土元素）为代表；③高温温区（77K 以上），特别是室温，研究最广泛的是稀土磁致冷材料，包括 Gd 及其化合物、La 基化合物和其他一些重稀土元素及其化合物。磁致冷技术被誉为绿色制冷技术，有望成为未来制冷技术的主导。

除了上述需要通过材料实现能量转换的情况外，还有不需要能量转换材料作为载体的能量转换技术，如风能、海洋能、地热能等。风能由太阳辐射引起，实质是太阳能的一种转化形式，属于清洁、可再生能源。风能存储量巨大，理论上若仅 1%的风能被开发利用，就能满足全世界的能源需求。风能的利用主要是将大气运动时所具有的动能转换为其他形式的能量，主要应用包括风力发电、风帆助航、风车提水等。海洋能是指海水自身所具有的动能、势能和热能，其主要的存在形式有潮汐能、潮流能、波浪能、海流能、盐差能和温差能。海洋能通常是清洁、可再生的，其主要应用是进行发电，但由于海洋环境恶劣，相比于光伏发电、风力发电等系统，海洋能的发展相对滞后。地热能是从地壳中抽取的天然热能，是一种可再生的能源。地热能的开发利用主要分为两个方面：地热发电和地热直接利用。地热发电就是把地下的热能转换为机械能再转换为电能的过程。而对地热的直接利用更为广泛，包括地热采暖、地热农业及养殖业、地源热泵及地热旅游等方面。

参考文献

[1] 苏亚欣. 新能源与可再生能源概论. 北京：化学工业出版社，2006

[2] 黄素逸. 能源科学导论. 北京：中国电力出版社，2012

[3] 黄晓勇，崔民选. 世界能源发展报告（2017）. 北京：社会科学文献出版社，2017

[4] 中国报告大厅. 2017—2022 年中国新能源行业发展前景分析及发展策略研究报告. 2007

[5] 中国石油官网. 至 2035 年世界主要国家和地区的能源消费预测. http: //www.cnpc.com.cn/syzs/ypysc/201611/3efe33ccf29a436688 48a2c315dc9559.shtml（2016-10-28）

[6] 黄素逸. 能源与节能技术. 北京：中国电力出版社，2008

[7] 周馨我. 功能材料学. 北京：北京理工大学出版社，2002

[8] 徐政，倪宏伟. 现代功能陶瓷. 北京：国防工业出版社，1998

[9] 樊栓狮，梁德青，杨向阳. 储能材料与技术. 北京：化学工业出版社，2004

第 2 章　光电光热能量转换材料与技术

2.1　引　　言

当今社会，煤矿、石油等矿物资源不断被开采，造成传统能源消耗殆尽，要解决传统能源面临的问题，需要找到储量丰富、可替代的新能源。太阳能具有无污染、可再生、储量大等优点，释放能量的总功率约为 3.8×10^{23}kW，而风能、海洋能、生物质能等其他可再生能源都是间接来自太阳能。因此，以太阳能为主的可再生能源的研究、开发和利用日益受到重视，2004 年欧盟联合研究中心（JRC）根据各种能源技术的发展潜力及其资源量，对未来 100 年的能源需求总量和结构变化做出预测：可再生能源的比例将不断上升，2020 年、2030 年、2040 年、2050 年和 2100 年将分别达到 20%、30%、50%、62%和 86%，如图 2.1 所示。其中，太阳能在未来能源结构中的比例越来越大。

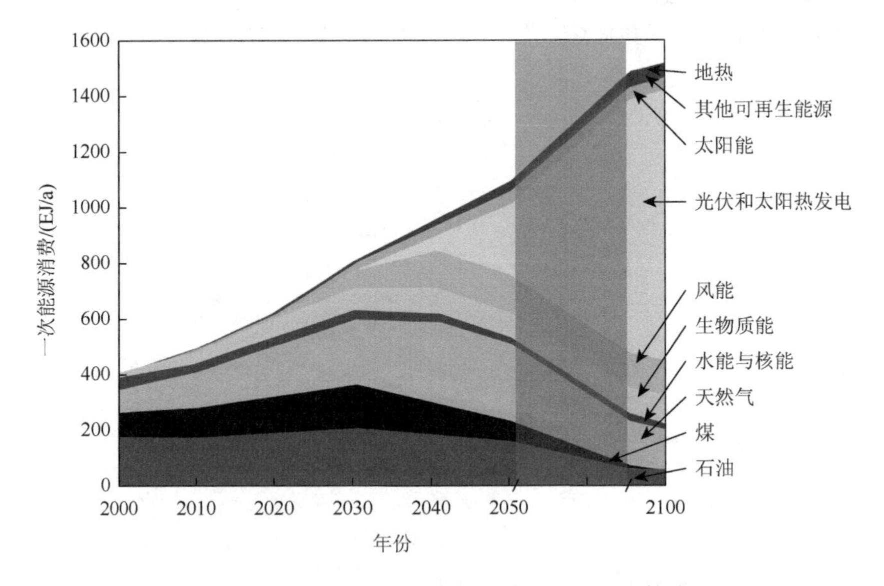

图 2.1　2000～2100 年全球各种能源的发展趋势

引自《国家能源科技“十二五”规划（2011—2015）》。1EJ = 10^{18}J

与其他常规能源相比较，太阳能具有自己的优缺点。太阳能的优点主要体现在以下六方面：①太阳能取之不尽，用之不竭。每年辐射到地球表面的太阳能能量相当于 1.3×10^{16} 亿吨标准煤，是地球年耗费能量的几万倍。太阳的热核反应可进行 6×10^{10} 年。只要在全球 4%的沙漠上安装太阳能光伏系统，所发电力就可以满足全球的需要。②太阳能随处可得，可就近供电，不必长距离输送。③太阳能不用燃料，运行成本很低。④太阳能电池没有运动部件、不易损坏、维护简单，特别适合无人值守情况下使用。⑤太阳能电池不产生任何废弃物，没有污染、噪声等公害，对环境无不良影响，是理想的清洁能源。⑥太阳能电池系统建设周期短、方便灵活，而且可以根据负荷的增减，任意添加或减少太阳能电池方阵容量，避免浪费。但是，太阳能的利用过程也存在一定的缺点，主要体现在以下三方面：①地面应用时有间歇性和随机性，到达某一地面的太阳辐照度既是间断的，又是不稳定的，这给太阳能的大规模应用增加了难度。②能量密度较低，标准条件下，地面上接收到的太阳辐射强度为 $1000W/m^2$。正午时太阳辐射的强度最大，垂直于太阳光方向 $1m^2$ 面积上接收到的太阳能有 1000W 左右；而在冬季，太阳辐射强度只有 500W 左右，阴天一般只有晴天正午时的 1/5 左右，若按全年日夜平均，则只有 200W 左右[1]。③初始投资高，为常规发电装置的 3～10 倍。

太阳能是可利用的最丰富的清洁能源，为了有效地利用太阳能，需要把它转换成其他形式的能量。目前，太阳能利用的主要途径是太阳能的光电转换和光热转换。太阳能光电和光热能量转换材料和技术的发展，提高了太阳能电池、太阳能集热器、太阳能光热发电的转换效率和稳定性，从而提高了可再生能源利用率，缓解了传统能源所面临的压力。

光电转换是利用光电效应，将太阳辐射能直接转换成电能，主要应用在太阳能电池领域。太阳能电池是利用太阳能直接发电的半导体器件，只要满足一定光照条件，瞬间就可以输出电压及在有回路的情况下产生电流。1839 年人类发现了光生伏特效应，随后美国研制成功单晶硅太阳能电池，奠定了太阳能电池的基本结构和机理。1954 年美国贝尔实验室制成了世界上第一个实用的太阳能电池（效率为 4%），并于 1958 年应用到美国的“先锋 1 号”人造卫星上。太阳能电池逐渐由航天等特殊用电场合进入到地面应用中。一个 4kW 的屋顶家用光伏系统可以满足普通家庭的用电需要，每年少排放 CO_2 的量相当于一辆轿车的年排放量。由于材料、结构、工艺等方面的不断改进，现在太阳能电池的价格不到 20 世纪 70 年代的 1%。预期 20 年内太阳能电池能源在美国、日本和欧洲的发电成本将可与火力发电竞争。目前，太阳能电池的年均增长率为 35%，是能源技术领域发展最快的行业。太阳能电池发展经历了三个主要阶段：第一阶段是晶体硅太阳能电池，包括单晶硅和多晶硅电池；第二阶段是薄膜太阳能电池，包括硅基薄膜太阳能电池、铜铟硒化合物薄膜太阳能电池和碲化镉薄膜太阳能电池；第三阶段是高效太阳能电池，能够提高太阳能电池的转换效率，如染料敏化太阳能电池、钙钛矿型太阳能电池等。根据所用材料，太阳能电池可以按图 2.2 所示进行分类。

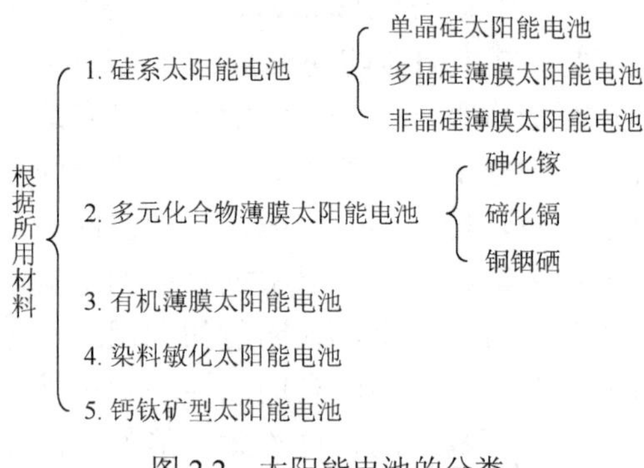

图 2.2　太阳能电池的分类

光热转换是太阳能的热利用，它是用集热装置将太阳辐射能收集起来，通过与介质的相互作用转换成热能，进行直接或间接的利用。1891 年，世界上第一台真正意义的太阳能热水器在美国发明问世，根据设计原理命名为闷晒型太阳能热水器。闷晒型太阳能热水器是把储热水箱和集热板合为一体，热水箱朝光面刷上无光黑板漆。闷晒型太阳能热水器设计布局结构简单，成本低廉，对工艺要求较低。同时缺点很明显，保温性能差，热水必须在当天傍晚及时用完，这在很大程度上制约了太阳能热水器的应用与发展，目前基本退出历史舞台。直到 1987 年，平板型集热器的设计制造才有了重大突破，全玻璃真空集热管和热管式真空管型集热器工业建立，使得太阳能热水器的制造水平达到一个新的高度，平板型集热器和真空管型集热器开始进行规模化应用。自 20 世纪 80 年代中期开始研制热管式集热器，利用热管内少量工质的气-液相变循环过程可连续地将吸收的太阳能传递到冷凝端加热水。热泵式太阳能集热器是采用热泵技术间接利用太阳能热量的集热器。热泵式太阳能集热器吸收经阳光照射过的空气而收集热量，不需要庞大的太阳能集热，由空气代替太阳能集热板，减小了使用空间。2009 年，太阳能初创公司 eSolar 获得了 1.3 亿美元的投资，用于生产和部署预制“可扩展”太阳能热力发电站。美国加州政府能源局处于审批公示阶段的热发电装机容量目前已达 24GW，占地面积超过 12.14 万 hm^2。到 2030 年加利福尼亚州太阳能发电容量中热发电与光伏发电的比例将为 4∶1。

太阳能的热利用主要集中在太阳能集热器及太阳能热发电领域，根据使用温度，热利用可分为低温利用（200℃以下）、中温利用（200～800℃）和高温利用（800℃以上），如图 2.3 所示，分别对应不同的应用领域。光热能量转换材料是一种能吸收某种光（尤其是近红外光），通过等离子体共振或者能量跃迁进而产生热量。太阳能的热利用，主要分为热收集和热发电两个方面。热收集是通过一定装置收集太阳能，用以加热物体。集热装置称为集热器，将太阳能转换为热能并储存，此过程需要对集热材料、导热材料、储热材料及选择性吸收涂层进行优化，从而提高集热装置的光热转换效率。根据集热器的效率及集热器与环境温度之差，太阳能集热器已广泛应用于生活用水加热、游泳池加热、工业用水加热、建筑物采暖与空调等诸多领域，如图 2.4 所示。太阳能光热发电是指利用大规模阵列抛物或碟形镜面收集太阳热能，通过换热装置提供高温气体，结合传统汽轮发电机的工艺，达到发电的目的。

综上所述，太阳能发电技术主要有两大类：太阳能光伏发电技术和太阳能光热发电技术。另外，太阳能在太阳能传感器、光敏电阻等领域也有广泛的应用。因此，本章内容重点讨论光电和光热能量转换原理、转换材料与应用技术。

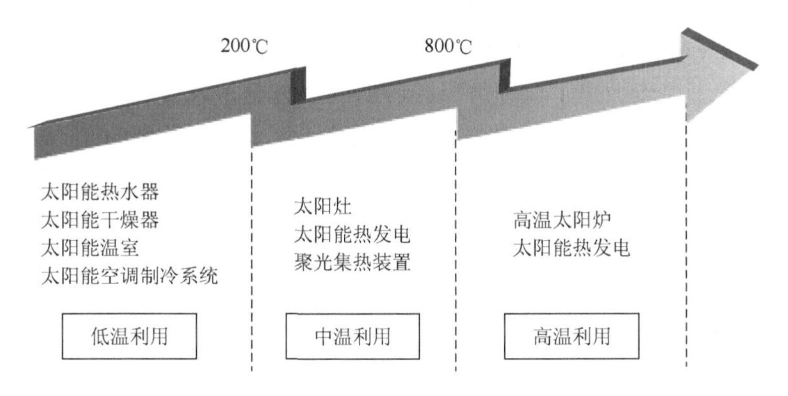

图 2.3 不同温度下太阳能的热利用领域

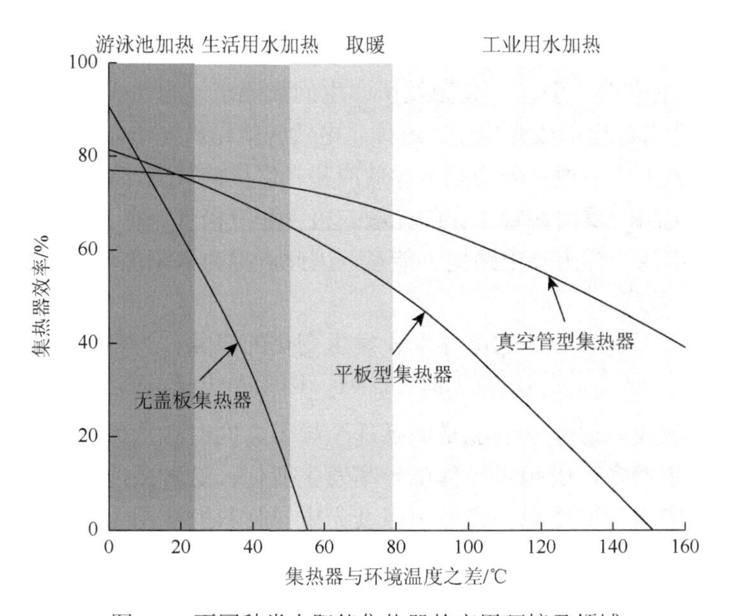

图 2.4 不同种类太阳能集热器的应用环境及领域

2.2 光电能量转换材料与技术

2.2.1 光电能量转换原理及特征参数

光电能量转换的基本原理就是光电效应，它是指在高于某特定频率的电磁波照射下，某些物质内部的电子会被光子激发出来而形成电流。1887 年，德国物理学家赫兹在研究两个电极之间的放电现象时，用紫外线照射电极，发现放电强度增大，这说明金属中的电子可以接收照射光的能量逸出金属表面。1905 年，爱因斯坦提出了光量子即光子概念，他认为光在空间会像粒子那样运动，而且每个光子的能量为 $E=h\nu$ 。他将能量转化及守恒定律和光子能量为 $h\nu$ 的假设相结合，对光电效应从量子观点做出了合理解释。1916 年，密立根通过设计严谨的实验，研究了接触电位差，消除了各种误差来源，完全证实了爱因斯坦的光电方程。要发生光电效应，光的频率必须超过金属的特征频率。除了光电效应，在其他现象里，光子束也会影响电子的运动，包括光电导效应、光伏效应、光电化学效应等。根据电荷运动行为的不同，光电效应分为内光电效应和外光电效应，内光电效应又分为光电导效应和光生伏特效应。

1. 内光电效应

光照射在半导体材料上，光子能量大于材料的带隙 E_g 时，材料中处于价带的电子吸收光子的能量，通过禁带跃迁至导带，使导带内电子浓度和价带内空穴增多，产生光生电子-空穴对。但是，光激发所产生的载流子（自由电子或空穴）仅在物质内部运动，并未逸出形成光电子，这种光电效应就是内光电效应，如图 2.5 所示。内光电效应按照工作原理可分为光电导效应和光生伏特效应。基于光电导效应的光电器件有光敏电阻及反向偏置工作的光敏二极管和三极管。基于光生伏特效应的材料由于可以像电池一样为外电路提供能量，因此，称为太阳能电池。

1）光电导效应

由于光照而引起半导体的电导率 σ 发生变化的现象称为光电导效应。当入射光子能量 $h\nu$ 大于或等于半导体的带隙 E_g 时，即当 $h\nu \geqslant E_g$ 时，如图 2.6 所示，价带中的电子会吸收入射光子的能量而跃迁至导带，同时在价带中留下空穴，使半导体内部载流子增多，引起半导体电导率发生变化，这种效应称为光电导效应。光电导效应的应用主要体现在光敏电阻及光电导材料的应用上。光电导材料是一种灵敏、快速的光电器件材料，由于其接受光信号灵敏、转换电信号速度快，广泛地应用于国民经济、军事、科学技术等各个部门和社会生活的方方面面，特别是现代高新技术中。

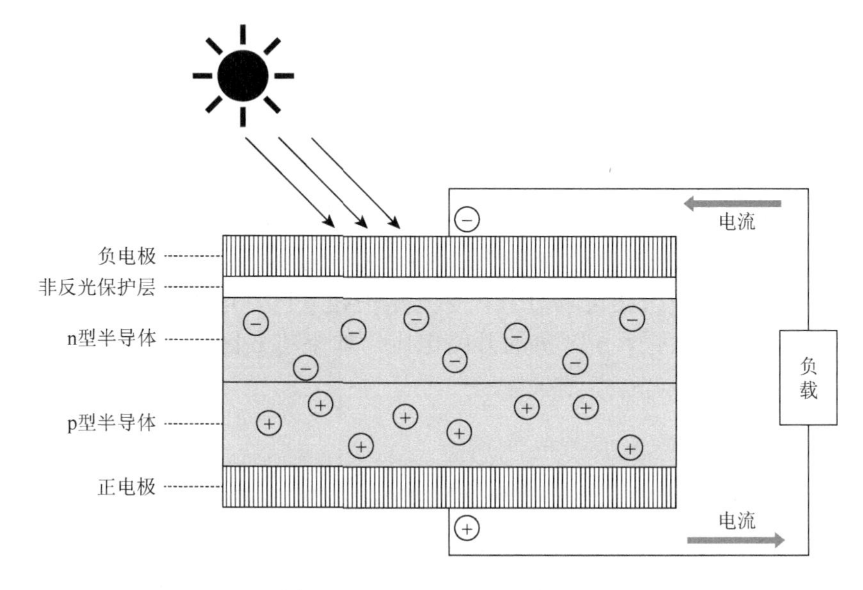

图 2.5　内光电效应的工作原理

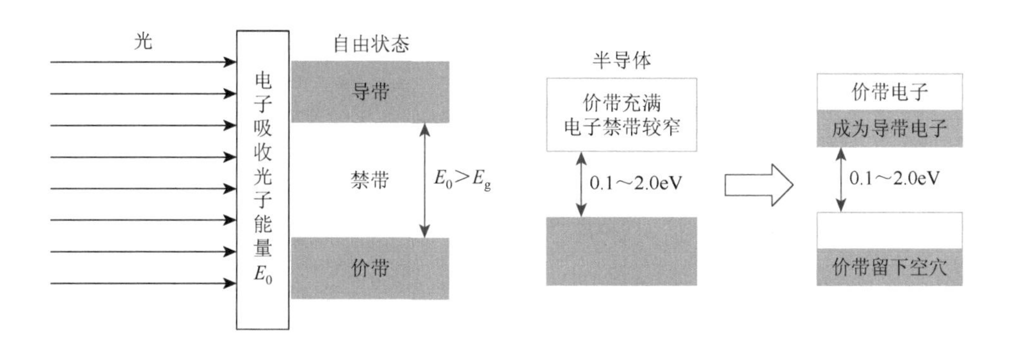

图 2.6　半导体光电导效应的跃迁示意图

2）光生伏特效应

光生伏特效应是指半导体吸收光能，在 p-n 结区产生电动势的效应。太阳光照在半导体 p-n 结上，形成新的电子-空穴对，在 p-n 结电场的作用下，空穴由 n 区流向 p 区，电子由 p 区流向 n 区，接通电路后就形成电流。

p 型半导体和 n 型半导体接触形成 p-n 结，又称为空间电荷区、势垒区等，半导体材料吸收光能后，在 p-n 结上产生电动势的过程如图 2.7 所示，空间电荷在 p-n 结区形成了一个从 n 区指向 p 区的电场，称为内建电场。p-n 结开路时，在热平衡条件下，由浓度梯度产生的扩散电流与由内电场作用产生的漂移电流相互抵消，总电流为零，没有净电流通过 p-n 结。当太阳光照射到半导体时，入射光子与价电子相互作用，把电子从价带激发到导带，在价带中产生空穴，形成电子-空穴对，称为非平衡载流子。在太阳光的照射下，非平衡载流子在半导体表面薄层内会大量产生，光照射越强，过剩载流子数目越多，在半导体材料的表面和体内形成浓度梯度，引起扩散电流，如图 2.8 所示。在 p 区，光生电子向体内扩散，如果 p 区厚度小于电子扩散长度，那么大部分光生电子将能穿过 p 区到达 p-n 结。一旦进入 p-n 结，将在内建电场作用下运动到 n 区；同样，在 n 区，光生空穴向体内扩散到 p-n 结，也会在内建电场作用下运动到 p 区。电子-空穴对被内建电场分开，空穴集中在 p 区，电子集中在 n 区，半导体两端就会产生 p 区正、n 区负的开路电压，如果将 p 区和 n 区短接，就会有反向电流流过 p-n 结。

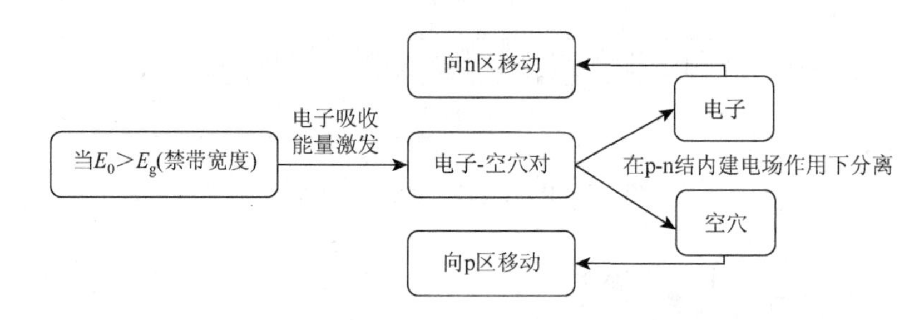

图 2.7　电子吸收能量激发 p-n 结上产生电动势的过程

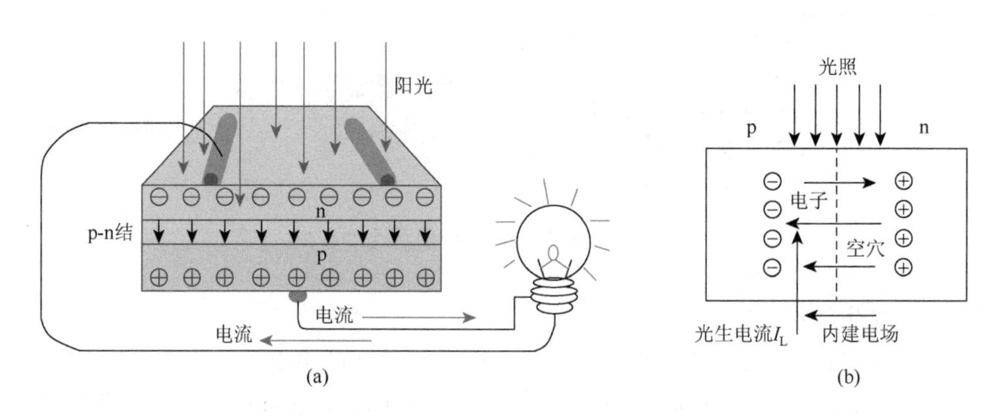

图 2.8　半导体光生伏特效应的工作原理

p-n 结的光生伏特效应分为不加偏压的 p-n 结和处于反偏的 p-n 结。对于不加偏压的 p-n 结，当光照射在 p-n 结时，如果电子能量大于半导体带隙（$E_0 > E_g$），可激发出电子-空穴对，在 p-n 结内建电场作用下空穴移向 p 区，而电子移向 n 区，使 p 区和 n 区之间产生电压，这个电压就是光生电动势，如图 2.9 所示。这主要应用在光敏二极管等领域。

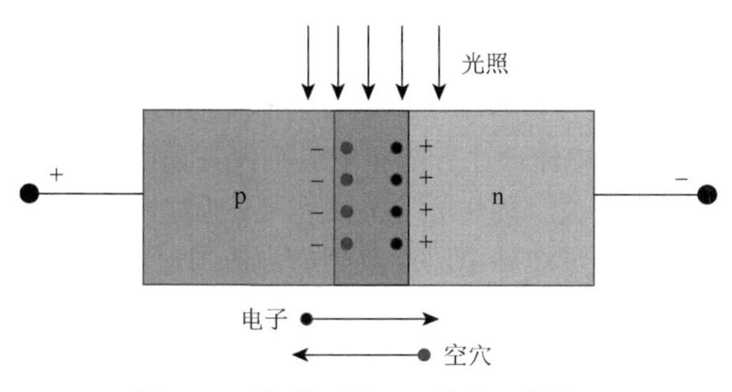

图 2.9　不加偏压的 p-n 结的工作原理

图 2.10 为处于反偏的 p-n 结的工作原理图，无光照时，反向电阻很大，反向电流很小；有光照时，光子能量足够大，产生光生电子-空穴对，在 p-n 结内建电场作用下，形成光电流；电流方向与反向电流一致，光照越大光电流越大。这主要应用在太阳能电池等领域。

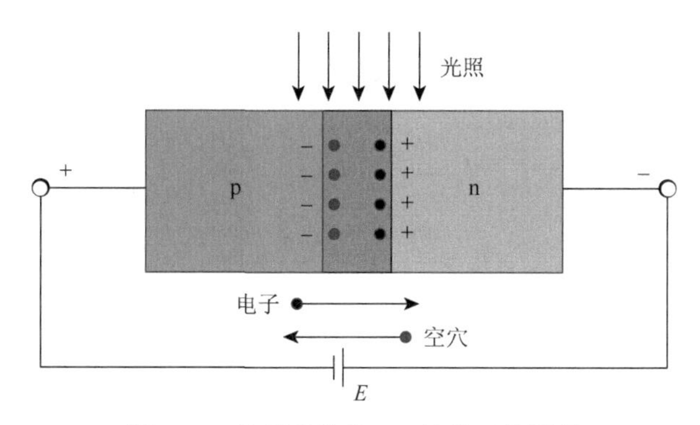

图 2.10　处于反偏的 p-n 结的工作原理

2. 外光电效应

金属或半导体受光照射，如果光子能量足够大，可以使电子从材料表面逸出，此现象称为光电子发射效应。光电子发射效应属于光电效应中的外光电效应。波长较长的光使金属导带中的“自由”电子逸出金属表面，发射出来的电子称为光电子，可以发射光电子的物体称为光电发射体，光电子形成的电流即为光发射电流。外光电效应分为两类，第一类是波长较长的光（如可见光、紫外线）照射金属，使其导带中的“自由”电子逸出金属表面；第二类是波长较短的光（如 X 射线）照射金属，使其原子内层的束缚电子逸出金属表面。

光的波长须小于某一临界值（相当于光的频率高于某一临界值）时方能发射电子，对应的临界值为极限频率和极限波长，临界值的大小取决于金属材料的物理特性。光是由与波长有关的严格规定的能量单位（即光子或光量子）所组成，因此，发射电子的能量取决于光的波长而非光的强度。光不仅在发射和吸收时以

能量为 $h\nu$ 的微粒形式出现，而且在空间传播时也是如此。当入射光频率 ν 小于极限频率 ν_c 时，无论光强多大也无电子逸出金属表面。当入射光频率高于极限频率时，即使光强很弱也有光电流产生。饱和电流不仅与光强有关，而且与频率有关，光电子初动能也与频率有关。外生光电效应主要应用在光电管等领域，器件受光照且能量大于临界值，即可在外电路观察到有电流通过的现象。

3. 太阳能电池的特征参数

评价太阳能电池的特征参数主要包括 p-n 结的开路电压、短路电流、填充因子及电池的光电转换效率。同时，温度系数也是评估太阳能电池片的关键，在规定的实验条件下，被测太阳能电池温度每变化 1℃，太阳能电池短路电流的变化值，通常用 α 表示，对于一般晶体硅电池 $\alpha = +0.1\%/℃$；太阳能电池开路电压的变化值，通常用 β 表示，一般晶体硅电池 $\beta = -0.38\%/℃$。理想 p-n 结太阳能电池的 I-V 特性为

正向电流：
$$I_f = I_0 \exp\left(\frac{qV}{kT}\right) - I_0 \tag{2.1}$$

输出电流：
$$I = I_L - I_f = I_L - \left[I_0 \exp\left(\frac{qV}{kT}\right) - I_0\right] \tag{2.2}$$

电流电压方程：
$$V = \frac{kT}{q}\ln\left(\frac{I_L - I}{I_0} + 1\right) \tag{2.3}$$

上述理想 p-n 结模型在不考虑载流子的产生和复合作用下，注入的少数载流子浓度应远小于平衡载流子浓度，并在 p 区和 n 区做纯扩散运动。在一定光照和环境温度为 300K 的条件下，p-n 结太阳能电池的 I-V 曲线如图 2.11 所示。

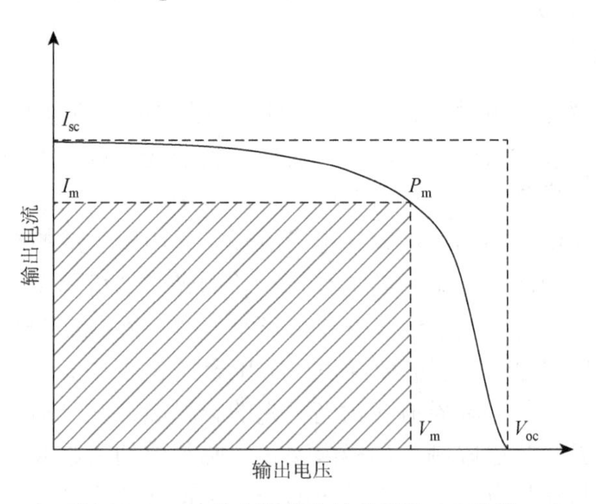

图 2.11　p-n 结太阳能电池的简化 I-V 曲线

输出功率：

$$P = IV = I_L V - I_0 V\left[\exp\left(\frac{qV}{kT}\right) - 1\right] \tag{2.4}$$

式中，I_0——反向饱和电流，A；

V——光生电压，V；

I_L——光生电流，A；

T——温度，K；

q——电子电量，C。

1）开路电压 V_{oc}

在某特定的温度和辐射度下，太阳能电池在开路（$R \to \infty$）状态下，此时 $I = 0$，开路电压与光强和温度有关。即

$$V_{oc} = \frac{kT}{q}\ln\left(\frac{I_L}{I_0} + 1\right) \tag{2.5}$$

2）短路电流 I_{sc}

在某特定温度和辐射度条件下，太阳能电池在短路（$V = 0$）状态下，此时 $I_f = 0$，输出电流与电池面积、光强和温度有关。即

$$I_{sc} = I_L \tag{2.6}$$

3）填充因子 F

在太阳能电池的伏安特性曲线上任一工作点的输出功率等于该点所对应的矩形面积。其中，只有一个点输出最大功率，即 $P_m = I_m V_m$，称为最佳工作点，该点的电压和电流分别称为最佳工作电压 V_m 和最佳工作电流 I_m。太阳能电池的最大功率与开路电压和短路电流乘积之比为填充因子，即

$$F = I_m V_m / I_{sc} V_{oc} \tag{2.7}$$

填充因子是表征太阳能电池性能优劣的一个重要参数。它表示了最大输出功率点所对应的矩形面积在 V_{oc} 和 I_{sc} 所组成的矩形面积中所占的百分比，如图 2.11 所示。特性好的太阳能电池就是能获得较大功率输出的太阳能电池，也就是 V_{oc}、I_{sc} 和 F 乘积较大的电池。对于有合适效率的电池，该值应在 0.70～0.85。

4）转换效率 η

转换效率指光照太阳能电池的最大功率与入射到该太阳能电池上的全部辐射功率的百分比，即

$$\eta = V_m I_m / A_t P_{in} \tag{2.8}$$

式中，A_t——太阳能电池的总面积，m^2；

P_{in}——单位面积太阳入射光的功率，mW/cm^2。

在室温 300K 和大气质量 AM1（通常以 AM1 表示垂直于太阳入射方向，单位面积上得到的太阳光谱）时，若入射功率 $P_m = 100mW/cm^2$，此时太阳能的转换效率 $\eta = FV_{oc}I_{sc}$。

2.2.2 光电材料分类及制备

本书中的光电材料是指光生电材料，是根据光生伏特原理将太阳能直接转换成电能的一种材料，可以按不同分类方法进行分类，按组成可以将光电材料分为：有机光电材料，是由有机物构成的半导体光电材料，主要包括酞菁及其衍生物、卟啉及其衍生物、聚苯胺、噬菌调理素等；无机光电材料，是由无机物构成的半导体光电材料，主要包括 Si、TiO_2、GaN、ZnS 等；有机-无机光电配合物，是由中心金属离子和有机配体形成的光电功能配合物，主要有 2, 2-联吡啶合钌类配合物等。按不同颗粒尺度可以将光电材料分为：纳米光电材料，是指颗粒尺度介于 1～100nm 的光电材料；块体光电材料，是指颗粒尺度大于 100nm 的光电材料。按不同维度可以将光电材料分为块体光电材料和薄膜光电材料。根据所用材料可以将光电材料分为单晶硅太阳能电池、多晶硅太阳能电池、非晶硅薄膜太阳能电池、多晶硅薄膜太阳能电池、多元化合物薄膜太阳能电池（砷化镓、碲化镉、铜铟硒）、有机物薄膜太阳能电池、染料敏化太阳能电池和钙钛矿型太阳能电池。近年来，太阳能电池材料随着时间的推移取得了长足的进步，如图 2.12 所示，其中，多结太阳能电池转换效率最高。

1. 硅系太阳能电池

在太阳能电池材料市场上，目前硅系太阳能电池占 80%以上的份额[2]。这主要是因为硅材料能满足太阳能电池材料的要求：①半导体材料的带隙不能太宽；②要有较高的光电转换效率；③材料本身对环境不造成污染；④材料便于工业化生产且材料性能稳定。其中，硅系太阳能电池材料主要包括单晶硅和多晶硅太阳能电池。

1）单晶硅太阳能电池

硅太阳能电池中以单晶硅太阳能电池的转换效率最高，其转换效率为 16%～20%，也是最早实现商业化的一种太阳能电池，技术也最为成熟。因此，在大规模应用和工业生产中，单晶硅太阳能电池占据主导地位，图 2.13 为商用单晶硅太阳能电池板。但是，单晶硅材料存在明显的缺点：①带隙较窄，$E_g = 1.12eV$，太

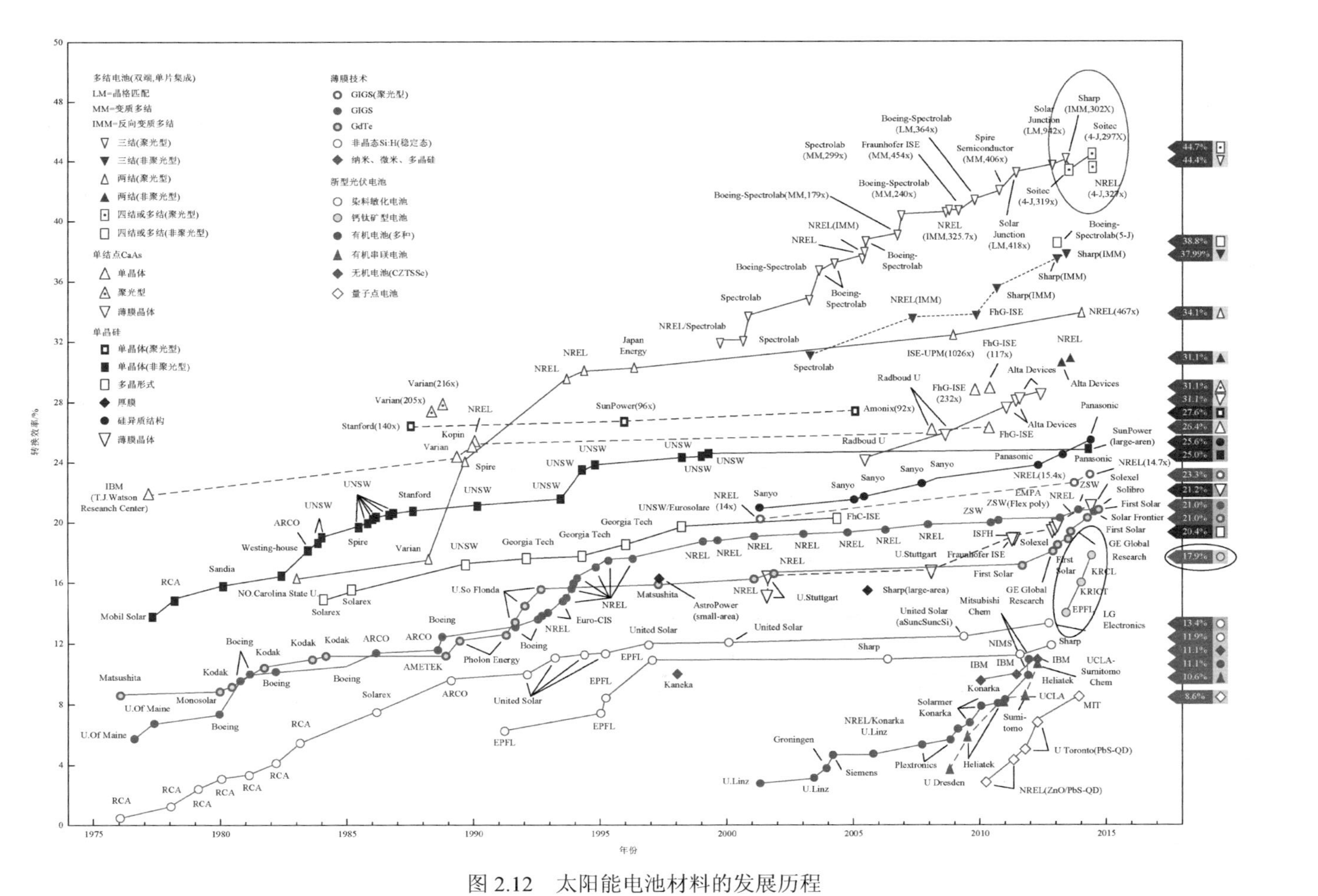

图 2.12　太阳能电池材料的发展历程

来源：https: //www.nrel.gov/ncpv/images/efficiency_chart.jpg

阳能电池的理论光电转换效率相对较低。②间接带隙材料，在可见光范围内，硅的光吸收系数远低于其他太阳能光电材料，如同样吸收 95%的太阳光，GaAs 太阳能电池只要 5～10μm，而硅太阳能电池则需要 150μm 以上的厚度[3]。③成本高，单晶硅材料价格高而且制备工艺相当烦琐。需要消耗大量的高纯硅材料，而制造这些材料工艺复杂、电耗很大，在太阳能电池生产总成本中已超 1/2，相对成本较高。④硅太阳能电池的尺寸较小，若组成光伏系统，需要数十个相同的硅太阳能电池串并联起来，造成系统成本较高。

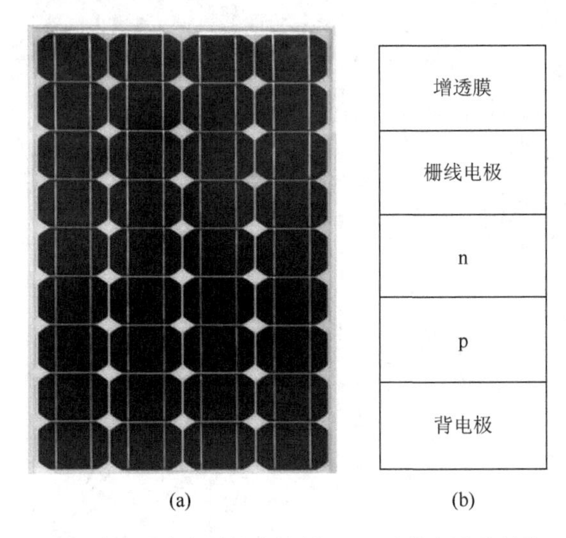

图 2.13　商用单晶硅太阳能电池板（a）及其电池片结构（b）

（1）单晶硅制备工艺流程。

单晶硅太阳能电池的结构如 2.13（b）图所示，主要包括增透膜、栅线电极、p-n 结和背电极。单晶硅制备工艺主要通过直接法，一般的工艺流程包括：装料、熔化、种晶、缩颈生长、放肩生长、等径生长、尾部生长，如图 2.14 所示。不同工艺流程所对应单晶硅棒的各部分如图 2.15 所示。①装料：将多晶硅原料及杂质放入石英坩埚内，杂质的种类视半导体的 n 或 p 型而定，杂质种类有硼、磷、锑、砷等。②熔化：将坩埚放入单晶炉中的石墨坩埚中，将单晶炉抽成一定真空，充入一定流量压力的保护气，炉体加热至超过硅熔点 1412℃，使多晶硅原料熔化。③种晶：首先将单晶籽晶固定在籽晶轴上，然后缓缓下降，距液面处暂停使籽晶温度接近熔硅温度，以减少可能出现的热冲击现象。再将籽晶浸入熔硅，与熔硅形成一个固液界面。籽晶逐步上升，与籽晶相连并离开固液界面的硅温度降低，形成单晶硅，此阶段称为“种晶”。④缩颈生长：当硅熔体的温度稳定之后，将籽晶慢慢浸入硅熔体中。籽晶与硅熔体场接触时会产生热应力，使籽晶产生位错，这些位错必须利用缩颈生长过程使其消失。缩颈生长是将籽晶快速向上提升，使长出的籽晶的直径缩小到一定大小（4～6mm）。由于位错线与生长轴成一个交角，只要缩颈够长，位错便能长出晶体表面，产生零位错的晶体。⑤放肩生长：在“缩颈”完成后，晶体硅的生长速率大大放慢，此时晶体硅的直径急速增大，从籽晶的直径增大到所需要的直径，形成一个近180°的夹角，此阶段称为“放肩”。⑥等径生长：当放肩达到预定的晶体直径时，晶体生长速率加快，并保持几乎固定的速率和固定的直径生长，此阶段称为“等径”。⑦尾部生长：在晶体硅生长结束时，硅的生长速率加快，同时升高硅熔体的温度，使得硅的直径不断缩小，形成一个圆锥形，最终晶体离开液面，单晶硅生长完成，最后这个阶段称为“收尾”。⑧生长后的晶棒被升至上炉室，冷却一段时间后取出，即完成一次生长周期。

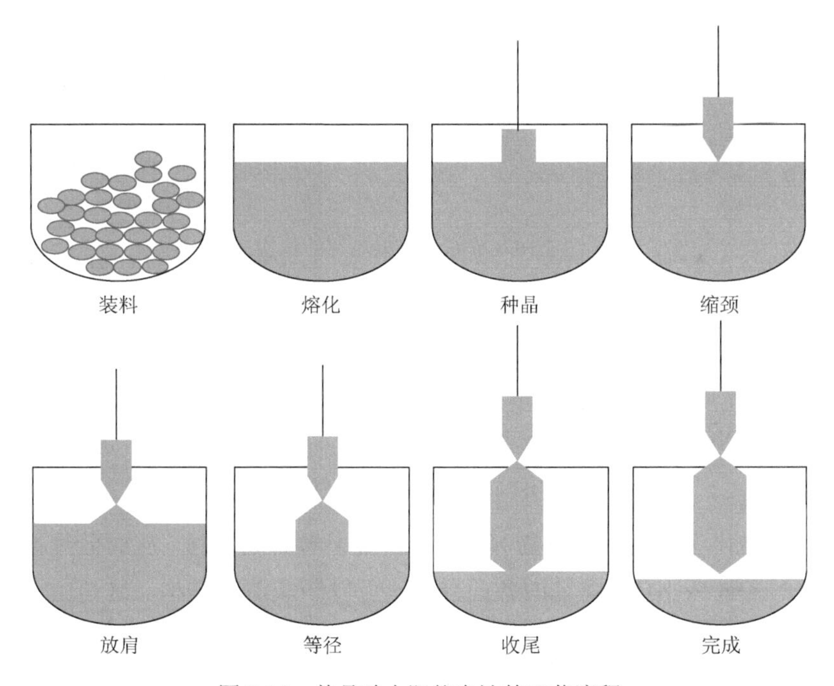

图2.14　单晶硅太阳能电池的工艺流程

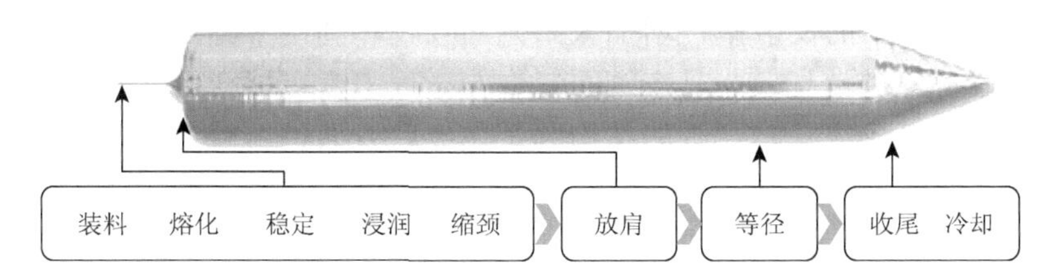

图2.15　不同工艺流程所对应单晶硅棒的各部分

（2）单晶体硅电池片生产。

单晶硅锭要经过一定的工艺流程制备成单晶体硅电池片，主要工艺步骤包括：切片、绒面制备、p-n 结制备、刻蚀和去磷硅玻璃（PSG）、镀减反射膜、铝背场制备、金属电极印刷、烧结，如图 2.16 所示。

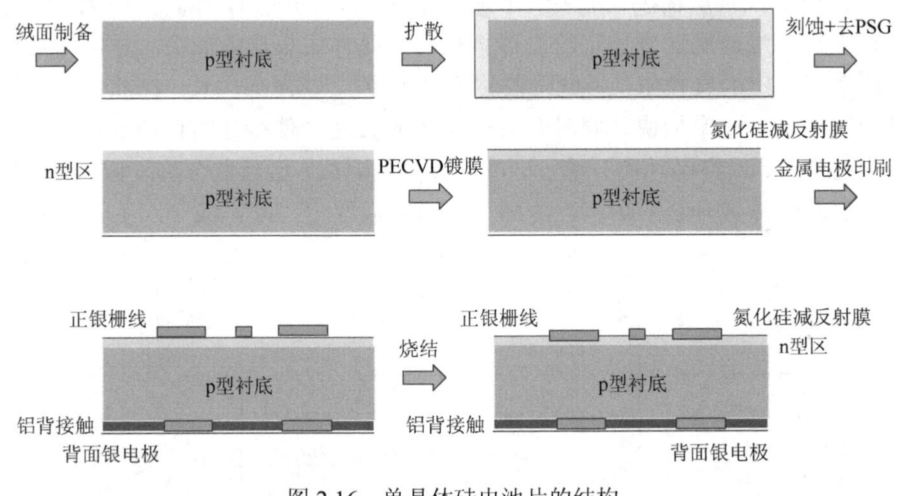

图 2.16　单晶体硅电池片的结构

a）绒面制备

清洗制绒的主要目的是清洗表面油污及金属杂质、去除表面损伤层和形成表面织构化，减少光反射。绒面制备就是用择优腐蚀剂进行腐蚀制绒。对于（100）面的 p 型单晶硅，常用的择优腐蚀剂是 NaOH 或 KOH，在 80～90℃下，进行化学反应。

$$Si + 2NaOH + H_2O \xlongequal{} Na_2SiO_3 + 2H_2$$

经过上述化学反应，生成物 Na_2SiO_3 因溶于水而被去除，从而硅片被化学腐蚀。由于 NaOH 或 KOH 腐蚀的各向异性，可以制成绒面结构。这是由于在硅晶体中，（111）面是最密排面，腐蚀的速率最慢，腐蚀后 4 个与晶体硅（100）面相交的（111）面构成了金字塔形结构。除化学腐蚀以外，还可以利用机械刻槽和等离子刻蚀等技术，在硅片表面制造不同形状的绒面结构，其目的就是降低太阳光在硅片表面的反射率，增加太阳光的吸收和利用率。然而这些专门技术的设备，成本相对较高；而且在绒面制作的过程中，可能会引入机械应力和损伤，在后处理中形成缺陷。绒面结构制备完成后要通过减薄量、反射率和外观均匀性进行制绒工序检验。

b）p-n 结制备

扩散形成 p-n 结是单晶硅太阳能电池生产最基本也是最关键的一步工艺。单晶硅太阳能电池一般利用（100）面掺硼的 p 型硅作为基底材料，在 900℃左右，通过扩散五价的磷原子形成 n 型半导体，形成 p-n 结。磷扩散的工艺主要包括气态磷扩散、固态磷扩散和液态磷扩散。

c）刻蚀和去磷硅玻璃

扩散过程中，在硅片的周边表面也形成了扩散层。周边扩散层使电池的上下电极形成短路环，周边上存在任何微小的局部短路都会使电池并联、电阻下降，甚至成为废品，因此必须将它去除。去边的方法有干法刻蚀和湿法腐蚀。硅片在经过等离子体刻蚀后，在前表面尚存在一层磷硅玻璃层（PSG 层，含磷的二氧化硅），PSG 层具有亲水性、易潮解，必须在等离子增强化学气相沉积（PECVD）镀膜之前去掉，去 PSG 在 HF 溶液中进行[4]。

d）镀减反射膜

为了减少硅片表面的太阳光反射，要在硅片表面增加一层减反射膜。具有单减反射膜的硅片，反射率可以降低到 10%以下。减反射膜的基本原理是利用光在减反射膜上和下表面反射所产生的光程差，使得两束反射光干涉相消，从而减弱反射，增加透射。对减反射膜的要求是透光性好，对光吸收系数低，具有良好的耐化学腐蚀性、良好的硅片黏结性和良好的导电性能。对于用玻璃封装的单晶硅太阳能电池来说，玻璃的折射率 $n_0 = 1.5$，晶体硅的折射率 $n_{\mathrm{Si}} = 3.6$，最适合的减反射膜的光学折射率为：$n = \sqrt{n_0 n_{\mathrm{Si}}} = 2.3$，减反射膜的最佳厚度为 $d=\lambda(650\mathrm{nm}) / 4n = 70\mathrm{nm}$。因此在实际单晶硅太阳能电池工艺中，常用的减反射膜材料有 $\mathrm{TiO_2}$、$\mathrm{SnO_2}$、$\mathrm{SiO_2}$、SiN_x、ITO（纳米铟锡金属氧化物）和 $\mathrm{MgF_2}$ 等，其厚度一般在 60～100nm[5]。

e）金属电极印刷

单晶硅太阳能电池经过制绒、扩散及等离子体化学气相沉积法镀膜等工艺过程后，p-n 结已经形成，在光照下已经可以产生光生电流。为了将电流导出，需要在电池表面制作正、负电极。丝网印刷是目前制备单晶硅电池电极最普遍的一种生产工艺。它是采用压印的方式将预定的电极开关印刷在硅片上。单晶硅太阳能电池的丝网印刷工艺一般分为以下三个步骤：正面银浆印刷、电池背面银铝浆印刷、电池背面铝背场印刷。

f）烧结

金属电极印刷后的电池片需要经高温烧结才能形成电极欧姆接触和铝背场，当银电极和晶体硅在温度达到共晶温度时，晶体硅原子以一定的比例融入熔融的银电极材料中，从而形成上下电极的欧姆接触。

（3）电池组件的封装及测试。

单晶硅太阳能电池组件的封装是太阳能电池生产中的关键步骤，良好的太阳能电池封装不仅可以使得电池的寿命得到保证，还可以增强电池的抗击打强度。产品的高质量和高寿命是赢得客户满意的关键因素，所以组件的封装质量十分重要。封装过程主要包括：电池片测试、正面焊接、背面串接、层压敷设、组件层压及修边。封装结构主要包括玻璃、EVA、电池片、EVA 和背板，如图 2.17 所示。将电池组件封装好需要进行测试分选，其目的是通过模拟太阳光照射，在标准条件下对电池片进行测试，把不同电性能的电池片分档。

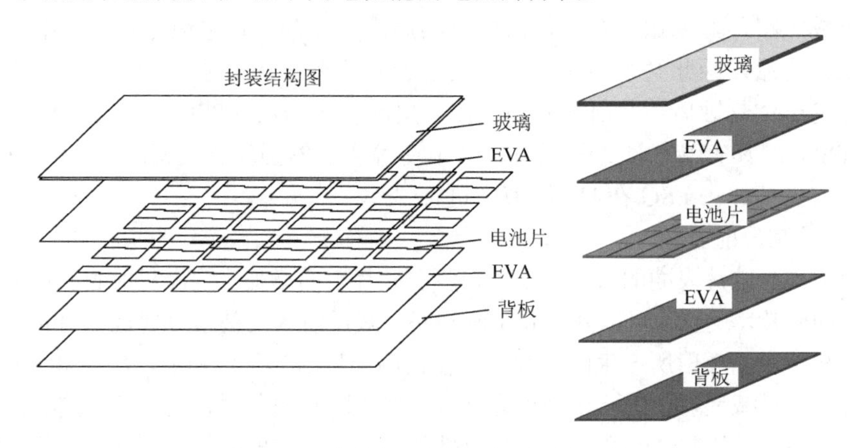

图 2.17　单晶硅太阳能电池组封装结构

2）多晶硅太阳能电池

单晶硅太阳能电池的生产需要消耗大量的高纯硅材料，而制造这些材料工艺复杂、电耗很大，在太阳能电池生产总成本中已超 1/2，并且拉制的单晶硅棒呈圆柱状，切片制作太阳能电池也是圆片，组成太阳能组件平面利用率低。因此，20 世纪 80 年代以来，欧美一些国家和地区投入了多晶硅太阳能电池的研制。目前太阳能电池使用的多晶硅材料，多半是含有大量单晶颗粒的集合体，或用废弃单晶硅材料和冶金级硅材料熔化浇铸而成。

多晶硅太阳能电池具有明显的优点：①在长波段具有高光敏性，对可见光能有效吸收，又具有与晶体硅一样的光照稳定性，是高效低耗的光伏材料；②无光致衰减效应，转换效率高；③与单晶硅相比，电池材料制造简便、节约电耗、生产成本较低。但是，多晶硅还存在一定的缺点：①存在明显缺陷；②晶粒界面和晶格错位，限制了多晶硅电池的转换效率；③使用寿命较短。

多晶硅太阳能电池的工艺过程较为简便，选择电阻率为 100～300Ω·m 的多晶块料或单晶硅头尾料，经破碎，用一定比例的氢氟酸和硝酸混合液进行适当的腐蚀，然后用去离子水冲洗呈中性，并烘干。用石英坩埚装好多晶硅料，加入适量硼硅，放入浇铸炉，在真空状态下加热熔化。熔化后应保温一段时间，然后注入铸模中，待慢慢凝固冷却后，得到多晶硅锭。这种硅锭可铸成立方体，以便切片加工成方形太阳能电池片，可提高材质利用率并方便组装。多晶硅太阳能电池的工艺步骤与单晶硅太阳能电池相似，其光电转换效率约为 12%，稍低于单晶硅太阳能电池，但是材料制造简便、生产成本较低，因此得到快速发展。与单晶硅太阳能电池相比，多晶硅太阳能电池虽然成本低，但也存在明显缺陷。晶粒界面和晶格错位，造成多晶硅太阳能电池的光电转换效率一直无法实现突破。然而，近年来，多晶硅太阳能电池的技术水平提升很快，其电池转换效率最高已经达到 17%以上，组件转换效率可达 15%以上，与单晶硅太阳能电池的差距正逐步减小[6]。

2. 薄膜太阳能电池

1）非晶硅薄膜太阳能电池

晶体硅太阳能电池一直是主流产品，其中，多晶硅从 1998 年开始成为主要的太阳能电池材料。但是晶体硅太阳能电池所需的高纯多晶硅价格飙升，而且制造成本高、能耗大、污染严重，而要解决这些问题，使太阳能行业变成真正最环保的产业，只有大力发展非晶硅薄膜太阳能电池。

非晶硅薄膜太阳能电池作为一种新型太阳能电池，其原材料来源广泛、生产成本低、便于大规模生产，与晶体硅太阳能电池相比，具有质量轻、工艺简单、成本低和耗能少等优点，主要应用于电子计算器、手表、路灯等产品，具有广阔的市场应用前景。它具有较高的光吸收系数，在 0.4～0.75μm 的可见光波段，其吸收系数比单晶硅要高出一个数量级，比单晶硅对太阳能辐射的吸收率要高 40 倍左右。用很薄的非晶硅薄膜（约 1μm 厚）就能吸收约 80%有用的太阳能，且暗电导很低，在实际使用中对低光强光有较好的适应能力，特别适用于制作室内用的微低功耗电源，这些都是非晶硅材料最重要的特点，也是它能够成为低价太阳能电池的重要因素。非晶硅薄膜太阳能电池由于没有晶体硅所需要的周期性原子排列要求，可以不考虑制备晶体所必须考虑的材料与衬底间的晶格失配问题。在较低的温度（200℃左右）下可直接沉积在玻璃、不锈钢、塑料膜和陶瓷等廉价衬底材料上，工艺简单、单片电池面积大，便于大规模工业化生产，同时也能减少能量回收时间、降低生产成本。另外，非晶硅的带隙比单晶硅大，随制备条件的不同在 1.15～2.10eV 的范围内变化，这样制成的非晶硅薄膜太阳能电池的开路电压高。同时，非晶硅材料还适合在柔性的衬底上制作轻型的太阳能电池，可做成半透明的电池组件，直接用作幕墙和天窗玻璃，从而实现光伏发电和建筑房屋一体化。

（1）非晶硅薄膜太阳能电池结构。

非晶硅材料具有独特的短程有序、长程无序的性质，对载流子有很强的散射作用，导致载流子的扩散长度很短，使得光生载流子在太阳能电池中只有漂移而无扩散运动，因此单纯的非晶硅 p-n 结呈电阻特性，而无整流特性，无法制作太阳能电池。为此要在 p 层和 n 层之间加入较厚的本征层 i 层，以遏制其隧道电流，所以为了解决光生载流子由于扩散限制而很快复合（即隧道电流的问题），其太阳能电池结构不同于晶体硅的简单 p-n 结结构，而是 p-i-n 结构，见图 2.18。

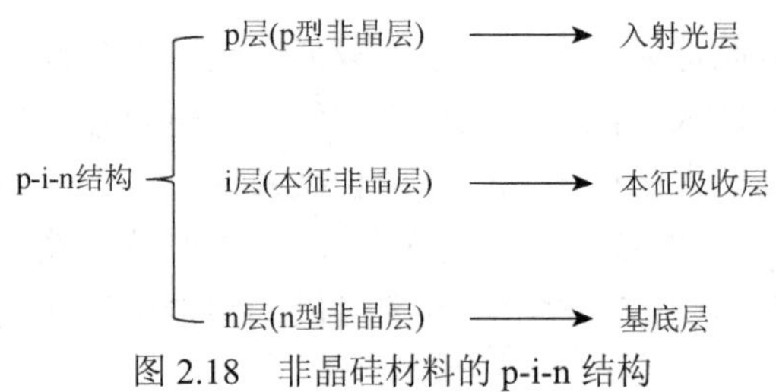

图 2.18　非晶硅材料的 p-i-n 结构

在玻璃上的非晶硅薄膜太阳能电池典型的工艺大致为：清洗和烘干玻璃、在玻璃上生长透明导电膜（TCO）、激光切割、在不同的生长室生长非晶硅 p-i-n 结构、激光刻蚀、制作电极。在实际工艺中，玻璃的受光面还要增加一层 ITO、TiO_2 等薄膜作为减反射膜。

（2）非晶硅薄膜太阳能电池工作原理。

由图 2.19 可知，玻璃既是非晶硅的衬底材料，又是电池的受光面，太阳光线从玻璃中穿过，经过透明导电膜（TCO，如 ITO、ZnO、SnO_2 等）和 p 层，在本征层激发产生载流子，分别漂移到 p 层、n 层，最终光生电流通过铝电极和 TCO 被引出。当入射光穿过 p 型入射光层，在本征吸收层产生电子-空穴对，并很快形成内建电场（p-i 结和 i-n 结形成内建电场），空穴漂移到 p 层，电子漂移到 n 层，形成光生电流和光生电压。非晶硅的 p-i-n 结构通常是利用气相沉积法制备的，根据不同的技术又可以分为辉光放电法、溅射法、真空蒸发法、热丝法、光化学气相沉积法和等离子体气相沉积法。

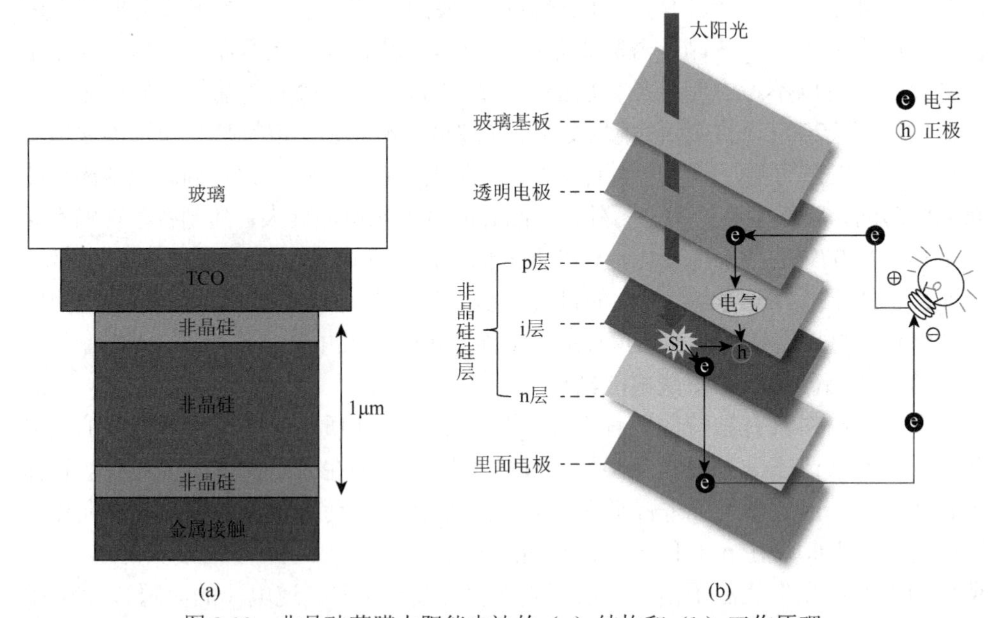

图 2.19　非晶硅薄膜太阳能电池的（a）结构和（b）工作原理

非晶硅薄膜太阳能电池膜层厚度的要求：非晶硅结构的长程无序使硅从间接带隙材料变成直接带隙材料，所以它对光子的吸收系数很高，可以吸收大部分太阳光。为了增加光电转换效率，一般尽量增加光敏区 i 层的厚度，但是，非晶硅中载流子迁移率很低，因此，需要有足够电场强度的内建电场将光生载流子输送到电极。为了保证内建电场强度，本征 i 层结构又要尽量薄，所以，p-i-n 结构非晶硅薄膜太阳能电池的 i 层设计在 500nm 左右，而作为光电吸收死区的 p 层、n 层的厚度则需要尽量薄，一般限制在 10nm 量级。

虽然非晶硅薄膜太阳能电池得到了广泛的研究和应用，但是仍然存在着很多问题：①光致衰退效应（S-W 效应）存在，使得非晶硅薄膜太阳能电池在太阳光长时间照射下会产生效率衰减，从而导致整个电池效率的降低，光致衰退效应是影响其大规模生产的重要因素。非晶硅薄膜经较长时间的强光照射或电流通过，在其内部将产生缺陷而使薄膜的性能下降。②制备过程中，非晶硅的沉积速率低，影响非晶硅薄膜太阳能电池的大规模生产。③后续加工困难，如 Ag 电极的处理问题。④在薄膜沉积过程中存在大量的杂质，如 O_2、N_2 和 C 等，影响薄膜的质量和电池的稳定性。

（3）光致衰退效应。

非晶硅薄膜太阳能电池的光致衰退效应是因为没有掺杂的非晶硅薄膜具有结构缺陷，存在悬挂键、断键、空穴等，导致其电学性能差而很难做成有用的光电器件。所以，必须对其进行氢掺杂以饱和它的部分悬挂键，降低其缺陷态密度，这样才能增加载流子迁移率，提高载流子扩散距离，延长载流子寿命，使其成为有用的光电器件。然而，氢化非晶硅薄膜经较长时间的强光照射或电流通过时，由于 Si—H 键很弱，H 很容易失去，形成大量的 Si 悬挂键，从而薄膜的电学性能下降。而且这种失 H 行为还是一种“链式”反应，失去 H 的悬挂键又吸引相邻键上的 H，使其周围的 Si—H 键松动，致使相邻的 H 原子结合为 H_2，易于形成 H_2 的气泡。Si 悬挂键的产生和缺陷的形成是制约氢化非晶硅薄膜应用的主要原因，只有正确理解光致衰退效应的机理，才能解决好氢化非晶硅薄膜的稳定性问题。

（4）发展趋势。

针对以上问题，非晶硅薄膜太阳能电池的研究主要集中在：①采用优质的底电池层材料；②向叠层结构电池发展，使用不同带隙的 i 层制成多结的 p-i-n 结构，可以更有效地吸收太阳能光谱以提高电池效率；③在保证效率的条件下，开发生产叠层型非晶硅薄膜太阳能电池模块技术。

改善非晶硅太阳能电池性能的主要技术包括：①将太阳能电池的窗口材料 p 型的非晶硅薄膜改为带隙更宽的材料，以减少光线在其表面的吸收；②将太阳能电池的 n 型非晶硅薄膜改为带隙更窄的材料，以增加长波光线的吸收；③多级带隙材料结构，使得非晶硅薄膜材料的吸收光谱最大地接近太阳光谱；④将多个 p-i-n 电池叠加起来，形成叠层电池，其结构如图 2.20 所示。叠层非晶硅薄膜太阳能

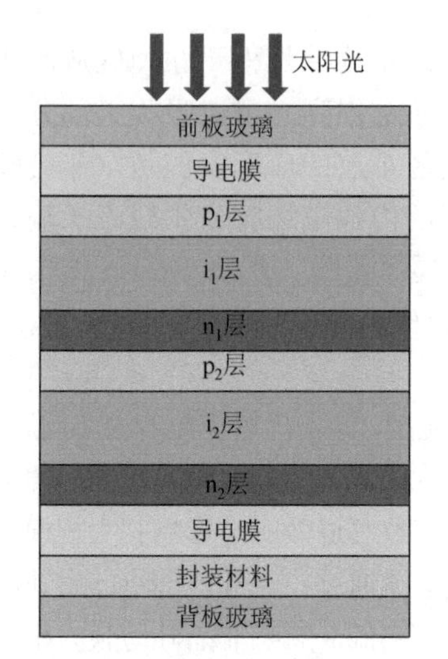

图 2.20　多结叠层非晶硅薄膜太阳能电池的结构示意图

电池的效率和稳定性能有较大的改善。因此，叠层电池成为非晶硅薄膜太阳能电池研究和应用的重要方向，但是过多的叠层会影响电池的性能。

2）多晶硅薄膜太阳能电池

多晶硅薄膜太阳能电池既具有晶体硅太阳能电池的高效、稳定、无毒和资源丰富的优势，又具有薄膜太阳能电池的工艺简单、节省材料、成本较低的优点，因此多晶硅薄膜太阳能电池的研究开发已成为近几年的热点。多晶硅用作薄膜太阳能电池光电转换材料具有以下优点：①在长波段具有高光敏性，对可见光能有效吸收，又具有与晶体硅一样的光照稳定性，是公认的高效、低耗的光伏器件材料；②无光致衰退效应，效率比非晶硅要高，而成本远低于单晶硅太阳能电池。多晶硅薄膜太阳能电池是将多晶硅薄膜生长在低成本的衬底材料上，其转换效率一般为 17%～18%，稍低于单晶硅太阳能电池。用相对薄的晶体硅层作为太阳能电池的激活层，不仅保持了晶体硅太阳能电池的高性能和稳定性，而且其成本远低于单晶硅太阳能电池，而效率高于非晶硅薄膜太阳能电池。

多晶硅薄膜太阳能电池根据其设计和制作工艺的不同会有不同的结构。制备掺杂的 p 型多晶硅，常用方法有等离子化学沉积法、等离子溅射沉积法、液相外延和化学沉积法，其中化学沉积法得到比较广泛的应用。在形成 p 型多晶硅以后，可以通过扩散磷原子在多晶硅薄膜表面形成 n 型半导体层，组成 p-n 结，再制备减反射膜和金属电极，形成多晶硅薄膜太阳能电池。目前，多晶硅的薄膜制备工艺主要分为两种：一是利用制备固态薄膜的相关技术，如化学气相沉积和磁控溅射等，直接在衬底上沉积多晶硅薄膜的“直接沉积法”；二是利用这些技术在衬底上先沉积一层非晶硅薄膜，然后通过再结晶技术，如固相晶化、激光晶化和快速热退火等使其形成薄膜多晶硅，即“两步工艺法”。前者制备工艺简单、操作方便，但相对较高的沉积温度对异质衬底要求较高。而“两步工艺法”具有成本低、易于大规模生产、能够在较低的温度下晶化等特点而被广泛采用，但“两步工艺法”同样存在晶粒尺寸较小的问题需要克服。

常见的多晶硅薄膜太阳能电池基本结构为 p-n 同质结结构，但是受薄膜材料的透光损失、太阳能电池的背欧姆接触及结深的影响，仅使用 p-n 型作为多晶硅薄膜太阳能电池结构难以获得较高的光电转换效率。目前，常采用 $n^+/p/p^+$ 型结构，如图 2.21 所示。

可以看出，该电池结构层次依次为电极、TCO 层、n^+ 型发射区、p 型基区、p^+ 型重掺杂区和异质衬底。与 p-n 型太阳能电池相比，这类电池不仅增加了 p^+ 型重掺杂区，而且发射区使用重掺杂工艺。p^+ 型重掺杂区能够与 p 型基区形成 p^+-p 型背表面电场结构，而发射区重掺杂能够形成顶层 p-n 结结深小于 0.3μm 的浅结重掺杂结构。正是由于这两种结构的出现，大大提高了多晶硅薄膜太阳能电池的光电转换效率。

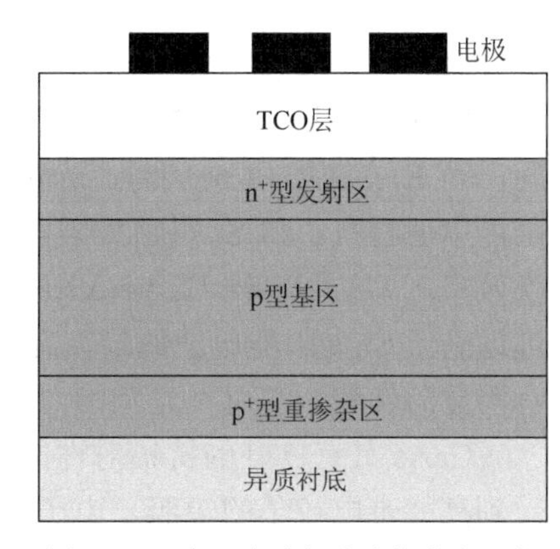

图 2.21　n^+/p/p^+型多晶硅薄膜太阳能电池的结构示意图

多晶硅薄膜太阳能电池光电转换效率的高低很大程度上取决于多晶硅薄膜材料性能的优劣。多晶硅薄膜是由许多大小不等、具有不同晶面取向的小晶粒构成的，晶粒与晶粒之间是原子做无序排列的过渡区，即晶界。在多晶硅薄膜中，晶界的面积较大，这是它的主要缺陷。由晶界产生的结构缺陷会导致材料电学性能的降低，通常采用两种方法减少多晶硅薄膜晶界，一种是增大晶粒尺寸，另一种是使晶粒沿柱状方向生长。晶粒尺寸增大，晶粒与晶粒间的接触面积变小，直接减小晶界；晶粒沿柱状生长，即使晶粒垂直于衬底表面生长，这样晶界就会垂直于衬底表面，从而使光生载流子在运动时可以尽量不触及晶界，极大地减少了光生载流子在晶界内的复合，相当于间接地减少了多晶硅薄膜的晶界。因此，如何加大晶粒粒度减小晶界，如何使晶粒具有特定择优取向降低晶界影响，是制备高质量、高效率多晶硅薄膜的关键。

晶体硅太阳能电池的成本较高；非晶硅薄膜太阳能电池的光电转换效率又较低，且存在光致衰减；多晶硅的衬底便宜，硅材料用量少，而且没有光致衰减，结合了晶体硅和非晶硅材料的优点。因此，在廉价衬底上制备多晶硅薄膜太阳能电池成为研究的重点。但是由于晶粒较小等原因，其太阳能光电转换效率依然较低，到现在为止，尚未有大规模的工业生产。

3）多元化合物薄膜太阳能电池

虽然晶体硅太阳能电池被广泛应用，占据太阳能电池的主要市场，但是晶体硅太阳能电池的光电转换效率低、所需厚度大、成本较高。多元化合物薄膜太阳能电池主要包括砷化镓、硫化镉、碲化镉及铜铟硒薄膜电池等，与非晶、多晶硅薄膜太阳能电池相比，具有效率高、工艺简单、易于大规模生产、吸收效率较高、抗辐照能力强等优点，且不存在光致衰退等问题。但由于镉有剧毒，会对环境造成严重的污染；砷化镓价格昂贵；铟和硒都是比较稀有的元素，限制了多元化合物薄膜太阳能电池的发展。

（1）砷化镓。

GaAs 是ⅢA-ⅤA 族半导体材料的典型代表，带隙 E_g 是 1.43eV（理论计算表明，当 E_g 在 1.2～1.6eV 时，光电转换效率最高），与太阳光谱匹配，是理想的太阳能电池材料。和 Si 材料太阳能电池相比，GaAs 太阳能电池具有更高的光电转换效率，单结和多结 GaAs 太阳能电池的理论光电转换效率分别为 27%和 63%，远远高于 Si 太阳能电池的最高理论光电转换效率 23%。而且 GaAs 太阳能电池具有明显的优势，在可见光范围内，GaAs 材料的光吸收系数远高于 Si 材料。

GaAs 具有良好的抗辐射性能，空间太阳能电池在地球大气层外工作，必然会受到高能带电粒子的辐照，电子或质子辐射使少数载流子的扩散长度减小，会引起电池性能的衰减。GaAs 为直接带隙材料，少数载流子寿命较短，在离结几个扩散层外产生的损伤，对光电流和暗电流均无影响，因此其抗高能粒子辐照的性能优于间接带隙的 Si 太阳能电池。

GaAs 具有更好的耐高温性能，其最大功率下的温度系数远小于 Si 太阳能电池，200℃时 Si 太阳能电池停止工作，而 GaAs 太阳能电池仍可以 10%的效率继续工作。GaAs 还可制备成效率更高的多结叠层太阳能电池。随着金属有机气相外延技术的不断发展和完善，GaAs 基多结叠层结构太阳能电池生长技术也取得了重大进展。而ⅢA-VA 族三元、四元化合物半导体材料（GaInP、AlGaInP、GaInAs 等）的多样性，也为多结叠层太阳能电池研制提供了多种可供选择的材料。近年来，人们又将注意力集中于 GaAs 量子点太阳能电池，发现其能够扩展 GaAs 电池材料的光谱带宽，使其吸收更多波长的入射光，调整带隙使其吸收更长波长的光子增强电流等。这些特性使得量子点太阳能电池可大大提高光电转换效率，同时能够降低昂贵的材料费用。

由于 GaAs 具有较好的抗辐射、耐高温性能，在航空航天领域已经有相对成熟的应用（图 2.22）。“神八”、“嫦娥一号”采用的是高效三结 GaAs 太阳能电池，光电转换效率远远高于过去使用的 Si 太阳能电池。它有两个太阳翼，每个太阳翼有四块太阳能电池板，每块板的尺寸是 1.53m×2m，所以伸展出去有几米长。每一块板都布满了太阳能电池，一共有几千片。太阳能电池在船的翅膀上是通过串并联方式组成一个太阳能电池方阵，这个方阵在太空中，在光照期为飞船的负载供电，同时为蓄电池充电。在阴影期，太阳能电池就不能再发电，此时通过蓄电池为负载供电。“神八”的太阳能电池都采用三结 GaAs 这种新型的电池，原来从“神一”到“神七”采用的都是 Si 太阳能电池，两者最大的区别就是光电转换效率。以前采用的是 14.8%的 Si 太阳能电池，“神八”至“神十一”及“天宫一号”采用的是 26.8%的高效的三结 GaAs 太阳能电池。综上，GaAs 材料可研制更高光电转换效率、更好抗辐照性和适应空间恶劣温度变化的太阳能电池，必将成为 21 世纪卫星航天器的主电源。

图 2.22　GaAs 太阳能电池在航空航天领域的应用[7]

相对于晶体硅太阳能电池，GaAs 薄膜太阳能电池有以下劣势：①生产设备复杂、能耗大，而且生产周期长、生产成本高；②GaAs 比 Si 在物理性质上更脆，这使 GaAs 在加工时比较容易碎裂，所以，目前常把其制成薄膜并使用衬底（常为 Ge）来避免这一方面的不利，但是也增加了技术的复杂度；③As 有毒，所以，GaAs 薄膜太阳能电池仅在空间应用。

GaAs 薄膜太阳能电池的制备一般采用液相外延、金属有机化学气相沉积等生长技术，在 GaAs 单晶衬底上，生长 n 型和 p 型 GaAs 薄膜，构成单结、双结和多结太阳能电池结构[8]。GaAs 薄膜太阳能电池利用的液相外延技术比较简单、成本较低，缺点是难以实现外延层参数的精确控制和异质外延生长。液相外延生长的基本原理是在 GaAs 单晶衬底上，利用低熔点的 Ga 或 In 作为溶剂，加入 GaAs 材料和掺杂剂材料（Zn、Te、Sn 等）作为溶质，在一定温度下，使得溶质在溶剂中呈饱和状态，然后逐渐降温，使溶质在溶剂中呈过饱和状态，最终从溶剂中析出，在 GaAs 单晶衬底上结晶，实现 GaAs 薄膜晶体的外延生长。

a）GaAs 单结太阳能电池

由于太阳光谱的能量分布较宽，而半导体材料的带隙 E_g 都是确定的，因此只能吸收其中能量比其带隙值高的光子，太阳光中能量小的光子则透过电池被背面电极金属吸收转化成热能，而高能光子超出带隙的多余能量，通过光生载流子的能量热释作用传递给电池材料本身使其发热。这些能量最终都没有变成有效电能，因此对于单结太阳能电池，即使是由晶体材料制成的，理论最高光电转换效率也只有 25%左右，其结构如图 2.23 所示。GaAs 单结太阳能电池只能吸收特定光谱的太阳光，实验室实现的光电转换效率最高为 25.8%，高于晶体硅太阳能的 23%。

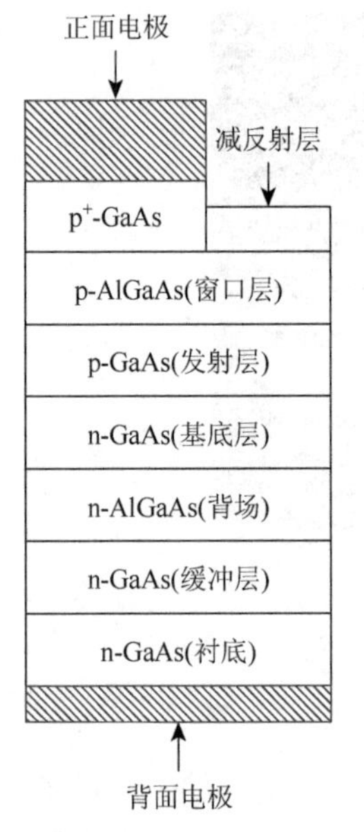

图 2.23　GaAs 单结太阳能电池的结构示意图

制备过程：①在 n 型衬底上生长 0.5μm 的 n 型 GaAs 缓冲层；②再生长 n 型的 AlGaAs 作为背场；③生长 n 型 GaAs 作为基底层；④生长 0.5μm 左右的 p 型 GaAs 作为发射层；⑤再利用一层 p 型 AlGaAs 薄膜作为窗口层。

对于单结 GaAs 薄膜太阳能电池，根据其生长方式的不同又可以分为液相外延的 GaAs 及金属有机化学气相沉积的 GaAs 太阳能电池，衬底可选用 GaAs 或 Ge，不过 GaAs 是直接带隙材料，光吸收系数大，有源层厚度只需 3μm 左右，所以原则上在生长好 GaAs 太阳能电池后，可以选择把衬底完全腐蚀掉，只剩 5μm 左右的有源层，从而制成超薄 GaAs 太阳能电池，这样就可以获得很高的单位质量比功率输出。目前超薄 GaAs 太阳能电池的比功率可达 670W/kg，而 10μm 高效 Si 太阳能电池的比功率仅为 330W/kg。

单结 GaAs 薄膜太阳能电池只能吸收特定波长的太阳光谱，而且同质 GaAs 界面的表面复合率也比较大。因此，如果将两种或是两种以上的不同带隙的薄膜材料叠加在一起，可以形成双结、三结或四结叠层异质结太阳能电池，吸收更多波长的太阳能光谱，从而提高太阳能电池的光电转换效率。液相外延难以实现多结叠层薄膜太阳能电池结构，但是金属有机化学气相沉积技术的出现使得多结叠层 GaAs 薄膜太阳能电池的发展成为了可能。

由于单结太阳能电池转换效率的局限性，初期的单结太阳能电池逐步发展到了至今的双结、多结太阳能电池。在衬底选择方面，由于 GaAs 材料价格昂贵、密度高、机械强度很低，不利于制备成本低廉、薄型轻质的太阳能电池；而 Ge 与 GaAs 的晶格常数与热膨胀系数都极为相近，适宜外延生长 GaAs，且衬底价格仅约为 GaAs 的三分之一，因此，GaAs 太阳能电池现在基本上均采用 Ge 作为衬底。

b）GaAs 多结太阳能电池

采用不同带隙的ⅢA-ⅤA 族材料制备的多结叠层 GaAs 太阳能电池，通过带隙由大到小组合，使得这些ⅢA-ⅤA 族材料可以分别吸收和转换太阳光谱中不同波长的光，能大幅提高太阳能电池的转换效率，更多地将太阳能转换为电能。叠层太阳能电池可以采用外延生长技术制备，在具有一定结晶取向的衬底上延伸并按一定晶体学方向生长薄膜，每一层薄膜都称为外延层。在衬底上逐层生长各级子电池，最终得到多结叠层结构电池。目前主要采用的方法有金属气相外延和分子束外延等外延生长技术。

双结叠层太阳能电池是由两种不同带隙的材料制成的子电池，通过隧穿结串接而成，其研究已经比较成熟，主要的结构有 AlGaAs/GaAs、GaInP/GaAs、GaInAs/InP、GaInP/GaInAs 等，其中带隙为 1.93eV，与 GaAs 的吸收光谱恰好相互匹配，双结 $Al_{0.37}Ga_{0.63}As$ /GaAs 在 AM0（地球大气层外接受到的太阳辐射，未受到大气层的反射和吸收，称为大气质量为 0 的辐射，以 AM0 表示）时，光电转换效率达到 23%。$Ga_{0.5}In_{0.5}P$ 薄膜材料的带隙为 1.85eV，也与 GaAs 的吸收光谱相匹配，而且比 AlGaAs/GaAs 的复合率低、抗辐射性能好，从而具有更好的光电性能和寿命。目前，GaInP/GaAs 结构材料的研究最多，实验室研制的最高光电转换效率达到 26.9%（AM0），20 世纪 90 年代初批量生产的光电转换效率达 22%。GaInP/GaAs（Ge）薄膜太阳能电池，由于 GaInP/GaAs（Ge）界面的复合率低、电池的抗辐射性能好，从而具有更好的光电性能和更长的寿命，因此，这种双结薄膜太阳能电池得到了更广泛的应用，其结构如图 2.24（a）所示。

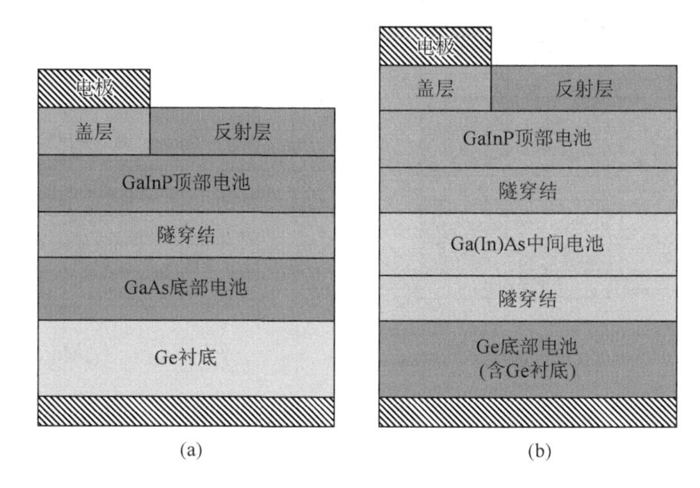

图 2.24　典型的（a）双结和（b）三结 GaAs 薄膜太阳能电池

在双结 GaInP/GaAs 薄膜太阳能电池的基础上，研究者提出了三结 $Ga_{0.5}In_{0.5}P$ /GaAs/Ge 薄膜太阳能电池结构，增加了 GaAs 叠层电池的光电转换效率。更进一步，可以在 $Ga_{0.5}In_{0.5}P$ /GaAs/Ge 叠层电池的 GaAs/Ge 之间增加一层 Ga(In)As，其带隙在 1.0eV 左右，形成四结薄膜太阳能电池，其太阳能电池的理论光电转换效率达到近 40%，三结 GaAs 薄膜太阳能电池的结构如图 2.24（b）所示。

虽然多结 GaAs 薄膜太阳能电池的光电转换效率较高，但是，它具有较高的材料成本，同时 GaAs 具有很大的脆性，器件制作的成本也随之增加；而且它具有尖锐的反向击穿特性，在三维空间应用时需要进行保护，大大增加了太阳能电池系统的成本和工艺复杂性，多结 GaAs 薄膜太阳能电池的结构如图 2.25 所示。

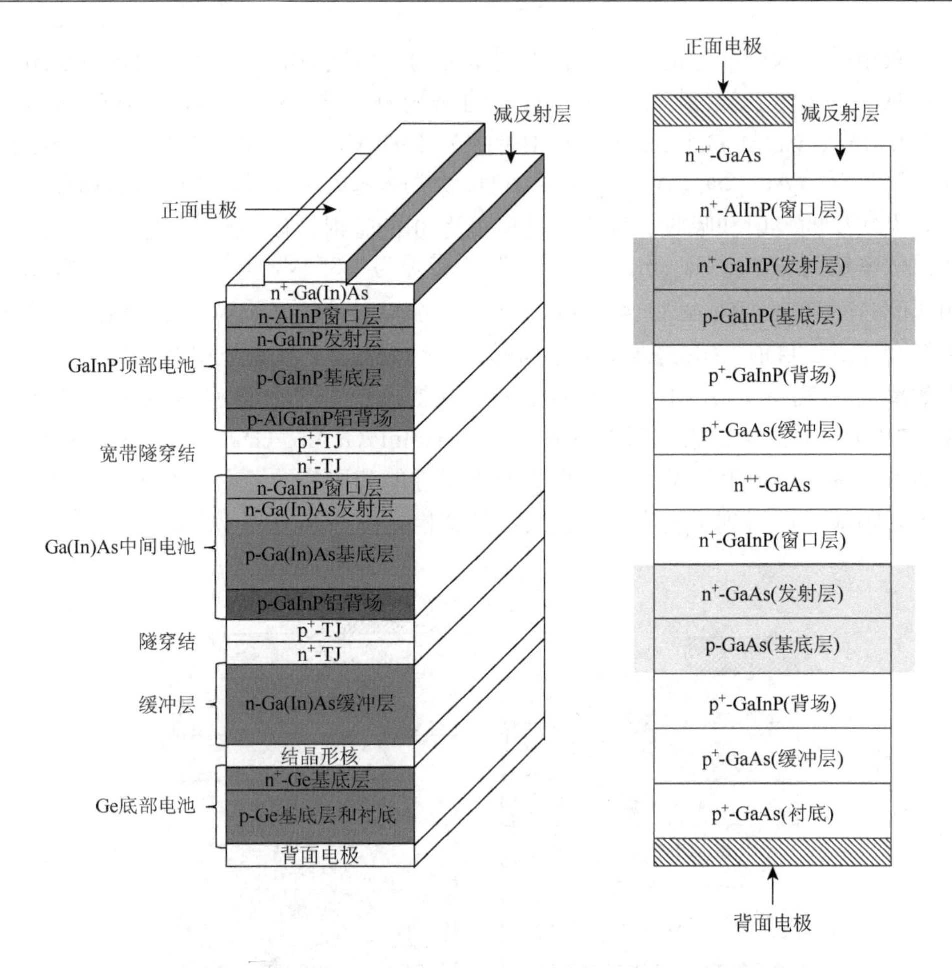

图 2.25　典型的三结 GaInP/Ga(In)As/Ge 薄膜太阳能电池的结构示意图

GaInP/Ga(In)P/Ge 是全球范围内最为主流的量产化 GaAs 基ⅢA-ⅤA 族多结级联太阳能电池。晶格匹配的 $Ga_{0.5}In_{0.5}P$($GaInP_2$)、GaAs、Ge，其带隙分别为 1.9eV、1.42eV、0.67eV，这一带隙组合与太阳光谱恰好较为匹配，正好可以构成较为理想的晶格匹配的三结级联太阳能电池，这一结构的 AM0 效率为 25%～28%。虽然 GaAs 与 Ge 的晶格常数及热膨胀系数都近乎完美匹配，但就严格意义上来说，GaAs 与 Ge 之间仍存在着约 0.08%的晶格失配，如此小的晶格失配仍然可能是影响电池性能的潜在重要因素。而在 GaAs 中掺入约 1%的 In，可实现与 Ge 的严格晶格匹配，完全消除 GaAs 外延层中的应力，少数载流子寿命可提高两个数量级。这可以明显改善掺 In 后的中间电池（GaInAs）对光生载流子的有效收集，增大电池的短路电流。此外，In 的掺入使得中间电池的带隙变窄，$Ga_{0.99}In_{0.01}As$ 的带隙为 1.408eV。这将使中间电池的光吸收范围向红外方向扩展，有利于提高中间电池的短路电流。因此，晶格完美匹配的 $Ga_{0.49}In_{0.51}P/Ga_{0.99}In_{0.01}As/Ge$ 电池具有更为优越的性能，光电转换效率可达 44.7%[9]。

（2）碲化镉。

CdTe/CdS 异质结薄膜太阳能电池简称 CdTe 薄膜太阳能电池。它是以 p 型 CdTe 和 n 型 CdS 为异质结。CdTe 的带隙为 1.45eV，其薄膜太阳能电池的生产成本低，相对光电转换效率高，可以大面积生产，是一种具有重要应用前景的薄膜太阳能电池。目前 CdTe 薄膜太阳能电池在实验室中获得的最高光电转换效率已达到 16.5%。其商用模块的光电转换效率也达到了 10%左右。近年来，CdTe 薄膜太阳能电池成为国内外太阳能电池材料和器件研究的热点。CdS 是直接带隙的太阳能电池材料，其带隙为 2.4eV 左右，CdS 的吸收边大约为 521nm，几乎所有的可见光都可以透过。因此，CdS 薄膜常用于薄膜太阳能电池中的窗口层。在 CdTe 薄膜太阳能电池中，CdS 主要被用于 n 型窗口层，其掺杂的载流子浓度为 $10^{16}cm^{-3}$，厚度为 50～100nm。对于 CdTe 而言，合适的窗口层材料有 CdSe、ZnO、CdS 等，其中 CdS 与 CdTe 相同，晶格常数差异小，最适合做窗口层，因此 CdTe 薄膜太阳能电池又常称 CdS/CdTe 电池。

CdTe 薄膜太阳能电池具有以下几个优点：①理想的带隙。CdTe 的带隙一般为 1.45eV，其光谱响应和太阳光谱非常匹配。②光吸收率高。CdTe 的吸收系数在可见光范围高达 10^4cm^{-1} 以上，99%的光子可在 1μm 厚的吸收层内被吸收。③光电转换效率高。CdTe 薄膜太阳能电池的理论光电转换效率约为 30%。④电池性能稳定，一般的 CdTe 薄膜太阳能电池的设计使用时间为 20 年。⑤电池结构简单，制造成本低，容易实现规模化生产。

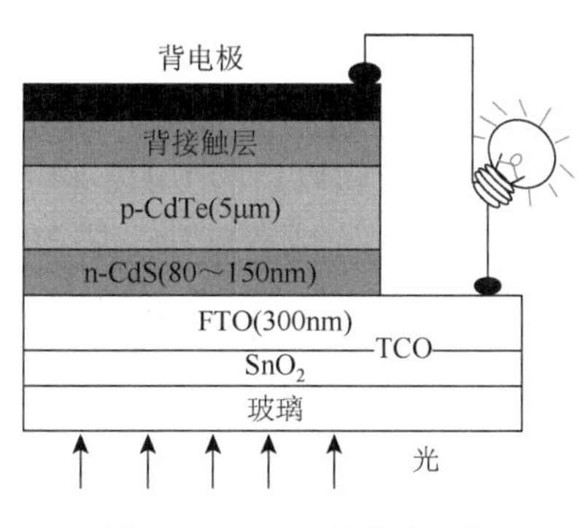

图 2.26　CdTe 薄膜太阳能电池的结构示意图

CdTe 薄膜太阳能电池是在玻璃或是其他柔性衬底上依次沉积多层薄膜而构成的光伏器件。一般标准的 CdTe 薄膜太阳能电池由五层结构组成。CdTe 薄膜太阳能电池的结构示意图如图 2.26 所示，第一层是在玻璃衬底上的透明导电氧化物（TCO）层。第二层是 n 型的 CdS 作为窗口层和 p-n 结中的 n 型半导体。第三层是 p 型的 CdTe 作为吸光层。最后在 CdTe 上面沉积的是背接触层和背电极，即玻璃/TCO/n-CdS/p-CdTe/背接触层/背电极。

各膜层的制备方法如图 2.27 所示，对各膜层都有相应的要求。CdTe 薄膜太阳能电池中各层薄膜的功能和性质要求如下。

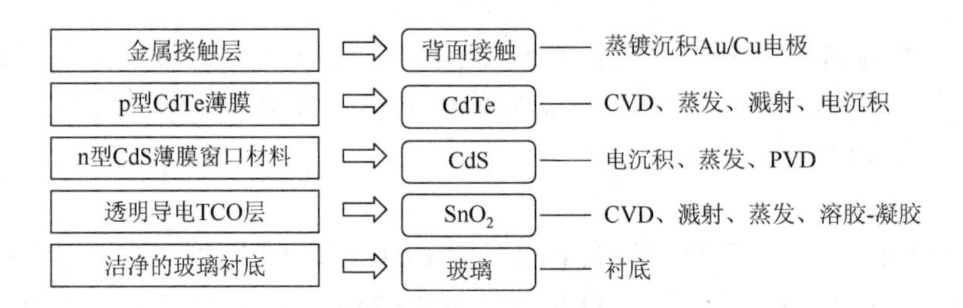

图 2.27　CdTe 薄膜太阳能电池各膜层的制备方法

a）玻璃衬底

玻璃衬底主要对电池起支架、防止污染和入射太阳光的作用。

b）TCO 层

TCO 层即透明导电氧化物层。它主要的作用是透光和导电。用于 CdTe/CdS 薄膜太阳能电池的 TCO 必须具备下列特性：在波长 400～860nm 的可见光的透过率超过 85%；低的电阻率，大约 $2\times10^{-4}\Omega\cdot m$ 数量级的或者方块电阻小于10Ω/□；在后续高温沉积其他层时须有良好的热稳定性。

c）CdS 窗口层

窗口层起到同电池本体层形成 p-n 结内建电场的作用，如果电池本体层是 n 型，窗口就是 p 型。由于窗口层是表面层，表面复合严重，要求窗口层要尽量避免吸收光产生载流子，因此窗口层普遍采用带隙大的材料制成，尽量不吸收光。CdS 可以由多种方法制备，如化学水浴沉积法（CBD）、近空间升华法、蒸发法、电沉积法、化学沉积法、分子束外延法、金属有机化学气相沉积法、喷涂法等。一般的工业化和实验室都采用 CBD，这是基于 CBD 的成本低和生成的 CdS 能够与 TCO 形成良好的致密接触。在电池制备过程中，一个非常重要的步骤就是对沉积以后的 CdTe 和 CdS 进行 $CdCl_2$ 热处理。这种方法一般是在 CdTe 和 CdS 上喷涂或者旋涂一层 300～400nm 厚的 $CdCl_2$，然后在空气中或者保护气体中 400℃左右进行热处理 15min 左右。这种处理能够显著提高电池的短路电流和光电转换效率。这与 $CdCl_2$ 热处理能够提高晶体的性能和形成良好 CdS/CdTe 界面有关。

d）CdTe 吸光层

CdTe 是一种直接带隙的ⅡB～ⅥA 族化合物半导体材料。电池中使用 p 型的 CdTe 半导体，它是电池的主体吸光层，它与 n 型的 CdS 窗口层形成的 p-n 结是整个电池最核心的部分。多晶 CdTe 薄膜具有制备太阳能电池理想的带隙（$E_g = 1.45eV$）和高的光吸收率（大约 10^4cm^{-1}）。CdTe 的光谱响应与太阳光谱几乎相同。

高掺杂的 p 型 CdTe 薄膜的制备方法有真空蒸发法、溅射法、喷涂法、电沉积法、化学气相沉积法和近空间升华法。其中，真空蒸发法和溅射法制备质量较好的 CdTe 薄膜成本较高，规模化生产中不采用；近空间升华法的沉积速率高、设备简单、薄膜质量好、生产成本低、电池转换效率高，其研究和应用较广泛。

e）背接触层和背电极

为了降低 CdTe 和金属电极的接触势垒，引出电流，金属电极必须与 CdTe 形成欧姆接触。CdTe 的高功函数使得很难找到功函数比其大的金属或者合金。背电极是 CdTe 薄膜太阳能电池制备过程中的一个重要步骤，影响电池转换效率的稳定性。背电极制备方法通常有几种，一种是在 CdTe 膜上制备 100nm 左右的重掺杂过渡层，使过渡层和金属之间的肖特基势垒区足够薄，隧穿电流成为电荷输送的主要形式，从而获得良好的欧姆接触。另一种是将高掺杂的半导体沉积到 CdTe 薄膜上，然后在半导体上再沉积一层金属电极。一般的背接触层有 HgTe、ZnTe:Cu、Cu_xTe 和 Te 等。还有一种方法是用强氧化剂蚀刻 CdTe 膜面，获得富碲区后涂敷含金属盐的电极膏，在一定温度下烧结，使得电极金属和富碲膜面形成碲化物，得到重掺杂的过渡层。过渡层制备完成后，最后采用蒸镀沉积法制备 Au/Cu 电极，作为背电极。

CdTe 虽然是高效廉价的太阳能光电转换材料，但是 Cd 会对环境造成严重污染，组件和衬底材料成本太高，占总成本的 53%，远高于半导体材料的 5.5%，而且 Te 的天然储量有限，因此，这种薄膜太阳能电池难以大批量生产，目前主要用于空间等特殊环境。未来，CdTe 薄膜太阳能电池的发展必须研究相应的 Cd 废料处理与回收技术。

（3）铜铟硒。

$CuInSe_2$（CIS）具有黄铜矿结构，带隙为 1.02eV，光吸收系数大，达到 10^5cm^{-1}，可以形成 n 型或 p 型半导体材料，是另外一种重要的太阳能光电转换材料。如果用 Ga 替代 1%～3%的 In，就会形成与 CIS 薄膜材料同系列的 $CuIn_xGa_{1-x}Se_2$（CIGS）薄膜，具有更适合的带隙，是目前制备该系列太阳能电池的主要实际应用材料。另外，如果利用无毒的 S 原子替代有毒的 Se 原子，可以形成 $CuInS_2$ 薄膜材料，也可以制备太阳能电池。

虽然 CIS 及 CIGS 太阳能电池的制造技术有许多不同的方式，但其结构几乎一样，都是采用与 $Cu(In,Ga)Se_2$ 的结合，钼（Mo）当背电极接触，基本结构如图 2.28 所示。图 2.29 给出了 ZnO/CdS/ $Cu(In,Ga)Se_2$ 异质结太阳能电池完整的叠层顺序。由于 ZnO 的带隙为 3.37eV，它对太阳光的主要部分是透明的，因此它被认为是这种太阳能电池的窗口层。Mo 大约为 1μm 厚，它沉积在钠钙玻璃上作为太阳能电池的背电极。$Cu(In,Ga)Se_2$ 作为光伏吸收材料，沉积在 Mo 背电极的上面。吸收层的厚度为 1～2μm。采用化学沉积的 CdS 层，厚度为 50nm。补偿掺杂的本征 ZnO 层，厚度为 50～70nm。

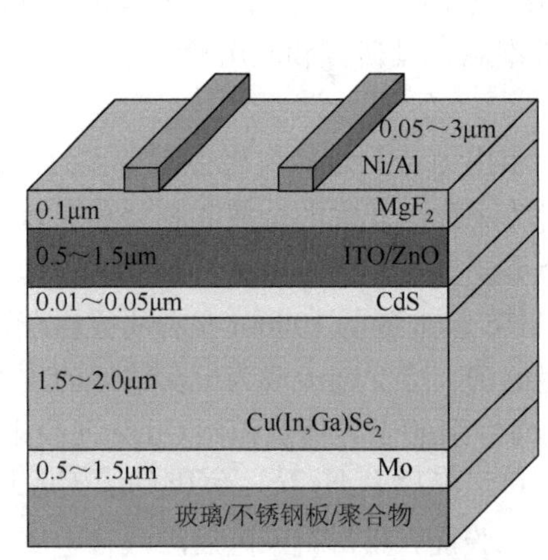

图 2.28　CIGS 太阳能电池的基本结构

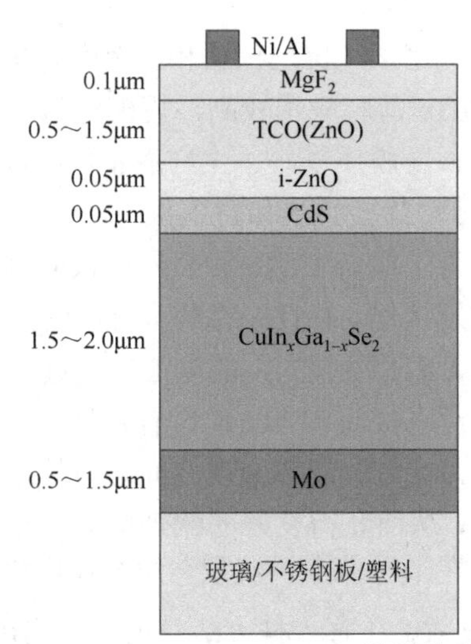

图 2.29　ZnO/CdS/ Cu(In, Ga)Se$_2$ 异质结太阳能电池完整的叠层顺序

符合化学计量比的ⅠA-ⅢA-ⅥA族（铜铟硒、铜铟硫和铜铟镓硒）化合物半导体 CIGS 系电池可以很方便地做成多结系统，在四个结的情况下，从光线入射方向按带隙由大到小顺序排列，太阳能电池的理论光电转换效率极限可以超过 50%。在 Si 和ⅢA-ⅤA族化合物系太阳能电池中，晶界对吸收层的特性影响很大，所以多晶太阳能电池的光电转换效率较单晶太阳能电池的要低几成。而以 CIGS 为代表的黄铜矿相吸收层，本身就是一种薄膜材料，不受晶界的影响，耐放射线辐照，没有性能衰减，是目前太阳能电池中使用寿命最长的，有人预计可长达 100 年。

如果与其他薄膜太阳能电池结合组成多结太阳能电池，可以有效提高太阳能电池的光电转换效率。非晶硅的带隙为 1.75eV，能够吸收太阳光谱的一半，而 CIS 的带隙为 1.02eV，可以吸收太阳光谱的另一半，两者的结合可以吸收所有的太阳光谱，如图 2.30 所示。在玻璃衬底上镀 Mo 导电膜，然后用 p 型 $CuInSe_2$ 和 n 型 CdS 组成 p-n 结，利用 ZnO 作为透明导电层；再在上面覆盖非晶硅，最后与 In_2O_3 导电膜组成多结薄膜太阳能电池。

目前，CIGS 材料的制备方法使用最多的是真空蒸发法、磁控溅射法和电化学沉积法。利用真空蒸发法在实验室制备的面积很小的 CIGS 薄膜其光电转换效率较高，但制备过程中元素的化学配比很难精确控制，制备电池良品率不高、原料利用率低、不利于降低成本。磁控溅射法可以调节各元素配比，制备的薄膜均匀性好，具有更高光电转换效率、重复性好；但该方法需要高真空系统、原料利用率不高、大面积制备均匀性较差。电化学沉积法可以有效地控制薄膜的厚度、化学组成、结构及孔隙率，具有设备投资少、原材料利用率高、工艺简单、易于操作等优点，但通过该方法制备具有复杂组成的薄膜材料较为困难。

目前制备 CIS 和 CIGS 吸收层有三种方法：磁控溅射法、电子束蒸发法、电镀法。其中，电子束蒸发法包括以下两种工艺。

a）共蒸 Cu、In、Ga 合金预制膜和硒化

硒化法又称为双步骤法，它是先将 Cu/In/Ga 溅镀在基板上，形成所谓的预置层，再使其在常压下与硒化氢（H_2Se）发生反应，而产生薄膜，如图 2.31 所示。一般与 H_2Se 的反应温度为 400～500℃，反应时间为 30～60min。$Cu(InGa)Se_2$ 薄膜生成的化学反应式为：$2(InGa)Se + Cu_2Se + Se \longrightarrow 2Cu(InGa)Se_2$。

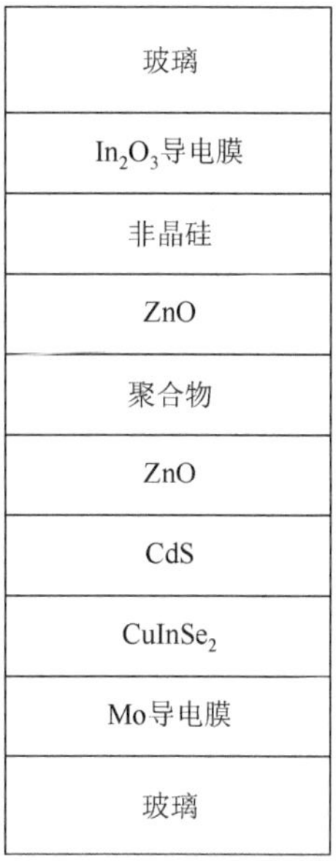

玻璃
In_2O_3导电膜
非晶硅
ZnO
聚合物
ZnO
CdS
$CuInSe_2$
Mo导电膜
玻璃

图2.30　非晶硅与CIS结合的太阳能电池结构

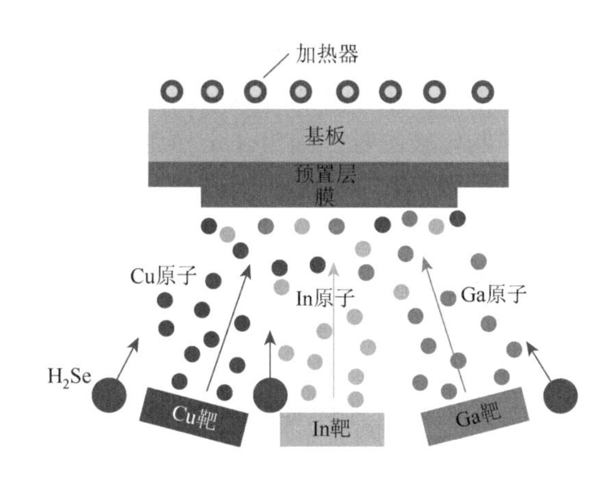

图 2.31　共蒸 Cu、In、Ga 合金膜的示意图

利用硒化法生长 CIGS 薄膜的主要优点在于，它可以结合一些标准而成熟的技术先沉积出金属薄膜，再利用高温反应来缩短反应时间，因此生产成本较低。它的主要缺点是，控制组成的自由度不高，所以难以改变带隙的大小。此外，它的薄膜黏着性较差，这是必须努力克服的一大课题，而且硒化氢有很高的毒性，在操作上必须格外小心。目前利用硒化法制造出来的 CIGS 太阳能电池的光电转换效率已超过 16%。

b）Cu、In、Ga、Se 蒸发

在真空中利用高纯的 Cu、In（Ga）和 Se 靶材作为源材料，共同或分步蒸发，直接合成 CIS（CIGS）薄膜，如图 2.32 所示。在蒸发时，Se 蒸气会污染环境，所以现在更多的是利用 Cu_2Se 和 In_2Se_3 作为靶源。

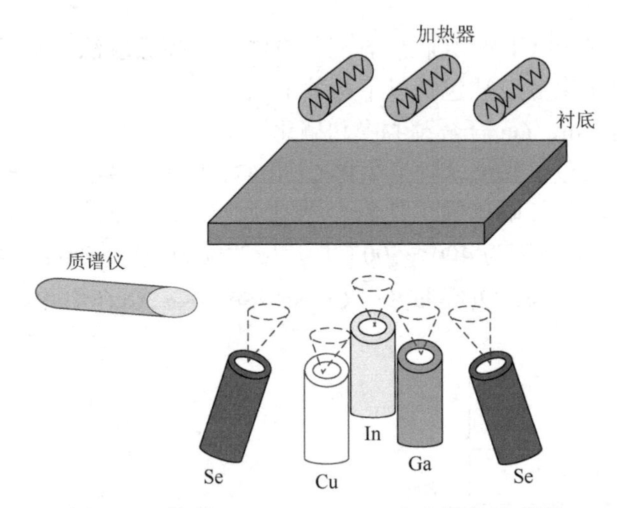

图 2.32 共蒸 Cu、In、Ga、Se 合金膜的示意图

利用同步蒸镀法生长 CIGS 薄膜的主要优点在于，它可以自由控制薄膜的组成及带隙的大小，所以可以制造出高效率的太阳能电池。它的主要缺点在于操作上的控制比较困难，因为 Cu 蒸镀源的挥发量不易控制。它的另一个缺点在于缺乏可以大面积商业化生产的设备。

CIGS 作为太阳能电池的半导体材料，具有价格低廉、性能良好和工艺简单等优点，但铟和硒都是比较稀有的元素，不易获得。CIGS 太阳能电池面临三个主要的挑战：①工艺复杂、投资成本高；②关键原料的供应不足；③缓冲层 CdS 具有潜在毒性。

虽然 CIGS 具有其他材料无可比拟的优势，但是仍然存在着一些问题，如制造过程比较复杂，增加了工艺的难度和成本；关键原料如铟和硒，其天然储量相当有限；缓冲层材料多用 CdS，其毒性对环境的影响不可忽视。因此，未来的发展主要致力于：①采用更先进的生产工艺来降低成本；②通过改善光吸收层性质、形成带隙梯度、模块组装进一步提高光电转换效率。

3. 有机物薄膜太阳能电池

目前单晶硅和多晶硅等硅系太阳能电池的应用已经进入大规模发展阶段。然而，硅系太阳能电池的成本主要消耗在价格昂贵的高纯硅材料上，其发展受到一定的限制，因此出现了新型非晶硅、多晶硅薄膜太阳能电池。前者应用时存在光致衰退效应，使其性能不稳定；而后者使用硅材料少又无效率衰退问题，因此是硅系太阳能电池的发展方向。但硅系太阳能电池光电转换效率有理论极限值，效率提高潜力有限。近年来，以 GaAs、GaSb、GaInP、$CuInSe_2$、CdS 和 CdTe 等为代表的新型多元化合物薄膜太阳能电池，取得了较高的光电转换效率，GaAs

太阳能电池的光电转换效率目前已经达到 30%。而 Ga、In 等为比较稀有的元素，Cd 等为有毒元素，因此，这类电池的发展必然受到资源、环境的限制。

有机光电材料通常是含有 π 共轭体系和氮、硫等杂原子的芳香性有机分子，在可见光区域有很好的吸收特性，有较大的 Stokes 位移，可以通过分子设计获得所需的光电性能。由有机材料构成核心部分的太阳能电池，具有价格低、质量轻、易成型、结构组成多样化和性能调节空间大等优点。基于有机光电材料的众多优点，其在光电子器件方面具有巨大的应用潜力，常被应用于有机发光二极管（OLED）和有机场效应晶体管（organic field effect transistor，OFET）等。美国加州大学伯克利分校的科学家在 2002 年利用塑料纳米技术研制出第一代有机物薄膜太阳能电池，可以安装在一系列便携式设备及可穿戴式电子设备上，提供 0.7V 的电压[10]。有机物薄膜太阳能电池主要有单层结构的肖特基电池、双层 p-n 异质结电池，以及 p 型和 n 型半导体网络互穿结构的体相异质结电池。

有机光电材料与无机光电材料的主要区别在于有机光电材料的光生激子是通过范德瓦耳斯力束缚在一起的，通常不会出现自动分离而形成单独电荷的现象；其电荷是通过跳跃的方式在规定区域内进行分子传输工作，并非带内传输，因而其迁移率较低；相对于太阳光谱来说，光的波长吸收范围较为狭窄，但其吸收系数很高，100nm 的薄膜就可以收集到较强的光密度；有机光电材料一般在有水与有氧条件下处于不稳定状态；对于其本身是一维半导体的情况来说，它们的电性能与光性能都具有较大的区别，这种特性可以为器件的研究设计带来很大的利用价值。

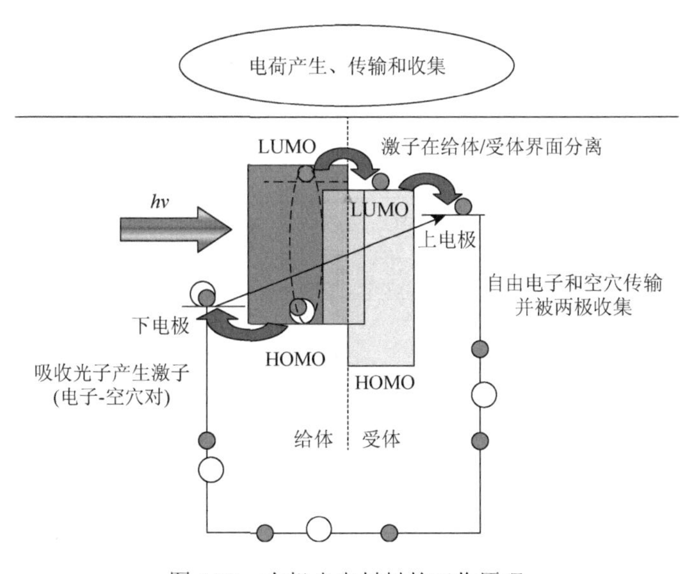

图 2.33　有机光电材料的工作原理

有机光电材料的基本工作原理与无机太阳能电池原理相似，主要是电荷产生、传输和收集的过程，其原理如图 2.33 所示。光激发产生激子，激子在给体/受体界面分裂，电子和空穴的漂移在其各自电极处收集。器件的能量损失贯穿于整个过程，而在大部分有机太阳能电池中，因为材料的带隙过高，只有一小部分（30%左右）入射光被吸收。在有机光电薄膜器件中，激子的扩散长度应该至少等于薄膜的厚度，否则激子就会发生复合，造成吸收光子的浪费。对于单层器件，激子在电极与有机半导体界面处离化；对于双层器件，激子在给体/受体界面形成的 p-n 结处离化。在电荷传输过程中，有机光电材料电荷的传输是定域态间的跳跃，其载流子的迁移率通常都比无机光电材料的低。电荷的收集效率也是影响光伏器件功率转换效率的关键因素，金属与半导体接触时会产生一个阻挡层，阻碍电荷顺利到达金属电极。

4. 染料敏化太阳能电池

染料敏化太阳能电池的工作原理与以上两类太阳能电池的工作原理都不相同。在常规的光伏电池中，光的捕获与光生载流子的传输都是在有机半导体中完成的，而染料敏化太阳能电池则将两个过程分开进行。其原理如图 2.34 所示，首先，有机染料作为光捕获剂吸收光子，由基态 s 跃迁至电子激发态 s^*，随后激发态电子跃迁到活性半导体（如 TiO_2 纳米晶）的导带上，进入电极流向外电路，此时染料分子自身转变为氧化态 s^+。在此过程中，有机染料相当于被氧化，并由电池中的电解质（I_3^-）提供电子还原再生。注入 TiO_2 层的电子富集到导电基底，并通过外电路流向对电极，形成电流。处于氧化态的染料分子氧化溶液中的电子给体（在电解质溶液中的电子给体），自身恢复为还原态，使染料分子得到再生。被氧化的电子给体扩散至对电极，在电极表面被还原，从而完成一个光电化学反应循环。

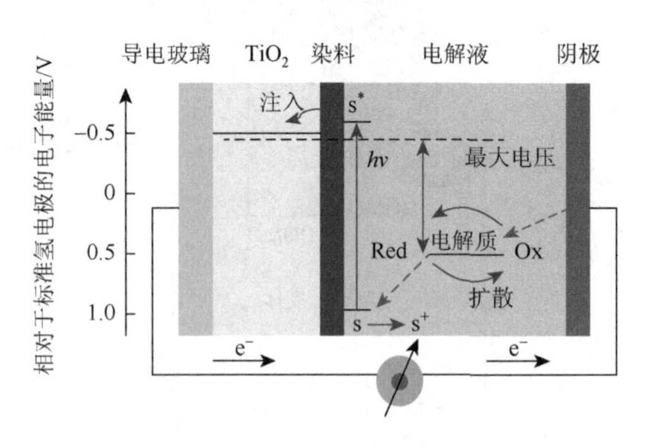

图 2.34　染料敏化太阳能电池的工作原理

染料敏化湿化学太阳能电池由镀有透明导电膜的导电基片、多孔纳米晶 TiO_2 薄膜、染料光敏化剂、电解质溶液及透明对电极等几部分构成，如图2.35所示。阴极一般为镀铂的导电玻璃、多孔 TiO_2 和染料。染料敏化湿化学太阳能电池的关键问题在于纳米 TiO_2 薄膜的微观结构、敏化染料的选择和载流子传输材料的选择[11]。

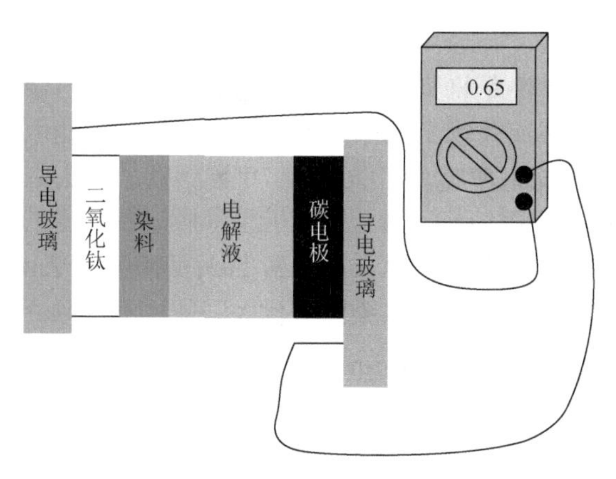

图2.35　染料敏化湿化学太阳能电池的结构示意图

目前作为导电基底材料的有透明导电玻璃、金属箔片、聚合物导电基底材料等。一般是在厚度为1～3mm的普通玻璃表面镀上导电膜制成的。要求导电基底材料的方块电阻越小越好。光阳极和光阴极基底中至少要有一种是透明的，透光率一般要在85%以上。光阳极和光阴极衬底的作用是收集和传输从光阳极传输过来的电子，并通过外回路传输到光阴极并将电子提供给电解质中的电子受体。

TiO_2 价格便宜、制备简单、无毒、稳定、应用范围广，且抗腐蚀性能好。但其带隙为3.2eV，吸收范围都在紫外区，因此需要染料敏化。染料敏化的目的就是能够捕获 TiO_2 半导体所不能吸收的太阳光，增大其光电转换效率，因此其激发态寿命越长则越有利于电子传递。另外，纳米晶半导体的内部没有空间电荷层，因此其电荷分离是一个动力学的过程，其激发态电子转移至 TiO_2 导带的速率远超过其逆过程的速率而导致能够产生电荷分离。为了吸附更多的染料分子，必须制备多孔、大比表面积的纳米 TiO_2 薄膜电极。纳米 TiO_2 多孔薄膜是染料敏化太阳能电池的核心之一，作用是吸附染料光敏化剂，并将激发态染料注入多孔薄膜，电子传输到导电基底，光阴极主要有 TiO_2、ZnO、Nb_2O_3、WO_3、Ta_2O_5、CdS、Fe_2O_3 和 SnO_2 等。由于其具有大的比表面积，能够有效吸附单分子层染料，更好地利用太阳光。

染料敏化纳米薄膜太阳能电池多采用液态电解质作为电荷传输材料。染料敏化纳米薄膜太阳能电池的电解质溶液中，氧化还原电对的作用是还原被氧化的染料。液态电解质的选材范围广，电极电势易于调节，因此取得了一定成果。但液态电解质的存在易导致敏化染料的脱附，其挥发性将与敏化染料作用导致染料降解；且密封工艺复杂，密封剂也可能与电解质反应。

5. 钙钛矿型太阳能电池

钙钛矿型太阳能电池是将染料敏化太阳能电池中的染料做了相应的替换，利用钙钛矿型的有机金属卤化物半导体作为吸光材料的太阳能电池，是继染料敏化之后的又一新型有机/无机薄膜太阳能电池。早期钙钛矿型太阳能电池需要多孔大比表面积的TiO_2作为支撑结构，随着钙钛矿型薄膜制备技术的进步，不再需要多孔TiO_2薄膜吸附钙钛矿材料。可以采用致密TiO_2薄膜甚至ZnO、Al_2O_3等材料替代TiO_2，使钙钛矿型太阳能电池从染料敏化太阳能电池中独立出来，由此形成的平面异质结结构类似于硅电池的p-i-n结构。

钙钛矿型材料的晶格通常呈正八面体形状，分子通式为ABX_3，结构如图2.36所示。目前在高效钙钛矿型太阳能电池中，最常见的钙钛矿材料是碘化铅甲胺（$CH_3NH_3PbI_3$），作为光吸收材料，该材料具有合适的能带结构，它的带隙约为1.5eV。因与太阳光谱匹配而具有良好的光吸收性能，很薄的厚度就能吸收几乎全部的可见光用于光电转换。

$CH_3NH_3PbI_xCl_{3-x}$ ($x = 1, 2, 3$)是具有钙钛矿结构的自组装晶体，短链有机离子、铅离子及卤素离子分别占据钙钛矿晶格的A、B、X位置，由此构成三维立体结构，拥有近乎完美的结晶度。A一般为甲胺基$CH_3NH_3^+$、$CH_3CH_2NH_3^+$和$NH_2CH=NH_2^+$；B多为金属Pb原子，金属Sn也有少量报道；X为Cl、Br、I等卤素单原子或混合原子。由于长链有序的$PbCl_3^-$或PbI_3^-八面体体系有利于电子的传输，该材料具有非常优异的电子输运特性，载流子扩散长度较传统有机半导体高出1～2个数量级，优异的材料性质为制备高效钙钛矿型薄膜太阳能电池提供了基础。

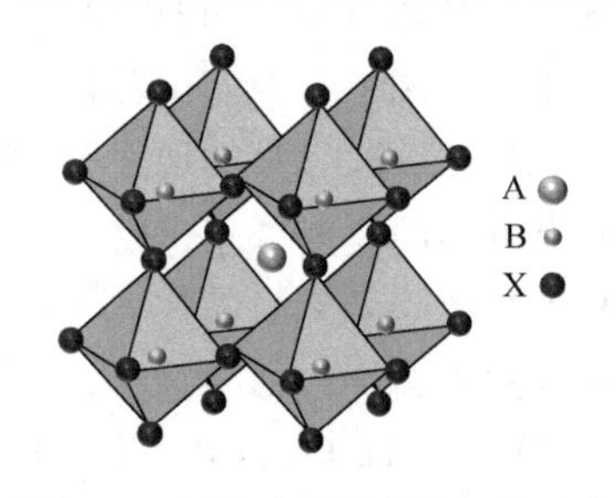

图2.36 钙钛矿型材料的晶格结构

钙钛矿型薄膜材料合成方法简易，既可以通过共蒸发法实现，也可以通过低成本溶液加工法实现。现在大多数人采用的有三种：溶液法、共蒸发法、溶液辅助气相法。其中，溶液法对设备的要求低、成本低廉。共蒸发法所需要的真空度高，成本就会提高，而且不适用于大面积电池。溶液辅助气相法既拥有气相法获得的完美的吸收层膜，又和液相法一样，不需要太高的工艺成本。如图 2.37 所示，钙钛矿型太阳能电池分别由玻璃、FTO（掺杂氟的 SnO_2 透明导电玻璃）、电子传输层（ETM）、钙钛矿光敏层、空穴传输层（HTM）和金属电极组成。

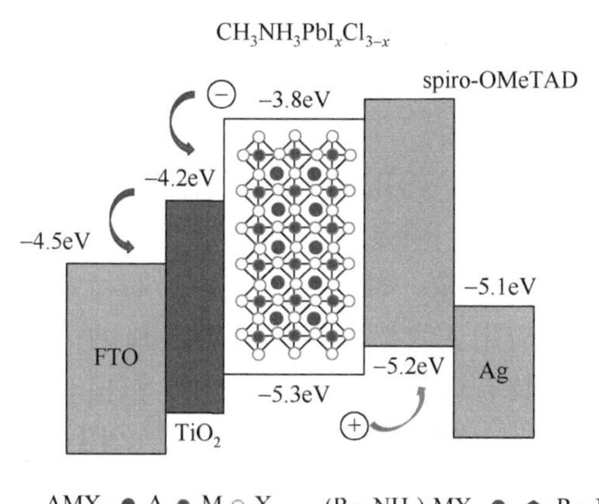

图 2.37　钙钛矿型太阳能电池的结构及其载流子传输机制示意图

（1）电子传输层一般为致密的 TiO_2 纳米颗粒，以阻止钙钛矿层的载流子与 FTO 中的载流子复合。通过调控 TiO_2 的形貌、元素掺杂或使用其他的 n 型半导体材料如 ZnO 等手段来改善该层的导电能力，以提高电池的性能。目前报道已使用的最高光电转换效率太阳能电池（约为 19.3%）是钇掺杂的 TiO_2。

（2）钙钛矿光敏层，多数情况下就是一层有机金属卤化物半导体薄膜。也有人使用的是有机金属卤化物填充的介孔结构（TiO_2、ZrO_2 和 Al_2O_3 骨架），或者两者都存在，但没有证据表明这种结构有助于电池性能的提高。

（3）空穴传输层，在染料敏化太阳能电池中，该层多为液态 I_3^-/I^- 电解质。由于 $CH_3NH_3PbI_3$ 在液态电解质中不稳定，电池稳定性差，这也是早期钙钛矿型太阳能电池的主要问题。后来采用了如 spiro-OMeTAD、PEDOT:PSS 等固态空穴传输材料，这样，就可以制造不含 HTM 或 ETM 的钙钛矿型太阳能电池。

在接受太阳光照射时，$CH_3NH_3PbI_xCl_{3-x}$ 材料可以将入射光子转换为激子（受弱库仑力的电子-空穴对），由于钙钛矿型材料激子束缚能的差异，这些载流子或者成为自由载流子，或者形成激子。因为这些钙钛矿型材料往往具有较低的载流子复合率和较高的载流子迁移率，所以载流子的扩散距离和寿命较长。这些未复合的电子和空穴分别被电子传输层和空穴传输层收集，即电子从钙钛矿层传输到 TiO_2 等电子传输层，最后被 FTO 收集；空穴从钙钛矿层传输到空穴传输层，最后被金属电极收集，如图 2.37 所示。当然，这些过程中总会伴随着一些载流子的损失，如电子传输层的电子与钙钛矿层的空穴的可逆复合、电子传输层的电子与空穴传输层的空穴的复合（钙钛矿层不致密的情况）、钙钛矿层的电子与空穴传输层的空穴的复合。要提高电池的整体性能，这些载流子的损失应该降到最低。最后，通过连接 FTO 和金属电极的电路而产生光电流。

与非晶硅、多晶硅等材料的薄膜太阳能电池相比较，钙钛矿型太阳能电池表现出低成本、易制备的优点。与有机太阳能电池、量子点太阳能电池等相比，其高效率的光电转化引起广泛关注。虽然钙钛矿型太阳能电池取得了卓越的性能，但它仍然存在着一些问题。近几年来，大家的目光都放在对钙钛矿型太阳能电池光电转换效率的追求上，但是关于其稳定性的研究相对滞后，钙钛矿型太阳能电池对外部环境非常敏感，如果不能保持长期稳定高效地工作，它将不能实现工业化、产业化的应用。太阳能电池材料当前的情况是：①由于多晶硅和非晶硅薄膜太阳能电池具有较高的光电转换效率和相对较低的成本，因此将最终取代单晶硅太阳能电池，成为市场的主导产品；②ⅢA-ⅤA 族化合物及 CIS 等不易获取，尽管光电转换效率很高，但从材料来源看，这类太阳能电池不可能占据主导地位；③有机太阳能电池对光的吸收效率低，从而导致光电转换效率低；④染料敏化纳米薄膜太阳能电池的研究已取得喜人成就，但还存在如敏化剂的制备成本较高等问题。另外目前多沿用液态电解质，但液态电解质存在易泄漏、电极易腐蚀、电池寿命短等缺陷，使得制备全固态太阳能电池成为一个必然方向。目前，大部分全固态太阳能电池的光电转换效率都不很理想。纳米晶太阳能电池以其高效、低价、无污染的巨大优势挑战未来。钙钛矿型太阳能电池异军突起，带来新的研究方向和研究领域，而且其发展速度远远超过染料敏化太阳能电池，是未来发展的一个主要方向，未来太阳能电池的发展会围绕着染料敏化和钙钛矿两种新概念电池不断前进。

2.2.3 光电能量转换技术与应用

光电能量转换技术对传统产业的技术改造、新兴产业的技术发展、产业结构的调整优化起着巨大的促进作用。光电能量转换技术具有精密、准确、快速、高效的特点，它有助于提高工业产品的尖、高、精加工水平，并大幅度提高附加值及竞争力。光电能量转换技术的发展能够有效地缓解环境污染和解决能源危机，其中光伏技术的发展作用最大。关于光伏电池的发展，改善太阳能电池的性能、降低制造成本及减少大规模生产对环境造成的影响是未来太阳能电池发展的主要方向。

利用光电效应制造光电转换器可以实现光信号与电信号之间的相互转换，实现非接触测量，而且精度高、分辨率高、可靠性好。光电传感器具有体积小、质量轻、功耗低、便于集成等优点，因而广泛应用于军事、宇航、通信、检测与工业自动化控制等多个领域。光电传感器一般由光源、光学通路和光电元件三部分组成。其基本原理是以光电效应为基础，把被测量的变化转换成光信号的变化，然后借助光电元件进一步将光信号转换成电信号。光电效应是指用光照射某一物体，可以看作是一连串带有一定能量的光子轰击在这个物体上，此时光子能量就传递给电子，并且是一个光子的全部能量一次性地被一个电子所吸收，电子得到光子传递的能量后其状态就会发生变化，从而使受光照射的物体产生相应的电效应。其主要应用领域包括光电管、光敏电阻、光电耦合器、光敏二极管、光敏三极管、光电池、光电倍增管等，具体情况如表 2.1 所示。

表 2.1　光电效应的主要应用

应用领域	作用
光电管	利用外光电效应的基本光电转换器件
光电倍增管	将微弱光信号放大并转换成电信号的真空电子器件，它能在低能级光度学和光谱学方面测量波长 200～1200nm 的极微弱辐射
光电探测器	由辐射引起被照射材料的电导率发生改变
电子能谱仪	是利用光电效应测出光电子的动能及其数量的关系，由此来判断样品表面各种元素含量的仪器
光催化剂	是在光子的激发下起到催化作用的化学物质，用于环境净化、自清洁材料、先进新能源、癌症医疗、高效率抗菌等多个前沿领域
光电池	利用光电效应原理直接将光能转换为电能的装置，已被广泛用于光电发电、自动控制和测量装置
静电感应光电探测晶体管	是一个新型的固态光电探测器件，可用于微光探测、光子计数、射线与粒子检测，在航天、遥感、天文及光通信等方面有广泛的应用前景

1. 光电管

光电管是利用外光电效应原理制成的光电转换器件。光电管一般可分为五种类型：中心阴极型、中心阳极型、半圆柱面阴极型、平行平板极型和带圆筒平板阴极型。利用光电管制成的光控制电器，可以用于自动控制，如自动计数、自动报警、自动跟踪等。光电光度计也是利用光电管制成的。它是利用光电流与入射光强度成正比的原理，通过测量光电流来测定入射光强度。有些曝光表就是一种光电光度计。光电管的基本结构示意如图 2.38 所示，当阴极受到适当波长的光线照射时便发射电子，电子被带正电位的阳极所吸引，在光电管内就有电子流，在外电路中便产生了电流。真空光电管和充气光电管的伏安特性曲线如图 2.39 所示。

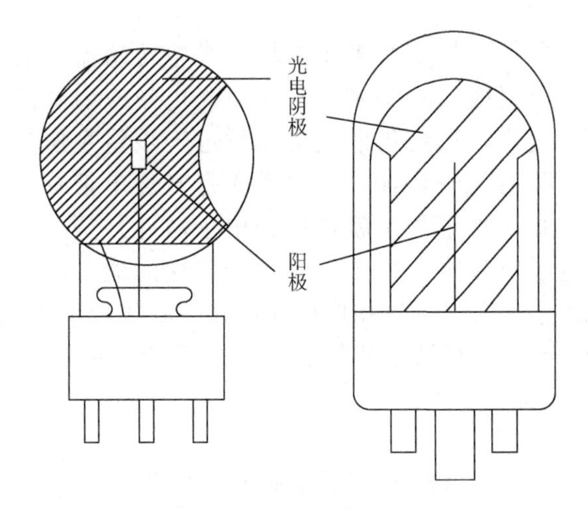

图 2.38　光电管的结构示意图

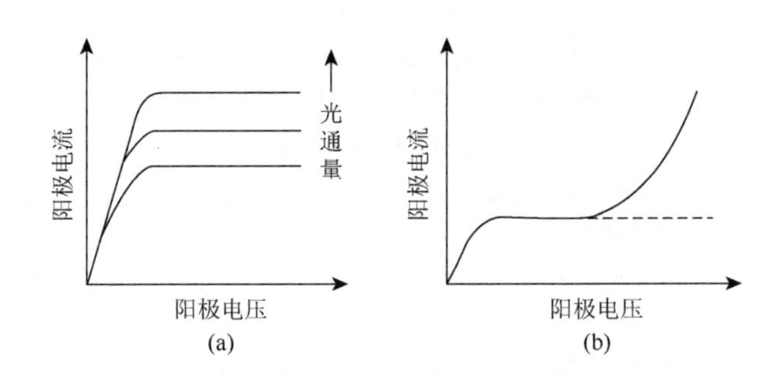

图 2.39　真空光电管（a）和充气光电管（b）的伏安特性曲线

2. 光电倍增管

光电倍增管是基于外光电效应的一种极为灵敏的感光真空管，其工作原理如图 2.40 所示，内部设有一个光电阴极 K、几个倍增极 E 与一个阳极 A。位于真空管一端窗口的光电阴极是具有特别低逸出功性质的沉积薄膜，每当光子穿过窗口入射到光电阴极时，会因光电效应很容易地发射出光电子。借着一系列电势越来越高的倍增极，光电子会被加速，并且通过二次发射，电子数量增多，在阳极形成可检测的电流。光电倍增管能将一次次闪光转换成一个个放大了的电脉冲，然后送到电子线路并记录下来。它可以测量非常微弱的光，广泛使用在很多高新探测技术中，如各种光谱仪、光子计数仪、红外探测仪、表面分析仪等。通道式电子倍增管具有增益高、功耗低、结构简单小巧、响应快、多功能等优点，可直接探测光、电子、离子、中性粒子、X 射线及 α、β、γ 等带能粒子，已将它用于人造卫星来进行这类探测和分析。

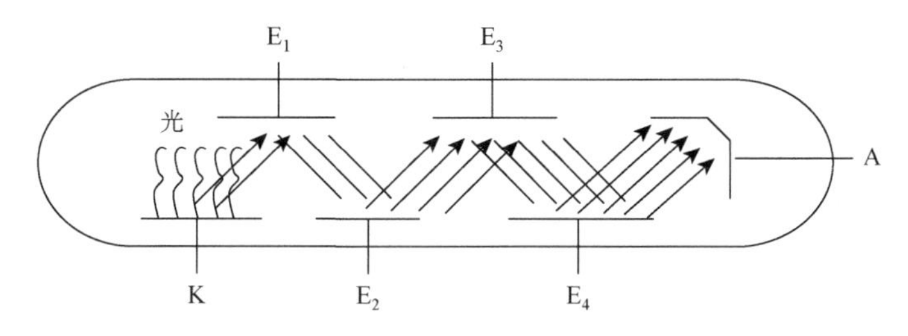

图 2.40　光电倍增管的工作原理图

3. 光敏二极管

光敏二极管是基于光生伏特效应的光电能量转换器件。光敏二极管的工作原理如图 2.41 所示，它在电路中一般处于反向偏置状态，无光照时，反向电阻很大、反向电流很小，有光照时，p-n 结处产生光生电子-空穴对，在电场作用下形成光电流，光照越强，光电流越大，光电流方向与反向电流一致。所用的材料主要有硒、硫化镉、硫化铝、硒化镉、硒化镓、硅等。光敏二极管结构与一般二极管相似，它们都有一个 p-n 结，并且都是单向导电的非线性元件。为了提高转换效率需要大面积受光，p-n 结面积比一般二极管的大。

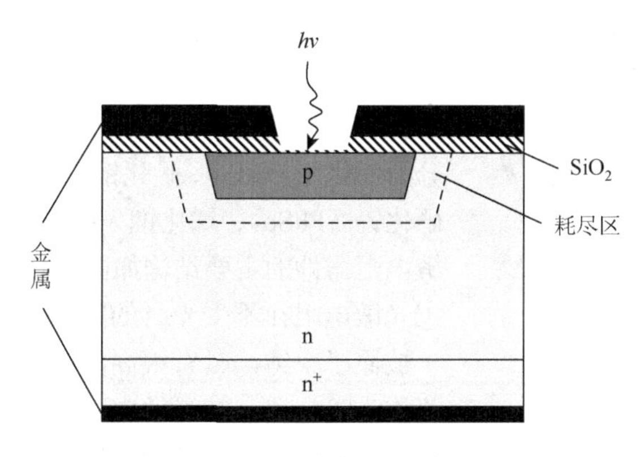

图 2.41　光敏二极管的工作原理图

4. 光电池

光电池是基于光生伏特效应的应用。它是利用光电效应原理直接将光能转换为电能的装置，是一个大面积的 p-n 结。当光照射到 p-n 结上时，便在 p-n 结的两端产生电动势（p 区为正，n 区为负）。用导线将 p-n 结两端连接起来，就有电流流过，电流的方向由 p 区流经外电路至 n 区。若将电路断开，就可以测出光生电动势。太阳能电池系统的基本结构如图 2.42 所示，光伏电池组件将光能转换为电能，为了防止蓄电池过充电或过放电，须将所获得的直流电通过充放电控制器的调整后，为直流负载供电或为蓄电池充电；也可以通过逆变器将直流电转换为交流电为交流负载供电，或输送到公共电网中。目前，光电池已被广泛用于光电自动控制和测量装置，并为许多仪表及设备提供轻便的电源，被使用于宇航器中。

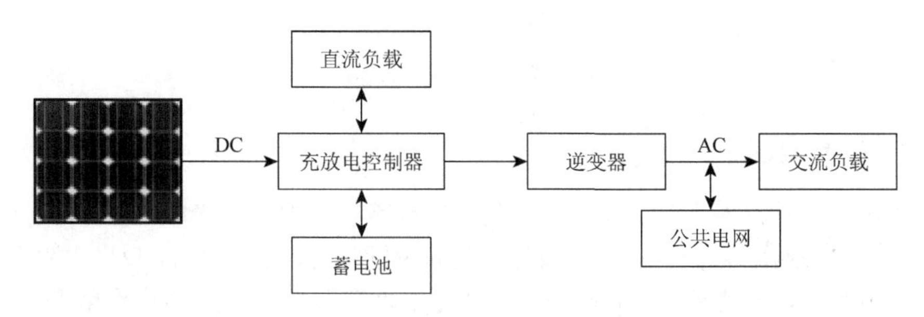

图 2.42　太阳能电池系统的基本结构

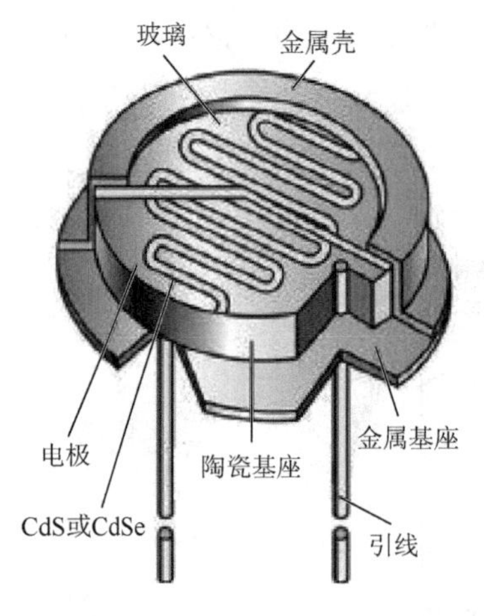

图 2.43　光敏电阻的基本结构

5. 光敏电阻

光敏电阻是基于光电导效应的技术，一般用于光的测量、光的控制和光电转换等。按光谱特性它可以分为紫外光敏电阻器和红外光敏电阻器。按制作材料它可以分为多晶和单晶光敏电阻器，还可以分为硫化镉（CdS）、硒化镉（CdSe）、硫化铅（PbS）、硒化铅（PbSe）、锑化铟（InSb）光敏电阻器等。光敏电阻器件的主要结构如图 2.43 所示，基本特性是：①光敏电阻在不受光时的阻值称为暗电阻，内部电子被原子束缚，具有很高的电阻值，此时流过的电流称为暗电流；②光敏电阻在受光照射时的电阻称为亮电阻，电阻值随光强增加而降低，此时流过的电流称为亮电流；③光照停止时，自由电子与空穴复合，电阻恢复原值，亮电流与暗电流之差称为光电流。

2.3　光热能量转换材料与技术

2.3.1　光热能量转换原理及特征参数

光热能量转换的基本原理是利用集热装置将太阳辐射能收集起来，再通过与介质的相互作用转换成热能，进行直接的热利用或间接的太阳能光热发电。因此，太阳能的光热能量转换原理包括光热转换和光热发电。

1. 光热转换

太阳光其实是载着热量的高频率电磁波，当太阳光沿一定的方向入射到金属表面时，如图 2.44 所示，金属内就会引起与入射方向平行的电磁振动。金属中自由电子在这个电磁振动场的影响下，即以外界辐射波的频率开始振动。由于热量与声波相同，都是由物质的原子晶格振动产生，因此，自由电子的振动撞击了晶体结构中的分子，加速了分子点阵结构的振动，形成了热能。该热能的形成如同电流通过电阻时产生热量的情况，这部分热量就是吸收热，即辐射能的一部分被金属吸收。

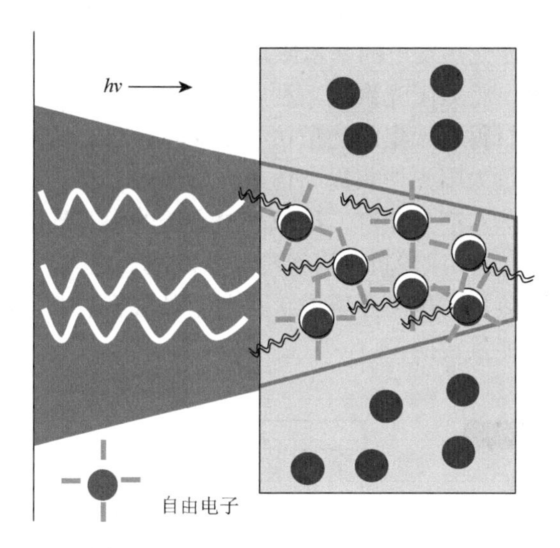

图 2.44　金属内部的光热转换原理图

根据普朗克光量子理论，黑体光谱辐射强度与波长、热力学温度之间的关系符合：

$$M_{\text{eb}}(\lambda,T)=\frac{2\pi hc^2}{\lambda^5(\mathrm{e}^{hc/k\lambda T}-1)} \tag{2.9}$$

式中，c——光速，$c\approx3\times10^8$ m/s；

k——玻尔兹曼常量，$k\approx1.38\times10^{-23}$ J/K；

h——普朗克常量，$h\approx6.62\times10^{-34}$ J·s。

普朗克从理论上证明了绝对黑体光谱辐射强度与波长和热力学温度的关系。辐射能量随着波长的增加而增加，当某一波长达到最大值 λ_{m}，然后又随 λ 增加而减少。在工程所需的温度范围内，辐射能几乎都集中在 $\lambda=0.8\sim10\mu\text{m}$ 的红外线范围内，而到达地面的太阳辐射能95%以上的能量主要集中在0.3～2.5μm的波长范围内，这对具有光谱选择性的集热材料用于辐射换热有重要的影响。根据上述关系，集热材料可以选择性地吸收高温热辐射且对低温吸收率极低。由于太阳表面的温度较高，发出的高频热辐射光照射到集热器时，表面上的吸收材料能够选择性地吸收太阳辐射中的短波辐射，而温度不高的集热器吸热面的热辐射则主要集中在2～30μm的波长范围内，基本上是长波辐射。集热器基板表面的长波发射率低，使得整个集热器的吸收率远大于发射率，保持较小的热辐射热损。由此可见，集热材料在光热能量转换过程中发挥着至关重要的作用。

2. 光热发电

太阳能光热发电是将太阳能的热利用与传统的热发电相结合，从而实现太阳能的光热发电。太阳能光热发电的基本原理如图2.45所示，首先是集热，就是通过数量众多的反射镜，将太阳光聚焦，利用集热材料收集太阳能，将太阳能转换为热能，并且用导热材料将聚集的热量传导至储热系统。储热系统是与传统热力循环一样的过程，通过太阳光聚焦提高传热介质温度，存入高温蓄热罐，然后用泵送入蒸汽发生器加热水产生蒸汽，形成高温高压的水蒸气推动汽轮机发电机组工作，将热能转换为电能，汽轮机蒸汽经冷凝器冷凝后送入蒸汽发生器循环使用。在蒸汽发生器中放出热量的传热介质重新回到低温蓄热罐中，再送回吸热器加热，最终实现光热发电的能量转换。

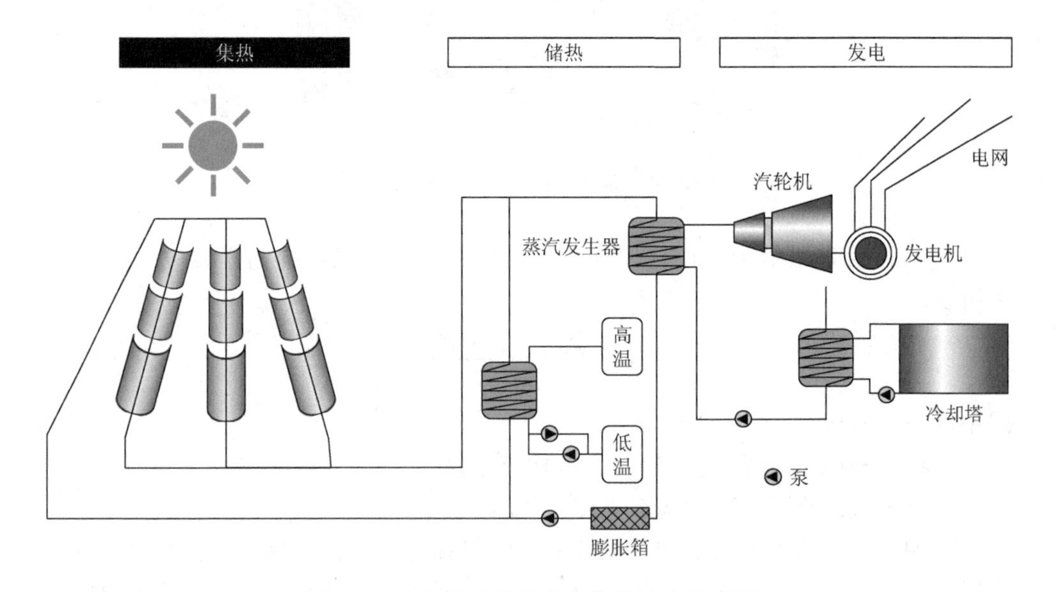

图2.45　太阳能光热发电系统的基本原理图

3. 集热器的特征参数

太阳能光热转换效率受测试地点的纬度、阳光的照射角度、照射时长、受辐射面积、转换装置的物理和化学性质、运转方式等多方面因素影响。通常情况下，太阳能光热转换效率即为转化后所得到的能量与计算出来的太阳能辐射总量的比值。就太阳能集热器而言，集热器传导到环境中的热损失会影响太阳能光热转换效率，包括导热、对流和红外辐射。在热平衡条件下，集热器的有效能量输出等于吸收的辐射能和热损失之差。在稳定状态下，规定时段内输出的有用能量等于同一时段内入射到集热器上的太阳辐照能量减去集热器对周围环境散失的能量，即

$$Q_u = Q_A - Q_L \tag{2.10}$$

式中，Q_u——集热器在规定时段内输出的有用能量，W；

Q_A——同一时段内入射到集热器上的太阳辐照能量，W；

Q_L——同一时段内集热器对周围环境散失的能量，称为集热器总热损系数，W。

集热器总热损系数 Q_L 是集热器中吸热板与周围环境的平均传热系数，根据图 2.46 所示的散热损失图，可知集热器总热损系数 Q_L 存在如下关系：

$$Q_L = Q_e + Q_b + Q_t \tag{2.11}$$

式中，Q_e——侧方向的热传导，W；

Q_b——垂直于集热面方向的热传导，W；

Q_t——对流热辐射，W。

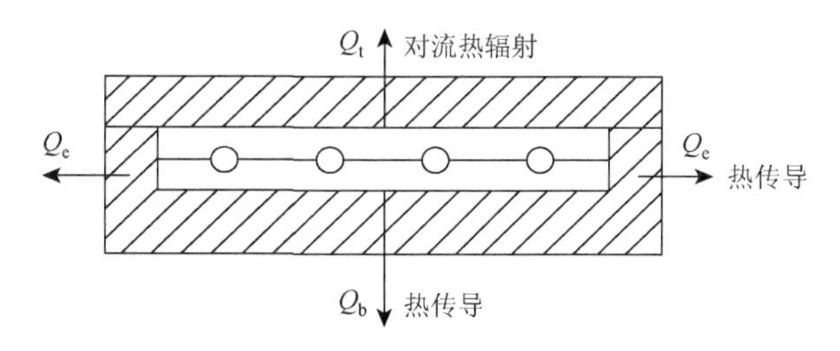

图 2.46　太阳能集热器散热损失图

在太阳能光热转换的过程中，对太阳能的吸收比（α）、反射比（ρ）、透射比（τ）存在如下关系：

$$\alpha + \rho + \tau = 1 \tag{2.12}$$

一般要求平板玻璃的透射比不低于 0.78。在国内，平板玻璃的透射比一般在 0.83 以下，而发达国家市场已有专门用于太阳能集热器的平板玻璃，其透射比高达 0.90～0.91。集热器的太阳辐照能量：

$$Q_A = A_c S = A_c G(\tau\alpha)_e \tag{2.13}$$

式中，A_c——集热器面积，m^2；

S——吸热面吸收的太阳辐射量，W/m^2；

G——太阳辐照度，W/m^2；

$(\tau\alpha)_e$——透射比与吸收比的有效乘积。

1）集热器效率 η

在稳态（或准稳态）条件下，集热器传热工质在规定时段内输出的有用能量与规定的集热器面积和同一时段内入射到集热器上太阳辐照量的乘积之比，即

$$\eta = \frac{Q_u}{AG} \tag{2.14}$$

2）效率因子 F

由于 Q_u 受影响因素较多，不易确定，通常引入效率因子 F 对集热器输出有效能量进行修正，即流体对外界的传热系数与吸热面对外界的传热系数之比：

$$F = \frac{U_0}{U_L} = \frac{\text{流体对外界的传热系数}}{\text{吸热面对外界的传热系数}} \tag{2.15}$$

2.3.2　光热材料分类及制备

在实现光热转化过程中，设备通过集热材料收集太阳能，并且用导热材料将聚集的热量传导至蓄热系统，用收集的热量加热水或者其他工作介质，将太阳能转换为热能。因此在太阳能光热利用过程中，主要用到集热材料、导热材料、储热材料等，有时为了提高光热能量转换效率，在集热材料上涂覆选择性吸收涂层。因此，光热材料可以按图 2.47 所示进行分类。

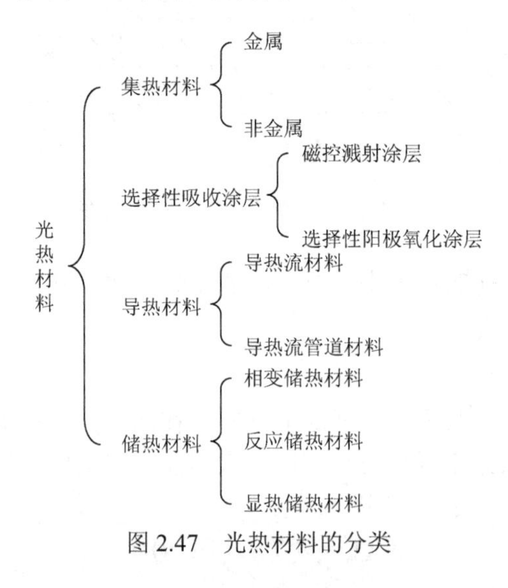

图 2.47　光热材料的分类

1. 集热材料

集热材料是指能够选择性地吸收太阳能辐射且可以释放一定辐射能的材料。集热材料的选用原则是：①超长的户外寿命，如抗风、防灰尘吸附等；②高太阳光反射率，反射波长覆盖 300～2500nm；③良好的抗机械应力特性；④耐腐蚀性。集热材料可以根据吸热方式和吸热板芯进行分类。根据吸热方式，集热材料主要有金属、塑料、玻璃等，是太阳能一次吸热或直接从太阳光获取热能的材料；而根据吸热板芯，集热材料还包括钢板铁管、全铝、全铜、铜铝复合、不锈钢、硫化钠、溴化锂、氯化锂、硅胶和水。其中，玻璃常用于储存式热水器，强制循环式集热体有质量大、价格昂贵、不耐冲击等缺点。而塑料的优点也很多，耐蚀性、加工性都很好，不过在导热性、耐热性、耐候性方面有些问题，实际使用不多。实际使用的几乎全是金属，如国内外使用比较普遍的是全铜或铜铝复合材料。铜对于水蚀具有可靠性，铜的导热系数也是在集热体所用的金属中最大的，加工和用软焊料或硬焊料都比较容易，但价格昂贵。铝作为集热材料，其密度小、导热系数良好、耐蚀性良好、富有加工性、价格便宜，因而得到广泛的应用。铜铝复合集热材料可以结合铜的高导热性、耐蚀性和铝的优点，但铜铝复合技术还不太成熟，导致了成本相对较高。不锈钢集热材料强度高，机械加工、焊接等方面也比较简单，价格便宜，但存在局部腐蚀、热导率低、笨重等缺点[12]。

2. 选择性吸收涂层

选择性吸收涂层是涂覆在集热器表面的功能层，能提高太阳能的吸收效率，尽量减少消光材料本体对环境的热辐射损失。由于太阳能与集热器吸收表面之间是通过粒子辐射形式进行传递的，所以只有具备特殊性能的材料才能做到尽可能多地吸收太阳能，同时又尽可能少地减少自身热辐射损失，从而达到提高太阳能光热转换效率的效果。光谱选择性吸收涂层，是对光谱吸收具有选择性的涂层材料，在波长 0.25～3μm 光谱内吸收光线程度高，即有尽量高的吸收率 α，在热辐射波长范围内有尽可能低的辐射损失，即有尽可能低的发射率 ε。将光谱选择性吸收涂层涂覆在集热器的表面，提高太阳能的吸收效率，尽量减少消光材料本体对环境的热辐射损失，是太阳能光热转换技术的核心，简言之就是对光谱吸收具有选择性的涂层材料。许多国家都在努力研究制备工艺简单、成本低廉、稳定性好、耐候性强、吸收率高、热发射率低的光谱选择性吸收涂层。早期的吸收涂层属于非光谱选择型，主要是将无光谱选择性的黑色涂料和油漆混匀、涂布于金属基底上来达到吸收太阳光的目的。这种涂层的吸收率低、热发射率高、稳定性差、易腐蚀，适用于中低温环境条件。目前，光谱选择性吸收涂层在太阳能利用中扮演着重要的角色，主要体现在太阳能热水器、太阳能热发电等方面。其中，选择性吸收涂层在太阳能热水器方面的应用已经实现商业化，当前世界上最先进的德国 TINOX 超级蓝钛膜，光吸收率达 90%（图 2.48）。选择性吸收涂层主要追求高效，也就是 α/ε 尽可能大，稳定性好。

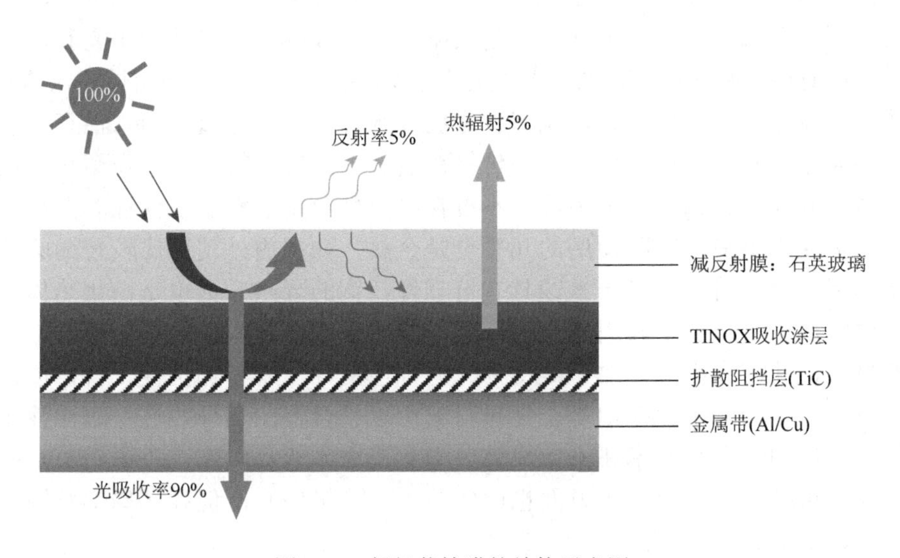

图 2.48　超级蓝钛膜的结构示意图

具有光谱选择性吸收特性的材料，必须是一种复合材料，即由吸收太阳光辐射和反射红外光谱两部分材料组成。吸收辐射是指当辐射通过物质时，其中某些频率的辐射被组成物质的粒子（原子、离子或分子等）选择性地吸收，从而使辐射强度减弱。吸收辐射的实质，是物质粒子发生由低能级（一般为基态）向高能级（激发态）的跃迁。在太阳光谱区，波长在 0.3～2.5μm 的光辐射强度最大，对该光谱区的光量子吸收是关键，因此，涂层材料中只有存在与波长 0.3～2.5μm 光子的能量相对应的能级跃迁，才具有较好的选择吸收性。一般来说，金属、金属氧化物、金属硫化物和半导体等发色体粒子的电子跃迁能级与可见光谱区的光子能量较为匹配，是制备太阳能选择性吸收涂层的主要材料，如黑铬（Cr_xO_y）、黑镍（NiS-ZnS）、黑氧化铜（Cu_xO_y）和四氧化三铁（Fe_3O_4）等。而作为选择性吸收涂层的另一部分——红外反射层则一般采用红外反射率较高的材料，如铜、铝等金属，以获得较低的红外发射率，达到减少自身辐射热损的目的。

光谱选择性吸收涂层的制备方法有 CVD 法、化学溶液镀膜法、PVD 法及喷涂等，也可以如图 2.49 所示，分为涂料法、电化学法和气相沉积涂层等。

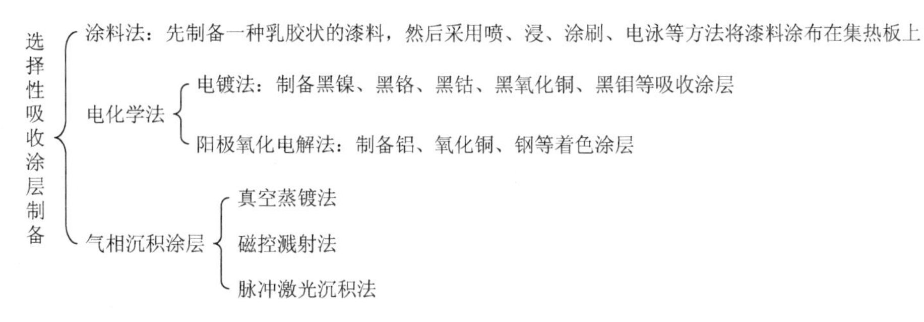

图 2.49　光谱选择性吸收涂层制备方法的分类

自 20 世纪 90 年代以来，光谱选择性吸收涂层材料及其结构的研究已日臻成熟。随着真空薄膜技术的飞速发展，之后又出现了许多新的生产技术。目前，采用中频磁控溅射法生产干涉型金属陶瓷光谱选择性吸收涂层是主流方向，其中具有代表性的主要是德国生产的在金属卷带上连续沉积的金属陶瓷吸收涂层[13]。除此之外，连续化生产方式也是涂层技术的一次重要飞跃；应用于中高温太阳能集热器方面的涂层材料也是今后主要的研究方向。事实上，光谱选择性吸收涂层材料的研究与发展过程也是太阳能集热器乃至太阳能光热应用的发展过程。

根据吸收原理和涂层结构的不同，可以将选择性吸收涂层分成本征吸收涂层、干涉型吸收涂层、金属-电介质复合涂层和表面结构型吸收涂层。

1）本征吸收涂层

本征吸收涂层也称为体吸收型涂层，是指那些本身具有光吸收选择性的材料，主要是指带隙 E_g 处于 0.5eV（2.5μm）～1.26eV（1.0μm）的半导体材料，其结构如图 2.50 所示。这种材料只会吸收能量大于 E_g 的太阳光，使其价电子从价带跃迁到导带，而能量低于 E_g 的光则不会被吸收。Si（1.1eV）、Ge（0.7eV）和 PbS（0.4eV）都是理想的选择性光吸收材料。

图 2.50　本征吸收涂层的结构示意图

本征吸收涂层稳定的化学性质，使其具有良好的抗热、抗腐蚀性能，具有较高的折射率，使其表面反射率也很高，造成光损失，从而影响吸收率。可以通过刻蚀的方法改变半导体膜表层的几何结构，致使折射率降低，吸收率升高。

2）干涉型吸收涂层

干涉型吸收涂层利用了光的干涉原理，是由非吸收的介质膜与吸收复合膜、金属底材或底层薄膜组成。严格控制每层膜的折射率和厚度，使其对可见光谱区产生破坏性的干涉效应，从而降低对太阳光波长中心部分的反射率，在可见光谱区产生一个宽阔的吸收峰。这种涂层的特点是随着层数的增加吸收率有增加的趋势，但是发射率也可能增加，而且要严格控制各层厚度和折射率，一般可以通过数值计算对层结构进行优化。图 2.51 为干涉型吸收涂层的结构示意图，通过对各层的厚度和折射率进行计算，可提高光吸收率。这其中，常用的电介质层有 Al_2O_3、SiO_2、CeO_2、PbS、ZnS、NiS 等，常用的金属层有 Cu、Al、Fe、Ni、Cr、Mo、Au 等。

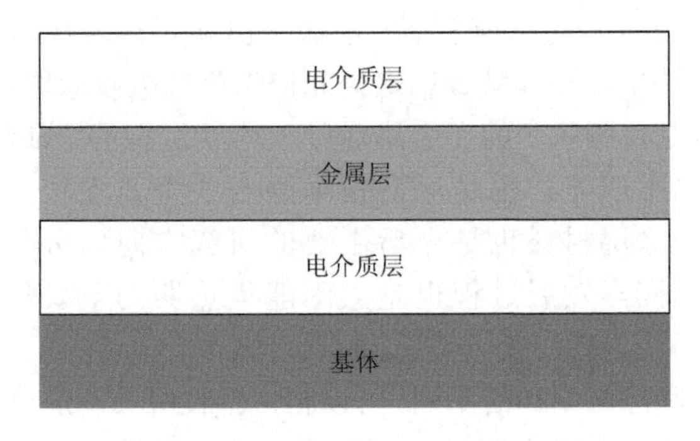

图 2.51　干涉型吸收涂层的结构示意图

3）金属-电介质复合涂层

这种涂层一般为高吸收的金属-金属陶瓷（电介质）复合物，电介质基体为含有细小金属颗粒的复合结构或含有金属颗粒的多孔氧化物，复合涂层的结构如图 2.52 所示。金属颗粒的带间跃迁和颗粒间作用，使复合涂层在太阳光辐射区具有很高的吸收率，而在红外区具有很高的透明性。它的主要特点是这种复合膜一般沉积在对红外区有很好反射性的金属（Al、Cu、Fe 等）基体上，以得到最好的光吸收选择性。这类涂层具有很好的灵活性，可以通过选择适当的参数（如涂层厚度、粒子浓度、形状、尺寸、取向等）来获得最好的选择吸收性能。常用的金属有 Ni、Cr、Co、Mo、Ag、W 等，常用的电介质为 Al_2O_3、多孔 Al_2O_3 和碳化物。

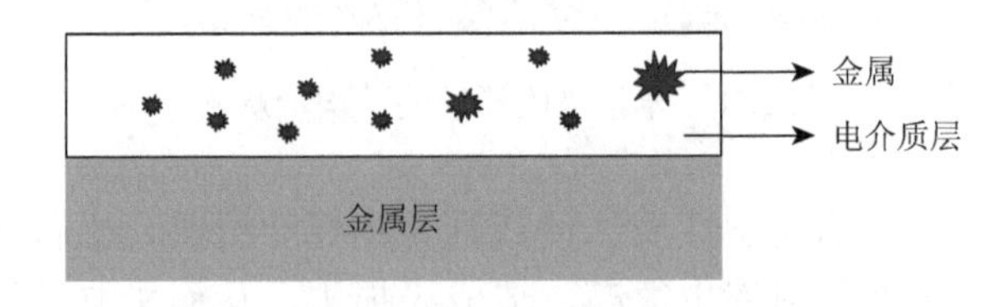

图 2.52　金属-电介质复合涂层的结构示意图

4）表面结构型吸收涂层

表面结构型吸收涂层用于控制涂层表面的形貌和结构，如图 2.53 所示，使该种涂层表面对紫外-可见-近红外波段的太阳光谱在光学陷阱的作用下产生持续折射而被吸收，而对于中-远红外波段的太阳光谱，由于其波长较长（>2.5μm），不能进入光学陷阱而被反射掉，以此达到选择性吸收的目的。它的特点是微孔型粗糙表面或小颗粒表面对于长波辐射和短波辐射具有不同效应，对于短波辐射它是粗糙表面，能将其充分吸收，对于长波辐射它呈镜面，反射率很高。当微孔表面粗糙度和太阳辐射波长相比很大时，由于表面微孔的反射，可以提高对太阳光的吸收能力。当表面粗糙度与热辐射波长相比很小时，其热辐射的能力降低[14]。多孔 W、Mo、Al_2O_3 膜表面就属于此种涂层。

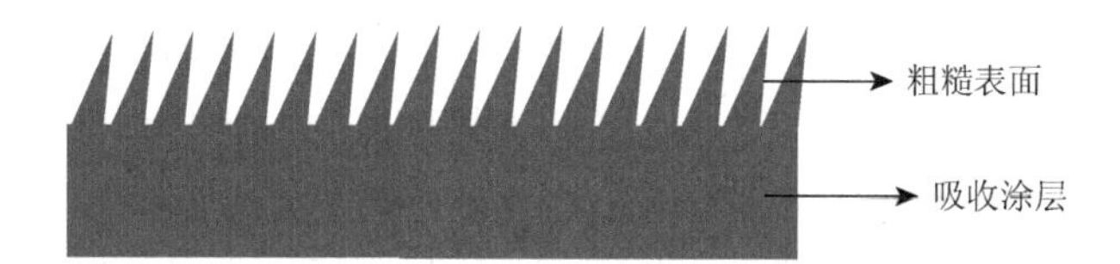

图 2.53　表面结构型吸收涂层的结构示意图

太阳能选择性吸收涂层主要应用于太阳能热水器、干燥器、温室与太阳房、采暖和制冷、海水淡化装置、太阳能热发电装置、高温太阳炉等。预计涂层未来的研发方向主要有以下几个方面：①超长的户外寿命（抗风、防灰尘吸附等）；②高太阳光反射率（反射波长覆盖 300～2500nm）；③良好的抗机械应力特性，以适应对反射镜面的定期清洗；④耐腐蚀性（<0.15%，与镀银镜面耐腐蚀性相当）。

3. 导热材料

将能聚集的热量传导至蓄热系统且在这个过程中不会大量损失热的材料称为导热材料。在太阳能热利用方面，大多数分散的集热器与蓄热器之间的距离相对较远，因此导热系统仍是不可或缺的。导热材料主要有导热流材料和导热流管道材料，另外储热材料在液相或气相状态下也可作为导热流材料。国际研究倾向于在储热和导热过程中采用相同的材料，以降低热交换系统的复杂程度，从而达到降低系统成本的目的。未来的重点是新型热传导媒质，如离子流体，新型热循环管道材料，如金属化塑胶管等的研发。

4. 储热材料

将热量或冷量储存起来，在需要的时候再将其释放出来，这样的材料就称为热能储存材料，即储热材料。选择储热材料的原则是热能储能量大、稳定性好、无毒无腐蚀、不易燃易爆、材料的热导率大、体积变化小或无变化。根据储热方式，储热材料主要包括显热储热材料、相变储热材料、反应储热材料等。储热材料的工作过程包括两个阶段，一是热量的储存阶段，即把高峰期多余的动力、工业余热废热或太阳能等通过储热材料储存起来；二是热量的释放阶段，即在使用时通过储热材料释放出热量，用于采暖、供热等。热量储存和释放阶段循环进行，就可以利用储热材料解决热能在时间和空间上的不协调性，达到能源高效利用和节能的目的。

在各种储热材料中，显热储热材料廉价易得、技术简单，是早期应用较多的储热材料。但随着其他储热材料的研究和发展，显热储热材料逐步面临被淘汰的局面。与显热储热材料相反，反应储热材料由于安全性要求高、技术复杂，尚处于研究起步阶段，离材料工业化应用尚有不小的距离。而相变储热材料和吸附储热材料由于储热密度高，成为储热材料的研究热点。制备复合储热材料是提高储热材料密度和性能的有效途径。无论是相变储热材料还是吸附储热材料，单一储热材料都存在较大缺陷，而利用结构稳定、导热率高的无机材料作为储热物质的载体，合成出复合储热材料，不仅可以提高储热材料的导热率和稳定性，还在一定程度上提高材料的储热能力。储热材料通过物质的温度变化来储存热能，储热介质必须具有较大的热容。可作为储热介质的固态物质有岩石、砂、金属、水泥和砖等，液态物质有水、导热油及融熔盐。与液态储热材料相比，固态储热材料具有两个特点：①热能储存温度范围大，可以从室温至 1000℃以上的高温段；②不产生介质泄漏，对容器材料的要求低。

1）显热储热材料

显热储热就是利用材料自身的高热容和热导率通过自身温度的升高达到储热的目的，可分为液体和固体两种类型，液体材料常见的如水、原油等，固体材料如岩石、鹅卵石、土壤等。显热储热材料运行方式简单、成本低廉、大部分可从自然界直接获得、使用寿命长、热传导率高。目前主要应用的显热储热材料有硅质、镁质耐火砖，硝酸盐，铸钢、铸铁，原油等热容较大的物质。但是，显热储热材料是依靠储热材料的温度变化来进行热量储存的，放热过程不能恒温，储热密度小，造成储热设备的体积庞大，储热效率不高，而且与周围环境存在温差会造成热量损失，热量不能长期储存，不适合长时间、大容量储热，限制了显热储热材料的进一步发展。

2）相变储热材料

相变储热材料是利用物质在相变如凝固与熔化、凝结与汽化、固化与升华等过程发生的相变吸收或释放能量，从而进行热量的储存和利用。与显热储热材料相比，相变储热材料的储热密度高，能够通过相变在恒温下放出大量热量。虽然气-液和气-固转变的相变潜热值要比液-固、固-固转变时的潜热值大，但因其在相变过程中存在容积的巨大变化，使其在工程实际应用中会存在很大困难，因此目前的相变潜热储热研究和应用主要集中在液-固和固-固相变两种类型。相变储热材料的种类很多，从材料的化学组成来看，可分为无机和有机材料两类；从储热的温度范围来看，可分为高温、中温及低温等类型。目前制备相变储热材料的方法主要有以下几种：①基体材料封装相变材料法，就是把基体材料按照一定的成型工艺制备成微胶囊、多孔或三维网状结构，再把相变材料灌成微胶囊，技术包括界面聚合法和原位聚合法。②基体和相变材料熔融共混法，利用相变物质和基体的相容性，熔融后混合在一起制成组分均匀的储热材料。此种方法比较适合制备工业和建筑用的低温定形相变材料，有人通过熔融共混法成功地制备出石蜡/高密度聚乙烯定形相变材料，并探讨了这种材料在建筑节能中的应用。③混合烧结法，首先将制备好的微米级基体材料和相变材料均匀混合，然后外加部分添加剂球磨混匀并压制成型后烧结，从而得到储热材料。这种方法通常用于制备高温相变储热材料。

3）反应储热材料

反应储热材料是利用可逆化学反应通过热能与化学能的转换来储热。它在受热和受冷时可发生两个方向的反应，从而对外吸热或放热。一些可逆化学反应过程在储热方面比纯物理过程（热容量变化和相变）更有效。其主要优点不仅在于储热量大，而且如果反应过程能用催化剂或反应物控制，就可以长期储存热量。其中，储存低中温热量最有效的化学反应是水合/脱水反应，该反应的可逆性很好，对设计多用途的低中温储热系统非常有益。目前有四种无机物的可逆水合/脱水反应已受到人们的关注，它们分别是结晶水合物、无机氢氧化物、金属氧（氢）化物和复合蓄热材料。其选用原则如下：①要求材料反应热效应大；②反应温度合适；③无毒、无腐蚀、不易燃易爆；④价格低廉；⑤反应不产生副产品；⑥可逆化学反应速率适当；⑦反应时材料的体积变化要小；⑧对相关结构材料无腐蚀性。

2.3.3　光热能量转换技术与应用

太阳能光热能量转换技术是利用集热装置将太阳辐射能收集起来进行直接或间接利用，目前主要包括太阳能热泵、太阳能集热器、太阳能光热发电、太阳能辐射探测和太阳能生物医疗等。

1. 太阳能热泵

太阳能热泵是指利用太阳能作为蒸发器热源的热泵系统。工作原理如图 2.54

所示，主要工作流程是晴天时经膨胀阀节流后的低温低压制冷剂经过太阳能集热器加热后，流入蒸发器中，经过蒸发后的制冷剂在压缩机中形成高温高压气体，然后排入冷凝器中，与水进行对流换热，制冷剂经膨胀阀又流回蒸发器中，如此循环。在夜间或是阴天，太阳能集热器也可以吸收大气中的显热和潜热来维持全天候的热水生产。热泵式太阳能集热器是采用热泵技术间接利用太阳能热量的集热器。热泵式太阳能集热器吸收经过阳光照射过的空气而收集热量，不需要庞大的太阳能集热板，由空气代替太阳能集热板，减少了使用空间。

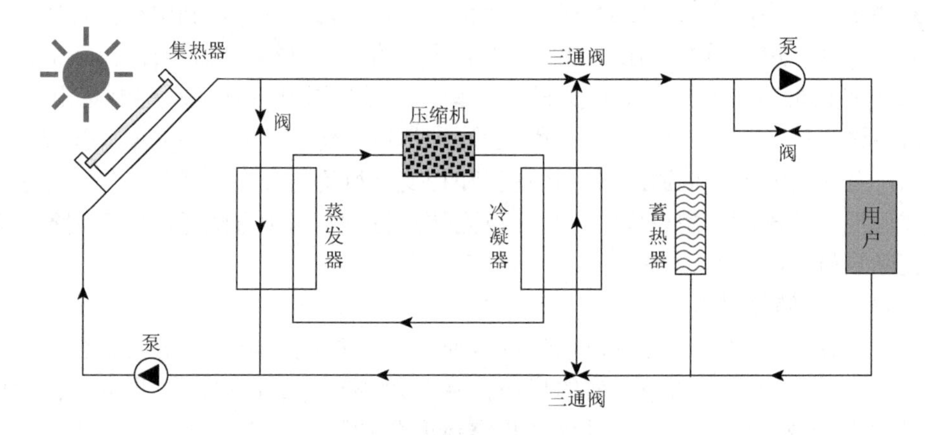

图 2.54　太阳能热泵的工作原理

按照结构与形式，太阳能热泵可分为传统串联式太阳能热泵系统、直接膨胀式太阳能热泵系统、并联式太阳能热泵系统和混合连接式太阳能热泵系统。

1）传统串联式太阳能热泵系统

传统串联式太阳能热泵系统的工作原理如图 2.55 所示，太阳能集热器与热泵蒸发器是独立部件，通过中间换热器实现换热。中间换热器用于存储被太阳能加热的工质（空气或水），热泵蒸发器与其换热使制冷剂蒸发，通过冷凝将热量传递给用户。

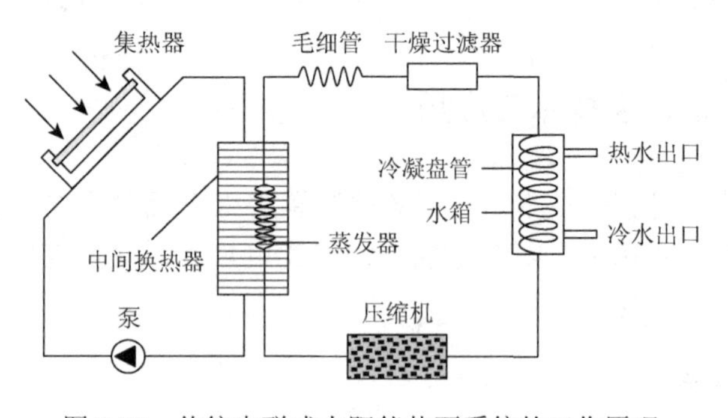

图 2.55　传统串联式太阳能热泵系统的工作原理

2）直接膨胀式太阳能热泵系统

直接膨胀式太阳能热泵系统的工作原理如图2.56所示，它的主要特点是太阳能集热器与热泵蒸发器合二为一。制冷剂被直接充入太阳能集热器中。太阳能集热器同时作为热泵的蒸发器使用。

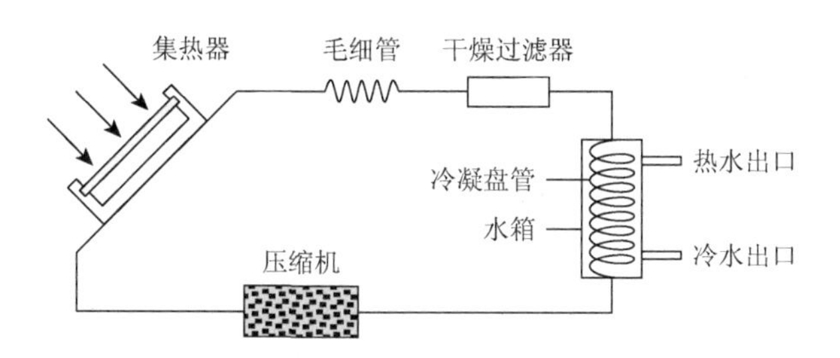

图2.56　直接膨胀式太阳能热泵系统的工作原理

3）并联式太阳能热泵系统

并联式太阳能热泵系统的工作原理如图2.57所示，该系统由传统的太阳能集热器与热泵共同组成，各自相互独立、互为补充。当太阳辐射足够时，只运行太阳能系统，否则，运行热泵系统或两个系统同时运行。

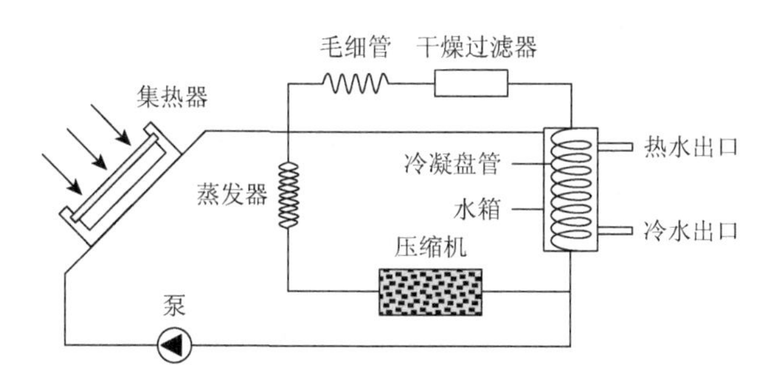

图2.57　并联式太阳能热泵系统的工作原理

4）混合连接式太阳能热泵系统

混合连接式太阳能热泵系统共有两个蒸发器，一个是以大气为热源，一个是以被太阳能加热的工质为热源。该系统的工作原理如图2.58所示，当太阳辐射强度足够时，不开启热泵，直接利用太阳能即可。而当太阳辐射强度很小，水箱中水温过低时，热泵开启，这时以空气为热源进行工作。而当外界条件介于两者之间时，热泵以水箱中被太阳能加热了的工质为热源进行工作。

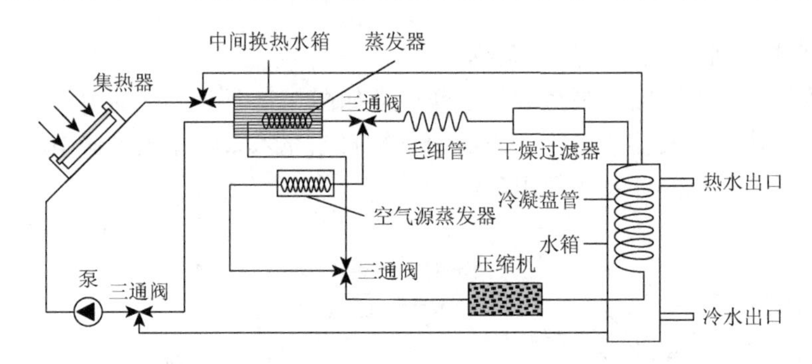

图 2.58 混合连接式太阳能热泵系统的工作原理

2. 太阳能集热器

太阳能集热器有各种不同的分类方法，按集热器的传热工质可以分为液体集热器和空气集热器；按进入采光口的太阳辐射是否改变方向可以分为聚光型集热器和非聚光型集热器；按集热器是否跟踪太阳可以分为跟踪集热器和非跟踪集热器；按集热器内是否有真空空间可以分为平板型太阳能集热器和真空管型太阳能集热器；按集热板使用材料可以分为纯铜集热板、铜铝复合集热板和纯铝集热板；按集热器的工作温度范围可以分为低温集热器（100℃以下）、中温集热器（100～200℃）和高温集热器（200℃以上）。下面按集热器内是否有真空空间对太阳能集热器进行介绍。

1）平板型太阳能集热器

平板型太阳能集热器是一种吸收太阳辐射能量并向工质传递热量的装置，它是一种特殊的热交换器，集热器中的工质与远距离的太阳进行热交换。平板型太阳能集热器是太阳能低温热利用的基本部件，也一直是太阳能市场的主导产品。平板型太阳能集热器的优点是具有良好的承压性能、适合与建筑一体化、具有高的热效率、组成大系统时性能稳定，同时，工艺不复杂、单位平方米成本低、寿命长。平板型太阳能集热器是由吸热板芯、壳体、透明盖板、保温材料及有关零部件组成，在加接循环管道，保温水箱后，就能吸收太阳辐射热，使水温升高。平板型太阳能集热器按吸热板芯材料可以分为钢板铁管、全铜、全铝、铜铝复合、不锈钢、塑料及其他非金属等；而按结构可以分为管板式、翼管式、扁盒式、蛇形管式等；按盖板可以分为单层或多层玻璃、玻璃钢集热器，高分子透明材料集热器，透明隔热材料集热器等。

平板型太阳能集热器具有明显的优缺点。在金属板芯平板型太阳能集热器中，透明盖板被普遍采用。水流的循环和加热全部依靠集热器的吸热作用，不需要泵和其他能源；运行成本低，是一次投资，长期受益；水流系统常压运行，无须带压设备，没有任何安全隐患；整个系统没有运转设备，水对吸热板没有腐蚀作用，使用寿命很长。其缺点是在低温环境中，透过盖板的散热损失较大，导致整个集热器效率低；由于白天、晚上的温度不同，集热器易产生倒流；在高温段效率偏低，表面热损大；在冬季低于 0℃时，因集热器中的水结冰膨胀容易将管胀裂；流动阻力分布不均，抗冻性能差，所以使用范围局限在水不冻结的情况[15]。

平板型太阳能集热器主要由吸热板、透明盖板、隔热层和壳体等几部分组成，结构装配如图 2.59 所示。

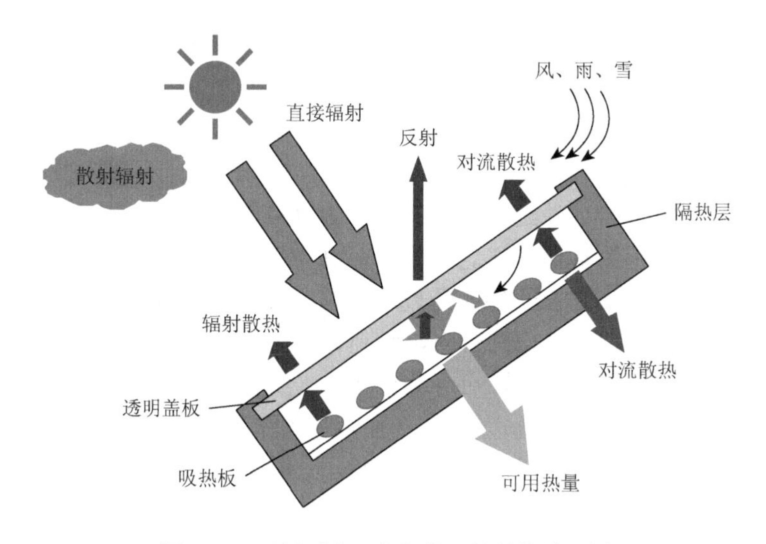

图 2.59　平板型太阳能集热器的结构装配图

吸热板是平板型太阳能集热器内吸收太阳辐射能并向传热工质传递热量的部件，基本上是平板形状。在平板形状的吸热板上，通常都布置有排管和集管：排管是指吸热板纵向排列并构成流体通道的部件；集管是指吸热板上下两端横向连接若干根排管并构成流体通道的部件。

透明盖板是平板型太阳能集热器中覆盖吸热板，并由透明（或半透明）材料组成的板状部件。它的功能主要有三个：一是透过太阳辐射，使其投射在吸热板上；二是保护吸热板，使其不受灰尘及雨雪的侵蚀；三是形成温室效应，阻止吸热板在温度升高后通过对流和辐射向周围环境散热。对透明盖板的技术要求是透射比高、红外透射比低、导热系数小、冲击强度高、耐候性能好，使集热器光学性能好、机械性能好、耐老化性能好。平板型太阳能集热器透明盖板的层数取决于集热器的工作温度及使用地区的气候。绝大多数情况下，平板型太阳能集热器都采用单层透明盖板，当工作温度较高或者在气温较低的地区使用时，平板型太阳能集热器宜采用双层透明盖板[16]。一般情况下，很少采用三层及以上透明盖板，因为随着层数增多，虽然可以进一步减少集热器的对流和辐射热损失，但同时会大幅度降低实际有效的太阳透射比。对于平板型太阳能集热器透明盖板与吸热板之间的距离，有各种不同的数值，有的还根据平板夹层内空气自然对流换热机理提出了最佳间距，即透明盖板与平板型太阳能集热器吸热板之间的距离应大于 20mm[17]。

隔热层是集热器底部和四周侧壁填充的一定厚度的绝热材料，以提高其热效率、降低集热器的热损失。它应具备导热系数低、不吸水、不吸湿且具有一定的机械强度的特点。

壳体将吸热板、透明盖板和隔热层装配成一体，构成一个完整的太阳能集热器。整个壳体要有一定的整体刚度和机械强度，以便保护吸热板和隔热层不受外部环境的各种损伤和影响，且便于装配。

2）真空管型太阳能集热器

真空管型太阳能集热器就是将吸热体与透明盖层之间抽成真空的太阳能集热器，用真空管型集热器部件组成的热水器即为真空管热水器。真空管型太阳能集热器是太阳能热利用的基本形式之一，一台真空管型太阳能集热器通常由若干真空集热管组成。真空集热管的外壳是玻璃圆管，吸热体可以是圆管状、平板状或其他形状，吸热体放置在玻璃圆管内，吸热体与玻璃圆管之间抽成真空。

真空管按吸热体材料种类，可分为两类：一类是玻璃吸热体真空管（或称为全玻璃真空管）；另一类是金属吸热体真空管（或称为玻璃-金属真空管）。按承压能力可分为非承压集热器和承压集热器。承压集热器按结构形式又可分为热管集热器和 U 形管集热器。

全玻璃真空管结构示意见图 2.60，由外玻璃管、内玻璃管、选择性吸收涂层、弹簧支架、消气装置等部件组成，其形状如一只细长的暖水瓶胆。全玻璃真空管的一端开口，将内玻璃管和外玻璃管的管口进行环状熔封；另一端封闭成半球形圆头，内玻璃管用弹簧支架支撑于外玻璃管上，以缓冲热胀冷缩引起的应力。将内玻璃管和外玻璃管之间的夹层抽成高真空。在外玻璃管尾端一般黏结一个金属保护帽，以保护抽真空后封闭的排气嘴。内玻璃管的外表面涂有选择性吸收涂层。弹簧支架上装有消气装置，在蒸散以后用于吸收真空集热管运行时产生的气体，起保持管内真空度的作用。消气装置一旦消气，银色镜面就会消失，说明真空集热管的真空度已被破坏。消气装置的吸气过程可分为蒸散吸气、表面吸附和内部扩散三步。

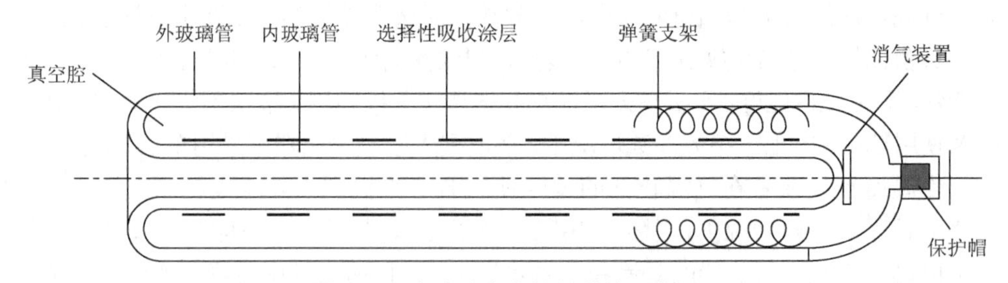

图 2.60　全玻璃真空管的结构示意图

蒸散吸气：在受热蒸散时，飞溅出来的钡原子与管内空间的气体分子相碰撞，在碰撞过程中有的钡原子仅仅改变其蒸散方向，有的则与气体分子发生化学反应，产生相应的化合物，并且沉积在管壳内表面上，使管内空间的气体浓度减少，残余气体大部分被吸收。

表面吸附：当气体分子碰撞固体表面时，它可能被弹回，也可能被吸附，被吸附的分子可能被吸附得很牢，也可能只被很微弱的力所束缚。

内部扩散：表面吸附的气体，具有较大的表面迁移率，它可以迅速地在整个表面上扩散开来。随着表面扩散的进行，在一定条件下，表面吸附的气体将进一步向吸气金属内部进行体扩散。

金属吸热体真空管由热管、金属吸热板、玻璃管、金属封盖、弹簧支架、消气装置等组成，如图 2.61 所示。在热管式真空管工作时，表面镀有选择性吸收涂层的金属吸热板吸收太阳辐射能并将其转化为热能，传导给与吸热板焊接在一起的热管，使热管蒸发段内的少量工质迅速汽化，被汽化的工质上升到热管冷凝段，释放出蒸发潜热使冷凝段快速升温，从而将热量传递给集热系统工质。热管工质放出汽化潜热后，迅速冷凝成液体，在重力作用下流回热管蒸发段。通过热管内不断重复的气-液相变循环过程，快速高效地将太阳热能源源不断地输出。

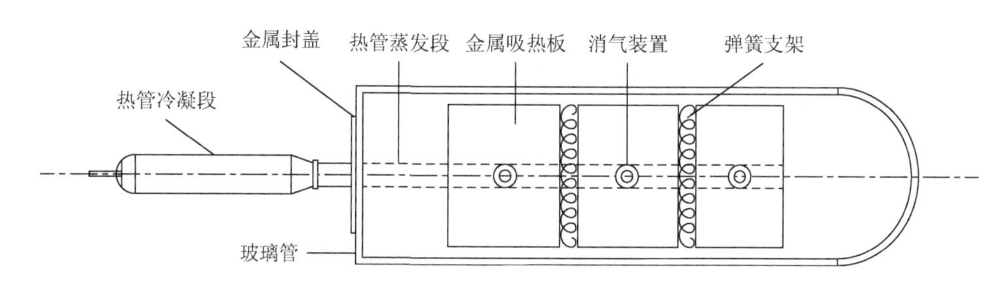

图 2.61　金属吸热体真空管的结构示意图

真空管型太阳能集热器的工作原理是采用内管的吸热涂层吸收太阳光，加热内管里的水，再与水箱或连箱进行交换，提高水温。作为一种集热板，它在吸热的同时也会进行散热，而热量的传递只有三种方式：辐射、传导、对流。管子的一端为蒸发段，吸收热量，另一端为冷凝段，释放热量。当管子的蒸发段被加热时，液体被汽化，蒸发段的蒸汽从管心流向冷凝段，蒸汽向外部释放热量，重新凝结为液体，再流回蒸发段。真空管型太阳能集热器的三种散热传热方式均很小，内管的水银涂层防止热量辐射；内外管中间的真空层防止热量传导；热量的对流散发对真空管型太阳能集热器而言几乎为零。其光热转换效率达 93.5%，比平板太阳能集热器提高 50%～80%[18]。

真空管型太阳能集热器的特点：①抗冻能力强，在南极都有优良表现，采用抗冻型热管，即使在–50℃的严寒条件下也不会冻裂；②光热转换效率高，高达 93%，系统光热转换效率可达 46%，有的真空管太阳能技术系统光热转换效率可达 75%，以至于可以直接产生开水；③启动快，热管的热容量大，在阳光下几分钟后即可输出热量，而且在多云的天气，比其他热水器能产生更多的热水；④不结垢，由于水不直接流经真空管内，避免了因水垢而引起的水道堵塞问题；⑤保温好，热管具有单向传热的特点，使热水在夜间不会沿热管向下散热到周围环境；⑥承压高，由于玻璃管内不盛水，连接成集热器后可同自来水和循环泵的压力，因而在大中型热水系统应用中独具优势；⑦耐热冲击性好，即使用户偶然误操作，向阳光下空晒后的热水器内立即注入冷水，真空管也不会炸裂；⑧安装简便，运行可靠，集热器内的真空管与集热器间是“干性连接”，无热水泄漏问题，安装方便，即使有一根热管出现问题，在维修过程中也不会影响整个系统的正常使用；⑨全天候运行，可在天气多变的南方和寒冷的北方全年运行，使用寿命长，可达 12 年。

3. 太阳能光热发电

将太阳能的热利用与传统的热发电相结合，就可以实现太阳能的光热发电。太阳能光热发电技术主要应用的集热器类型是聚光型太阳能集热器。根据聚光方式的不同，太阳能光热发电主要分为塔式、槽式和碟式。这三种发电方式虽然各有差异，但可以大致分为太阳能集热系统、热传输和交换系统、发电系统三个基本系统，如图 2.62 所示。部分大型太阳能光热发电项目可能会增加储热系统。太阳能光热发电相对于太阳能光伏发电有明显的不同，具体对比情况如表 2.2 所示。

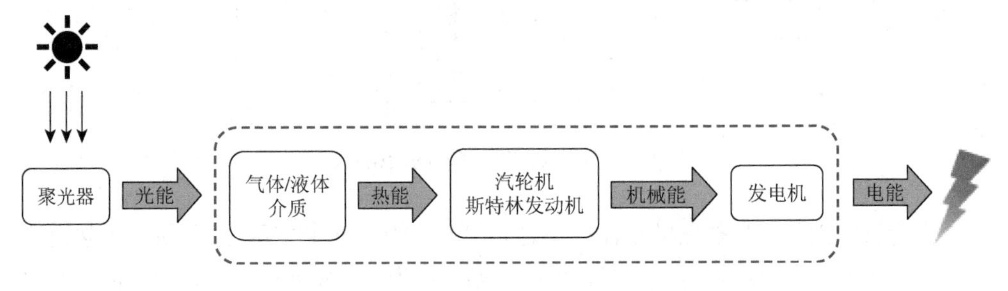

图 2.62　太阳能光热发电的能量转换过程

表 2.2　太阳能的光伏发电与光热发电对比

指标	光伏发电	光热发电
发电原理	利用太阳光中的可见光形成光电子，在半导体 p-n 结上形成内建电场，从而形成电流，实现发电	将太阳光中的热能转换为动能，并通过汽轮机进一步转换为电能，实现发电
可利用太阳能资源/%	60	30
发电成本/[元/(kW·h)]	0.7	0.9

续表

指标	光伏发电	光热发电
上网电价/[元/(kW·h)]	0.9～1	无
储能系统	使用电池进行电能储存，使用寿命短、损耗大	通过一些介质进行热储存（如熔融盐、水等），使用寿命长、损耗小
每年发电时长/h	1800～2200	储能：5000 不储能：～2000
与传统电厂合并	不能	能
输出电力特性	不可改变	可改变，调节
生产过程清洁度	高污染	清洁
光热转换效率/%	10～20	15～30
占地面积/(m^2/MW)	25～30	35～40
适用范围	适合小规模、分布式发电	由于其与火力发电有着共性，同样适合集中式大规模发电
全球技术水平	技术成熟应用	技术已相对成熟
全球产业化水平	产业化程度很高	产业化初步形成
国内产业化水平	产业化程度很高	未形成产业化
优势	技术和产业已相对成熟	储热成本低且效率高，年发电小时数长，与其他发电可有效契合，是最有条件逐步替代火电、担当基础电力负荷的新能源
劣势	生产过程中存在污染，且稳定性不高	对地理条件要求高

对比三种不同聚光方式的太阳能光热发电系统，如图 2.63 所示，可以发现塔式太阳能热发电系统的太阳能聚光比高、运行温度高、光热转换效率高，但其跟踪系统复杂、一次性投入大，随着技术的改进，可能会大幅度降低成本，并且能够实现大规模应用，所以是今后的发展方向。槽式太阳能热发电系统的技术较为成熟、系统相对简单，是第一个进入商业化生产的热发电方式，但其工作温度较低、光热转换效率低、参数受到限制。碟式太阳能热发电系统的光热转换效率高、单机可标准化生产，既可作分布式系统单独供电，也可并网发电，但发电成本较高、单机规模很难做大。

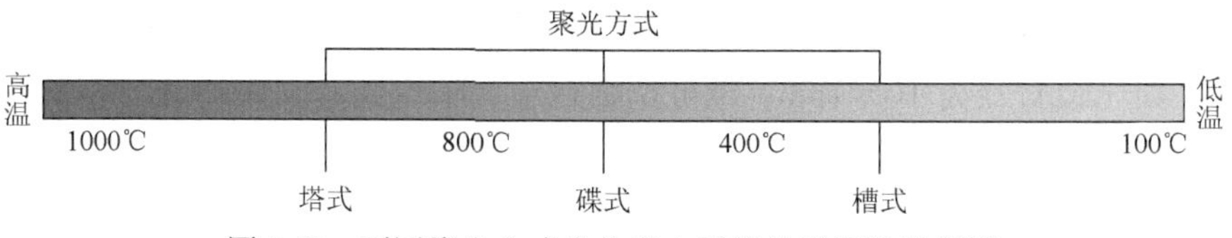

图 2.63　不同聚光方式光热发电系统的适用温度范围

1）槽式太阳能热发电系统

槽式太阳能热发电系统全称为槽式抛物面反射镜太阳能热发电系统，如图 2.64 所示，是将多个槽形抛物面聚光集热器经过串并联的排列，加热工质，产生过热蒸汽，驱动汽轮机发电机组发电。整个槽式系统由多个呈抛物线形的槽形反射镜构成。每个槽形反射镜都将其接收到的太阳光聚集到一个管状接收器上。

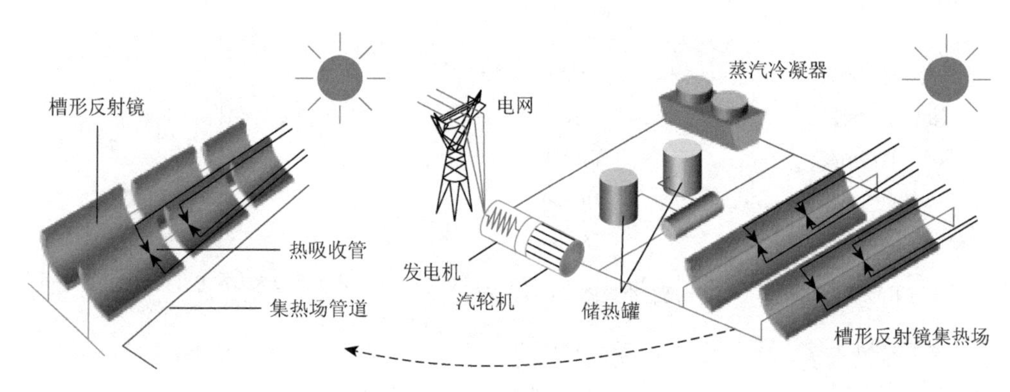

图 2.64　槽式太阳能热发电系统的组成示意图

提高槽式太阳能热发电系统的效率与正常运行，涉及两个方面的控制问题，一个是自动跟踪装置，要求槽式聚光器时刻对准太阳，以保证从源头上最大限度地吸收太阳能，据统计跟踪比非跟踪所获得的能量要高出 37.7%。另外一个是要控制传热液体回路的温度与压力，满足汽轮机的要求实现系统的正常发电。目前，采用菲涅尔凸透镜技术可以对数百面反射镜同时进行跟踪，将数百或数千平方米的阳光聚焦到光能转换部件上（聚光比约 50 倍，可以产生 300～400℃的高温），改变了以往整个工程造价大部分为跟踪控制系统成本的局面，使其在整个工程造价中只占很小的一部分。同时使集热核心部件镜面反射材料，以及太阳能中高温直通管克服了长期制约槽式太阳能在中高温领域内大规模应用面临的问题，为实现太阳能中高温设备制造标准化、产业化和规模化运作开辟了道路。

2）碟式太阳能热发电系统

碟式太阳能热发电的主要特征是采用盘状抛物面聚光集热器，其结构从外形上看像抛物面雷达天线，如图 2.65 所示。由于盘状抛物面聚光集热器是一种点聚焦集热器，其聚光比可以高达数百到数千倍，因而可产生非常高的温度。碟式太阳能热发电系统可以独立运行，作为无电边远地区的小型电源，一般功率为 10～25kW，聚光镜直径为 10～15m；也可把数台至数十台装置并联起来，组成小型太阳能热发电站。碟式太阳能发电尚处于中试和示范阶段，但商业化前景看好，它和塔式及槽式太阳能热发电系统一样，既可单纯应用太阳能运行，也可安装成为与常规燃料联合运行的混合发电系统。

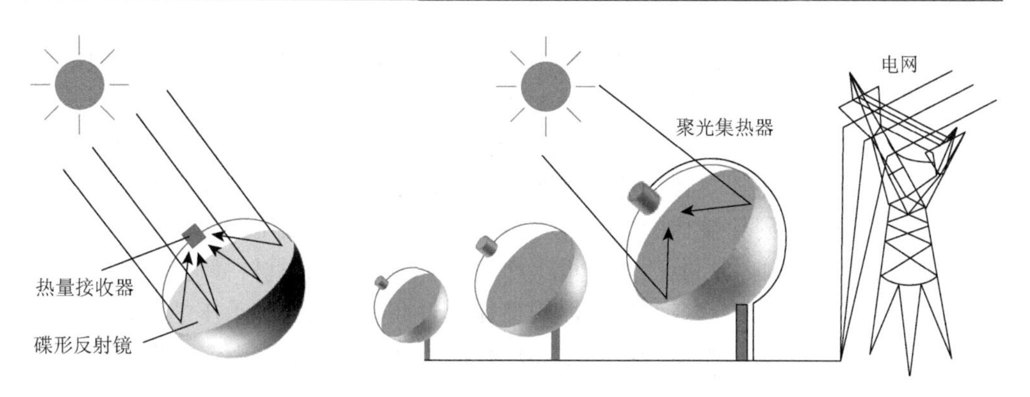

图 2.65　碟式太阳能热发电系统的组成示意图

3）塔式太阳能热发电系统

塔式太阳能热发电系统，也称集中型太阳能热发电系统，主要由定日镜阵列、高塔、吸热器、传热介质、换热器、蓄热系统、控制系统及汽轮发电机组等部分组成，如图 2.66 所示，基本原理是利用独立跟踪太阳的定日镜群，将阳光聚集到固定在塔顶部的吸热器上产生高温并储存在传热介质中，再利用高温介质加热水产生蒸汽或高温气体，驱动汽轮机发电机组或燃气轮机发电机组发电，从而将太阳能转换为电能。

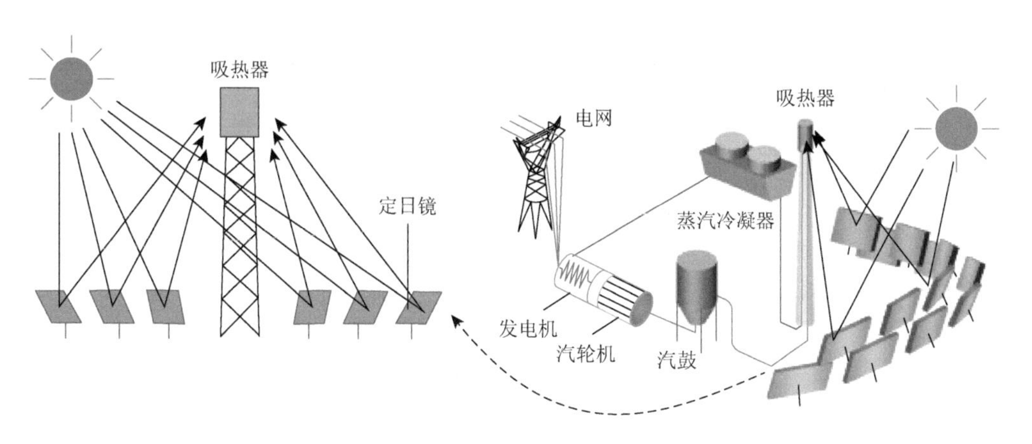

图 2.66　塔式太阳能热发电系统的组成示意图

塔式太阳能热发电系统中，吸热器位于高塔上，高塔高度一般为 50～165m，定日镜群以高塔为中心，呈圆周状分布，将太阳光聚焦到吸热器上，集中加热吸热器中的传热介质。定日镜由刚性金属结构支撑，面积一般为 1.5～120 m^2，通过控制系统调整方位和角度，实现对太阳光线的准确跟踪接收，并聚集反射太阳光线进入塔顶的接收器内。定日镜由反射镜、跟踪传动机构、镜架及基座组成，是塔式太阳能热发电系统最关键也是最昂贵的部件。目前，定日镜的控制精度、运行稳定性和安全可靠性及降低建造成本是其研究开发的主要内容[19]。

除定日镜群外，塔式太阳能热发电系统的另一主要组成部分是太阳能接收器，也称为太阳锅炉，是光热转换的关键部件。接收器位于定日镜群中央的高塔上，将定日镜捕捉、反射、聚焦的太阳能直接转换为可以高效利用的高温热能，加热工作介质至 500℃以上，驱动发电机组产生电能。按照制作材料，接收器又可分为金属和非金属两大类。金属接收器的整体密封性、导热性、承压能力较好，但耐高温性能比非金属接收器差。非金属接收器的优点在于耐高温、耐腐蚀、使用寿命长，常用材料有陶瓷、石墨、玻璃及氟塑料等。

塔式太阳能热发电是不需要耗费化石能源，无任何污染排放的清洁发电技术，发展塔式太阳能热发电对于满足快速增长的能源需求和保护生态环境具有重要的战略意义。在大规模发电方面，塔式太阳能热发电是所有太阳能发电技术中成本最低的一种方式。随着能源形势和生态环境的发展，太阳能塔式热发电作为一种更适合大规模电力供应的补充方式，将会受到越来越多的关注，也必然会得到更大的发展。表 2.3 给出了三种不同聚光方式太阳能光热发电的工作条件、效率和成本对比。

表 2.3　三种不同聚光方式太阳能光热发电的工作条件、效率和成本等对比

指标	槽式	碟式	塔式
发电规模/MW	30～150	1～50	30～400
运行温度/℃	320～400	750	230～1200
系统平均效率/%	15	25～30	20～35
商业化状态	已商业化	完成示范阶段	已商业化
已建单机最大容量	280MW	100kW	133MW
技术风险	低	高	中等
能量储存	可以	电池	可以，如熔盐
多燃料设计	可以	可以	可以
成本/(美元/W)	4.0～2.7	12.6～1.3	4.4～2.5
成本(不考虑热量的存储)/(美元/W)	4.0～1.3	12.6～1.1	2.4～0.9
占地规模	大	小	中等
应用	可并网发电，中温段、高温段加热	小容量分散发电、边远地区独立系统供电	可并网发电，高温段加热
缺点	使用油作为传热介质，限制了运行温度，最高 400℃，只能产生中等品质的蒸汽	可靠性需要加强，预计大规模生产成本目标尚未达到	性能差、初期投资高和商业化运行程度不够

4. 太阳能辐射探测

1）热敏电阻

热敏电阻对温度敏感，在不同的温度下表现出不同的电阻值。将热敏材料制成的厚度为 0.01mm 左右的薄片电阻黏合在导热能力高的绝缘衬底上，再把衬底同一个热容很大、导热性能良好的金属相连构成热敏电阻，其结构如图 2.67 所示。热敏材料主要有半导体材料和金属材料。金属类的多为镍、铋等薄膜；半导体类的多为金属氧化物，如氧化锰、氧化镍、氧化钴等。红外辐射通过探测窗口投射到热敏元件上，引起元件的电阻变化。使用热特性不同的衬底，可使探测的时间大约由 1ms 变为 50ms[20]。为了提高热敏元件的接收辐射能力及抗氧化性，常将热敏元件的表面进行黑化处理。热敏电阻也可作为电子线路元件，用于仪表线路温度补偿和温差电偶冷端温度补偿等。在自热温度远大于环境温度时，热敏电阻材料的阻值还与环境的散热条件有关，因此可以制成专用的检测元件，用在流速计、流量计、气体分析仪、热导分析仪中。

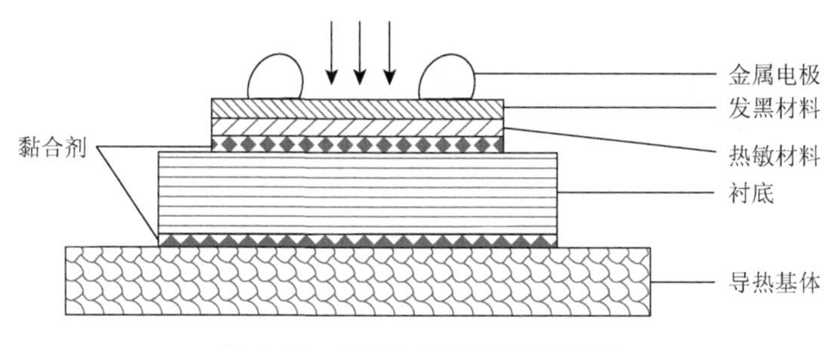

图 2.67　热敏电阻的结构示意图

2）辐射热电偶

测量辐射能的热电偶称为辐射热电偶。辐射热电偶的热端接收入射辐射，因此在热端装有一块涂黑的金箔，当入射辐射通量 Φ_e 被金箔吸收后，金箔的温度升高，形成热端，产生温差电势，在回路中将有电流流过。用检流计 G 可检测出电流为 I 。

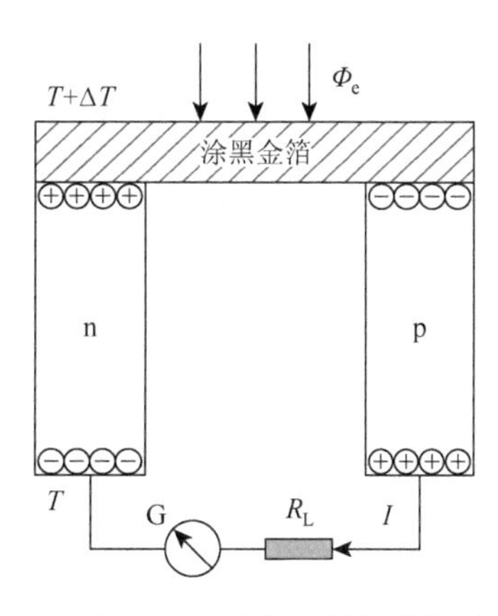

图 2.68　半导体辐射热电偶的结构示意图

图 2.68 为半导体辐射热电偶的结构示意图。用涂黑的金箔将 n 型半导体材料和 p 型半导体材料连在一起构成热结，另一端（冷端）将产生温差电势，p 型半导体

的冷端带正电，n 型半导体的冷端带负电。辐射热电偶在恒定辐射作用下，用负载电阻 R_L 将其构成回路，将有电流 I 流过负载电阻，并产生电压降 U_L。

5. 太阳能生物医疗

太阳能光热的另一个重要应用就是生物医疗，它的基本工作原理如图 2.69 所示，就是通过光热转换材料将热量聚集在肿瘤细胞上，对病体产生杀伤作用，即当光热转换材料吸收光能后电子发生跃迁，电子激发能以非辐射方式释放，导致材料周围温度升高，以杀伤肿瘤细胞或组织。

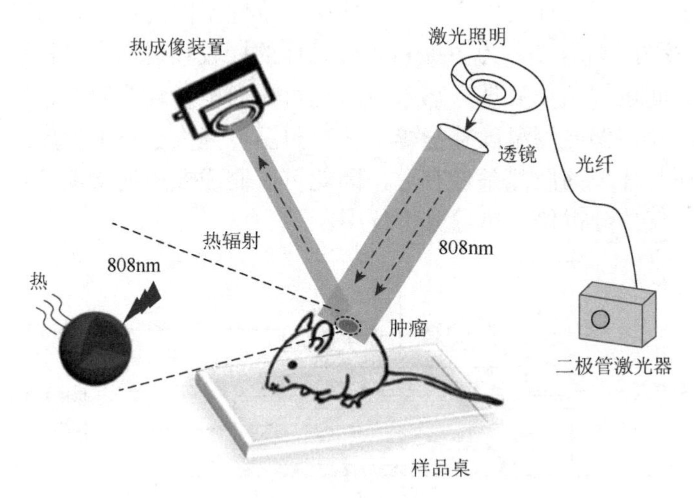

图 2.69　太阳能生物医疗的基本工作原理[21]

参 考 文 献

[1] 杜震宇，谢秋红，贾蕾. 日光温室内太阳辐射照度分布的试验研究. 太原理工大学学报，2010，41(4)：372-375

[2] 蒋荣华，肖顺珍. 硅基太阳能电池与材料. 新材料产业，2003，7：8-13

[3] 肖旭东，杨春雷. 薄膜太阳能电池. 北京：科学出版社，2015

[4] Grill A，Jahnes C V，Patel V V，et al. Hydrogenated oxidized silicon carbon material：US6147009. 2000

[5] Zhou W，Tao M，Chen L，et al. Microstructured surface design for omnidirectional antireflection coatings on solar cells. Journal of Applied Physics，2007，102（10）：103-105

[6] 冯瑞华，马廷灿，姜山，等. 太阳能级多晶硅制备技术与工艺. 新材料产业，2007，5：59-62

[7] 李由. 小@探酒泉专访之一：揭秘飞船上的“小翅膀”. 新华网. 2016-10-18

[8] 肖旭东，杨春雷. 薄膜太阳能电池. 北京：科学出版社，2015

[9] Dimroth F，Grave M，Beutel P，et al. Wafer bonded four-junction GaInP/GaAs//GaInAsP/GaInAs concentrator solar cells with 44.7% efficiency. Progress in Photovoltaics Research & Applications，2014，22（3）：277-282

[10] Huynh W U，Dittmer J J，Alivisatos A P. Hybrid nanorod-polymer solar cells. Science，2002，295（5564）：2425-2427

[11] O'Regan B，Grätzel M. A low-cost，high-efficiency solar cell based on dye-sensitized colloidal TiO_2 films. Nature，1991，353（6346）：737-740
[12] 何梓年. 太阳能热利用. 合肥：中国科学技术大学出版社，2009
[13] Curtin G，Ressler S. Roof tile or tiled solar thermal collector：US. EP2098804. 2009
[14] Fujikura Y. Relation between thermal radiation and surface roughness of polymer. Fiber，2008，30（2）：T69-T74
[15] 李芷昕. 平板太阳能集热器抗冻方法研究. 昆明：昆明理工大学，2009
[16] 王瑞平. 平板型太阳能集热器效率分析. 西安科技大学学报，2002，22（3）：362-363
[17] 保罗，李维材. 平板型太阳能集热器的构造和应用. 西安：陕西科学技术出版社，1982
[18] 刘栋，陈伟娇，苑翔，等. 太阳能对超低能耗居住建筑能耗值的影响探讨. 中国住宅设施，2016（1）：112-115
[19] 章国芳，朱天宇，王希晨. 塔式太阳能热发电技术进展及在我国的应用前景. 太阳能，2008，11：33-37
[20] Rogalski A. Infrared detectors：an overview. Infrared Physics & Technology，2002，43（3）：187-210
[21] Zhou J，Lu Z，Zhu X，et al. NIR photothermal therapy using polyaniline nanoparticles. Biomaterials，2013，34（37）：9584-9592

第 3 章　热电能量转换材料与技术

3.1　引　　言

能源的开发与利用，是人类社会发展的推动力。随着全球工业化进程的加快，人们长期对地球资源不加节制地开发和利用导致地球上的石油、煤炭等资源濒临枯竭。在能源的转换和利用过程中，60%以上的能量以热能形式消耗掉，因此，余热的回收再利用具有重要的现实意义。

热电材料也称温差电材料，是一种将热能与电能直接进行相互转换的功能材料。热电能量转换技术具有无传动部件、无污染、无噪声、可靠性高、寿命长、易于控制和维护等特点，在工业余热、汽车尾气余热回收、太阳能利用等方面均有广阔的应用前景。除此之外，它还可用于热电制冷、恒温控制与温度测量，以及解决集成电路中的芯片发热问题等。

塞贝克效应、帕尔帖效应和汤姆逊效应等热电效应是热电材料应用的理论基础。1911 年，德国的阿特克希（Altenkirch）提出了温差电制冷和发电理论：较好的温差电材料必须具有大的塞贝克系数、小的热导率和大的电导率。

热电效应是在金属 Sb 和 Bi 中发现的，因此最初对热电材料的研究主要集中在金属及其合金方面。但大部分金属的塞贝克系数很小，仅约 10μV/K，而根据维德曼-弗兰兹（Wiedemann-Franz）定律，金属及合金的电导率与热导率比值为常数，提高电导率的同时热导率也会提高，因此，热电发电效率不会超过 0.6%。这导致热电效应及热电材料的研究一度停滞不前。20 世纪 30 年代，人们发现半导体材料具有 100μV/K 甚至更高的塞贝克系数，热电效应再次引起关注。1947 年，苏联泰柯斯（Telkes）研制出一台效率为 5%的热电发电器；1949 年，苏联约飞（Ioffe）院士提出了关于半导体的热电理论，并于 1953 年研制出制冷效率为 20%的温差电家用冰箱样机。但由于当时半导体材料的电导率与热导率之比远小于金属，因此半导体作为热电材料的优势并未体现出来。20 世纪 50 年代末期，约飞等证明了两种以上元素形成的半导体固溶体，可使电导率与热导率之比增大。自此，热电材料研究取得重大突破，很多热电性能较高的制冷和发电材料被发现，如 Bi_2Te_3、PbTe、SiGe 等，这也是目前为止商业化应用最多的几种热电材料，但是热电发电效率不超过 14%，且由于这些材料价格昂贵或具有毒性，很难在工业上大规模应用。

近年来，很多新型的环境友好的高性能热电材料陆续被报道，如方钴矿、笼型化合物、层状结构和钙钛矿结构的氧化物等。图 3.1 给出了典型热电材料热电优值（ZT）随年代的进展。目前最高 ZT 是在 $PbSe_{0.98}Te_{0.02}/PbTe$ 量子点超晶格中发现的。但由于制备工艺或机械性能等的限制，尚无大规模商业应用的新型热电材料出现。

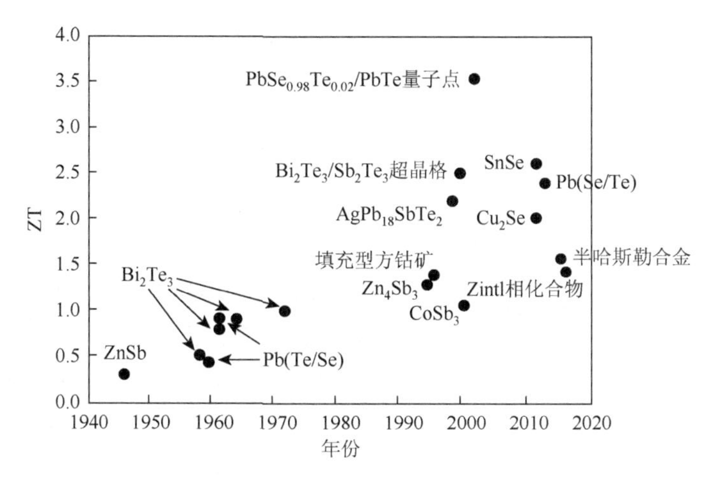

图 3.1　典型热电材料热电优值（ZT）随年代的进展

随着深空探测、极端条件下资源勘察的开展，需要长期不间断供电系统。放射性同位素供电的热电发电系统（radioisotope thermoelectric generator，RTG）是目前深空探测器的唯一供电来源，1977 年美国发射的旅行者号飞船中安装了 1200 个热电发电器。它们为飞船的无线电信号发射机、计算机、罗盘、科学仪器等设施提供动力，具有很长的使用寿命。近年来，美国热电制造商 BSST 和通用汽车公司的全球研究中心独立研制出热电发电机，并将其应用在宝马、雪佛兰等高档轿车上，虽然目前实际的转化效率还比较低，但作为环保和高能效概念车已经被市场接受。GMZ Energy 公司将太阳能热电转换装置与普通的太阳能热水器相结合，开发了一种高效、低成本的太阳能热电转换装置，能够为家用电器供电。

目前，基于热力学基本定律，热电材料的热电优值未发现上限。而用固体理论模型得到的热电优值上限为 4，该数值远大于商业化热电材料的热电优值（约为 1）。如果热电优值提高到 3 左右，热电发电和制冷完全可以达到传统发电和制冷的水平。因此，热电能量转换材料及技术具有重要的研究价值和广泛的应用前景。

3.2 热电能量转换原理及特征参数

3.2.1 热电能量转换基本原理

温差电效应是电流引起的热效应和温差引起的电效应的总称，主要包括塞贝克效应、帕尔帖效应和汤姆逊效应，这三个效应通过开尔文关系式联系在一起。温差电效应还伴随产生焦耳效应和傅里叶效应。

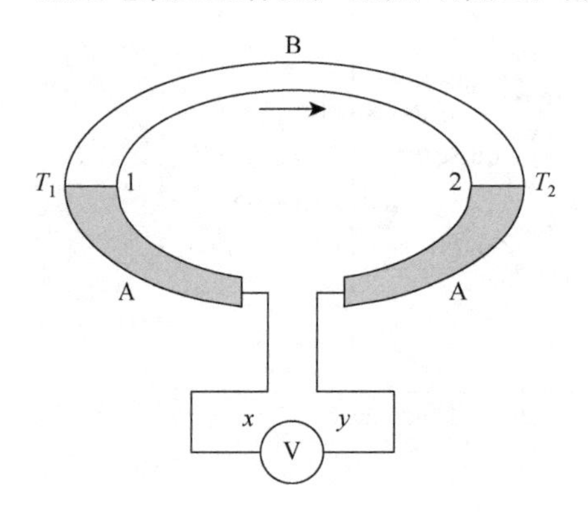

图 3.2 塞贝克效应示意图

1. 塞贝克效应

塞贝克效应是一种热能转换为电能的现象，1821 年由法国科学家塞贝克发现。如图 3.2 所示，两种不同材料 A 和 B 组成串联回路，当两个接点处 1 和 2 温度维持在不同温度（假设 $T_1>T_2$）时，则在材料 A 的开路位置 x 和 y 之间会产生电势差 U_{xy}，可表示为

$$U_{xy}=\alpha_{AB}\Delta T=\alpha_{AB}(T_1-T_2) \tag{3.1}$$

式中，α_{AB}——两种导体的相对塞贝克系数，V/K。

当 1 和 2 接点处温度差 ΔT 不是很大时，U_{xy} 与 ΔT 之间呈线性关系，即 α_{AB} 为常数，也可将其表示为

$$\alpha_{AB}=\frac{U_{xy}}{\Delta T}(\Delta T\to 0) \tag{3.2}$$

由式（3.2）可知，塞贝克系数的单位是 V/K，常用的单位是 μV/K。一般金属的塞贝克系数为几 μV/K，半导体的塞贝克系数为数十或数百 μV/K。此外，塞贝克系数有正负之分，一般规定，在热接头处，若电流由导体 A 流入导体 B，其塞贝克系数 α_{AB} 就为正，反之为负。塞贝克系数的数值及其正负将取决于所用导体材料 A 与 B 的热电特性，而与温差梯度的大小和方向无关。

塞贝克系数的微观物理本质可以通过温度梯度作用下材料内载流子分布变化加以说明。对于温度均匀的某一物质，载流子在其内部分布均匀。当导体内存在温度梯度时，热端的载流子具有较大的动能，与冷端的载流子流向热端的速度相比，热端的载流子会以更大的速度流向冷端，因此在物质内部就会存在从热端流向冷端的净电荷流，导致冷端处的载流子积累，从而产生内建电场，阻碍进一步的载流子积累，最终达到平衡状态，导体内无净电荷的定向移动，此时在导体两

端形成的电势差即为塞贝克电势。当将两种导体如图 3.2 连接在一起时，测得的电压 U_{xy} 是热电势，是两种导体温差电势和接触电势的叠加。

2. 帕尔帖效应

帕尔帖效应是塞贝克效应的反作用，可应用于热电制冷或者加热，是法国物理学家帕尔帖在 1834 年发现的。如图 3.3 所示，在 a 和 b 之间施加一个电动势，则 A 和 B 两种导体组成的回路中将会产生电流 I，除了由电阻产生的焦耳热损耗外，在接头 1 处发生吸热，2 处发生放热，且发生吸热还是放热会因电流方向的改变而改变。假设接头处的吸（放）热速率为 Q_P，则有

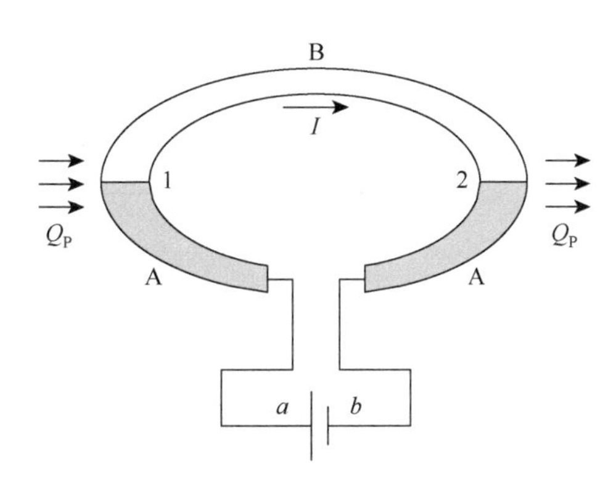

图 3.3　帕尔帖效应示意图

$$Q_P = \pi_{AB} I \tag{3.3}$$

式中，π_{AB}——相对帕尔帖系数，W/A。

同样地，帕尔帖系数存在正与负，当电流由 A 流向 B 时，接头 1 从外界吸收热量，π_{AB} 取正；反之，π_{AB} 取负。帕尔帖效应产生的微观物理本质是电荷载体在不同材料中处于不同的能级，当它从高能级向低能级运动（跃迁）时，便释放出多余的能量；反之，从低能级向高能级运动（跃迁）时，从外界吸收能量。这些能量在两种材料的交界面处以热的形式吸收或放出。

3. 汤姆逊效应

在塞贝克效应发现后 30 多年，汤姆逊于 1854 年发现了存在于单一均匀导体中的热电转换现象。如图 3.4 所示，当存在温度梯度 ΔT 的均匀导体中通有电流 I 时，导体中除了产生和电阻有关的不可逆焦耳热以外，还有可逆的热效应，即电流反向后吸（放）热会变为放（吸）热，吸（放）热速率 Q_T 为

$$Q_T = \beta I \Delta T \tag{3.4}$$

式中，β——汤姆逊系数，V/K。

当电流方向与温度梯度方向相同时，若导体吸热，则 β 为正，反之为负。

塞贝克系数、帕尔帖系数和汤姆逊系数彼此相互关联，可用汤姆逊由热力学平衡理论近似得到的开尔文关系式联系起来：

$$\alpha_{AB} = \frac{\pi_{AB}}{T} \tag{3.5}$$

或

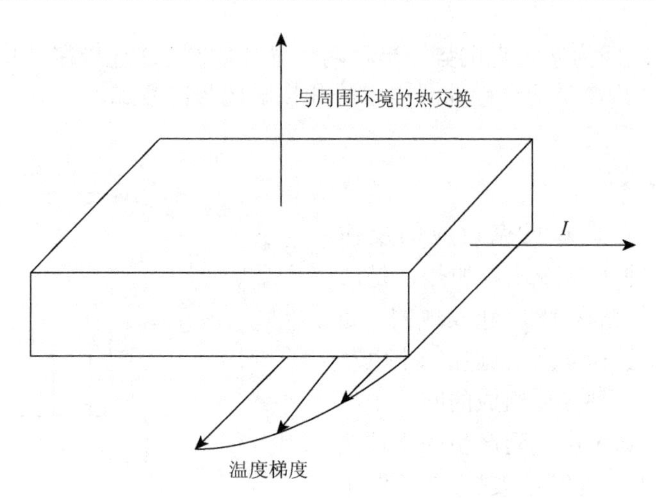

图 3.4　汤姆逊效应示意图

$$\frac{\mathrm{d}\alpha_{\mathrm{AB}}}{\mathrm{d}T}=\frac{\beta_{\mathrm{A}}-\beta_{\mathrm{B}}}{T} \tag{3.6}$$

由式（3.6）可导出单一材料的塞贝克系数和汤姆逊系数的关系：

$$\alpha_{\mathrm{A}}=\int_0^T\frac{\beta_{\mathrm{A}}}{T}\mathrm{d}T \tag{3.7}$$

$$\alpha_{\mathrm{B}}=\int_0^T\frac{\beta_{\mathrm{B}}}{T}\mathrm{d}T \tag{3.8}$$

式中，α_{A}和α_{B}只与一种材料的性质有关，称为绝对塞贝克系数。

一般通过实验可以确定某一种材料的绝对塞贝克系数或者是两种材料之间的相对塞贝克系数，根据开尔文关系式（3.5）给出的塞贝克系数和帕尔帖系数之间的关系，即可获得帕尔帖系数。

4. 焦耳效应和傅里叶效应

在温差电效应应用时，还伴随产生了焦耳效应和傅里叶效应两种热效应。

焦耳效应不属于温差电效应，是伴随着温差电效应产生的一种不可逆热效应，单位时间内由稳定电流产生的热量可表示为

$$Q_{\mathrm{J}}=I^2R \tag{3.9}$$

式中，Q_{J}——由焦耳效应产生的热量，简称焦耳热，W；

I——通过导体的电流，A；

R——导体的电阻，Ω。

由式（3.9）可知，单位焦耳热与电流平方成正比，而汤姆逊吸（放）热速率仅与电流成正比。因此，当减少电流时，焦耳热按平方定律迅速减少，当电流小到一定值后，汤姆逊效应便超过焦耳热效应。对比帕尔帖热，焦耳热与导体的电

阻有关，是一种不可逆的热效应，其大小正比于导体电阻和电流的平方，与电流的方向无关，永远是放热效应；而帕尔帖效应不仅有放热现象，还有吸热现象，与电流的方向有关，其量值大小与电流成正比。

傅里叶效应是传热学的一个基本定律，是指单位时间内经过均匀介质沿某一方向传导的热量与垂直于这个方向的面积和该方向上温度梯度的乘积成正比：

$$Q_\kappa = \kappa A \frac{\mathrm{d}T}{\mathrm{d}x} \tag{3.10}$$

式中，κ——导体沿热流方向的热导率，$\mathrm{W/(m \cdot K)}$；

A——截面积，$\mathrm{m^2}$；

$\frac{\mathrm{d}T}{\mathrm{d}x}$——沿热流方向的温度梯度，K/m。

3.2.2　特征参数

1. 塞贝克系数

理想的热电材料必须具有高的塞贝克系数（＞200μV/K）[1]，这意味着很高的发电或制冷能力。塞贝克系数取决于导体的热力学温度、载流子浓度和晶体结构等，它的表达式有很多种[2]，对于非本征半导体热电材料而言，塞贝克系数表达式如下：

$$\alpha = \frac{8\pi^2 k_\mathrm{B}^2 T}{3e\hbar^2} m_\mathrm{d}^* \left(\frac{\pi}{3n}\right)^{\frac{2}{3}} \tag{3.11}$$

其中，

$$m_\mathrm{d}^* = N_\mathrm{V}^{2/3} m_\mathrm{b}^* \tag{3.12}$$

式中，$\hbar$——约化普朗克常量，1.055×10^{-34} J·s；

k_B——玻尔兹曼常量，1.380×10^{-23} J/K；

m_d^*——载流子有效质量；

m_b^*——能带有效质量；

n——载流子浓度，$\mathrm{cm^{-3}}$；

N_V——导带载流子数量；

e——单位电荷量，1.602×10^{-19}C。

2. 电导率

热电材料的电导率σ可表示为

$$\sigma = \mu n e \tag{3.13}$$

其中，

$$\mu = \frac{4e}{3\pi^{\frac{1}{2}}}\left(S + \frac{3}{2}\right)(k_{\mathrm{B}}T)^{S}\frac{\tau_0}{m_{\mathrm{d}}^*} \tag{3.14}$$

式中，μ——载流子迁移率，$\mathrm{cm^2/(V \cdot s)}$；

τ_0——弛豫时间，s；

S——散射因子。

半导体的电导率也可用载流子浓度和迁移率表示如下：

$$\sigma = e(\mu_{\mathrm{e}}n_{\mathrm{e}} + \mu_{\mathrm{h}}n_{\mathrm{h}}) \tag{3.15}$$

式中，μ_{e}——电子迁移率，$\mathrm{cm^2/(V \cdot s)}$；

μ_{h}——空穴迁移率，$\mathrm{cm^2/(V \cdot s)}$；

n_{e}——电子浓度，$\mathrm{cm^{-3}}$；

n_{h}——空穴浓度，$\mathrm{cm^{-3}}$。

由于式（3.15）中各个参数的变化很大，所以半导体的导电性变化很大，如图 3.5 所示。

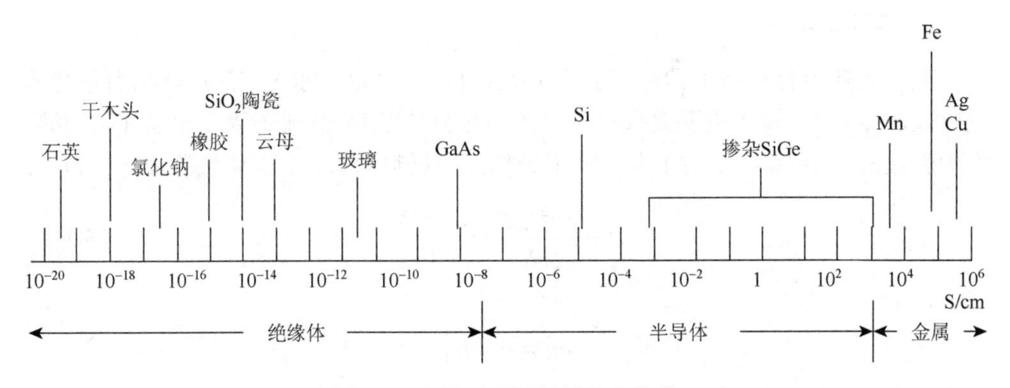

图 3.5　室温下不同材料的电导率

晶格和杂质散射通过影响载流子迁移率而影响电导率。温度的升高使晶格振动增加，进而使载流子迁移率降低。在半导体中，电离杂质产生晶体缺陷，杂质散射随着温度的降低而增加，最终导致载流子迁移率的降低[3]。低温时，杂质散射起作用，高温时，晶格散射起作用，这取决于本征激发温度。此外，晶粒尺寸、应变和晶格常数等参数也是影响电导率的重要因素[4]。

3. 热导率

热传导是热能在固体内的输运过程，通过载流子的运动和晶格振动来实现。一般的热电材料热导率是载流子热导率和晶格热导率之和：

$$\kappa = \kappa_{\mathrm{c}} + \kappa_{\mathrm{l}} \tag{3.16}$$

式中，κ_{c}——载流子热导率，$\mathrm{W/(m \cdot K)}$；

κ_l——晶格热导率，W/(m·K)。

1）载流子热导率

载流子作为电荷和能量的载体，在晶体中定向移动时除了对电流有贡献外，同时也传导部分热量。对于半导体热电材料，当载流子浓度较低时，其对热导率的贡献可忽略；但当载流子浓度很高或处于本征激发时，则必须考虑它对热导率的贡献。但载流子对声子的散射作用，又会导致热导率下降。

根据维德曼-弗兰兹定律，载流子热导率和电导率直接相关：

$$\kappa_c = L\sigma T \tag{3.17}$$

式中，L——洛伦兹常量。当材料为强简并状态时，L 是一个与材料无关的普适常量，约为 $2.45\times10^{-8}\ \mathrm{V^2/K^2}$；当材料为非简并状态时，$L$ 与散射机制有关。

2）晶格热导率

通常温度下，晶体中的原子不能在晶格中自由运动，而是以格点作为平衡点在其邻近做微振动，该振动以前进波的形式在晶体中传播，称为格波。把格波量子化的最小单位能量是由一个虚拟的能量子所携带，该能量子称为声子。晶格热导率是通过格波之间的散射或者说是声子之间的碰撞来交换能量，完成热传导。假设声子在两次散射间的平均自由程为 l，借用气体动理学理论中热导率的描述[5]，固体中的晶格热导率可表示为

$$\kappa_l = \frac{1}{3}C_v v_s l \tag{3.18}$$

式中，v_s——声子的运动速度，m/s；

C_v——定容比热容，J/(kg·K)。

声子的平均自由程大小由晶体中的散射机制决定，晶格热导率取决于晶体结构和晶格常数，也可表述如下：

$$\kappa_l = \frac{k_B^3}{h^3}\frac{a^4\rho\theta_D^3}{\gamma^2 T} \tag{3.19}$$

式中，a——晶格常数，nm；

θ_D——德拜温度，K；

γ——格律乃森参数；

ρ——材料密度，$\mathrm{kg/m^3}$。

对于合金热电材料，合金成分通过影响晶格参数而使晶格热导率发生改变，因此可以使用诸如掺杂或合金化的技术来调整晶格参数，从而降低热导率。

在宏观角度上，热导率可由式（3.20）表示，该公式可用于材料热导率的检测和计算。

$$\kappa = DC_p\rho \tag{3.20}$$

式中，D——热扩散系数，m^2/s；

C_p——定压比热容，$J/(kg \cdot K)$；

4. 载流子浓度

塞贝克系数随着载流子浓度的增加而减小，并趋近于零；电导率与载流子浓度大致呈正比例关系；晶格热导率与载流子浓度无关，电子热导率与载流子浓度呈正比例关系。图 3.6（a）为 Bi_2Te_3 热电性能与载流子浓度的关系示意图[6]。热导率、塞贝克系数、电导率在图中纵坐标值的范围分别为 0～10W/(m·K)、0～500μV/K 和 0～5000S/cm。由该图可知，良好的热电材料通常是重掺杂的半导体，其载流子浓度在 10^{19}～$10^{21}cm^{-3}$（金属中的自由电子浓度约为 $10^{22}cm^{-3}$）。热电优值对应的最佳载流子浓度要略小于功率因子对应的最佳载流子浓度。对于低热导率的材料，功率因子和热电优值的峰之间的差异较大。此外，降低晶格热导率可使热电优值成倍提升。如图 3.6（b）所示，对于晶格热导率为 0.8W/(m·K)的样品通过优化载流子浓度，最高热电优值达到 1 左右（点①）。当晶格热导率降为 0.2W/(m·K)时，相同载流子浓度下对应的热电优值增加至 1.7 左右（点②），若同时优化（减小）载流子浓度，由于载流子热导率的降低和塞贝克系数的升高，最终热电优值可增加至 2.0 左右（点③）。由此可见，优化载流子浓度对于材料热电性能的提高具有重要意义。

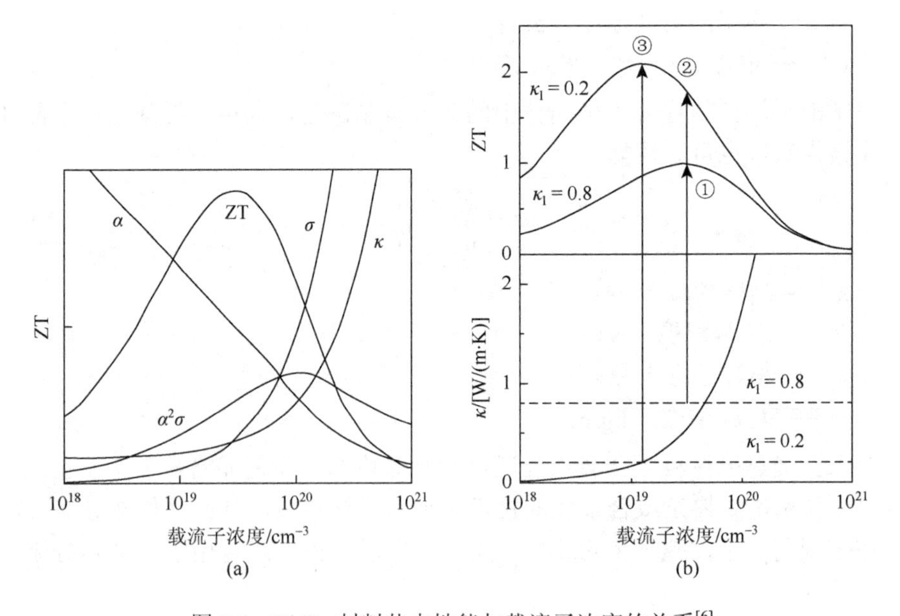

图 3.6　Bi_2Te_3 材料热电性能与载流子浓度的关系[6]

5. 热电优值

将塞贝克系数、电导率和热导率结合到一起评价热电材料的性能，定义为热电优值 Z（单位 K^{-1}），可表示为

$$Z=\frac{\alpha^2\sigma}{\kappa} \tag{3.21}$$

近年来，无量纲的热电优值ZT被广泛使用，其表达式为

$$ZT=\frac{\alpha^2\sigma}{\kappa}T \tag{3.22}$$

式（3.22）中，$\alpha^2\sigma$ 也称为功率因子。很多研究通过增加功率因子或降低热导率来增大热电优值，从而提高材料的热电性能。热电优值的提出对热电材料研究具有非常重要的意义，该值不仅可以评价材料的热电性能，也指明了改善材料热电性能的方向。

6. 转换效率

热电转换效率包括热电发电器件的发电效率 η_p 和热电制冷器件的制冷效率 η_c（COP），发电效率 η_p 为输出功率与热量的比值，制冷效率 η_c 为制冷量与输入电能的比值。它们与材料的热电优值有关，表达式为

$$\eta_p=\frac{T_h-T_c}{T_h}\cdot\frac{\sqrt{1+ZT_m}-1}{\sqrt{1+ZT_m}+T_c/T_h} \tag{3.23}$$

$$\eta_c=\frac{T_c}{T_h-T_c}\frac{\sqrt{1+ZT_m}-T_h/T_c}{\sqrt{1+ZT_m}+1} \tag{3.24}$$

式中，ZT_m——平均热电优值，$ZT_m=\frac{1}{T_h-T_c}\int_{T_c}^{T_h}ZT\mathrm{d}T$；

T_h——热端温度，K；

T_c——冷端温度，K。

由转换效率公式可知，热电转换效率取决于冷热两端的温差和热电材料的性能。图3.7（a）为发电效率随 ZT_m 的变化曲线，ZT_m 越高，温差越大，转换效率越高。当 $ZT_m=3.0$，温差为400K时，发电效率 η_p 可以达到25%，与传统热机的发电效率相当。对于理想的热电材料，ZT_m 应大于等于1，在一定温差条件下可获得大于10%的转换效率。图3.7（b）为制冷效率 η_c 随 ZT_m 的变化曲线。同样地，ZT_m 值越高，冷却效率越高。当 $ZT_m=3.0$，温差为20K时，制冷效率可达6%。

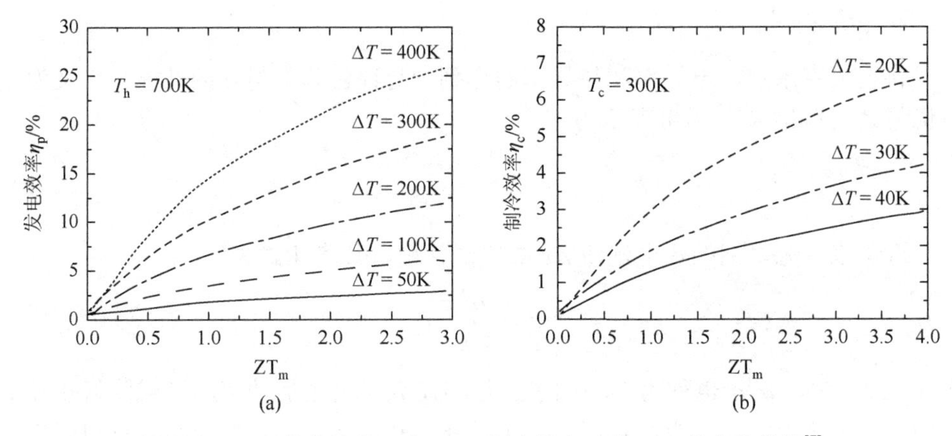

图 3.7　(a) 发电效率 η_p 和 (b) 制冷效率 η_c 随 ZT_m 的变化曲线[7]

由于现有材料和技术的限制，热电装置的转换效率很低。图 3.8 为热电发电效率（输出功率/热量）与其他使用不同热源的热力发电效率的对比图。热源有地热、工业余热、太阳能、核能和煤炭等，热力发电包括有机朗肯循环、卡林那循环、斯特林循环、布雷顿循环和朗肯循环等。由该图可知，现有的机械系统比热电系统效率高很多。然而现有转换效率随空间尺寸缩小而变得较低（图 3.9），而热电转换技术可在毫瓦甚至微瓦级的功率水平（图 3.9 中小于交叉点的功率范围）提供合理的效率[5]。此外，ZT 的提升可提高该临界功率值，拓宽与其他技术相竞争的应用范围。

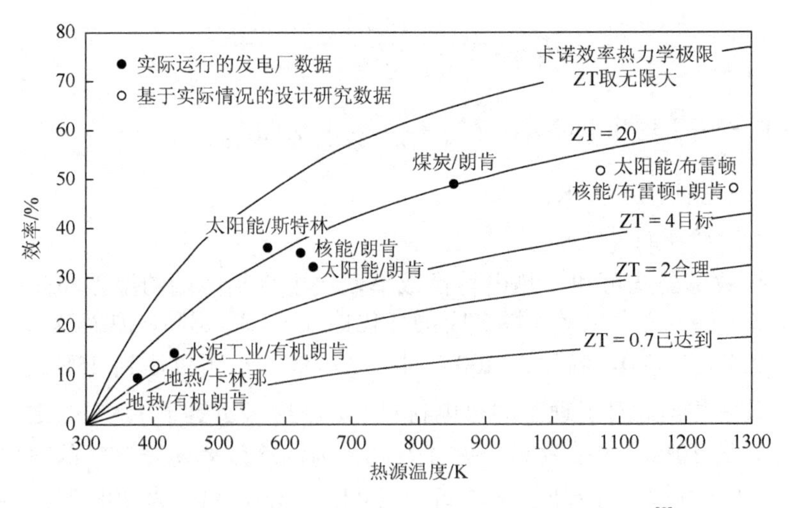

图 3.8　热电发电效率与其他热力发电效率的对比图[8]

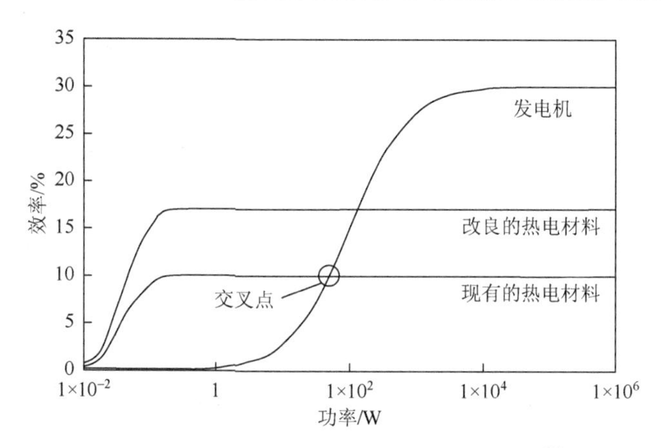

图 3.9　热电转换效率随功率变化的示意图[8]

以高能耗玻璃制造工艺过程中废气余热发电为例，热电发电效率、功率、温差和 ZT 之间的关系如图 3.10 所示。由该图可知，随着所利用废热源温度的降低，

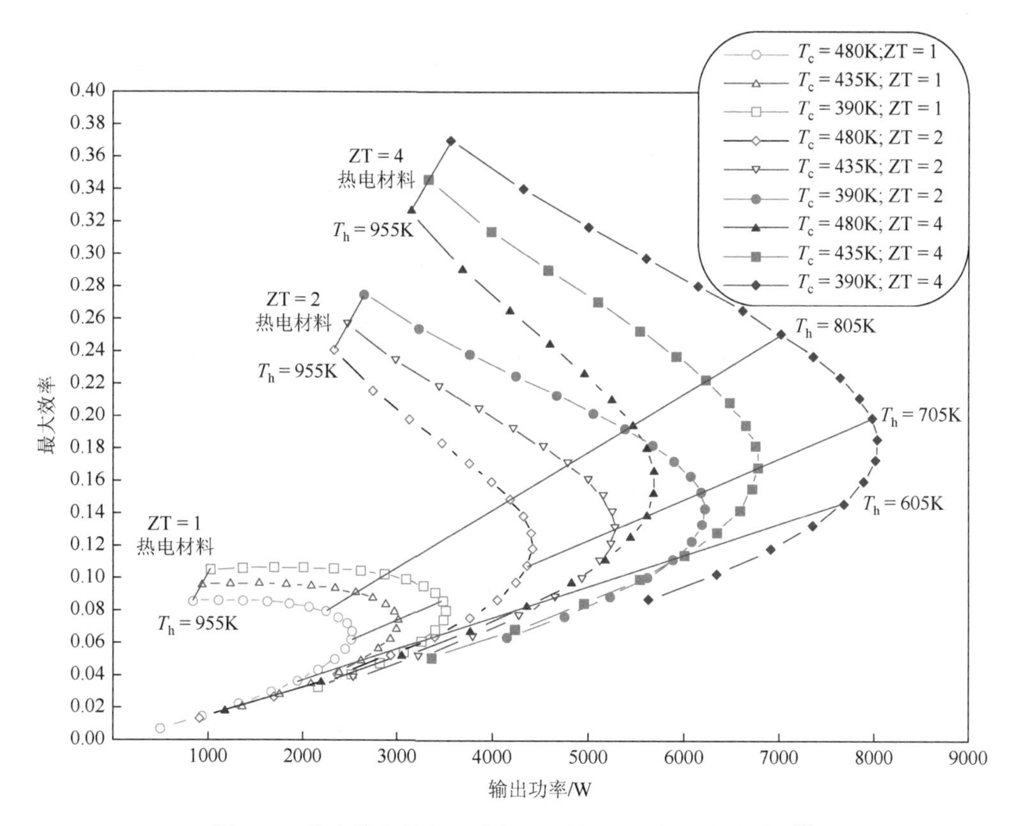

图 3.10　热电发电效率、功率、温差和 ZT 之间的关系图[9]

热侧热交换器有效传热系数乘以传热面积为 250W/K，废气温度为 1033K，环境温度为 300K，质量流率为 0.3kg/s

系统最大效率逐渐降低，输出功率先增加后减小。热电材料 ZT 的提升可有效提高最大输出功率和效率。当 ZT 为 4 左右时，最大输出功率为 5800～8000W，最大热电转换效率为 20%；当最大效率为 25%～30%时，输出功率仍然较大（4500～5500W）。

3.2.3　热电转换器件

1. 器件工作原理

热电转换通过温差电偶单元组成的器件来实现，温差电偶通常是由两种不同类型的热电材料加工成满足特定面长比要求的长方体或圆柱体，然后用导电和导热性能都较好的导流片将其连接起来形成，如图 3.11 所示。在温差电偶中，n 型和 p 型材料是以“电串联-热并联”的方式连接。热电制冷的基本原理是帕尔帖效应。接入电流方向如图 3.11（a）所示，热电器件上端为热端，在热端借助热交换器等各种传热手段，使热端不断散热并保持一定温度（如果热端温度过高，通过电偶臂热传导传递至冷端，将影响冷端的制冷效果），最下端吸收热量称为冷端，冷端温度低于环境温度，把元件的冷端放到工作环境中去吸热降温。热电发电的基本原理为塞贝克效应。如图 3.11（b）所示，热量从热源经过温差电偶对的热端进入温差电偶，发电器的余热由温差电偶的冷端进入冷源，留在电路内的能量转化为电能，形成温差电动势，冷端连接散热器以保证冷热端温差较大，提高发电效率。通过连接多个这样的元件可提高制冷能力或获取更多的电能。

提高热电器件的效率通常有三种途径：①提高制作温差电偶的热电材料的热电优值；②冷、热端换热器的换热和其他匹配参数的优化，如热交换器的结构（热交换器面积、管道形状、管道壁）、热交换器的绝热措施、流体方向和流速、热电模块连接方式、加载的两个温差、负载、内阻和回路电流等；③温差电偶结构的优化，也称为模块设计，如电偶的尺寸、排布及电偶焊接等。

2. 温差电偶结构

热电材料通常在较窄温度范围具有较高的热电优值，而温差电偶的冷热端温差较大，为了在整个温度范围获得较大的热电优值，往往采用相同基体不同的掺杂浓度的材料或是电流密度接近的不同的热电材料形成分段结构的温差电偶。分段结构通常有三种：①截面积相同的温差电偶，如图 3.12（a）所示，该结构增加了额外的接触，使电偶臂电阻增加，另外，对于分段结构中各段材料在最佳几何尺寸要求差异较大的情形下，难以获得预期的温差电性能；②截面积不同的温差电偶，如图 3.12（b）所示，该结构可使各段材料具有各自最佳的几何尺寸，提高热电转换效率，但这种结构须在各段材料之间引入电绝缘层，使热阻增加，选用

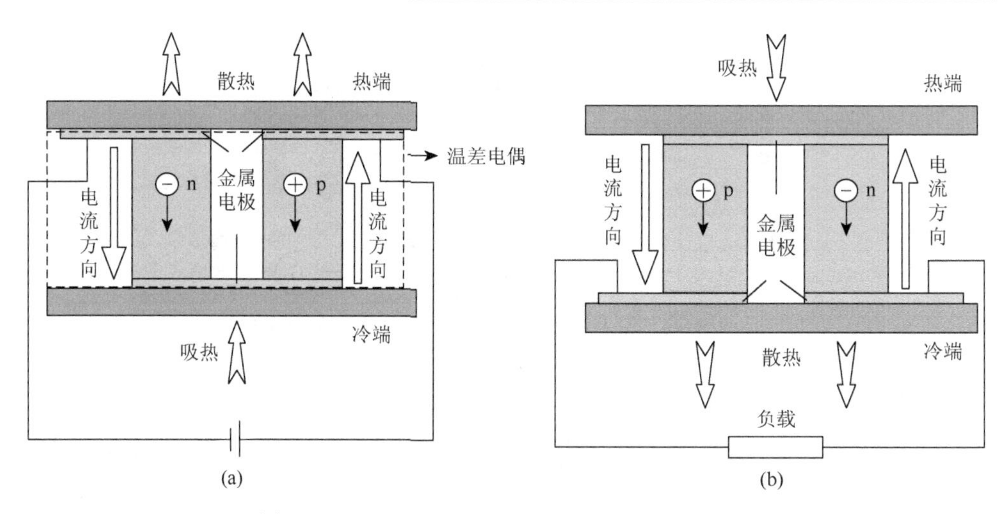

图 3.11　（a）热电制冷和（b）热电发电示意图

热导率较高的电绝缘材料可减少该热阻的影响；③截面积不同的异型温差电偶，如图 3.12（c）所示，可解决第二种结构中电绝缘层问题。

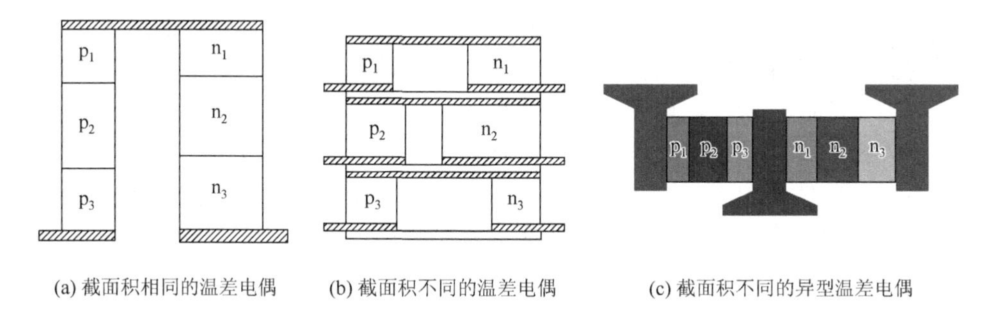

图 3.12　分段结构的温差电偶示意图

p-n 结温差电偶是一种新型温差电偶，将 p 型和 n 型电偶臂直接连接，形成一个 p-n 结温差电偶，温度梯度平行于 p-n 结，如图 3.13 所示。与传统温差电偶相同，p-n 结产生热电动势，电偶臂间通过 p-n 结的空间电荷区域实现电分离。图 3.13 为基于 p-n 结不同形状设计的温差电偶，由于掺杂浓度的不均匀性，特别是在 p 型和 n 型相接触位置附近，会产生电流涡流损耗，U 形温差电偶可有效避免该涡流损耗，最终 U 形温差电偶的开路电压最大；而热端金属层可防止热端电压降，开路电压也比热端无金属层的 p-n 结温差电偶要大。

3. 热电器件结构

单个温差电偶制冷或发电的功率很低，实际应用中热电器件由大量温差电偶

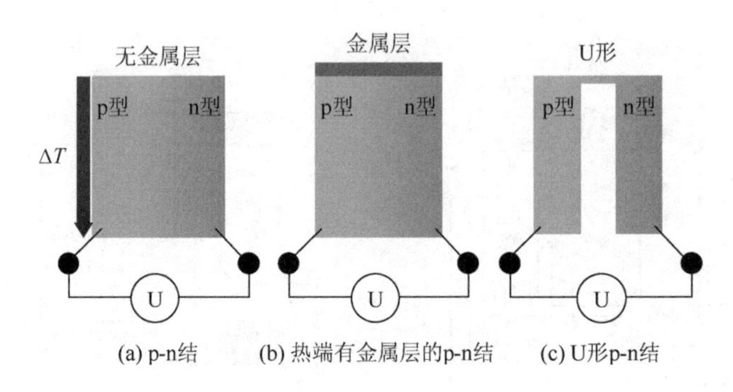

(a) p-n结　(b) 热端有金属层的p-n结　(c) U形p-n结

图 3.13　p-n 结温差电偶示意图

依据工作环境组装而成。温差电偶中热电材料的横截面、长度，温差电偶的数量、排列方式、间距等因素都会影响器件整体的工作状态。图 3.14 是几种常见的热电器件结构。最常见的是图 3.14（a）中∏型平板式结构，将一定数量的温差电偶串联排列，然后用导热且绝缘的陶瓷片将其覆盖，制成平板状器件。此种结构为单向热流，热流密度均匀，适用于温度梯度垂直于热电器件平板的情况，以便热流的垂直传导，但热膨胀系数对器件影响大。另一种是如图 3.14（b）所示的管状结构，环状的 n 型和 p 型半导体材料按照共轴方式依次串联连接，最后在其整体内外包裹导热绝缘材料。很多工业废气余热及机动车尾气余热是沿着管状流动传导，需要空心圆柱状的热电器件。该结构可适用于多种热源、温差稳定、应力较小，但焊接和集成技术难度大。另外，还有一种如图 3.14（c）所示的 Y 型结构，即 n 型温差电偶臂-电极连接材料-p 型温差电偶臂交替布置。该结构能够把热电材料从应力场中分离出来，应力和热膨胀的限制较小，设计更灵活，但缺点是热流密度和电流密度不均匀，存在漏热问题。

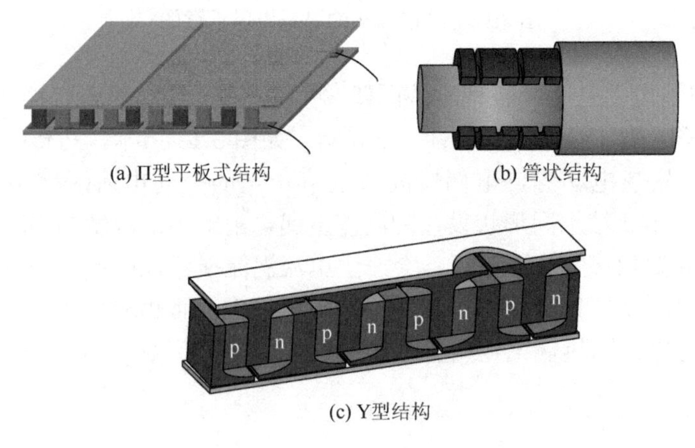

(a) Π型平板式结构　(b) 管状结构

(c) Y型结构

图 3.14　热电器件的结构

图3.15为使用p-n结温差电偶发电的热电器件结构示意图，和图3.14所示的热电器件相比，它仅需要冷侧衬底，可减轻温差电偶的热应力，提高器件两端的实际温差，进而提高热电转换效率。

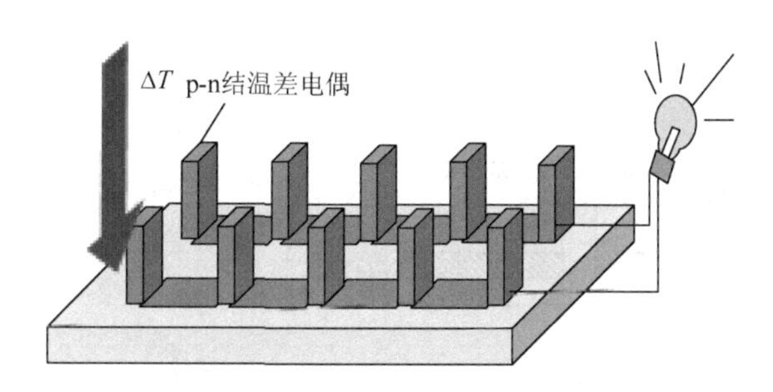

图3.15　使用p-n结温差电偶的热电器件[10]

对于薄膜热电器件，按照热流传递方向与冷热端面的关系（平行或垂直），分为两种：薄膜-水平型、薄膜-垂直型，如图3.16所示。

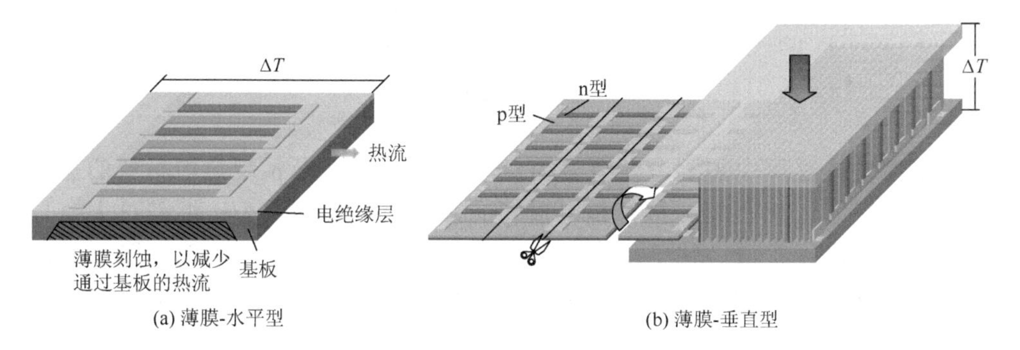

(a) 薄膜-水平型　(b) 薄膜-垂直型

图3.16　两种典型的薄膜热电器件

薄膜-水平型热电器件通常将热电薄膜和电连接层加工在水平衬底上，电偶臂一般采用磁控溅射、化学沉积、丝网印刷等工艺加工成热电薄膜（厚度为微米级）。热电器件结构通常为刚性，具有体积小、热阻大、电阻大的特点。用于热电发电时，为了增大冷热端温差，一般采用刻蚀工艺加工空穴或凹槽来减少通过基板的热流。将薄膜-水平型温差发电器中的热电薄膜直立，就能得到薄膜-垂直型热电发电器。通过基底的结构设计将加工的热电薄膜呈一定角度直立。热电薄膜直立后，热电薄膜的热阻大，热损失较少，温差得以保持，但内阻过大也导致输出功率受到限制。薄膜热电器件多用于微型小功率热电应用。

如果一个热电器件中只有一个温度相同的冷端和一个温度相同的热端，这种器件就称单级器件（图 3.17）；如果中间还有一个或几个中温端（既是上一级的热端，又是下一级的冷端），则称为多级器件。多级器件可达到较大的制冷温差或发电功率。在多级器件中，电路可以布置成级间串联、并联或串并联，以满足电路设计上的要求。图 3.17 给出了几种二级热电器件串并联的电路示意图。

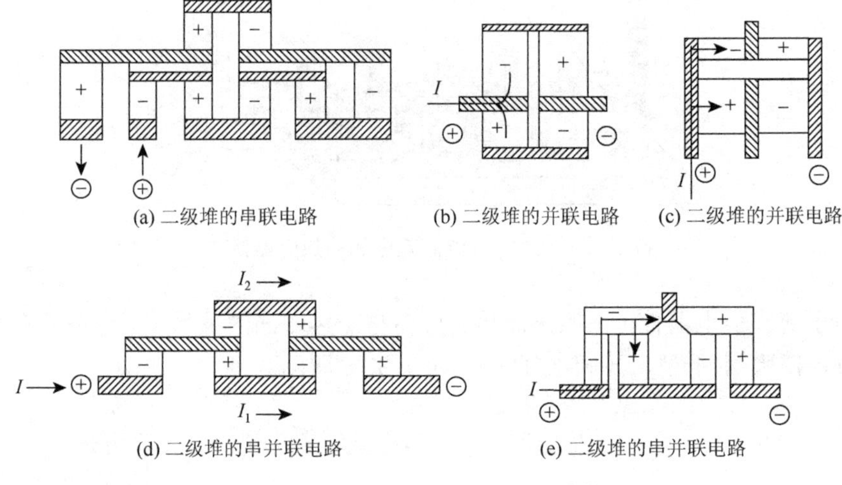

(a) 二级堆的串联电路　(b) 二级堆的并联电路　(c) 二级堆的并联电路

(d) 二级堆的串并联电路　(e) 二级堆的串并联电路

图 3.17　热电器件的电路形式[11]

器件设计过程中需要考虑诸多因素，如要求 n 型、p 型热电材料的热电性能与应用温区相匹配；材料和电极间的接触电阻要尽量小；温差过大会导致接触面处出现扩散、化学反应、热应力；器件各部分之间的热膨胀系数需要匹配；焊接工艺的选择等。热电器件结构设计是影响热电转换效率的重要因素之一。

3.3　热电材料分类及制备

热电材料体系丰富，目前已有一百余种，包括从半金属、半导体到陶瓷的不同材料系统，覆盖从单晶、多晶到纳米复合材料的各种形式，并且包含从块体、薄膜、纳米线到团簇的不同维度。部分 p 型和 n 型热电材料的热电优值如图 3.18 所示。在热电材料的应用中，需要根据使用温度选择合适的热电材料（图 3.19）。热电材料按照使用范围可分为：①低温热电材料（＜250℃），如 Bi_2Te_3 系列；②中温热电材料（250～650℃），如 PbTe 系列、方钴矿化合物、Zn_4Sb_3 系列、SnSe 等；③高温热电材料（＞650℃），如 SiGe 合金、半哈斯勒合金、氧化物等。

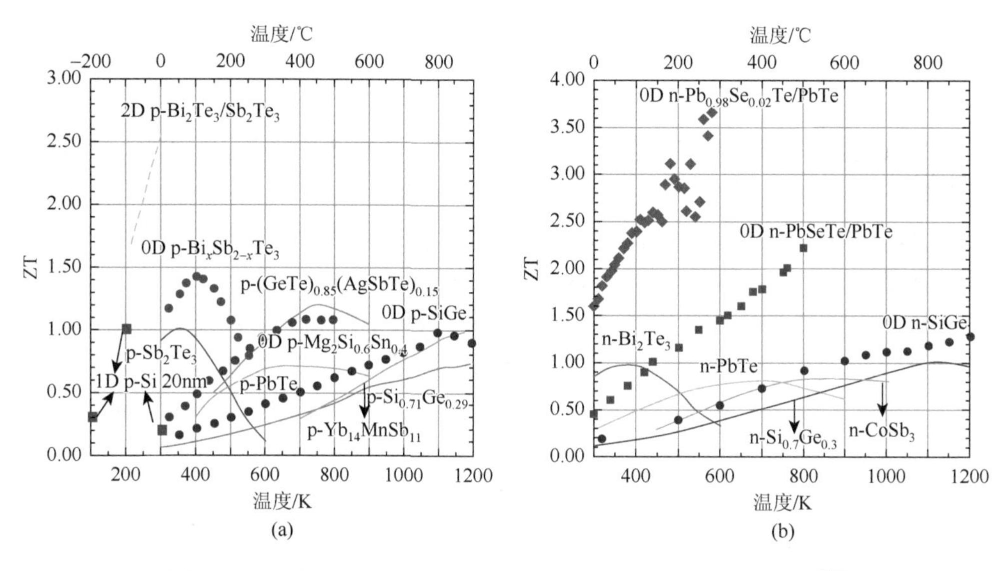

图 3.18　部分（a）p 型和（b）n 型半导体热电材料的热电优值[12]

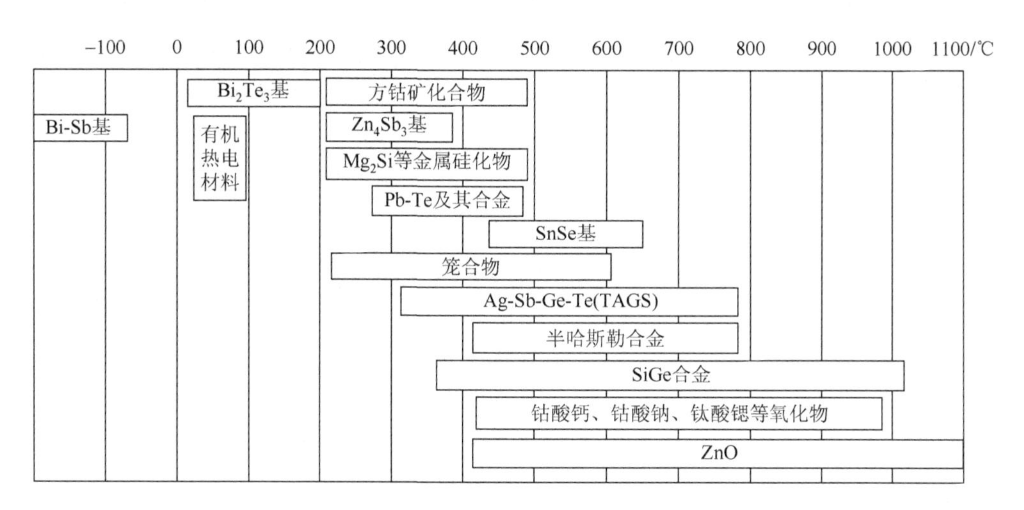

图 3.19　部分热电材料的使用温度范围

3.3.1　低温热电材料

统计表明，温度低于 250℃的低温余热占比最大，约为 80%。在低温区，Bi_2Te_3 类材料是研究最早，也是目前应用最为广泛的热电材料，常用于温差制冷、小功率的温差发电器和联级温差发电机的低温段，转换效率一般为 3%～4%。$Bi_{1-x}Sb_x$ 类化合物是另外一种常用的低温热电材料。此外，研究较多的低温热电材料还有有机热电材料、CuAgSe 和 MgAg Sb 等。

1. Bi_2Te_3基热电材料

Bi_2Te_3基热电材料是研究最早（1954 年），也是目前发展最为成熟、商业化程度最高的一种热电材料。商业可用的 p 型 Bi_2Te_3（25%）-Sb_2Te_3（75%）和 n 型 Bi_2Te_3（95%）-Si_2Se_3（5%）材料已应用于便携式冰箱、红酒柜、汽车空调座椅、可穿戴设备等，具有一定的商业生产和器件研制基础。

Bi_2Te_3室温下带隙为 0.13 eV，具有高塞贝克系数（～220μV/K）、高电导率（～400 S/cm）和低热导率［～1.5W/(m·K)］。Bi_2Te_3属于六方晶系，晶体结构为具有五个原子层（$Te^{(1)}$-Bi-$Te^{(2)}$-Bi-$Te^{(1)}$）沿着晶胞的 *c* 轴堆叠的六面体层状结构（图 3.20），五个原子层内通过离子键和共价键结合，层间由范德瓦耳斯键连接。晶体容易沿垂直于晶体 *c* 轴的（0001）面发生解理。在实际应用中，Bi_2Te_3单晶的主要限制之一就是机械强度弱。由于层状晶体结构和二维成核-生长，Bi_2Te_3通常表现为层状形貌。Bi_2Te_3的晶体结构具有明显的各向异性，对于Bi_2Te_3体系的单晶和具有强择优取向的多晶材料，在层面的平行和垂直方向，热电传输特性差异很大。塞贝克系数对晶体取向不敏感，基本是各向同性。层状晶粒对载流子和声子具有散射作用，平行于层面方向的电导率是垂直方向的 2～4 倍，热导率是 1～2 倍，使得平行于层面方向的热电性能较高。

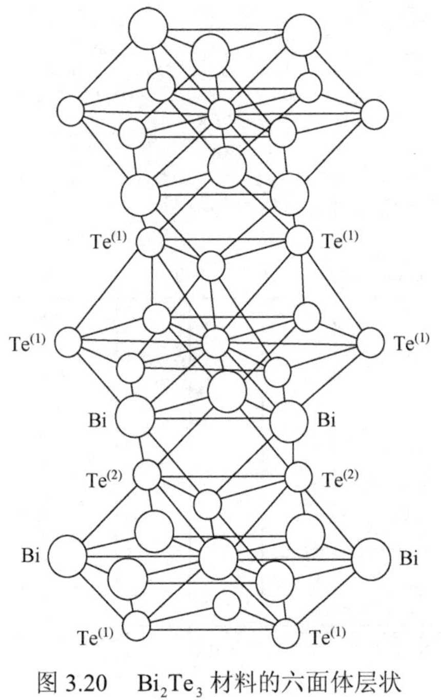

图 3.20　Bi_2Te_3材料的六面体层状结构示意图

Bi_2Te_3材料在熔点温度附近的组分偏离原子比，Bi 稍微过剩，这导致Bi_2Te_3材料的理论密度（7.6828 g/cm^3）小于实验测量密度（7.8587 g/cm^3）。过剩的 Bi 在晶格中占据 Te 原子位置后形成受主掺杂，因此非掺杂Bi_2Te_3材料为 p 型。另外，Pb、Cd、Sn 等元素都可以作为受主掺杂剂形成 p 型Bi_2Te_3材料，而过剩的 Te 或掺入 I、Br、Al、Se、Li 等元素和卤化物SbI_3、AgI、CuBr、BiI_3等，可使Bi_2Te_3材料成为 n 型。此外，Bi_2Te_3能分别与Bi_2Se_3和Sb_2Te_3在整个组成范围内形成赝二元连续固溶体合金。赝二元连续固溶体合金的形成可有效降低晶格热导率，提高Bi_2Te_3基材料的热电性能。目前商用材料的优化配方为$Bi_{0.5}Sb_{1.5}Te_3$（p 型）、$Bi_2Te_{2.85}Se_{0.15}$（n 型），ZT 分别为 1.0 和 0.84。

一般，p型Bi_2Te_3基热电材料的性能明显优于n型Bi_2Te_3基热电材料，但n型Bi_2Te_3基热电材料比p型Bi_2Te_3基热电材料具有更加明显的各向异性，利用强磁场、等离子活化烧结、热压、压力挤压等各种手段可使n型Bi_2Te_3基热电材料织构增强，有效增加材料的载流子浓度，提高功率因子。较强织构材料的平均尺寸一般在微米级，可对长波声子产生很好的散射作用。因此，n型Bi_2Te_3基热电材料的性能近年来逐渐提升。

商业生产的Bi_2Te_3材料主要利用定向凝固技术，如区域熔融或布里奇曼生长法。在液相烧结技术的压实过程中外加压力和液相瞬态流动，能够在材料中引入低能量半共格晶界（图3.21）。在这种特有的烧结技术中，润湿液进入晶界中，导致原子在液相中的扩散系数及晶界处位错的扩散长度都有所增加。最终使材料的热导率在320K时降低到0.33W/(m·K)，ZT达到1.86。

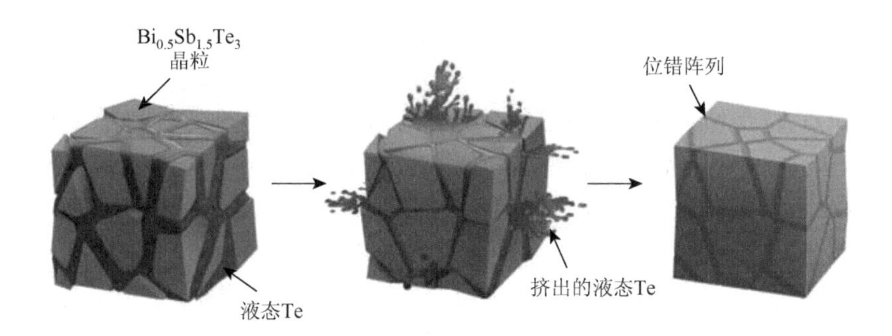

图3.21 液相压实过程中位错阵列合成示意图[13]

通过低维结构对声子和电子的传输行为进行调制可大幅提高热电性能，研究发现，p型Bi_2Te_3/Sb_2Te_3超晶格的ZT在300K时达到2.4，这是迄今Bi_2Te_3体系获得的最大ZT。

2. 有机热电材料

有机热电材料具有合成元素来源丰富、易于加工成型、质量轻、成本低等优点，同时具备固有的低热导率［0.1～1W/(m·K)］和可调的电导率（10^{-8}～10^4 S/cm）及塞贝克系数（10～10^3 μV/K），为研究和发展新型热电材料开辟了一个新的方向。有机热电材料可用于低温柔性热电元件，适合大规模的商业应用。

关于有机热电材料的研究主要集中在聚乙炔（PA）、聚苯胺（PANI）、聚噻吩（PTH），聚（3, 4-乙烯二氧噻吩）（PEDOT）及其衍生物等导电高分子材料体系。它们的分子结构如图3.22所示。有机热电材料是以导电高分子材料为主要成分的半导体热电材料，可以掺杂为 p 型和 n 型，但与无机材料掺杂的概念略有不同：导电高分子的掺杂实质是指对高分子链的氧化或还原过程，分别对应共轭 π 电子进入和离去这两个过程。PA 拥有极高的电导率（$FeCl_3$-PA 热电材料的电导率可达 3×10^4 S/cm），但在空气中不稳定。PANI 稳定性好，但电导率和 ZT 非常低（室温下 ZT 仅为10^{-3}数量级）。相比之下，PEDOT 由于具有低热导率、低密度、易处理、环境稳定性等优点，受到广泛关注。

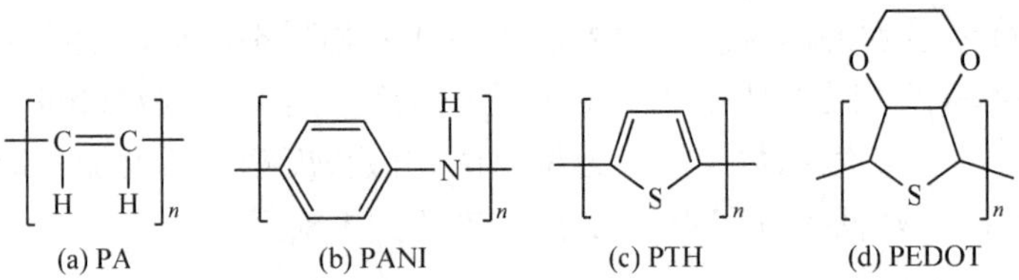

(a) PA　(b) PANI　(c) PTH　(d) PEDOT

图 3.22　应用在热电领域中的几种重要导电聚合物

PEDOT 能带结构简单，带隙为 0.9 eV，p 型和 n 型热电材料的塞贝克系数分别在 100μV/K 和 140μV/K 左右，其主要问题是电导率低。引入甲苯磺酸酯（Tos）和聚苯乙烯磺酸钠（PSS）导电物质可提高导电性，最终 PEDOT:Tos 的 ZT 可达 0.25[14]，乙二醇（EG）及二甲基亚砜（DMSO）处理后的 PEDOT:PSS 在室温下 ZT 可达 0.42[15]。此外，为了能将无机热电材料的高功率因子优势与有机热电材料的低热导率优势相结合利用，可在 PEDOT:PSS 基体中加入金属和无机低维度纳米材料来对 PEDOT:PSS 进行低维化和纳米化，如 CNT/PEDOT:PSS、石墨烯/PEDOT:PSS、Te 纳米线/棒、Ag/Cu 纳米颗粒、PbTe 纳米颗粒复合 PEDOT:PSS 等。图 3.23 为近年来报道的 PEDOT 基热电材料的热电功率因子和 ZT 变化，PEDOT 的 ZT 从10^{-4}提高到10^{-1}，发展非常迅速。

尽管有机热电材料的热电优值并不突出，但其具有柔性、制作加工工艺简单、成本低等优点。图 3.24 为采用丝网印刷在纸上制备的 PEDOT:PSS（p 型）和银胶柔性热电器件示意图。在 50K 温差下，70 张串联电路组成的模块开路电压为 0.2V，短路电流为 4μA；70 张并联电路组成的模块开路电压为 0.012V，短路电流为 1.4mA。图 3.25 为哑铃状的 Te-Bi_2Te_3 纳米异质结与 PEDOT:PSS 水溶液混合后，采用喷墨打印方式制备的基于 Te-Bi_2Te_3/PEDOT:PSS 的复合薄膜，薄膜优化后的功率因子为 60.05 $\mu W/(m\cdot K^2)$，该复合薄膜制备得到的柔性热电器件在 10K 的温差下，器件的开路电压为 1.54mV。

3. 其他低温热电材料

其他低温热电材料有 CuAgSe 和 MgAgSb 等。其中，层状结构的 CuAgSe 具有

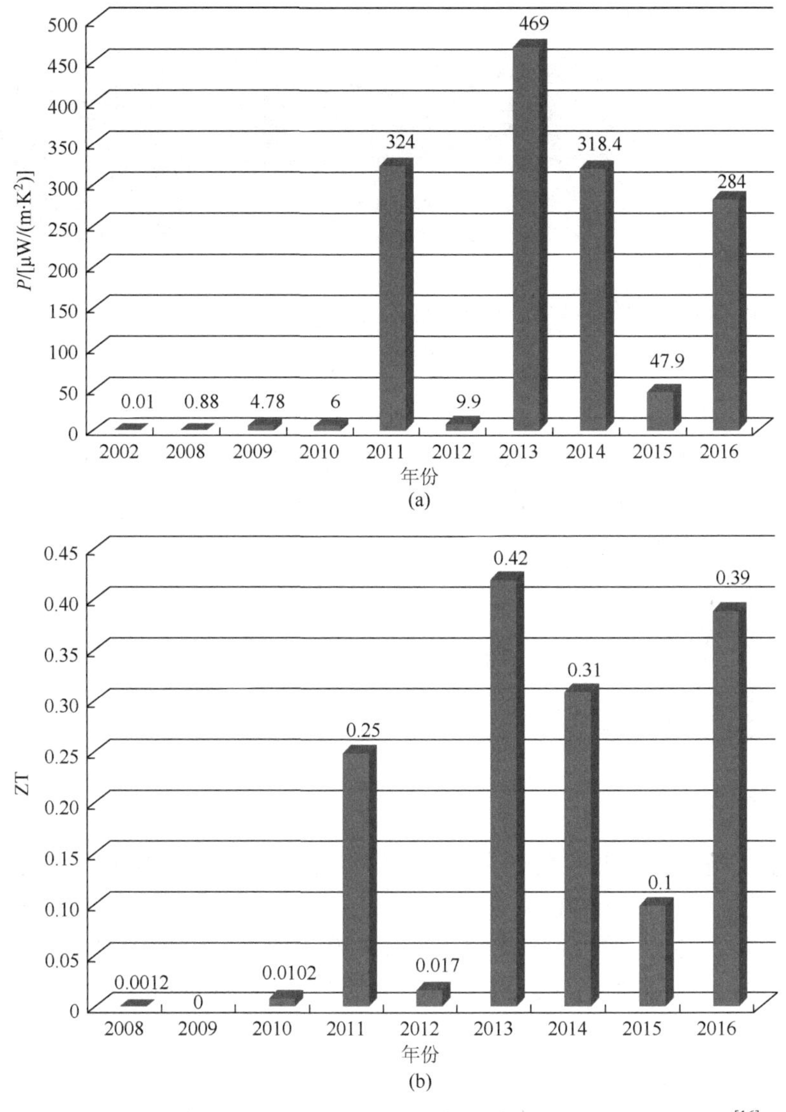

图 3.23　近年来 PEDOT 基材料的（a）热电功率因子 P 和（b） ZT [16]

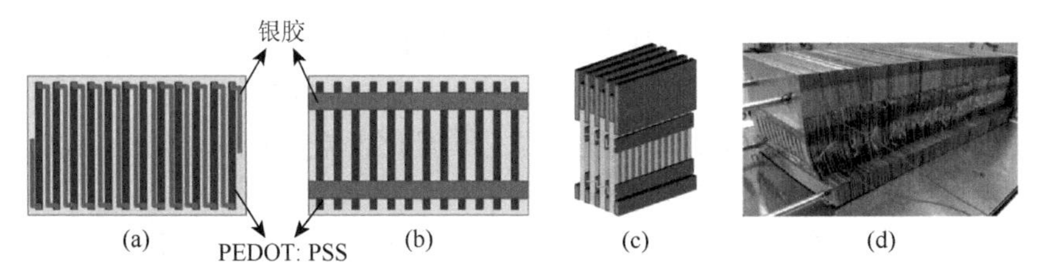

图 3.24　（a）串联 PEDOT:PSS 阵列；（b）并联 PEDOT:PSS 阵列；（c）铜箔之间的 PEDOT:PSS 热电模块示意图；（d）铜箔之间的 PEDOT:PSS 热电模块实物图[17]

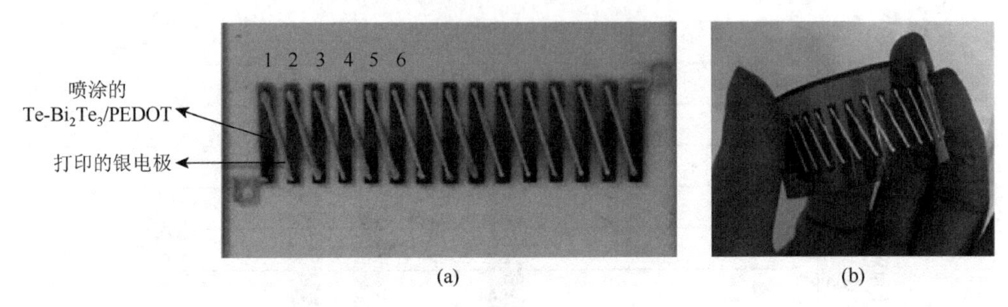

图 3.25 （a）排布在玻璃基底上的含 15 组温差电偶对的热电器件；（b）柔性基底上的热电发电器件[18]

与玻璃相同量级的低热导率，而且低温区（0K）的电子迁移率为 20 000 $cm^2/(V·s)$，约为 Bi_2Te_3 的 10 倍，若以 Ni 取代部分 Cu，低温区电子迁移率可提高至 90 000 $cm^2/(V·s)$。但是 CuAgSe 在室温下 ZT 较低，当温度达到 350℃时 ZT 可达 0.95[17]。晶粒尺寸小于 20nm 的 MgAgSb 基热电材料（$MgAg_{0.97}Sb_{0.99}$ 和 $MgAg_{0.965}Ni_{0.005}Sb_{0.99}$），在室温下具有非常低的热导率［0.7W/(m·K)］，ZT 接近 1，202℃时的 ZT 可达 1.4。

3.3.2 中温热电材料

1. PbTe 及其合金

PbTe 也是传统的热电材料之一，是价带复杂的窄带隙半导体，室温下具有高的塞贝克系数（500μV/K），低的热导率［～2.3W/(m·K)］。PbTe 的熔点较高（923℃），可在 327～527℃下工作，然而在高温时的稳定性较差，Pb 容易挥发对环境造成污染。PbTe 及其合金可用于制冷、热电发电机和级联热电发电机的中温段。

PbTe 属于Ⅳ-Ⅵ族化合物，化学键属金属键类型，是 NaCl 型双极性共价晶体，Pb 和 Te 原子分别位于阳离子和阴离子位置。PbTe 材料中过量的 Pb 或 Te，以及 Pb 或 Te 空位都具有掺杂作用，这两种掺杂作用相互补偿，达到平衡时，材料仍呈本征导电，因此，在熔点以下，Te 原子含量可在 49.994%～50.013%内变化，而不影响材料的本征特性。过量 Pb（或过量 Te、Pb 空位或 Te 空位）在 PbTe 材料中的固溶度仅为万分之一，因此载流子浓度较低（$<10^{19}cm^{-3}$）。为提高载流子浓度，须进行杂质原子掺杂。受主掺杂的有 Na、Au 和 Na_2Te、K_2Te 等，施主掺杂的有 Zn、Cd、Bi、Cl，以及 $PbCl_2$、$PbBr_2$、Bi_2Te_3、Ge_2Te_3 等，也有 Ag、As、Sb 等两性原子，掺杂种类取决于它们在 PbTe 晶格中的位置。

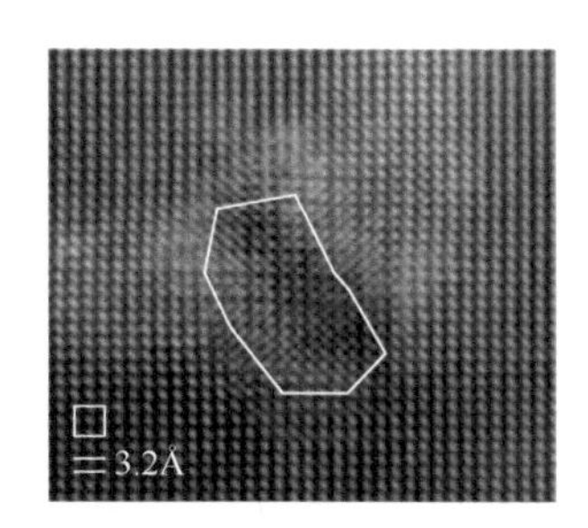

图 3.26　$AgPb_{18}SbTe_{20}$ 样品的 TEM 图片[19]

$AgSbTe_2$ 可与 PbTe 或 GeTe 的固溶体分别形成 LAST 和 TAGS 热电材料。LAST 也可看作是 Ag 和 Sb 共掺杂制备的 $AgPb_mSbTe_{m+2}$，在该材料中，Ag-Sb 在基体中形成了图 3.26 中所圈区域的纳米点，其成分为 Ag-Sb 富集相，该纳米相的存在使其热导率远低于纯 PbTe，其中，配比为 $AgPb_{18}SbTe_{20}$ 的 n 型 LAST 的 ZT 在 800K 下达到 2.2。类似的结构纳米化的 PbTe 基热电材料还有 $AgPb_mSn_nSbTe_{2+m+n}$（LASTT）、$NaPb_mSbTe_{m+2}$（SALT）、KPb_mSbTe_{m+2}（PALT）、K 掺杂 $PbTe_{1-y}Se_y$、$AgPb_{18}SbTe_{20-x}Se_x$（$x = 1, 2, 4$）、I 掺杂 $(Pb_{0.95}Sn_{0.05}Te)_{1-x}(PbS)_x$ 合金等。

对 PbTe 基材料进行了不同尺度物质的作用效果研究，结果如图 3.27 所示，①原子尺度物质作用效果：2%（摩尔分数）Na 掺杂的 PbTe 块状锭中，原子尺度的物质有如图 3.27（a）中所示的 Te 原子、Pb 原子、掺杂原子等，可实现的最大 ZT 为 1 左右[图 3.27（b）]。②纳米尺度物质作用效果：引入了 2~10nm 的 SrTe 纳米晶体的 PbTe 基材料中，这些纳米结构可在基本不影响空穴迁移率的同时有效降低热导率，最终使 ZT（温度为 800K 时）增加到 1.7 [图 3.27（b）]。然而，纳米结构只能散射具有短和中等平均自由程（3~100nm）的声子，更长平均自由程的声子不受影响，需要借助晶界这种介观尺度物质的作用。③全尺度物质作用效果：通过原子尺度、纳米尺度和介观尺度物质综合作用，可以在高温下实现最大的声子散射，获得更大的 ZT。如图 3.27（b）中所示的 PbTe-SrTe[4%（摩尔分数）]掺杂 2%（摩尔分数）Na，ZT 在温度为 915K 时可以达到 2.2。

PbTe 为双价带结构［图 3.28（a)]，2%（摩尔分数）Na 掺杂的 $PbTe_{1-x}Se_x$ 材料使 PbTe 价带中的轻空穴带（L 带）与重空穴带（∑ 带）收敛，通过增加能带简并度的方式，在 850K 下获得了 ZT = 1.8 的高热电优值。对于多能带参与输运的情况，通过调整能带之间的能量差来实现不同能带载流子参与输运的比例，可以调整有效质量，从而调整塞贝克系数。此外，对于 Tl 掺杂的 PbTe 铸锭材料（p 型），Tl 的引入可引起 PbTe 中费米能级附近电子态密度的凸出［图 3.28（b)]，根据塞贝克系数与态密度和有效质量之间的关系，费米能级附近能量的积分随着态密度曲线变宽而增加，从而提高有效质量和塞贝克系数。Tl 形成的共振能级使 PbTe 的 ZT 提高到 1.5。在采用球磨结合快速热压方法制备的 Tl 掺杂的 PbTe 中，同样发现了态密度共振效应，并且该制备方法使材料晶粒尺寸比铸锭的小，热导率降低， ZT 达到 1.7。性能较好的存在共振能级的材料还有 Al 掺杂的 PbSe（n 型）等，Ti、Cr 和 In 等也会在铅硫族材料中引入共振能级。能带结构调整和共振能级都可以在不改变载流子浓度的条件下提高塞贝克系数。

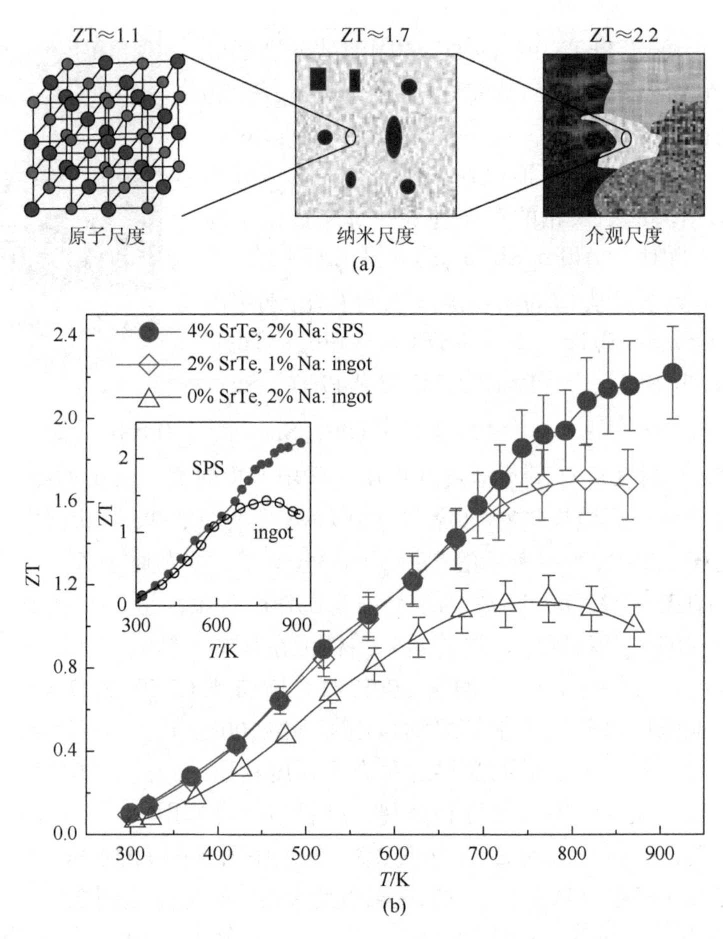

图 3.27　（a）不同尺度物质的示意图；（b）PbTe-SrTe-Na 多晶和铸锭的热电优值随温度变化图[20]

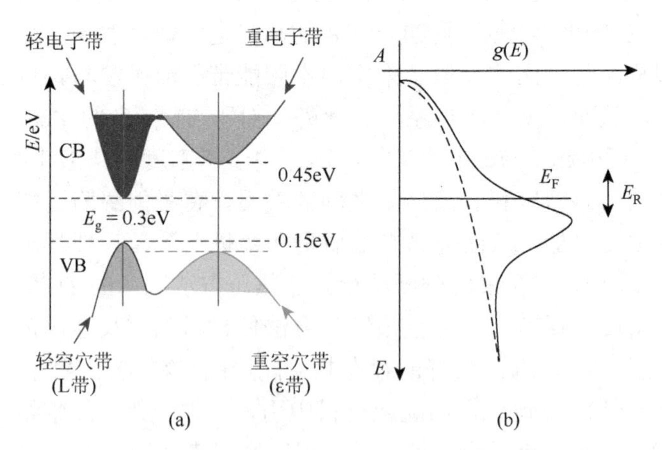

图 3.28　（a）PbTe 中导带和价带的能量距离[21]；（b）Tl 掺杂的 PbTe 中导带底的态密度畸变示意图[3]

2. 方钴矿化合物

方钴矿化合物是一种典型“声子玻璃-电子晶体”材料，因其带隙小、载流子迁移率高而具有出色的电传输性能。

方钴矿化合物通式为 XY_3，其中 X 为过渡金属 Co、Rh 或 Ir，Y 为磷族原子 P、As 或 Sb。方钴矿化合物具有 $CoAs_3$ 型结构，如图 3.29 所示（扫本书封底二维码可见彩图），由 8 个 XY_6 八面体顶点相连而成，8 个相连的八面体在立方结构的体心位置形成 1 个十二面体空隙，还有 1 个间隙位于晶胞的 8 个角上，角上的原子是和近邻的 8 个晶胞所共有。在方钴矿材料的空隙中填入其他金属原子形成填充式方钴矿材料，化学通式为 $M_xX_4Y_{12}$，M 为填充元素，可以是稀土金属元素 La、Ce、Nd、Sm、Eu 和 Yb，碱土金属元素 Ba、Sr、Ca，碱金属元素 K、Na，ⅣA 族元素 Sn，卤族元素 I。能否填入空隙与填充原子和 Sb 原子的电负性之差有关系，即电负性选择规则（$X_1 - X_{Sb} > 0.8$）。填充原子可以优化载流子浓度，同时在空隙中振动散射声子，降低晶格热导率，从而优化热电性能。

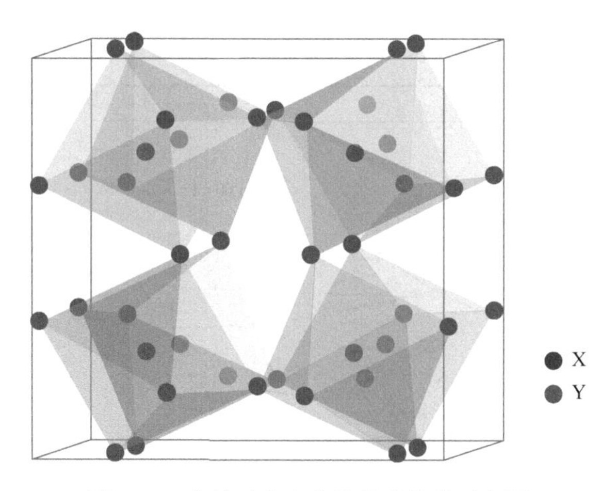

图 3.29　方钴矿化合物的晶体结构示意图

方钴矿化合物的热导率较高，单晶 $CoSb_3$ 的晶格热导率在室温时高达 10W/(m·K)，降低 $CoSb_3$ 晶格热导率、提升 ZT 的方法有以下三种：①形成固溶体合金。例如，利用等电子的同族原子 Ir、Rh 部分取代 $CoSb_3$ 中的 Co，以及利用 As 取代 Sb；非等电子异族原子取代，包括 Fe、Ni 等取代 Co 和 Te、Ge、Se、Sn 等取代 Sb。利用原子半径和质量与 Co 原子相差较大的 Ir 原子形成 $Co_{1-x}Ir_xSb_3$(x = 0.03，0.1，0.15)三元固溶体，由于强烈的点缺陷散射，与二元 $CoSb_3$ 相比，热导率降低了 30%～50%。②纳米复合。例如，在 $Yb_yCo_4Sb_{12}$ 基体材料中引入具有微

纳米尺度的 Yb_2O_3 颗粒，850K 时 ZT 达到 1.3。③形成填充方钴矿。双元及多元填充，相比单元填充可进一步优化热电材料的整体性能。例如，单元填充的 $Yb_{0.19}Co_4Sb_{12}$ 在 600K 和 $Ba_{0.24}Co_4Sb_{12}$ 在 850K 的 ZT 约为 1.1，双元填充 $In_{0.2}Yb_{0.2}Co_4Sb_{12}$ 在800K的 ZT 为 1.22，多元填充的 $Ba_{0.08}La_{0.05}Yb_{0.04}Co_4Sb_{12}$ 在 850K 的 ZT 为 1.71，$Sr_{0.09}Ba_{0.11}Yb_{0.05}Co_4Sb_{12}$ 在 835K 的 ZT 可达 1.9。以上均为 n 型传输方钴矿热电材料。p 型方钴矿材料的研究进展相比 n 型慢得多，目前性能较好的 p 型的 $Ba_{0.15}Yb_{0.2}In_{0.2}Co_4Sb_{12}$ 在 800K 时 ZT 为 1.16。

3. Zn_4Sb_3 基热电材料

Zn-Sb 合金可以形成 Zn_4Sb_3、ZnSb、Zn_3Sb_2 和 Zn_8Sb_7 等几种化合物。其中，Zn_4Sb_3 主要有 4 种晶体结构，分别为 α'（235 K 以下）、α（235～260 K）、β（260～765 K）和 γ（765 K 以上），β 相具有良好的热电性能。在室温下 β- Zn_4Sb_3 晶格热导率仅为 0.65W/(m·K)，如图 3.30 所示。β- Zn_4Sb_3 块体材料在 670 K 时，ZT 为 1.3。由于其极低的热导率及较高的功率因子，β- Zn_4Sb_3 成为"声子玻璃-电子晶体"的典型代表之一。

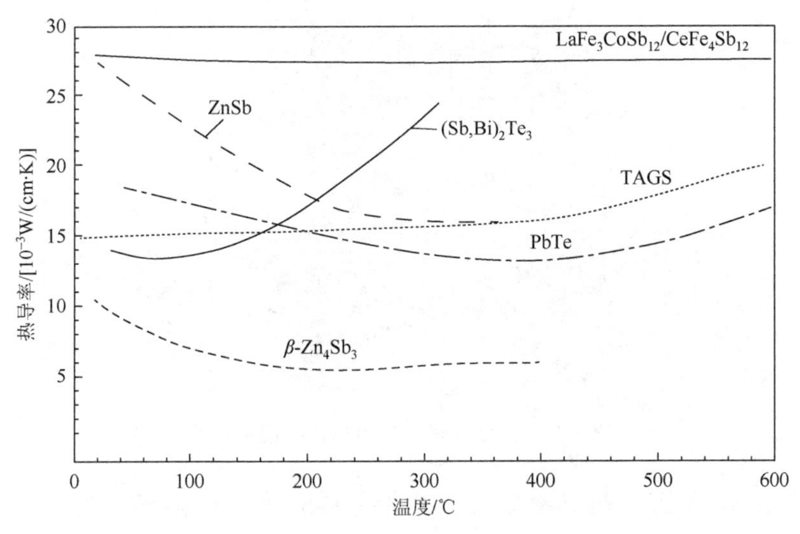

图 3.30　β- Zn_4Sb_3 与其他热电材料热导率的比较[22]

β- Zn_4Sb_3 的晶体结构尚存在争议，最经典的模型是 Mayer 模型，被广泛接受的是 Synder 提出的三原子填隙模型，分别如图 3.31（a）和（b）所示。经典 Mayer 模型认为每个 β- Zn_4Sb_3 晶胞内有 66 个原子，占据三种不同的原子位置[36Zn（1）、18Sb（1）和 12Sb（2）]，Zn 除了分布在 36Zn（1）位外，还可部分占据 18Sb（1）。

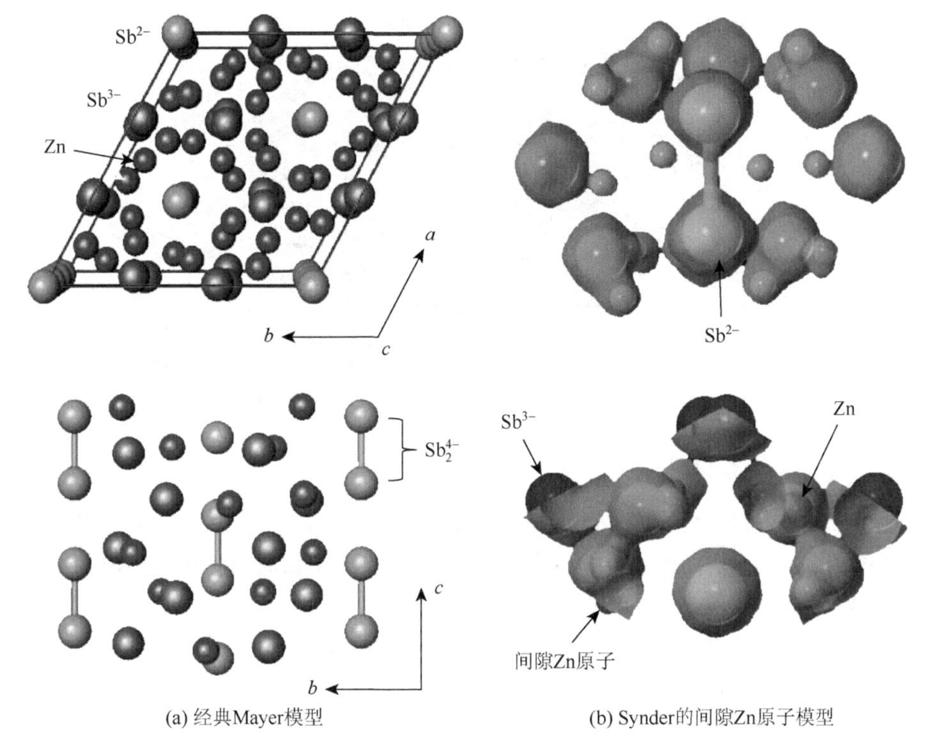

(a) 经典Mayer模型　(b) Synder的间隙Zn原子模型

图 3.31　β-Zn_4Sb_3 的晶体结构模型[22]

该模型无法解释 β-Zn_4Sb_3 热导率低而电导率高、理论密度与实测密度不一致的现象。Synder 在 Mayer 模型的基础上提出了三原子填隙模型。该模型认为 β-Zn_4Sb_3 的理想化学式为 $Zn_{13}Sb_{10}$，不存在 Zn 与 Sb 在 18Sb（1）位的混合占位，Zn 除分布在 36Zn（1）位外，还存在填隙 Zn 原子。对于 β-Zn_4Sb_3 而言，弥散、无序分布的间隙 Zn 原子能够有效降低声子平均自由程。该模型可以合理解释 β-Zn_4Sb_3 电热输运特性和密度不一致现象。

通常采用元素掺杂、引入 ZnSb 相和 Zn 相、纳米结构化等措施来提高 Zn_4Sb_3 的热电性能。适当含量的 Cd、Se、Te、Cu、Al、Ge 等元素掺杂可以提高 β-Zn_4Sb_3 的热电优值，这些掺杂类型都是 p 型。单相 Zn_4Sb_3 的成分范围极为狭窄（56.5%～57.0%Zn at%），当 Zn 或者 Sb 的成分过量时，很容易形成 Zn_4Sb_3 和 Zn 共存或者 Zn_4Sb_3 和 ZnSb 共存。此外，在 Zn_4Sb_3 热电材料中观察到纳米结构，如纳米 Zn 颗粒或纳米孔洞（图 3.32），纳米 Zn 颗粒的形成可能是随着温度的下降，溶解度降低，而析出纳米 Zn 颗粒，并与制备工艺有关。纳米孔洞的形成可能是与 β-Zn_4Sb_3 成分附近的高温相变很多，会产生挤压、成分改变或第二相减少等行为有关。这些纳米结构的存在有助于提高热电优值。

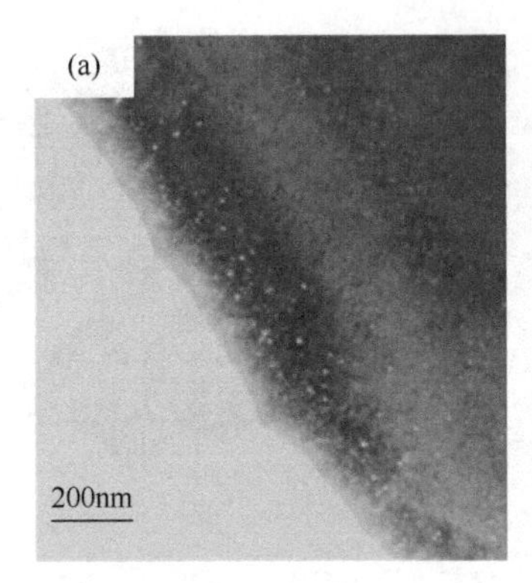

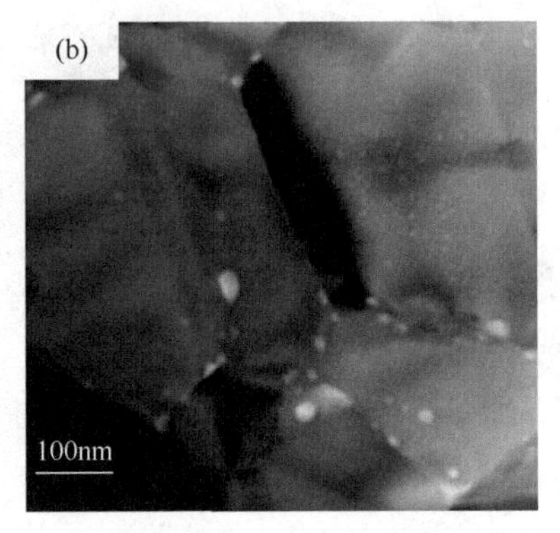

图 3.32　Zn_4Sb_3 基热电材料中的 Zn 纳米颗粒（a）和纳米孔洞（b）[23, 24]

4. SnSe 基热电材料

SnSe 的带隙为 0.9eV，可用于太阳能电池、锂离子电池负极材料和热电转换。SnSe 组成元素在地球中的含量丰富，作为潜在的高性能中温热电材料受到广泛关注。

SnSe 具有层状晶体结构，如图 3.33 所示，图 3.33（a）、（c）、（d）分别为 SnSe 结构的三视图，图 3.33（b）为高度扭曲的 SnSe 配位多面体。在室温下，沿着 *b-c* 平面有两原子厚的 SnSe 褶皱面，在这个平面上有很强 Sn—Se 键，沿 *a* 轴方向有较弱 Sn—Se 键。结构中包含了扭曲的 $SnSe_7$ 配位多面体，它有 3 个短的和 4 个长的 Sn—Se 键，在 4 个长的 Sn—Se 键之间有 1 个 Sn^{2+}孤对电子。

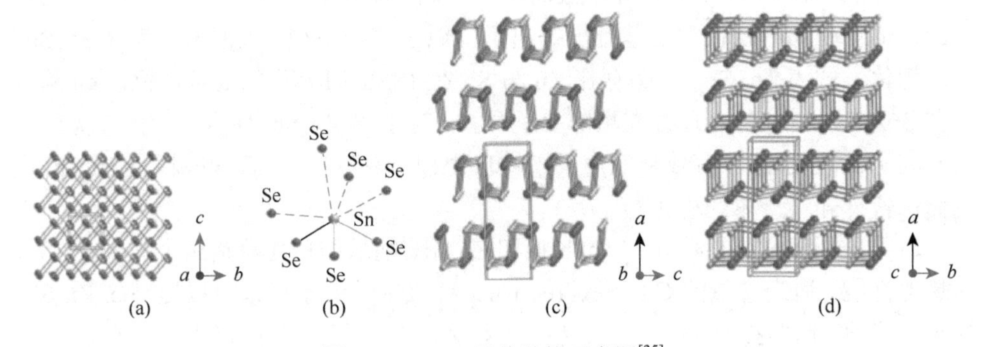

图 3.33　SnSe 晶体结构示意图[25]

（a）沿 *a* 轴方向的晶体结构；（b）具有 3 个短的和 4 个长的 Sn—Se 键形成的高度扭曲的 $SnSe_7$ 配位多面体；（c）沿 *b* 轴方向的晶体结构；（d）沿 *c* 轴方向的晶体结构

SnSe 特殊的晶体结构使 SnSe 具有很低的晶格热导率。SnSe 在 *a* 轴方向上的室温热导率约为 0.47W/(m·K)，随着温度的升高，在 973 K 下热导率降低到 0.23W/(m·K)。SnSe 的各向异性使得其在 *b* 轴具有最好的电传输性能，功率因子在

3 个方向上表现为 $b>c>a$。SnSe 单晶沿着 b 、c 、a 轴方向上的最大热电优值分别为 2.62、2.3 和 0.8（图 3.34）。

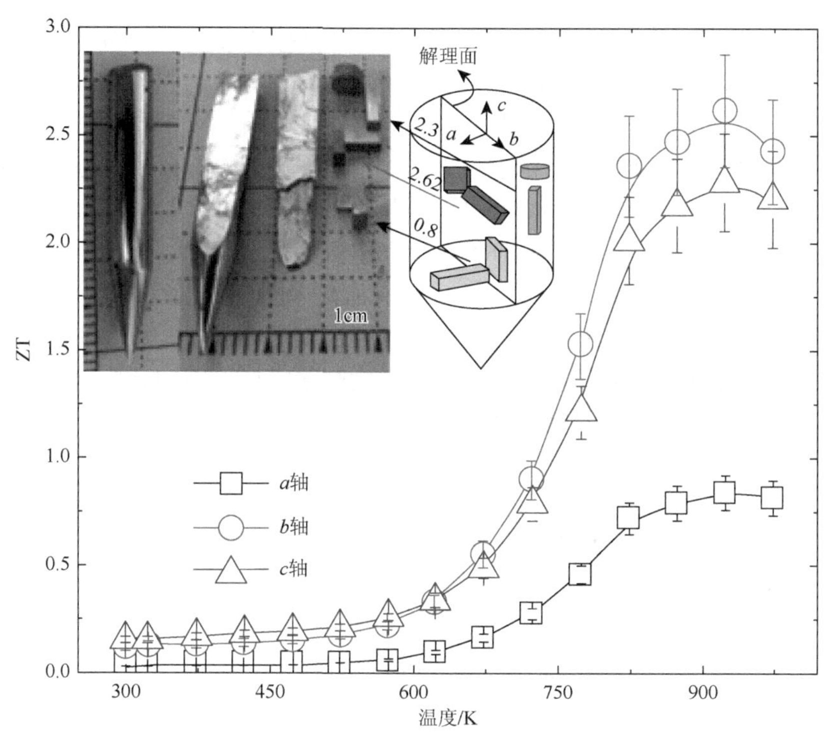

图 3.34　单晶 SnSe 的 ZT 随温度的变化关系图[25]

内插图为单晶 SnSe 及其剖面图

单晶 SnSe 的力学性能差、生长条件苛刻且难以控制，不适合工业化大规模生产。多晶 SnSe 的热电性能与单晶相比要差，可通过掺杂、合金化、微结构调制、形成复合物等手段来提高，如 Ag、Na、Sn、Al、Pb 等的单元掺杂，以及 Sn 和 Na、I 和 SnS 等的双元掺杂、合金化（如 $SnS_{0.2}Se_{0.8}$）、利用熔炼-热压、区域熔炼-等离子活化烧结等制备方法进行微结构调制、添加 SiC、PbTe 纳米颗粒形成复合体系等。其中，通过熔炼-热压微结构调制制备的 SnSe 在 873 K 时 ZT 为 1.1；通过掺入适量的 C 作为纳米夹杂物提高 SnSe 高温下的电导率，903K 时 ZT 为 1.21；通过 PbTe 纳米粉末与 SnSe 形成复合材料可提高功率因子，降低热导率，880K 时 ZT 为 1.26。

5. 其他中温热电材料

其他中温热电材料还包括笼合物和硅化物等。笼合物（clathrate）是典型的声子玻璃-电子晶体材料，通常情况下具有较低的热导率，晶体结构为多面体组成的开放型框架结构。根据笼合物中多面体空隙形状不同，有Ⅰ型（A_8E_{46}）、Ⅱ型（$A_{24}E_{136}$）、Ⅲ型（$A_{30}E_{172}$）、Ⅷ型（A_8E_{46}）和Ⅸ型（$A_{24}E_{100}$）等，其中 A 代表填充原子，笼子框架 E 主要由ⅣA 族的元素 Si、Ge、Sn 组成，对应的笼合物称为 Si 基、Ge 基及 Sn 基笼合物。研究较多的是Ⅰ型笼合物。在通常情况下，Ⅰ型结构框架中的部分ⅣA 族原子被ⅢA 族元素代替，通式变成 $A_8B_8C_{38}$ 和 $A_8B_{16}C_{30}$。A 是ⅠA 族的元素和ⅡA 族及稀土元素，B 是ⅢA 族元素，C 是ⅣA 族元素，如 $Eu_8Ga_{16}Ge_{30}$、$Sr_8Ga_{16}Ge_{30}$、$Ba_8Ga_{16}Ge_{30}$ 等。Ⅰ型笼合物的晶体结构为立方结构，如图 3.35 所示，每个单胞由 46 个框架原子组成，框架原子通过共价键结合，形成 6 个十四面体和 2 个十二面体，这 8 个多面体共面连接，而且每一个多面体中仅可以填充一个原子，填充原子与框架原子键合作用非常弱，可以在多面体笼内振动，可有效降低材料的晶格热导率，而高度有序的框架结构还可以保证载流子有效地传输，保证了良好的电导率。

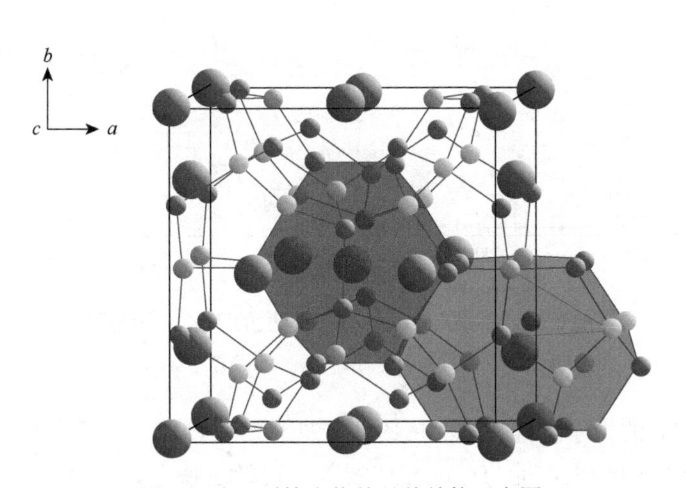

图 3.35　Ⅰ型笼合物的晶体结构示意图

通过取代笼合物框架原子或填充原子可提升热电材料的热电性能，填充原子除单原子填充外，还可以双原子填充笼中原子来调控其微结构。一般 Ge 基笼合物较 Si 基和 Sn 基笼合物具有较高的 ZT，$Sr_8Ga_{16}Ge_{30}$ 在 800K 时，ZT 可达 1。丘克拉斯基法合成的单晶 n 型 $Sr_8Ga_{16}Ge_{30}$ 在 900K 时，ZT 为 1.35。从成本和材料质量方面来考虑，Ge 元素相对于 Si 和 Sn 元素来说价格相对较高，质量也要大很多，限制了这种材料的研究和商业应用。

硅化物热电材料是指元素周期表中过渡元素与硅形成的化合物，如 Mg_2Si、$FeSi_2$、$MnSi_x$、$CrSi_2$、SiGe 等化合物。这类材料的优点是其主要组成元素在地壳中的丰度高、价格低、高温抗氧化性好、化学性能稳定。在众多硅化物中，Mg_2Si

是最具发展前景的一类中温热电材料（450～800K），其晶体结构为立方反萤石结构。Mg_2Si具有较高的热导率，导致其热电优值在700K时小于0.1。Mg_2Si基热电材料的性能优化主要途径为掺杂、固溶等方法。Mg_2Si热电材料的掺杂主要包括（Li、Ag和Ga）p型掺杂和（Bi、Sb、Al和La）等的n型掺杂。通过与Mg_2Sn、Mg_2Ge形成固溶体，利用材料内形成晶体点缺陷和较强的合金散射可降低晶格热导率。在Mg_2B（B = Si、Ge、Sn）的固溶体系列中，$Mg_2Si_{1-x}Ge_x$和$Mg_2Si_{1-x}Sn_x$表现出较好的热电性能：n型（Sb掺杂）和p型（Ag掺杂）$Mg_2Si_{0.6}Ge_{0.4}$基固溶体的热电优值在660K和629K分别为1.07和1.68；n型$Mg_2Si_{0.6}Sn_{0.4}$在870K下最佳热电优值达到1.1。

3.3.3 高温热电材料

1. SiGe合金

单质Si和Ge的功率因子较大，且热导率也比较高，为4.6W/(m·K)，都不是理想的热电材料，但形成合金之后材料的热导率大幅下降。SiGe合金适用于500～1000℃的高温，在800℃时ZT可达1.8，SiGe合金单晶的ZT也可以达到0.65。SiGe合金可用于放射性同位素供热的热电发电器，应用在航空航天领域。

由于Si和Ge都属于ⅣA族元素，化学键为共价键，晶体结构为金刚石结构，因此，两者可形成连续固溶体合金。SiGe合金的许多物理性能可以通过改变Si和Ge的比例来调节，在实际热电应用中常采用Si含量较高的合金组分，其原因主要是：①Si含量高的合金热导率低；②掺杂原子的固溶度一般随Si含量增加而增加，从而可获得较高的载流子浓度；③Si含量较高的合金具有较大的带隙和较高的熔点，更适用于高温环境。此外，Si含量高的合金密度较小、抗氧化能力强，特别适合空间应用。合金组分为$Si_{0.6}Ge_{0.4}$的热导率最低，$Si_{0.15}Ge_{0.85}$的塞贝克系数最大，而取得最高ZT的SiGe合金组分为$Si_{0.8}Ge_{0.2}$。

SiGe合金常用的施主杂质有P、As等ⅤA族元素，常用的受主杂质为B、Ga等ⅢA族元素。对于p型和n型SiGe合金，最佳热电特性需要的掺杂浓度分别约为10^{19} cm^{-3}和10^{21} cm^{-3}。对于n型SiGe合金，最佳掺杂浓度超过了掺杂物质的固溶极限，但如果SiGe合金中含有少量的Ge或Al原子，就可以使P原子在SiGe合金中固溶度得到提高，从而提高掺杂浓度。

SiGe合金的主要缺点是它们在室温下的导热率高，通过掺入少量Ⅲ-Ⅴ族化合物（如GaP、GaAs和GaPAs等）形成多元合金，可在合金中引入额外的声子散射，降低热导率。然而这种措施在使热导率降低的同时，电导率也急剧变小。利用晶界对声子的散射作用，制备纳米结构SiGe合金可在不影响电导率的情况下有效降低热导率。高能球磨后进行等离子活化烧结生成的 n 型纳米结构$Si_{80}Ge_{20}$合金，可形成 SiP 纳米相，从而使 900℃时的热导率降低至 2.3W/(m·K)，ZT 可达 1.5 左右。将机械合金化得到的纳米粉末进行直流诱导热压可制备 p 型纳米结构$Si_{80}Ge_{20}$合金，在温度为 800～900℃时，ZT 可达 0.95，比用于空间飞行任务的 SiGe 合金高了 90%，比 p 型非纳米结构 SiGe 合金高了 50%。

2. 氧化物热电材料

相对于合金体系的热电材料，氧化物的热电性能相对较低，但是氧化物热电材料的最大优势是可以在高温氧化条件下长期工作、不会挥发、不怕氧化、大多无毒、不会引起环境污染，且制备简单，可不用保护气体直接在空气中烧结制备。氧化物热电材料根据结构特点大致可以分为三类：具有层状结构的钴氧化物，如钴酸钠（$NaCo_2O_4$）、钴酸钙（$Ca_2Co_2O_5$、$Ca_3Co_4O_9$）和铋锶钴氧（$Bi_2Sr_2Co_2O_y$）等；具有钙钛矿结构的氧化物，如$SrTiO_3$、$CaMnO_3$等；二元氧化物体系，如 ZnO、In_2O_3等。

1）层状结构的钴氧化物（p 型）

层状结构的钴氧化物主要包括$NaCo_2O_4$、$Ca_2Co_2O_5$、$Ca_3Co_4O_9$和$Bi_2Sr_2Co_2O_y$等。晶体结构如图 3.36 所示，由CdI_2结构的CoO_2共边氧八面体层和无规则排列的钠/钙离子层或$Bi_2Sr_2O_4$ (SrO-BiO-BiO-SrO)层沿 *c* 轴方向交替堆垛而成，其中CoO_2层充当导电层，而中间层可以有效散射声子以保证材料具有较低的导热系

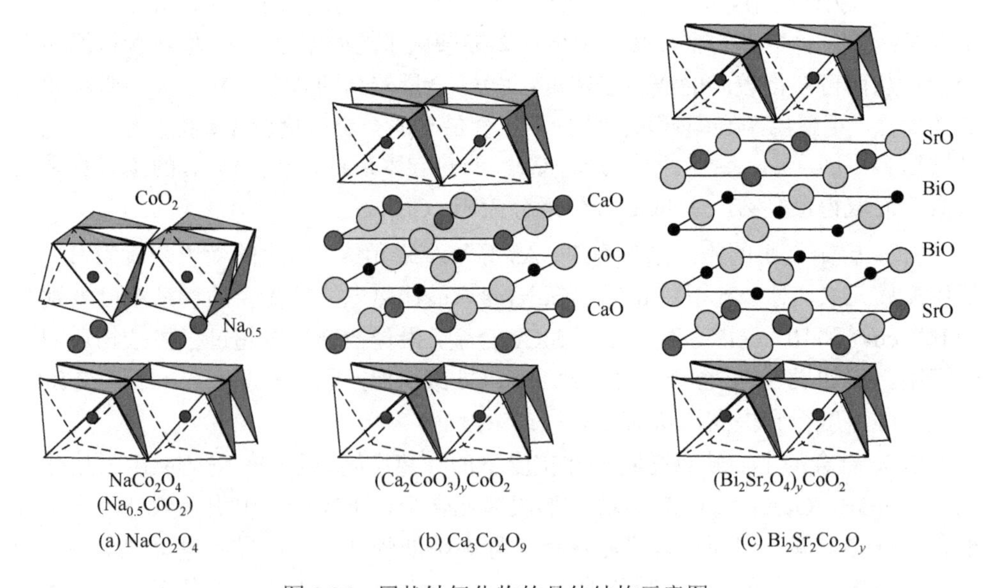

图 3.36　层状钴氧化物的晶体结构示意图

数。层状结构的钴氧化物的晶体结构具有很强的各向异性，这导致了其 *ab* 面和 *c* 轴方向的塞贝克系数差值为 50μV/K 左右。

在 $NaCo_2O_4$ 中掺入 Ag、Ba、La 等重金属后，能使 $NaCo_2O_4$ 的塞贝克系数显著增加，其中，在 $NaCo_2O_4$ 中掺入 Ag，能使材料的电导率和塞贝克系数同时提高，ZT 接近 1，但由于 Na 具有易挥发和易与水反应的性质，实际应用受限。钴酸钙有 Ca 位掺杂（Na、Ag、Sr、Gd 和 Y）、Co 位掺杂（Cr、Mn、Fe、Ni 和 Cu），以及 Ca 位和 Co 位同时掺杂，掺杂可一定程度改善其热电性能，但没有明显规律性，仍需进一步深入探索。$Ca_3Co_4O_9$ 在 1000K 以下温度时性能稳定，ZT 较高。掺杂 Sr 的 $Ca_2SrCo_4O_{9+\delta}$ 在温度为 873K 时 ZT 可以达到 0.54。$Bi_2Co_2Sr_2O_y$ 的层间热导率在室温附近时为 4～8mW/(cm·K)，接近理论上的最低值，这是因为声子的平均自由程与 *c* 轴的层间距是一个数量级的。掺杂 Pb 的 $Bi_2Co_2Sr_2O_y$ 在 1000K 时 ZT 达到 0.26。

2）钙钛矿结构氧化物

钙钛矿结构氧化物热电材料为 n 型半导体，包括钛酸锶（$SrTiO_3$）、锰酸钙（$CaMnO_3$）等，是指一类化学通式为 ABO_3 的材料，其中 A 是较大的阳离子，一般是稀土或碱土元素离子；B 是较小的阳离子，一般为过渡元素离子。钙钛矿结构氧化物的晶体结构如图 2.36 所示。在钙钛矿型 ABO_3 结构中，可以经 A、B 位掺杂合成复合氧化物，形成一定的晶体缺陷，从而使其热电性能发生改变。目前，改善其热电性能的主要工作是通过掺杂来提高该材料体系的电导率。

$SrTiO_3$ 可通过掺杂高价离子提高热电性能，例如，La 掺杂的 $SrTiO_3$ 纳米结构，在不影响电学性能的前提下，样品的热导率明显下降，在 1073K 时 ZT 为 0.27。Pr 和 Nb 掺杂的 $SrTiO_3$ 超晶格结构，引入的氧空位和两种不同的掺杂元素能够有效地散射声子而不影响电子传输，其 ZT 在 1045K 时为 0.36。此外，A 空位对 $SrTiO_3$ 的电学性能影响很大，而对热学性能基本没有影响，La 掺杂的A空位的 $SrTiO_3$，样品不仅显示出较高的抗氧化能力，且热电性能有一定程度提升，在 973K 时 ZT 为 0.41。

$CaMnO_3$ 具有较高的塞贝克系数和较低的热导率，但电阻率相对较高，对 Ca 进行三价、四价元素掺杂可显著提高电导率，例如，$Ca_{0.97}Bi_{0.03}MnO_3$ 在 973K 时的 ZT 为 0.25，比本征样品提高了 3 倍。稀土元素 Yb 和 Dy 共掺杂的 $CaMnO_3$ 样品，电学和热学性能同时得到了优化，在 1073K 时最高 ZT 为 0.27。Mn 位掺杂同样可以优化 $CaMnO_3$ 的热电性能。使用软化学合成得到了尺寸在亚微米量级的 $CaMn_{0.98}Nb_{0.02}O_3$，在 1060K 时 ZT 为 0.32。

3）ZnO

ZnO 是一种直接宽禁带半导体材料（室温下，E_g≈3.37eV），具有资源丰富、无毒、易实现掺杂等优点。ZnO 是Ⅱ-Ⅵ族化合物，自然条件下为纤锌矿结构。

由于 ZnO 中有浅施主能级，本征 ZnO 为 n 型。但要获得电性能良好的 n 型 ZnO，必须对其进行施主掺杂，缺陷浓度受多种因素制约，使其电学性能难以控制。常用的 n 型掺杂源有三种：ⅠA 族 H 元素掺杂；ⅡA 族 Mg 元素；ⅢA 族元素（Al、Ga、In）掺杂，其中 Al 的掺杂效果尤为突出；ⅣA 族元素，掺入的 Si、Ge 等元素可起到有效施主的作用。由于固有浅施主能级的补偿效应，相对于 n 型掺杂，ZnO 的 p 型掺杂极为困难。常用的 p 型掺杂也有三种：ⅠA 族元素，如 Li 元素，采用ⅠA 族元素掺杂成功制备 p 型 ZnO 的报道较少；ⅤA 族元素（N、P、As、Sb），以 N 元素最为常用；N 与ⅢA 族元素（Al、Ga、In）共掺杂，其中，Ga 和 N 共掺杂效果最好。除上述元素掺杂外，还可对其进行稀土元素掺杂、Ga 和 ZnS 双重掺杂、添加纳米 ZrO_2 和纳米聚合物颗粒等。其中，采用纳米聚合物颗粒 PMMA（聚甲基丙烯酸甲酯）对 ZnO: Al 试样进行复合，形成以分散的纳米孔径为基础的纳米复合结构热电材料，使得电导率出现了与热导率同等的降幅，但塞贝克系数绝对值增大，最终 ZT 得到提高。

3. 半哈斯勒合金

半哈斯勒（half-Heusler，HH）合金熔点可达 1100～1300℃，带隙范围为 0.1～0.3eV[26, 27]，在室温下具有高的塞贝克系数（～300μV/K）和高的电导率（10^3～10^4S/cm），但是热导率也高［～10W/(m·K)］。HH 合金具有热稳定性好、力学强度高、无毒、综合性能突出等优点。HH 合金制成的热电模块在 1073K 以上时功率密度为 2.2W/cm^2，转换效率超过 12%。

HH 合金的化学通式为 ABX，其中，A 是过渡金属、贵金属或稀土元素等，如 Ti、Hf、Zr 等；B 是过渡金属或贵金属等，如 Fe、Co、Ni、Ru 等；X 是准金属或金属，如 Sb、Sn、Si 等。HH 合金为 MgAgAs 晶体结构（图 3.37），该结构

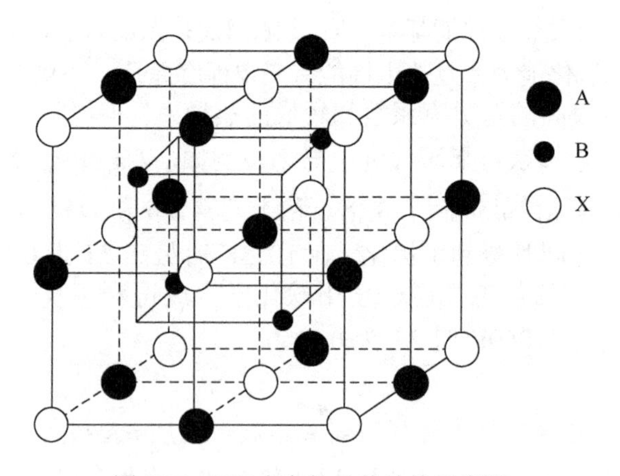

图 3.37　HH 合金的晶体结构示意图

可以看作四套面心立方格子相互贯穿，A和X原子形成熔盐（NaCl）结构，在B原子组成的小立方体里，8个位置上只有4个B原子，另一半是空的。如果8个位置上都被B原子占满，则化学式变为AB_2X，为Heusler合金。在HH合金中，对A或B位置元素进行取代能对声子的合金散射最大化，降低晶格热导率；对X位置元素的取代能调整载流子的浓度，进而调控塞贝克系数和电导率。大多数研究集中在p型ACoSb（A＝Ti、Zr和Hf）和n型ANiSn（A＝Ti、Zr和Hf），其他关于NbCoSn、VFeSb等的研究较少。

HH合金热导率较高，除了利用合金散射和晶界散射可降低热导率外，纳米复合技术的效果非常显著。纳米复合技术使p型HH合金的ZT从0.5增加到0.8，n型HH合金的ZT从0.8增加到1.0。直接合成纳米结构的HH合金比较困难，图3.38是采用球磨后热压法制备p型和n型HH合金的微观结构图。该样品平均粒径为100～300nm，晶粒尺寸细小，并且存在5～30nm的纳米结构特征物质，如图3.38（c）所示的纳米颗粒，该纳米颗粒成分与周围基体成分不同，还有图3.38（d）所示的晶格畸变，这些纳米结构都可能加强声子的散射，从而得到更低的热导率。纳米复合技术在LAST体系等其他的热电材料上也得到了应用，可见该技术对其他材料具有通用性。

图3.38　HH合金纳米复合材料的TEM微观结构图

（a）$Hf_{0.5}Zr_{0.5}CoSb_{0.8}Sn_{0.2}$的低倍率TEM图片[28]；（b）$Hf_{0.75}Zr_{0.25}NiSn_{0.99}Sb_{0.01}$的低倍率TEM图片[29]；（c）$Hf_{0.5}Zr_{0.5}CoSb_{0.8}Sn_{0.2}$基体中的纳米颗粒[28]；（d）$Hf_{0.75}Zr_{0.25}NiSn_{0.99}Sb_{0.01}$晶格畸变区域[29]

除了增强晶界和纳米结构散射外，利用原子的质量和尺寸差异增强合金散射也能进一步降低晶格热导率。例如，在 HH 合金晶格的 A 原子位置，Hf 和 Ti 的组合比 Hf 和 Zr 的组合更能有效降低晶格热导率，这是因为 Hf 和 Ti 原子的质量和尺寸存在更大的差异。此外，当 Ti、Zr 和 Hf 三个元素都出现在体系中时，称这个体系为三元合金体系。图 3.39 为（Ti, Zr, Hf）$CoSb_{0.8}Sn_{0.2}$ 的三元相图，三元组成成分为 $Hf_{0.44}Zr_{0.44}Ti_{0.12}CoSb_{0.8}Sn_{0.2}$ 的 ZT 最高，而且，Hf 的用量相比 $Hf_{0.5}Zr_{0.5}$ $CoSb_{0.8}Sn_{0.2}$ 有所减少。Hf 用量减少 2/3，成本可降低 50%。目前，ZT 可以达到 1.0 并大大减少 Hf 使用的配比为 $Hf_{0.19}Zr_{0.76}Ti_{0.05}CoSb_{0.8}Sn_{0.2}$（p 型）和 $Hf_{0.25}Zr_{0.25}$ $NiSn_{0.99}Sb_{0.01}$（n 型）。

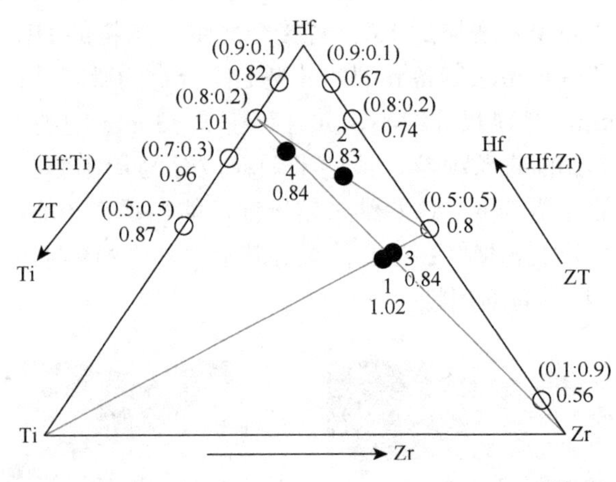

图 3.39 (Ti, Zr, Hf)$CoSb_{0.8}Sn_{0.2}$ 的三元相图[30]

4. 其他高温热电材料

除以上材料外，热电材料还包括 $Yb_{14}MnSb_{11}$ 基热电材料、铜的硫化物声子液体热电材料、稀土硫属化物、超硬材料碳化硼等。$Yb_{14}MnSb_{11}$ 基热电材料是 $A_{14}MnSb_{11}$（A = 碱土金属、Yb、Eu；M = B 族元素、Mn、Zn）中的一种稀土 Zintl 相化合物，为 $Ga_{14}AlSb_{11}$ 型晶体结构。在 1223 K 时 ZT 达 1.0，远高于目前正在应用的高温 p 型 $Si_{0.8}Ge_{0.2}$ 合金（1200 K 时 ZT 为 0.6）。但多晶块体 $Yb_{14}MnSb_{11}$ 基化合物的制备比较困难，元素的熔点相差很大，且 Yb 和 Sb 元素极易挥发，易生成 Yb_4Sb_3 和 $Yb_{11}Sb_{10}$ 等高熔点的二元相。

声子液体是相对于声子玻璃-电子晶体的一种新概念，具备晶体的电传导特性和非晶态（玻璃）的热传导特性。大多数热电材料为晶态化合物，它的晶格热导率的降低受制于长程有序的晶体结构，其最低极限（最小晶格热导率）与完全无序的玻璃态相当，限制了热电性能的继续优化。“声子液体”材料在固态材料中引入部分具有“液态”特征的离子，可突破固态玻璃材料的限制，使热导率大幅降低从而优化热电性能。“声子液体”概念是在 $Cu_{2-x}Se$ 材料的研究中提出的。在具有高温反萤石结构的半导体 $Cu_{2-x}Se$ 化合物中，Se 原子可以形成相对稳定的面心立方亚晶格网络结构，该晶格提供了良好的电输运通道。而 Cu 离子则可以随机分布在 Se 亚晶格网络的间隙位置进行自由迁移，这种具有“液态”特征的可自由迁移 Cu 离子可以强烈散射声子。因此 $Cu_{2-x}Se$ 显示了极低的热导率，同时保持了优良的电性能，从而具有非常优异的热电性能。在 1000 K 下，$Cu_{2-x}Se$ 的 ZT 达到 1.5。除 $Cu_{2-x}Se$ 外，$Cu_{2-x}S$ 及其他含可移动 Ag 离子的热电材料，如 $AgCrSe_2$、Ag_2Te、$Ag_{8-x}GeTe_6$ 等，以及含可移动 Zn 离子的 Zn_4Sb_3 化合物等在结构上也显示出了类液体特征。

3.3.4　热电材料的制备

热电材料的制备方法影响其热电性能，选择合适的制备方法至关重要。热电材料种类繁多，制备方法有很多种。纳米材料按照维度可分为块体、薄膜，以及纳米线、纳米管、团簇等纳米材料。表 3.1 列出了一些主要制备方法和该方法最终得到的样品形态。

表 3.1　热电材料制备方法

名称	样品形态
单晶生长法（布里奇曼法/丘克拉斯基法/区域熔炼法）	块体
熔化和晶体生长/强磁场下的熔化和晶体生长	块体
悬浮熔炼或电弧熔炼法	块体
冷压法	块体
热压法	块体
放电等离子烧结	块体
机械合金化法	块体
挤压法	块体
高压制备法	块体
熔融旋甩法	薄带状
溶胶-凝胶法	粉末、薄膜、纳米材料
水热法/溶剂热法/低温水溶液化学法	粉末、纳米材料
电化学沉积法	薄膜、纳米材料
化学气相沉积法	薄膜、纳米材料
物理气相沉积法	薄膜、纳米材料

1. 块体热电材料

块体热电材料常用的制备方法包括凝固方法［单晶生长法、强磁场下凝固技术、悬浮熔炼或电弧熔炼法和熔融旋甩法（薄带状）等］和粉末冶金法（冷压法、热压法、放电等离子烧结、机械合金化法、挤压法和高压制备法等）。

1）凝固方法

用于合成单晶的方法有布里奇曼法、丘克拉斯基法和区域熔炼法。对得到的单晶进行研磨，然后用放电等离子烧结等进行处理可获得多晶材料。

熔化和生长法多用于制备热电合金，将具有所需化学计量比的混合金属倒入石英或二氧化硅安瓿中，并真空密封，以防止水分和氧气的污染。使用感应熔炼炉或电阻炉等加热熔化凝固后获得样品，后续可对材料进行热处理、热压或放电等离子烧结等，获得所需要的微结构。强磁场（＞2T）下的洛伦兹力、磁化力、磁力矩和磁化能作用，对非磁性物质可产生明显的作用效果，并且作用尺度显著降低，近年来很多强磁场凝固和热处理受到研究者的广泛关注。对于具有磁晶各向异性的金属或合金来说，在磁场中被磁化后，会由于磁化强度矢量与磁场矢量不平行而受到磁力矩的作用，将显著影响合金凝固过程中晶体生长行为，可用来制备强择优取向多晶热电材料或是具有相排列组织的热电材料，提高沿某一方向的热电性能。

悬浮熔炼或电弧熔炼是瞬时熔炼制备合金的方法，如 HH 合金、金属间化合物及其他高温材料，经由热压或放电等离子烧结法进一步加工可以获得更致密和均匀的微观结构。

熔融旋甩法是通过高频感应线圈将母合金熔化，随后在一定的喷气压力作用下，将熔体迅速喷射至高速旋转的铜辊表面，从而获得具有精细纳米结构和非晶结构的薄带状材料。结合放电等离子烧结法可以制备 Bi_2Te_3 基化合物、方钴矿、笼合物、HH 合金等热电材料。

2）粉末冶金法

机械合金化法是将金属或合金粉末以化学计量比混合并在高能球磨机中研磨，通过磨球的长时间碰撞、挤压，重复地发生变形、断裂和焊合，粉末颗粒中的原子逐步发生扩散，获得合金化粉末的一种粉末制备技术。球磨过程可引入大量的纳米晶和晶格缺陷，这些晶界和缺陷对载热声子产生强烈的散射作用，大幅降低材料的晶格热导率。通过机械作用可将块体材料研磨到纳米级别，也可以通过合金反应直接合成纳米级颗粒。利用冷压、热压、放电等离子烧结技术可以将球磨、水热法、熔融旋甩法等方法制备的粉末颗粒烧结成块体材料。

挤压法是在一定温度下对材料进行塑性变形，使其发生动态再结晶过程并获得变形织构和晶体缺陷，从而降低热导率。该方法一般结合机械合金化法、冷压法一起使用，通过控制挤压工艺和调整材料组分，可调控材料内部的点缺陷浓度，进而优化载流子浓度，提高热电性能。该方法制备的热电材料晶粒得到显著细化，具有很高的致密度和机械性能。

高压制备法可用于制备热电性能对压力敏感的热电材料。使用高压制备法的热电材料有 I 型笼合物、方钴矿、PbTe 和 Bi_2Te_3 系列的热电材料等。有学者指出，压力可有效调制材料的带隙，使费米能级附近的电子态密度发生改变，从而影响塞贝克系数和电阻率。例如，高压情况下 I 型笼合物的塞贝克系数约为常压下的 1.85 倍，电阻率大约是常压下的 2%。高压可使材料发生结构相变和晶格畸变，并可能在压力卸载后不可逆，可将高压下的性质保留到常压下。

2. *薄膜和纳米尺度热电材料*

相比块体热电材料，薄膜和纳米尺度热电材料具有更好的热电性能。溶胶-凝胶法、电化学沉积法、真空蒸发沉积法、磁控溅射法、脉冲激光沉积法、化学气相沉积法和分子束外延法都可以制备得到薄膜和纳米尺度热电材料。

溶胶-凝胶法是将金属醇盐或无机盐经溶解、溶胶、凝胶而固化，再将凝胶低温热处理制备出纳米粒子和所需材料。溶胶-凝胶法具有反应物种多、产物颗粒均一、过程易控制等优点，可用于制备氧化物、硫化物及其纳米复合热电材料等。

水热与溶剂热法是指在一定温度和压强下利用过饱和溶液中的物质发生化学反应所进行的合成。水热合成反应是在水溶液中进行，溶剂热合成是在非水有机溶剂中进行。这两种方法可以合成纳米材料，如纳米颗粒、纳米管、纳米棒和纳米带等，可以控制晶粒的大小和形状。低温水溶液化学法与水热法相似，不同之处在于该方法是在较低温度下发生的反应。制得的纳米材料可再通过热压、放电等离子烧结等粉末冶金法制备块体热电材料，部分或全部保留的纳米结构可有效提升材料的热电性能。

电化学沉积法是指在电场作用下，在一定的电解质溶液中由阴极和阳极构成回路，发生氧化还原反应，使溶液中的离子沉积到阴极或者阳极表面上形成镀层，多用于制备 Bi_2Te_3 系列热电材料的薄膜和纳米线。

化学气相沉积法是首先将化合物或单质气体通入放置有基体的反应室，借助空间气相化学反应在基体表面上沉积固态薄膜的工艺技术。通过控制反应气体的压力、组成及反应温度，精确地控制材料的组成、结构和形态，并能使其组成、结构和形态从一种组分到另一种组分连续变化，可得到符合设计要求的功能梯度材料。化学气相沉积法无须烧结即可制备出致密而性能优异的功能梯度材料。此外，化学气相沉积法的合成过程简单、反应时间短、产物具有高结晶性能，有利于纳米热电材料的制备，除了纳米片、纳米线、纳米管和纳米带等常见纳米结构，还可制备壳核纳米结构、分枝状纳米结构及超晶格异质结结构等独特的纳米形貌。该方法可用来制备Bi_2Te_3、SiGe 和方钴矿等薄膜和纳米尺度热电材料。

物理气相沉积法是在真空条件下，采用物理方法，将作为材料源的固体或液体表面气化成气态原子、分子或部分电离成离子，并通过低压气体（或等离子体）过程，在基体表面沉积具有某种特殊功能的薄膜的技术。它包括真空蒸发沉积法、脉冲激光沉积法、磁控溅射法和分子束外延法等。物理气相沉积技术的工艺过程简单、对环境友好、无污染、耗材少、成膜均匀致密、与基体的结合力强，可用于制备Bi_2Te_3、PbTe、SiGe、方钴矿、Zn_4Sb_3等热电材料。

3.3.5 提高材料热电性能的措施

所谓高性能的热电材料就是同时具有高电导率、高塞贝克系数和低热导率的材料。提高材料的电导率可以通过提高载流子浓度和载流子迁移率来实现，但是载流子浓度过高会引起塞贝克系数的急剧下降和载流子热导率的升高。即，这三个物理量具有很强的相关性，只有载流子浓度处于一定的范围内，电导率和塞贝克系数二者达到相对平衡，表征热电材料电传输性能的功率因子（$\alpha^2\sigma$）才能达到最佳值。从 ZT 的定义和物理量的相关性上，提高材料热电性能有两个指导方针，一是提高功率因子，二是降低晶格热导率。

1. 提高功率因子

1）能带结构优化

能带结构优化包括增加能带简并度、共振能级和载流子的能量过滤效应。

能带结构调整简并度［图 3.40（a)］：复杂的能带结构中，导带上会有多个波谷（或价带上会有多个波峰)，材料能带简并度较大，可以获得最大热电优值。

共振能级［图 3.40（b)］：掺杂异质杂质会形成杂质能级，当杂质能级位于主载流子能带内并位于能带边缘时，杂质能级与主能带相互作用形成共振能级，造成局部态密度增强，即在态密度中引入一个窄的奇异的峰值，峰值高度为E_D，宽度为Γ。若费米能级接近这个峰值区域，塞贝克系数将显著增大。

载流子的能量过滤效应［图 3.40（c)］：在材料中施加小能量势垒，利用载流子的能量过滤效应能够增加材料的功率因子。在给定载流子浓度下，$E\text{-}E_F$越大，塞贝克系数越大，即载流子能量越高，塞贝克系数越大。能量过滤效应能够过滤掉那些低能载流子，减少载流子数量，使得平均载流子能量增加，塞贝克系数增加。纳米结构和异质结结构经常在载流子的能量过滤效应中充当提供能量势垒的角色。

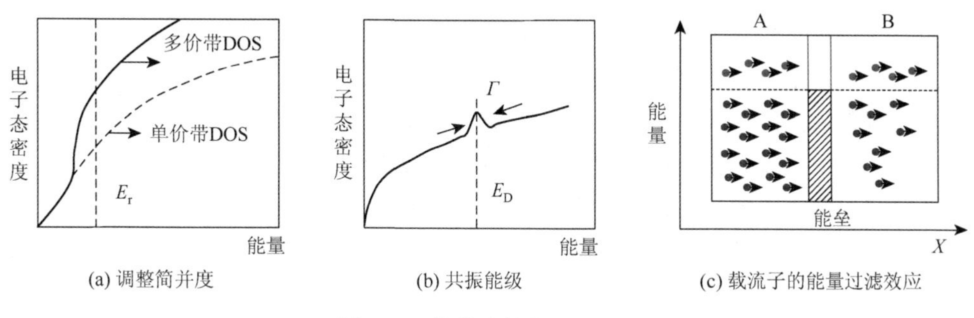

(a) 调整简并度　(b) 共振能级　(c) 载流子的能量过滤效应

图 3.40　能带结构优化原理图

降低材料的维度从某种角度考虑也是基于能带结构优化原理。这是因为低维材料存在的量子限制效应使态密度增加从而有效提高材料的塞贝克系数。电子态密度随材料维度的变化如图 3.41 所示，维数越低其电子态密度峰形越尖锐，塞贝克系数越大。

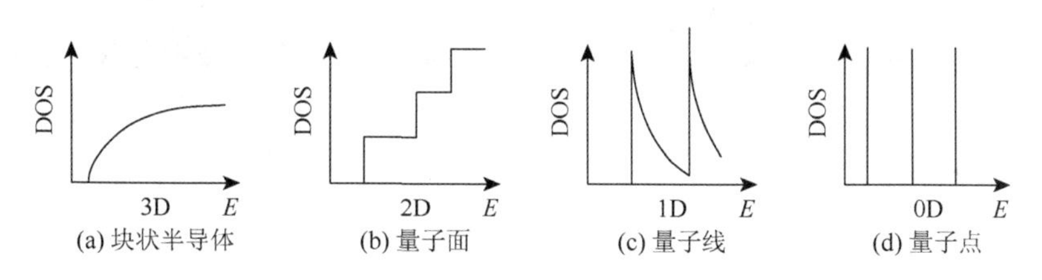

(a) 块状半导体　(b) 量子面　(c) 量子线　(d) 量子点

图 3.41　电子态密度随材料维度的变化[31]

2）优化载流子浓度

热电性能的电学性能参数都是费米能级的函数，也就是与载流子浓度的值有关。性能良好的热电材料的载流子浓度一般在 $10^{19}\sim10^{21}\ \mathrm{cm}^{-3}$，属于简并半导体或半金属。在决定掺杂浓度时，既要考虑能产生足够高浓度的载流子以便参与电传导，又要考虑晶格中电离杂质对载流子迁移率的影响。

3）晶体取向

具有各向异性的热电材料（单晶、层状结构的多晶材料）在不同方向上的性能差异很大，通过控制材料的晶体取向和利用其各向异性能够优化热电性能。通过热压织构、模板法织构、热锻二次再结晶、强磁场晶体取向等方法都能够优化材料的热电性能。

2. 降低热导率

晶格热导率主要由比热容、声子传输速度和声子平均自由程所决定。不同波长的声子，其平均自由程不同，分布在原子尺度到微米尺度之间。当材料中的微结构尺寸与声子波长相近时，该微结构会对声子产生很大的散射作用。具有短、中、长平均自由程的声子可以分别被原子尺度缺陷、纳米尺度析出物和介观尺度的晶界所散射。原子尺度缺陷一般由掺杂引起的原子点缺陷构成，纳米尺度缺陷由纳米析出相构成，介观尺度缺陷主要由晶粒边界作用形成。图 3.42（a）为不同尺度微结构的声子散射示意图。为了有效降低热导率，理想状态是各种不同尺寸的微结构集中于一个样品之中。

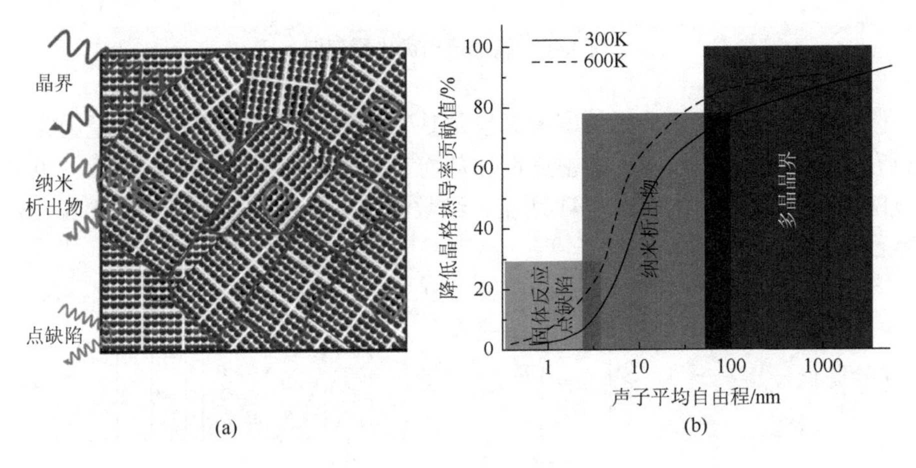

图 3.42 （a）多尺度微结构及其相对应的声子散射示意图[32]；（b）具有不同平均自由程的声子对 PbTe 热电材料晶格热导率的贡献 [20]

图 3.42（b）给出了具有不同平均自由程的声子对 PbTe 热电材料晶格热导率的贡献值，其中平均自由程小于 100nm 的声子占比约 80%，0.1～1μm 平均自由程的声子占比约 20%。当温度由 300K 升高到 600K 时，大部分 PbTe 的声子平均自由程大幅下移，小于 10nm 的声子贡献值约达 65%，因此对用于中温区的 PbTe 热电材料，小于 10nm 的微结构可有效降低晶格热导率。另外，由曲线的斜率可知，晶格热导率对尺寸范围内的声子平均自由程的声子最为敏感。

3.4　热电能量转换技术与应用

热电能量转换技术和太阳能、风能、潮汐能、地热能等新能源技术一样，对环境没有污染，并且这种技术性能可靠、使用寿命长，是一种具有广泛应用前景、环境友好的能量转换技术。基于塞贝克效应和帕尔帖效应，热电能量转换技术可分为热电制冷、热电发电和热电测温技术。

3.4.1 热电制冷技术

热电制冷技术是热电能量转换技术的重要应用。由于热电制冷器件具有结构简单、体积小、响应快等特点，被广泛应用在多个领域。例如，在电子领域中，利用帕尔帖效应将更多的热量从发热源抽出，可降低系统热阻，从而降低目标电子元件的温度；在空气调节方面（汽车、日常或建筑领域），热电制冷技术可实现热量逆温度梯度传递，器件的冷端或热端与循环空气换热，从而实现空气调节功能；在医疗或可穿戴设备中，热电制冷技术可以提供低温环境，保证医疗过程的精准和安全，或是降低人体温度，给人带来舒适的感觉。热电制冷器件需要通直流电使用，制冷速度快。热电制冷器件根据不同的结构和工况，其制冷量在毫瓦级到千瓦级之间，制冷温差可达 30～150℃。但其制冷能力受热电材料的性质限制，与传统制冷技术相比仍有差距。

1. 电子领域

热电制冷技术自 20 世纪中叶就已经被应用在电子领域之中。在这个领域，热电制冷器件的作用主要可分为控制电子元件的环境温度和降低电子元器件及系统的热阻。随着微电子技术的发展，电子型热电制冷器件朝着微型化、集成化发展。

很多常见的电子元件（如电阻、电容、电感、晶体管、石英晶体）及低温超导电子元件都需要在低温恒温的环境中工作，所以这类电子元件都被放置在利用热电制冷技术制作的恒温室中。图 3.43 给出了普通恒温室结构示意图。热电制冷器件设置在恒温室壁中，冷端与内壁紧紧贴合，热端与散热器或水箱连接，室壁内其他部位填充绝热材料。这类恒温室内腔的温度一般控制在–10～45℃，控温精度在 0.5～1℃，而应用热电制冷技术制成的超级恒温槽，温控精度可达±0.005℃。

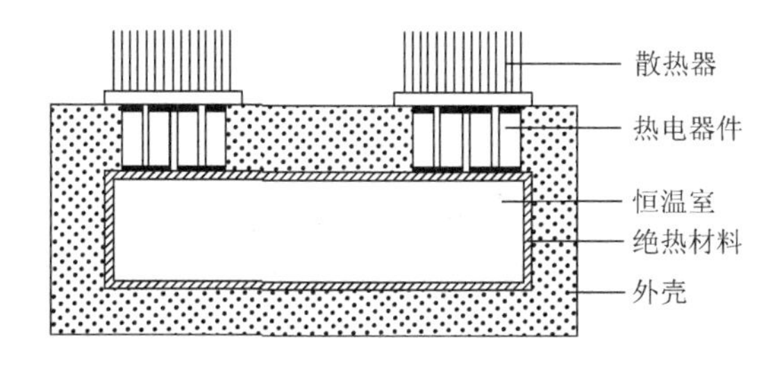

图 3.43　普通恒温室结构示意图

大规模集成电路、大功率器件及高频晶体管的电子元件对元件本身温度有严格的要求，例如，CPU 的工作温度一般不超过 70℃，超过 80℃就有烧毁的可能性。但这类元件的功率高、面积小、热流密度大，传统散热方式难以满足散热要求。所以大功率的电子元件采用热电制冷器来降低其温度，同时热电制冷器和电子元件紧密结合，可以极大提升热电制冷器的冷却效率。图 3.44 是一种热电制冷技术用于电子芯片散热的示意图，热电制冷器的冷端面与电子元件紧紧贴合，为了增加导热效果也可以在二者贴合面间涂覆导热接口材料。电子元件的热负荷由冷端进入热电制冷器，通过热电制冷器热端的散热结构（热管、翅片等）散失到周围环境中。

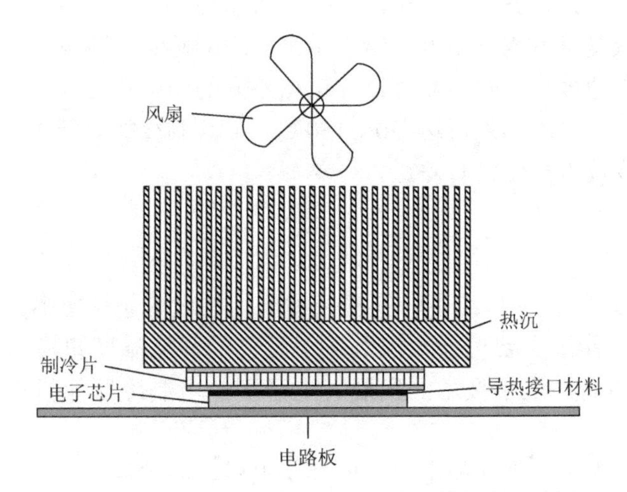

图 3.44　热电制冷技术用于电子芯片散热的示意图

航天航空领域的电子元件十分精密，对于温度的要求也非常严格，但这类元器件的使用环境却极为苛刻。例如，外层空间的设备面向太阳面的温度可以达到 500K，而背向太阳面的温度只有不到 100K，巨大的温差导致各结构器件中产生很大的内应力，从而损坏设备，所以很多航天设备中都配置有热电制冷结构。

2. 汽车空调系统

汽车空调系统的制冷剂泄漏比传统空调泄漏问题更为严重，而热电器件由于无运动部件和无工质泄漏，以及通过改变电流方向能够轻松实现加热和制冷及模式转换等特征，在汽车应用上具有明显的优势。小型热电单元可以安装在座椅、仪表盘、地板等位置，可以只针对驾驶员，而不是整个车舱，使驾驶员感到凉快仅需要 700W 功率左右，而使用空调须消耗 3500～4000W 的功率，而且热电系统可以在距离车辆 50 米左右远程启动。目前热电装置已被多家大型汽车制造商用于冷却或加热汽车座椅。目前广泛用于汽车座椅的温度控制系统如图 3.45 所示。该系统的核心是一个固态热电元件组件，主要由热电元件、翅片换热器和外壳组成。每个座位有两个热电组件，一个安装在坐垫中，另一个安装在背部。空气经过热交换器被热电器件加热或冷却，经泡沫中的垂直孔到达座椅上表面，然后通过在泡沫表面上模制的空气管道、棉麻材料通道、空气分布层（网状泡沫）、织物或带孔皮革饰离开座椅。两个热电组件的入口空气由双出口鼓风机提供，通过吹塑管道导向两个热电组件。鼓风机有一个可更换的过滤器，通常安装在座椅下面。

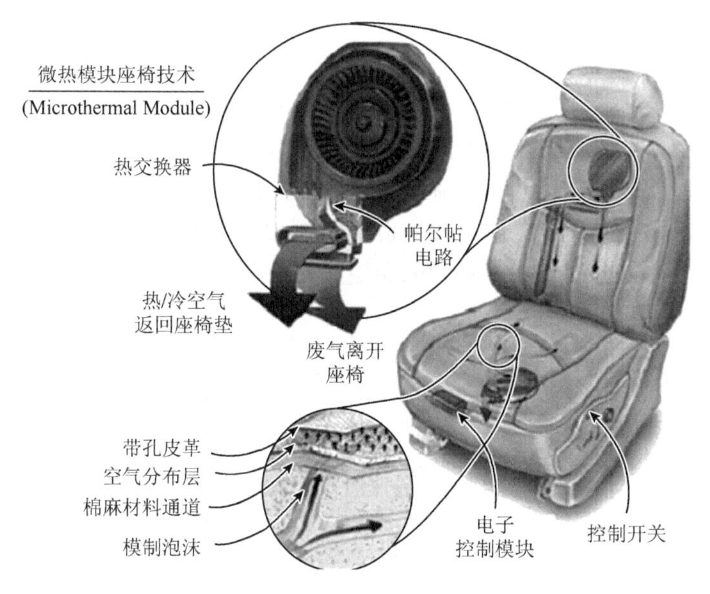

图 3.45　汽车座椅中的温度控制系统[33]

3. 工业领域

热电制冷器也被广泛地应用于工业生产领域，包括辅助半导体材料制备、化工产品的生产工艺及产品性能的测试、润滑油和显影液等液体的恒温控制等。图 3.46 是一种用于硅外延生长工艺的冷阱。其结构与恒温箱类似，内含 8 块热电元器件，每个热电元器件内含 20 对基本温差电偶，热电器件热端采用水冷散热。空载的条件下冷阱内部的温度可以达到–18℃甚至更低。这种冷阱也可以用于镓或砷或其他半导体元件的外延生长。

石油产品的凝固点是鉴别其质量的一个重要标准。工业上采用一种包含热电制冷器件的仪器来测量产品的凝固点。图 3.47 是一种测量石油产品凝固点的测量仪的结构示意图。仪器的中心是一个有机玻璃制成的测量小室，可以有效减少不

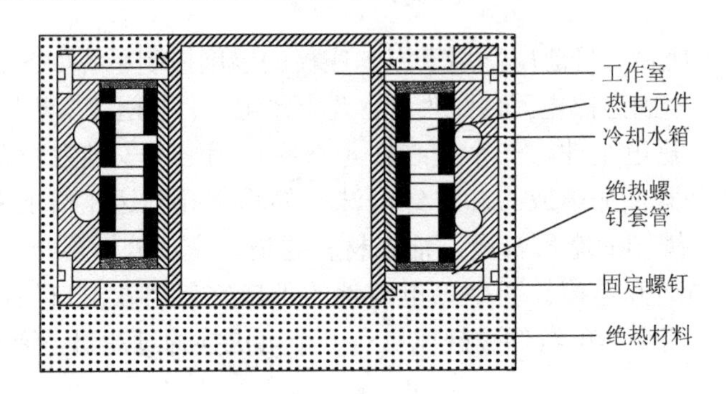

图 3.46 硅外延生长工艺用热电冷阱

必要的热传递。玻璃室的上下各有一个单级热电制冷器件。热电制冷器件热端采用水冷的散热方式。测量室一端设置超声波脉冲发生-接收器的压电元件接头，另一端设置有待测样品进出测量室的玻璃管道。使用时石油产品由测量室上管道送入测量室，随后采用热电元件降温，打开超声波脉冲发生-接收器向石油产品发射信号，测量室内布置有热电偶实时监测石油温度。当超声信号变化证明石油产品发生相变时，记录此时热电偶测量的温度，这就是样品的凝固点。

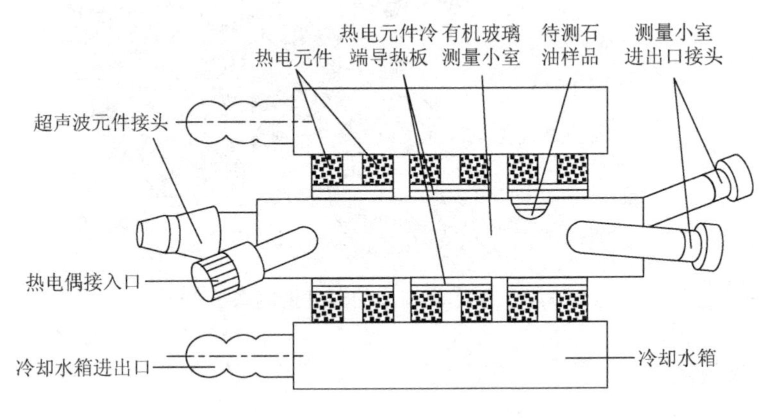

图 3.47 石油产品凝固点测量仪

4. 建筑方面

太阳能热电制冷也可与建筑相结合，图 3.48 是一种利用太阳能和热电效应来补偿建筑外墙中的被动热损失或热收入的主动建筑围护结构系统。系统的核心是热电单元，既可以制冷也可以加热。热电单元嵌入建筑外墙，冷热两端都设置热沉。建筑物内部热沉插入蓄热体中，外墙表面与光伏发电系统之间留有一定空间，作为空气换热的区域，外部热沉设置其中。该系统具有根据室内环境的需要自由切换热电组件的功能，以调节建筑内的温度。当建筑内温度过高，热电单元作为制冷器将建筑内的热量传递到外部环境中；当建筑内温度过低，热电单元作为热泵将建筑外的热量传递到建筑内部环境中。

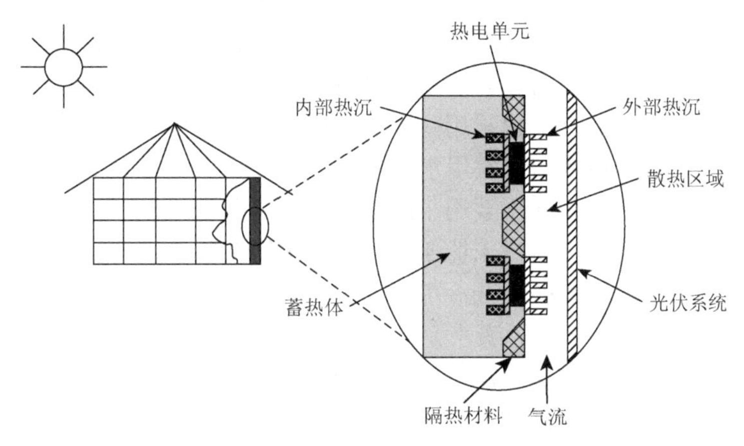

图 3.48　一种主动建筑围护结构系统[34]

5. 日常生活

采用热电制冷技术的冰箱目前越来越受欢迎，相较于传统使用含氟制冷剂的冰箱，热电冰箱显得更环保、更安全。同时热电冰箱具有制冷速度快、无噪声的优点，也有可小型化和可携带化的优势。所以热电冰箱可以用于很多环境下，除了家用，可用于野餐、汽车、宾馆、军用冷箱等，也可用于血液制品、疫苗、药物等须低温保存生物制品的运输。图 3.49 是一种热电冰箱结构示意图。热电冰箱

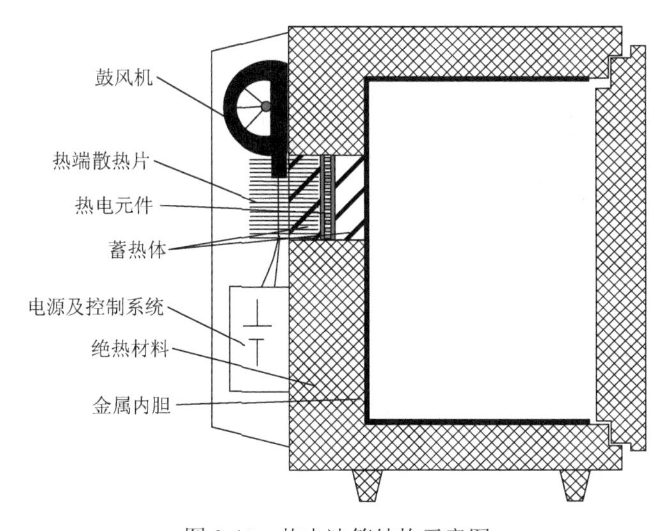

图 3.49　热电冰箱结构示意图

采用1～2级热电制冷器件，热端采用翅片的通风强制散热方式，冷端一般与蓄热体或高导热率的金属内胆相连，热电制冷器件四周采取绝热处理。但热电制冷的能力有限，箱内温度与环境温度的最大温度差可以达到25℃，所以有时内腔温度无法低于 0℃。一般，热电冰箱的内部温度很难低于传统冰箱的内腔温度。随着容积的增加，热电冰箱也可以采用更多级热电器件制冷，但相应的体积会增大。很多新式饮水机的制冷功能也采用热电制冷技术，其结构与热电冰箱的制冷结构相似，冷端用于制冷储水室的饮用水。

百瓦级以下的热电空调主要用于降低电子器件所在工作小空间的温度，而百瓦级和千瓦级主要用于家用或工业制冷。虽然压缩循环式系统的经济性能优于热电系统，但百瓦级以上的热电制冷可靠性高、系统设计灵活性好、无噪声、无毒害气体溢出，对于核潜艇，无噪声无污染尤为重要。图3.50是热电空调中热交换器的结构示意图。热电空调的制冷效率随制冷功率减小而降低，当制冷功率降至标称值的50%时，效率可能超过压缩式制冷。热电空调可以与太阳能温差发电设备同时使用，更加环保节能。相较于传统空调设备，热电空调具有响应快、可控性好和不占据空间等优点，有望代替传统空调。

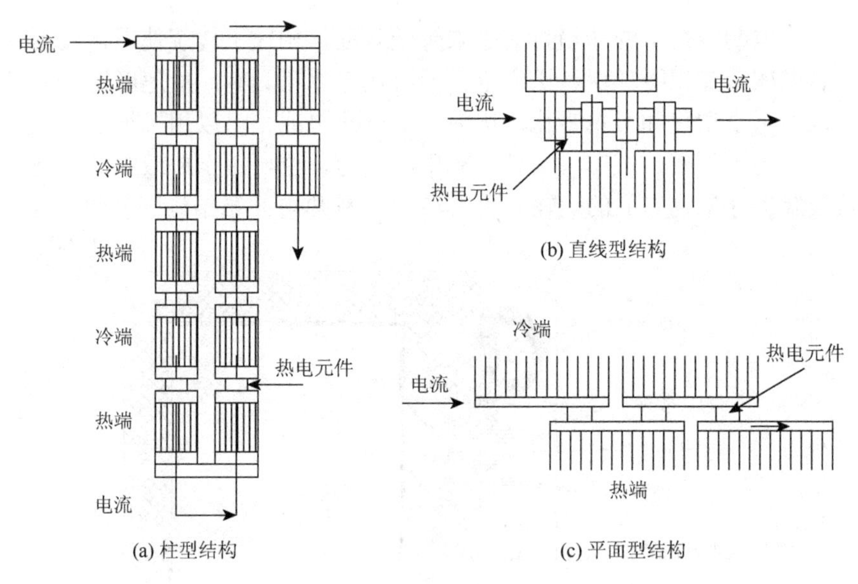

图3.50 热电空调中热电元件与热交换器集成系统组织结构

热电制冷技术也被用于制作给人体降温的可穿戴设备上。图3.51是冷帽的结构示意图。热电器件置于帽子内侧，外侧设置散热片，气流由帽子后部进入，与散热片换热，由前沿排出。冷帽最早是为恶劣条件下工作的军事人员提供降温处理，或者为高烧人员降温。在海湾战争时期，美军的作战装备中也有类似的结构。为了保证作战人员的清醒，美军还开发出了“冷却背心”为相关人员降温。

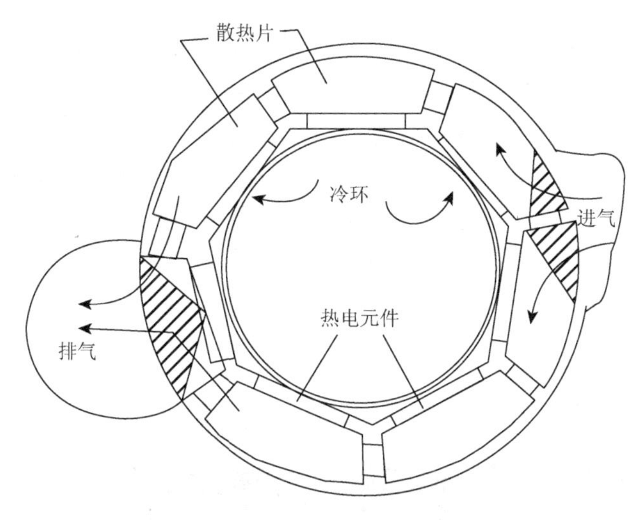

图 3.51 冷帽的结构图

3.4.2 热电发电技术

相对于热电制冷技术，热电发电技术发展缓慢。热电发电装置的设计与热源密切相关，热电发电器的热源有很多种，图 3.52 列出了主要的热源，其中，化石燃料燃烧，温度可高达 1300K，但燃烧装置的设计与制造较为复杂，而且需要添加燃料保证热能的持续供给，难以发挥热电发电装置的可靠性高和无须维修的特点，所以对利用化石能源的热电发电进行研究和应用的介绍较少。本文根据热电发热热源分类介绍一些典型的热电发电技术。

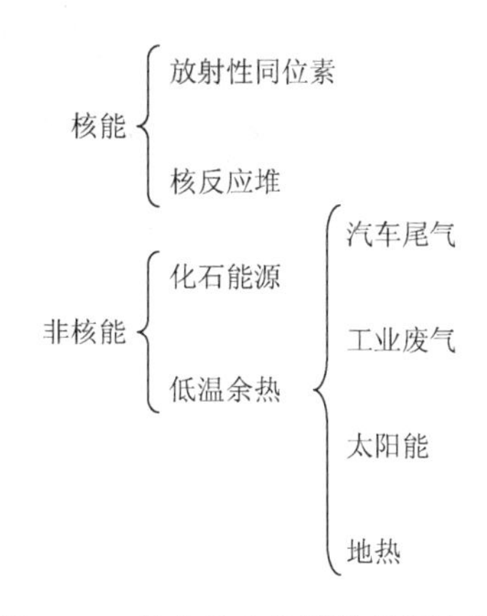

图 3.52 热电发电装置的热源来源

1. 核能热源

核能热源为高效热源，主要包括放射性同位素热源和核反应堆，放射性同位素热源适用于百瓦级的小功率电源系统，核反应堆可用于兆瓦级大功率发电系统。核能热源温度高（≥1500K）、寿命长，但容易产生放射性污染，因此主要应用于太空领域。对于太空探测任务，太阳能发电不能满足供电需求，例如，地球上的太阳辐射约为 1375W/ m^2，而冥王星周围的太阳辐射低至 1 W/m^2。

目前应用广泛的是放射性同位素热源热电。热源一般采用 ^{238}Pu 金属、$^{238}PuO_2$ 微球、$^{238}PuO_2$-Mo 陶瓷、$^{238}PuO_2$ 燃料球、$^{238}PuO_2$ 陶瓷片等。放射性同位素热发电机（图 3.53）一直被用于许多行星探索任务中，它可以将放射性同位素热源产生的热量转换为电能。该装置由放射性同位素热源、吸收层、热电发电模块、放射性屏蔽层和散热器等组成。图 3.54 为两种不同结构的放射性同位素温差发电结构示意图。在图 3.54（a）所示的结构中，发电器中央部分的圆柱形结构为放射性同位素热源，由内向外依次为吸收层、温差电偶元件、放射性屏蔽层和散热器。热电发电模块的热端与吸收层相连接，吸收层吸收放射性同位素在衰变过程中释

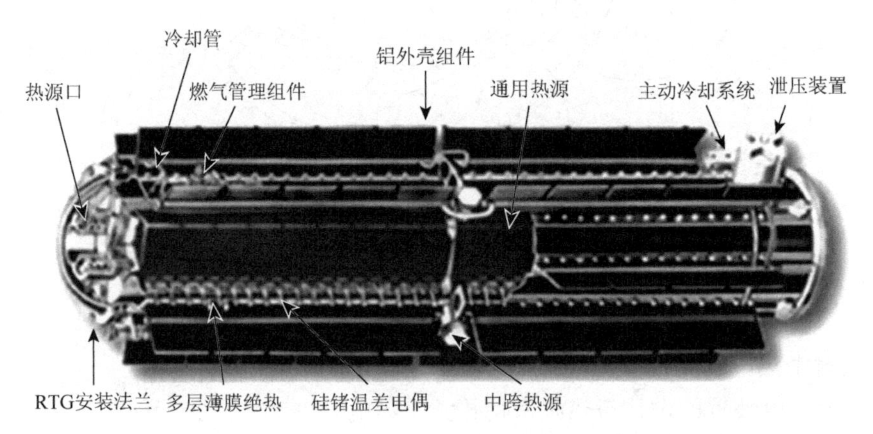

图 3.53　放射性同位素热发电机[35]

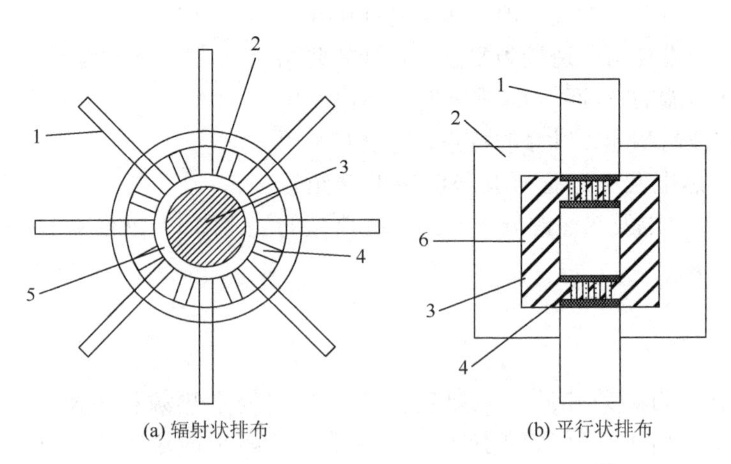

图 3.54　放射性同位素温差发电器结构示意图[2]

1. 散热器；2. 放射性屏蔽层；3. 放射性同位素热源；4. 温差电偶元件；5. 吸收层；6. 绝热层

放出的辐射能；冷端与散热器相连，通过辐射方式将聚集的热量散发到空间。该结构的优点是可使热电发电模块排布在与热辐射通量相等的圆周面上，因而所有热电发电模块的冷热端温差基本相同，但制造工艺难度很大。图3.54（b）所示的平行状排布结构可解决该问题，实现规模化生产。该结构中，热电发电模块排布在放射性同位素热源的两个平行面上，热电发电模块与热源的连接较容易，而且可以将热电发电模块制造为组件型结构。但该结构的缺点是所有温差电偶的热端辐射通量不一样，可能导致温差电偶各热接头的温度不相同，而且散热性能不及辐射状排布结构。

放射性同位素热源发电还可用在生物医学上，如使用已久的热电发电器供电心脏起搏器，质量仅40g，体积很小，该热源为放射性同位素^{238}Pu金属，热电材料为性能稳定的Bi_2Te_3基化合物，工作寿命可以达到85年以上，可免除病人经常做开胸手术的痛苦。此外，放射性同位素温差发电器也可以应用在极地、海岛、高山、沙漠、深海这些偏远、条件恶劣和交通不便的地方，如自动无人气象站、浮标和灯塔、地震观察站、飞机导航信标、微波通信中继站、海底电缆中继站等。尽管其效率很低，平均下来仅有2%左右，但其高可靠性、长寿命、低维护率等优点非常适合这些特殊场所。

2. 汽车尾气余热回收

汽车燃料燃烧产生的能量主要通过以下方式消耗掉：汽车行驶、摩擦损失、冷却剂吸收、尾气排放。目前，汽车的燃料热量利用率仅为40%左右，而发动机产生热量的60%变成废热，随尾气排放散失到空气中的热量占总热量的30%～45%。一般，轻型车的尾气温度可达到700℃，重型汽车的尾气温度在500℃左右。过高的尾气温度使排气压力过高，排气管振动，对汽车的消声器结构和三元催化器结构也有一定的损伤。以100kW功率的柴油轻型卡车为例，废气热损失将有30kW，假设回收效率为3%，这一能耗转换为电能将有900W的电力。而800～1000W电力意味着可减少CO_2排放量12～14g/km。因此，如果使用这些余热来发电，不仅节约能源、保护汽车部件，还可以保护环境。

图3.55为汽车余热回收系统示意图，当内燃机运转时，安装在废气系统催化转化器上的热交换器进行余热回收。然后，将收集到的余热传递到热电发电装置，直接进行温差发电。再通过功率转换器进行功率调节，以达到最大功率传输。目前，通用的汽车尾气热电发电装置主要由尾气通道（热端）、冷却剂通道（冷端）和热电发电模块组组成，如图3.56和图3.57（a）所示。热电发电模块组是热电发电装置的核心部件，布置在尾气通道和冷却剂通道之间。发动机排出的高温尾气流经热电发电装置内部的尾气通道后，通过对流换热等传热方式加热热端，使热端气箱表面到达一定的工作温度，热电发电模块组另一端由于冷却剂通道的降

温作用，温度较低，从而在热电发电模块组两端形成温差，开始进行温差发电，在热电发电模块工作温度范围内，两端温差越大，其输出功率越大。在热端气箱内部可布置如图 3.57（b）所示的径向翅片或扰流片，可降低热端气箱中的尾气流速，增加尾气在气箱中的停留时间，从而使箱内温度均匀分布，尾气热量被充分利用，提高热电发电模块的发电效率；这种设计还可提高热端气箱的结构刚度，有利于减轻装置的振动，延长使用寿命。

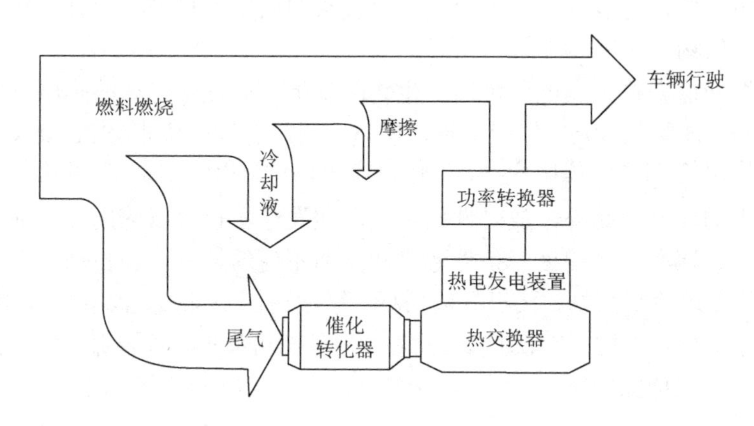

图 3.55　汽车余热回收系统示意图

图 3.56　汽车尾气余热热电发电装置结构示意图

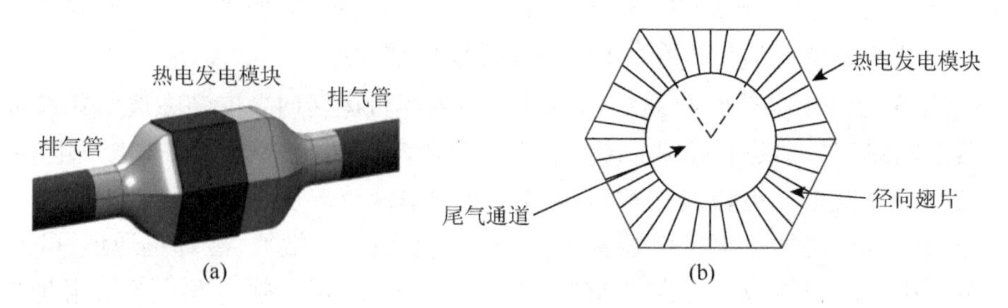

图 3.57　（a）汽车尾气余热热电发电装置三维图；（b）热电发电模块安装管道的截面图

现有研究已经验证了热电发电对于汽车工业的技术可行性，但成本较高，实现商业化还需要开发性能更好的热电材料，以及热电模块传热、专用散热器、系统质量等技术问题的解决。

3. 工业废气余热回收

工业生产中的废气余热回收一直是节能领域的重要部分。图 3.58 为针对电解铝工艺废气余热回收设计的热电发电装置。在热电发电装置的冷、热端分别采用微通道换热器和热管换热器进行热交换。在热管蒸发段部分增加翅片可进一步增加热交换的有效面积。热管、热电元件和冷侧热交换器组合在一起，形成一个高导热热电发电组件。该组件可通过 4in①的开口安装到管道系统（图 3.59），允许紧密间隔，安装简单，可轻松拆除以定期清洁热管表面。热电发电装置通过热侧热交换器与废热流隔离，可不受气流成分和温度的影响。图 3.58 中标出了组件的流量和性能，将 960℃的废气用约 10%的空气稀释至大约 827℃（热电材料的最高工作温度）。一个热电发电装置消耗约 12%的能量，其中 2%左右的废气能量转换成电能，10%左右消耗在冷端热交换。为有效回收废气余热，可在管道内装配一系列组件，随着废气温度降低，效率降低，第 1 个热电发电组件以大约 17%的转换效率运行，下游第 5 个设备的转换效率约 3%。5 个热电发电装配组件可以将约 8%的废气流能量直接转换成电能。这是一个概念性的热电发电装置。在实际应用时，可针对组件周围废气温度、流动条件和管道几何形状定制特定的热端热交换器，特定的热电材料选择、特定的热电设备和冷端热交换器设计来进一步优化配置。

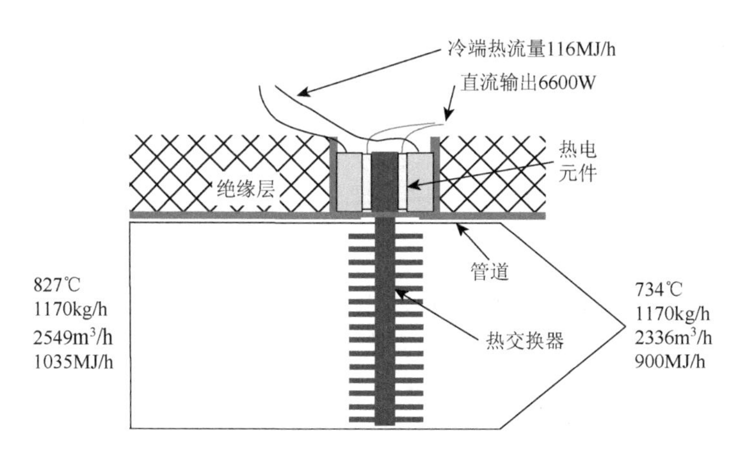

图 3.58　应用于原铝生产中的概念性热电发电装置设计

其中，热电材料的 ZT 为 2，热端传热系数与面积的乘积为 250W/K

① in，长度单位，1in = 2.54cm。

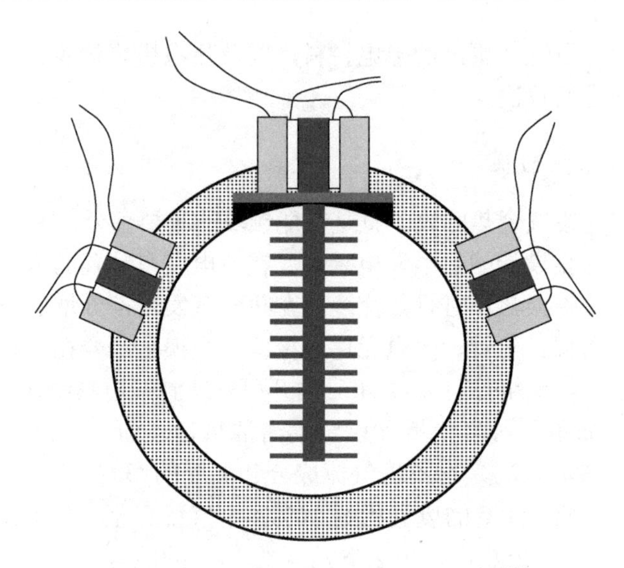

图 3.59　安装在管道上的热电发电组件[9]

日本在工业废气余热回收方面起步比较早，2009 年，日本 KELK 有限公司在小松粟津工场的渗碳炉上进行了热电发电系统的现场实验。含有 CO、H_2 和 N_2 的残余渗碳气体燃烧功率为 20kW，加热一个由 16 个 Bi_2Te_3 模块和一个热交换器组成的热电发电器的热端，该热交换器可收集大约 20%的热量（4kW），除去冷却模块冷端的功率不计，最大电力输出功率约为 214W，效率为 5%。另外，日本将热电发电片埋在小型垃圾焚化炉排烟部分的炉壁内，可以使用热电发电技术将焚烧时产生的热量转化成电能，曾建立 500W 级垃圾燃烧余热发电系统，运行稳定。炼钢行业产生大量的余热，特别是钢铁产品的辐射热，日本 JFE 钢铁公司利用连续铸造板材的辐射热实现了 10kW 的热电发电系统（约 4m×2m）。当板坯温度约为 915℃时，其输出约为 9kW。

4. 人体余热回收

热电发电装置可用于可穿戴设备，如智能手表、健康监测医疗产品和智能传感器等，由于其电力需求较低，一般在微瓦级和毫瓦级，可以由佩戴者的体温供电。而从身体部分，如头部、胸部、手臂等可能收集的能量为 1～40mW，基本满足可穿戴设备的电力需求。

可穿戴热电设备根据基体性质可分为刚性和柔性热电发电装置。刚性基体的热电发电装置通过将其小型化、多个连接实现与身体部位的契合，如图 3.60 所示。柔性热电发电装置通常将温差电偶对封装在聚甲基硅氧烷等柔性材料中，如图 3.61 所示。除此之外，值得一提的是，金属连接层也可不使用刚性材料，而使用

EGaIn 液态金属，使热电发电装置进一步柔性化（图 3.62）。EGaIn 是液态金属镓和铟的共晶合金，无毒，可用于连接温差电偶臂，电阻很低，具有拉伸性和自修复性，即使连接线突然断开，液态金属会将其重新连接，让设备重新高效工作。

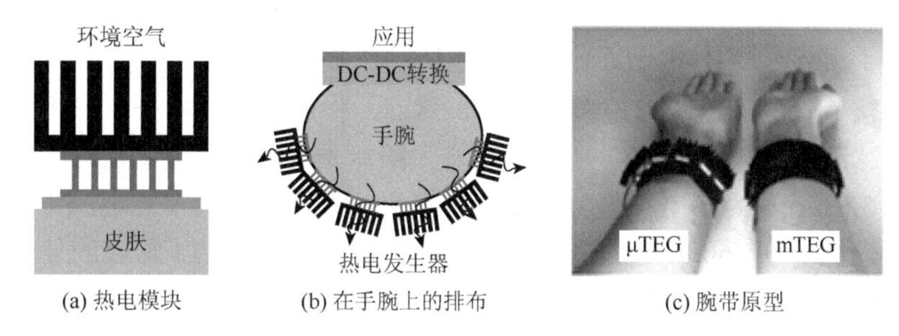

(a) 热电模块　(b) 在手腕上的排布　(c) 腕带原型

图 3.60　用于手腕发电的刚性热电发电设备[36]

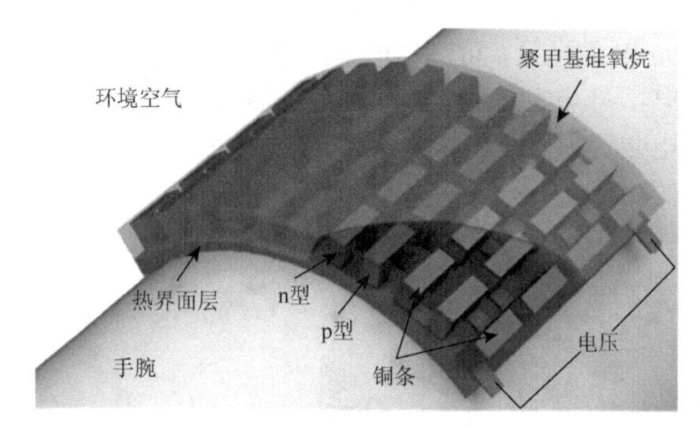

图 3.61　用于手腕发电的柔性热电发电设备[37]

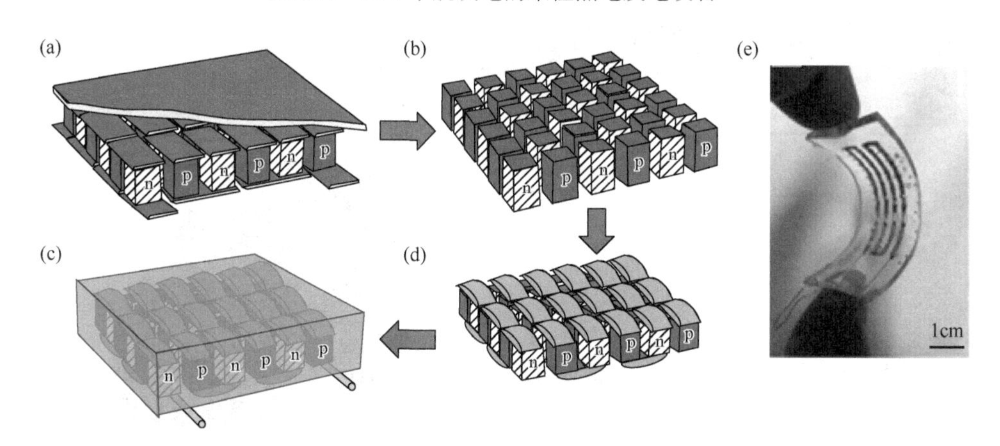

图 3.62　使用 EGaIn 将刚性热电发电装置转换为柔性热电发电装置[39]

（a）传统刚性热电发电装置示意图；（b）除去热电偶臂周围的刚性结构；（c）使用柔性液态金属替换之前的刚性连接；（d）整体的柔性封装；（e）成品照片

目前，热电发电技术应用在手表中已实现了商业化：1998 年日本精工推出一款基于热电原理由体温供电的石英表；2016 年硅谷公司 Matrix Industries 发布了世界上第一款纯热电驱动的智能手表。此外，很多热电发电的医用可穿戴设备被报道，如图 3.63 所示。图 3.63（a）为热电发电（TEG）头戴式无线脑电图测试仪，可用于室内一般环境温度下的医院病房，在 22℃时，它产生大约 30 μW/cm^2 的电量，接近该温度下的理论发电极限，然而，快速的热流易令人产生不适，头部会感到冰冷。如图 3.63（b）所示，联合太阳能光伏发电供电，则可大大改善此问题。图 3.63（c）为热电发电装置作为手表尺寸大小的血氧仪的电源，该热电发电装置可提供 100～600μW 的电量。散热器的金色涂层提供了漂亮的外观。该涂层在光谱的可见光区具有高反射系数，可以最大限度地减少日光加热，并在长波红外区域中具有高发射系数以增强来自热电发电装置的冷端散热。图 3.63（d）为无线心电图衬衫，心电图系统由蓄电池供电，热电发电装置使用佩戴者的身体热量不断产生约 0.6mW 的电量，可满足电量需求。热电发电装置所需面积很小，占衬衫面积不到 1.5%，热电发电装置模块的散热器可以装饰图案，也可以和衬衫颜色相近。热电发电装置的接线和其他模块位于衬衫的内侧，太阳能光伏电池位于肩上以获得最大的功率。

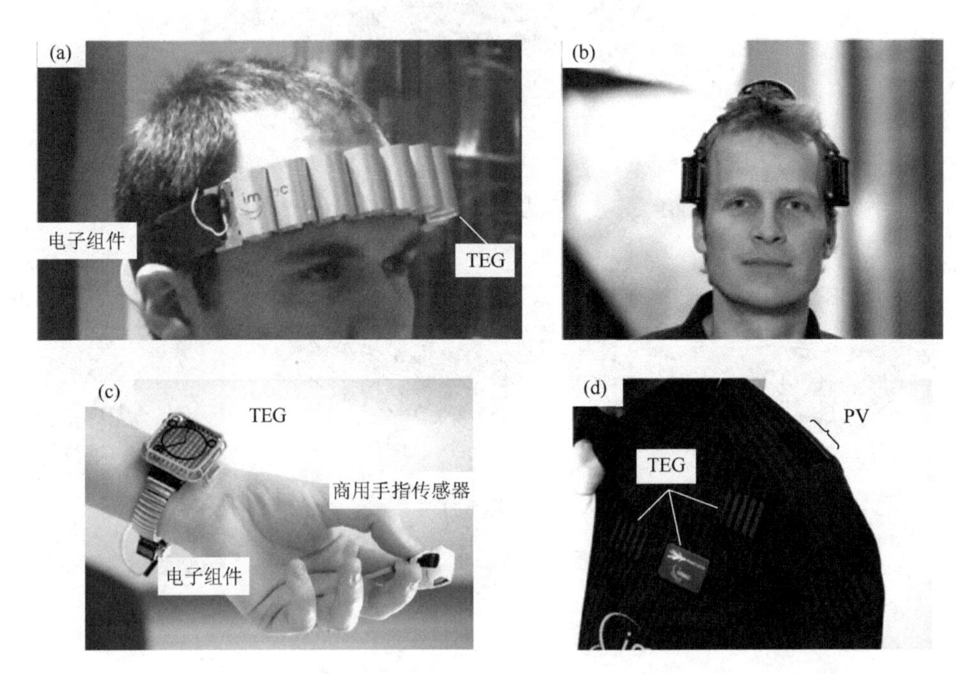

图 3.63　（a）热电发电头戴式无线脑电图测试仪；（b）混合供电头戴式无线脑电图测试仪；（c）无线脉搏血氧仪；（d）热电与光伏混合供电的无线心电图衬衫[38]

在上述例子中，供电方式采用联合光伏发电供电，可提高设备的舒适度，并辅助供电。众所周知，人体温差热电发电应用受限于皮肤和大气环境之间极低的温差（通常只有 2℃左右），合理利用太阳能的热效应，还可提高热电器件冷热端温差，提高发电效率。这种可穿戴太阳能热电发电装置的结构如图 3.64（a）所示。将 Ti/MgF_2 超晶格太阳能集热层沉积在柔性聚酰亚胺（PI）基板上，将 Bi_2Te_3（p 型）基和 Sb_2Te_3（n 型）基热电材料做成墨水形态，自动分配在 PI 基板和太阳能集热层交界处。太阳能吸收层为热端，PI 基板边缘为冷端。当太阳能吸收层暴露在阳光下，而将温差电偶对用铝箔遮挡，则由 10 对温差电偶组成的可穿戴太阳能热电发生器可产生 55.15mV 的开路电压和 4.44μW 的输出功率[图 3.64（c）]，温差高达 20.9℃［图 3.64（b）］。将该热电装置集成到衣服上，在晴天户外温度为 20℃、风速为 4m/s 的条件下，可得到开路电压为 52.3mV［图 3.64（d）］，温差为 18.54℃。

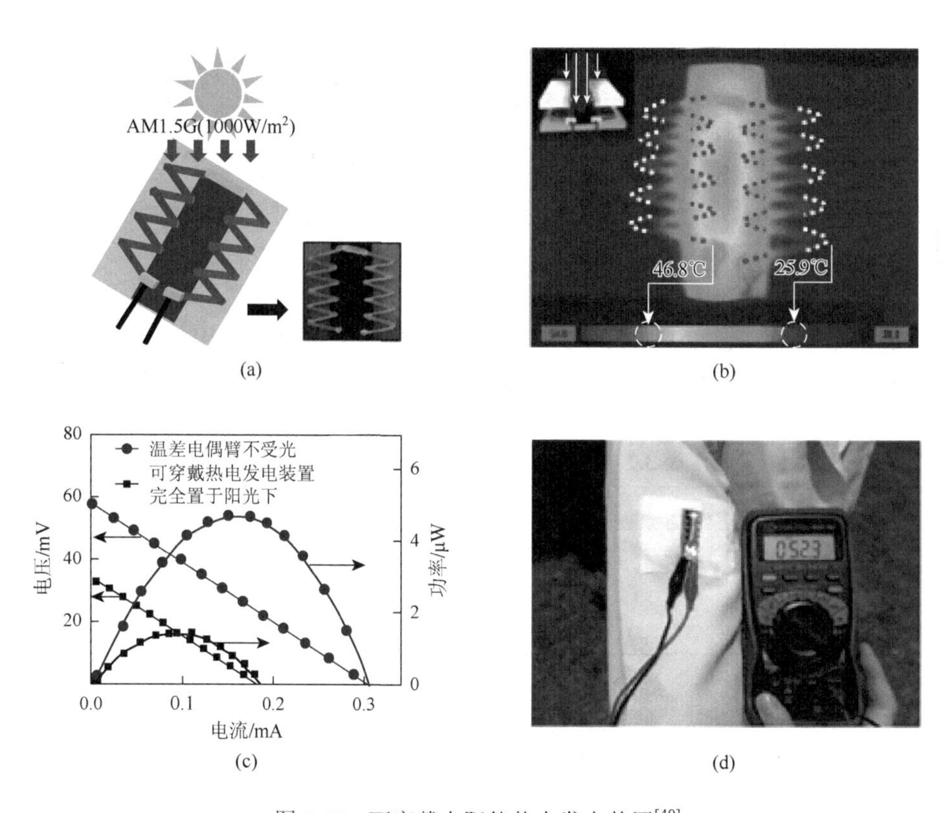

图 3.64　可穿戴太阳能热电发电装置[40]

（a）结构示意图和实际制备的可穿戴太阳能热电发电装置照片；（b）用红外相机拍摄的太阳能热电发电装置的热成像图像；（c）太阳能热电发电装置的输出功率；（d）将太阳能热电发电装置集成在衣服上的室外实验

5. 太阳能热电发电

太阳能热电发电器主要由集热器、热电发电装置和热沉组成。图 3.65 为不同太阳能热系统中的热电发电装置结构示意图。入射到热电发电装置上的太阳能辐射热量随着集热器种类的变化而变化。热沉一般用于冷却热电器件的冷端，也有不使用热沉，而将冷端热量用于加热冷件或者二次动力循环以增加整个系统的效率，这种改进的系统被称为混合系统。目前已报道的太阳能热电发电系统，可以大致分为四类：非聚光型、聚光型、热混合型及光伏混合型。在温差 100℃，使用纳米结构的 Bi_2Te_3 基热电材料（其 ZT 大约为 1）时，太阳能温差发电系统的效率只能达到 5%，而聚光型太阳能热发电与聚光光伏发电的效率均大于 18%。

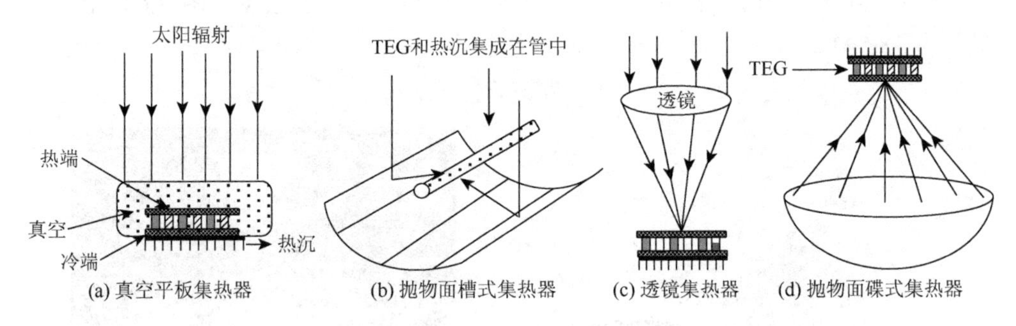

图 3.65　不同太阳能热系统中的热电发电装置结构示意图

工作温度范围在 30～1000℃的不同类型的热电材料均可用于太阳能热电发电。表 3.2 给出了一些不同类型和温度的太阳能系统适用的热电材料。

表 3.2　不同太阳能系统适用的热电材料

太阳能热力发电系统	温度范围	热电材料
真空管系统等	低温（30～200℃）	碲化铋合金
槽式和透镜集热器等	中温（200～500℃）	碲化铅/硒化铅合金、方钴矿和 HH 合金
太阳能塔和大的抛物面碟式集热器等	高温（500～1000℃）	硅-锗合金

为了提高转换效率，研究者提出了一种太阳能光伏发电-热电（PV-TEG）混合技术，可以利用整个太阳能光谱。光伏发电技术只能利用太阳能光谱中的短波部分（紫外和可见光，约占太阳辐射能的 58%），长波部分（红外光，约占太阳辐射能的 42%）使得太阳能电池板发热，导致效率和使用寿命受到严重影响。为了增加太阳能的利用率和降低长波部分对太阳能电池的影响，将热电模块与光伏模块进行低成本复合的 PV-TEG 技术受到广泛关注。图 3.66 为染料敏化太阳能电池、

太阳能选择性吸收器和热电发电模块串联的 PV-TEG 混合设备结构示意图。该设计总转换效率可达 13.8%，所产生的能量密度为 12.8 mW/cm^2，此时温差大约为 6℃。

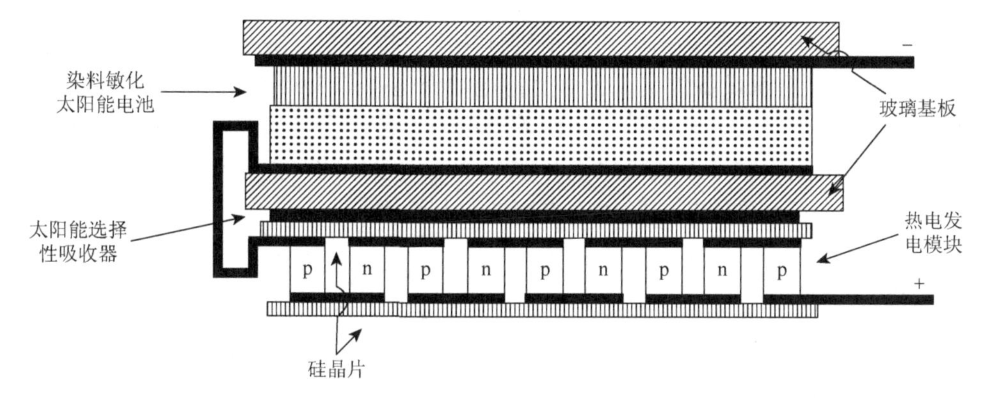

图 3.66　太阳能光伏发电-热电混合设备结构示意图[41]

图 3.67 为另一种太阳能光伏发电-热电混合动力系统，利用了热镜分离太阳光，得到的紫外线至可见光波段为光伏发电所用，红外光为热电发电所用。并使用了柱面透镜将近红外光聚焦热电模块上。热电模块的冷却方式为空气冷却，当整个热电薄片的温差为 20℃左右时，可产生 78mV 的开路电压。与单独的光伏发电相比，混合系统效率可提升 1.3%。

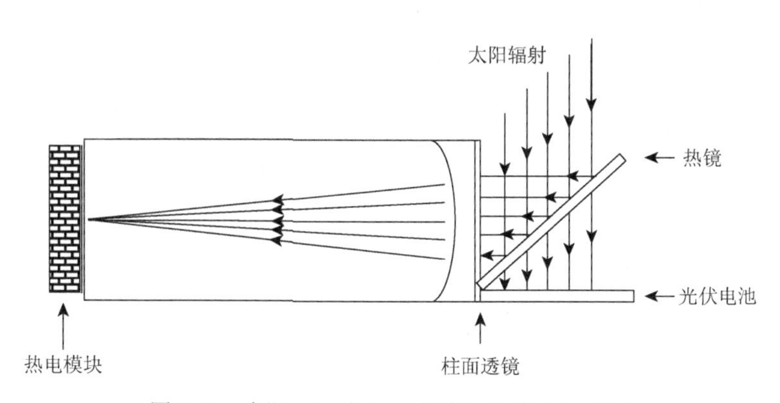

图 3.67　太阳能光伏发电-热电互补发电原理图

6. 与其他热源联用

由于热电模块转换效率较低，单独为热电发电而建立热源是不经济的，其成本回收期很长。将它设置在排放有大量未利用热量的系统或设备中，如锅炉、柴烧炉、壁炉等，或者将其与太阳能结合在一起，既可解决热电发电装置的热源问题，又可提高系统的能量利用率。

图 3.68 是一种热电联产系统与家用锅炉联用的结构示意图。图中主模块和副模块为热电联产系统。主模块设置在锅炉上方，其热电发电装置的热侧热量由锅炉烟气余热和太阳能提供，冷侧热量可用来预热锅炉用水。副模块设置在锅炉下方，可吸收锅炉加热的热水中的热量进行热电发电和空气的加热，所产生的电能可为 LED 灯等直流设备供电，也可为蓄电池充电。图 3.68（a）和（b）分别为热电联产系统的墙壁安装和屋顶安装两种类型，安装太阳能集热器可进一步提高热侧温度。家用热电联产系统可以设计成一个通用接口的组件，与炉灶、壁炉等或家庭环境中的其他可用热源联用，提高能源利用率。

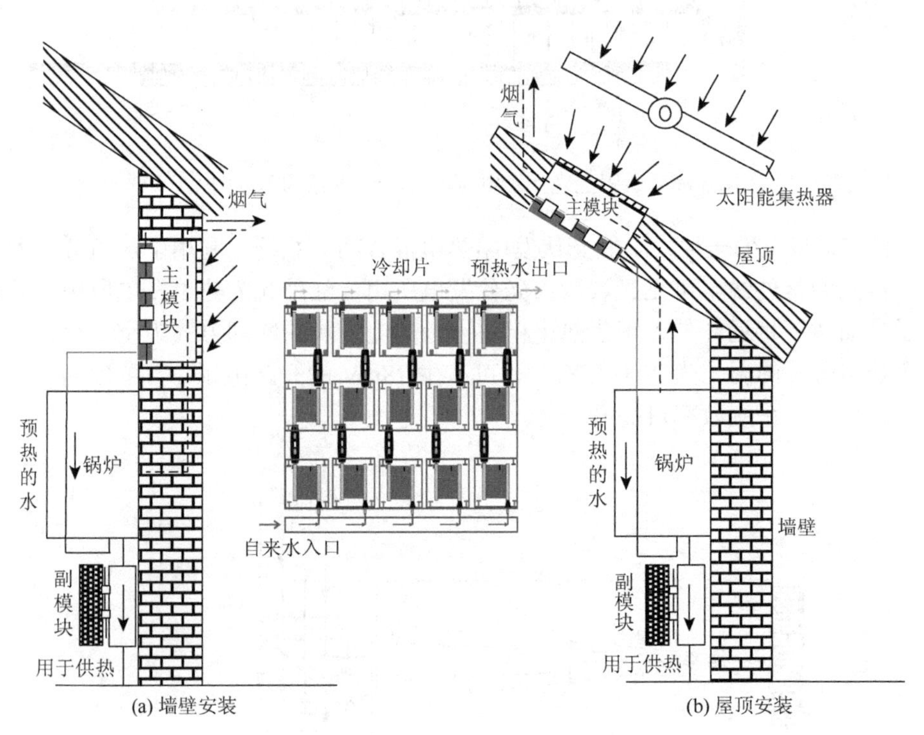

图 3.68　热电联产系统示意图[34]

除了上述介绍的热源外，热电发电还可以利用海洋温差发电、地热能温差发电等。据估算，世界上海洋温差的储能可以达到 100 亿 kW。南纬 20°到北纬 20°的海水表层至海平面以下 500～1000m 处存在 15～50℃的温差。日本曾开发由 500 组热电转换片组成的海洋热电发电器，发电效率很低，但发电量大、生产成本低，在沿海城市是非常经济的产电模式。同样的发电模式也可以用作地热发电，地热与海洋能一样是低品位热源，具有巨大的潜力，在洁净能源的发展中有着无法估量的前景。

3.4.3 热电测温技术

热电效应不仅存在于半导体热电材料中，也存在于金属热电材料中。但由于金属热电材料的ZT过低，不适合作为发电或制冷器件，一般被用于测温领域，所以金属温差电偶也称测温热电偶，是现在使用最广泛的工业测温元件。

测温热电偶是温度测量仪表中常用的测温元件，它直接测量温度，并把温度信号转换成热电动势信号，通过电气仪表转换成被测介质的温度。各种热电偶基本结构大致相同，通常由热电极、绝缘套保护管和接线盒等主要部分组成，和显示仪表、记录仪表及电子调节器配套使用。

1. 热电偶测温的原理

根据塞贝克效应，两种不同成分的材质导体组成闭合回路，当两端存在温度梯度时，回路中就会有电流通过，此时两端之间就存在热电动势。热电偶的热电动势是热电偶两端温度差的函数，将冷端温度保持在一个恒定温度上，则热电偶的热电动势就表示为热端温度的单值函数。根据热电偶的热电动势，就可以计算出热电偶热端的温度，这就是热电偶测温的基本原理。

热电偶有四个基本定律：①均质导体定律，当单根均质材料做成闭合回路时，无论导体上温度如何分布及导体的尺寸怎样，闭合回路的热电动势总为零；②中间导体定律，在热电偶回路中接入第三、第四种均质材料导体，只要中间接入的导体两端具有相同的温度，就不会影响热电偶的热电动势；③参考电极定律，当不知道两种导体组成热电偶的热电动势，而只知道两种导体分别与第三种导体组成热电偶的热电动势，那么，就可根据热电偶参考电极定律求出两种导体组成热电偶的热电动势；④中间温度定律，热电偶回路两接点（温度为T、T_0）间的热电动势，等于热电偶在温度为T、T_n（中间温度）时的热电动势与在温度为T_n、T_0时的热电动势的代数和。这四条定律是测温热电偶设计及使用方面的基础。

2. 测温热电偶的分类

常用测温热电偶的分度号、材料、适用温度范围及特点如表3.3所示。

3. 测温热电偶的结构

热电偶结构分为普通型热电偶和铠装型热电偶。普通型热电偶由热电极、绝缘管、保护套管和接线盒等主要部分构成；铠装型热电偶是由热电极、绝缘材料和金属套管三者组合经拉伸加工而成的坚实组合体。铠装型热电偶的优点很多：热端热容量小、动态响应快、机械强度高、挠度好、耐高压、耐冲击、使用寿命长。

表 3.3　常用测温热电偶的分度号、材料、适用温度范围及特点

分度号	金属热电材料	适用温度范围	优点	缺点
S	正极为含铑 10%的铂铑合金，负极为纯铂	不超过 1300℃	电性能稳定、抗氧化性强、宜在氧化性气氛中连续使用、精度高、使用范围较广、均匀性及互换性好	微分热电动势较小，因而灵敏度较低；价格较贵、机械强度低、不适宜在还原性气氛或有金属蒸气的条件下使用
R	正极为含铑 13%的铂铑合金，负极为纯铂	长期使用不超过 1300℃，短期使用不超过 1600℃	与 S 偶相似，但测温上限要高于 S 偶，可以用于短期真空探测	不宜在还原性气氛中使用
B	正极为含铑 30%的铂铑合金，负极为含铑 6%的铂铑合金	长期使用不超过 1600℃，短期使用不超过 1800℃	宜在氧化性或中性气氛中使用，也可以在真空气氛中短期使用，在高温时很少有大结晶化的趋势，且具有较大的机械强度	热电动势较小，故须配用灵敏度较高的显示仪表，价格昂贵（相对于单铂铑而言）
K	正极为含铬 10%的镍铬合金，负极为含硅 3%的镍硅合金	长期使用不超过 1000℃，短期使用不超过 1200℃	热电动势与温度的关系近似线性，价格便宜	不适宜在真空、含硫、含碳气氛及氧化还原交替的气氛下裸丝使用，在 250～500℃下短期热循环稳定性不好，即在同一温度点，在升温降温过程中，其热电动势示值不一样，其差值可达 2～3℃
N	正极为含铬 13.7%～14.7%的镍铬硅合金，负极为含硅 4.2%～4.6%的镍硅镁合金	不超过 1300℃	在 1300℃以下调温抗氧化能力强，长期稳定性及短期热循环复现性好，耐核辐射及耐低温性能好，在 400～1300℃时，N 型热电偶的热电特性的线性比 K 型热电偶要好	但在低温范围内（–200～400℃）的非线性误差较大，材料较硬，难加工
T	正极为纯铜，负极为铜镍合金（也称康铜）	–200～350℃	准确度高、热电极的均匀性好、价格便宜	铜热电极易氧化，并且氧化膜易脱落
J	正极为纯铁，负极为铜镍合金	–200～800℃	价格便宜，适用于真空氧化的还原或惰性气氛中，耐 H_2 及 CO 气体腐蚀	高温区铁的氧化速率加快，不能在高温（如 500℃）含硫的气氛中使用
E	正极为纯铜，负极为铜镍合金	–200～900℃	热电动势大、灵敏度高，适用于氧化或弱还原性气氛中	不适用于湿度较大、腐蚀性较强的气氛中

热电偶冷端温度的稳定性直接影响其测温结果，但是冷端温度极易受环境的影响而变得不稳定，所以冷端温度有三种补偿方法：①冷端温度计算法，根据冷端实际温度的热电动势和中间温度定律计算出热端的温度；②补偿导线法，使用延长导线将冷端延长到温度波动较小的地方；③冷端恒温法，将冷端放置在恒温的环境内。

热电偶测温技术是热电效应应用最早也是最成熟的技术，如今已经被大范围地运用，在生活和工业生产领域中发挥着重要的作用。

参考文献

[1] Gayner C，Kar K K. Recent advances in thermoelectric materials. Progress in Materials Science，2016，83(3)：330-382

[2] Rowe D M，高敏，张景韶. 温差电转换及其应用. 北京：兵器工业出版社，1996

[3] Heremans J P，Jovovic V，Toberrer E S，et al. Enhancement of thermoelectric efficiency in PbTe by distortion of the electronic density of states. Science，2008，321：554-557

[4] Sahoo P，Liu Y，Makongo J P，et al. Enhancing thermopower and hole mobility in bulk p-type half-Heuslers using full-Heusler nanostructures. Nanoscale，2013，5（19）：9419-9427

[5] 吴大猷. 理论物理：第五册 热力学，气体运动论及统计力学. 北京：科学出版社，1983

[6] Snyder G J，Toberer E S. Complex thermoelectric materials. Nature Materials，2008，7：105-114

[7] Zhang X，Zhao L D. Thermoelectric materials：energy conversion between heat and electricity. Journal of Materiomics，2015，1（2）：92-105

[8] Vining C B. An inconvenient truth about thermoelectrics. Nature Materials，2009，8（2）：83-85

[9] Hendricks T，Choate W T. Engineering Scoping Study of Thermoelectric Generator Systems for Industrial Waste Heat Recovery. Washington：U. S. Department of Energy，2006

[10] Becker A，Chavez R，Petermann N，et al. A thermoelectric generator concept using a p-n junction：experimental proof of principle. Journal of Electronic Materials，2013，42（7）：2297-2300

[11] 徐德胜. 半导体制冷与应用技术. 上海：上海交通大学出版社，1992

[12] Fagas G，Gammaitoni L，Gallagher J P，et al. ICT-Energy Concepts for Energy Efficiency and Sustainability. Rijeka：InTech，2017：215-238

[13] Sang I K，Kyu H L，Hyeon A M，et al. Dense dislocation arrays embedded in grain boundaries for high-performance bulk thermoelectric. Science，2015，348（6230）：109-114

[14] Bubnova O，Khan Z U，Malti A，et al. Optimization of the thermoelectric figure of merit in the conducting polymer poly（3, 4-ethylenedioxythiophene）. Nature Materials，2011，10（6）：429-433

[15] Scholdt M，Do H，Lang J，et al. Organic semiconductors for thermoelectric applications. Journal of Electronic Materials，2010，39（9）：1589-1592

[16] 蒋丰兴，刘聪聪，徐景坤. 导电 PEDOT 热电材料发展简史. 科学通报，2017，62（19）：2063-2076

[17] Wei Q，Mukaida M，Kirihara K，et al. Polymer thermoelectric modules screen-printed on paper. RSC Advances，2014，4（54）：28802-28806

[18] Bae E J，Kang Y H，Jang K S，et al. Solution synthesis of telluride-based nano-barbell structures coated with PEDOT:PSS for spray-printed thermoelectric generators. Nanoscale，2016，8（21）：10885-10890

[19] Hsu K F，Loo S，Guo F，et al. Cubic $AgPb_mSbTe_{2+m}$: bulk thermoelectric materials with high figure of merit. Science，2004，303（5659）：818-821

[20] Biswas K，He J Q，Blum I D，et al. High-performance bulk thermoelectrics with all-scale hierarchical architectures. Nature，2012，489（7416）：414-418

[21] 赵立东，张德培，赵勇. 热电能源材料研究进展. 西华大学学报（自然科学版），2015，34（1）：1-14

[22] Snyder G J，Christensen M，Nishibori E，et al. Disordered zinc in Zn_4Sb_3 with phonon-glass and electro-crystal thermoelectric properties. Nature Materials，2004，3：358-463

[23] Breivik T H，Gunnæs A E，Karlsen O B，et al. Nanoscale inclusions in the phonon glass thermoelectric material Zn_4Sb_3 . Philosophical Magazine Letters，2009，89（6）：362-369

[24] Toberer E S，Rauwel P，Gariel S，et al. Composition and the thermoelectric performance of β- Zn_4Sb_3 . Journal of Materials Chemistry，2010，20（44）：9877-9885
[25] Zhao L D，Lo S H，Zhang Y，et al. Ultralow thermal conductivity and high thermoelectric figure of merit in SnSe crystals. Nature，2014，508（7496）：373-377
[26] Poon S J. Electronic and thermoelectric properties of half-Heusler alloys. Semiconductors & Semimetals，2001，70：37-75
[27] Graf T，Felser C，Parkin S S P. Simple rules for the understanding of Heusler compounds. Progress in Solid State Chemistry，2011，39（1）：1-50
[28] Yan X，Joshi G，Liu W，et al. Enhanced thermoelectric figure of merit of p-type half-Heuslers. Nano Letters，2011，11（2）：556-560
[29] Joshi G，Yan X，Wang H，et al. Enhancement in thermoelectric figure-of-merit of an n-type half-Heusler compound by the nanocomposite approach. Advanced Energy Materials，2011，1（4）：643-647
[30] Yan X，Liu W，Chen S，et al. Thermoelectric property study of nanostructured p-type half-Heuslers（Hf，Zr，Ti）$CoSb_{0.8}Sn_{0.2}$. Advanced Energy Materials，2013，3（9）：1195-1200
[31] Dresselhaus M S，Chen G，Tang M Y，et al. New directions for low-dimensional thermoelectric materials. Advanced Materials，2007，19（8）：1043-1053
[32] Zhao L D，Dravid V P，Kanatzidis M G. The panoscopic approach to high performance thermoelectrics. Energy & Environmental Science，2013，7（1）：251-268
[33] Zheng X F，Liu C X，Yan Y Y，et al. A review of thermoelectrics research—Recent developments and potentials for sustainable and renewable energy applications. Renewable & Sustainable Energy Reviews，2014，32（5）：486-503
[34] He W，Zhang G，Zhang X，et al. Recent development and application of thermoelectric generator and cooler. Applied Energy，2015，143：1-25
[35] El-Genk M S，Saber H H. Performance analysis of cascaded thermoelectric converters for advanced radioisotope power systems. Energy Conversion & Management，2005，46（7-8）：1083-1105
[36] Thielen M，Sigrist L，Magno M，et al. Human body heat for powering wearable devices：from thermal energy to application. Energy Conversion & Management，2017，131：44-54
[37] Wang Y，Shi Y，Mei D，et al. Wearable thermoelectric generator for harvesting heat on the curved human wrist. Applied Energy，2017，205：710-719
[38] Leonov V，Vullers R J M. Wearable electronics self-powered by using human body heat：the state of the art and the perspective. Journal of Renewable & Sustainable Energy，2009，1（6）：47-52
[39] Suarez F，Parekh D P，Ladd C，et al. Flexible thermoelectric generator using bulk legs and liquid metal interconnects for wearable electronics. Applied Energy，2017，202：736-745
[40] Jung Y S，Jeong D H，Kang S B，et al. Wearable solar thermoelectric generator driven by unprecedentedly high temperature difference. Nano Energy，2017，40：663-672
[41] Sundarraj P，Maity D，Roy S S，et al. Recent advances in thermoelectric materials and solar thermoelectric generators-a critical review. RSC Advances，2014，4（87）：46860-46874

第4章 压电能量转换材料与技术

4.1 引 言

根据对外电场作用的响应方式不同，材料可分为两类：一类以电荷长程迁移，即传导的方式对外电场做出响应，这类材料称为导电材料；另一类以感应的方式传递外电场的作用和影响，即沿电场方向产生电偶极矩或电偶极矩的改变，这类材料称为介电材料。对某些介电材料施加机械力时，就会引起其内部的正负电荷中心不再重合而产生电的极化，从而导致介质两个表面上出现符号相反的束缚电荷，并且其电荷密度与外力成正比，这种现象称为压电效应。具有压电效应的物质称为压电材料。

早在公元前，锡兰人和印度土著人就发现，将电气石投入热的灰烬中时，它能够将较小的灰烬吸引到其周边，一段时间后又将其排斥掉。这种现象正是压电效应引起的，但由于科技水平的局限性，人们还不能解释其真正原因。在18世纪初期，这种电气石被荷兰商人引入欧洲，被称为锡兰磁石。此后一个多世纪的时间里，陆续有研究人员对电气石的这种特殊现象进行研究。

1880年，Pierre Curie和Jacques Curie兄弟在研究热电现象和晶体对称性时发现，在石英晶体的特定方向施加压力或拉力，其对应的表面上会分别产生正负束缚电荷，且电荷密度与施加力的大小成比例，并据此设计出第一台基于压电原理的石英天平，应用于放射性现象的研究工作中。1881年，Hankel将这种现象称为压电效应。同年，Lippman根据热力学原理和能量守恒及电荷守恒定律从理论上预言了逆压电效应的存在[1]。随后，Curie兄弟用实验证实了压电晶体在外加电场作用下会出现应变和应力，并发现压电效应是固态电介质的力学参数和电学参数之间的线性耦合效应，同时获得了石英晶体相同的正逆压电常数，证明了正逆压电效应具有相同的压电常数。然而，压电效应中复杂的力电耦合特性，使其很难在实际工程中得到应用，直到第一次世界大战期间Langevin为定位德国核潜艇发明了压电超声换能器[2]。压电体主要来源于铁电体，1920年，法国的Valasek首先发现了第一个具有铁电特性的晶体——罗息盐。早期的压电材料多用于军事领域，第二次世界大战期间美国、苏联和日本相继开展了压电材料领域的研究，将它们的应用扩展到了声呐、超声波、麦克风和传感器等方面[3]。

早期发现的压电材料，如石英、罗息盐等天然晶体的压电效应非常小，造价昂贵，且不易加工制作成所需要的形状。20 世纪 40 年代中期，钛酸钡（$BaTiO_3$）陶瓷压电效应的出现，是压电材料研究及其应用中的一项重大突破，它不但容易制备，而且可以改变其极化方向。50 年代中期，美国科学家 Jaffe 首先发现了锆钛酸铅（PZT），无论是它的机电耦合系数、压电系数，还是性能稳定性和居里温度等特性都远远超过钛酸钡，因此 PZT 成为应用较多的压电材料，随后相继出现了掺铌镁酸铅、掺镧锆钛酸铅等的 PZT 陶瓷，至今 PZT 陶瓷仍然是应用最广的压电材料[4]。

通常压电陶瓷都非常脆，实际应用时易破损，而且作为 PZT 组分的氧化铅是有毒物质，有机聚合物压电材料的出现解决了这一难题。1969 年，日本的 Kawai 发现了压电聚合物聚偏氟乙烯（PVDF）。PVDF 是一种柔性压电材料，可以制作成非常薄的膜形式，具有质量轻、易成型、耐冲击、高弹性柔软性和响应频带宽等优点，但其温度稳定性差[5]，使用温度一般不能超过 100℃，且机电耦合系数较小、介电耗损大、所需致动电压也很大。因此，PVDF 在智能结构领域中的应用受到限制，主要被用作传感器。1978 年，美国的 Newnham 等首先提出了压电复合材料的概念，并成功研制了 1-3 型压电复合材料。压电复合材料克服了压电陶瓷的脆性和压电聚合物温度稳定性差的缺点[6]。

随着压电材料在工业生产和人类生活中的广泛研究和应用，人们对其各种性能的综合要求也在不断提高，要求压电材料同时具备高压电、高介电、高机电转换效率，以及高居里温度和稳定性。以 PZT 为基的三元系、四元系等压电陶瓷材料的出现极大地满足了这些要求，弥补了低元系陶瓷性能单一的缺陷，目前研究较多的三元系压电陶瓷材料有铌镁酸铅-锆钛酸铅（PMN-PZT）、铌镁酸铅-铌锌酸铅-钛酸铅（PMN-PZN-PT），四元系有铌镁酸铅-铌锌酸铅-锆钛酸铅（PMN-PZN-PZT）等。

从压电材料的发展趋势（图 4.1）中可以看出，20 世纪中期，压电陶瓷的压电常数 d_{33} 一直没有明显提高。直到 20 世纪 90 年代以来，以 PMN-PT 和 PZN-PT 为代表的弛豫铁电单晶的新型压电材料的发现掀起了高 d_{33}、机电耦合常数 K_{33} 单晶研究的高潮。

2000 年，*Nature* 杂志也对获得突破性进展的新型压电单晶方面的研究进行了报道[7]。在我国较早开展此类晶体生长研究的中国科学院上海硅酸盐研究所和西安交通大学，在基础研究和晶体生长工艺方法探索方面取得了成果，并发展出有自身特色的单晶方法，在生长技术、工艺参数、性能表征等方面具备良好的基础，目前已能批量生长高质量的 PMN-PT 单晶，晶体尺寸可达 ϕ50mm× 80mm，而且生长方法比较成熟、重复性和稳定性较好，其性能指标和单晶尺寸一度处于国际领先水平。

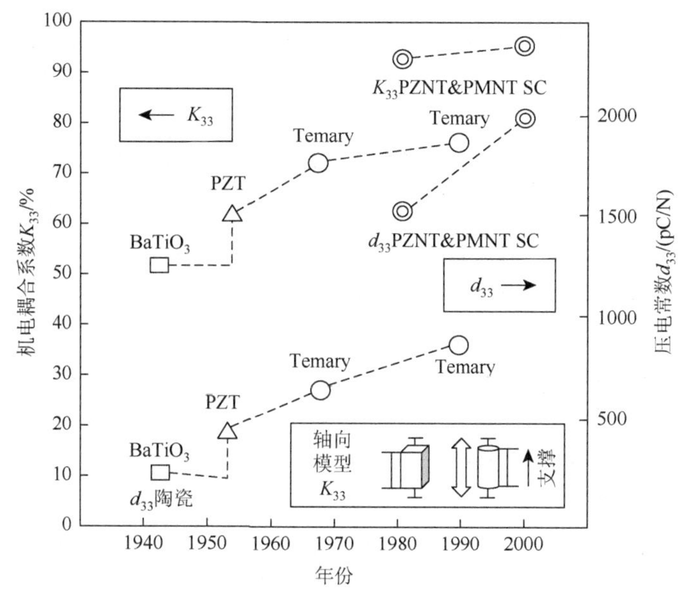

图 4.1　压电材料参数 d_{33}、K_{33} 的发展趋势

由于 PZT 中的氧化铅是含重金属的有毒物质，随着环境问题的日益严峻，欧盟将限制此类或其他具有重金属的有毒物质的应用。因此，目前无铅压电陶瓷及其复合材料的研究成为热点。国际上许多学者都对无铅压电陶瓷材料的制备和性能开展了深入的研究，但目前无铅压电陶瓷材料的性能还远远满足不了工程实际应用的要求，它将是今后压电材料技术研究的一个重要趋势。我国近些年来也加大了研究资助的力度，无铅压电材料的研究受到了广泛关注，并专门组织召开了无铅高性能压电材料国际研讨会，就无铅压电材料的制备、结构、性能及器件应用等进行交流。

随着现代电子器件向微型化、小型化、集成化方向发展，传统的压电体材料及制备工艺受尺寸的限制难以适应其要求。微观世界探索进程的加速，微机电系统（micro-electro-mechanical system，MEMS）飞速发展，迫切要求压电材料实现薄膜化，从而为相应微器件的设计和制作研究创造条件。

近年来，随着无线技术的发展和低功耗微型器件的不断涌现，能量收集技术成为国内外学者研究的热点，美国国防部高级研究计划局还专门成立了能量回收项目组，资助从振动环境中收集能量技术的研究。麻省理工学院的 Sood 等设计制备了压电能量采集器，用于将环境中高频声能转换成电能储存起来[8]。2006 年，美国 *Science* 杂志报道了王中林等在纳米压电发动机上取得的重大研究成果，其原理主要是利用 ZnO 纳米线阵列的压电效应在纳米尺度范围内将机械能转换成电能[9]。2009 年，他们又成功制作了利用生物活体带动的新型交流纳米发动机[10]。

他们在剧烈跑动下的仓鼠背部植入纳米压电发动机，产生了高达 200mV 的电压，为自驱动、远程无线操纵的生物探测器应用于便携式民用和军用设备提供了广阔的前景。

作为 MEMS 用驱动源的压电薄膜，不仅要求工作电压低、质量轻、体积小、成本低、容易与半导体工艺兼容，而且还需要驱动器单位体积的输出力足够大、传感器的噪声小，研究表明，能胜任的只有微米级厚度的薄膜及多层膜。因此，近些年来 1～10μm 以至于更厚的压电薄膜是国内外研究的热点和重要发展方向。不同制膜工艺对薄膜的内应力状态有影响，从而改变薄膜的性质。在衬底表面引入晶种能降低成膜的温度，还可获得定向取向晶粒的薄膜。此外，高性能的 PZT 材料是压电薄膜的首选。Sriram 等研究制备的$(Pb_{0.92}Sr_{0.08})(Zr_{0.65}Ti_{0.35})O_3$薄膜的压电性能$d_{33}$可达 458～608pC/N，远远高于 ZnO 压电薄膜，为高性能的器件设计提供了很好的材料基础[11]。

压电材料的发展十分迅速，经历了由简单单晶材料到复杂复合材料的过程。目前，压电材料的研究热点主要有：①低温烧结 PZT 陶瓷；②大功率高转换效率的 PZT 压电陶瓷；③压电复合材料；④无铅压电材料；⑤高性能化；⑥薄膜化。

4.2　压电原理及特征参数

4.2.1　压电原理

压电效应是一种机电耦合的效应，可以分为正压电效应和逆压电效应。晶体的压电效应原理如图 4.2 所示。对于非对称中心结构的晶体，对其在一定方向上施加机械应力时，晶胞中正负离子的相对位移使正负电荷中心不再重合，导致晶体发生宏观极化，而晶体表面电荷面密度等于极化强度在表面法向上的投影，所以压电材料受压力作用形变时两端面会出现数量相等、符号相反的束缚电荷，而

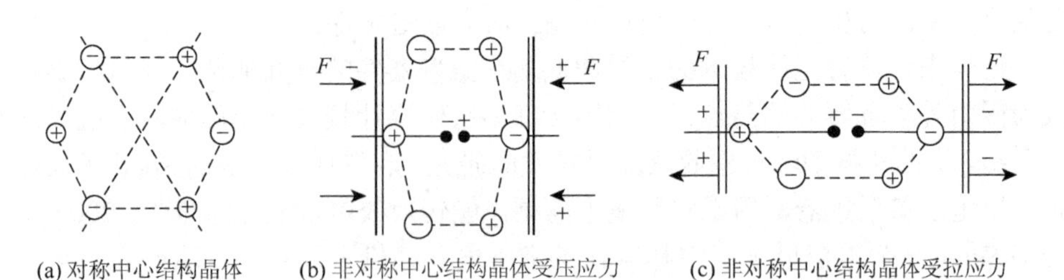

(a) 对称中心结构晶体　(b) 非对称中心结构晶体受压应力　(c) 非对称中心结构晶体受拉应力

图 4.2　压电效应示意图

且在一定范围内电荷密度与作用力成正比，这种由“压力”产生“电”的现象称为正压电效应；反之，若在此类晶体上施加电场，电场导致介质内部正负电荷中心位移，造成介质产生形变，在一定范围内，其形变与电场强度成正比，这种由“电”产生“机械形变”的现象就是逆压电效应。

对于有对称中心结构的晶体，不论是否施加外力，其正负电荷的中心总是重合在一起，因此晶体对外不显现极性，不会产生压电效应。从结构上来讲，材料要产生压电效应，其原子、离子或分子晶体必须具有不对称中心，但是由于材料类型不同，产生压电效应的原因也有所差别。下面分别以石英晶体、压电陶瓷和聚偏氟乙烯（PVDF）等为例，解释压电效应产生的原因。

1. *石英晶体*

天然结构石英晶体是由硅离子和氧离子构成的正六面体，如图 4.3（a）所示。在晶体学中用三根互相垂直的轴来表示，其中纵向轴 *z-z* 称为光轴；垂直于光轴的 *x-x* 轴称为电轴；与 *x-x* 轴和 *z-z* 轴同时垂直的 *y-y* 轴（垂直于正六面体的棱面）称为机械轴。

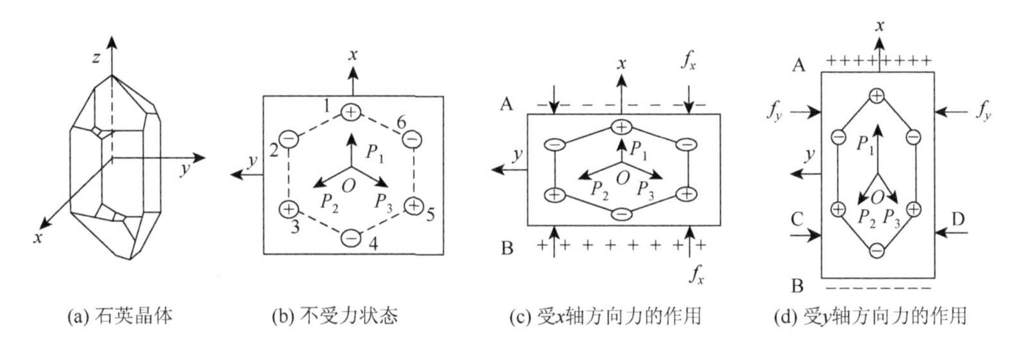

(a) 石英晶体　(b) 不受力状态　(c) 受x轴方向力的作用　(d) 受y轴方向力的作用

图 4.3　石英晶体的压电模型

在垂直于 *z* 轴的 *xy* 平面上的投影，等效为一个正六边形排列。当石英晶体未受外力作用时，正、负离子正好分布在正六边形的顶角上，形成三个互成 120°夹角的电偶极矩 P_1、P_2、P_3，如图 4.3（b）所示。由于 $P = qL$，q 为电荷量，L 为正负电荷之间的距离。此时正负电荷重心重合，电偶极的矢量和等于零，即 $P_1 + P_2 + P_3 = 0$，所以晶体表面不带电荷，即呈中性。

当石英晶体受到沿 *x* 轴方向的压力作用时，晶体沿 *x* 轴方向产生收缩，正负离子的相对位置也发生变化，如图 4.3（c）所示。此时正负电荷重心不再重合，即 $P_1 + P_2 + P_3 > 0$，A 面呈正电荷、B 面呈负电荷，在 *y* 方向电偶极矩为零，不出现电荷；当 *y* 轴方向受到压力作用时，正负离子的相对位置也发生变化，如图 4.3（d）

所示。此时，P_1增大，P_2、P_3减小，A、B 面分别呈正、负电荷，在 y 方向电偶极矩仍然为零。当在 x 轴和 y 轴作用力的方向变化时，电荷极性也发生变化。当沿 z 轴方向施加作用力，因为 x 轴和 y 轴方向变形完全相同，所以正负电荷重心重合，电偶极矩的矢量和等于零。

通常把沿电轴 x-x 方向的力作用下产生电荷的压电效应称为“纵向压电效应”，把沿机械轴 y-y 方向的力作用下产生电荷的压电效应称为“横向压电效应”，沿光轴 z-z 方向受力不产生压电效应。无论是正或逆压电效应，其作用力（或应变）与电荷（或电场强度）之间呈线性关系；并且晶体在某方向上有正压电效应，则在此方向上一定存在逆压电效应。

2. 压电陶瓷

某些压电材料在某个温度范围内存在自发极化，且自发极化的方向能随着外场的作用而发生变化，这种材料称为铁电体。铁电体的极化强度与外电场之间会形成一个类似磁滞回线的“电滞回线”，如图 4.4 所示。铁电体的这种极化强度与外电场之间的滞后性质称为铁电性，由 Valasek 于 1920 年首先在罗息盐中发现。铁电体的表征参数主要有饱和极化强度 P_s、剩余极化 P_r 及矫顽场 E_c。

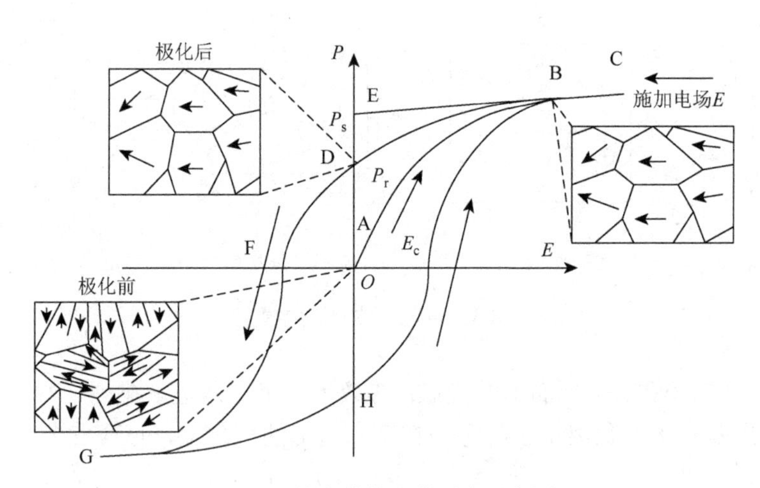

图 4.4　铁电体的电滞回线示意图

压电陶瓷是人工制造的多晶压电材料，与石英单晶产生压电效应有所不同。在无外电场作用时，压电陶瓷内的某些区域中正负电荷中心的不重合，形成电偶极矩，它们具有一致的方向，这些区域称为电畴。但是，各个电畴在压电陶瓷内杂乱分布，如图 4.5（a）所示。由于极化效应被相互抵消，使总极化强度为零，呈电中性，不具有压电特性。如果在压电陶瓷上施加外电场，电畴的方向将发生转动，使其得到极化，当外电场强度达到饱和极化强度时，所有电畴方向将趋于一致，如图 4.5（b）所示。去掉外电场后，电畴的极化方向基本不变，如图 4.5（c）所示，即剩余极化强度很大，这时才具有压电特性。此时陶瓷极化两端出现束缚电荷，由于束缚电荷的作用，在陶瓷的电极面上吸附了一层来自外界的自由电荷。这些自由电荷与陶瓷内的束缚电荷符号相反、数量相等，起着屏蔽和抵消陶瓷内极化强度对外界的作用，所以不能测出陶瓷内的极化程度，如图 4.6 所示。

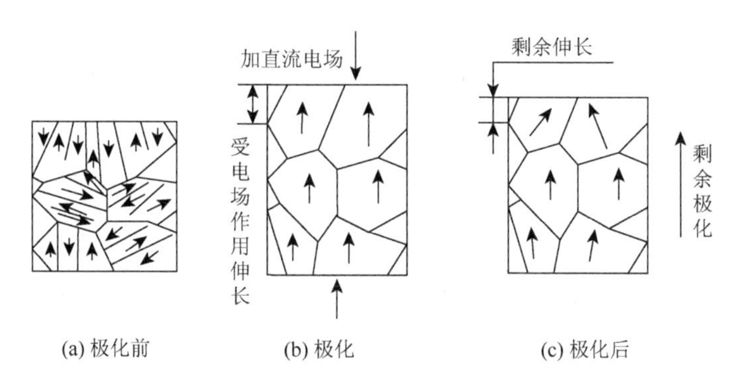

图 4.5　压电陶瓷的极化

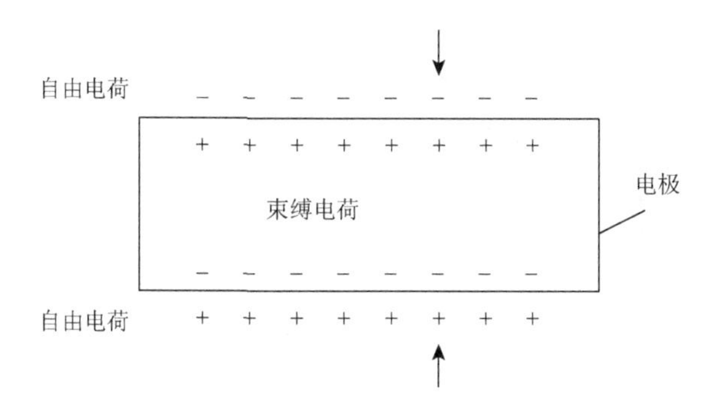

图 4.6　极化后压电陶瓷电荷分布示意图

此时，如果受到外界力的作用，电畴的界限将发生移动，方向将发生偏转，引起剩余极化强度的变化，从而在垂直极化方向的平面上引起极化电荷变化，即发生压电效应，如图 4.7 所示。如果在陶瓷上加一个与极化方向平行的压力 F，陶瓷将产生压缩形变，内部正、负束缚电荷之间的距离变小，极化强度变小。因此，原来吸附在电极上的自由电荷，有一部分被释放，而出现放电现象。当压力撤除后，陶瓷恢复原状，内部正、负电荷之间的距离变大，极化强度也变大，因此电极上又吸附一部分自由电荷，而出现充电现象。这种由机械能转变为电能的现象，就是正压电效应。同样，若在陶瓷上加一个与极化方向相同的电场，由于电场的方向与极化强度的方向相同，所以电场的作用使极化强度增大。陶瓷内正、负束缚电荷之间距离也增大，就是说，陶瓷沿极化方向产生伸长形变。同理，如果外加电场的方向与极化方向相反，则陶瓷沿极化方向产生缩短形变。这种由于电效应而转变为机械效应或者由电能转换为机械能的现象，就是逆压电效应。

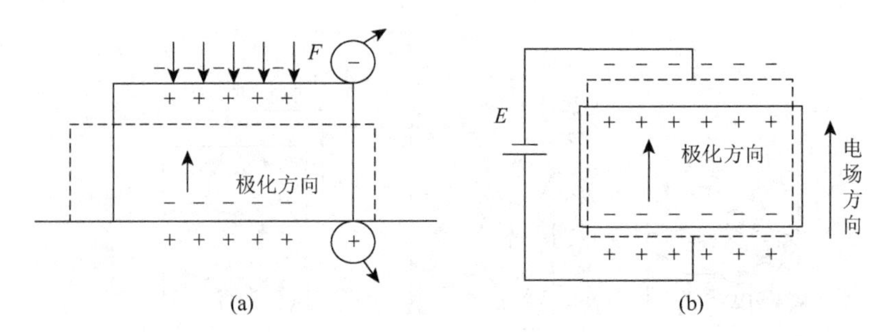

图 4.7　压电陶瓷（a）正压电效应和（b）逆压电效应示意图

实线代表形变前的情况，虚线代表形变后的情况

3. 聚偏氟乙烯

聚偏氟乙烯是一种聚合物。1969 年，Kawai 发现了聚偏氟乙烯具有极强的压电效应，继而出现了以聚偏氟乙烯为代表的压电高聚物的研究热潮。现在的研究主要集中在共聚物、共混物和复合物，从结晶高聚物的压电性扩大到非晶高聚物的压电性。聚偏氟乙烯家族压电铁电效应的发现被认为是有机换能器领域发展的里程碑。其分子式为 $-(CH_2-CF_2)_n-$，外观为半透明状。分子链间排列紧密，又有较强的氢键，含氧指数为 46%，结晶度为 65%～78%，密度为 1.17～1.79g/cm^3，熔点为 172℃，热变形温度为 112～145℃，长期使用温度为−40～150℃。

这种高聚物的结构是由微晶区分散于非晶区构成，如图 4.8（a）所示。非晶区的玻璃化转变温度决定聚合物材料的机械性能，而微晶区的熔融温度决定材料的使用上限温度。它首先经过熔融浇铸和退火处理，产生一定量的微晶，然后经过机械辊压和拉伸成为薄膜后，链轴上带负电的氟离子和带正电的氢离子分别被排列在薄膜表面对应的上下两边上，如图 4.8（b）所示，可以形成尺寸为 10～40μm 的微晶偶极矩结构，又称为 β 型晶体，再在一定温度和外电场作用下维持一段时间之后，晶体内部的偶极矩进一步旋转定向，形成了垂直于薄膜平面的碳-氟偶极矩固定结构［图 4.8（c）］，这种剩余极化使材料具有压电特性。

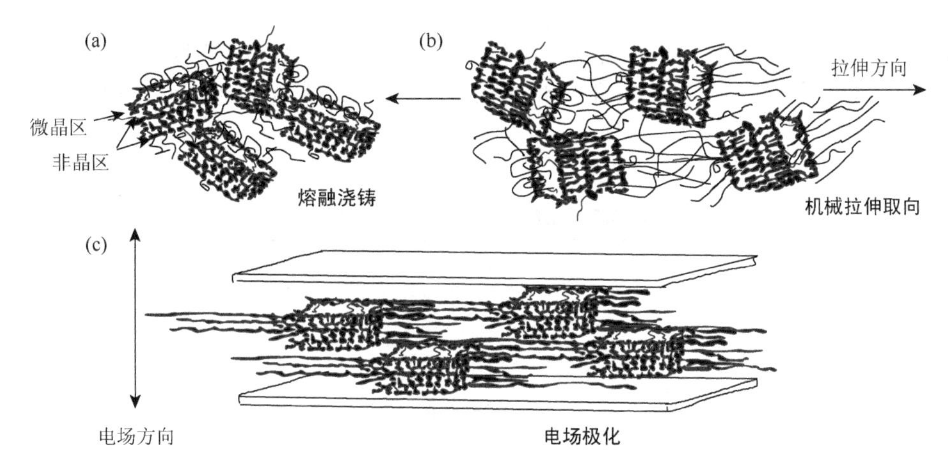

图 4.8　聚偏氟乙烯微晶区与非晶区排布形态示意图

(a）熔融浇铸聚偏氟乙烯薄膜形态；(b）机械拉伸取向后形态；(c）沿薄膜厚度方向极化后形态

4.2.2　特征参数

压电材料性能的好坏直接决定了系统转换效率的高低。评价压电材料性能的特征参数有很多，一般来说压电材料应具备以下几个主要特性：

（1）转换特性：要求具有较高的压电常数；

（2）机械性能：机械强度高、刚度大；

（3）电性能：高电阻率和高介电常数，防止加载驱动电场时被击穿；

（4）环境适应性：温度和湿度稳定性好，要求具有较高的居里温度，工作温度范围宽；

（5）时间稳定性：要求压电性能不随时间变化，增强压电材料的工作稳定性和寿命。

描述晶体材料的弹性、压电、介电性质的重要参数，如介电常数、弹性系数和压电常数等，决定了压电材料的基本性能。描述交变电场中压电材料介电行为的介质损耗角正切（$\tan\delta$），描述弹性谐振时力学性能的机械品质因数 Q_m 及描述谐振时机械能与电能相互转换的机电耦合系数 K 等，决定了压电材料的具体应用方向。在压电材料的研究及实际应用中，以上参数都极为重要，其中常见且比较重要的材料特征参数如表 4.1 所示。

1. 压电常数

压电晶体与其他晶体的主要区别在于压电晶体的介电性质与弹性性质之间存在线性耦合关系，压电常数就是反映这种耦合关系的物理量。它主要包括压电应变常数 d 、压电应力常数 e、压电电压常数 g 和压电劲度常数 h 。其中，

d和e是由电场引起的应变或应力变化来表示，它们表达的物理意义为压电材料的压电效应，是代表材料驱动性能和传感性能的参数，也是最常用的压电常数。

表 4.1 压电材料常用的特征参数

性能	特征参数	符号
转换性能	压电常数	d_{33}、d_{31}
	机电耦合系数	K_{33}
	机械品质因数	Q_m
电性能	介电常数	ε
环境适应性	居里温度	T_C

压电应变常数d表示在常应力或零应力条件下，单位电场强度E_i的变化引起应变分量的改变量；或者表示在常电场或零电场条件下，应力分量的单位变化量引起电位移分量的变化量，其单位为 m/V 或 C/N。其表示如下

$$d_{ij}=\left(\frac{\partial\varepsilon_j}{\partial E_i}\right)_\sigma=\left(\frac{\partial D_i}{\partial\sigma_j}\right)_E \tag{4.1}$$

式中，E_i——i方向上施加的电场强度，V/m；

ε_j——j方向上产生的应变；

σ_j——j方向上的应力，MPa；

D_i——i方向上产生的电位移，C/m。

d_{ij}值越大，表明电能转换为机械能的能力越好。表 4.2 给出了常见压电材料的压电应变常数。

表 4.2 常见压电材料的压电应变常数

压电材料	压电应变常数/（C/N）
$BaTiO_3$	$d_{15}=392\times10^{-12}$，$d_{31}=-34.5\times10^{-12}$，$d_{33}=85.6\times10^{-12}$
$NaKC_4H_4O_6\cdot4H_2O$	$d_{14}=345\times10^{-12}$，$d_{25}=-54\times10^{-12}$，$d_{36}=12\times10^{-12}$
$LiNbO_3$	$d_{15}=68\times10^{-12}$，$d_{33}=6\times10^{-12}$
ZnO	$d_{31}=5.0\times10^{-12}$，$d_{33}=10.6\times10^{-12}$
AlN	$d_{33}=5\times10^{-12}$

续表

压电材料	压电应变常数/（C/N）
CdS	$d_{31}=-5.2\times10^{-12}$，$d_{33}=10.3\times10^{-12}$
BeO	$d_{31}=-12\times10^{-12}$，$d_{33}=24\times10^{-12}$
松下 PCM-5A 压电陶瓷	$d_{15}=579\times10^{-12}$，$d_{31}=-186\times10^{-12}$
威米特隆公司 PZT-4 压电陶瓷	$d_{15}=495\times10^{-12}$，$d_{31}=-122\times10^{-12}$，$d_{33}=285\times10^{-12}$
摩根-联合利华公司 PC3 压电陶瓷	$d_{31}=-50\times10^{-12}$，$d_{33}=120\times10^{-12}$
惠丰公司 PZ11 压电陶瓷	$d_{31}=-65\times10^{-12}$，$d_{33}=150\times10^{-12}$
PVDF（β）	$d_{31}=24\times10^{-12}$，$d_{33}=-39\times10^{-12}$
压电陶瓷（P-51）	$d_{15}=700\times10^{-12}$，$d_{31}=190\times10^{-12}$，$d_{33}=460\times10^{-12}$

压电应力常数e表示在常应变或零应变条件下，单位电场强度的变化引起应力分量的改变量；或者表示在常电场或零电场条件下，应力分量的单位变化量引起电位移分量的变化量，其单位为N/(V·m)或C/m^2。其表示如下

$$e_{ij}=\left(\frac{\partial\sigma_j}{\partial E_i}\right)_\varepsilon=\left(\frac{\partial D_i}{\partial\varepsilon_j}\right)_E \tag{4.2}$$

压电电压常数g表示在常应力或零应力条件下，单位电位移分量的变化引起应变分量的改变量；或者表示在常电位移或零电位移条件下，应力分量的单位变化量引起电场强度分量的变化量，其单位为(V·m)/N或m^2/C。其表示如下

$$g_{ij}=\left(\frac{\partial\varepsilon_j}{\partial D_i}\right)_\sigma=\left(\frac{\partial E_i}{\partial\sigma_j}\right)_D \tag{4.3}$$

对于由机械应力而产生电压的材料来说，希望具有高的压电电压常数。

压电劲度常数h表示在常应变或零应变条件下，单位电位移分量的变化引起应力分量的改变量；或者表示在常电位移或零电位移条件下，应变分量的单位变化量引起电场强度分量的变化量，其单位为V/m或N/C。其表示如下

$$h_{ij}=\left(\frac{\partial\sigma_j}{\partial D_i}\right)_\varepsilon=\left(\frac{\partial E_i}{\partial\varepsilon_j}\right)_D \tag{4.4}$$

压电常数d_{33}是表征压电材料最常用的重要参数之一，一般陶瓷的压电常数越高，压电性能越好。下标中第一个数字指的是电场方向，第二个数字指的是应力或应变的方向。因此，d_{33}表示极化方向与应力方向相同时测量得到的压电常数。当沿压电陶瓷的极化方向（z 轴）施加压应力σ_3时，在电极面上产生电荷，根据式（4.1）有以下关系式

$$D_3 = d_{33}\sigma_3 \tag{4.5}$$

同理，沿 x 轴和 y 轴分别施加应力 σ_1 和 σ_2，在电极面上所产生的电位移为 $D_1 = d_{31}\sigma_1$，$D_2 = d_{32}\sigma_2$。若晶体同时受到 σ_1、σ_2 和 σ_3 的作用，电位移和应力的关系为

$$D_3 = d_{31}\sigma_1 + d_{32}\sigma_2 + d_{33}\sigma_3 \tag{4.6}$$

对于用来产生运动式振动的材料来说，希望具有大的压电常数 d。

2. 介电常数

介电常数反映材料的介电性质或极化性质。介电常数是在电场作用下，电介质的电位移随电场强度变化的参数，用 ε 表示，单位为 F/m。其表示如下

$$\varepsilon_{ij} = \left(\frac{\partial D_i}{\partial E_j}\right) \tag{4.7}$$

电介质在电场作用下会产生极化或改变极化状态，它以感应的方式传递电的作用。静态介电常数是描述电介质在静电场中极化的量化指标。对于完全各向异性的电介质来说，需要 6 个独立的介电常数，一般情况下独立的介电常数个数介于 1～6 个。在交变电场下测得的介电常数称为动态介电常数，动态介电常数与测量频率有关。

从微观来看，电介质的极化有以下三种情况，如图 4.9 所示。

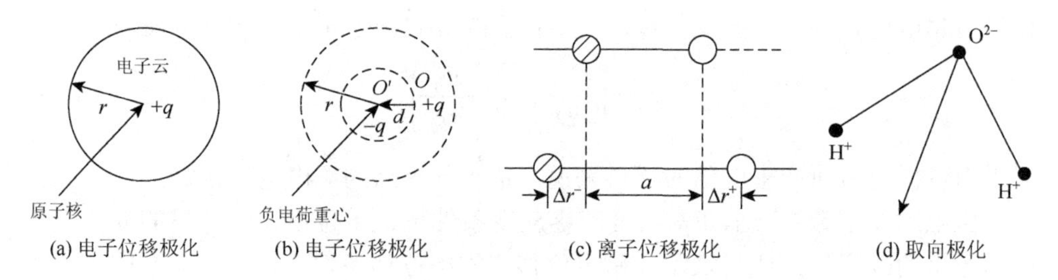

图 4.9　电子位移极化、离子位移极化和取向极化的示意图

（1）电子位移极化：组成介质的原子或离子，在电场作用下，原子或离子的正负电荷重心不重合，即带正电的原子核与其壳层电子的负电重心不重合，因而产生感应偶极矩。原子中价电子对电子位移极化率的贡献最大。

（2）离子位移极化：组成介质的正负离子，在电场作用下，正负离子产生相对位移，因为正负离子的距离发生改变而产生的感应偶极矩。离子位移极化率与电子位移极化率是同一数量级。

（3）取向极化：组成介质的分子为极性分子（即分子具有固有偶极矩），没有

外电场作用时，这些固有偶极矩的取向是无规则的，整个介质的偶极矩之和等于零。当有外电场时，这些固有偶极矩将转向并沿电场方向排列。因固有偶极矩转向而在介质中产生偶极矩。取向极化对介质极化的贡献最大，但随温度升高而减小，因此压电材料中通常存在居里温度。

在气体、液体和理想的完整晶体中，极化的微观机制通常为以上三种。在非晶固体、聚合物高分子和不完整的晶体中，还会出现其他更为复杂的微观极化机制，如热离子弛豫极化、空间电荷极化等典型情况。热离子弛豫极化通常存在于含有 Na^+、K^+、Li^+ 等一价碱金属离子的无定形体玻璃电介质中；空间电荷极化是不均匀电介质（复合电介质）在电场作用下的一种主要极化形式。

不同用途压电陶瓷元器件对压电陶瓷的介电常数要求不同。例如，压电陶瓷扬声器等音频元件要求压电陶瓷的介电常数要大；而高频压电陶瓷元器件则要求压电陶瓷的介电常数要小。

3. 弹性常数

弹性常数是反映弹性体的变形与作用力之间关系的参数。使物体的应变改变一个单位时所需的应力变化量称为弹性刚度常数，对于压电材料有两个弹性刚度常数，分别为短路弹性刚度系数 C_i^E 和开路弹性刚度系数 C_{ij}^D，单位为 N/m^2。而使应力改变一个单位所引起的应变变化量称为弹性柔度常数，压电材料同样也有两个弹性柔度常数，分别为短路弹性柔度系数 S_{ij}^E 和开路弹性柔度系数 S_{ij}^D，其中上标 E 表示在常电场或零电场情况下所得到的参数，而上标 D 表示在常电位移或零电位移情况下所得到的参数。根据以上定义有

$$\begin{aligned} C_{ij}^E &= \left(\frac{\partial \sigma_i}{\partial \varepsilon_j}\right)_E ;\quad C_{ij}^D = \left(\frac{\partial \sigma_i}{\partial \varepsilon_j}\right)_D \\ S_{ij}^E &= \left(\frac{\partial \varepsilon_i}{\partial \sigma_j}\right)_E ;\quad S_{ij}^D = \left(\frac{\partial \varepsilon_i}{\partial \sigma_j}\right)_D \end{aligned} \tag{4.8}$$

4. 介质损耗

介质损耗是包括压电材料在内的任何介质材料所具有的重要品质指标之一。当外加电场作用于压电材料时，介质极化强度需要经过一段时间（弛豫时间）才能达到最终值，即极化弛豫。在交变电场中，取向极化是造成晶体介质存在介质损耗的原因之一，并导致了动态介电常数和静态介电常数之间的不同，极化滞后引起的介质损耗会转化为热能消失。介质漏电是导致介电损耗的另一原因，同样会通过发热而消耗部分电能。此外，具有铁电性的压

电陶瓷的介质损耗，还与畴壁的运动过程有关。显然，介质损耗越大，材料的性能就越差。因此，介质损耗是判别材料性能好坏、选择材料和制作器件的重要参数。

理想电介质在正弦交变电场作用下流过的电流比电压相位超前 90°，但是在压电材料中因有能量损耗，电流超前的相位角 ψ 小于 90°，它的余角 δ（$\delta+\psi=90°$）称为损耗角，是一个无因次的物理量。人们通常用损耗角正切 $\tan\delta$ 来表示介质损耗的大小，表示了电介质的有功功率（损失功率）P 与无功功率 Q 之比，即电学品质因数 Q_e。电学品质因数的值等于压电介质的损耗角正切值的倒数，是一个无因次的物理量。

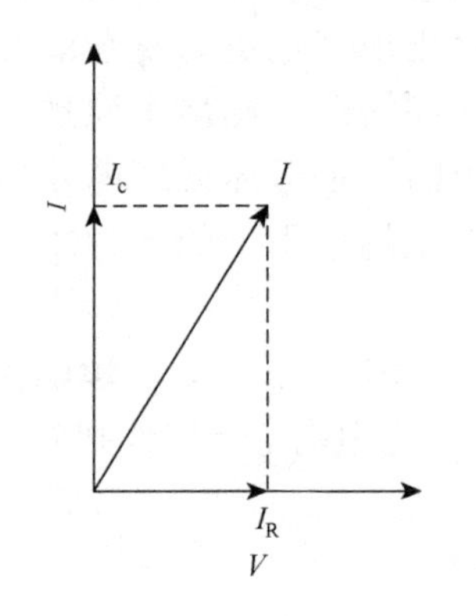

图 4.10　交流电路中电流-电压矢量图（有损耗时）

在交变电场下，介质所积蓄的电荷有两部分：一种为有功部分（同相），由电导过程所引起的；一种为无功部分（异相），由介质弛豫过程所引起的。介质损耗的异相分量与同相分量的比值如图 4.10 所示，I_c 为同相分量，I_R 为异相分量，I_c 与总电流 I 的夹角为 δ，其正切值为

$$\tan\delta=\frac{I_R}{I_c}=\frac{1}{\omega CR} \tag{4.9}$$

式中，ω——交变电场的角频率，rad/s；

R——损耗电阻，Ω；

C——介质电容，F。

可以看出，I_R 大时，$\tan\delta$ 也大；I_R 小时，$\tan\delta$ 也小。

5. 机械品质因数

压电体做谐振振动时，要克服内部的机械摩擦损耗（内耗），在有负载时还要克服外部负载的损耗，与这些机械损耗相联系的是机械品质因数 Q_m，它反映压电材料做谐振振动时，因克服内摩擦而消耗能量的多少。它等于压电振子谐振时储存的机械能 W_1 与一个周期内损耗的机械能 W_2 之比，表达式为

$$Q_m=2\pi\frac{W_1}{W_2}=2\pi\frac{f_s L_1}{R_1} \tag{4.10}$$

式中，f_s——谐振频率，Hz；

L_1——电感，H；

R_1——机械损耗阻抗，Ω。

6. 机电耦合系数

机电耦合系数 K 是表示压电材料机械能和电能耦合程度的参数，是衡量材料压电性能强弱的重要物理量，用式（4.11）表示：

$$K_{ij}=\frac{U_1}{\sqrt{U_{\mathrm{M}}U_{\mathrm{E}}}} \tag{4.11}$$

式中，$U_1=\frac{1}{2}d_{ij}\sigma_j E_i$——压电元件机械能和电能互相转换的能量密度，$\mathrm{J/m^3}$；

$U_{\mathrm{M}}=\frac{1}{2}s_{ij}\sigma_i\sigma_j$——压电元件储存的机械能密度，$\mathrm{J/m^3}$；其中 $s_{ij}=\left(\frac{\partial\varepsilon_i}{\partial\sigma_j}\right)$ 为弹性柔度系数，是反映弹性体的变形与作用力之间关系的参数；

$U_{\mathrm{E}}=\frac{1}{2}\varepsilon_{ij}^{\sigma}E_iE_j$——压电元件储存的电能密度，$\mathrm{J/m^3}$。

因为机械能和电能之间不可能完全耦合（就是说，机械能不能完全地转换为电能），所以机电耦合系数的上限只可能接近 1，而不可能等于 1。由于转换不可能完全，总有一部分能量以热能、声波等形式损失或向周围介质传播。

不同材料的 K 值不同；同种材料由于振动方式不同，K 值也不同。压电陶瓷振子的机械能与其形状和振动模式有关，不同的振动模式将有相应的机电耦合系数，如薄圆片径向伸缩模式的耦合系数为 K_{p}（平面机电耦合系数）；薄形长片长度伸缩模式的耦合系数为 K_{31}（横向机电耦合系数）；圆柱体轴向伸缩模式的耦合系数为 K_{33}（纵向机电耦合系数），如图 4.11 所示。一些常见压电材料的机电耦合系数如表 4.3 所示。

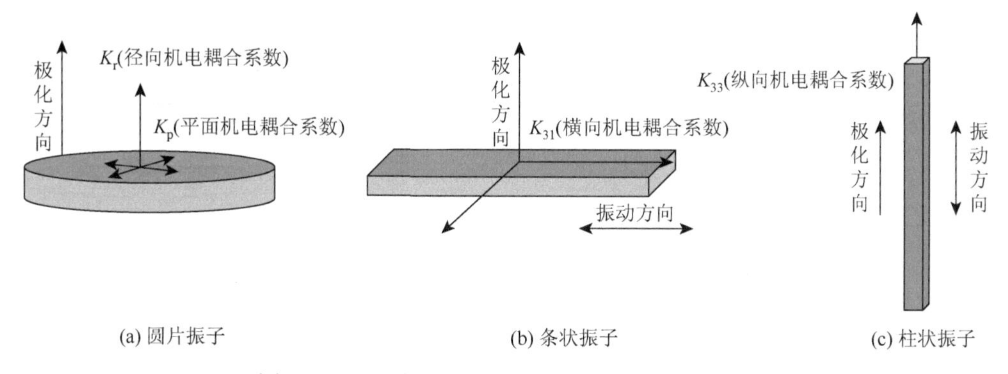

图 4.11　不同的振动模式所对应的机电耦合系数

7. 频率常数

当材料在外加电场的作用下，因外加电场的频率不同时，压电材料会产生不同的振动频率，当外加电场频率等于压电材料结构体的自然频率时，会有最大的机械能输出，此时的振幅最大，而机械能和电能的转换效能最佳，频率常数 N 可表示为

表 4.3 常见压电材料的机电耦合系数

压电材料	机电耦合系数
钛酸钡晶片	$K_{31}=0.317$，$K_{33}=0.565$，$K_{p}=0.529$，$K_{14}=K_{15}=0.568$
钛酸钡陶瓷	$K_{31}=0.212$，$K_{33}=0.50$，$K_{p}=0.358$
PZT-4 压电陶瓷	$K_{31}=0.327$，$K_{33}=0.70$，$K_{p}=0.562$
PVDF	$K_{33}=0.10$～0.14
$LiIO_3$	$K_{15}=0.6$，$K_{33}=0.51$
松下 PCM - 5A 压电陶瓷	$K_{15}=0.70$，$K_{31}=0.38$，$K_{p}=0.65$
荷兰 PXE5 压电陶瓷	$K_{15}=0.66$，$K_{31}=0.35$，$K_{33}=0.69$，$K_{p}=0.65$
威米特隆公司 PZT-4 压电陶瓷	$K_{15}=0.71$，$K_{31}=0.33$，$K_{33}=0.69$，$K_{p}=0.70$

$$N=f_{\mathrm{r}}\times l \tag{4.12}$$

式中，f_{r}——压电振子的谐振频率，Hz；

l——压电振子振动方向的长度，m。

不同形状的压电振子及其在不同振动模式下均有不同的频率常数，如表 4.4 所示。

表 4.4 不同形状压电振子的不同振动模式所对应的频率常数

振动模式	频率常数
薄圆片径向振动	$N_{p}=f_{r}\times D$，D 为圆片的直径
薄板厚度伸缩振动	$N_{t}=f_{r}\times t$，t 为薄板的厚度
细长棒 K_{33} 振动	$N_{33}=f_{r}\times l$，l 为棒的长度
薄板切变 K_{15} 振动	$N_{15}=f_{r}\times l_{t}$，l_{t} 为薄板的厚度

8. *居里温度*

居里温度（Curie temperature，T_{C}）又称居里点或磁性转变点。它是指磁性材

料中自发磁化强度降到零时的温度，是铁磁性或亚铁磁性物质转变成顺磁性物质的临界点。当温度低于居里温度时，该物质成为铁磁体，此时和材料有关的磁场很难改变。当温度高于居里温度时，该物质成为顺磁体，磁体的磁场很容易随周围磁场的改变而改变。居里温度由物质的化学成分和晶体结构决定。对于压电体，当温度高于居里温度时，就失去了压电效应。

4.3　压电材料分类及制备

从 1880 年 Curie 兄弟发现压电石英晶体到不同压电材料的相继问世，再到压电学成为现代科学与技术的一个新兴领域，经过上百年的发展，如今的压电材料按性质和组成组元可分为压电晶体、压电陶瓷、压电聚合物、压电复合材料、压电半导体五类，其中每类又包含多种压电材料，如图 4.12 所示。由于每类压电材料具有不同的工艺及应用特点，因此应用领域各有不同。在这五类压电材料中，压电陶瓷占有相当大的比例，也是目前市场上应用最为广泛的压电材料。

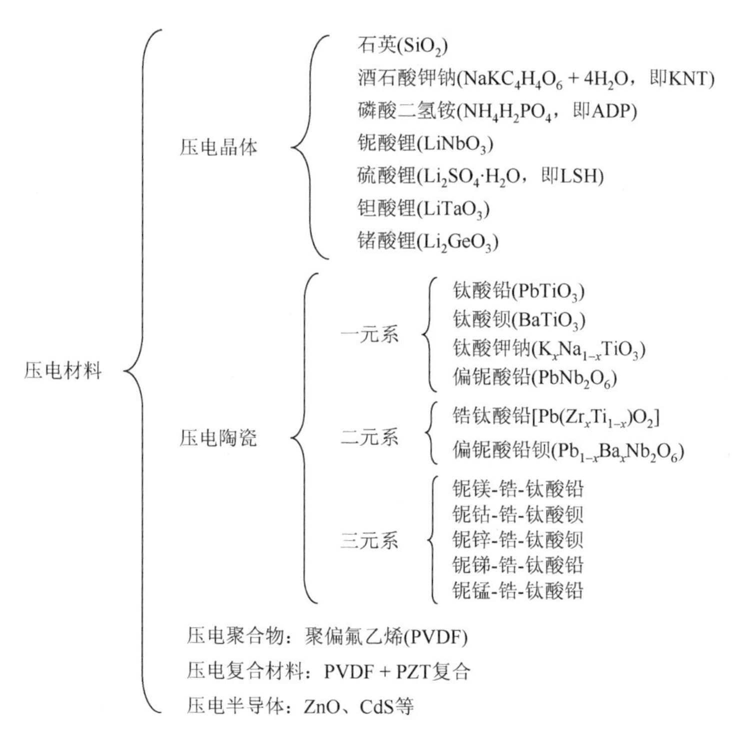

图 4.12　压电材料的分类

4.3.1 压电晶体

压电晶体也称压电单晶体，是指按晶体空间点阵长程有序生长而成的晶体。晶体结构无对称中心，因此具有压电性。压电晶体是一个重要的科学研究领域。这类晶体具有优良的压电、声光、电光、弹光和非线性光学性能。其应用领域遍及电子学、声学、光学等各个方面。将多晶体压电陶瓷单晶化以提高材料的压电性能是目前压电材料的研究热点之一。主要的压电晶体有石英、铌酸锂（$LiNbO_3$）、钽酸锂（$LiTaO_3$）、锗酸铋（$Bi_{12}GeO_{20}$、$Bi_4Ge_3O_{12}$）、四硼酸锂（$Li_2B_4O_7$）、磷酸铝（$AlPO_4$）等。此外，水溶性压电晶体也是常见的压电晶体材料，如酒石酸钾钠、酒石酸乙烯二铵、酒石酸二钾、硫酸钾等。压电晶体材料具有如下优点：

（1）高的频率响应，是所有智能材料中响应频率最高的；

（2）输出力大，可达数千牛以上；

（3）电压直接驱动，无须线圈来产生磁场；

（4）位移与电压保持近似的线性关系；

（5）功耗低，比电磁式驱动器低一个数量级；

（6）价格低，约为超磁致伸缩材料的 1/5；

（7）体积小、结构紧凑。

这些特性使它们成为制作器件、压电振荡器、压电滤波器、电光调制器、声光偏转器、声光调制器、压电蜂鸣器、加速度计、压力传感器等的理想材料。这些器件被广泛用于军事、商业和民用等各个领域。在近代科学技术的发展中具有重要的意义。但压电晶体材料也存在如下缺点：

（1）输出位移是所有智能材料中最小的，其应变约为 0.1%；

（2）需要高电压来驱动，单层压电晶体需要约 2.0kV 电压驱动；

（3）稳定性受温度影响大；

（4）由于压电晶体是铁电体材料，具有高的磁滞和蠕变现象；

（5）价格较电磁执行器高许多。

下面简单介绍石英、铌酸锂（$LiNbO_3$）、弛豫型铁电晶体等压电晶体。

1. *石英晶体*

石英的化学成分为 SiO_2，晶体属三方晶系的氧化物矿物，即低温石英，是一种历史较久的压电晶体。纯净的石英无色透明，有玻璃光泽，受压或受热能产生电效应。用石英制作声表面波器件，虽然存在机电耦合系数小、带宽窄的缺点，但它的温度稳定性好，有零温度系数的切型和加工工艺成熟，因此石英仍是目前制作声表面波器件和表面波技术研究使用最多的单晶材料之一。

此外，石英晶体不用人工极化、无热释电效应、温度稳定性好、电阻率高，具有良好的绝缘性能，而且具有较高的力电转换效率和转换精度。但是，石英晶体的介电常数小于压电陶瓷，而且价格昂贵，因此，石英压电元件通常只应用于高精度传感器和标准传感器中。因为石英是一种各向异性晶体，按不同方向切割的晶片，其物理性质（如弹性、压电效应、温度特性等）相差很大。在设计石英传感器时，应根据不同使用要求，正确选择石英片的切型。

石英晶体普遍采用温差水热结晶法制备。晶体生长是在特制的耐高温高压的釜内进行。作为培养体的碎石英原料放在一般为 370℃左右的高压釜底部。籽晶悬挂在温度较低的上部，结晶温度为 340℃左右。高压釜内填充一定浓度的碱溶液，容器内的温差使上部和底部溶液之间产生对流，这样将底部的饱和溶液带至上部，形成过饱和而在籽晶上结晶生长。

2. 铌酸锂晶体

铌酸锂晶体（$LiNbO_3$，LN)，属三方晶系，钛铁矿型（畸变钙钛矿型）结构。铌酸锂是一种铁电晶体，居里温度 1210℃，室温下自发极化强度 $0.70C/m^2$。经过极化处理的铌酸锂晶体是具有压电、铁电、光电、非线性光学、热电等多性能的材料，同时具有光折变效应。

铌酸锂晶体具有很大的压电耦合系数（比石英大几十倍）和很低的声损耗。它的居里温度较高，因此可以用作高温声换能器。它同样也可以用作声振动的发射装置和接收装置。由于它的声性能和高温性能，通过探测液体金属稳定的快中子增殖反应堆中伴生声振动，可以预报沸腾的开始，被用作可靠性器件。此外，出于相同的原因，在高温加速度计应用中，铌酸锂晶体常被用于制作航天飞机的加速度计。它不但具有取向和工艺的可重复性，而且具有高的效率、宽的带宽性能、低的介电常数，所以在声波延迟线、声光调制器、反射器、滤波器中通常都是使用铌酸锂晶体，使其用于切变波和纵压缩波的发生。

铌酸锂晶体通常是在直拉式单晶炉中采用提拉法获得。将化学计量比为 1∶1 的 Li_2CO_3 与 Nb_2O_5 经过充分搅拌后，放入铂坩埚中加热。在提拉装置的尖端用铂丝绑上籽晶，置于坩埚的上部。温度约 1350℃时发生 $Li_2CO_3 + Nb_2O_5 \longrightarrow 2LiNbO_3 + CO_2$ 的反应并熔融。原料全部熔化后，降温到约 1300℃，使籽晶与液面接触并进行提拉。采用转速为 30～60r/min，拉速为 5～10mm/h 的条件进行生长。

石英、铌酸锂和其他几种压电晶体的主要特性见表 4.5。压电晶体的性能数值与晶体的切型相关，因此表中所列数据与具体晶体的实测值可能会有所偏差。

表 4.5　几种压电晶体的主要性能参数

材料	点群	机电耦合系数 K /%（不同切割方式）	压电常数 d /(10^{-12} C/N)	相对介电常数 $\varepsilon/\varepsilon_0$	弹性常数 S /(10^{-12} m²/N) C /(10^{11} N/m²)	声速 v /(m/s)	密度 ρ /(10^3kg/m³)
石英	32	10（x） 14（y）	2.3 –4.6	4.6 4.6	12.8（S_{11}^E） 9.6（S_{33}^E）	5700 3850	2.65
$LiNbO_3$	3m	17（z，伸缩） 68（x，切变）	6（d_{33}） 68（d_{15}）	30（$\varepsilon_{33}^T/\varepsilon_0$） 84（$\varepsilon_{11}^T/\varepsilon_0$）	5.78（S_{11}^E） 5.02（S_{33}^E）	4160	4.7
罗息盐（30℃）	2	65（x-45°） 32（y-45°）	275 30	350（$\varepsilon_{11}^T/\varepsilon_0$） 9.4（$\varepsilon_{22}^T/\varepsilon_0$）	52.0（S_{11}^E） 36.8（S_{22}^E）	3100 2340	1.77
$NH_4H_2PO_4$（ADP）	4m	28（z-45°）	24	15.3（$\varepsilon_{33}^T/\varepsilon_0$）	18.1（S_{11}^E） 43.5（S_{33}^E）	3250	1.80
$Bi_{12}GeO_{20}$	23	15.5（111 片，伸缩） 23.5（110 片，切变）	$e_{14}=1.14$ C/m²	38	1.28（C_{11}） 0.305（C_{12}）	3340（纵波） 1680（表面波）	9.2

通常压电晶体多为天然单晶体，其压电性较弱、介电常数很低、不易制作成型，且造价昂贵。但其压电常数和介电常数的温度稳定性好，常温下几乎不变，机械强度和品质因数高，且刚度大，动态特性好。表 4.6 给出部分压电晶体的应用领域及其优点。

表 4.6　部分压电晶体的应用领域及其优点

晶体	应用领域及优点
$LiNbO_3$	电子非线性光学、压热电学、声表面波传感(SAW)、集成光学，很通用
$Pb_5Ge_3O_{11}$	热电学、双折射、旋转极性，价格低廉
$Bi_{12}GeO_{20}$	SAW、声集成光学，速率小
NaI	X 射线和探测器，吸湿性、灵敏度很高

3. 弛豫型铁电晶体

近年来，对弛豫型铁电单晶 PMN-PT 和 PZN-PT 的研究非常引人关注。弛豫型铁电体是具有复合钙钛矿结构的赝二元固溶体。弛豫型铁电单晶比陶瓷及正常铁电体具有更加优异的压电、热释电、电光等性能。弛豫型铁电单晶已成功应用于医用超声成像的高档 B 超探头上，大大提高了图像分辨率和频带宽度，改善了图像质量。

人们采用助熔剂法生长的 PZN-PT 单晶的压电性能已经远远高于 PZT 压电陶瓷。弛豫型铁电单晶材料具有高的 d_{33} 和较低的电损耗，可用于高效率发射和高灵敏度接收水声换能器，可以大大提高水听器和鱼雷探测器的探测距离，另外还可以应用在大应变的驱动器、微位移器、机器人等场合。目前，弛豫型铁电单晶的研发应用主要集中在制备具有更高居里温度、更好综合性能、价格适当、更大尺寸的单晶。这类材料将是新一代高效能超声换能器及高性能微位移器和微驱动器的理想材料，弛豫型铁电单晶的理论和应用研究将带来压电材料应用的飞速发展。

生长弛豫型铁电单晶的工艺很多，主要包括高温溶液法、熔体生长法、固相生长法、布里奇曼法、气相生长法（化学气相沉积法、物理气相沉积法）等，其中以高温溶液法和布里奇曼法最为普遍。高温溶液法又称熔盐法或助熔剂法，是指在高温下从熔盐溶剂中生长单晶的方法。其基本过程是高温下先将合成晶体的原料溶解在低熔点助熔剂中，然后通过缓慢降温或在恒定温度下蒸发熔剂等方法形成过饱和溶液，使得晶体在过饱和溶液中生长。低熔点助熔剂的添加有利于溶质相在远低于其熔点的温度下进行生长。因此，高温溶液法很适合用于难熔化合物和在熔点极易挥发，以及非一致熔融化合物，如弛豫型铁电晶体的生长。布里奇曼法又称坩埚下降法，是从熔体中生长单晶的重要方法，主要用于生长一致熔融化合物单晶。其特点是在固定温度梯度的炉体中通过坩埚下降产生过冷度，实现晶体生长。相比于助熔剂法，利用坩埚下降法生长的晶体通常尺寸较大。

4.3.2　压电陶瓷

压电陶瓷以铁电陶瓷为主，如锆钛酸铅、钛酸钡、偏铌酸铅等。这类压电材料一般具有较强的压电性能、高介电常数、方便加工成型，且制作工艺简单。但其机械品质因数较低、电损耗大、稳定性欠缺，表 4.7 给出几种压电陶瓷材料的性能参数。

最早发现的压电陶瓷钛酸钡（$BaTiO_3$，BT）具有高介电性，因此很快用于制作电容器，现在作为高频电路元件的钛酸钡电容器已大量生产。BT 不溶于水，可在较高温度下工作，压电性能强，可以用简单的陶瓷工艺制成压电陶瓷材料，便于大批量生产。因此，BT 广泛应用于制作声呐装置的振子和各种声学测量装置及滤波器。BT 的谐频温度特性差，加入 Pb 和 Ca 后可以改进 BT 的温度特性，但在 PZT 广泛使用的今天，仅用于制作部分压电换能器。

表 4.7　几种常用压电陶瓷的性能参数

性能参数	参数值			
	钛酸钡	锆钛酸铅系		
		PZT-4	PZT-5	PZT-8
压电常数/(pC/N)	$d_{15}=260$ $d_{31}=78$ $d_{33}=190$	$d_{15}=460$ $d_{31}=-100$ $d_{33}=415$	$d_{15}=670$ $d_{31}=-185$ $d_{33}=415$	$d_{15}=350$ $d_{31}=-100$ $d_{33}=200$
相对介电常数	1200	1050	2100	1000
居里温度/℃	115	310	260	300
密度/ $(10^5 kg/m^3)$	5.5	7.45	7.5	7.45
机械品质因数	300	＞500	80	＞800
机电耦合系数	—	$K_{33}>0.63$	$K_{33}>0.70$	—
最高允许使用温度/℃	80	250	250	—

锆钛酸铅为钛酸铅（$PbTiO_3$）和锆酸铅（$PbZrO_3$）形成的固溶体。由于具有较强且稳定的压电性能、居里温度高、各向异性大、介电常数小，因此成为目前市场上使用最为广泛的压电材料，是压电换能器的主要功能材料。在锆钛酸铅中添加一种或两种其他微量元素（如铌、锑、锡、锰、钨等）还可以获得不同性能的 PZT 材料。锆钛酸铅系压电陶瓷是压电式传感器中应用最为广泛的压电材料。

目前应用的压电陶瓷主要有一元系压电陶瓷（$BaTiO_3$、$PbTiO_3$等）、二元系压电陶瓷（PZT）及三元系压电陶瓷。实用的压电陶瓷绝大部分是钛酸铅或以锆钛酸铅为基的三元系材料，这些材料中都含有大约 60%的铅。许多化学品在环境中滞留一段时间后可能降解为无害的最终化合物，但是铅无法再降解，一旦排入环境，很长时间内仍然保持其危害性。由于铅在环境中的长期持久性，又对许多生命组织有较强的潜在毒性，所以铅一直被列入强污染物范围。鉴于铅类化合物的毒性威胁人类健康、破坏生态环境，因此无铅压电陶瓷材料成为主要的研究热点。但由于其压电性能偏低且不稳定，工艺复杂难以控制，极大地限制了无铅压电陶瓷材料在器件中的应用，市场上无铅压电陶瓷材料的占比极少。

目前，压电陶瓷的无铅化研究主要集中于以下几个体系：①钙钛矿结构的钛酸钡基、钛酸铋钠基陶瓷及铌酸钾钠基陶瓷；②铋层状结构的陶瓷；③钨青铜结构的陶瓷。其中，无铅压电陶瓷材料中钛酸钡基、钛酸铋钠基材料研究较多，促使陶瓷的微观结构呈现单晶体特征这一新技术也有了一定的发展。把压电铁电理论和无铅压电陶瓷体系组合，将 PZT 陶瓷的理论运用到无铅压电陶瓷中，发现基于全新原理的巨大电致变形效应[12]，同时研究出压电系数高达 620pC/N 的无铅压电材料。从目前的研究进展来看，无铅压电陶瓷材料已经取得了长足的进步，有某些性能与铅基压电陶瓷材料已非常接近，显示出无铅压电陶瓷材料的强大潜力。不过与铅基压电陶瓷材料相比，无铅压电陶瓷材料实用化的综合性能还存在着不少差距，加之制造工艺较困难，今后还需要进行更多深入的研究工作。无铅压电陶瓷材料有望在 10 年之内进入市场应用[13]。下面将按照结构分别介绍以下几类无铅压电陶瓷体系。

1. 钙钛矿结构无铅压电陶瓷体系

压电材料中最为普遍的是钙钛矿结构，PZT 体系即具有钙钛矿结构。钙钛矿结构的通式为 ABO_3，其中 A 和 B 的价态可以为 $A^{1+}B^{5+}$、$A^{2+}B^{4+}$ 和 $A^{3+}B^{3+}$。钙钛矿结构的晶胞如图 4.13 所示，其中图 4.13（a）表示顺电相，图 4.13（b）表示铁电相。原子半径较大的 A 离子在六面体晶胞的顶点，半径较小的 B 离子占据体心，O 原子占据着六个面心位置，六个 O 原子组成一个氧八面体。在居里温度 T_C 以上即处于顺电相时，如图 4.13（a）所示，钙钛矿结构中的 B 原子占据正八面体的中心位置，正负电荷中心重合，无自发极化。当处于铁电相时，如图 4.13（b）所示，B 原子偏离中心位置，正负电荷中心偏离，产生自发极化。

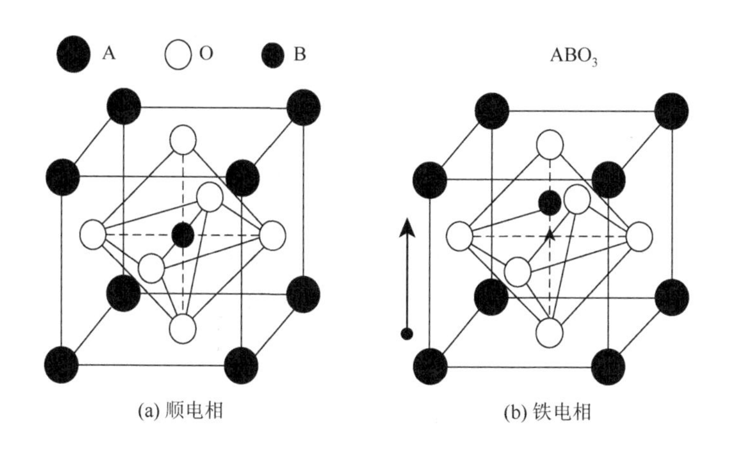

(a) 顺电相　(b) 铁电相

图 4.13　钙钛矿结构示意图

在无铅压电陶瓷体系中，具有钙钛矿结构的主要有钛酸钡基压电陶瓷、钛酸铋钠基压电陶瓷和铌酸盐基压电陶瓷三类。

1）钛酸钡基压电陶瓷

钛酸钡在温度高于 120℃时属于顺电立方相，晶格常数相等，即 $a=b=c$，并且相互正交，这时没有自发极化，也不存在压电效应。当温度降至 120℃以下时，结构变为四方对称性，这时 c 轴略有伸长，$c/a\approx1.01$，晶体具有沿 c 轴的自发极化。当温度降至 5℃以下时，晶格结构转变为正交晶系，原立方晶胞的 c 轴不变，其中一个面对角线伸长，另一个面对角线缩短。这个晶胞可由 c 轴及两个面对角线为边所构成，为正交晶胞，自发极化的方向与正交晶胞的 a 轴平行。如果温度继续降至−80℃，晶体结构变为三方晶系，一条对角线伸长，另一个对角线缩短，$a=b=c$，$\alpha=89°52'$，自发极化沿原来立方晶系的[111]方向，如图 4.14 所示。

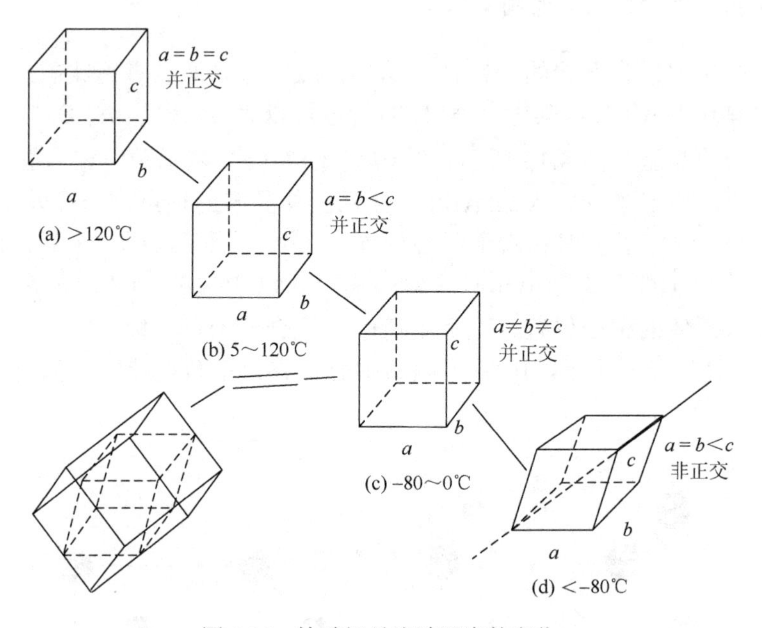

图 4.14　钛酸钡晶胞随温度的变化

$BaTiO_3$ 作为最早被使用的压电陶瓷材料在 20 世纪 40～50 年代得到了广泛的应用和发展。但随着压电性能更加优异的 PZT 陶瓷的发现，压电性能较低（$d_{33}=190$pC/N）的 $BaTiO_3$ 压电陶瓷逐渐淡出了压电材料的主流市场。近几年，人们又在 $BaTiO_3$ 和 $BaTiO_3$ 基压电陶瓷中获得了很高的压电常数。在纯 $BaTiO_3$ 陶瓷方面，研究者首先以水热法合成的纳米粉体 $BaTiO_3$ 为原料，通过两步烧结和模板晶粒生长（TGG）技术烧结制备的陶瓷的压电常数 d_{33} 值分别达到了 519pC/N[14]和 788pC/N[15]。在掺杂改性方面，在 $BaTiO_3$ 陶瓷中通过构建类似于 PZT 的准同型相界制得了 d_{33} 值达 620pC/N 的强压电活性 $(Ba,Ca)(Ti,Zr)O_3$ 无铅压电陶瓷。

目前，$BaTiO_3$ 基无铅压电陶瓷体系主要有

（1）$(1-x)BaTiO_3$-$xABO_3$（A = Ba、Ca 等，B = Zr、Sn、Hf、Ce 等）；

（2）$(1-x)BaTiO_3$-$xABO_3$（A = K、Na，B = Nb、Ta）；

（3）$(1-x)BaTiO_3$-$xA_{0.5}NbO_3$（A = Ca、Sr、Ba 等）。

虽然 $BaTiO_3$ 基压电陶瓷具有居里温度较低的缺点，但是其强的压电活性和较低的原料成本使得 $BaTiO_3$ 基压电陶瓷作为无铅压电材料的发展潜能巨大。

2）钛酸铋钠基压电陶瓷

钛酸铋钠（$Na_{0.5}Bi_{0.5}TiO_3$，NBT）是钙钛矿型铁电体，室温时属三角晶系，居里温度 320℃。NBT 具有铁电性强（$P_r = 38\mu C/cm^2$）、介电常数小（240～340）、机电耦合系数各向异性较大（厚度机电耦合系数 K_t 约 50%，平面机电耦合系数 K_p 约 13%）、声学性能好、烧结温度低（1200℃以下）等优良特性，是具有一定应用潜力的无铅压电陶瓷体系。然而，室温下 NBT 陶瓷的矫顽场较高（$E_c = 7.3kV/mm$），在铁电温区的电导率大，而且难以烧结成为致密的样品。这就使得 NBT 陶瓷的极化非常困难，陶瓷的压电性能不能充分表现出来。加之该系陶瓷中 Na_2O 容易吸水，使得陶瓷的化学物理性质稳定性欠佳。因此，单纯的 NBT 陶瓷难以实用化。

当前对 NBT 陶瓷的改性研究主要为掺杂，向 NBT 中引入具有其他相结构的铁电或者反铁电相，从而在一定区域内形成准同型相界，并希望在此区域内能获得较好的压电性能。在 NBT 基础上进行掺杂改性所形成的具有铁电性的固溶体，能够提高其压电性能，从而获得具有实用价值的压电陶瓷材料。

目前已经开展研究的重要体系可以归纳为以下几个系列：

（1）$(1-x)(Na_{0.5}Bi_{0.5})TiO_3$-$xBaTiO_3$（NBT-BT100$x$）；

（2）$(1-x)(Na_{0.5}Bi_{0.5})TiO_3$-$x(K_{0.5}Bi_{0.5})TiO_3$（NBT-KBT100$x$）；

（3）$(1-x)(Na_{0.5}Bi_{0.5})TiO_3$-$xANbO_3$（BNNA-100$x$，A = Na、K）；

（4）$(1-x)(Na_{0.5}Bi_{0.5})TiO_3$-$xBa(Zr_yTi_{1-y})O_3$（$x = 0.06$，$y = 0.045$，NBT-BZT）；

（5）$(Na_{0.5}Bi_{0.5})_{1-1.5x}La_xTiO_3$（NBLT-100$x$）。

3）铌酸盐基压电陶瓷

铌酸盐［$(K,Na)NbO_3$，KNN］基压电陶瓷包括铌酸钾、铌酸钠等。这类化合物的通式为 ABO_3（A = Na、K、Li，B = Nb、Ta、Sb 等）。KNN 基压电陶瓷的压电性虽然不如 PZT 基压电陶瓷优越，但它有较高的居里温度、低的介电常数、较低的机械品质因数及高的声传播速度，因此应用在高频厚度伸缩（或切变）换能器件方面，就显得比 PZT 优越一些。钙钛矿结构 KNN 基压电陶瓷是目前最具有替代 PZT 潜力的无铅压电陶瓷。但与 PZT 压电陶瓷相比，KNN 基压电陶瓷有自身的缺陷，最主要的缺点是它的压电常数、机电耦合系数较低，普通陶瓷烧结

工艺难以获得致密度高的 KNN 陶瓷。以前通常采用热压烧结制备高致密的 KNN 基无铅压电陶瓷。近年来，对 KNN 基压电陶瓷进行掺杂改性，利用传统陶瓷烧结工艺也可以制备出性能良好的陶瓷。

目前 KNN 基无铅压电陶瓷体系主要有：

（1）$(1-x)NaKNbO_3$-$xABO_3$（A = K、Li、Na，B = Nb、Ta、Sb 等）；

（2）$(1-x)NaKNbO_3$-$x(ABO_3$-$CuO)$（A = Na、K，B = Nb、Ta、Sb 等）；

（3）$(1-x)NaKNbO_3$-$xATiO_3$（A = Ni、Cu、Mg、Zn、Cd、Mn、Ca、Sr、Ba、$K_{0.5}Bi_{0.5}$、$Na_{0.5}Bi_{0.5}$、$Bi_{0.5}Ag_{0.5}$ 等）。

2. 铋层状结构无铅压电陶瓷

铋层状结构化合物是由 Aurivillius 于 1949 年发现的，其通式为 $(Bi_2O_2)^{2+}(A_{m-1}B_mO_{3m+1})^{2-}$。铋层状结构是由钙钛矿结构层 $(A_{m-1}B_mO_{3m+1})^{2-}$ 和铋层 $(Bi_2O_2)^{2+}$ 沿 c 轴方向交错排列而成，每两层 $(Bi_2O_2)^{2+}$ 层中间有 m 层钙钛矿层，如图 4.15 所示。

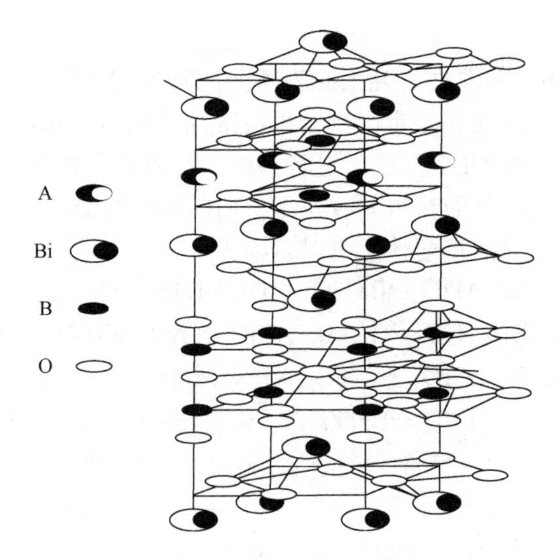

图 4.15　铋层状结构示意图

到目前为止，被发现的该类化合物至少有六十种以上。这类化合物中研究比较多的有 $Bi_4Ti_3O_{12}$、$SrBi_4Ti_4O_{15}$、$SrBi_2Nb_2O_9$ 等及其改性化合物。铋层状压电陶瓷具有以下优点：电学性能各向异性明显、介电常数较低、机械品质因数高、频率温度系数低、老化率低、电阻率高、介电击穿强度高、烧结温度低等。然而，此类陶瓷的缺点也很明显：矫顽场高、不利于极化、压电活性低。

当前该体系可以归纳为以下这几类：

（1）$Bi_4Ti_3O_{12}$ 基无铅压电陶瓷；

（2）$MBi_4Ti_4O_{15}$ 基无铅压电陶瓷（M = Sr、Ca、Ba）；

（3）$MBi_2N_2O_9$ 基无铅压电陶瓷（M = Sr、Ca、Ba、$Na_{0.5}Bi_{0.5}$，N = Nb、Ta）；

（4）$BiTiNO_9$ 基无铅压电陶瓷（N = Nb、Ta）。

3. 钨青铜结构无铅压电陶瓷

由于激光技术的发展，一系列具有铁电性质的钨青铜结构型化合物受到人们的重视。钨青铜化合物是仅次于钙钛矿型化合物的第二大类铌酸盐铁电体，其特征是存在[BO_6]式氧八面体，它的结构（图4.16）填充公式为$(A_1)_2(A_2)_4(C)_4(B_1)_2(B_2)_8O_{30}$（实际包含两个分子），其中$A_1$、$A_2$、C、$B_1$、$B_2$都可以填充价数不同的离子，或者可以部分空着。钨青铜化合物具有自发极化强度大、居里温度较高、介电常数较低等优点。

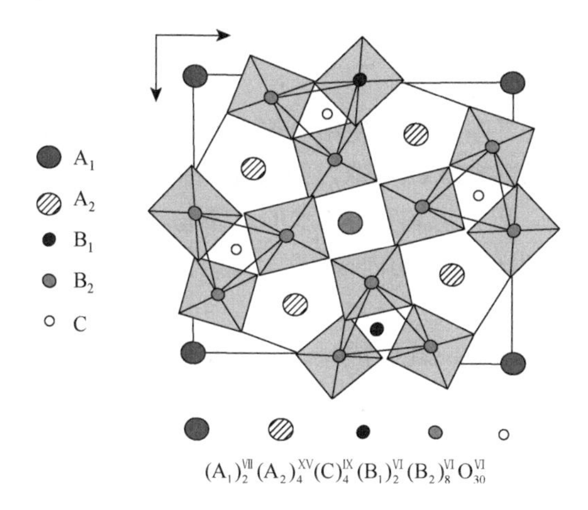

图4.16　钨青铜结构示意图

近年来，钨青铜结构铌酸盐陶瓷作为重要的无铅压电陶瓷体系受到一定的重视。目前发现和研究的钨青铜结构无铅压电陶瓷多以铌酸盐为主，主要包括：

（1）$(Sr_{1-x}Ba_x)Nb_2O_6$；

（2）$(A_xSr_{1-x})_2NaNb_5O_{15}$（A = Ba、Ca、Mg 等）；

（3）$(K_xNa_{1-x})_2(Sr_yBa_{1-y})Nb_{10}O_{30}$。

压电陶瓷材料的制备过程主要包括陶瓷原料粉体的合成、成型、烧结、被电极和极化等几个过程，在这些过程中，伴随着一系列的物理和化学变化。压电陶瓷的性能与材料的组分及制备的工艺过程和工艺参数有着直接的关系，所以一整套稳定合理的制备工艺参数是获得优异材料性能的重要保证。传统的压电陶瓷制备方法简单，而且易于大批量的生产，缺点是混合不均匀、反应不充分、总体性能较差。随着对材料性能要求的不断提高，传统的陶瓷制备工艺已经不能满足需要，所以人们又发展了各种物理化学陶瓷制备方法。下面以传统压电铁电陶瓷为例，简单介绍其制备方法和工艺流程：配料→混合→预烧→粉碎→成型→排胶→烧结→被电极→极化→测试。

1）配料和原料的处理

原料的选择和处理是一个重要步骤，这关系到整个制备过程和最后样品的性能。选用原料的原则一般是纯度高、粒度小和活性大。原料一般选用金属的碳酸盐和氧化物。根据配方或分子式选择所用原料，按原料纯度进行修正计算，然后进行原料的称量。

通常选好的原料中还含有某些不希望的成分，如结晶水和杂质，或者是需要对间接原料进行合成等。常用的原料处理方法主要有：水洗，可去掉可溶于水的杂质；煅烧，可去掉高温时可挥发的杂质；粉碎，可提高细度；烘干，可排除水分。

2）混合、预烧、粉碎

混合和粉碎这两道工序一般是使用球磨机进行的。球磨机一般用塑料制成球，也可以用玛瑙球、氧化铝瓷球、钢球，或者是与所磨料成分相同的瓷球。球磨效率受到转速、球的大小，以及原料、球和水的总量与比例的影响。最佳转速为（35～40）Dr /min，其中 D 为球磨罐的内径。

3）成型、排胶和烧结

成型的方法主要有四种：轧膜成型、流延成型、干压成型和冷等静压成型。轧膜成型适合薄片元件；流延成型适合薄的元件，膜厚可以小于 10μm；干压成型适合块状元件；冷等静压成型适合异形或块状元件。除了冷等静压成型外，其他成型方法都需要有黏合剂。成型以后需要排胶，黏合剂的作用只是利于成型，但它是一种还原性强的物质，成型后应将其排出以免影响烧结质量。需要注意的是，排胶时通风条件要好。

烧结是陶瓷材料制备过程中的关键工序。烧结时，固态物质加热到足够高的温度但低于熔点，发生体积收缩、密度提高和强度增大的现象。烧结过程的机制是组成该物质的原子的扩散运动，驱动力主要是颗粒或者晶粒的表面能，烧结过程主要是表面能降低的过程。随着科学技术的发展，对陶瓷材料的性能要求也越来越高，因而促使陶瓷制品的生产工艺也不断改进，除传统的常压烧结外，还出现了热压烧结、真空烧结、气氛烧结、活化烧结、活化热压烧结等新的烧结方法。

（1）常压烧结。

常压烧结一般在空气和大气压下进行，对气氛和压力无特殊要求。但常压烧结很难制备出完全无气孔的材料。常压烧结是制备传统陶瓷材料的常用工艺，经常用来烧结制备氧化物材料。相比之下，常压烧结的成本很低，适用于大规模生产。由于碱金属氧化物高温下容易挥发，铌酸钾钠基无铅压电陶瓷采用常压烧结法很难烧结致密。这也是利用固相反应烧结法制备铌酸盐基无铅压电陶瓷的难点之一。并且为防止其他非氧化物陶瓷在烧结时被氧化，经常将材料置于氩气、氮气等惰性气体中进行烧结。

（2）热压烧结。

热压烧结是一种在加温的同时进行加压的烧结方式。热压烧结的特点是：相对于同一材料而言，可以降低烧结温度、减少烧结时间和减少烧结后的气孔率，获得的烧结体晶粒细小、致密度高、电学和力学性能也比较优越。此法易控制晶粒的大小，有助于成分中高蒸气压组分保持稳定。但热压烧结不易生产形状复杂的制品、烧结生产规模小、成本高，而且容易产生缺陷、引入杂质等。

（3）微波烧结。

微波烧结是利用被烧结材料的基本细微结构与微波具有的特殊波段相互耦合而产生热量，材料的介质损耗使其整体加热至烧结温度而实现致密化的方法。微波烧结具有加热效率高、烧结温度低、烧结时间短、能源利用率高等特点。微波烧结的温度较低、时间较短，使得烧结材料组织均匀，这有利于提高压电陶瓷的压电及力学性能。

（4）放电等离子烧结。

放电等离子烧结是制备陶瓷材料的新制备方法，又称为脉冲电流烧结。其主要特点是利用经放电活化、热塑变形和冷却，完成高性能材料的超快速致密化烧结。与传统固相烧结法不同，该技术具有烧结时间短、烧结温度低、烧结能耗较低等优点，并且通过控制晶粒尺寸和改善致密度从而提高材料的压电性能。

4）被电极

烧结后的样品需要被电极，可选用的电极材料有银、铜、金、铂等，形成电极层的方法有真空蒸发、化学沉积等多种。压电陶瓷中广泛采用的是被银法。

4.3.3　压电聚合物

压电聚合物压电性的成因及其性能的研究仍处于探索阶段。自从在石英晶体中发现压电现象后，人们在无机物范围内陆续发现了大量天然和人工的压电单晶、陶瓷等压电材料。1924 年，Briain 突破无机物领域，在有机体包括硬橡皮、赛璐珞等各种绝缘体上发现了压电性。1965 年，Harris 和 Allison 等实现了塑料的冲击感应极化，随后对生物高分子压电性的研究日益广泛。很多人曾对木头、丝、骨头、肌肉等，以及核糖核酸、脱氧核糖核酸进行了研究，发现它们均具有一定的压电性。Peterlin 等在 1967 年观察了 PVDF 的 ε 值，也确认了它的压电性。虽然，整个压电聚合物的研究可以追溯到科学家发现有机高分子材料在电场里退火后形成的固体具有压电性，但大部分研究工作都集中在生物体聚合物上。1969 年，日本的 Kawai 开始了 PVDF 压电效应开拓性的研究。继而出现了以 PVDF 为代表的压电聚合物的研究热潮[16]。如今，PVDF 及其他压电聚合物已成为极有前途的新型压电材料被用于制成各种压电元器件。

压电聚合物可以分为半结晶和非晶聚合物两类。半结晶和非晶的聚合物其压电效应具有不同的产生机理。虽然它们在很多方面都有着显著的差别，尤其是在极化稳定性上，但无论压电聚合物材料的形态如何（半结晶或非晶），压电性能的产生对聚合物结构都有着五项基本的要求：①存在永久分子偶极（偶极矩 μ）；②单位体积中偶极的数量（偶极浓度 N）必须达到一定数值；③分子偶极取向排列的能力；④取向形成后保持取向排列的能力；⑤材料在受到机械应力作用时承受较大应变的能力。

1. 半结晶聚合物

要使材料产生压电性，半结晶聚合物必须具有极性的结晶相。这种聚合物的结构由微晶区分散于非晶区构成，如图 4.8 所示。非晶区的玻璃化转变温度决定聚合物材料的机械性能，而微晶区的熔融温度决定材料的使用上限温度。压电聚合物的结晶度由其制备方法和热历史决定。由机械激发的电响应的产生要求材料本身在结构上具有某种定向性。高分子聚合物薄膜如聚乙烯氟化物膜经延展拉伸和电场极化后就会具有这种特性。

Kawai 在压电聚合物领域的工作引导了高压电性能 PVDF，以及其和三氟乙烯、四氟乙烯共聚物的发展。目前，半结晶的氟聚合物是压电聚合物材料的最新领域，也是目前唯一能够商业化生产的压电聚合物材料。奇数尼龙也是被广泛研究的压电聚合物，在高温下具有优异的压电特性，但是目前还没有用于实际生产中。其他的半结晶聚合物包括聚脲、液晶高分子、生物高分子等。

2. 非晶聚合物

非晶聚合物的压电性不同于半结晶聚合物、无机压电陶瓷和压电晶体之处在于它的极化不是一种热平衡状态，而是一种分子偶极冻结的亚稳状态。偶极取向冻结的聚合物模型被用于描述非晶聚合物，如聚氯乙烯（polyvinyl chloride，PVC）的压电和铁电特性。

非晶聚合物压电材料最重要的特性参数是它的玻璃化转变温度 T_g，因为它决定了材料的使用温度和极化加工条件。分子偶极的取向极化使非晶聚合物产生压电性能，通过在高温（T_p与T_g之间，保证分子链能够自由运动允许偶极在电场中做取向排布）下对材料施加极化电场E_p可以诱导其极化。在保持极化电场E_p的条件下降温至T_g以下，即产生类压电效应。剩余极化强度P_r与极化场强E_p和压电响应成正比。

介电弛豫强度决定材料的剩余极化强度和压电响应，因此它被作为设计非晶压电聚合物的实践标准。介电弛豫强度是由偶极的自由或协同运动所引起。要设计具有大的介电弛豫强度从而具备大压电响应的非晶聚合物材料，要求将高浓度的高极性基团和偶极协同运动相结合。对弛豫时间、极化温度和极化场之间关系的研究对于达到最佳偶极取向至关重要。理论上来讲，极化电场越高，偶极取向越好。但场强的大小要受到聚合物材料介电击穿的限制。实际应用中，被用于极化这些材料的最大电场为100MV/m。极化时间需要与该极化温度下聚合物的弛豫时间具有相同的数量级。非晶聚合物剩余极化在T_g附近即会消失，因此它们的应用受到很大限制，只能在T_g以下。这就意味着聚合物是在它们的玻璃态下被使用的。材料高硬度限制了聚合物材料在受到应力时产生应变的能力。因此，压电非晶聚合物材料可以在接近T_g的温度下使用以获得最优化机械性能，但又不能太接近T_g，以便保持材料的剩余极化。

有关非晶压电聚合物的文献比半结晶聚合物压电材料有限得多，部分原因是没有一种非晶压电聚合物材料显示足够高的压电响应使其具有商业应用价值。对非晶聚合物压电材料的研究大部分集中在腈基取代聚合物的领域，包括聚丙烯腈、聚（亚乙烯基氰/乙酸乙烯）、聚苯基氰基醚、聚（1-环二丁腈）。这些材料中最具前途的是亚乙烯基氰共聚物，它具有强的介电弛豫强度和大的压电效应。PVC和聚乙酸乙烯均有一定的弱压电活性。

到目前为止，半结晶的PVDF还是唯一能够商业应用的压电聚合物材料，但它具有使用温度的限制和较差的化学稳定性，因此必须发展其他种类的压电聚合物，如非晶和次晶态的芳族聚酰亚胺。压电聚合物已经在传感器和驱动装置领域得到了广泛的应用，包括医疗器械、光、计算机、超声、水听器、电声换能器等。在未来的研究工作中，对压电聚合物材料的最新研究领域将主要包括压电聚合物材料性能的增强、加工性能的改善和材料使用温度范围的拓宽。对压电结构及压电原理的研究将使得许多半结晶和非晶聚合物材料的应用得到巨大发展。在压电原理的基础上，通过化学方法提高偶极浓度引入正协同效应可以产生性能大幅增强的新材料。还可以通过对加工条件的研究改变聚合物形态从而获得材料性能的增强，如氟聚合物单晶的制备。能在极端条件（如在高温和水下）下应用的特殊材料的发展对于压电聚合物的应用扩展也非常重要。

PVDF是偏氟乙烯（VDF）的均聚物或VDF与其他少量含氟乙烯基单体的共

聚物。PVDF 的制备方法主要有乳液聚合、悬浮聚合、溶液聚合和超临界聚合等。其中，乳液聚合和悬浮聚合是主要的工业化生产手段。

1）乳液聚合

VDF 的乳液聚合是一种沉淀聚合的方法，主要包括 VDF 单体溶解在水相中—稀水溶液聚合—PVDF 从水相中沉淀出来在乳化剂的作用下形成乳胶粒 3 个步骤。聚合过程中加入的成分除了常规乳液聚合中的单体、水、引发剂和乳化剂外，还要加入链转移剂和石蜡。乳液聚合具有反应的速率较快且得到聚合物的分子量较高、可以直接应用在乳胶的环境下等优点。但乳液聚合的工序较多、成本较高、产品中有杂质（乳化剂），会降低材料的电性能。

2）悬浮聚合

VDF 悬浮聚合体系包括单体、水、引发剂、分散剂和链转移剂。单体在搅拌和分散剂共同作用下，以液滴形式悬浮在分散介质去离子水中，当引发剂进入单体液滴内部分解成自由基进行链引发和链增长开始聚合反应，其成核机理为液滴成核，聚合产物 PVDF 以固体粒子形式沉析出来。悬浮聚合具有杂质较少、后处理较少、生产成本较低等优点。但悬浮聚合生产的周期长、设备的生产利用率较低。

3）溶液聚合

溶液聚合是采用含氟或含氟氯的饱和溶剂溶解 VDF 和引发剂制备 PVDF，随即从溶剂中沉淀出来。与乳液聚合和悬浮聚合相比，溶液聚合制备的 PVDF 分子量较低，限制了其应用。同时溶液聚合中采用的有机溶剂对环境污染较大，因此不适用于大批量的生产，多用于实验室中研究。

4）超临界聚合

超临界聚合法是近年来发展起来的制备 PVDF 的新工艺。超临界 CO_2 是含氟聚合物的良好溶剂，同时溶解在含氟聚合物中的 CO_2 能诱导聚合物结晶，制备的 PVDF 会从超临界 CO_2 中沉析出来，主要聚合方式为沉淀聚合。因为含氟单体在超临界 CO_2 中有很强的扩散，这就使得到的 PVDF 分子量的分布较窄。

4.3.4　压电复合材料

压电复合材料是将压电陶瓷和其他基体材料按一定的连通方式复合而成的一类新型压电材料。其中，压电陶瓷聚合物复合材料是目前研究最多、应用最广泛的一类压电复合材料。相对压电陶瓷材料而言，压电陶瓷聚合物复合材料具有柔韧性好、密度低、易于实现大面积成型、性能可设计性好、压电电压系数高、与水和空气的声阻抗匹配性好等许多优点，可以在国民经济和现代军事的诸多领域代替压电陶瓷材料。

压电复合材料是多相材料，其性能与复合材料的组成密切相关。压电复合材料的电学性能通常由压电陶瓷的压电和介电性能决定，用于压电复合材料的压电陶瓷主要有 PT、PZT 及其改性材料、钛酸钡及其改性材料等。聚合物材料在压电复合材料中主要起着黏结作用，同时聚合物电学性能对压电复合材料的性能也有一定的影响。PVDF、环氧树脂、聚丙烯酸酯、聚醚醚酮、聚氨酯等聚合物因其电学、力学、热学综合性能好而用作压电复合材料的基体相。

压电复合材料的电学性能不仅与复合材料的组成成分、各组分的含量有关，还与复合材料中各相的连通方式有关。1978 年，美国的 Newnham 等首先提出简单立方模型和符号[6]，如图 4.17 所示。复合材料中各相可以用 0、1、2 或 3 维方式相互连通。如果复合材料由两相组成，可以有 10 种连通方式，即 0-0、0-1、0-2、0-3、1-1、1-2、1-3、2-2、2-3、3-3。符号的第一个数字代表压电陶瓷相的连通维数，第二个数字代表有机聚合物相的连通维数。例如，0-3 型压电复合材料表示压电陶瓷颗粒（0 维）均匀分布在 3 维连通的聚合物中形成的复合材料；而 1-3 型压电复合材料表示压电陶瓷纤维（1 维）排列分布在 3 维连通的聚合物中形成的复合材料。

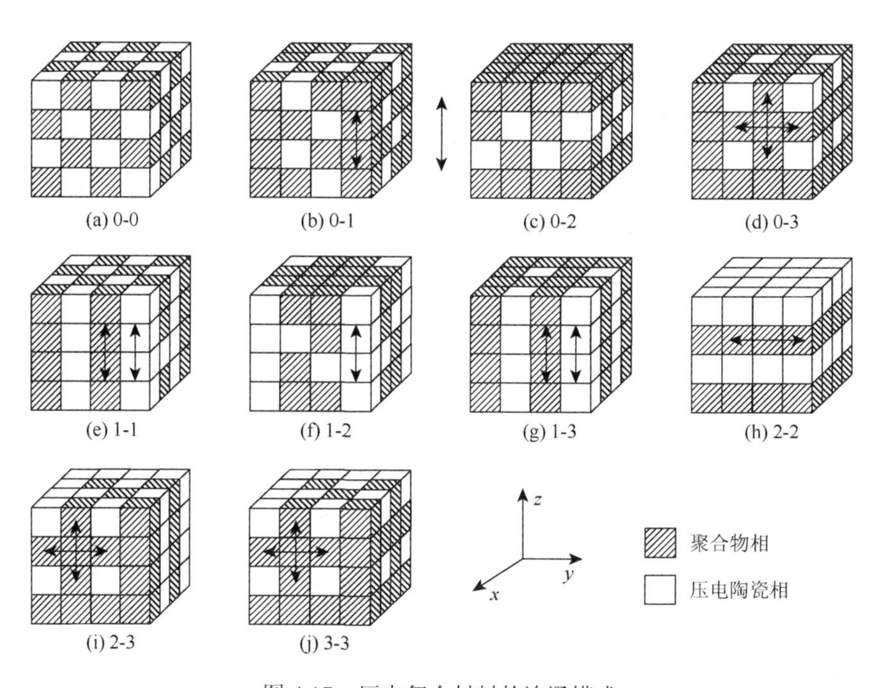

图 4.17　压电复合材料的连通模式

根据压电材料的应用和成型性能要求，压电复合材料常见的连通方式有 0-3、1-3、2-2、3-3。Newnham 等在研究适合应用于水声领域的压电材料过程中，发现相比普通的压电陶瓷，1-3 型压电复合材料在水听监测方法具有更大的优势，理论和实践也已经证实这一点。经过多年的研究和发展，1-3 型压电复合材料制备技术越来越成熟，其在水声换能、超声、传感、振动控制等方面得到应用和推广。

不同类型压电复合材料的制备方法不同。其中，0-3 型压电复合材料是一种常用的压电复合材料，它由均匀分散的压电陶瓷颗粒与聚合物基体构成。与 1-3 型等其他压电复合材料比较，它的制备方法简便、易与水或生物组织实现阻抗匹配、易实现批量生产。常用的制备工艺主要包括轧膜法和涂覆法。

轧膜法主要工艺为：将压电陶瓷粉和聚合物按配方准确配料，高速混料，然后将料逐渐加到双辊轧膜机的两轧辊（其温度已通过加热棒加热到聚合物的熔点）之间进行轧膜，调整轧膜间所需厚度，直到膜面无孔洞和气泡，即制得 0-3 型压电复合材料。涂覆法的主要工艺为：将聚合物溶解在溶剂中，机械搅拌下缓慢加入压电陶瓷粉，高速搅拌，甚至可以用超声波处理溶液，以促进陶瓷粉的分散，除去一定溶剂后，进行旋转涂膜，完全除去溶剂，并退火，上电极进行极化处理，即制得 0-3 型压电复合材料薄膜。轧膜法具有一次成型、不需溶剂、材料中不含气孔及适于工业生产等优点，目前被广泛采用。但是，轧膜机价格贵、成本较高、压电陶瓷粒子的团聚较难避免，影响材料的压电性能。

1-3 型压电复合材料的制备方法主要有排列浇注法、切割浇注法、脱模法和注入成型法。目前普遍采用的制备方法为切割浇注法，这种用机械切割压电陶瓷的方法工艺简单、易操作，是相对最稳定的商业化方法，其工艺流程如图 4.18 所示。首先选择适当的极化好的压电陶瓷块，按照一定的形状参数，在陶瓷电极表面，沿两个相互垂直的方向进行切割，然后在切割好的陶瓷框架中浇注聚合物，待聚合物完全固化后切除底座，将上下表面打磨抛光到所需尺寸，最后制备电极即可。

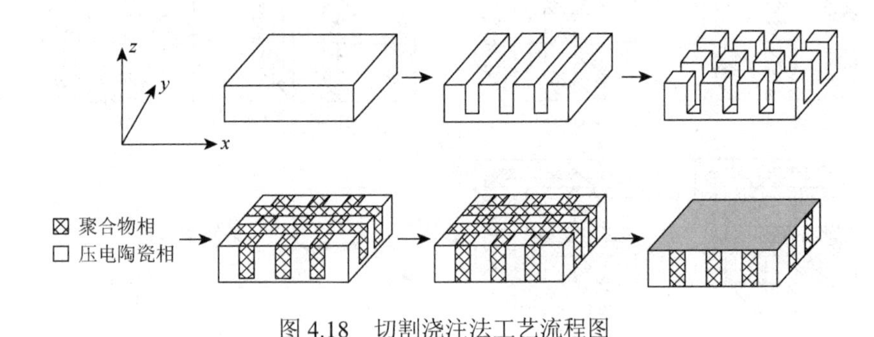

图 4.18　切割浇注法工艺流程图

4.3.5　压电半导体

虽然国内外对压电材料已经有了大量的相关研究成果，但目前所研究的压电材料多为绝缘体，很难应用于调控载流子传输的电子器件当中。而同时具备压电与半导体特性的压电半导体材料可以通过压电效应调控载流子传输。与其他类压电材料相比，国内外对于压电半导体的研究较少。1960 年，Hutson 发现了 ZnO、CdS 等半导体具有压电性质，人们把这类材料称为压电半导体[17]。之后，压电半导体材料得到迅速发展，由压电半导体材料制造出来的设备和器件的尺寸也变得越来越小，从传统的宏观尺度到后来渐渐兴起的微米尺度和先进的纳米尺度。王中林等在 2006 年发现了 ZnO 纳米线中的压电与半导体耦合特性，并且可以利用压电应变来调整和控制 ZnO 纳米线的导电性（压电电子效应），从而开辟了压电电子学这一新兴领域[18]。自此压电半导体材料引起了更多学者的注意，同时也有了更加广阔的应用前景。

压电半导体大致分为三类：

（1）ⅡB-ⅥA 族化合物：CdS、CdSe、ZnO、ZnS、CdTe、ZnTe 等；

（2）ⅢA-ⅤA 族化合物：GaAs、GaSb、InAs、InSb、AlN 等；

（3）ⅥA 族元素：Se、Te 等。

压电半导体大都属于闪锌矿和纤锌矿结构。它们具有一定的离子性，当产生应变时，正负离子会分开一定的距离，产生极化，形成电场，形成压电效应。声波在这些压电材料中传播时也会产生压电电场，载流子便会受到该电场的作用，即在一定条件因压电效应而激励起的行进声波与在电场作用下定向漂移的载流子运动的调制（声子-电子相互作用）效应。目前最常用的压电半导体是 CdS、CdSe 和 ZnO，它们的压电参数如表 4.8 所示。压电半导体兼有半导体和压电两种物理性能，利用其半导体特性，可以制造二极管、晶体管、集成电路、光电导器件及光电池半导体器件；利用其压电性质，可以制作微声器件、声表面波器件；利用两种特性的耦合效应，可以制作高频及超高频的超声放大器及延迟线等器件。

表 4.8 压电半导体的参数

材料	压电常数/(10^{-12} C/N)			机电耦合系数		
	d_{31}	d_{33}	d_{15}	K_{33}	K_{31}	K_{15}
CdS	−5.18	+10.32	−13.98	0.262	0.119	0.188
ZnO	−4.7	+12.0	−12.0	0.5	0.137	0.293
CdSe	−3.92	+8.84	−10.51	0.194	0.083	0.130
ZnS	−0.93	+1.88	−1.86			

在压电半导体材料中，ZnO 是一种良好的半导体材料，来源丰富、价格

低廉，具备优良的压电特性及光学特性，以及一定的热、化学稳定和生物兼容性，是作为压电电子学器件理想的压电半导体材料，因此近期在压电电子学领域受到广泛的关注与研究。通常，在不同的条件下 ZnO 存在三种晶体结构，如图 4.19 所示。一般的室温条件下容易形成纤锌矿结构的 ZnO，闪锌矿结构的 ZnO 通常在立方结构基板上生长而成，而盐岩矿结构的 ZnO 是在相对高压的条件下获得。因此，在近期压电电子学研究上多用纤锌矿结构的 ZnO 纳米微米线。目前，人们已经成功利用多种方法生长出 ZnO 纳米结构，其中应用较多的有水溶液法、热蒸发法、磁控溅射法、化学气相沉积法、模板法等。

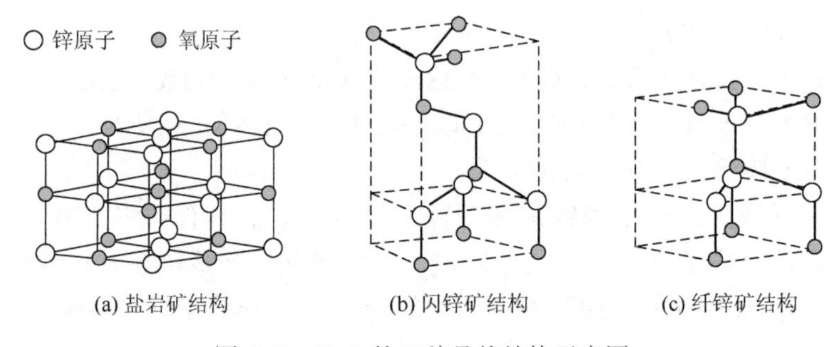

图 4.19 ZnO 的三种晶体结构示意图

1）水溶液法

水溶液法具有操作简单、成本低廉的特点。水溶液法是水溶液作为反应体系，将水溶液放入带有内衬的反应釜中，将反应釜放在一定温度的烘箱中，形成一个高温高压的反应环境，溶液中的各成分之间发生离子反应，生成所需的纳米材料。ZnO 属于六方晶系，因此在水溶液中其沿 c 轴方向的生长速率较快，生长得到的纳米材料呈棒状。一般情况下，水溶液法生长 ZnO 纳米棒需要在衬底上预先沉积一层籽晶层，籽晶层的作用是使 ZnO 沿着 c 轴的方向择优生长，具有良好的取向性。

2）热蒸发法

热蒸发法是生长 ZnO 纳米结构的一种重要方法。在高温条件下，将反应原料蒸发为蒸气，然后通过载气将其输送到低温区，温度的降低使蒸气沉积在衬底上成核并生长，得到多种多样的 ZnO 纳米结构。反应中会加入一定量的催化剂，催化剂的选择也很广泛，如碳粉、铜、金等。ZnO 纳米结构的形状除了受到催化剂的影响外，还和反应温度、压强和载气的选择有关。通过改变这些因素，人们制备出了纳米螺旋、纳米针、纳米弓等多种形态的 ZnO 纳米结构。

3）磁控溅射法

磁控溅射法是一种目前制备纳米氧化物较成熟的工艺方法。其原理是利用高能离子轰击靶材，使靶材原子或分子被溅射出来并沉积到衬底材料表面从而形成薄膜。磁控溅射按工作电源的不同分为直流磁控溅射和射频磁控溅射。射频磁控溅射的靶材一般为 ZnO 块体材料，直流磁控溅射一般以金属 Zn 为靶材，以 Ar 和 O_2 的混合气体为溅射气氛。磁控溅射法制备薄膜附着性好、结构致密且纯度高、结晶质量好、可控性和重复性好，但该方法是一种高能沉积方法，对基体易造成损伤，制备条件苛刻（高真空），在制备的过程中容易引入缺陷，如在衬底上预先沉积一层 ZnO 籽晶，以降低 ZnO 与衬底材料的晶格失配，可以通过磁控溅射法制备 ZnO 纳米棒结构。

4）化学气相沉积法

化学气相沉积是在高温条件下通过化学反应生成相应 ZnO 纳米结构的方法，其反应一般是在管式炉中完成。炉中设有低温区和高温区，高温区放石英舟，石英舟中是反应源粉末，低温区则用来放衬底。预先设置反应温度，当温度升高后，高温区的反应源会蒸发为气体，和管式炉一端通入的气体共同输送到低温区，在低温区的衬底表面发生反应，生成所需的纳米结构。反应中，反应源的选择、气体的流速、衬底的选择、温度的设置均会影响 ZnO 的纳米结构和形貌。

5）模板法

如果要制备一维 ZnO 纳米材料，模板法是一种重要的生长方法。所用的模板是具有中空孔道的材料，通过磁控溅射、水溶液法、热蒸发法等方法将 ZnO 填充在模板的这些孔道中，通过孔道的形状来限制 ZnO 的生长方向，从而获得具有一定取向性的一维 ZnO 纳米材料。这种方法操作简便，且容易控制得到 ZnO 纳米线尺寸，因此被人们广泛应用。模板通常采用阳极氧化铝（AAO）硬模板，也采用胶体自组织体系、微乳液、DNA、表面活化剂等软模板。通过模板法可以制备 ZnO 纳米线阵列、纳米管阵列和纳米棒阵列等一维纳米材料。但模板法具有所用模板不可回收利用、后期模板须去掉等缺点，需要进一步的优化和改进。

4.4　压电陶瓷粉体的制备方法

在众多的压电材料中，压电陶瓷材料是目前研究及应用最为广泛的材料。从压电陶瓷的制备工艺来看，原料的好坏对压电陶瓷的性能起着决定性的作用，因此压电陶瓷粉体的制备成为所关注的焦点。随着科学技术的进步和人们对于压电材料性能要求的不断提高，对于压电陶瓷粉体的制备方法也提出了新的要求。针对不同的压电材料，要根据其应用场合、特性和成本来选择合适的制备方法，其粉体制备方法按制备时出现的物相分为固相法和液相法。

4.4.1 固相法

固相法是压电陶瓷粉体制备方法中最为传统的合成方法之一，其中又包括高能球磨法、盐类热分解法和冷冻干燥法等。

1. 高能球磨法

高能球磨法又称为机械力化学法，是一种简单而有效的制备纳米粉体的方法。普通粉碎法很难制得纳米粉体，但高能球磨法与普通粉碎法不同，它能为固相反应提供巨大的驱动力。将高能球磨法和固相反应结合起来，可通过颗粒间的反应（如 Ti、Al、W、Nb、C 等粉体）或颗粒与气体（如 N_2、 NH_3 ）直接合成纳米化合物粉体，如合成金属碳化物、氟化物、氮化物、金属-氧化物复合纳米粉体等。这种方法一出现，就成为制备超细材料的一种重要途径。

传统工艺中新物相的生成、晶形转化或晶格变形都是通过高温（热能）或化学变化来实现的。而高能球磨法是将机械能直接参与或引发化学反应，利用球磨机的高速转动和振动，使球磨介质对其原料能够进行猛烈的撞击和研磨，把原料粉碎成为纳米级尺寸。高能球磨法与其他传统方法相比，能明显降低反应活化能、细化晶粒、增强粉体活性、提高烧结能力、诱发低温化学反应，从而改善材料的性能，是一种节能、高效的材料制备方法，并且可以实现批量生产。

高能球磨法的原理是将粉末材料放在高能球磨机内进行球磨，粉体被磨球介质反复碰撞，承受冲击、剪切、摩擦和压缩多种力的作用，被重复性地挤压、变形、断裂、焊合及再挤压变形。球磨初期，金属粉体很软，具有一定的塑性，粉体产生塑性变形，经冷焊合而形成复合粉，经过进一步球磨，粒子变硬，塑性下降，大的复合颗粒很容易产生裂纹，被磨球碰撞破碎，此时粒子焊合与断裂破碎的趋势达到平衡，粒子尺寸恒定在一个较窄的范围内，粒子表面活性增强，复合粉组织结构细化并发生扩散和固态反应而形成合金粉。高能球磨的过程比较复杂，对其机理的研究包括粉体、研磨球、研磨罐的变形，能量转化、热效应、热力学、动力学等的研究。

1988 年，日本的新宫秀夫提出了压延和反复折叠的高能球磨模型[19]。如图 4.20 中模型所示，利用高能球磨机将粉体压延十次，其粉体的厚度将被减小到原来的十万分之一，形成非常小的微观复合结构，如果是易加工的材料，高能球磨很容易使其达到纳米级。球磨过程中，粉体颗粒被反复压延，产生强烈的塑性变形，从而在颗粒晶格内形成应力和应变，使颗粒内产生大量的缺陷，这显著降低了元素的扩散激活能，在室温下使得组元间可进行原子或离子扩散，颗粒不断冷焊、断裂及组织细化，形成了无数的反应扩散偶，同时扩散距离也大大缩短，应力、应变、缺陷和大量纳米晶界、相界的产生，使系统储能很高，粉体活性大大提高，在球与粉体颗粒碰撞瞬间会造成界面升温。

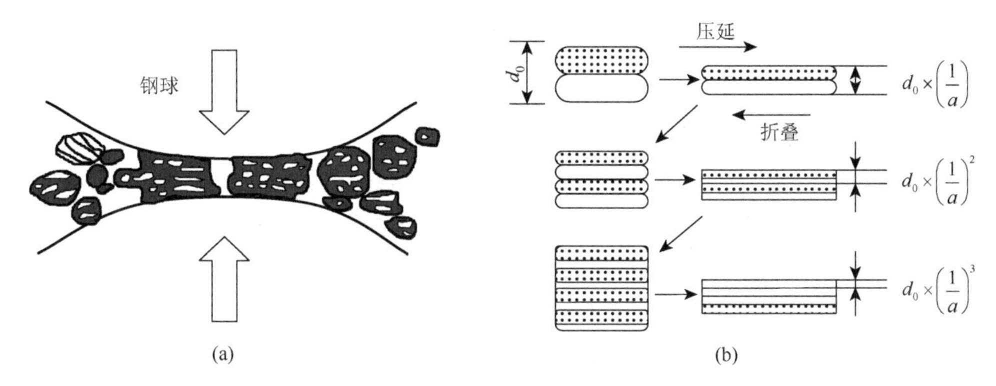

图 4.20　高能球磨模型

2. 盐类热分解法

许多氧化物纳米粉体可用金属醇盐加热分解得到，而且醇盐分解温度较低（一般低于 500℃），所以盐类热分解法制备氧化物（如 Al_2O_3、SiO_2、ZrO_2、MgO、CaO 和 Y_2O_3 等）纳米粉体受到广泛的关注。这种方法对单组分的粉末制备更适用，而制备复合组分的粉体时，其化学均匀性难以得到有效保证。在热分解过程中，最重要的是分解温度的选择，既要使热分解彻底完成，又要使颗粒之间不团聚。该方法的优点是设备、工艺简单，易于实现工业化生产，但由于醇盐价格较贵，成本问题是工业化生产时首先必须考虑的问题。

3. 冷冻干燥法

冷冻干燥法是近年来发展起来的制备各类新型无机材料的物理方法。其基本原理为：先使干燥的溶液喷雾在冷冻剂中冷冻，然后在低温低压下真空干燥，将溶剂升华去除，就可以得到相应物质的纳米粒子。如果从水溶液出发制备纳米粒子，冻结后将冰升华去除，直接可获得纳米粒子。如果从熔融盐出发，冻结后需要先进行热分解，然后得到相应纳米粒子。

冷冻干燥法首先要考虑的是制备含有金属离子的溶液，在将制备好的溶液雾化成微小液滴的同时迅速将其冻结固化。这样得到的冻结液滴经升华后，冰水全部汽化，制成无水盐。将这类盐在较低的温度下煅烧后，就可以合成相应的各种纳米粒子。研究发现，液滴的冻结过程对粒子的最终形成有重要影响。由于溶解于溶液中的盐很容易发生离解，应对溶液喷雾过程加以控制，最好能将溶液雾化为细小的液滴粒子，以加快其冻结速度。除此之外，选择适当的冷冻剂也是一个非常重要的因素。

冷冻干燥法用途比较广泛，特别是以大规模成套设备来生产微细粉体时成本相对较低，具有实用性。通过控制可溶性金属离子在溶液中的均匀性及冻结速度，可以明显改善生成纳米粒子的组成均匀性及纯度。

4.4.2　液相法

随着对材料应用要求的不断提高，对粉体的要求也越来越高，需要严格控制颗粒的纯度、均匀性、化学计量比和粒度等，传统的固相法已不能满足要求。而采用液相法制备的粉体具有纯度高、均匀性好、粒径小、反应易控制及反应温度低等优点，在提高材料性能方面具有良好的效果。

液相法目前已成为实验室和工业上广泛采用的制备纳米陶瓷粉体的方法，其基本过程原理是：选择一种或多种合适的可溶性金属盐类，按所制备的材料组成计量比配制成溶液，使各元素呈离子或分子态，然后选择一种合适的沉淀剂或用蒸发、升华、水解等操作，使金属离子均匀沉淀或结晶出来，最后将沉淀或结晶脱水或加热分解而得到纳米陶瓷粉体。为提高合成纳米陶瓷粉体的质量，目前已经发展了沉淀法、水热法、溶胶-凝胶法、喷雾热分解法等多种多样的液相法。

1. *沉淀法*

沉淀法通常是在溶液状态下将不同化学成分的物质混合，在混合溶液中加入适当的沉淀剂制备纳米粒子的前驱体沉淀物，再将此沉淀物进行干燥或煅烧，从而制得相应的纳米粒子。例如，利用金属盐或氢氧化物的溶解度差异，调节溶液酸度、温度、溶剂，使其沉淀，然后对沉淀物进行洗涤、干燥、热处理，最后制得纳米粒子。可以通过过滤将溶液中的沉淀物与溶液分离。产物粒子的粒径通常取决于沉淀物的溶解度，沉淀物的溶解度越小，相应粒径也越小。此外，粒子的粒径随溶液的过饱和度减小呈增大趋势。沉淀法制备纳米粒子除直接沉淀法外，还包括共沉淀法、水解沉淀法、均匀沉淀法等。直接沉淀法是仅用沉淀操作从溶液中制备氧化物纳米微粒的方法。

共沉淀法是把沉淀剂加入到混合后的可溶性金属盐溶液中，然后加热分解获得超微粒子。这种方法能将各种组分在溶液中实现原子级的混合，广泛用于制备各种复合氧化物纳米粉体。从化学平衡理论来看，溶液的 pH 是控制产物的一个主要参数。一般来说，让组成材料的多种离子同时沉淀是很困难的。事实上，溶液中金属离子随 pH 的上升，按满足沉淀条件的顺序依次沉淀，形成几种金属离子构成的混合沉淀物。因此，从这个意义上讲，沉淀是分步发生的。为了避免共沉淀法本质上存在分步沉淀倾向，可以将金属盐溶液导入高浓度沉淀剂溶液，使溶液中所有的金属离子同时满足沉淀条件，为了保证沉淀均匀完全，一般还需要对溶液进行剧烈搅拌。这些操作可以在一定程度上抑制分步沉淀发生，但是在后续步骤沉淀物通过加热向产物转变时，仍很难控制其组成的均匀性。

水解沉淀法是利用金属盐和水通过水解生成相应的沉淀物制备超微粒子。配制水溶液的原料可以是各类无机盐，如氯化物、硫酸盐、硝酸盐、氨盐等。此外，金属醇盐也常用作水解沉淀反应的原料。无机盐水解沉淀是通过配制无机盐的水合物，并控制其水解条件，合成单分散性的球、立方体等形状的纳米粒子。这种方法目前正广泛应用于各类新材料的合成，具有广泛的应用前景。例如，对钛盐溶液的水解可使其沉淀，合成球状的单分散形态的 TiO_2 纳米粒子。金属醇盐是有机金属化合物的一种，可用通式 $M(OR)_n$ 表示。金属醇盐是醇 ROH 中羟基的 H 原子被金属原子 M 置换后所形成的一种诱导体，所以它通常表现出与羟基化合物相同的化学性质，如强碱性等。金属醇盐与水反应可以生成氧化物、氢氧化物、水合物的沉淀。利用这一原理可以由多种醇盐出发，通过水解、沉淀、干燥等操作制得各类氧化物陶瓷纳米粒子。当醇盐水解沉淀物是氧化物时，可对其直接干燥制得相应的纳米粉体；当沉淀物为氢氧化物或水合物时，需要经过煅烧处理，得到各类氧化物纳米粒子。

均匀沉淀法是一种新的纳米微粒制备技术。在均匀沉淀法中，由于沉淀剂是通过化学反应缓慢生成的，因此只要控制好沉淀剂的生成速率，便可以使过饱和度控制在适当的范围内，从而达到控制粒子生长速率的目的，获得粒度均匀、纯度高的纳米粒子。均匀沉淀法通过控制生成沉淀的速率，减少粉体凝聚，可制得高纯度的纳米材料。

通常直接沉淀法是选择一种合适的沉淀剂添加到被沉淀的主体溶液中，这种沉淀方法有很多缺点。当沉淀剂加入时总是存在沉淀剂暂时局部浓度过大的现象，促使大量细小沉淀迅速形成。由于颗粒形成快，晶体结晶往往不完整，吸附或包夹杂质的现象比较严重，所以需要多次洗涤，耗水量大，且干燥时间长、易结成硬块。均匀沉淀法克服了其他沉淀法制备纳米颗粒的不足，其沉淀均匀分布于溶液中，且沉淀过程很慢，沉淀的晶形也发育缓慢，因此，沉淀颗粒均匀致密、结晶较为完整且含杂质少，适于合成各种氧化物及金属纳米粉体。

2. 水热法

水热法是指在特制的密闭反应器（高压釜）中，采用水溶液作为反应体系，对反应体系加热、加压（或自生蒸气压），创造一个相对高温、高压的反应环境，能提供一个特殊的物理化学环境，使前驱体在反应系统中充分溶解，并达到一定的过饱和度，离子反应和水解反应可以得到加速。一些在常温下反应速率很慢的热力学反应，在水热条件下可以加快反应速率，形成原子或分子生长基元（符合结晶学要求的聚集体称为生长基元），进行成核结晶生成粉体或纳米晶。

水热条件下结晶机理可以分为均匀溶液饱和析出机理、溶解-结晶机理、原位结晶机理三种。

1）均匀溶液饱和析出机理

采用金属盐溶液为前驱体时，随反应温度和体系压力的增加，金属阳离子的水合物通过水解和缩聚反应，生成不同几何构型的聚集体，从热力学角度分析，当生长基元浓度达到晶粒结晶所需的过饱和度时，开始析出晶核，最终长大形成晶粒。

2）溶解-结晶机理

水热法反应时，选用的前驱体一般是常温常压下不可溶的固体粉末、凝胶或沉淀，在反应初期前驱体之间的连接遭到破坏，微粒自身在水热介质中溶解，以离子（或离子团）的形式进入溶液，通过水解和缩聚反应得到不同的生长基元。若生长基元浓度相对于溶解度更小的结晶相过饱和，便开始析出晶核。随着结晶过程的进行，水热介质中用于结晶的物料浓度将会变得低于前驱体的溶解度，使得前驱体的溶解继续进行，如此反复，只要反应时间足够长，前驱体逐渐达到完全溶解，生成相应的晶粒。

3）原位结晶机理

当选用常温常压下不溶的固体粉末、凝胶和沉淀等作为前驱体时，若前驱体和结晶相溶解度相差不是很大，或“溶解-结晶”动力学速度较慢，则前驱体可以经过脱去羟基（或水）、通过离子原位重排而转变为结晶态。

水热法制备陶瓷纳米粉体的反应过程，在流体参与的高压容器中进行。高温时容器中溶媒膨胀，从而产生很高的压力。升温过程中溶解度随温度的升高而增加，最终导致溶液过饱和，逐步形成更稳定的氧化物新相。水热法为各种前驱体的反应提供了一个在常压条件下无法达到的特殊物理、化学环境。水热法制备粉体有如下特点。

（1）在相对高的温度和压力下进行反应，有可能实现常规条件下不能进行的反应；

（2）制备的粉体晶粒物相及形貌与水热反应条件有关。改变反应条件（原料配比、时间、温度、酸碱度等），产物的晶体结构、组成、形貌和颗粒尺寸将会不同；

（3）水热法可以真正实现低温合成，有利于节约能源、降低成本，工艺相对简单、经济实用、过程污染小；

（4）直接从液相中得到粉体，省去了高温煅烧和球磨，避免了杂质和结构缺陷的出现；

（5）制备粉体纯度较高，由于水热法可除去前驱体中的杂质，大大提高了纯度。而且，粉体后续处理无须煅烧可以直接用于加工成型，避免在煅烧过程中混入杂质。

目前国内外采用水热法制备粉体的研究相当活跃，相关的反应机理，包括相平衡、晶化机理、反应动力学、热力学等基础理论不断地发展和完善。不仅如此，目前在水热法的基础上又发展一些“特殊水热法”，也就是在水热反应条件体系上再添加其他作用力场，如直流电场、磁场、微波场等。其中微波水热法是一种方便、快捷、高效且制备粉体纯度高、粒度分布均匀的方法。

微波通常是指波长为 1m 到 1mm 范围内的电磁波，其相应的频率范围是 300MHz～300GHz。微波加热设备的微波频率主要有 2450MHz（波长 12.2cm）和 915MHz（32.8cm）。微波作用的本质是电磁波对带电粒子的作用，是物质在外加电磁场作用下，内部介质极化产生的极化强度矢量滞后于电场变化而导致与电场同相的电流产生，致使材料的内耗，因此微波作用与其频率和功率密度密切相关，也与介质的介电性能密切相关。微波之所以能在化学合成领域中应用，是因为化学反应所涉及的反应物中带有水、醇类、羧酸类等各种极性分子。在通常情况下，这些分子呈杂乱无章的运动状态，当微波炉磁控管辐射出频率极高的微波时，微波能场以每秒二三十亿次的速度不断地变换正负极性，分子运动发生了巨变，分子排列起来并高速运动，产生相互碰撞、摩擦、挤压，从而使动能-微波能转换为热能。由于此种能量来自反应物溶剂内部，本身不需要传热媒体，不靠对流，样品温度便可以很快上升，从而可以全面、快速、均匀地加热反应物溶剂，达到提高化学反应速率的目的。微波除了有热效应还有非热效应，可以有选择性地加热，从而使化学反应具有一定的选择性。

微波加热作为一种新的合成纳米材料方法，具有其他方法尤其是传统合成方法不可比拟的优点，具体如下：

（1）微波加热速率快、反应条件温和，避免了材料合成过程中晶粒的异常长大，能够在短时间、低温下合成纯度高、粒度细、分布均匀的材料；

（2）微波能直接穿透一定深度的样品，在不同深度同时加热，不需传热过程，这种“体加热作用”使加热快速、均匀；

（3）调节微波的输出功率，可使样品的加热情况立即无惰性地改变，便于进行自动控制和连续操作；

（4）微波加热的热惯性小，因此关闭电源后，试样即可在周围的低温环境中实现较快速降温；

（5）热能利用率（60%～90%）高，可有效节约能量。

3. 溶胶-凝胶法

溶胶-凝胶法是采用易于水解的金属醇盐为原料，使金属醇盐在有机溶剂中与水发生反应，通过水解-聚合反应形成透明稳定的溶胶，溶胶再经陈化处理转变为凝胶，之后再经过干燥、高温煅烧等后处理过程，除去化学吸附的羟基和烷基及物理吸附的有机溶剂和水，最终得到所需的陶瓷粉体。

在制造精细陶瓷粉体方面，溶胶-凝胶法受到研究者特别的关注。归纳起来溶胶-凝胶法制备粉体具有以下的特点：

（1）制备工艺简单，可得到比表面积很大的凝胶或粉末，煅烧温度较低；节约能源，有效避免高温下成分挥发，减少空气污染；

（2）提升了多元组分体系的化学均匀性，其化学均匀性可达分子甚至原子水平；

（3）反应过程易于控制，可以实现过程的精确控制，还可调控凝胶的微观结构；

（4）制备各种材料化学计量准确且易于改性，掺杂的量和种类范围宽；容易制备多组分材料；

（5）制备粉体产物的纯度很高、组分均匀，溶剂在处理过程中易被除去，可制备纳米级颗粒，尺寸分布窄。

在溶胶-凝胶法中，柠檬酸盐法是近年来发展起来的一种备受关注的离子螯合溶胶-凝胶法。其基本过程是在制备前驱体溶液时加入螯合剂，如乙二胺四乙酸或柠檬酸，通过控制实验条件（如溶液中螯合剂与金属离子的摩尔比、温度、pH 等）形成可溶性螯合物，减少前驱体溶液中的自由离子，从而形成均匀、透明的溶胶，溶胶移去溶剂后形成凝胶。金属阳离子在许多情况下的水解反应比络合反应速率快得多，容易形成沉淀而无法形成稳定的凝胶。合成稳定凝胶的关键点是要减慢水合或水-氢氧络合物的水解率。在柠檬酸盐法过程中，柠檬酸、乙二醇、水和所需的金属离子高分子化形成聚酯型树脂，可以避免沉淀法或共沉淀法中含钛化合物优先沉淀的问题。而柠檬酸作为一种常用的络合剂，能在碱性条件下和许多种金属离子络合。在柠檬酸盐合成过程中，前驱体溶液的 pH、柠檬酸与金属离子的摩尔比及热处理温度是影响溶胶及凝胶的形成、粉体的晶体结构和颗粒形态的主要工艺因素。

4.5 压电能量转换技术与应用

压电材料是一种重要的功能转换材料，压电体在被发现后不久就得到了重要的应用。公认的一个早期工作可以说明压电材料的重要性，这就是水声发射和接收装置。1916 年 Langevin 利用石英晶体制造出“声呐”，用于探测水中的物体，至今仍在海军中有重要应用。发展至今，压电材料的应用范围已经非常广泛，而且与人类的生活密切相关。压电材料作为机电耦合的纽带，其应用可大致归纳为以下方面：频率控制、换能及传感和发电器件等。

4.5.1　压电陶瓷频率控制器件

压电陶瓷频率控制器件有滤波器、谐振器和延迟线等，这类器件使用于计算机、彩电延迟电路等中。极化后的压电陶瓷，即压电振子，具有由其尺寸所决定的固有振动频率，利用压电振子的固有振动频率和压电效应可以获得稳定的电振荡。当所加电压的频率与压电振子的固有振动频率相同时会引起共振，振幅大大增加。此过程交变电场通过逆压电效应产生应变，而应变又通过正压电效应产生电流，实现了电能和机械能最大限度地互相转换。利用压电振子这一特点，可以制造各种滤波器、谐振器等器件，如通信广播中所用的各种分立滤波器和复合滤波器，彩电中频滤波器，雷达、自控和计算系统所用带通滤波器、脉冲滤波器等。

压电陶瓷滤波器的主要功能是确定或限制电路的工作频率。常见压电陶瓷滤波器按幅频特性不同，可分成带通滤波器（又称滤波器）和带阻滤波器（又称陷波器）两类。带通滤波器的功能是让有限带宽内的频率信号顺利通过，而让此频率范围以外的频率信号受到衰减。带阻滤波器的功能是抑制某个频率范围内的频率信号，使其衰减，而让此频带以外的频率信号顺利通过。其工作原理大致如下：在交变电场下，压电振子产生机械振动，当外电场频率增加到某一数值时，压电振子的阻抗最小，输出电流最大，此时的频率称为最小阻抗频率；当频率升高到另一数值时，压电振子阻抗最大，输出电流最小，此时的频率称为最大阻抗频率。压电振子对最小阻抗频率附近的信号衰减很小，而对最大阻抗频率附近的信号衰减很大，从而起到滤波作用。压电陶瓷滤波器使用的频率范围 30～300kHz 低频到 30～300MHz 高频。在低频范围的应用有调频立体收音机的多重解调器中的谐振器；中频陶瓷滤波器用于调幅收音机的中频滤波器；高频滤波器用作电视机上声响中频滤波器。这些器件具有成本低、体积小、寿命长、频率稳定性好、等效品质因数比 LC 滤波器高、适用的频率范围宽、精度高，特别是用在多路通信、调幅接收及各种无线电通信和测量仪器中能提高抗干扰能力。所以，目前已取代了相当大一部分电磁振荡器和滤波器，而且这一趋势还在不断发展中。

4.5.2　压电换能器及传感器

压电换能器是利用压电材料的压电效应和逆压电效应实现电能和声能的相互转换。压电材料在交变电场作用下，会产生伸缩振动，从而向介质中发射声波。当交变电场的频率与压电材料的固有机械频率相近时会产生共振，它能发出很强的超声波振动。产生的超声波在介质中传播，遇到障碍物时，大部分声能被折回形成回波，回波再被压电材料接收转变成电信号。目前使用的压电换能器有压电聚合物换能器、压电陶瓷换能器等。

压电聚合物可以制成柔性膜，在制作换能器时可以被设计成任意形状，并且材料的声阻抗率低，容易与水等流体介质及生物组织实现阻抗匹配，常用来制作高频标准水听器。图 4.21 为大面积平板水听器结构示意图，换能器工作于厚度振动模式。PVDF 层通常由两片薄膜粘贴而成，两片薄膜的拉伸方向可根据需要互相垂直或互相平行。拉伸方向互相平行的复合板在与拉伸方向垂直的方向有较低的灵敏度，沿该方向的流噪声场将得到抑制。聚合物薄膜水声换能器的工作频带宽，但其发射功率有限。

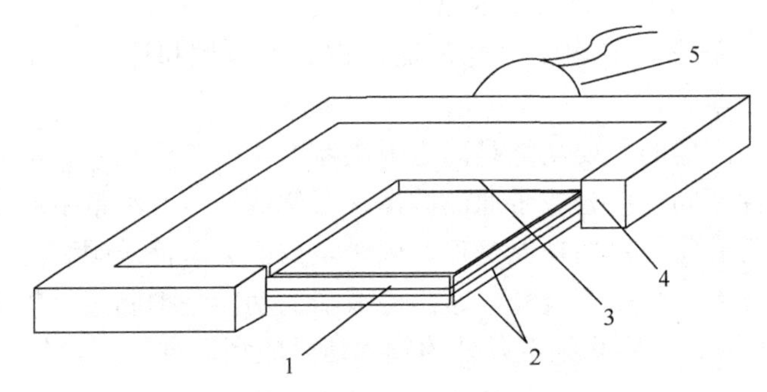

图 4.21　平板水听器结构示意图

1. PVDF 层；2. 加强板；3. 密封层；4. 加强边框；5. 电缆接头

压电陶瓷换能器由于其机电转换效率高，性能稳定，既可接收又可进行大功率发射，易于加工制作，且通过设计结构使换能器能应用在几万赫兹到几十万赫兹的频率范围。当前 80%的水声换能器以压电陶瓷为材料制作，采用 PZT 系压电陶瓷作为水声换能器的换能材料仍占首位。我国的 PZT 压电陶瓷常用的型号为 PZT-4（收发兼用型）、PZT-5（接收型）和 PZT-8（大功率发射型），其性能都能满足各种水声换能器的需要，其水平与国外的同种材料相当。目前，以压电陶瓷为敏感材料制作的水声换能器主要有复合棒压电换能器、弯张换能器、钹型换能器等。

复合棒压电换能器也称为夹心式压电换能器或喇叭形压电换能器，是一种常用的大功率发射换能器，如图 4.22 所示。它以较小的质量和体积获得大的声能密度而广泛用于水声和超声技术中。这种换能器用于接收时也有较高的灵敏度。由于压电陶瓷纵振模态频率较高，而且其发射头为喇叭状用来调节换能器的指向性，工作频率主要在几千赫兹到几百千赫兹之间，其发射指向性的波束宽度（开角）较小。除了常用的纵向振动模式换能器外，为适应功率超声新技术的需要，发展了扭转振动模式、弯曲振动模式、纵-扭及纵-弯复合模式功率超声换能器。

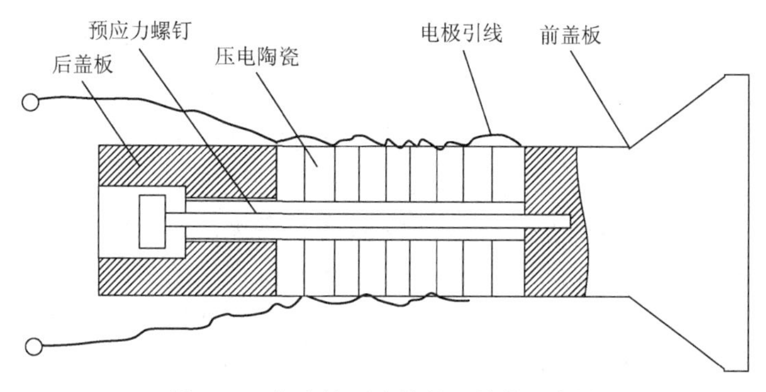

图 4.22　复合棒压电换能器结构示意图

弯张换能器是获得低频大功率和宽带声信号的小巧的声源，其代表性的结构剖面简图见图 4.23。其壳体通常是曲面的反转体、曲线的回旋体或椭圆的平行体。弯张换能器的工作原理是：利用压电陶瓷晶堆的纵向伸缩振动激励壳体做弯曲振动，耦合成弯曲伸张振动模式。由弯张模式的低频共振特性可得到有效的低频辐射。

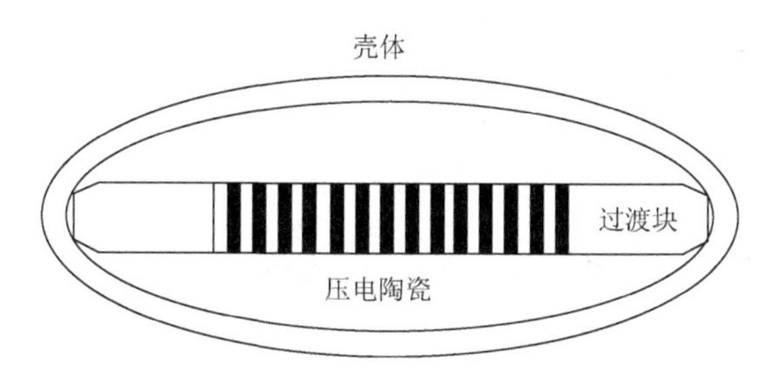

图 4.23　弯张换能器结构剖面简图

钹型换能器是一种类似于弯张换能器的新型结构换能器，其优点在于体积小、质量轻、灵敏度高、结构简单加工方便。钹型换能器由一个 PZT 压电陶瓷圆片与一对金属帽黏接起来构成，其结构示意图如图 4.24 所示。PZT 压电陶瓷圆片施加交变电压产生径向振动激发金属帽做弯曲振动，换能器凸起的金属帽产生较大的轴向位移向外辐射声波。同样交变的压力波作用到金属帽上时，会将压力传递到压电陶瓷圆片，在压电陶瓷圆片的两极输出交变电压，用作接收换能器。

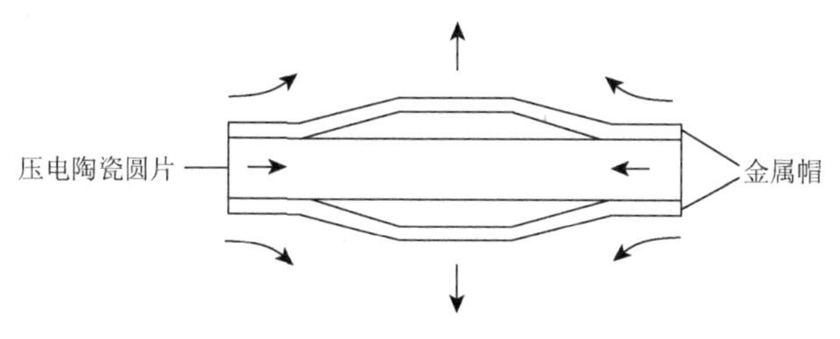

图 4.24　钹型换能器结构示意图

在实际应用中，可利用压电换能器产生的高强度超声波来改变物质的性质和状态，如超声清洗、超声乳化，以及制作各种超声切割器、焊接装置及烙铁，对塑料甚至金属进行加工等；可利用回波转换成电信号的各种参量，进行超声医疗，对金属进行无损探测及探测水下物体等。声呐就是这方面的一个典型应用，由于电磁波在水中传播时衰减很大，雷达和无线电设备无法有效地完成水下观察、通信和探测任务，因此借助于声波在水中的传播来实现上述目的。有些声呐用同一只换能器来发射和接收声音；另一些则使用分开的发射器和水听器。声呐先用声源（声呐的换能器）发出声波，声波遇到水中的物体（鱼类、潜艇等）后反射回来，不同的物体反射声信号的强度和频谱信息是不一样的，通过这一特征，声呐的接收设备在接收到这些包含丰富内容的信息后经过数据处理，再与数据库里面的数据比照，就能判断照射的物体是什么，甚至能判别其航速、航向。其应用于水下导航、通信、侦察敌舰、清扫敌布水雷、探测鱼群及勘查海底地形地貌等。图 4.25 给出了声呐换能器结构剖面图。

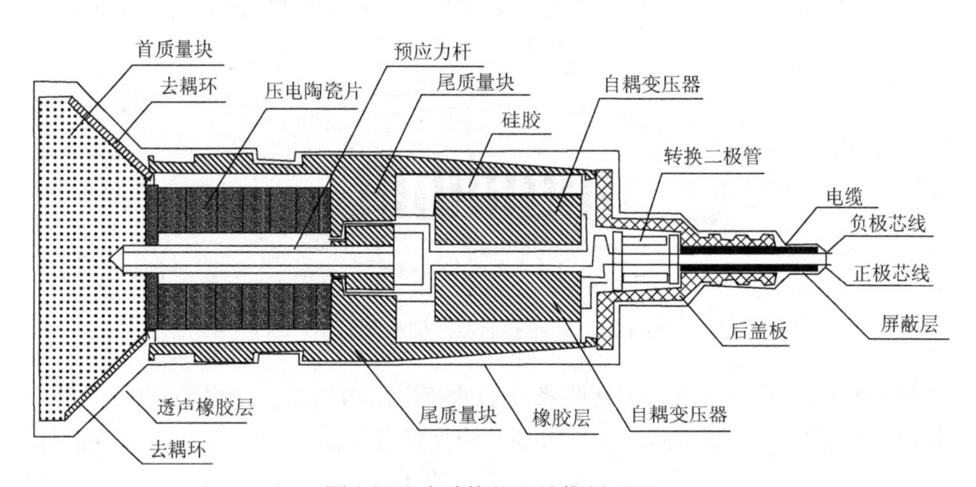

图 4.25　声呐换能器结构剖面图

超声医疗诊断技术是另一成功应用。对压电陶瓷制成的超声波发生探头通以交变电流，压电陶瓷会产生伸缩振动，当交变电流的频率与其固有机械频率相近时会产生共振，发出很强的超声波振动。由于超声波是高频声波，用压电陶瓷制成的超声波发生探头发出的超声波在人体内传输，体内各种不同组织对超声波有不同的反射和透射作用，反射回来的超声波经压电陶瓷接收器转换成电信号，并显示在屏幕上，据此可看出各内脏的位置、大小及有无病变等。B 超声诊断仪通常用来检查内脏病变组织（如肿块等）。由于超声波在人体内传输无损人体组织，故得到广泛应用。目前各大医院使用的“超声心动仪”诊断设备也基于上述原理。

在日常生活中，压电超声波加湿器是压电换能器常见的应用之一。利用换能器件的压电效应，通过振荡电路对换能器的激励作用，振荡片产生超声频机械振动。通过将振荡片的振动传导到水中，液态水雾化。最后通过出风口将水雾吹向空中。超声波加湿器采用电子超频振荡，通过振荡片的高频谐振，将水抛离水面而产生自然飘逸的水雾，不需加热或化学药品即产生 1～10μm 的水滴，漂浮于空气中，达到空气湿润效果，如图 4.26 所示。

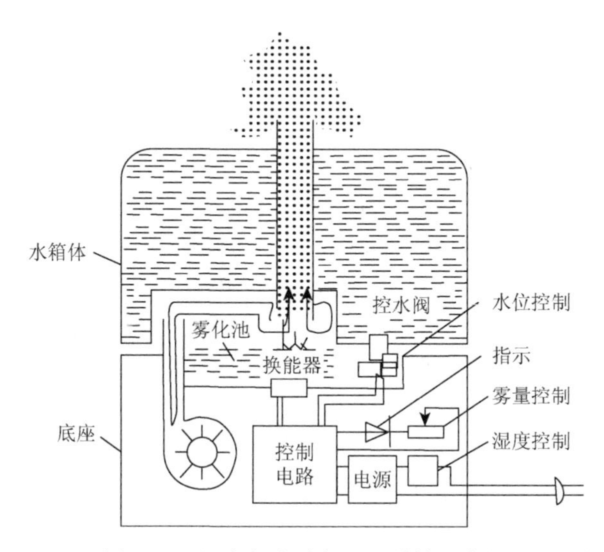

图 4.26　压电超声波加湿器结构示意图

此外，压电超声马达是利用压电陶瓷的逆压电效应产生超声振动，将材料的微变形通过共振放大，靠振动部分和移动部分之间的摩擦力来驱动，无须通常的电磁线圈的新型微电机，其结构示意如图 4.27 所示。与传统电磁马达相比，具有成本低、结构简单、体积小（目前世界最小的马达：质量 36mg、长 5mm、直径 1mm）、高功率密度、低速性能好（可以实现低转速运行而不用减速机构）、转矩及制动转矩大、响应快、控制精度高，无磁场和电场，没有电磁干扰和电磁噪声等特点。压电超声马达由于自身的特点和性能上的优势，广泛应用于精密仪器、航天航空、自动控制、办公自动化、微型机械系统、微装配、精密定位等领域。目前，日本在该领域处于技术领先地位，已将压电超声马达普遍用于照相机、摄像机的自动调焦，并形成规模系列产品。

压电材料对于所加应力能产生可测量的电信号，因此在高智能材料系统中可用作传感器。PVDF 压电材料的压电常数较高，并且可以做得很薄，可贴在物体表面，非常适合做传感器。在机器人上做触觉传感器可感知温度、压力，采用不同模式可以识别边角、棱等几何特征。压电陶瓷用于制作各种检测仪和控制系统

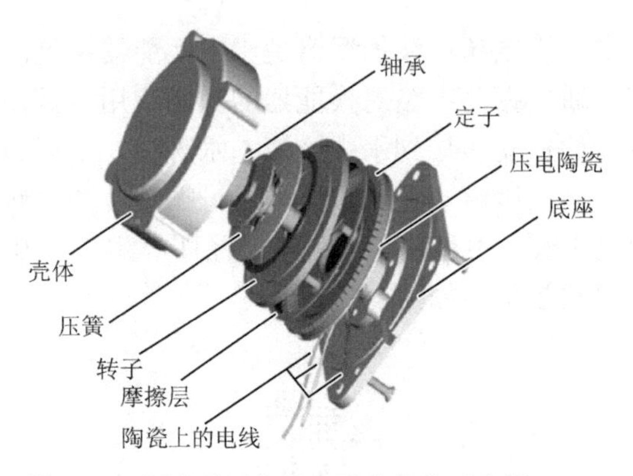

图 4.27　行波型压电超声马达结构示意图

中的传感器，也得到广泛应用。利用压电效应感知加速度变化，不仅可测量飞行物体的加速度，还可测量振动物体的加速度。压电式加速度传感器的压电元件一般由两块压电晶片组成，如图 4.28 所示。在压电晶片的两个表面上镀有电极，并引出引线。在压电晶片上放置一个质量块，质量块一般采用密度较大的金属钨或高密度的合金制成。然后用硬弹簧或螺栓、螺帽对质量块预加载荷，整个组件装在一个原基座的金属壳体中。为了隔离试件的任何应变传送到压电元件上，避免产生假信号输出，所以一般要加厚基座或选用由刚度较大的材料制造，壳体和基座的质量差不多占传感器质量的一半。测量时，将传感器基座与试件刚性地固定在一起。当传感器受振动力作用时，由于基座和质量块的刚度相当大，而质量块的质量相对较小，可以认为质量块的惯性很小。因此质量块受到与基座相同的运动，并受到与加速度方向相反的惯性力的作用。这样，质量块就有正比于加速度

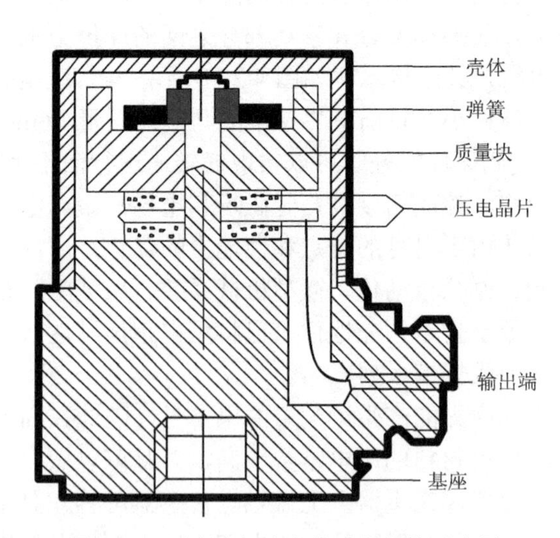

图 4.28　压电式加速度传感器结构示意图

的应变力作用在压电晶片上。压电晶片具有压电效应，因此在它的两个表面上就产生交变电荷，当加速度频率远低于传感器的固有频率时，传感器的输出电压与作用力成正比，即与试件的加速度成正比，输出电量由传感器输出端引出，输入到前置放大器后就可以用普通的测量仪器测试出试件的加速度；如果在放大器中加入适当的积分电路，就可以测试试件的振动速度或位移。

在实际应用中，压电陶瓷材料仍然是目前应该最多、最广的材料。表 4.9 给出了压电陶瓷在压电换能器及传感器领域的应用情况。

表 4.9　压电陶瓷在压电换能器及传感器领域的应用

应用类型		代表性器件
信号转换	电声换能器	拾声器、送话器、受话器、扬声器、蜂鸣器等声频范围的电声器件
发射与接收	超声换能器	超声切割、焊接、清洗、搅拌、乳化及超声显示等频率高于 20kHz 的超声器件，压电马达，探测地质构造、油井固实程度、无损探伤和测厚、催化反应、超声衍射、疾病诊断等各种工业用的超声器件
	水声换能器	水下导航定位、通信和探测的声呐、超声探测、鱼群探测和传声器等
传感	加速度计 压力计	工业和航空上测定振动体或飞行器工作状态的加速度计、自动控制开关、污染检测用振动计及流速计、流量计和液面计等
	角速度计	测量物体角速度及控制飞行器航向的压电陀螺

4.5.3　压电式纳米发电机

纳米技术发展至今，大量新型纳米材料与器件不断被开发出来，并在生物医学、国防及人们日常生活的各个领域中展现出前所未有的应用前景。然而，这些传感器的电源都是直接或者间接来源于电池，这无疑限制了器件的小型化。开发能将运动、振动、流体等自然存在的机械能转换为电能，实现无须外接电源的纳米器件，从而大大减小电源尺寸，同时提高能量密度与效率，是人们一直梦寐以求的目标。

为了实现这一目标，王中林课题组开展了如何用纳米结构把机械能转换为电能的研究[9]，并于 2006 年发明了世界上最小的发电装置——垂直阵列式压电式纳米发电机。这种纳米发电机是在具有竖直结构的 ZnO 纳米线阵列的基础上研制而成的，如图 4.29 所示，通过原子力显微镜探针将 ZnO 纳米线弯曲，输入机械能，同时 ZnO 纳米线的压电效应将机械能转换成为电能。由于 ZnO 的半导体特性，利用半导体和金属的肖特基势垒将电能暂时储存在纳米线内，然后通过导电的原子力显微镜探针接通这一电源向外界输电，从而实现纳米尺度的发电功能。该纳米发电机能达到 17%～30%的发电效率。

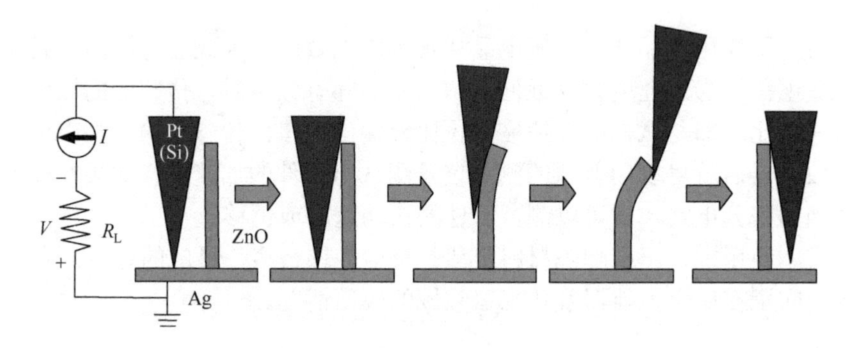

图 4.29　利用 ZnO 纳米线压电效应将机械能转换为电能的示意图

在这一纳米发电机中，ZnO 纳米线能完成机械能到电能的高效转变，与其同时具有半导体及压电特性密切相关。常规的压电材料，如 PZT 等，通常为绝缘体。尽管将它们弯曲或压缩也能产生电势变化，但它们无法与金属形成具有单向导电性质的肖特基势垒，因而无法实现电荷积累到释放这一转变过程。因此，虽然目前有部分研究利用常规压电材料做电源，但都需要一个复杂的外接电路来实现电荷的积累，很难达到器件真正的微型化。

2007 年，王中林等[20]又成功研发出由超声波驱动的可独立工作的直流纳米发电机，如图 4.30 所示。该纳米发电机的主体部分为 ZnO 纳米线阵列，并在纳米线阵列上覆盖了一层涂有 Pt 的锯齿形 Si 电极，纳米线的四周采用柔软的聚合物进行填充，整个装置通过金属板与超声波发生器相连。当 Si 电极收到超声波的激发时，锯齿状的电极向下移动并推动纳米线，导致纳米线产生横向偏转。同时，ZnO 纳米线的压电效应产生电能。当超声波接通时，能够输出 0.7mV 的电压，0.15nA 的电流，功率密度为 1～4W/cm^3。

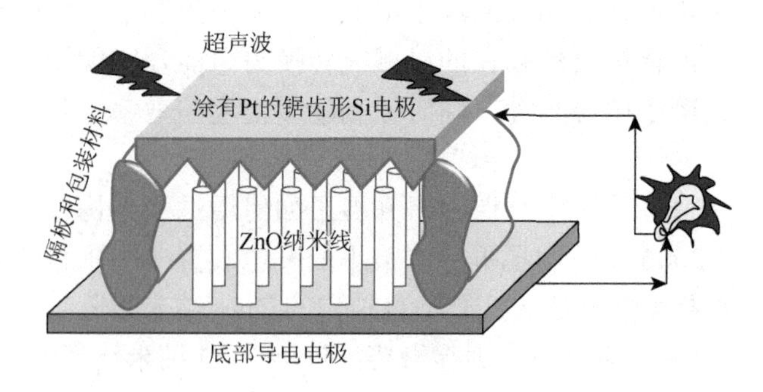

图 4.30　超声波驱动的直流纳米发电机结构示意图

虽然这种纳米发电机在超声波带动下能够产生电能，但是在实际环境中，机械能主要以低频振动形式存在，如空气的流动、引擎的振动等。要让纳米发电机广泛应用于各方面，一个关键的问题就是要降低纳米发电机的响应频率，让纳米线阵列在几个赫兹的低频振动下也能将机械能转换为电能。为了实现这一目标，王中林等[21]于 2008 年成功研制出纤维纳米发电机，如图 4.31 所示。将 ZnO 纳米线沿径向均匀生长在纤维表面，然后用两根纤维模拟了将低频振动转换为电能的过程。为了能实现电极与 ZnO 纳米线之间的肖特基接触，他们采用磁控溅射法在一根纤维表面镀了一层金膜作为电极，而另一根表面是未经处理的 ZnO 纳米线。当两根纤维在外力作用下发生相对运动时，表面镀有金膜的 ZnO 纳米线像无数原子力显微镜探针一样，同时拨动另外一根纤维上的 ZnO 纳米线。所有这些 ZnO 纳米线同时被弯曲、积累电荷，然后再将电荷释放到镀有金膜的纤维上，实现了机械能到电能的转换。这一研究成果为制备柔软、可折叠的电源系统（如“发电衣”）等奠定了基础。并且，纤维的纳米发电机能在低频振动下发电，这就使得步行、心跳等低频机械能的转换成为可能。

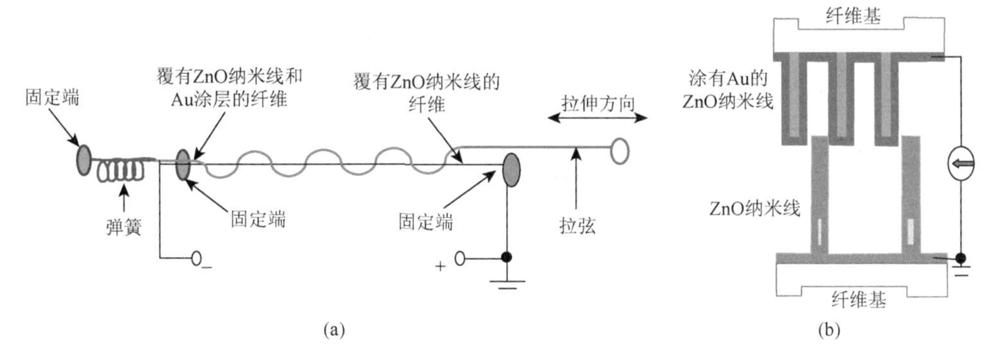

图 4.31　（a）由低频外拉力驱动的纤维纳米发电机和（b）两根纤维咬合界面的示意图

但是，上述垂直阵列式压电式纳米发电机还存在很多问题。首先，驱动电极与 ZnO 纳米线的距离需要精确控制，少量的误差就会造成发电机不能正常工作；其次，垂直阵列式纳米发电机工作时自由端和驱动电极要不断接触和摩擦，由此可能造成纳米线和电极的磨损，进而影响其性能和寿命；最后，这些垂直阵列式压电式纳米发电机的输出电压小，很难达到实际应用的要求。

针对上述问题，王中林等又研制出基于水平 ZnO 纳米阵列的多排交流发电机[22]，如图 4.32 所示。ZnO 纳米线水平放置于弹性高分子衬底上，其两端分别连接输出电极并固定在衬底上。由于衬底厚度比 ZnO 纳米线的直径大得多，当弹性衬底变形弯曲后，ZnO 纳米线整体被拉伸或整体被压缩。在压电效应的作用下，压电电场沿着 ZnO 纳米线轴向形成并在两端形成电势差。由于在一端有肖特基势垒的存在，此压电电势差随着 ZnO 纳米线的来回弯曲从而驱动了电子在外电路中的往复流动，因此对外接器件产生了交变电流。这些水平纳米线相互串并联连接在一起，在仅仅 0.19%的慢性形变下，输出电压达到了 1.26V。

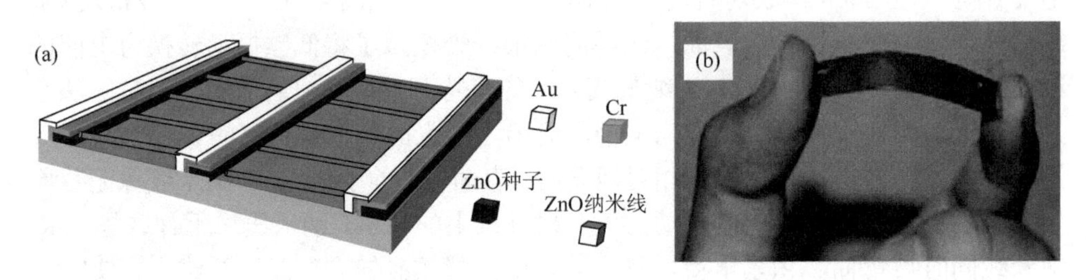

图 4.32　（a）基于水平 ZnO 纳米阵列的多排交流发电机结构示意图和（b）在微小形变下能产生 1.26V 输出电压的纳米发电机

综上所述，纳米发电机的问世为制备集成纳米器件，实现真正意义上的纳米系统奠定了技术基础。它运用独特的方式，可以收集机械能、振动能、流体能量，并将这些能量转换为电能提供给纳米器件，为实现自供能、无线纳米器件和纳米机器人奠定了理论与实际操作的基础。然而，要实现纳米发电机的实际应用仍有一段很长的路程。

参考文献

[1] Jordan T L，Ounaies Z. Piezoelectric ceramics characterization. ICASE Report，No. 2001-28，2001

[2] Gallego-Juarez J A. Piezoelectric ceramics and ultrasonic transducers. Journal of Physics E：Scientific Instruments，1989，22（10）：804-816

[3] Mason W. Piezoelectricity，its history and applications. The Journal of the Acoustical Society of America，1981，70（6）：1561-1566

[4] Jaffe B，Roth R S，Marzullo S. Piezoelectric properties of lead zirconate-lead titanate solid-solution ceramics. Journal of Applied Physics，1954，25：809-810

[5] Inoue M，Tada Y，Suganuma K，et al. Thermal stability of poly（vinylidene fluoride）films pre-annealed at various temperatures. Polymer Degradation and Stability，2007，92（10）：1833-1840

[6] Newnham R E，Skinner D P，Cross L E. Connectivity and piezoelectric-pyroelectric composites. Materials Research Bulletin，1978，13：525-536

[7] Fu H X，Cohen R E. Polarization rotation mechanism for ultrahigh electromechanical response in single crystal piezoelectrics. Nature，2000，403：281-283

[8] Sood R K. Piezoelectric Micro Power Generator（PMPG）：a MEMS-based Energy Scavenger. Cambridge：Massachusetts Institute of Technology，2003

[9] Wang Z L，Song J. Piezoelectric nanogenerators based on zinc cxide nanowire arrays. Science，2006，312：242-246

[10] Yang R，Qin Y，Li C，et al. Converting biomechanical energy into electricity by a muscle-movement-driven nanogenerator. Nano Letters，2009，9（3）：1201-1205

[11] Sriram S，BhasKaran M，Holland A S，et al. Measurement of high piezoelectric response of strontium-doped lead zirconate titanate thin films using a nanoindenter. Journal of Applied Physics，2007，101：1014910

[12] Liu W F，Ren X B. Large piezoelectric effect in Pb-free ceramics. Physical Review Letters，2009，103（25）：257602

[13] Rodel，Webbera K，Dittmera R，et al. Transferring lead-free piezoelectric ceramics into application. Journal of the European Ceramic Society，2015，35：1659-1681

[14] Huan Y，Wang X H，Fang J，et al. Grain size effects on piezoelectric properties and domain structure of $BaTiO_3$ ceramics prepared by two-step sintering. Journal of the American Ceramic Society，2013，96（11）：3369-3371

[15] Wada S，Takeda K，Muraishi T，et al. Preparation of[110] grain oriented barium titanate ceramics by templated grain growth method and their piezoelectric properties. Japanese Journal of Applied Physics，2007，46（10B）：7039-7043

[16] Kawai H. The piezoelectricity of poly（vinylidene fluoride）. Japanese Journal of Applied Physics，1969，8（7）：975-976

[17] Hutson A R. Piezoelectricity and conductivity in ZnO and CdS. Physical Review Letters，1960，4：505-507

[18] Wang X D，Zhou J，Song J H，et al. Piezoelectric field effect transistor and nanoforce sensor based on a single ZnO nanowire. Nano Letters，2006，6：2768-2772

[19] 新宫秀夫. メカニカルワロイニクの热力学. 日本金属学会会报，1988，27（10）：805-807

[20] Wang X D，Song J H，Liu J，et al. Direct-current nanogenerator driven by ultrasonic waves. Science，2007，316：102-105

[21] Qin Y，Wang X D，Wang Z L. Microfibre-nanowire hybrid structure for energy scavenging. Nature，2008，451：809-813

[22] Xu S，Qin Y，Xu C，et al. Self-powered nanowire devices. Nature Nanotechnology，2010，5：366-373

第5章　电致发光能量转换材料与技术

5.1　引　　言

通常来讲，电能是指电以各种形式做功的能力，是反映做功多少的物理量。电能的有效利用标志着第二次工业革命的开始，人类由此进入了电气化时代。电能不仅具有时效性，还可以被储存使用；可就地使用，也可进行远距离传输使用；可直接使用，也可间接转化使用。电能是促进科技发展和提升国民经济的重要动力，在日常照明、能源动力、化工生产、冶金矿产、交通通信、纺织工业、广播媒体等各个领域中，电能都有广泛的应用。

目前，在我国电能的消耗中，转换为光能的部分约占发电总量的13%，在世界平均范围内，这个比例为19%～20%，且该比例将随着社会的发展而逐渐增长[1]。随着传统能源的日益减少，人们提出了“绿色照明”的发展理念[2]。所谓“绿色照明”就是通过科学合理的设计方案，使照明电器的效率更高、寿命更长、安全性能更好、工作更稳定。与传统照明方式相比，它能够更有效地改善人们的工作、学习、生活条件，为人们创造一个更加舒适、安全、经济、高效的环境。

电场作用在发光材料上将电能直接转换为光能，并发出特定颜色的光，这种借助电场而激发发光的物理现象就是电致发光（electro-luminescence，EL）。电致发光与传统电流所引起的热发光、光致发光、阴极射线致发光等发光现象有所不同。热发光是指电流通过灯泡灯丝时产生的电流热效应使灯丝温度升高、发亮而引起的发光现象。光致发光是指灯管内的气体在电场作用下发生电离，产生的紫外线与灯管壁上的发光材料相互作用而引起发光。阴极射线致发光是由于电能激发出的阴极射线轰击到发光材料上而引起的发光现象。这几种发光都要经历一个中间过程才能将电能转换为光能，属于电引发的间接发光现象。根据激发种类的不同，可以将发光分成如表5.1所示的几种类型[3]。

1923年，Lossew最早发现了“电致发光”现象。在研究SiC检波器时，他发现了SiC在正向偏压状态下产生发光现象，这是由于p-n结上载流子流过正向电流时复合所致。1936年，Destriau发现在交流电场作用下，悬浮在介质中的呈粉末状的ZnS发光材料用铜激活后能发出可见光，这种发光现象被称为Destriau效应，是一种常见的电致发光现象。

表 5.1　按激发种类的发光分类[3]

激发的种类	发光的名称	激发的种类	发光的名称
可见光	光致发光（photo-luminescence）	机械作用	摩擦发光（tribo-luminescence）
X 线	X 线发光（X-ray-luminescence）	化学反应	化学发光（chemi-luminescence）
γ 线	γ 线发光（γ-ray-luminescence）	生物过程	生物发光（bio-luminescence）
阴极线	阴极发光（cathode-luminescence）	电场	电致发光（electro-luminescence）
α 线	辐射发光（radio-luminescence）		

1950 年，工程师制备了以 SnO_2 为主要成分的透明导电膜，并利用这种电极成功研制了可作为平面型发光源的分散型电致发光元件。因此，人们将白炽灯称作第一代光源，也就是点光源；把日光灯称作第二代光源，也就是线光源；把电致发光称作第三代光源，也就是面光源，如图 5.1 所示。

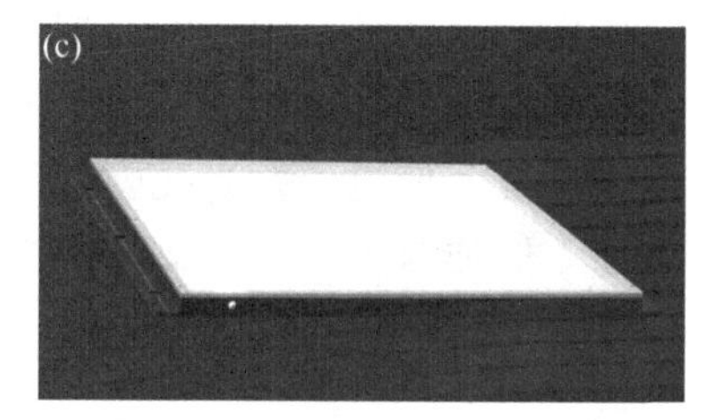

图 5.1　第三代光源实物图

（a）点光源；（b）线光源；（c）面光源

1960 年，Kennedy 和 Russ 发现了 ZnS-Mn 薄膜电致发光的特性，其发光亮度较粉末电致发光材料高得多。1963 年，Pope 等以电解质溶液为电极，在有机物蒽单晶两侧施加 400V 直流电压后，发现了蒽的蓝色电致发光。随后，Helfrich 等进一步研究了蒽单晶电致发光。1974 年，Toshio 制造了 Y_2O_3 和 ZnS-Mn 结构的高亮度、长寿命的电致发光器件。夏普公司于 1978 年生产了第一款单色电致发光电视，由于电致发光盒内的电压高达 1.5MV/cm，又由于薄膜的不均匀性，出现了高压击穿现象。

20 世纪 80 年代后，人们在无机电致发光和有机电致发光方面的研究取得了长足的进步。William 发现了 SrS:Ce 蓝绿色发光材料；Shosaku 等发现了 CaS 红色薄膜电致发光材料，提出了 SrS:Ce 和 SrS:Eu 组合加滤光片模式的电致发白光发光方案。之后，Soininen 等提出了 SrS:Ce/ZnS:Mn 的白光发光方案。Reiner 和 Mueller 等研究了蓝色电致发光材料。与此同时，在有机电致发光方面，Tang 等以 8-羟基喹啉铝作为发光层，制作了具有双层薄膜夹心式结构的有机发光二极管，其驱动电压低于 10V，发光效率为 1.5lm/W，发光亮度高达 $1000cd/m^2$。

1990 年，Bradley 等用聚合物材料聚对苯乙炔（PPV）薄膜作为发光层制作了单层薄膜夹心式聚合物电致发光器件，得到了明亮的黄绿光，其驱动电压为 14V，内量子效率约为 0.05%。同年，Kido 研究小组引入了稀土有机配合物 $Tb(acac)_3$，并将其作为电致发光器件的中心发光层材料，获得的发光亮度为 $7cd/m^2$。如果配合 $Tb(acac)_3phen$ 作为发光层，则获得的最大亮度可以达到 $210cd/m^2$。1993 年，Greenhma 等在两层聚合物间插入另一层聚合物，从而实现了载流子匹配注入，使得内量子效率提高了 20 倍，这不仅加深了人们对有机发光二极管（organic light emitting diode，OLED）器件机制的理解，而且预示着 OLED 开始走向产业化。

后来，Kido 等拓展了在稀土有机配合材料方面的研究，采用 Eu 的 $En(DBM)_3phen$ 配合物作为中心发光层材料，获得的发光亮度为 $460cd/m^2$。人们开展了关于稀土元素 Nd、Yb、Tb 和 Er 配合有机物作为中心发光层材料方面的研究。近几年来，许多国家特别是美国、日本、英国和中国都加大了对电致发光方面的研究力度，主要内容包括发光中心的物理化学结构、周围环境对发光性能的影响、发光体的能带结构、发光体中心杂质的能级分布等，结合新材料、新器件和应用进行深入综合研究，使电致发光亮度低、寿命短等缺点逐渐得到不同程度的改善。这些研究使人们加深了对发光体及发光过程的了解，逐步形成了一些新概念和新理论，促进了发光材料及器件的发展，扩大了其应用范围。相对于欧美国家，我国在该领域的研究起步较晚，但是发展非常迅速，各科研单位充分发挥自身的优势，研究与应用并重，朝着实用化的目标逐步推进。例如，上海大学已经在多色有机薄膜电致发光器件和白光电致发光器件方面的研究取得了一定的成绩；吉林大学、中国科学院长春光学精密机械与物理研究所在有机电致发光器件及稀土有机配合物电致发光器件方面做了大量研究；清华大学、华南理工大学、浙江大学等知名学府也加入到电致发光材料这一研究行列。

在这些研究中，LED 技术受到最广泛的关注和重视。LED 作为替代白炽灯的新一代光源，具有节能环保、寿命长、光效高、色彩丰富、抗震耐用、安全可靠、响应快、智能控制等一系列优点。随着节能减排、绿色环保的呼声日渐高涨，LED 行业已成为 21 世纪最具发展前景的高新技术产业之一。目前，LED 已在景观照明、交通信号、路灯、背光屏、显示屏、各种指示显示中得到广泛应用，在通用照明领域的应用也已开启，并在近几年呈现出爆发式的增长趋势。随着全球白炽灯禁令陆续实行，LED 照明使用率不断提升，据统计，2014 年全球 LED 照明市场规模较 2013 年增长 34%，通用照明逐渐成为全球 LED 的最大应用领域①。2016 年，被认为是 LED 的爆发元年，在接下来的几年该产业仍将保持超高速发展。

① 2015 中国 LED 球泡灯行业调研报告（第六版）. http://news.gg-led.com/asdisp2-656095fb-58712-.html。

从20世纪70年代我国开始发展LED技术，如今已在电子、IT、交通等领域取得广泛的应用，目前已经形成了完整的产业链和良好的产业区域格局。在珠三角、闽三角、长三角、北方地区形成了四大LED照明产业聚集区，除此之外，还在厦门、上海、深圳、扬州、石家庄、大连、南昌7个城市形成了半导体照明工程产业基地。我国LED照明产业在国家一系列政策的大力支持下，已经实现了质的飞跃。现我国LED照明企业多达5000余家，掌握了从上游外延芯片到中游封装再到下游应用的全部核心技术，形成了完整的产业链，与其相关技术均已达到世界先进水平，彻底改变发展初期核心芯片技术完全依赖进口，仅可完成封装和应用的落后局面。

5.2　电致发光原理与特征参数

电能直接转换成光能的现象为电致发光。过去曾因为电致发光是指在电场作用下的发光，而将该现象称为“场致发光”。电致发光一般可分为低场电致发光和高场电致发光两大类。低场电致发光主要是指利用半导体p-n结不需要在很高的外加电压下就能激发光的一类电致发光，又称为注入式发光，如LED。而那些不易做成两种导电类型的材料，通过金属-半导体或者金属-绝缘体-半导体结构而得到的固体发光，需要较高的激发电压，是高场发光。高场电致发光又称为本征式发光，主要包括粉末型和薄膜型两种。

5.2.1　电致发光原理

1. 低场电致发光原理

低场电致发光的关键部分是发光层材料，它通常是由p型半导体、n型半导体及中间的1～5个周期的量子阱三部分组成。发光原理如图5.2所示，低场电致发光过程包括两部分：首先是正向偏压下的载流子注入，载流子在电场的作用下实现电子由n区到p区的转移；其次是载流子复合发光，转移的电子在结区与空穴发生复合而发光。电子和空穴之间的能级差越大，产生光子的能量就越高。光子的能量与光的颜色相对应，在可见光的频谱范围内，蓝光、紫光的能量最高，橘光、红光的能量最低。由于不同的材料具有不同的带隙，因而能够发出不同颜色的光[4]。

基于低场电致发光原理的发光器件主要是LED，它能够把电能直接转换为光能。LED的关键部分是p-n结组成的发光层材料，当LED两侧有电流通过时，空穴和电子被推向结区并在其中复合发光。

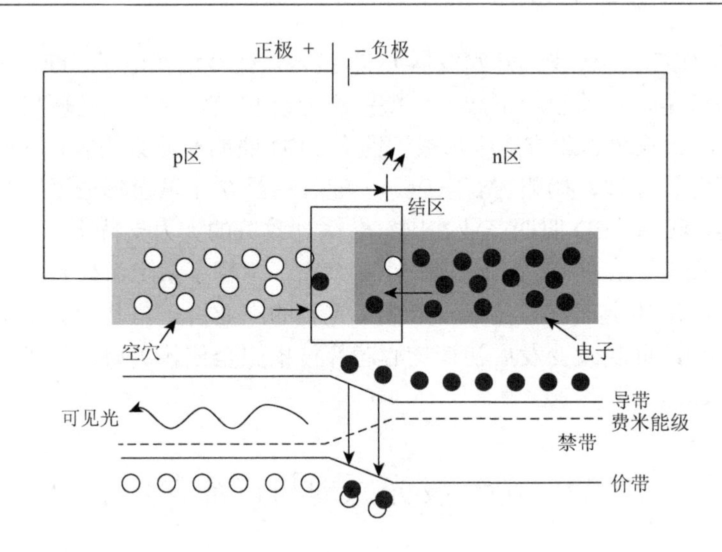

图 5.2　低场电致发光原理示意图

2. 高场电致发光原理

高场电致发光是在发光材料两端施加一定的高电场，高场电致发光原理如图 5.3 所示，电子在高电场作用下成为过热电子，高能量的过热电子和晶格原子发生碰撞，使晶格原子离化，使电子跃迁到导带，在价带中留下一个空穴；过热电子也可以与杂质原子碰撞，使杂质原子离化，把原来束缚于杂质原子的电子离化到导带。这些电子从激发态跃迁回原能量较低的基态，就会产生各种辐射复合发光，这包括从导带跃迁到价带的直接复合（光子Ⅰ）、与施主能级或缺陷能级碰撞复合（光子Ⅱ）、与发光中心碰撞复合（光子Ⅲ），发光的颜色是由激发态到基态的能级差决定的。

基于高场电致发光原理的发光器件主要有粉末电致发光器件和薄膜电致发光器件。粉末电致发光器件的结构是将树脂与粉末状发光材料聚合，夹在两块平板电极之间，形成一个电容器。其中一侧电极是透明导电玻璃，另一侧电极为铝板。当电极两侧施加高电场时，通过隧道效应从电极进入材料中的电子或受热激发到导带的电子，在电场中被加速到获得足够高的能量，碰撞电离或碰撞激发发光中心，从而在粉末材料中出现发光现象。

薄膜电致发光器件（thin film electro-luminescent，TFEL）的结构是在发光体两侧包覆绝缘层，绝缘层再分别与透明导电玻璃和 Al 电极相连。其基本原理与粉末电致发光原理相同，即发光体在外加高电场作用下由高能电子碰撞发光中心，使发光中心的电子发生能级跃迁从而发光。以高能电子在 ZnS 基质中传输的情况为例，当电场强度达到 10^6V/cm 时，电子处于过热状态，成为过热电子。

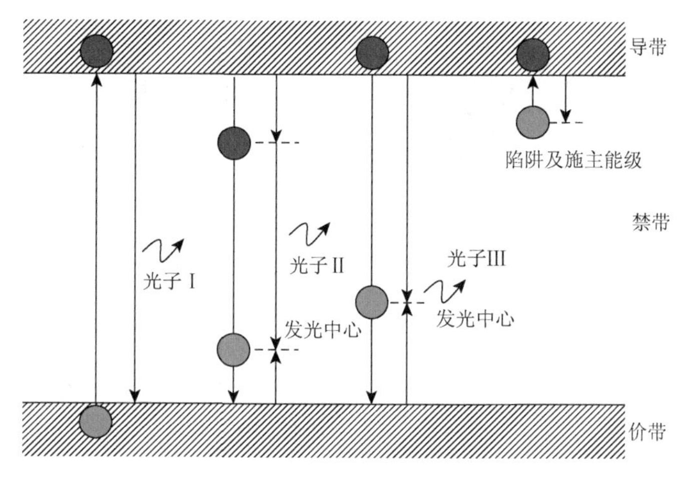

图5.3　高场电致发光原理示意图

过热电子碰撞离子化发光中心，并通过基质的晶格传输能量，便在发光中心产生电致发光辐射。

3. 电致发光色度学基础

电致发光的发光颜色由发光中心材料和驱动电压共同决定，不同波长对应于不同颜色的光，具体的发光颜色可根据如下公式决定[5]：

$$E_g = e \cdot \Delta V = h\nu \tag{5.1}$$

$$\lambda = 1240 / E_g \tag{5.2}$$

式中，E_g——跃迁能级间的能量差，eV；

ΔV——跃迁能级间的电位差，V；

e——电子电荷，C；

ν——辐射波长λ的频率，Hz。

大多数颜色可以由三种基本色按适当比例配合而成。这三种基本色的颜色可以任意选定，但它们必须是相互独立的，即其中一种颜色不能由另外两种颜色按比例配制而成。一般选择红、绿、蓝三种颜色为三基色，这就是所谓的三基色原理。换句话说，任何一种颜色的光都可以由这三种颜色按一定比例混合配制而成，这可以根据如图5.4所示的原理说明。可以通过三个光量调节器C分别调节红、绿、蓝光的强度，直到这三色光以一定的比例在屏幕上混合产生与待配光相同的颜色，整个视场只呈现一种颜色，即成功实现了三基色配色[6]。

在普通照明领域，白光的获得非常重要。白光LED是固态照明技术用于普通照明的关键。白光LED可以通过以下几种方法获得：①通过三基色混合获得。②通过添加更多单色光获得。例如，使用四色或更多单色LED合成白光LED。随

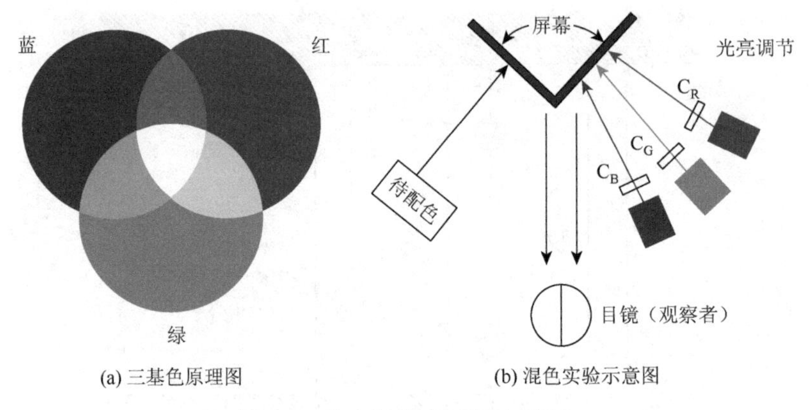

图 5.4　色度学基本原理示意图①

着单色 LED 数量的增多，白光 LED 的显色性会越来越好，但理论辐射光效则会下降。当引入五色或更多单色 LED 时，可以使显色指数再提高一些，但是辐射光效会进一步降低。同时还能够提供光谱准连续的及更加接近太阳光光谱的高质量白光，这对某些特殊照明应用是极其重要的。实际上，更多单色 LED 可以组合出类似于太阳光的光谱。③通过紫外芯片加三基色荧光粉获得白光 LED，紫外芯片的 LED 发出波长约为 385nm 的紫外光，照射在三基色荧光粉上可激发出白色可见光，但该方法由于能量损失大、三基色荧光粉难以安装到 LED 装置、难以控制紫外光外漏等问题，在实际应用中较为少见。④通过蓝光芯片上涂覆黄色荧光粉来获得白光，该方法通过蓝光芯片发出波长约为 465nm 的蓝光，打在钇铝石榴石（yttrium aluminum garnet，YAG）荧光粉上，激发出波长为 570nm 的黄光，这两种光色合成在一起即呈现出白光。

5.2.2　特征参数

根据电致发光原理，电致发光分为高场和低场两种。与高场电致发光技术相比，低场电致发光 LED 具有高效、节能等明显优势，得到了广泛的研究和应用。因此，这里只介绍低场 LED 电致发光特征参数。它具有电学特性、光学特性及热学特性[7, 8]，这些特性也成为衡量 LED 芯片 p-n 结性能的主要参数。

1. LED 电学特性

I-V 特性是 LED 芯片性能的主要参数。LED 的 *I-V* 特性具有单向导电性、非线性性质，当外加正偏压时，表现为低接触电阻，反之为高接触电阻。图 5.5 为 LED 的 *I-V* 图特性曲线。

① 本图彩图以封底二维码形式提供。

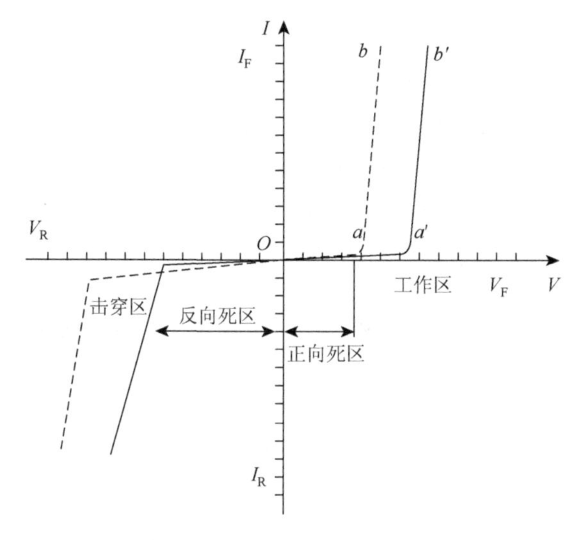

图 5.5　LED 的 I-V 图特性曲线

1）正向死区

如图 5.5 所示，Oa 段的 a 点及 Oa'段的 a'点对应的 V_0 为开启电压，当 $V<V_0$ 时，外加电场克服不了因载流子扩散而形成的势垒，此时电阻很大。

2）正向工作区

外加电压与电流 I_F 呈指数关系，见如下关系式：

$$I_F = I_s \cdot e^{\frac{qV_F}{KT}} - 1 \tag{5.3}$$

当 $V>0$ 时，$V>V_F$ 的正向工作区 I_F 随 V_F 指数上升。

$$I_F = I_s \cdot e^{\frac{qV_F}{KT}} \tag{5.4}$$

式中，I_F——外加电流，A；

I_s——反向饱和电流，A；

V_F——外加电压，V。

3）反向击穿区

$V<V_R$，V_R 为反向击穿电压；I_R 为反向漏电流。当反向偏压增加致使 $V<-V_R$ 时，I_R 会陡然增加，导致器件击穿。受化合物材料种类不同的影响，LED 反向击穿电压也不同。

2. LED 光学特性

LED 分为可见光与非可见光两个系列，可见光系列可用光度学来说明其光学特性，而非可见光系列可用辐射度学来说明其光学特性。

1）光通量与流明效率

光通量用来表征 LED 总的光输出辐射能量。Φ 为 LED 向各方向发光的能量总和，该能量与工作电流直接相关。电流增加，LED 光通量也随之增大。对于可见光 LED 而言，其光通量单位为流明（lm）。

发光效率是 LED 另一个重要的光电特性，它可表示为光源所发出的光通量与消耗电功率之比，主要用于评价有外封装特性的 LED。

2）发光强度

点光源 Q 沿 r 方向的发光强度 I 可定义为沿该方向单位立体角所发出的光通量，单位为坎德拉（cd），其数学表达式为

$$I = \frac{\mathrm{d}\Phi}{\mathrm{d}\Omega} \tag{5.5}$$

式中，$\mathrm{d}\Omega$——光源所在空间的单位立体角，sr；

I——点光源 Q 沿 r 方向的发光强度，cd；

$\mathrm{d}\Phi$——光通量，lm。

式中，若 r 为球的半径（m），$\mathrm{d}S$ 为与单位立体角 $\mathrm{d}\Omega$ 对应的单位面积（m^2），则有

$$\mathrm{d}\Omega = \frac{\mathrm{d}S}{r^2} \tag{5.6}$$

式中，r——单位立体角所对应的半径，m。

发光强度用来描述光源发出的光通量在空间给定方向上的分布情况，其示意如图 5.6 所示。

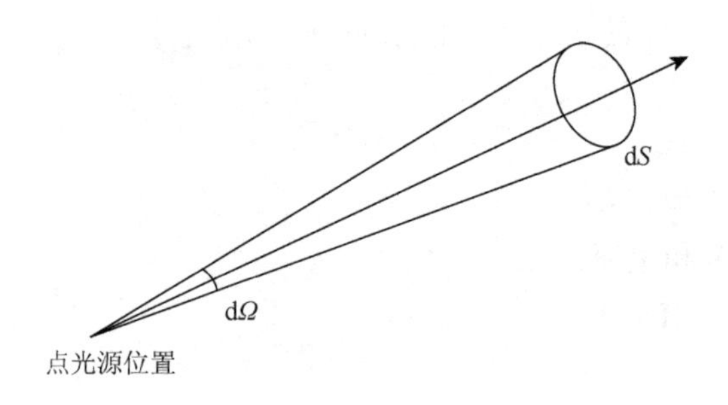

图 5.6　发光强度示意图

3）亮度

亮度是用来描述反光面或发光面上明亮程度的光度量，是 LED 发光性能的又一重要参数，它也与光的辐射方向有关，故可认为它是表征发光面在不同方向上光学特性的物理量。

如图 5.7 所示，以光源上 S 点为研究对象，首先在发光面上取一个足够小的

包含 S 点的面积为 dS 的面元。当从某一方向观察该发光面，该方向与面元法线方向的夹角为 θ，发光面上 S 点向观察者发出的光强为 dI。据此可将亮度定义为：该方向上的发光强度 dI 与包含 S 点的面元 dS 在垂直于观察者方向上的投影面积 d$S\cos\theta$ 之比，单位 cd/m^2，用符号 B 表示

$$B=\frac{\mathrm{d}I}{\mathrm{d}S\cos\theta} \tag{5.7}$$

式中，dI——发光面上 S 点向观察者发出的光强，cd；

B——亮度，cd/m^2。

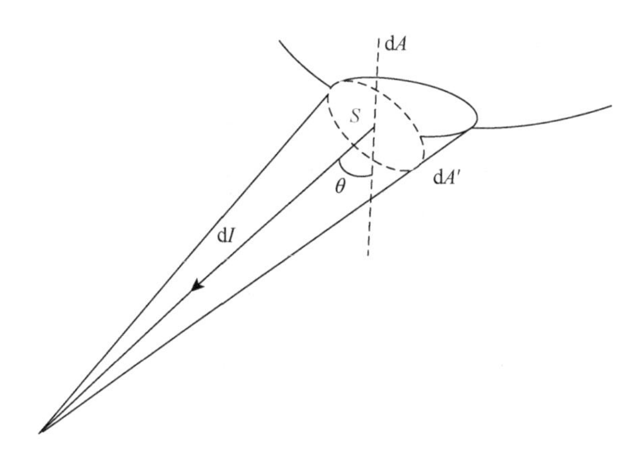

图 5.7　发光亮度示意图

假设光源表面是理想的漫反射面，亮度为一常数，与方向无关。LED 亮度与外加电流有着密切的关系，一般而言，随着外部电流密度增加，亮度也相应地增加。此外，亮度还受到环境温度影响，环境温度越高，复合效率越低，亮度越小。若环境温度不变，增大电流密度，将会引起 p-n 结结温升高，使亮度呈饱和状态。

4）照度

照度的定义为被照面上单位面积接收到的光通量，它可以用来衡量光源的光通量投射到物体表面时被照面接收到光通量的多少。其单位为勒克斯（lx），用符号 E 表示，其表达式为

$$E=\frac{\mathrm{d}\Phi}{\mathrm{d}S} \tag{5.8}$$

照度是照明工程中最常用的术语和重要的物理参量，在目前的照明工程设计中一直被作为考察照明效果的重要量化指标。

5）配光曲线

配光曲线用来表征光源在特定方向的单位立体角内发出的光通量，也称配光曲线为光强分布。如图 5.8 所示，用曲线或表格来表征光源或灯具在空间各个方

向的光强度。光强分布随形状和封装材料不同而显示不同的特性，是一个很重要的参数。大部分 LED 光源的光强分布法线方向上最大，即朗伯分布，其光强度随偏离正法线方向角度的增大而减小。此外，还有蝙蝠翼型、聚光型和侧射型等配光曲线类型。

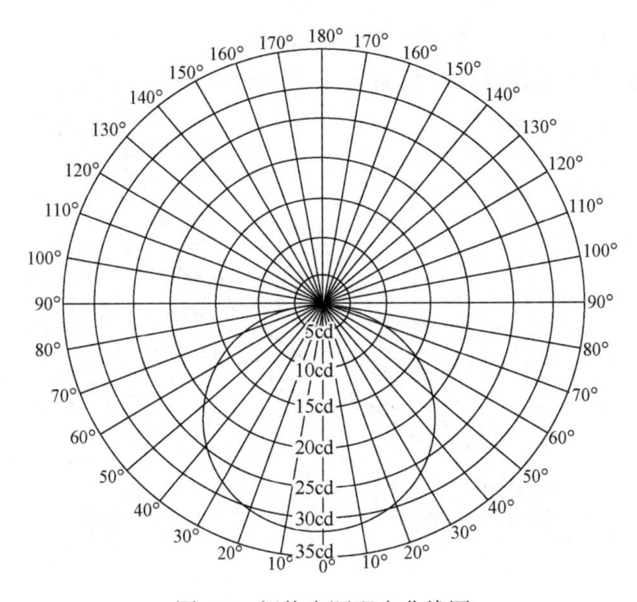

图 5.8　朗伯光源配光曲线图

6）发光效率和视觉灵敏度

发光效率 η，简称光效，意为光源的光通量 Φ 与光源消耗电功率 P 之比，其表达式为

$$\eta = \frac{\Phi}{P} \tag{5.9}$$

式中，P——消耗的电功率，W；

Φ——光通量，lm。

光源消耗的电能并不能完全转换为光能，有相当一部分能量会以热能形式放出。

视觉灵敏度是使用照明与光度学中一些参量。人的视觉灵敏度在 $\lambda = 555\text{nm}$ 处有一个最大值 680lm/W。

7）寿命

LED 的发光亮度降低至原有亮度一半时所经历的时间称为 LED 的寿命。当电流密度小于 1A/m^2 时，LED 的寿命可长达 $10^6 \sim 10^9\text{h}$，可见 LED 的寿命很长。随着工作时间的延长，LED 的亮度会不断下降，称其为老化。

LED 的老化速度与工作电流密度有密切的关系，随着电流密度增加，老化速度加快，寿命变短。

8）色温

当某一种光源（热辐射光源）发出的光颜色与某一温度下的完全辐射体（黑体）产生的光颜色完全相同时，该温度即为色温，是用来描述某发光体发出光线颜色的参数。

9）显色性与显色指数

照明光源对物体色表（该物体本身颜色或质感）产生影响，该影响是由于观察者有意识或无意识地将它与参比光源（太阳光）下的色表相比较产生的一种参数，此参数称为光源的显色性。显色指数是用来准确描述光源显色性的一种参数，用 R_a 表示。太阳光的显色指数 $R_a = 100$，即任何物体在太阳光的照射下都具有最真实的颜色或质感。

3. LED 热学特性

LED 与传统光源的发光原理不同，它是电子在能带之间的跃迁发光，属于冷光源，其光谱中不含有红外成分，无法依靠辐射散热。在工作过程中，外加电场驱使 p-n 结内电子与空穴复合，一部分能量转换为光能，其余转换为热能。目前，LED 的发光效率仅在 20%左右，其余约 80%的能量转换为热能。LED 功率提高导致热流密度增加，会导致 LED 芯片内的 p-n 结结温升高，这是影响 LED 性能的主要原因，这种热效应会使 LED 发出光的主要波长发生偏移而导致光源颜色发生偏移、减少 LED 的外量子效率、缩短器件使用寿命等。由此可见，使用过程中产生的温升会严重影响 LED 器件的可靠性和使用寿命。图 5.9 为大功率 LED 的光输出率与结温的关系图。可见，当 LED 结温升高至 65℃时，光输出率相对于室温时下降超过 10%。

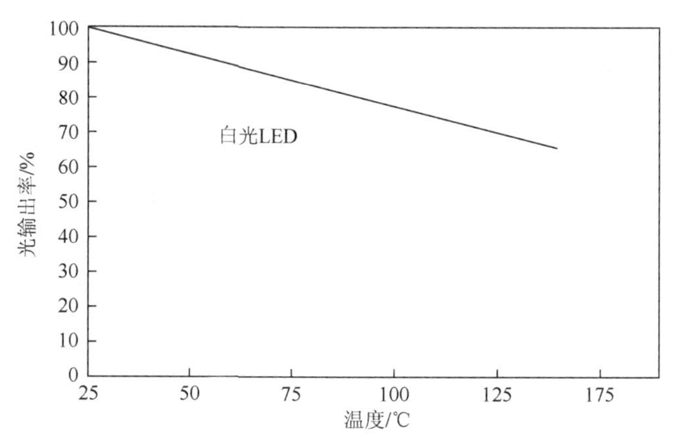

图 5.9　LED 光输出率与结温的关系图

5.3　电致发光材料及制备

中心发光层材料是“电致发光”技术的关键，从电致发光原理角度，电致发光材料可分为高场电致发光材料和低场电致发光材料。具体分类如图 5.10 所示，其中，低场电致发光的研究和应用最为广泛，本节将重点对其中心发光层材料进行介绍。

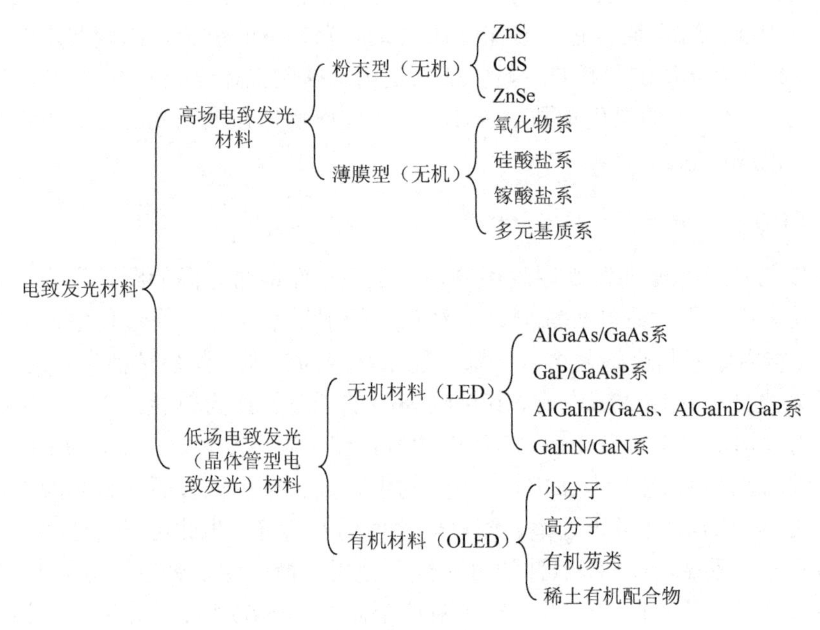

图 5.10　电致发光材料的分类

5.3.1　高场电致发光材料分类及制备

高场电致发光材料主要由无机材料构成，按照器件类型可分为无机粉末型和无机薄膜型。粉末型电致发光材料及器件在电致发光领域中发展较早，然而，无法通过宏观手段来控制其发光体的微观结构。另外，粉末电致发光器件的发光亮度随工作时间延长而持续下降。这些都给无机粉末型电致发光的理论发展带来极大困难，其应用也受到了很大限制。在粉末电致发光的基础上，无机薄膜的电致发光取得了迅速发展。薄膜电致发光器件不需任何有机介质，发光物质的密度增加，发光的亮度和效率也显著提高，具有高亮度、长寿命、高分辨率等优点。

1. 无机粉末型电致发光材料

粉末交流电致发光基质材料以 ZnS、CdS、ZnSe 及它们的固溶体为主，其中 ZnS、CdS、ZnSe 的禁带宽度分别为 3.7eV、2.5eV、2.6eV。在基质中可掺杂多种激活剂杂质，如 Cu、Au、Ag 和 Mn 等金属元素，可以形成不同的发光中心，进而得到不同颜色和波长的光。其中 ZnS:Cu 既是一种常见的绿色材料，又能成为蓝色材料。若 ZnS、CdS、ZnSe 三种材料按照特定比例混合，从而改变禁带宽度，可以得到黄色和橙红色材料。例如，采用柠檬酸溶胶-凝胶法制备出 $ZnGa_2O_4$:Mn 粉末，并使用丝网印刷法得到发出绿色光的粉末交流电致发光器件。电压为 100V 左右时器件将会启动，当频率为 1000Hz 时，器件的发光亮度会随着电压增加迅速增加，器件的发光亮度也和频率成正比。而 ZnS:Cu 无机电致发光材料样品经研磨相变处理后，发光材料的晶体结构转变为立方相占绝大多数的晶体，可激发出黄色光，该方法可提高发光材料的亮度，随着 Cu^{2+}浓度的增加，其发光亮度也会随之增加，但 Cu^{2+}的掺入量增加到一定值后会出现浓度猝灭现象。此外，对于粉末 ZnS:Cu 粉末交流电致发光器件，随着驱动频率的增大，发光光谱的中心波长发生蓝移，可发出波长为 504nm 的绿光到波长为 450nm 的蓝光。

粉末直流电致发光常用的基质材料主要包括 ZnS、SrS、CaS，其中 ZnS:Mn 是橙色材料，CaS:Ce、SrS:Ce 及 SrS:Mn 是绿色材料，CaS:Eu 和 Ba_2ZnS_3:Mn 是红色材料。由于粉末材料的制备工艺较为简单，易于大量生产，又便于制成大小、形状各异的电致发光屏，故其研究和应用相比于粉末交流电致发光均较为广泛。有研究通过在基质 ZnS 材料中掺入 Au^{2+}、Cu^{2+}两种不同含量的激活剂，得到了不同掺杂的 ZnS:Cu、Au、Cl 粉末电致发光材料，在最佳掺杂条件下材料亮度达到 10^5cd/m^2。

2. 无机薄膜型电致发光材料

无机薄膜型电致发光材料主要由以下几种构成：ZnS:Mn、SrS:Ce、ZnS:Tb、SrS:Cu 和 MGa_2S_4:Ce（M = Ca、Sr）。ZnS:Mn 是研究最早，且亮度和发光效率最高的电致发光材料，发光光谱带为 540～680nm，峰值在 585nm 左右，呈橙黄色；ZnS:Tb 是绿色薄膜材料，它的发光光谱带相对较窄；SrS:Ce、SrS:Cu 和 MGa_2S_4:Ce（M = Ca、Sr）是蓝光发光材料，表 5.2 列出了性能较好的发光材料。

无机薄膜电致发光器件面临的最大问题是难于实现全色显示。在三基色中，只有蓝光的亮度不能达到全色显示的最低要求。因此，蓝光问题一直是这一领域的研究难点。下面从材料角度分类简要介绍氧化物系、硅酸盐系、镓酸盐系、多元基质系等典型无机薄膜型电致发光材料，并重点介绍蓝光发光材料。

表 5.2　无机电致发光材料的性能

发光颜色	发光材料	发光亮度/(cd/m^2)(60Hz)	色坐标
橙黄	ZnS:Mn	400	（0.50, 0.50）
红色	ZnS:Mn/(过滤)	70	（0.65, 0.35）
	Ga_2O_3:Eu	250（120Hz）	（0.64, 0.36）
绿色	ZnS:Tb	100	（0.30, 0.60）
	ZnS:Mn/(过滤)	160	（0.47, 0.53）
	Zn_2SiO_4:Mn	620（120Hz）	（0.27, 0.70）
蓝色	SrS:Ce	100	（0.19, 0.36）
	SrS:Cu	28	（0.17, 0.16）
	$GaGa_2S_4$:Ce	10	（0.15, 0.19）
	$SrGa_2S_4$:Ce	5	（0.15, 0.10）
白色	SrS:Ce/ZnS:Mn	470	（0.46, 0.50）
	SrS:Cu/ZnS:Mn	240	（0.45, 0.43）

1）氧化物系电致发光材料

氧化物系电致发光材料相比于硫化物，其可用种类更多、发光色纯度更高、化学稳定性更好，也更易于获得三基色。正是由于这些特点，氧化物系电致发光材料得到了迅速的发展，这也为电致发光领域的研究提供了新的动力。Ga_2O_3、$ZnGa_2O_4$、Zn_2SiO_4、Zn_2GeO_4 等材料都是良好的电致发光材料基质，以此为基础已研制出多种具备高发光亮度的氧化物系电致发光器件。器件基本都采用金属电极-绝缘层-发光层-绝缘层-金属电极复合的夹层结构。而最基本的单绝缘层结构也能够满足氧化物系电致发光器的要求。如 $BaTiO_3$、$SrTiO_3$ 等具有介电性能的陶瓷基片可作为绝缘层，上方放置透明导电膜，下方放置沉积金属电极，发光体可直接沉积于陶瓷基片上。

ZnO 薄膜具有光致发光（室温紫外光发射）和电致发光的双重特性。采用电子束加热蒸发方法生长的 ZnO 薄膜，在其峰值为 380nm 左右能产生近紫外光，另外还能够观察到峰值在 480nm 的蓝色发光带[9]。合适的退火温度和退火气氛可以改善 ZnO 薄膜的结晶状态，使发光光谱蓝移，并且提高发光效率。这为从发光材料制备工艺过程角度解决蓝光问题提供了一个明确的思路。

Ga_2O_3 基质中掺入多种激活离子时，随不同离子的相对含量不同，发光体的发光性能也会发生相应的变化。例如，用磁控溅射法制备的 Ga_2O_3:Mn 薄膜［Mn 含量 0.3%～4%（原子分数）］为发光层，得到的 TFEL 器件在 1kHz 的交流电驱动下，发出的绿光亮度可达 $1018cd/m^2$。当 Ga 和 Cr 同时掺入，Mn 含量保持在

0.3%（原子分数）不变时，改变 Cr 的掺入量，发光颜色会从绿色变为红色，而发光亮度基本保持不变；若当 Cr 的掺入量不变时，改变 Mn 的含量，发出的光的颜色也会随着变化。故可以采用掺杂两种以上元素的发光体，并通过调整组分含量而对色彩的饱和度进行调整。

然而，氧化物系电致发光材料也有其自身的不足。根据碰撞激发模型，薄膜型电致发光主要包括载流子隧穿注入发光层，载流子的能量聚集，高能载流子激发发光中心，光发射等过程，这些过程与发光材料及其界面特性密切相关。氧化物材料结晶性能较差，在所制得的发光层薄膜中易引入各种缺陷，使得载流子的注入效率降低，在传输过程中的能量损失较大，从而导致了氧化物系电致发光材料较低的发光亮度和效率。

2）硅酸盐系电致发光材料

硅酸盐系电致发光材料如 Zn_2SiO_4、Y_2SiO_5 等是重要的光致发光和阴极射线发光材料，也可用于等离子体显示，某些掺杂其他元素的硅酸盐也具有优良的电致发光性能。例如，Zn_2SiO_4:Mn 在 lkHz 电源的驱动下，以 Zn_2SiO_4:Mn 为发光层的 TFEL 器件发出亮度可达 3020cd/m^2 的绿光，满足实用要求。在 Si 基片上制备出 Zn_2SiO_4:Mn 膜，所得 TFEL 器件在 400Hz、260V 的交流电驱动下，发光亮度达 55cd/m^2。在 Zn_2SiO_4 中分别掺 Ti、Eu、Se 等都发出了蓝光，以 Zn_2SiO_4:Ti 为发光层的 TFEL 器件，其发光亮度为 15.8cd/m^2。以 Y_2SiO_5:Ce 为发光层的 TFEL 器件可得到 14.2cd/m^2 的蓝光，Y_2SiO_5:Eu 可得到红光。

3）镓酸盐系电致发光材料

镓酸盐因其自身优良特性被认为是一类很有前途的电致发光基质材料。目前研究最多的是 $ZnGa_2O_4$ 材料，在 $ZnGa_2O_4$ 中掺杂不同的稀土或过渡金属离子作为激活剂，可得到发出不同颜色光的电致发光材料。在 1kHz 的正弦电压激励下，以 $ZnGa_2O_4$:Mn 为发光层用磁控溅射法制备薄膜，做成的 TFEL 器件发出的绿光最高亮度可达 746cd/m^2，以 $ZnGa_2O_4$:Tb、$ZnGa_2O_4$:Eu、$ZnGa_2O_4$:Tm 和 $ZnGa_2O_4$:Ce 为发光层的TFEL器件分别可以得到亮度为 9.4cd/m^2、11cd/m^2、5.6cd/m^2 和 0.5cd/m^2 的绿光、红光、绿光和蓝光发射[10]。多数碱土金属作为激活剂掺入镓酸盐后能展现出良好的电致发光性能。以 $CaGa_2O_4$:Eu、$CaGa_2O_4$:Mn、$CaGa_2O_4$:Tb、$CaGa_2O_4$:Dy 和 $CaGa_2O_4$:Ce 为发光层的 TFEL 器件分别表现为红光、绿光、黄光和蓝光发射，$MgGa_2O_4$:Mn 和 $SrGa_2O_4$:Tb 可得到绿光，$BaGa_2O_4$:Eu 可得到红光。金属离子和镓酸根离子的含量配比对电致发光的发光性能有很大影响。例如，在 CaO-Ga_2O_3 中掺杂 Mn，随 CaO∶Ga_2O_3 的比例不同，发光颜色会发生变化，随 CaO 含量从 0% 增加到 100%（摩尔分数），发光颜色从绿色变到黄色，CaO∶Ga_2O_3 = 1∶1 时，所得黄光的亮度最大可达 2790cd/m^2。而对于 Gd_2O_3-Ga_2O_3 体系而言，当加入 Ce 时，能发出蓝绿色的光，掺 Ag 时得到蓝色的光。

4）多元基质系电致发光材料

把两种或多种金属氧化物系电致发光材料组合，所得材料仍具有电致发光特性，并且通过改变每种组合的相对含量，可改变其发光性能。例如，由$(ZnGa_2O_3)_{1-x}$-$(ZnAl_2O_3)_x$-Mn 构成的发光层 TFEL 器件，随 x 值的变化，器件发光的色坐标也会发生变化。由 $MgGa_2O_3$:Mn 和 $ZnAl_2O_3$:Mn 按不同比例制备的 TFEL 器件，随组成的变化，光谱位置也要发生移动。由$(Zn_2SiO_4)_{1-x}$-$(Zn_2Gd_3)_x$构成的发光层 TFEL 器件，改变 x 的值，器件的亮度和发光效率都会变化，当 $x = 0.25$ 时发光亮度最高，达 4220cd/m^2；当 $x = 0.3$ 时发光效率最高，可达 2.53lm/W，此时的阈值电压也最大；当 $x = 0.5$ 时阈值电压最低，只有 50V，而且此时发光亮度随电压的增大迅速增大。可见，组成不同，原子占位等因素的影响，使得材料的结晶难易程度不同，因此，在相同制备条件下得到的材料的发光性能不同。

5）蓝色电致发光材料

实现全色显示所需的红光、绿光均已能满足要求，而蓝光器件的亮度还有待提高。由于蓝光波长短，要求基质材料的禁带宽度要大。人们自然想到了能够与 ZnS 相配合，而禁带宽度又较大的 CaS、SrS 等，其中，SrS:Ce 是人们最早发现的性能较好的蓝色电致发光材料。以下简要介绍几种主要的蓝色电致发光材料。

（1）SrS:Ce。

SrS:Ce 是人类发现最早的也是被研究最多的蓝色电致发光材料之一。尽管在近几年又发现了一些其他性能较好的蓝色电致发光材料，但 SrS:Ce 仍然被广泛认为是最有前途的[12]。当发光层的材料是 SrS:Ce 时，在 60Hz 的驱动条件下就能够得到 100cd/m^2 的蓝绿光，经滤光后可得到全色显示的蓝光。但是，SrS:Ce 也存在发光色纯度差、SrS 材料易潮解等问题。最初制备 SrS:Ce 薄膜材料的方法一般是电子束蒸发法，但由于 Sr 与 S 的蒸气压相差较大，极容易引起 S 的流失，从而会影响成膜的质量。通过在真空室通入 H_2S 或 S 蒸气来补充 S 的流失是解决这个问题最简单的方法，但这种方法也会对真空系统造成较大损坏。溅射是常用的另外一种 SrS:Ce 薄膜制备方法，采用射频溅射的方法制备直流型 SrS:Ce 薄膜电致发光器件，并在 2%H_2S-98% Ar 气氛下将 SrS:Ce 器件进行退火，器件的发光亮度可以达到 2000cd/m^2 以上，并且在滤光后仍然可以得到很强的蓝光。但与此同时，它也会对制备过程有一些不利的影响[12]，例如，在器件退火的过程中，氧离子会从绝缘层向发光层扩散，对发光过程造成不利影响。为了避免或消除这种不利的影响，将快速热退火（rapid thermal annealing，RTA）处理方法引入直流型 SrS:CeTFEL 中，这种方法在薄膜制备过程中是常用的[13]。与传统的退火方法相比，RTA 处理方法不仅可以解决氧离子的扩散问题，而且其结晶状态也会发生明显的改善，同时其发光亮度提高了 8 倍以上。

（2）MGa_2S_4:Ce（M = Ca, Sr）。

虽然 SrS:Ce 蓝色电致发光材料的亮度较高，但其峰值的波长在 480～500nm，当使其用于彩色显示时，加滤色片之后才能获得符合显示要求的蓝光。这不仅增加了发光器件的复杂性，也大大降低了器件最终的发光亮度。而将 Ga 添加至 SrS 中，不仅能够使其禁带宽度变大，同时也会促进 Ce 发光的蓝移现象。所以，MGa_2S_4:Ce（M = Ca, Sr）等材料不断变成了人们研究的热点。这种材料中，Ce 原子的发光波长要比 Ce 原子在 SrS 中的发光波长短，并且色纯度较好，同时这种材料不易潮解、稳定性好[14]。

（3）SrS:Cu。

MGa_2S_4:Ce（M = Ca, Sr）蓝色电致发光材料能够获得色纯度较好的蓝光，但其发光亮度低于 SrS:Ce 材料的发光亮度。另外，由于其蓝色电致发光材料是三元系，成膜的质量很难进一步提高，所以，人们尝试将其他的激活剂加入 SrS 中以期获得高亮度的蓝光。将 Cu 加入到 SrS 时，SrS:Cu 材料发出蓝光的色纯度很高，其电致发光峰值在 430～460nm，引起了广泛的关注。进而制备了直流型 SrS:Cu 薄膜电致发光器件，采用分子束外延的方法，发现经 S 气氛退火后，该器件在 60Hz 电流频率驱动下的蓝光亮度可以达到 $26cd/m^2$。另外，也利用反应蒸发的方法制备了直流型 SrS:Cu、Ag 薄膜的电致发光器件，在制备过程中，温度保持小于 600℃，有效地降低了生产成本。Cu 浓度也会对发光器件的性能产生影响，并且随着 Cu 浓度的增加，发光强度不断增强，光谱的红移现象明显。

（4）GaN。

GaN 具有宽的直接带隙、强化学键、抗腐蚀、耐高温等优异的性能，因此，GaN 成为众多研究者的研究热点，已广泛应用在短波长高亮度发光器件、高功率晶体管、高温晶体管和紫外光探测器等器件中。GaN 单晶膜的发光性能的研究可以采用金属有机物气相沉积（MOCVD）方法在实验室中完成。

5.3.2　低场电致发光材料分类及制备

低场电致发光（晶体管型电致发光）即 LED 电致发光，其发光层材料可分为无机 LED 电致发光材料和有机 LED 电致发光材料。

1. 无机 LED 电致发光材料

目前，有 4 种常见的 LED 材料系列：①GaP/GaAsP 材料系列——发出小功率黄、黄绿、橙、琥珀色光；②AlGaAs/GaAs 材料系列——发出高亮度的红色光；③AlGaInP/GaAs、AlGaInP/GaP 材料系列——发出高亮度的红、橙、黄、黄绿色光；④AlGaInN/GaN 材料系列——发出高亮度的蓝、绿色光。各种材料系列所对应的发光波段如图 5.11 所示[15]。

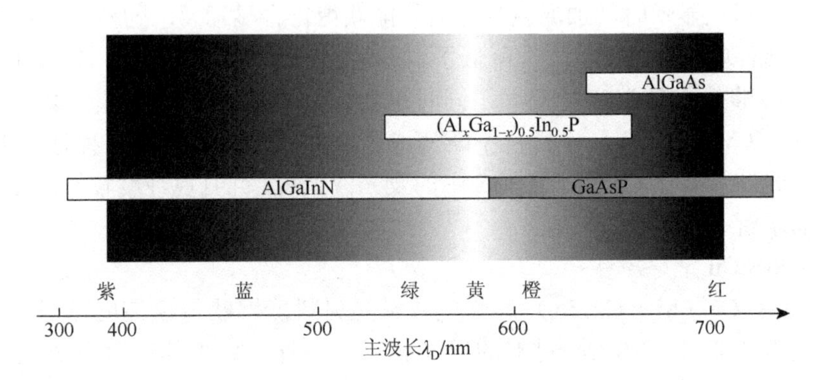

图 5.11 可见光区光电半导体材料

1）GaP/GaAsP 材料体系

GaP/GaAsP 一直活跃在 LED 应用中。世界上第一支 LED 在 1962 年由通用电气公司研制成功，是由 GaAsP 制成的红光 LED，20 世纪 60 年代后期开始进行批量生产。LED 研究与应用越来越受到世界各国的高度重视，我国在 20 世纪 60 年代末也开始进行相关研究。随着 GaAsP 材料的制备技术不断进步，气相外延技术（vapour phase epitaxy，VPE）使材料性能大幅提高。

GaAsP 是闪锌矿结构，由间接带隙的 GaP 与直接带隙的 GaAs 组成固溶体，若 GaAsP 系列材料的化学式为 $GaAs_{1-x}P_x$，其中 x 为比例系数，当 $x<0.45$ 时，GaAsP 是直接带隙半导体，此外在 $x=0.4$ 时，材料的外量子效率达到最高，发光波长为 650nm，为典型的红光 LED；但是当 $x\geqslant 0.45$ 时，材料为间接带隙半导体，发光波长变短，发光效率也随之明显降低。因此，从发光效率方面，GaAsP 材料只能用于红光 LED 的制备。随着材料制备技术的发展，人们利用液相外延技术（liquid phase epitaxy，LPE）制备出发出其他颜色光的 GaP LED。GaP 系列材料制备过程中，GaP 作为透明衬底。GaP 系列材料带隙大，衬底对光的再次吸收最小，但是由于 GaP 为间接带隙材料，辐射复合的概率很小。为了提高材料的发光效率，研究人员研发了 GaAsP 等电子掺杂技术，使不同的等电子陷阱发光中心掺入其中，使红、黄、橙、绿 LED 的发光效率提升了十倍。例如，在 GaP 材料中掺入 N 原子，N 和 P 原子同属于ⅤA 族元素，但 N 原子掺杂后可以替代 P 原子，以等电子陷阱杂质形式出现，杂质能级位于带隙，而不是形成合金材料，并且能够改变 GaP 的带隙宽度。掺入 N 原子的 GaP 材料杂质带波长约 534nm，发绿光，这是由被陷阱 N 原子复活的激子发光所导致的，N 原子电子亲和力较大，在材料中作为陷阱俘获电子形成负电荷中心，而这个负电荷中心又可以吸引空穴形成激子，即 GaP

材料导带中的电子由于 N 原子的陷阱作用，容易限制在陷阱周围，电子通过陷阱与空穴复合发光，从而 $\Delta K = 0$ 的跃迁概率提高，辐射复合增强，其发光原理如图 5.12 所示。

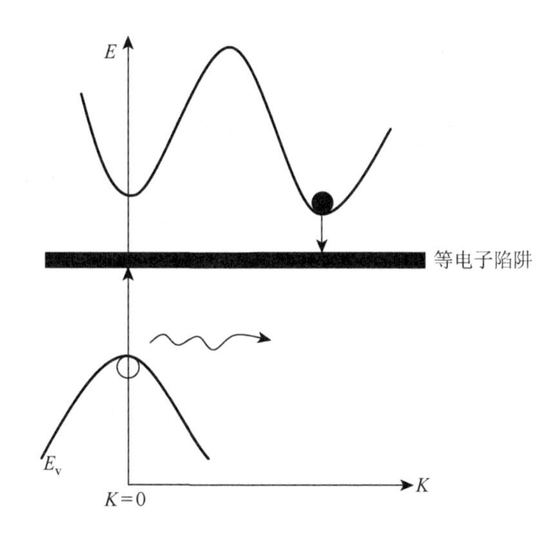

图 5.12　在间接带隙材料中通过等电子陷阱的辐射复合的 E-K 示意图

用 LPE 方法制备出的 GaP 材料更为经济，但 N 原子的掺入因受固溶体的限制掺杂量较难提高。采用 VPE 方法可以提高 N 原子的掺杂量。通过使用 VPE 方法，N 掺杂的载流子浓度可以提高到 $10^{19}cm^{-3}$，材料中陷阱 N 原子之间彼此距离变近，可以相互形成叠加的波函数，材料发光谱中的 N-N 原子对峰增加，发光波长向长波移动，LED 发出黄光，波长为 590nm。为得到更丰富的发光颜色体系，在发光层中掺入如 Zn、O 等元素，可制备出发不同颜色光的 LED[16]。

虽然通过等离子掺杂方法可极大地提高 GaP、GaAsP LED 的发光效率，但由于此类材料本身性质属于间接跃迁，进一步提高发光效率困难很大。

2）AlGaAs/GaAs 材料体系

为了克服间接带隙材料属性限制，LED 器件材料研究重点转向具有直接带隙的Ⅲ族砷化物，主要包括 AlGaAs/GaAs 等材料。AlGaAs 是第一种广泛应用于半导体异质结结构的系列材料。采用 LPE 方法生长制备出的 AlGaAs/GaAs 红光 LED 器件的发光亮度比 GaP:N 型 LED 的发光亮度提高了 2～3 倍。AlGaAs/GaAs 体系中，GaAs 是直接带隙半导体，AlAs 是间接带隙半导体，$Al_xGa_{1-x}As$ 是 GaAs 和 AlAs 的合金化学表达形式，当 $x = 0.45$ 时是材料从直接带隙到间接带隙半导体材料的转折点。

AlAs 和 GaAs 材料及它们的合金 AlGaAs 都是立方闪锌矿型结构，AlGaAs

材料体系最大的优点是 AlAs 和 GaAs 材料的晶格常数很接近，分别为 0.5653nm 和 0.5662nm，故不用考虑晶格失配的问题。在 GaAs 单晶衬底上外延生长 AlGaAs 材料，可以获得质量很好、位错密度很低的材料，因而该材料的发光效率很高。

单独的 GaAs 发光材料，内量子效率可以达到 99%，但在接近 AlGaAs 由直接带隙到间接带隙的转变点时，内量子效率会迅速降低。此外，材料发光波长从红外过渡到可见光，并逐渐向红光靠近，人眼视觉灵敏度增加，因而发光效率先增大后减小，有一个最佳范围。最佳光效的发光段在 640～660nm，对应的 x 值为 0.34～0.40，这一区域的内量子效率能达到 50%左右[17]。

目前 AlGaAs 材料存在两个问题：一是 $Al_xGa_{1-x}As$ 在 $x<0.45$ 时为直接带隙，但当 $x>0.45$ 时，AlGaAs 材料从直接带隙变为间接带隙。因而随着 AlAs 成分的提高，AlGaAs 材料中间接带隙成分增加，会导致发光效率下降，仍无法采用 AlGaAs 制备波长小于 650nm 的 LED；另外，为了使其发光波长到红光波段，有源区 AlGaAs 必须含有较高含量的 Al，高 Al 值的材料容易与水及氧气化合成氧化物，这会导致器件寿命变短，衰减速度也会加快，从而影响此类器件的应用。

3）AlGaInP/GaP 材料体系

Ⅲ族磷化物中，AlP、GaP 是间接带隙的半导体材料，InP 是直接带隙的半导体材料。虽然 AlP 和 GaP 及它们的三元系合金都是间接带隙，但是当 AlP、GaP 和直接带隙的 InP 组成合金时能产生直接带隙的 AlGaInP 四元单晶。

随着金属有机物化学气相沉积技术的不断成熟，具有最大直接带隙的 AlGaInP 材料成为研究的热点与重点。若该材料化学式为$(Al_xGa_{1-x})_yIn_{1-y}P$，当 $y\approx 0.5$ 时，它可以近乎完美地与 GaAs 衬底相匹配，因而异质外延可以在 GaAs 单晶衬底上实现，这就导致迄今研究应用最多的是$(Al_xGa_{1-x})_{0.5}In_{0.5}P$ 材料，其中 In 组分含量固定在 0.5。通过改变 Al 的含量就能改变材料的发光波长。对于$(Al_xGa_{1-x})_{0.5}In_{0.5}P$，与上述材料类似，当 $x\leqslant 0.65$ 时，为直接带隙半导体材料，当 $x>0.65$ 时，从直接带隙半导体材料变为间接带隙半导体材料，此时带隙对应波长约为 540nm。材料的带隙结构、晶格常数与组分的具体关系见图 5.13。该材料制备的发光器件的发光波长在 540～656nm，主要包含以下 7 部分：650～660nm（极红）、635～645nm（亮红）、625～630nm（超红）、615～620nm（红橙）、605～610nm（橙）、590～600nm（黄）、565～580nm（黄绿）。AlGaInP 一般不能用 LPE 生长，而是通过使用 MOCVD 法制备，可以实现对组分的高精度控制。此类材料具有发光效率高、Al 值低等优点[18]。

该材料体系同样存在一些缺陷，随着发光波长的减小，AlGaInP 的发光效率会下降很快。主要原因是，在较短波长有源区的 Al 值增大，使材料的非直接跃迁

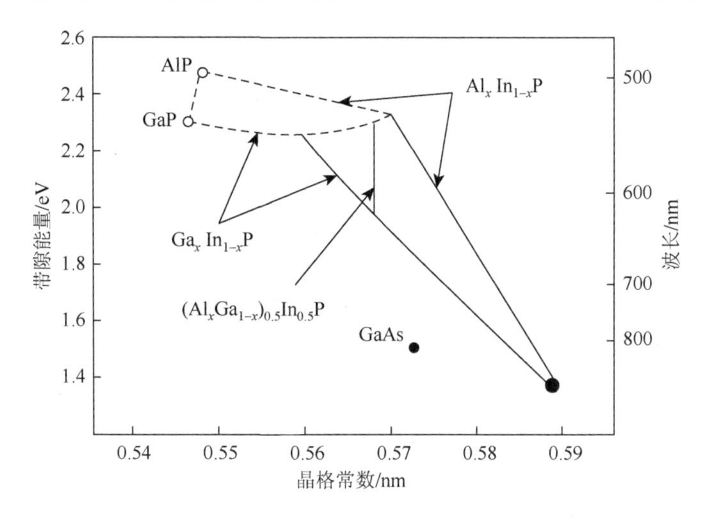

图 5.13 AlGaInP 带隙能量、波长与晶格常数关系

实点和实线：直接带隙；空点和虚线：间接带隙

成分增多，导致内量子效率下降。AlGaInP 材料 LED 的发光效率随着波长的变短先增大，在 610nm 达到峰值，随后下降。当波长减小时，虽然人眼对光的敏感程度在增加，但是内量子效率衰减的更快，因此发光效率降低。在长波段区，由于 AlGaInP 材料的内量子效率非常高，提高其发光效率的关键是要提高其光子的逃逸率。因而对于 AlGaInP 材料系列，还需要提高其内量子效率，目的是解决载流子的限制问题，有效降低 Al 的不良影响。

对 AlGaInP 材料进行 n 型和 p 型掺杂，制备成异质结结构的 LED，可以得到非常高的发光效率，在 614nm 波段，红光 LED 发光效率可以超过 100lm/W。

4）AlGaInN/GaN 材料体系

GaN 材料及其蓝、绿光 LED 的发展与 AlGaInP 几乎同步。正是高亮度蓝、绿光 LED 器件的出现，使全色显示成为可能。AlGaInN/GaN 材料体系主要包括 GaN、InN、AlN、InGaN、AlGaN、AlGaInN 等合金材料，其带隙可以在 0.7～6.2eV 广阔的空间范围内调节。目前，研究和应用热点主要集中在 GaN 材料、低 In 含量的 InGaN 材料和低 Al 含量的 AlGaN 材料，其中低 In 含量的 InGaN 材料带隙对应于蓝光波段，是当前半导体照明芯片材料的主流，与 GaN 材料一起，是外延材料的关注重点。

AlGaInN/GaN 材料体系虽然研究较早，但其在蓝光发光材料中成功应用较晚。1907 年第一次人工合成了 AlN，直到 1971 年，才研制出金属-绝缘体-半导体（metal-insulator-semi-conductor，MIS）结构的 GaN 蓝光 LED，当时由于材料发展有限没有合适的衬底材料，GaN 基材料质量不高、位错密度大，从而陷入了低潮。20 世纪 80～90 年代，AlGaInN/GaN 材料体系取得了两个重大突破：缓冲层技术和 p 型材料的激活技术，人们实现了利用分子束外延（molecular beam epitaxy，MBE）方法在 300nm 的 AlN 缓冲层上生长 GaN 薄膜，又利用 MOCVD 方法在 AlN 缓冲层上生长得到了高质量的 GaN 薄膜，在随后科研人员又利用低能电子束（low energy electron beam，LEEB）方法得到掺杂 Mg 的 p 型 GaN 样品，这些都被视为 GaN 材料研究发展的重大突破。同一时期，科研人员成功实现利用低温 GaN 缓冲层在蓝宝石衬底上得到高质量的 GaN 薄膜，并采用退火激活方式得到 p 型 GaN，在 1994～1995 年成功开发出第一支 GaN 基蓝光 LED，并于 1998 年使 LED 的连续工作寿命提高到 6000h。此后，越来越多的人对氮化物进行研究，采用 MOVCD 方法研制成功了 GaN 基蓝、绿光 LED，轰动了世界。

AlGaInN 材料体系的二元、三元和四元化合物都是直接带隙，具有优越的光学性质。此外，材料的化学性质稳定、耐强酸强碱、抗辐射、材料硬度大，并且除了 InN 均具有较宽的带隙，可以耐高温。材料优越的物理、化学性质使其可以在各种恶劣气候条件下应用，因而具有极其重要的工程应用价值。GaN、InN、AlN 三种材料及其各组分的合金都是六角晶系结构，如图 5.14 所示，目前研究和利用最多的是采用 MOCVD 方法以蓝宝石、SiC 和 Si 作为衬底沿晶体 c 方向进行材料外延生长。但在制备高 In 组分的材料时，需要低温生长，所以采用 MBE 方法生长更有优势。

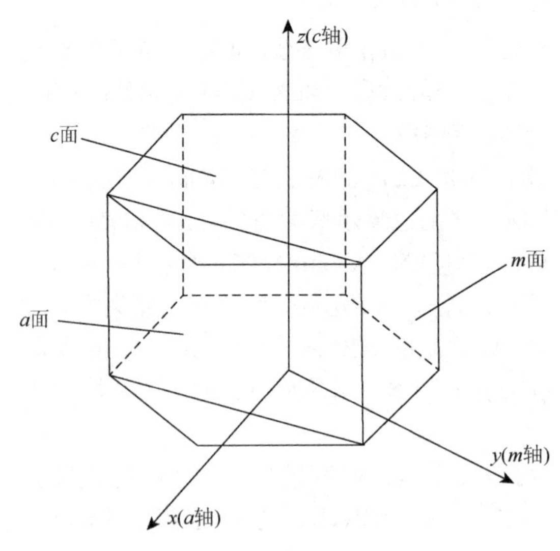

图 5.14　GaN 材料晶格元胞示意图

其中 c 面是极性面，m 面和 a 面是非极性面

现阶段 AlGaInN/GaN 材料体系应用最多的是 $Al_xGa_{1-x}N$ 和 $In_xGa_{1-x}N$，而四元合金 $Al_xIn_yGa_{1-x-y}N$ 应用得较少，大部分仍处在研究阶段。$In_xGa_{1-x}N$ 带隙在 0.64～3.4eV 连续可调，对应于近红外到近紫外波段，可覆盖整个可见光区，因而在发光领域，尤其是蓝光 LED 的有源层面有重要的研究和应用价值。$Al_xGa_{1-x}N$ 带隙在 3.4～6.2eV 连续可调，对应于近紫外到深紫外波段，一般用作紫外发光二极管和高频、高功率电子器件，如高电子迁移率场效应管（high electron mobility transistor，HEMT）。

AlGaInN 材料体系典型的 n 型掺杂杂质是 Si，p 型掺杂杂质是 Mg。n 型掺杂比较容易，可以获得低电阻的 n 型 GaN。p 型掺杂对于 GaN 较难，直到利用低能电子束辐照（LEEBI）方法得到了 Mg 掺杂 p 型 GaN 样品，才使得 GaN 材料体系在器件制备方面得到迅速发展。目前由于 p 型 GaN 材料的空穴浓度仍然很难提高，能够稳定利用的 p 型 AlGaInN 材料体系集中在 $Al_{0.2}Ga_{0.8}N$ 到 $In_{0.2}Ga_{0.8}N$ 范围之内。

虽然 AlGaInN 材料体系还很不完善，有效利用的范围也很小，但在半导体蓝、绿发光领域已经获得广泛的应用。以此材料体系制备出的 LED 大都采用多量子阱结构，以蓝宝石或 SiC 为衬底，以 InGaN 材料作为有源层。其蓝光波段发光效率较高，460nm 波段内量子效率超过 80%。InGaN 具有很高的位错密度，但在蓝光波段仍具有很高的发光效率，其机理是在 InGaN/GaN 组成的量子阱发光层中，InGaN 势阱中往往产生相分离，产生 InGaN 量子点，会形成量子点发光。

InGaN 材料制备出的 LED 器件在蓝光小电流注入下发光效率较高，但在大电流注入和绿光、黄光、红光等波段，发光效率急剧下降。随着注入电流加大，使发光效率降低的 Droop 效应的重要原因就是俄歇复合；而量子斯塔克效应导致 InGaN 绿光 LED 发光效率降低很多。为了减小和消除 c 轴向生长的 LED 的 Droop 效应和量子斯塔克效应，可以选择 LED 材料外延生长为图 5.14 中的 x 向或 y 向，即沿 m 面或 a 面（非极性面）方向生长，材料的自身极化效应和压电极化效应仍然保留，但只是沿着 LED 电流注入的垂直方向，即 LED 的面相，对电子和空穴的空间波函数没有影响。

目前，AlGaInN 材料体系还有待完善，材料质量还有待提高。为此该材料体系制备的 LED，当前主要应用在蓝光和绿光波段，随着材料的进步、器件结构的改善，将来完全可能延伸到黄光、橙光、红光甚至红外光波段，为扩展 LED 的应用空间提供可能。

经多年发展，目前，蓝、绿光及白光 LED 已广泛应用。表 5.3 列出了各种材料体系 LED 的特点和用途；表 5.4 列出了各个波段光及其相应的发光材料、器件结构、制备方法和发光段主波长等。

表 5.3　各种材料体系 LED 的特点及用途[19]

材料体系	颜色	可靠性	亮度	常用领域
GaP/GaAsP	红、黄、橙、绿	差	低亮度	信号灯、电子仪表
AlGaAs/GaAs	红	差	高亮度	信号灯、电子仪表
AlGaInP	红、橙、黄、黄绿	高	高亮度、超高亮度	信号灯、车内外指示灯、交通灯、户外显示、通信
AlGaInN/GaN	蓝、绿、白	高	高亮度、超高亮度	全色显示、车内外指示灯、交通灯、照明

表 5.4　各个波段光及其对应的发光材料、器件结构、制备方法和发光段主波长[19]

光色	衬底	发光层	结构	外延方法	发光波长/nm
蓝光	蓝宝石	InGaN	MQW	MOCVD	470
绿光	蓝宝石	InGaN	MQW	MOCVD	525
黄绿光	GaP	GaP	HS	LPE	570
黄光	GaAs	AlInGaAs	MQW	MOCVD	590
黄光	GaP	GaAsP	HS	VPE + 扩散	590
橙光	GaAs	AlInGaAs	MQW	MOCVD	625
橙光	GaP	GaAsP	HS	VPE + 扩散	630
红光	GaP	GaP	HS	VPE + 扩散	650
红光	GaP	GaAsP	HS	LPE	660
红光	GaAs	AlGaAs	SH	LPE	660
红光	GaAs	AlGaAs	DH	LPE	660
红光	AlGaAs	AlGaAs	DH	VPE + 扩散	660
红外光	GaAs	AlGaAs	DH	LPE	880，940

注：多量子阱 multi-quantum well，MQW；同质结构 homojunction structure，HS；单异质结 single-heterostructure，SH；双异质结 double-heterostructure，DH

2. 有机 LED 电致发光材料

有机电致发光二极管简称 OLED（organic light emitting diode）。发光材料是 OLED 器件中的核心材料，有机发光材料的选择必须满足下列要求：①具有高量子效率的荧光特性，荧光光谱在 400～700nm 的可见光区域内；②具有良好的半导体特性，即具有良好的导电率，能够传导电子或者空穴；③具有良好的成膜性；④具有良好的热稳定性。

按照化合物的分子结构，用作 OLED 发光层的材料一般可分为两大类：有机小分子化合物和高分子聚合物。有机小分子化合物的分子量一般为 500～2000，一般可用真空蒸镀方法成膜；高分子聚合物的分子量为 10 000～100 000，通常是具有导电或半导体性质的共轭聚合物，能用旋涂和喷墨打印等方法制备成膜。其中，有机芴类电致发光材料和稀土有机配合物电致发光材料的应用十分广泛。本章将从有机小分子电致发光材料、高分子电致发光材料、有机聚芴类电致发光材料和稀土有机配合物电致发光材料的分类及制备几个方面进行介绍。

1）有机小分子电致发光材料

有机小分子电致发光材料具有分子量确定、化学修饰性强、选择范围广、提纯容易、荧光量子产率较高，以及可以产生红、绿、蓝等各种颜色光的优点。本节通过对有机小分子电致发光材料进行分类，主要从器件的发光颜色和化合物分类两方面进行介绍。具体内容包括纯绿光、蓝光、红光有机小分子电致发光材料及金属配合物电致发光材料。

（1）绿光有机小分子电致发光材料。

香豆素 6 是一种独特的激光染料，将这种染料掺杂在 OLED 主体发光材料的研究发现，香豆素 6 的荧光发射峰值在 500nm 处（蓝绿色），荧光量子效率几乎能达到 100%，但是该材料在高浓度时存在严重的自猝灭现象。随着对 OLED 器件中绿光材料研究的不断深入，香豆素染料衍生物广泛应用于绿光掺杂染料中。

喹吖啶酮是另一类重要的绿色荧光染料。在固态时看不到荧光，当它被分散到 8-羟基喹啉类配合物（Alq_3）的主体发光材料中时，荧光效率很高，发射波长为 540nm 的绿光。但喹吖啶酮分子中具有亚胺基和羰基的结构，分子间易形成氢键而形成激发双体，或与 Alq_3 形成配合物造成非放光的消光机制。

（2）蓝光有机小分子电致发光材料。

蒽类化合物是典型的蓝光材料，也是目前 OLED 器件中应用最广泛的蓝光主体发光材料。采用两步 Suzuki 偶合反应合成蒽-三苯胺的衍生物，发现其作为非掺杂的主体发光材料具有较强的蓝光发射性能，最大外部量子效率为 0.44%～0.48%。

在 OLED 器件中以低聚喹啉为核心的衍生物也有较好的蓝光效果。6, 6-二［2-（1-芘基）-4-苯基喹啉］和 6, 6-二［2-（1-三苯基）-4-苯基喹啉］属于两种新的含有 N 型共轭的芘基和三苯基基团的化合物。用这两种材料组装成器件并研究其发光性能，发现两种新材料的发光性能较为优越，其中含有芘基的发光材料的器件发光亮度为 13 885cd/m^2，外部量子效率为 3.5%，发射波长在蓝绿光范围内。这些结果说明以低聚喹啉为核心接枝上芘基或三苯基能够应用在蓝光 OLED 器件中。

（3）红光有机小分子电致发光材料。

a）掺杂型红光材料

红绿蓝三基色 OLED 中，绿光器件性能最好，红光器件最差。有机电致发光材料中，导致红色发光材料缺乏的主要原因有：①红色发光染料的最低激发态与基态之间的能级差相对较小，激发态染料分子的非辐射失活较强，导致红光材料的荧光量子产率不高；②红色发光材料多数为客体材料，需要与主体材料真空共蒸形成发光层，工艺耗时且重复性差；③在高浓度或固体薄膜状态下，染料分子间的距离小，分子间相互作用浓度猝灭效应明显，甚至不发光；④红色发光染料的最高占据分子轨道（highest occupied molecular orbital，HOMO）与最低未占分子轨道（lowest unoccupied molecular orbital，LUMO）之间的能级差较小，致使红光材料同载流子传输层之间能级匹配困难，不能使电子和空穴在发光层内复合。目前，一般采用在器件中掺杂红光有机染料实现红色发光。通过这种方法制备出的红光 OLED 能够改变器件的色纯度，而且客体发光材料还能够吸收主体材料中不发光的那部分多余能量，提高器件的效率，增加器件的稳定性。

最经典的红色有机小分子电致发光材料为 4-（二氰基亚甲基）-2-甲基-6-（4-二甲基氨基苯乙烯基）-4H-吡喃（DCM）及其衍生物。由于 DCM 染料分子在掺杂时存在浓度猝灭现象，在高浓度掺杂时会造成器件效率降低，在最佳掺杂浓度时由于不能屏蔽 Alq_3 的发射峰，得不到色度较纯的红光，同时也很难应用于大规模生产中。所以可通过分子设计，在极性分子中引入空间位阻大的基团，减少分子间簇集效应，以达到降低红色发光材料的自猝灭现象的效果，即用 DCM 衍生物代替 DCM 作为掺杂染料。

b）非掺杂型红光材料

采用染料掺杂的方法制备出的红光 OLED 通常会随着电压的升高，色坐标向黄光区偏移；随着器件工作时间延长，容易因客体分子的聚集产生相分离而使器件性能下降。掺杂型红光染料会产生浓度猝灭现象，造成红光染料只能作为客体发光材料掺杂在主体发光材料中，这就对掺杂量的控制和器件制作过程有很严格的要求。因此，对于非掺杂型红光材料来说，制备过程简易，对于解决红光 OLED 器件的缺陷有较大的潜力。发展主体发光的非掺杂型 OLED 是目前研究的另一个热点[20]。

（4）金属配合物电致发光材料。

金属配合物既有有机物高荧光量子效率的优点，还具有无机物稳定性好的特点，因此被认为是最有应用前景的一类发光材料。许多金属配合物在溶液中有高效的荧光量子效率，而在固体中的荧光量子效率却不理想，这主要是因为在溶液中溶剂分子可以充当配体，满足配位数的要求，而在固体中，由于配位数不饱和，所以稳定性差，在真空蒸镀时容易分解，因此用于电致发光的金属配合物要求金属配位数应饱和。常用的金属离子有 Be^{2+}、Zn^{2+}、Al^{3+}、Gd^{3+}，以及稀土元素如 Eu^{3+}、Gd^{3+}等（稀土有机配合物将单独分类介绍）。

Alq_3 的玻璃化转变温度高，本身具有电子传输性，可以用真空蒸镀法成膜等优点，一直被广泛使用。Alq_3 几乎满足了有机器件对材料提出的所有要求，是一种性能优良的电致发光绿光材料。通过镓、铟、铍、镁等金属修饰可获得性能更好的或同等的其他颜色的器件。

10-羟基苯并喹啉类配合物的铍配合物作为发光层材料，由其组装的一个双层结构器件，最大发光波长在 516nm 时，发光效率可达到 3.5lm/W。尽管该材料的特性是可观的，但是由于为贵金属且毒性较大，对环境不利，因此目前应用价值有待发掘。

Schiff 碱类金属配合物中研究较多的是锌亚甲基胺配合物，有 1∶1 和 1∶2 型，其分子结构如图 5.15 所示，这类配合物都满足了电荷平衡和配位数饱和两个必要条件，可以得到非常纯的荧光固体，且能制备性能良好的非晶态薄膜，故有助于提高 EL 器件的耐热性和稳定性。

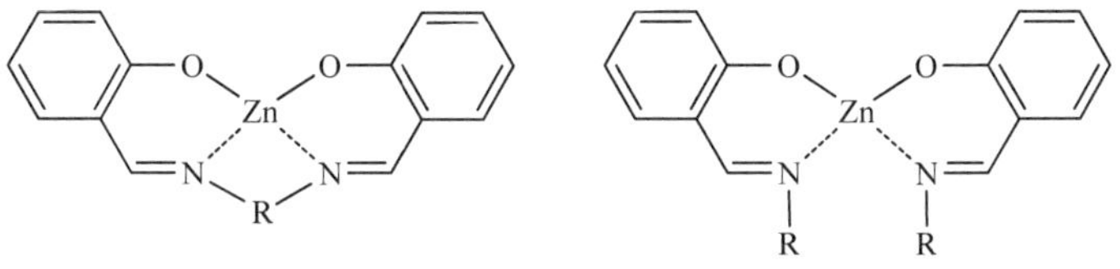

$R = -(CH_2)_{6/7/9}-, -C_6H_4-$

(a)1∶1 型

$R = -CH_3, -CH(CH_3)_2, -C(CH_3)_3$

(b)1∶2 型

图 5.15　锌亚甲基胺配合物的分子结构

近年来学术界和工业界的大量投入使得有机电致发光技术迅速发展。有机化学家的积极参与，使获得高荧光量子效率和高玻璃化转变温度的材料方面具有相当把握。在刚性分子及有空间位阻的分子结构材料的设计上也是相当成功的。就金属配合物而言，它具有刚性分子结构、普遍较高的玻璃化转变温度、优良的载流子传输性、中心离子与配体之间具有较大空间位阻，是一种非常好的有机电致发光材料。在目前平面薄板全彩色显示器巨大的市场需求下，积极开发金属配合物电致发光材料具有巨大的商业价值和社会意义。

2）高分子电致发光材料

高分子电致发光材料来源广泛，与有机小分子电致发光材料相比，其在工作时不会有晶体析出，且可依其用途的不同进行分子设计。并通过化学修饰的方法能对材料的电子结构、发光颜色进行调整。高分子电致发光材料的机械加工性能、成膜性和稳定性好，能够制作成可折叠卷曲的柔性器件，器件具有启动电压较低、亮度与发光效率普遍较高的优点，使聚合物成为实际应用中具有广阔发展前景的电致发光材料。

目前高分子电致发光材料和器件的性能指标得到了很大提高，常用的高分子电致发光材料主要有以下几类：聚噻吩类（polythiophene，PT）、聚苯撑乙烯类（polyphenylene vinylate，PPV）、聚芴类（polyfluorene，PF）、聚对苯类（polyphenylene，PPP）、聚乙炔类（polyacetylene，PA）等。鉴于材料本身特点及相关研究热点，本节主要介绍前两种有机高分子电致发光材料，简要介绍其他材料，并在下一节着重介绍聚芴类电致发光材料。

（1）聚噻吩类（PT）电致发光材料。

PT 聚合物是被广泛研究的一类共轭聚合物，聚噻吩类电致发光材料易于合成聚噻吩及其衍生物，且具有稳定性非常好、导电率几乎不变的优点。它的主要合成方法包括化学方法和电化学方法。最先获得成功的是 POPT，结构式见图 5.16（a），它的单层器件 ITO/POPT/Ca:Al（ITO:氧化铟锡）发射出红光，在 6V 电压下它的量子效率达到最大（0.3%）。目前，效果较好的聚噻吩衍生物还有 PCHMT，结构式见图 5.16（b），它的双层器件的起动电压为 7V，发射蓝色光，在 24V 的电压激发下，量子效率达到 0.6%。

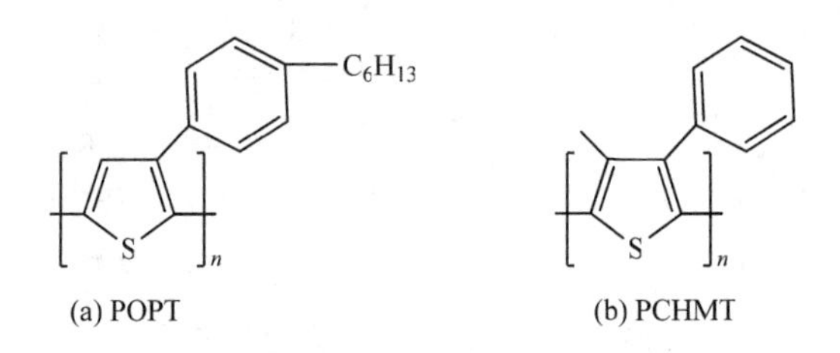

(a) POPT　　(b) PCHMT

图 5.16　聚噻吩衍生物

（2）聚苯撑乙烯类（PPV）电致发光材料。

PPV 在异类高分子电致发光材料的应用中被认为最具有前途，也是最早被报道用于制备电致发光器件的高分子材料。经典的 PPV 材料不能满足发光器件的制作要求，归因为其具有不溶与不熔的特点。为此很多学者通过化学改性和物理改性设计合成出结构、性能各异的 PPV 及其衍生物，满足其使用要求。

在合成的几个系列的 PPV 基新型饱和红光和近红外光发射的共轭共聚物中，聚［(2-甲氧基-5-辛氧基-对苯乙烯撑）-（4, 7-二噻吩-2, 1, 3-苯并硒二唑乙烯撑）］的最大发射波长约为 800nm，是已发现的 PPV 基共轭聚合物中电致发光波长最长的，这在不含稀土元素的金属络合物和有机染料离子的电荧光聚合物中也是极少见的。将金刚烷引入到 PPV 衍生物的侧链中，能够使聚合物分子链的空间位阻增加，链与链之间的距离增大，荧光猝灭现象减少。在主链中的乙烯基上加入—CN 基后，得到的 PPV 衍生物很不稳定，易发生光氧化反应，而在主链中的苯环上加入—CN 基，不影响其稳定性。

（3）其他高分子电致发光材料。

一般情况下聚对苯类均聚物，热稳定性较好，有较高的发光效率，为蓝光发射材料，可通过取代基与其他基团共聚来提高蓝光的纯度。

聚乙炔是最早被发现具有金属传导性的共轭聚合物，但其发光效率很低，为此可用共聚合的方法合成具有刚性结构发光效率较好的聚乙炔，而其溶解性较差。有研究人员合成含有咔唑与对烷氧基苯结构单元的聚芳烃二乙炔，且将这种聚合物作为器件的发光层，得到启亮电压为 6.5V，最大发光亮度为 $90cd/m^2$。

目前为止，蓝紫光材料缺乏，而聚噁唑类电致发光材料主要发蓝或紫光，正好弥补了这一不足。如果在聚合物链中引入噁二唑基团，则有可能使其聚合物材料既能发光又有电子传输能力，这样就可简化器件，减小器件的厚度，提高载流子的注入效率。在聚噁二唑的衍生物中，研究较多的是聚三苯胺类聚合物，由于这类聚合物链中含有三苯胺基团，故此类聚合物具有空穴传输的能力。同时，三苯胺基团还可阻止双键的氧化，有利于器件的稳定性。以联苯乙烯基团作为发光基团，以三苯胺基团作为空穴传输部分，当做成单层器件时，能发射出明亮的绿色。

3）有机芴类电致发光材料

由于具有较高的光热稳定性，芴在各种有机电致发光材料中是一种最常见的蓝光材料。固态芴的带隙能大于 2.90eV，荧光量子效率高达 60%～80%。通过在 2 位、7 位及 9 位碳上引入不同的基团可以得到一系列衍生物，因而在结构上芴又具有一定的可修饰性。鉴于其优良的性能，以下重点介绍有机芴类电致发光材料。有机芴类电致发光材料主要包括以下几种。

（1）芴的小分子类电致发光材料。

芴的小分子类有机电致发光材料，由于其材料性能与结构之间的关系比较明确，实验容易控制，在溶解性、可加工性等方面具有突出的优势。图 5.17 给出了两类芴的小分子衍生物。芴 9 位上苯环的位阻会导致其扭曲的螺旋结构，从而会使得材料聚集态为无定形状态，激子在分子间的传递被阻止，因此这种材料的发光效率一般都在 90%以上。该类材料的玻璃化转变温度在 200℃以上，显示出良好的热稳定性。除此之外，这两种材料对载流子的迁移率高，呈双极性传输特性：材料［图 5.17（a）］对电子的传输率为 $10^{-3}cm^2/(V·s)$；而另一种材料［图 5.17（b）］对空穴的传输性能比较好，可以达到 $4×10^{-3}cm^2/(V·s)$，这可以跟传统的空穴传输材料——芳香胺类相媲美[21]。

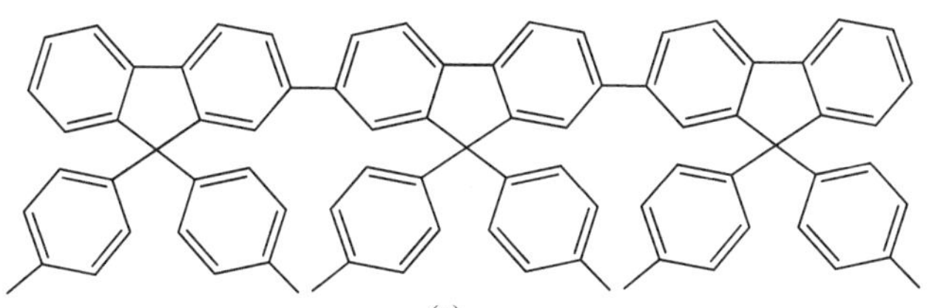

(a)

(b)

图 5.17　芴的小分子衍生物

图 5.18 给出了一系列由芴衍生而来的杂环小分子化合物。用 Se 原子取代 S 原子对材料的分子内电荷转移几乎没有影响，但材料的发光波段会发生红移。因此，这类材料在全息照相技术方面应该会得到很好的研究和应用[22]。

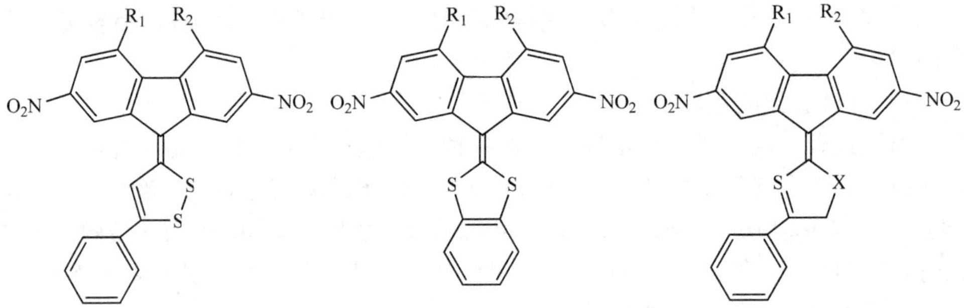

(a)　(b)　(c)

图 5.18　芴衍生杂环小分子化合物

R_1, R_2 = H, CO_2CH_3, CH_3, NO_2; X = Se, S

通过单溴代螺旋芴与蒽的 Suzuki 反应，图 5.19 给出了芴小分子蓝光材料[23]。这种小分子材料的玻璃化转变温度为 207℃，拥有好的热稳定性。另外，在分子中引入具有螺旋结构的芴单元，会使材料呈无定形聚集态，能够克服并阻止对发光性能有害的材料链间激子失活。这种材料的带隙为 2.81eV，亮度为 300cd/m^2，

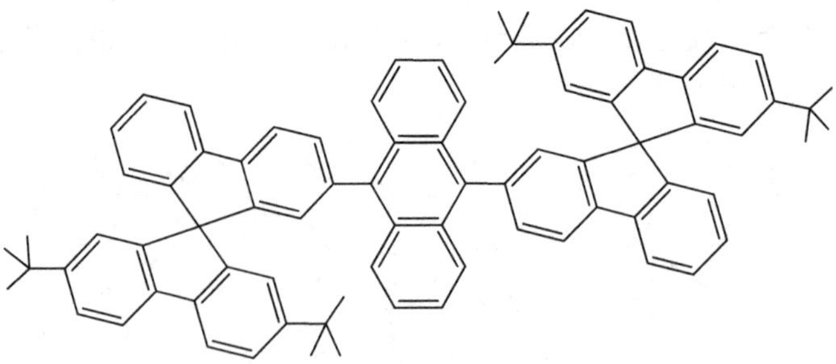

图 5.19　芴小分子蓝光材料

发光效率为 1.22lm/W；发射峰的最大半峰宽度为 48nm，最大的发光波长位于 424nm 附近，能够实现蓝光发射。

（2）芴的均聚物类电致发光材料。

在芴的高反应活性 9 位碳上引入侧基是对芴均聚物改性的主要方式。引入的侧基一般是芳香环、脂肪碳链或者是其他基团。引入侧基后有两方面的作用：一是提高了聚芴在有机溶剂中的溶解度，从而改善最后材料的加工及成膜性能；二是通过位阻可以调节材料的聚集态结构，从而在一定温度范围内保持聚芴的品型稳定，提高材料的发光效率。一般情况下，空穴的运动速度是电子运动速度的 100 倍，所以在侧基上引入一些基团，如腈基等，是提高材料电子传输性能的一个常用手段。

调节福斯特（Förster）的能量转移，能够使材料发光波段出现转移，通过这种方法可以调节材料的发光波长。通过对聚芴主链部分侧基化，如图 5.20 所示，能够得到一种含芳香酰胺侧基的发光材料，能够使材料最大发光波长从 558nm 转移到 675nm[24]。

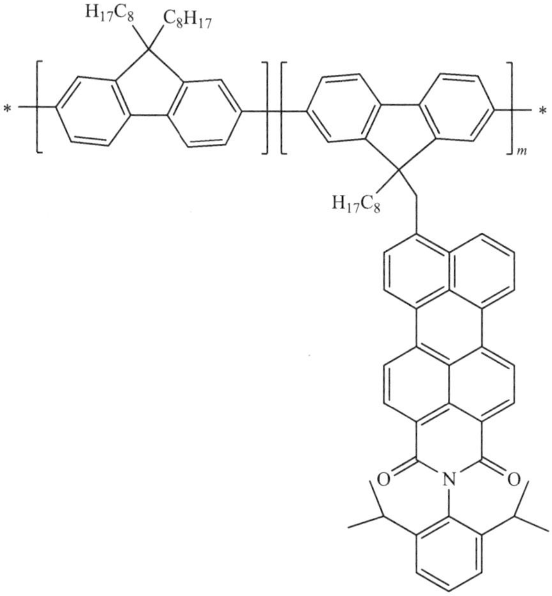

图 5.20　含芳香酰胺侧基的芴均聚物

（3）芴的共聚物类电致发光材料。

与芴的均聚物相比较，芴的共聚物主要有两方面的特点：一方面，对于芴的共聚物，材料的最高占有轨道和最低空轨道具有更大的调节范围，因此可以调节材料的发光效率、最大发光波长、载流子传输能力及饱和色纯度等；另一方面，也可能与芴上苯环互相影响所导致的可反应点有限有关系，可以通过调节芴材料的共轭长度，实现这种材料的高纯度蓝光发射，同时有效防止普通芴材料发蓝光时的红移。引入一定量的脂肪烃、脂肪醚或者硅氧链到一些共轭高分子的主链上，可以提高蓝光发射的饱和色纯度[25]。

在经过退火或者通电流后，聚芴作为蓝光材料一般更容易形成激子。在聚芴主链上引入三联苯，制备了一种芴封端的蓝光材料。在 200℃下退火 72h，这种化合物依旧能够稳定地发射蓝光。此外，具有分子内交联结构的材料能够起到改善材料综合发光性能的作用。图 5.21 给出了一种聚芴电致发光材料，这种材料具有新颖的结构。侧链上的芴能够提高整个高聚物和其他化合物的亲和性，有利于多层器件的制备；另外，芴的侧基也可以降低整个高分子 π 键的重叠程度，防止分子间激子迁移的形成。

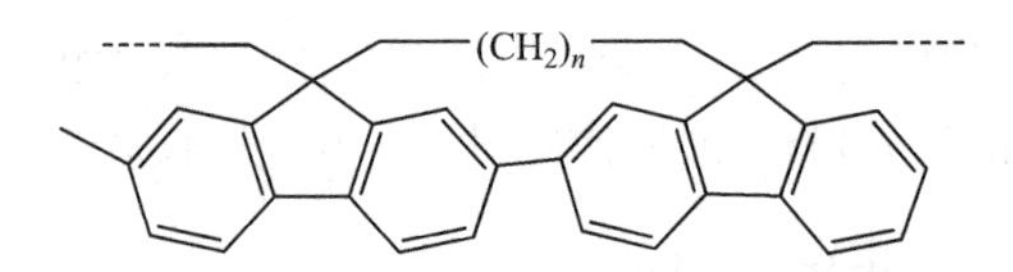

图 5.21　具有新颖结构的聚芴电致发光材料

含金属有机配合物的芴类电致发光材料也具有优良的综合性能。依据量子化学的自旋守恒原理，一般光激发产生的激子超过 25%才可以发光，而引入一些含重金属离子的配合物之后，在重金属离子与配体之间强的自旋-轨道偶合作用下，能够实现所产生的激子 100%发光。图 5.22 给出了引入联吡啶配体至芴与苯酚的共聚物侧链上，与 Eu^{3+}进行配位，制备的一系列包含着不同配体的聚合物发光材料。所制得的这些高分子配合物的溶解性好、加工性能好、热稳定性大幅提高。

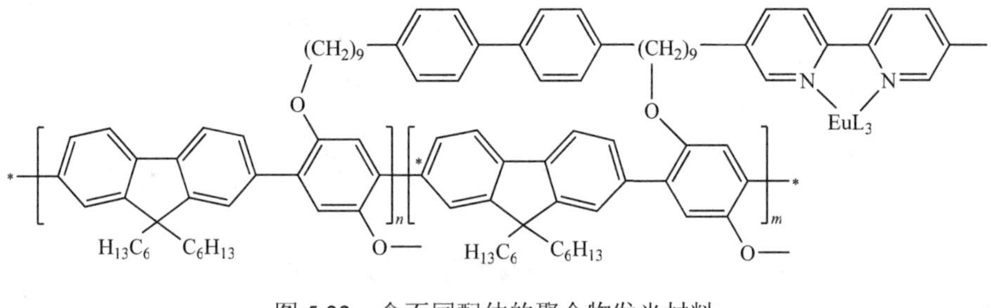

图 5.22　含不同配体的聚合物发光材料

（4）芴的纳米晶或纳米乳液类电致发光材料。

随着芴类电致发光材料研究的不断深入，共轭有机/无机物的纳米晶或纳米乳液的发光现象已经成为一个重要的研究内容[26]。由于纳米尺寸的颗粒会具有一些特殊的性质，可能会改善甚至扩展目前其他电致发光材料的发光性能。为了解决在制备具有多层结构的发光二极管时发光层与传输层之间的材料容易互相渗透的问题，

图 5.23(a)～(c)给出了采用微乳法制备的共轭聚合物的颗粒 Me-LPPP、PF、PCPDT。它们的尺寸在 70～250nm。由图 5.23（d）可以看出，Me-LPPP 纳米颗粒尺寸分布均匀。这种材料可以阻止颗粒的结合团聚，主要是因为纳米颗粒表面活性剂之间存在静电排斥力，而溶液浓度、搅拌速度及表面活性剂的添加量也会影响纳米粒子的大小与分布，因此可以通过调控这些因素对纳米粒子的大小和分布进行调整。与常规浸涂法制备的器件相比，采用这种方法制备的器件具有启动电压低、发光效率高的优势。原因可能是形成的纳米“钟乳石”提高了电子注入的效率。

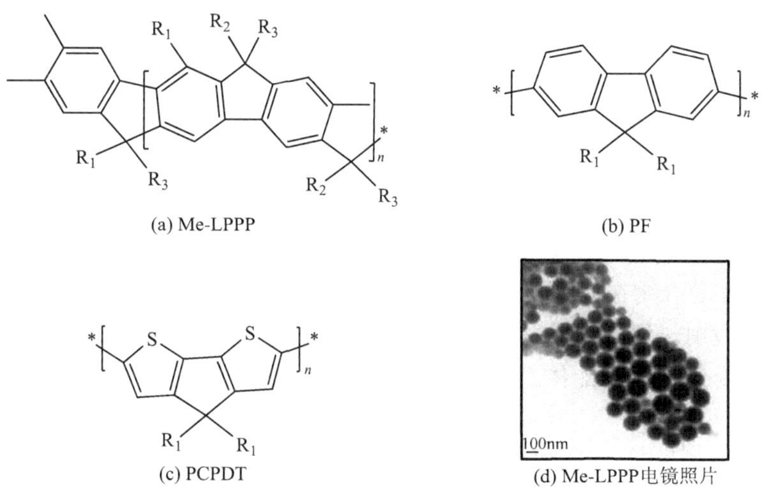

(a) Me-LPPP

(b) PF

(c) PCPDT

(d) Me-LPPP电镜照片

图 5.23　芴的共轭聚合物的颗粒

4）稀土有机配合物电致发光材料

稀土有机配合物的发射带窄，其发射光谱同时也具有类原子光谱性质，色纯度高（半宽峰<10nm），这种材料非常适合全彩色显示的应用。除以上优点之外，稀土有机配合物的发光效率高，理论上内量子效率可以达到 100%。

稀土有机配合物中心离子的激发机制和其他有机荧光配合物中心离子的激发机制不同。在有机荧光配合物中，激发能量的衰减将会以热能的形式释放出来，因此不会发生光子的发射过程。这也就导致以有机荧光材料组装的器件的量子效率较低，基本上不会超过 25%。相对而言，对于稀土配合物，通过从配体的三重态到中心稀土离子的分子内能量传递，稀土离子被激发[27]。因此，通过利用单重态和三重态的能量，以稀土有机配合物作为发光体的器件的内量子效率可以达到 100%。因此，很多 OLED 都用稀土有机配合物作为其发光体。

根据稀土离子的发光特性可以分为以下几方面的内容：稀土 Eu 配合物电致发光材料、稀土 Tb 配合物电致发光材料、稀土 Nd，Yb 和 Er 的配合物电致发光材料、稀土 Dy 配合物电致发光材料。

（1）稀土 Eu 配合物电致发光材料。

在 1991 年，人们开始对红光稀土 Eu^{3+}配合物的电致发光性质进行研究。通过采用二苯甲酰甲烷（dibenzoylmethane，DBM）作为第一配体，将邻菲咯啉（phenanthroline，phen）作为第二配体合成了配合物 $Fu(DBM)_3phen$，将第二配体 phen 引入到 $Eu(DBM)_3$ 配合物中，既满足了稀土离子高配位数的要求，又增加了配合物的发光性能和稳定性，同时又使配合物可以蒸发成膜。因此，掺杂对稀土 Eu 配合物是一种有效提高其发光效率的手段，这是因为掺杂可以避免在高浓度下 Eu 配合物自猝灭过程发生，也可以利用主体材料的成膜性好、热稳定性好或载流子传输性好等优点，弥补配合物自身的不足，还可以通过主体对客体的有效能量传递来提高发光效率。虽然利用掺杂方法提高了稀土 Eu 配合物的 EL 亮度和色纯度等问题，但是效率一直没有大的提高。为了解决这一问题，通过使用 Eu 配合物作为客体，掺杂到 4, 4′-*N*, *N*′-二咔唑二苯基（CBP）主体材料中。分析 EL 光谱和电流密度的特点，出现客体直接俘获电子和空穴然后形成了载流子，这样在低电流密度下就会出现高量子效率。

（2）稀土 Tb 配合物电致发光材料。

稀土 Tb 配合物在光致发光中表现为绿色发光，与 Eu 的配合物相似，主要是 Tb^{3+}的特征发射，最强发射峰位于 545nm，因此 Tb 配合物是一类纯正的绿色发光材料。按照配合物第一配体的区别，Tb 配合物为发光中心的 OLED 可主要分为如下两种。

a）β-二酮配体及其衍生物的 Tb 配合物

稀土 Tb 配合物的研究首先是将三乙酰丙酮铽[$Tb(acac)_3$]配合物作为发光层与三苯基二胺（triphenyldiamine，TPD）空穴传输层一起组成双层 EL 器件 ITO/TPD/$Tb(acac)_3$/Al，得到了纯的铽离子（Tb^{3+}）的特征发射谱带，其最强发射峰在 545nm 处，对应于 $_5D^4 \rightarrow _7F^5$ 跃迁过程，半宽峰仪为 10nm 表现为纯的绿色发光。尽管当时的发光亮度只有 7cd/m^2，却使人们看到了稀土配合物用在 EL 显示器件上的可行性。通过加入第二配体如 1, 10-phen，不仅满足了 Tb^{3+}多配位数的要求，还提高了配合物 $Tb(acac)_3phen$ 的稳定性，在器件 ITO/PVK/$Tb(acac)_3phen$/Al 中的最大发光亮度为 210cd/m^2（PVK——聚乙烯咔唑）。用 Cl 取代第二配体 phen 上 5-位的 H 原子得到配合物 $Tb(acac)_3$(phen—Cl)，发现用其组装的器件的 OLED 性能优于用 $Tb(acac)_3phen$ 组装的器件。

b）吡唑啉酮及其衍生物的 Tb 配合物

吡唑啉酮及其衍生物是 Tb^{3+}一种优良的配体，由于吡唑环本身 5-位上的羰基及 4-位上连接的酰基构成了类似 β-二酮的烯醇式共轭结构。因此，吡唑啉酮的 Tb 配合物具有高的发光效率和较好的载流子传输能力。3-甲基-1-苯基-异丁酰基吡唑啉酮-5（3-methyl-1-phenyl-5-pyrazolone，PMP）及三苯基氧膦（three phenyl phosphine oxide，TPPO）第二配体形成的三元配合物 $Tb(PMP)_3(TPPO)_2$ 具有非常好的 EL 特性。获得的器件最大发光亮度可达 920cd/m^2（18V），流明效率为 0.5lm/W。当加入 LiF 作为电子注入层，则发光亮度可提高到 2500cd/m^2，流明效率为 0.63lm/W。

（3）稀土 Nd，Yb 和 Er 配合物电致发光材料。

稀土离子 Nd^{3+}、Er^{3+}和 Yb^{3+}主要在近红外区（800～1700nm）存在特征离子发射，而它们的配合物在紫外区（200～400nm）的有效吸收可以将能量传递给中心离子，然后稀土中心离子呈现出它们的特征发射。另外，离子本身在可见光区也有一定的吸收，这部分吸收同样可以转化为本身的发光，所以这些离子的配合物往表现为红外泵浦激光特性，这种较强的红外发光在现代光纤放大、光纤通信中有着巨大的应用潜力。这些离子中，Er^{3+}在 1540nm（对应于 $_4I^{13/2}\rightarrow{}_4I^{15/2}$ 的电子跃迁）左右的近红外发射对于光纤通信具有很重要意义，这是因为在室温下的发射具有窄带宽度和高的带宽容量。

Nd^{3+}在近红外区的发光主要来自于内层电子的跃迁发射，4f 电子的跃迁发射 $_4I^{3/2}\rightarrow{}_4I^{9/2}$(893nm)、$_4I^{3/2}\rightarrow{}_4I^{11/2}$(1060nm)，以及 $_4I^{3/2}\rightarrow{}_4I^{13/2}$(1336nm)。基于 Nd 配合物 $Nd(DBM)_3$bath（bath——红菲绕啉），其结构为 ITO / TPD(50nm) / $Nd(DBM)_3$ bath(25nm) / Alq_3 (50nm)/Mg:Ag，在器件加电压时得到了对应于 Nd^{3+} 的 f-f 电子跃迁的尖锐近红外发射带。采用 8-羟基喹啉作为配体与 Nd 配位的配合物（NdQ）作为发光中心组装的器件 ITO/TPD/NdQ/Al，从 13V 开始检测到 Nd^{3+}的红外发射 900nm（$_4F^{3/2}\rightarrow{}_4I^{9/2}$）、1060nm（$_4F^{3/2}\rightarrow{}_4I^{11/2}$）和 1320nm（$_4F^{3/2}\rightarrow{}_4I^{13/2}$）。

Yb^{3+}的发光很简单，只是来自于 4f 电子的 $_4F^{5/2}\rightarrow{}_4I^{7/2}$ 跃迁。如前所述，以其配合物作为发光中心，光谱仍为 Yb^{3+}的特征发射，如果发射峰出现劈裂的情况，则光谱可能表现为宽带光谱（950～1050nm）。以 $Yb(DBM)_3$bath 为发光中心组装了器件 ITO / TPD / $Yb(DBM)_3$ bath : TPD / $Yb(DBM)_3$ bath / Mg : Ag，该器件在 4.5V 下就得到来自于 Yb^{3+}的近红外 EL 发光，呈现为劈裂的宽峰。

（4）稀土配合物电致发光材料的不足。

虽然稀土配合物电致发光的研究取得了较大的进展，但和其他电致发光材料相比，稀土配合物在电致发光性能上的差距还是很大的，离实用标准更是相距甚远，在发光亮度、效率及器件稳定性上需要大大提高。通常，稀土配合物电致发光研究主要存在以下问题：①稀土配合物的荧光和磷光寿命太长（有的达毫秒级），这使得一些非辐射过程的作用非常明显，猝灭因素很多，尤其在电致发光器件中，激子的猝灭非常严重。②稀土配合物在电致发光中的发光机理还不是很清楚。③稀土配合物的稳定性需要进一步提高，包括光、热稳定性及在一些特殊条件（高真空、高场强等）下的稳定性。④成膜质量需要提高。很多稀土配合物的成膜质量不是很好，形成的薄膜易于结晶，从而破坏器件的稳定性。⑤稀土配合物自身载流子传输性能较差，严重影响器件的性能。⑥器件设计上的能级适配问题。一般稀土配合物都具有较宽的带隙，如吸收一般都在紫外区，很难找到合适的主体材料进行掺杂，辅助材料如空穴/电子传输层的能级也经常和稀土配合物失配，导致空穴或电子注入效率不佳或不平衡。尽管目前稀土配合物的电致发光性能还不是很理想，但它诱人的光学性质激励着国内外科学工作者在这个领域不断努力。通过对机理更深入的微观研究及新材料设计思想的不断更新，人们相信稀土配合物在发光领域的潜在优势将被逐渐发掘和利用。

5.4　电致发光能量转换技术与应用

如 5.3 节所述，对于 LED 器件，芯片是其最为重要的组成部分。而各类发光层材料又是芯片的核心与关键。根据具体应用情况，LED 产业链可以分为三个部分，一是 LED 产业链上游，此过程主要是选择并制备合适的发光层材料，之后结合材料属性和使用条件制备芯片；二是 LED 产业链中游，在此过程中封装 LED 芯片，并制备成 LED 器件；三是 LED 产业链下游，也就是在 LED 器件投入应用之前，综合考虑驱动、散热和光学设计等问题，对具体设备进行优化，具体如图 5.24 所示。图 5.25 给出了以 LED 路灯为例的芯片—封装—组装—应用的全部过程。本节主要介绍了发光层材料芯片的制备、封装、器件组装及应用。应用主要包括 LED 技术在照明和显示领域的使用。

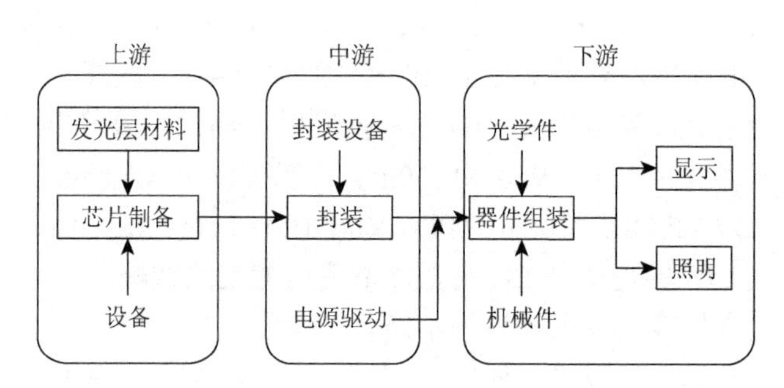

图 5.24　LED 产业链示意图

5.4.1　LED 器件的制备

1. 芯片

1）无机 LED 芯片

科学技术的发展促进了 LED 产业的高速发展，目前 LED 芯片封装主要有正装、倒装和垂直三种[28]。下面简要对其进行介绍。

（1）正装芯片。

正装结构的 LED 芯片也就是最普通的 LED 芯片，它的结构如图 5.26 所示。

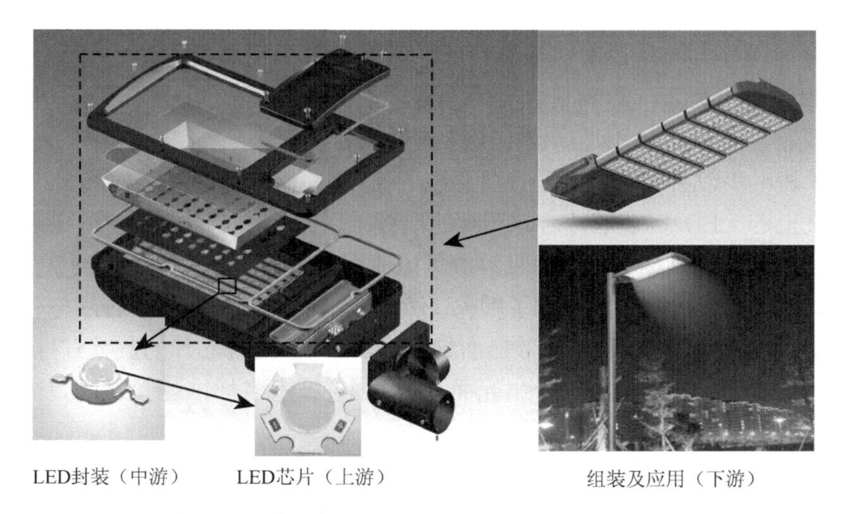

图 5.25　LED 路灯芯片—封装—组装—应用详解图

对于该种结构，有源层发出的光是经过 p-GaN 层和透明接触层发射出来的。这种芯片在应用过程中，外部驱动与 LED 芯片之间的电气连接需要通过焊线的方式来实现。相对于其他两种结构而言，这种芯片的结构简单、制作工艺也较为成熟。但这种结构的芯片也有两个重大的缺陷。第一，芯片的出光效率较低，主要是因为两个电极都处于芯片的出光面上，并且电极和焊接点都会对光有吸收作用；第二，这种芯片在工作中，电流横向流过 n-GaN 层而引发电流拥挤的现象，导致局部的热量很高。另外，蓝宝石衬底散热性能差，芯片的焊线成了大部分热量唯一的散热渠道。因此，正装芯片会在很大程度上限制驱动电流的输入，并阻碍热量的散失。

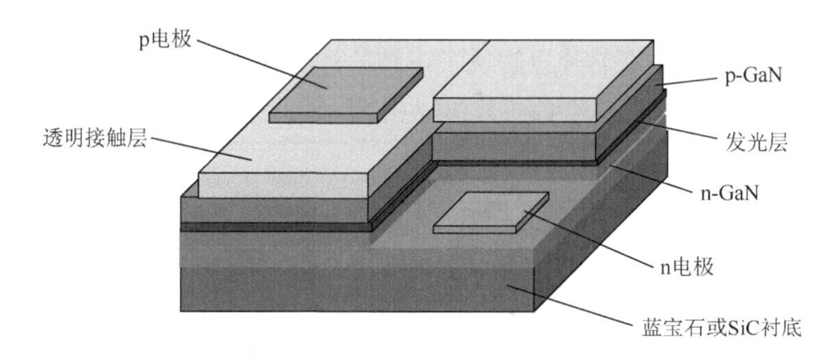

图 5.26　LED 正装芯片结构示意图

（2）倒装芯片。

基于正装芯片所存在的散热不好和吸光等问题，研究人员提出了一种倒装芯片（flip chip）技术。该技术改变了 LED 芯片封装的结构，把正装芯片的衬底朝上作为出光面，电气连接通过在电极上制作金属凸点与硅基板键合来实现。但此技术也存在问题。硅基板的热导率较低，散热的效果也不理想是问题之一；金属凸点的制作工艺复杂，影响其性能的因素较多是问题之二；电流拥挤的现象并没有得到改善，芯片本身还是横向电流结构是问题之三。

为了进一步改善上述倒装芯片所存在的不足，科研人员研制出如图 5.27 所示的真正意义上的 LED 倒装芯片。该芯片的电极采用打孔技术来制备，这样不仅避免了金属凸点复杂的制作工艺，而且解决了电流密度不均匀、横向电流拥挤的问题。与此同时，电极焊盘的面积得到了增大，所以在共晶焊接的过程中芯片与基座的接触面积也可以变大，这样芯片的散热面积就可以变大。这种芯片的蓝宝石衬底较厚，所以这种结构的倒装芯片有五个出光面，并且制备技术多样，具有很好的发展前景。

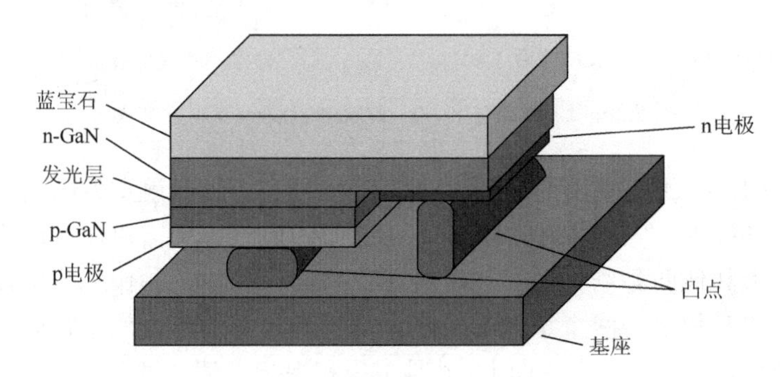

图 5.27　LED 倒装芯片结构示意图

（3）垂直芯片。

LED 芯片两种基本的物理结构便是横向结构和垂直结构。顾名思义，垂直芯片就是使电极分布在 p-n 结的两层，工作过程中电流纵向流过整个 LED 芯片，如图 5.28 所示。因此，垂直芯片也解决了正装芯片所存在的散热问题和电流拥挤的问题。通过衬底剥离技术，垂直芯片可以用 Si、Ge 及 Cu 等衬底来替代蓝宝石衬

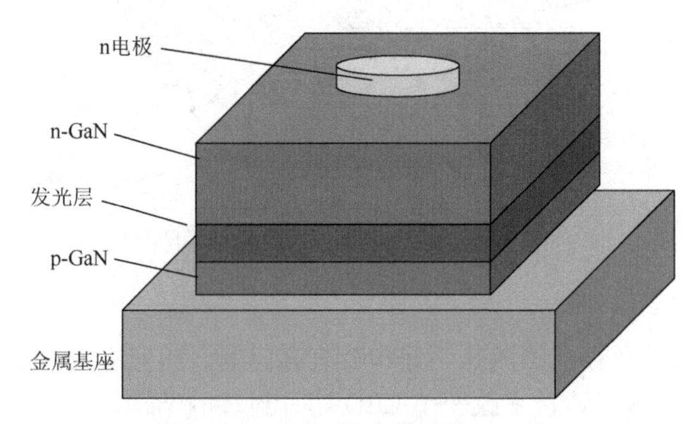

图 5.28　LED 垂直芯片结构示意图

底，它们的导热系数比蓝宝石衬底高很多，进一步增强了芯片的散热效果。但是，垂直结构的 LED 芯片的衬底会吸收光，因此也会降低芯片的出光效率。除此之外，这种垂直芯片的制作工艺复杂，蓝宝石衬底的剥离技术和衬底转移技术也是制约该结构芯片大量生产的难点，进而会导致产品的合格率较低。

2）有机电致发光芯片

在有机发光器件的制备过程中需要使用许多操作精确和烦琐的仪器设备，制备环境要足够清洁，要在特别干净的实验室或工厂中进行。下面以实验室有机电致发光器件制备为例进行介绍。

首先，制备有机电致发光器件前，需要准备好具有良好导电和透光性能的导电玻璃[29]，最常用的就是 ITO 玻璃，并对 ITO 玻璃进行光刻，从而得到性能比较好的 ITO 玻璃基片；其次，严格按照标准清洗 ITO 玻璃基片，清洗的步骤一般是：第一用专用的清洁剂刷洗，第二用清水冲洗干净，第三用丙酮将 ITO 玻璃基片反复进行超声清洗，第四换成乙醇反复多次清洗，第五再用去离子水反复清洗，然后甩干或者烘干；再次，对清洁并干燥后的 ITO 玻璃基片进行臭氧处理和氧等离子体处理，这样做的目的是促进 ITO 表面碳污染的去除，同时也有助于提高 ITO 的功函数，有利于 ITO 电极的空穴向有机材料的注入；最后，按照标准蒸发沉积有机薄膜和阴极，之后取出器件进行封装测试。整体流程如图 5.29 所示。

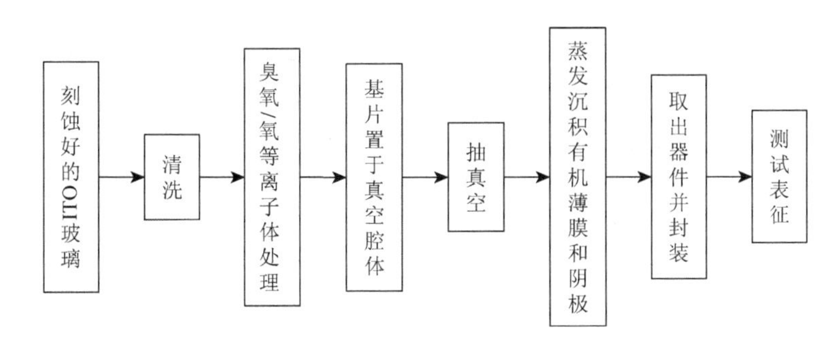

图 5.29　有机电致发光芯片制备流程

一般来说，有机小分子和有机共轭聚合物是制备有机发光器件的主要材料。但是，对于不同的材料，有机发光器件的制备方法是截然不同的。使用有机小分子材料的发光器件的多层薄膜的制备一般采用真空热蒸镀和有机气相沉淀的方法；而共聚物发光器件的制备主要采用旋涂或甩胶的方法，聚合物层数一般为一层。

（1）真空热蒸镀法。

一直以来，真空热蒸镀都是小分子 OLED 的标准制备工艺。同时，小分子 OLED 也决定着 OLED 显示器未来的发展前景。制备过程中，将清洗干净的 ITO 玻璃基片进行臭氧处理和氧等离子体处理，然后将其放置于真空腔体中的样品托上，对准束源，进行薄膜沉积。薄膜沉积必须在真空气氛下进行，真空度的要求一般是高于 10^{-3}Pa。如果真空度不满足要求，在沉积薄膜的过程中，腔体内的气体分子会发生散射，从而导致基底上有机分子的沉积速率不稳定，沉积不均匀，从而产生缺陷或针孔。同时，真空度不满足要求的情况下，气体分子散射也会严重影响薄膜的沉积速率，从而造成原材料的浪费、污染腔体，并且容易在薄膜中引入气体分子的杂质。如果 OLED 的性能要求进一步提高，则需要使用超高真空的有机分子束沉积系统。

薄膜生长过程，需要在制造真空气氛前，先用掩膜挡住放置在束源中高纯的待蒸发的材料样品。当材料的蒸发速率达到要求后再露出需要沉积薄膜的部分，从而使材料被加热蒸发。这样，金属原子或有机材料将会具有一定初速度，脱离材料的表面向外进行扩散，如果在扩散的过程中遇到气体分子，这些被蒸发出来的分子有可能发生散射，如果不会遇到气体分子则会做匀速直线运动到达样品表面，并沉积成一层薄膜。所生成薄膜的厚度及分布与束源和样品的相对位置及发散角相关。在沉积薄膜的过程中，保证薄膜的厚度均匀及蒸发速率恒定是至关重要的。但是由于受真空腔体尺寸的限制，采用真空热蒸镀法制备较大面积的有机 OLED 是比较困难的。

（2）有机气相沉积法。

高质量的有机薄膜可以采用有机气相沉积法来制备。在有机气相沉积过程中，通常将有机小分子材料放置在一个单独的、热可控的容器单元内，从喷头出来的惰性载运气体（如氮气）将携带和输运从加热容器单元中蒸发的材料，然后材料沉积在冷却的基板上。生产工艺主要通过气流速度、压力和温度三个方面控制。所以，沉积速率一般主要由载运惰性气体的流速决定，因此沉积速率能够达到 0.5～2nm/s。

与真空热蒸镀法相比，采用有机气相沉积法时，薄膜厚度可以被更好地控制，并且更大面积下薄膜的均匀性能够保证。通过精确控制三个主要的工艺参数，有机气相沉积法能更精准地控制沉积与掺杂。采用这种方法，多种材料可以在同一个反应室中沉积，避免了在真空热蒸镀中经常出现的交叉污染。通过设计和改变喷头的位置能够保证源与基板的距离恒定，以满足各种沉积要求，并且有机气相沉积法能够适用于更大的基板尺寸和形状。显然，有机气相沉积法能够提高器件的性能和材料的利用率，从而减少原材料的消耗，提高产量。

（3）旋涂法。

旋涂法是最早使用的一种薄膜制备方法。在半导体工业和光存储领域，这种方法的应用更为广泛，并且也是实验室制备薄膜的常用方法[30]。旋涂法的基本过程是：将小滴的液体放在基片的中心位置，然后将基片高速旋转（1000～6000r/min），大部分的液体会在离心力的驱动下分散到基片的边缘位置，直至将大部分的材料甩出基片，从而留下一层覆盖在基片上的薄膜。采用此方法制备的薄膜厚度及性质一般与材料物性（分子量、浓度、黏度、挥发速率、表面张力等）和旋转参量（加速度、最终转速、排气量等）相关。就生产过程而言，与真空热蒸镀法相比，旋涂法能降低生产成本。

在 OLED 的制备过程中，旋涂法是人们目前制备高分子薄膜广泛采用的方法。采用这种方法制膜，虽然设备及工艺成本低，但是会使得原料的使用效率大幅降低。除此之外，旋涂法对于大面积制膜是不适用的，最主要的问题是采用这种方法很难实现图案化，不能满足全彩显示的要求。因此，旋涂法完全实现商业化仍有很长的路要走。

（4）喷墨打印法。

旋涂法是聚合物 OLED 最常用的沉积方法，速度快且价格低廉。但是，因为旋涂法不能形成彩色图形，一般都用来制造单色的显示器。如表 5.5 所示，喷墨打印法与旋涂法相比，能够大幅度提高原料的使用效率，并且能制成想要的图案，从而实现全彩打印，更加适用于大尺寸显示器的使用。

表 5.5　旋涂法和喷墨打印法用于 OLED 制备的比较

工艺特性	旋涂法	喷墨打印法
图案化能力	无，是整个基板表面的涂布	图案化能力可以达到微米级
彩色显示能力	无法实现多色彩	理想的多色彩图案化能力
大面积器件制备能力	对基板缺陷和微粒相当敏感，不适合大面积制备	对基板缺陷不敏感，有较好的大面积器件制备能力
材料利用率	浪费超过 99%的高分子溶液	少于 2%的高分子溶液被浪费
颜色亮度均匀性	EL 光谱随区域有所改变	每个像素的 EL 光谱是一致的
封装及接线	在基片边缘的膜必须除去	无须除去基片边缘的膜
基板需求	玻璃基板	玻璃或塑料基板

聚合物 OLED 可用喷墨打印法进行沉积。在喷墨打印过程中，含活性有机材料的溶液通过打印喷口喷射到基板的表面，当溶剂蒸发完全后，有机材料便会被留在精确的位置。通过连续打印红、绿、蓝像素则可以完成彩色图形的打印。喷墨打印法不仅可以沉积聚合物，也可以沉积一些 OLED 中使用的可溶解于有机溶剂中的一些小分子材料。

与真空热蒸镀法和有机气相沉积法相比，喷墨打印法具有不可替代的优势。喷墨打印过程中，材料的利用率能够达到 100%。另外，通过增加喷口的数目、降低工艺循环时间，也可以直接将此方法应用到更大尺寸的基板。通过喷墨打印所制备的聚合物 OLED 的初始电气性能及使用寿命与通过旋涂法加工的器件基本相似。

2. 封装

LED 芯片只是一块很小的固体，在显微镜下才能观察到其正负两个电极。从制作工艺角度，除了要对 LED 芯片的两格电极进行焊接而引出正负电极以外，还必须要对 LED 芯片和两个电极进行保护，因此，就需要对 LED 芯片进行封装。LED 的封装主要有两个要求：一是能够保护灯芯；二是能够透光。封装材料具体需要具备以下功能：①能够按照特定的方式聚焦光线，作为一种光学透镜；②具有良好的密闭性，能够阻止湿气和灰尘等污染，起到保护内部器件的作用；③能够提高 LED 的光输出效率，这也是 LED 封装材料的最大挑战，是制约大功率 LED 技术发展的最大瓶颈。LED 封装材料多以有机硅改性环氧树脂、环氧树脂、有机硅树脂和聚氨酯系树脂等高透明树脂为主，各种材料的性能、价格和应用场合不同。综合比较，占据主要市场的封装材料以环氧树脂材料为主，有机硅系列也正在迅速发展。

环氧树脂是目前使用最多的普通 LED 封装用高分子材料，也是传统的 LED 封装材料。其内部高活性的环氧基团在酸酐类和胺类固化剂的作用下交联固化为性能优良的热固性材料。LED 封装用环氧树脂封装胶主要包括固化剂、固化促进剂、环氧树脂、稀释剂和其他助剂组成，其中环氧树脂是主要成分，它对 LED 器件整体的可靠性、光稳定性、光输出效果及抗干扰性等都有重要的影响[31]。LED 封装用环氧树脂可选用脂环族环氧树脂、双酚 A 型环氧树脂及线型热塑性酚醛环氧树脂等[32]。

有机硅具有优良的低吸湿性、耐冷热冲击性、介电性能和优异的物理机械性能[33]，近年来被广泛用于改性环氧树脂。采用有机硅改性环氧树脂主要有物理共混和化学共聚两种方法。物理共混方法经济成本低、操作简单，是将环氧树脂与有机硅通过机械混合，再加入固化剂和其他助剂对树脂进行固化。化学共聚是指有机硅分子中的硅氢键、烷氧基、氨基和羟基等与较为活泼的环氧树脂分子中的环氧基等发生化学反应，而将有机硅链段接枝到环氧树脂分子上[34]，该方法能够显著改善环氧树脂耐老化性和有机硅的相容性，以及增强改性后材料的稳定性。

LED 封装用有机硅材料多是以乙烯基硅油或乙烯基硅树脂为基础胶料，并采用低黏度含氢硅油为交联剂，再配以催化剂、抑制剂、稀释剂、补强树脂等，在一定条件下交联固化而得。其中，胶料配方的主要成分一般都包括少量含有活泼 Si—H 键的有机硅氧烷交联剂和乙烯基的基础聚合物，二者通过硅氢加成反应交联固化[35]。得到的封装胶固化收缩率小、条件温和，且固化过程中不产生副产物，是一类非常理想的封装胶。

进行 LED 封装时，要选择合适的方式，要充分考虑其芯片大小和功率大小。LED 封装主要是为了提供机械保护、加强散热、提高出光效率、便于供电管理等。LED 封装的选材、结构、工艺、方法等具体要由光电/机械特性、应用场合、成本、芯片结构等因素决定。在 LED 发展的几十年间，LED 封装先后经历了引脚式封装、平面发光器件封装表面贴片式封装、大功率 LED 封装等发展阶段。下面分别介绍四种常用的封装技术[36]。

1）引脚式封装

最早研制成功并投放市场的封装结构便是引脚式封装，这种封装技术成熟度较高、品种数量繁多，主要采用引线架做各种封装外形的引脚，反射层和封装内结构也不断发生变化。如图 5.30 所示，以常规的直径 5mm 型 LED 为例，它的封装过程就是把边长 0.25mm 的正方形管芯烧结或黏结在引线架上，管芯正极通过球形接触点与金丝键合连接到一引线架，负极通过反射杯和引线架的另一管脚相连，顶部用环氧树脂包封成直径 5mm 的圆形外形。

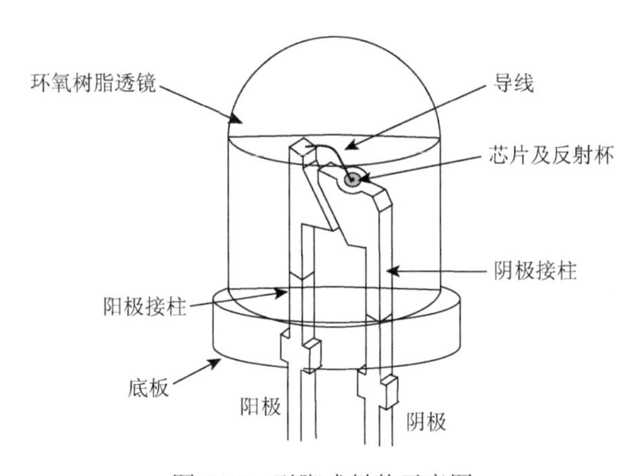

图 5.30 引脚式封装示意图

封装的主要工艺流程包括：划片—测试—芯片扩张—背胶—固晶—烘干—焊线—检验—灌胶—烘干—脱模—半切—测试—全切—长烤—分选—打包。环氧树脂封装成一定形状，主要能发挥以下作用：起到漫射透镜或透镜功能，收集界面发出和管芯侧面的光，控制光发散角向期望方向角内发射；保护管芯等不受外界侵蚀。

2）平面发光器件封装

平面发光器件由多个发光二极管芯片组合而成，是一种结构型器件。串联或并联一定数量的发光二极管并配合适当的光学结构，便可构成发光器件的发光点和发光段，然后由这些发光单元组成各种发光显示器。图 5.31 为各种平面发光器件。下面主要对数码管平面发光器件封装和 SMD 贴装以及大功率 LED 封装进行介绍。

LED 发光器可由符号管、米字管或数码管组成，可根据实际需求设计成各种结构与形状。以数码管为例，有单条七段式、单片集成式、反射罩式等封装结构，连接方式分为共阳极和共阴极两种。单条七段式是把已制作好的大面积 LED 芯片划割成发光条，如此同样的七条黏结在可伐架上，经环氧树脂封装、压焊构成。其主要具备微小型化的特点，可用双列直插式封装，一般用来制备专用产品。单片集成式是指在晶片上制作大量七段数码显示器图形管芯，然后划片分割成单片形管芯。反射罩式多是用白色塑料制作成带反射腔的七段形外壳，将单个 LED 管芯黏结在与反射罩的七个反射腔互成对位的印制线路板（printed circuit board，PCB）上，反射腔底部中心是管芯形成的发光区，采用压焊法键合引线，反射罩内滴入环氧树脂，并与黏好管芯的 PCB 板对位黏合，反射罩式具有用料省、组装灵活、字型大的混合封装特点。反射罩式又分为实封和空封两种，前者一般用于四位以上的数字显示，其上方盖有匀光膜与滤色片，并在底板与管芯上涂有透明绝缘胶，提高出光效率；后者采用染料与散射剂的环氧树脂，多用于单位、双位器件。

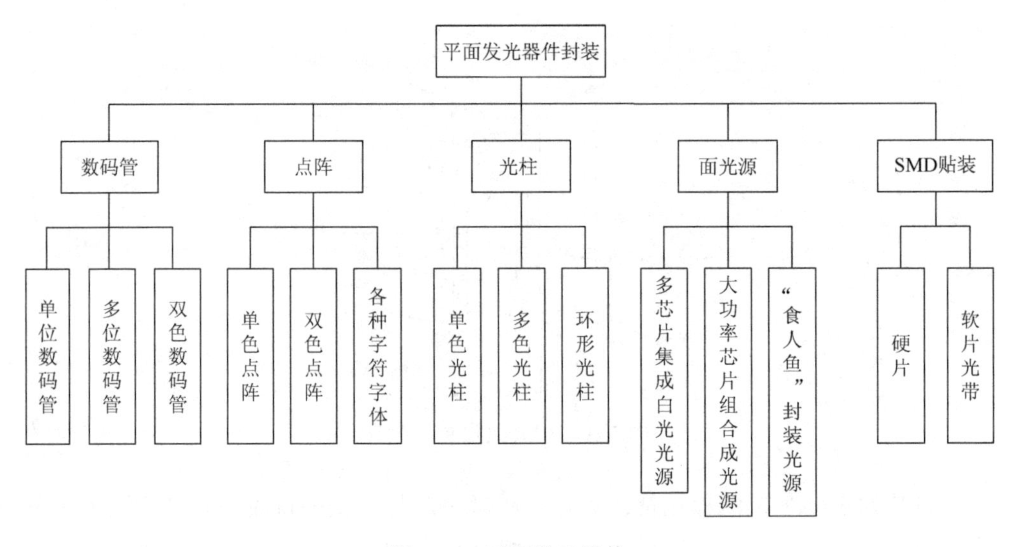

图 5.31　平面发光器件

表面贴片式封装的 LED（surface mount device LED，SMD-LED）也逐步发展了起来，从引脚式封装逐步转向 SMD 符合电子行业发展的大趋势，此类产品逐渐出现，并且该封装方式已经取得了一定市场份额。工艺流程如图 5.32 所示。

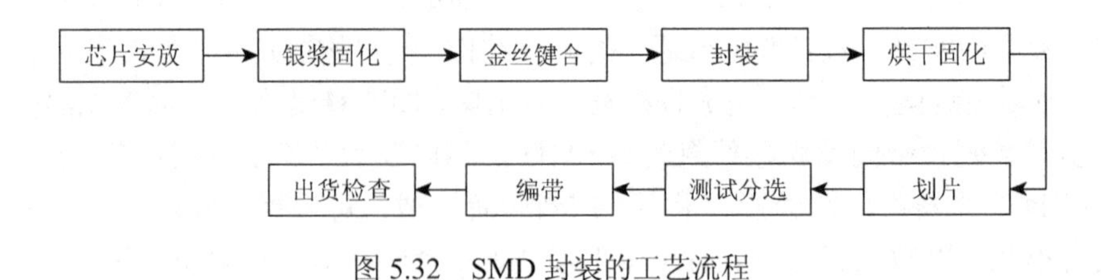

图 5.32　SMD 封装的工艺流程

目前，SMD-LED 的平整度、视角、亮度、一致性、可靠性等问题已经得到了很好的解决，并且此种封装方式可以采用更轻便的 PCB 反射层材料，在显示反射层仅需填充更少的环氧树脂，再去除掉重的钢材料引脚，产品的质量几乎可以减轻一半，尤其适合户内和半户外全彩显示屏的应用。

大功率 LED 要保证在大电流下实现比直径 5mm 的 LED 大 10～20 倍的光通量，要解决光衰减的问题，就必须采用有效的散热与不劣化的封装材料。此外，管壳的封装也是至关重要的，至少要保证能够实现承受数瓦功率的 LED 封装。

在市面上常见的 Luxeon 系列功率的 LED 中，倒装的 AlGaInN 功率型倒装管芯焊接在硅载体上，并把完成倒装焊接的硅载体装入热沉和管壳内，键合引线进行封装。对于散热性能、取光效率和增大工作电流密度，这种封装结构与方法都是最优的。它的主要特点是：在−40～120℃，填充在封装内部稳定的胶凝体不会因温度骤变产生内应力，而使金丝与引线框架断开，因此具有很高的可靠性；环氧树脂材料制备的透镜长时间使用后不会变黄，引线框架也不会发生氧化而造成污染；辐射图样可控和光学效率最高，这得益于反射杯和透镜的最佳设计；热阻仅为常规 LED 的 1/10，甚至低至 14℃/W。

以六角形铝板做底座的 Norlux 系列功率 LED 的封装结构为多芯片组合，这种 LED 的发光区位于中心区域，尺寸为 0.375mm×25.4mm，底座直径为 31.75mm。铝板同时也可以作为热沉使用，可容纳 40 只 LED 管芯。管芯的键合引线分别与正、负极连接，底座上排列管芯的数目可以依据所需要的输出光功率来确定，这种封装结构也可组合封装超高亮度的 AlGaInN 和 AlGaInP 管芯，其发射光可以是单色、彩色，也可以是合成的白色，最后根据光学设计形状采用高折射率的材料包封。这种采用常规管芯高密度组合式封装，不仅具有热阻低、取光效率高、能够保证大电流下很高的光输出率的特点，也能够很好地保护键合引线和管芯，具有广阔的发展前景。

3. 组装

在 LED 器件的制备过程中，电驱动问题、散热问题和光学设计问题都是需要综合考虑的重要因素[37]。

1）电驱动问题

LED 电驱动一般可以使用恒定电压源和恒定电流源的控制来完成。流过 LED 芯片的电流大小决定着 LED 的亮度。一般来说，小功率的 LED 的工作电流都是 20mA，这是由 LED 的伏安特性来决定的。但是，只要输入电流控制在 15～20mA，LED 的亮度不会发生明显的变化。所以，如果采用恒定电流源控制 LED 电驱动时并不选择 20mA 的电流，而是选择 17～18mA 的驱动电流，这对于延长 LED 寿命具有重要意义。图 5.33（a）为串联恒流驱动电路图，图 5.33（b）为并联恒流驱动电路图。

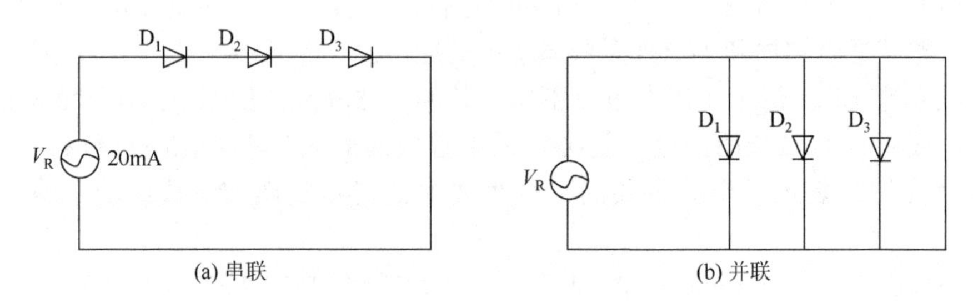

图 5.33　LED 的恒流驱动电路图

当选择恒定电压源控制电驱动时，V_{cc} 是一个定值，当 D_1、D_2、D_3 通电工作时，其恒定电压源串联驱动示意如图 5.34 所示。如果不在回路中串联电阻，则有可能会导致回路中的电流过大，并超出 20mA。这就会导致 p-n 结发热严重，温度大幅升高，从而严重影响 LED 的发光效率和使用寿命等性能。当给回路中串联电阻 R 后，电流变小，电阻 R 两端的压降增大，这样就可以确保不会因为电流过大而使 LED 升温损坏。同理，图 5.35 为 LED 的恒定电压源并联驱动示意图。

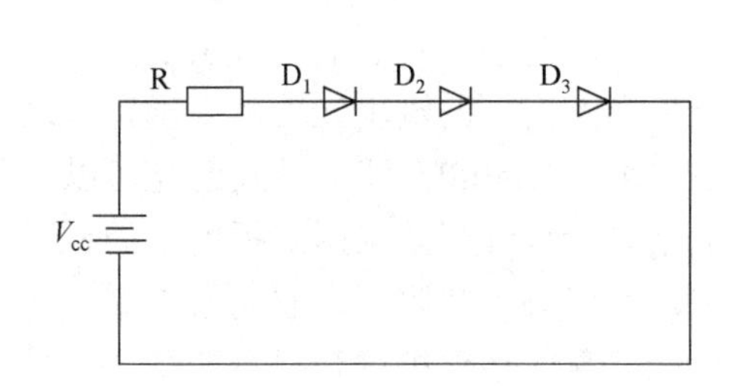

图 5.34　LED 的恒定电压源串联驱动电路图

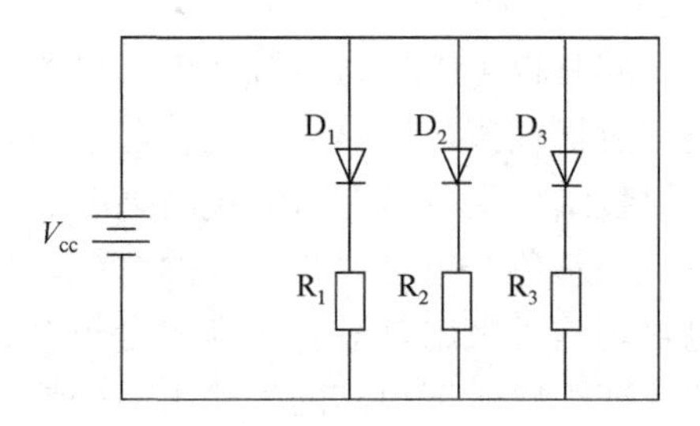

图 5.35　LED 的恒定电压源并联驱动电路图

因此，无论是恒定电流控制还是恒定电压控制，按照以上设计都是比较理想和安全的。另外，通过调整脉冲电流的占空比和脉冲幅度也可以来调整 LED 的亮度。但需要注意的是，直流的脉冲频率需要足够高，甚至要达到几十万赫兹，这样 LED 才会有一直点亮、无间断闪烁现象的发生。

2）散热问题

相对于白炽灯而言，LED 为“冷”光源，主要是因为它的光谱中不会产生大量的红白辐射。但是，LED 发光时，它的 p-n 结也会产生一定的热量。同样的原理，这些热量也需要通过对流和传导散射出去，以降低 p-n 结的温度，从而减小 LED 光的衰减，并延长其使用寿命。

对红光和黄光而言，光的输出受 p-n 结温度的影响较小，但是当 p-n 结的温度超过 120℃时，光输出会出现直线下降的现象。而对于蓝光、绿光和白光，光输出受 p-n 结温度的影响非常大。同样，当 p-n 结的温度超过 120℃时，光输出会呈现急剧下降的趋势，同时也会造成二极管一些特性的不可恢复的损坏。因此，散热问题也是使用 LED 时必须重点考虑的。

要想提高 LED 的散热性能，首先就要降低 LED 的热阻，这对于降低 p-n 结的温度是十分重要的。主动式散热和被动式散热是目前 LED 照明产品的两种主要散热方式。主动式散热主要包括风冷、热电制冷散热和合成射流散热。它们是通过外力手段，如水冷风扇等，增加散热器表面的空气流动速度，以快速带走散热片的热量，从而提高散热效率。被动式散热主要包括自然对流散热、热管散热和液冷。它们通过灯具自身外表面与空气的自然对流将 LED 产生的热量带走。主要是在 LED 的热沉上安装散热片，散热片的材质、形状结构等也是影响散热效果的重要因素。连接散热片与大功率 LED 时，需要使用较好的导热胶，在 LED 功率器件与散热片的连接面上，先涂抹一层导热胶，然后把散热片与大功率 LED 固定好。安装过程中，为促进散热，要尽量接触流动空气。

3）光学设计问题

当 LED 芯片需要封装在大功率器件或需要封装成 Φ3mm、Φ5mm 时，就必须考虑光学设计问题。光学设计主要是考虑怎样把 LED 芯片发出的光能尽量多地输出；怎样把 LED 器件发出的光集中到所用的灯具上。这是二次光学设计的主要内容，以使整个设备的发光满足一定要求。

LED 系统的光学设计主要包括散射和聚光及两者混合等三种方法。大多数 LED 均为聚光型照明，但是通过增加散射板也可以实现大面积照明或显示。散射板的原理与梯形折光板或柱形折光板相同，主要在一个方向扩展光束角，同时使照明均匀。在做信号灯时，可以使发光面显示均匀。图 5.36 为两种方向扩展光束角相同，但发光强度不同的 LED 散射型系统光学设计。

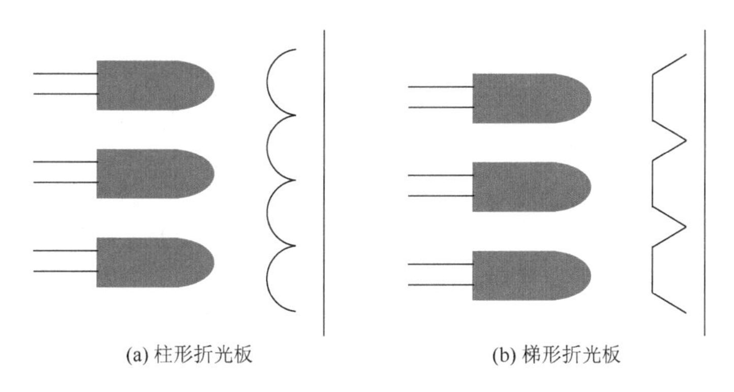

图 5.36　LED 的散射型系统光学设计

由于 LED 单管封装聚光能力有限，对于特殊的使用要求，需要外加透镜或透镜阵列进一步聚光，从而达到提高光强的目的，如图 5.37 所示。现在有些汽车的雾灯就采用这种方法。使用窄光束 LED 在一定程度上可以提高光强，但集光效率有所降低，并且聚光光斑均匀性较差。采用聚光透镜比单纯使用窄光 LED 的效果要好些。

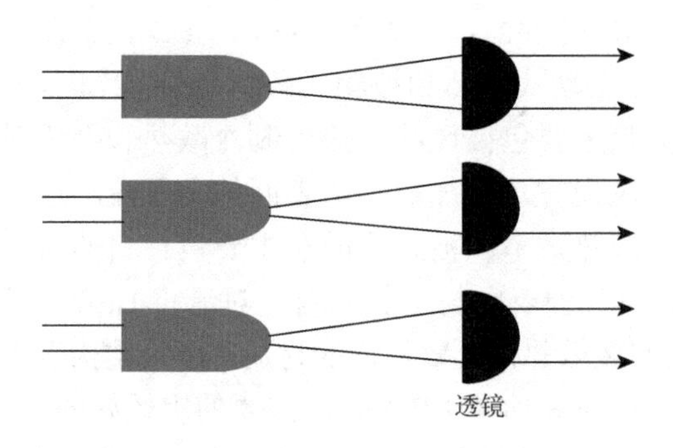

图 5.37 LED 的聚光型系统光学设计

综上所述，模块化、系统效率最大化、低成本，以及光源寿命长、维护成本低等问题都是 LED 设计过程中需要考虑的问题。此外，在制造、筛选、测试、包装、储运及安装使用等环节，以 p-n 结结构为主的半导体器件会受到静电感应的影响而产生感应电荷。如果这些感应电荷不能及时释放，p-n 结上形成的较高电位差加在 p-n 结两端，会使其瞬间放电击穿 p-n 结，特别是在干燥季节、洁净环境下尤为突出。静电击穿器件使其失效是在不知不觉中发生的，因此也需要建立一套防静电生产工艺和测试流程规范以提高 LED 产品质量及成品率。

5.4.2 在照明领域的应用

随着环保、节能、低碳的议题持续加温，加上全球能源持续短缺的现状下，绿色照明成为现在最热门议题之一。白炽灯耗能过多，节能灯会产生汞污染，而作为第四代新能源之一的 LED 照明因其集节能、环保、低碳于一身而受到政府企业青睐。

20 世纪 90 年代出现的“大功率 LED”使 LED 可用于普通照明灯领域。大功率 LED 可达到 1W、2W 甚至数十瓦，工作电流可以是几十毫安到几百毫安不等。小功率 LED 器件一般为 0.06W、工作电流为 20mA 左右，目前，在显示、指示等信号领域仍然是 LED 最成功的应用。中小功率的 LED 大多数应用于室内照明或小范围照明；而大功率 LED 灯具正朝着日常照明应用的方向发展，使得其大有取代传统白炽灯、节能灯的趋势，主要用于功能性照明，如路灯、隧道灯、厂矿灯等。

1. LED路灯

从发光功率角度来讲，LED路灯属于大功率LED。发光层材料多为无机电致发光材料，如GaP/GaAsP材料体系、AlGaAs/GaAs材料体系、AlGaInP/GaAs材料体系、AlGaInP/GaP材料体系等。传统路灯大部分采用高压钠灯，其发光部分尺寸较大、灯具的配光较难实现、难以控制光线不照射到离路面较远的位置，且容易造成光线亮暗相间、光线利用率低、部分光线容易形成光污染。而对于道路照明，要求将光线照射在路面，同时有一定比例的光线在路边人行道，又不希望光线打向天空及离道路较远的地方，且受工作环境的影响，接近矩形光斑，边缘清晰度不要求过高即可，LED完全可以满足此要求[38]。

在夜间道路亮度环境，人眼处于中间视觉状态，LED路灯在中间视觉情况下具有更高的视觉光效。中间视觉理论分析表明，白光LED具有高的中间视觉等效光效，白光LED等效亮度比明视觉条件下的亮度提高约40%，而相比之下，此时的黄光高压钠灯其等效光效低约30%。此外，白光LED显色性好、色温高，用于道路照明利于人眼的辨别。

理论上，LED的寿命可达10万h以上，实际寿命也超过了3万h。这比目前的高压钠灯高出许多。路灯置于室外高空环境，维修不便，从这个角度来讲，长寿命也具有重要的实际意义。

目前，LED的光效已经与高压钠灯相当。LED的理论光效是350lm/W以上，且目前的实验室水平已经超过200lm/W，这比高压钠灯已经高出许多，但就其自身而言还有很大提升空间。从中可以看出，大批量采用LED路灯将具有实际的节能减排意义。

传统路灯需要一个大型的供电系统，而大型变压器是非常昂贵的，且要求电压不能有太大波动，否则会影响路灯的寿命。相比之下，LED不需要大型的变压器，且LED的亮度在电压波动时不发生变化。电压为90～260V均可实现整个驱动器的恒流驱动，保证了大功率LED路灯的亮度。

传统的高压钠灯显色指数很低，被照射的物体颜色失真明显。而LED路灯显色指数很高，接近日光，使得被照射物体更加逼真，利于人们对道路上物体的辨识。传统的路灯只能够实现小范围的调光控制，而LED可以实现连续调光，可根据环境光照及交通路况灵活调整光输出，既保证了照明质量，又降低了不必要的功耗。

LED路灯更耐冲击，抗震能力强，无紫外光和红光辐射，无灯丝和玻璃外壳，没有传统灯管高温高压易碎的问题，对人体无伤害、无辐射，直流低压工作的特点相比传统的灯具更安全。LED 也不像传统路灯含铅、汞等污染元素，会对环境造成污染，其生产过程到使用过程全程无污染，实现了真正意义上的绿色、节能、环保。

LED 路灯置于室外，必须具有很好的防护，一般由 LED 器件及灯板、透镜或反射镜、驱动电路及灯体外壳组成。其中，灯板用于安装 LED 发光器件，透镜或反射镜用于实现近矩形光斑，驱动电路用于使 LED 发光，灯体外壳用于散热、防水防尘及外观美化。

相比于传统的高压钠灯，LED 路灯具有很多潜在的或现实的优势，但在其技术发展过程中，也不可避免地存在很多问题。LED 路灯的整体效率除了与器件本身的光效有关，还与灯具的设计有关，即上面提到的二次光学设计、散热设计和电路设计。如何平衡这三个因素并使其效率整体最大化是 LED 路灯技术的关键。这也诞生了光学设计、散热设计、驱动电路设计三个关键技术。为实现较好的二次光学设计，目前自由曲面被广泛采用。路灯的配光设计非常重要，灯具的配光应保证照明路面具有良好的亮度均匀性，而不仅仅是照亮路灯下方的区域，同时还要考虑环境系数，严格控制眩光。良好的 LED 路灯配光设计还要考虑照明效果，还需要与灯杆、间距、横挑、仰角等有关，如当均匀性很差时，会出现斑马线迹象。LED 路灯仍有 70%左右的电能转换为热能，而这些热能产生于芯片。温度升高会严重降低 LED 的使用寿命和光效。对 LED 路灯来说，由于道路照明应用环境较为恶劣，散热片可能在安装初期能够满足要求，但在长时间使用后，灰尘等复杂环境因素影响使得散热效率降低，从而造成使用光效和寿命大幅降低，也是需要认真考虑的问题。此外，LED 光色灵活，在 3000～6500K 的色温都有，高色温有利于提高光效，但会对人眼产生刺激，因此，在商业界对色温使用范围也一直没有定论，通常采用相对较低的色温范围。

2. LED 隧道灯

在 LED 出现之前，隧道照明中一直采用高压钠灯、金卤灯和荧光灯等作为主要照明光源。近几年，随着 LED 技术的发展，LED 作为隧道灯光源逐渐在隧道光源中普及应用[39]。

公路隧道作为特殊的照明区域，有着特殊的照明要求。由于隧道内、外光照条件的不同，以及人眼视觉反应的滞后效应，容易形成“黑洞效应”和“白洞效应”，当突然停电时，隧道内会突然陷入黑暗之中，司机来不及反应，容易造成事故。针对以上问题，人们设计出了光亮度逐渐变化的 LED 隧道灯来消除亮度差带来的不良视觉反应。

隧道照明的特殊性决定了隧道照明的如下要求。第一是亮度要求：如上所述，隧道照明的各段亮度要求是不一样的。具体操作中，规定了亮度值，定义了照度，规定了最高车速，也规定了墙面的亮度和照度。第二是亮度均匀度要求：良好的视觉效果不但要求有较好的平均亮度，还要求路面上的平均亮度与最小亮度之间的差值不应太大。视场中亮度差过大，两处会形成眩光源，而亮暗变化会造成闪烁效应，继而影响视觉，人眼的视觉效果会明显变差，视觉疲劳加重。第三是防眩光要求：眩光是由于视场中有极高的亮度对比，而使视功能下降或使眼睛感到不舒适，国际照明委员会使用了相对阈值增量来规定眩光要求，要求此阈值必须小于 15%。第四是控制频闪效应：频闪是指在较长的隧道中，由于照明灯具排列的不连续性，使司机不断受到明暗变化的影响刺激而产生烦躁。这与灯具的光学特性、车辆的行驶速度、照明器的安装间距、隧道长度等都有关系。灯具安装时应适当选择灯具间距离，使得频闪的频率小于 2.5Hz 或者大于 15Hz，以控制频闪在合理的范围内。第五是照明控制：隧道照明与一般道路情况不同，因为隧道全天 24h 必须点亮，白天的照明强度要明显高于夜间的照明强度，因此除使用高效的照明灯具外，合理根据时段，甚至根据车流量来调整照明水平也是实现照明节能的重要手段。

与 LED 路灯的情况相类似，在隧道照明方面，原始的高压钠灯正逐渐被 LED 照明所取代。相比之下，LED 隧道灯具有高光效、长寿命、灯具设计灵活、只能调光控制等特点。同样，LED 隧道灯也面临着散热和光衰、驱动电源寿命短、照明标准和生产标准尚不统一的问题，这些都需要不断改进和完善。

3. LED 厂矿灯

LED 厂矿灯以大功率 LED 器件作为光源，包括驱动电路和外壳等，主要用于大型工作场所的泛光照明，应用非常广泛，如展览馆、大型超市、体育馆、公路收费站、加油站、库房、厂房、车间、矿山、造船厂等。

LED 厂矿灯主要部件与路灯一样，包括 LED、光学附件、驱动电路及灯具外壳等。由于 LED 厂矿灯往往安装在室内，一般没有防护要求，厂矿灯的使用时间一般较长，如超市用厂矿灯每天使用可达 16h 以上，多安装在较高的位置，因此灯具的效率和使用寿命是很重要的技术指标。

事实上，对于厂矿灯的实际应用，目前仍是以高压钠灯或者金卤灯为主，但高压钠灯的显色性较差，且二者均存在启动时间长、光源存在余辉现象、使用寿命短、更换维修不便等问题。目前 LED 厂矿灯在效率、寿命、控制方面显示明显的优势，正逐渐取代金卤灯与高压钠灯。

4. LED 在其他领域的应用

1）汽车照明

鉴于 LED 灯具有省电、小型且可平面化安装、响应快速、易于计算机控制、抗震性好等优点，许多国家都在大力研究和开发汽车用 LED 灯。目前，LED 已经广泛于汽车方向灯、刹车灯、尾灯、倒车灯、指示灯以及车内的顶灯、阅读灯等。

汽车照明经历了从白炽灯、卤族灯、氙灯到 LED 灯的发展。相对于其他灯，LED 灯具有如下诸多优势：LED 灯使用寿命长，一般可以达到 5～10 年，并且在发光的同时几乎不发热；LED 灯几乎不会受到电压变化的影响，这也显著提高了 LED 灯的安全可靠性，并且完全能够满足节能环保的要求；LED 灯的启动时间大幅缩短，普通灯的启动时间一般在 250μs（微秒），而 LED 灯只需要 100～300ns（纳秒），这对于降低事故的发生率有很大帮助；LED 灯的耐震动和耐冲击性能也远优于普通灯，而且有体积小和环境适应性强等优点。因此，在汽车照明系统，LED 是一种非常理想的光源[40]。

LED 在汽车照明中的应用主要分为两个部分：一是车内、车外低照度照明；二是车外高照度照明。低照度照明主要包括阅读灯、操作开关、牌照灯等，LED 在这一部分的应用已经十分成熟。过去主要采用真空荧光或白炽灯来为仪表盘提供背光。随着 LED 技术的不断发展，LED 已经组合到背光照明中，从仪表盘到整个娱乐、导航、行程计数、信息中心控制显示等，LED 几乎无处不在。

车外高照度照明主要包括汽车的刹车灯、方向灯、倒车灯及尾灯等，其照明及颜色均有明确规定。前照灯主要用于夜间行车时的道路照明，灯光通常为白光。现代汽车上的前照灯一般都是由远光灯、近光灯、位置灯（行车灯）和转向灯组合安装在一个灯体里，前照灯一般是汽车车灯结构和功能最为复杂的灯具，无论是设计、制造，还是调光、防眩都等围着各个灯功能和满足车型的需要进行，前照灯的技术基本上代表整个汽车照明技术的进步。

2）大功率投光灯

大功率投光灯多用于室外，主要用于单体建筑、历史建筑群等外墙照明，大楼内光外透照明，绿化景观照明，广告牌照明，医疗、文化等专门设施照明，舞厅酒吧等娱乐场所照明等。大功率 LED 投光灯目前有两类产品，一类采用相对稳定的功率型芯片组合，适用于远距离大面积投光，另一类采用单颗大功率芯片，适合小范围的投光照射。

大功率 LED 投光灯等与 LED 隧道灯相似，由于多数用于室外，因此都需要特殊的防护处理。它的安装位置很随意，需要有灵活的安装结构。大功率 LED 投光灯的配光要求因实际应用而异，有远光的，也有近光的。同时，一些特殊场合要求投光灯具有多种颜色，且能够进行一些简单的颜色变换。大功率 LED 投光灯色彩艳丽、单色性好、光线柔和、功率低、寿命长、低温启动正常、响应速度快而得到广泛应用。LED 的灵活性使照明不仅具备了功能性，更具备了艺术性条件。可以说，LED 是艺术照明的福音。

3）装饰照明

装饰照明主要包括室外景观照明和室内装饰照明。室外景观照明主要包括护栏灯、大功率投光灯、数码墙、地埋灯、树型灯、彩灯等；而室内装饰照明主要围绕室内气氛照明，由于灯具有便于智能控制、色彩丰富的特点，在酒吧、商场等地均能起到制造气氛的效果。当 LED 灯的发光效率达到一定水平，也可以通过智能控制调节色温，改变照明气氛，提高生活品质。

在现代装饰照明中，LED 有其独特的优点，主要包括几个方面：一是节能，通常来说，白光 LED 的能耗仅为白炽灯的 1/10，节能灯的 1/4；二是使用寿命长，LED 光源的实际寿命超过 5 万 h，是荧光灯的 10 倍以上；三是安全系数高，LED 具有更好的稳定性和可靠性，并且 LED 灯所需的驱动电压低、发热小，不产生安全隐患；四是体积小，具有更好的装饰性能；五是环保效益更佳，LED 的光谱中没有红外线和紫外线，既不产生热量，也不会产生辐射，而且废弃物可回收，可以安全触摸；六是色彩多变，利用三基色原理，在智能控制下可以使三种颜色具有 256 级灰度并任意混合，即可产生 256×256×256 = 16 777 216 种颜色，形成不同光色的组合变化多端，实现丰富多彩的动态变化效果及各种图像；七是容易控制，可以根据用户的需求设计集群控制，在一些需要编程能力的场合，能够提供一系列的解决方案，为室内照明的智能化管理提供便捷。

4）特种医疗器械的照明光源

LED 可用做医疗器械的照明光源，特别是对于进入人体内检查的仪器，因为 LED 体积小，可将 LED 光源放在仪器探头上，然后深入人体，利用 LED 发出的光照亮所要观察的部位，非常方便医生进行观察或摄像。

5）消防应急标志灯

根据消防安全的规定，在每座大楼通道出口处、宾馆的走廊、工厂车间的通道都要挂上消防应急标志灯，以防止一旦发生火灾时，电源切断后能维持楼道、出口处的照明，让人们能看到标志，及时疏散。低压应急灯最适合以 LED 作为照明光源。平时通过市电对蓄电池进行充电，一旦停电，就可直接由蓄电池供 LED 点亮发光。这样的电路比较简单，而且质量可靠，所以目前消防应急标志灯几乎全改用 LED 作为光源。

6）玩具灯

玩具领域是 LED 最早跨入的应用阵地，早期应用于玩具的就是红光 LED，后来随着 LED 技术的发展，蓝光、白光、绿光和其他颜色的 LED 出现，被应用于玩具的各个部分。电子玩具、电动玩具、布匹玩具等都可以使用 LED。用于玩具的 LED 对亮度要求不高，用量大，价格便宜。LED 用于玩具领域是最合适的。同时，LED 还具有体积小、耗电省、环保、安全、不怕震动、不怕摔、颜色鲜艳、色彩受小孩子欢迎等优点。

7）航天领域的应用

中国航天科技集团公司第五研究院第五一〇所的科研人员经过艰苦攻关，解决了大功率 LED 照明产品应用于“天宫”的手动交会对接，研制出了满足需要的照明设备，并制定了相关的产品技术规范。交会对接等要为航天员手控对接时提供良好的视场照明，为摄像机提供可靠的光源支持。国际上此类照明光灯源多采用金属卤素灯，该灯应用于空间照明有其不可避免的缺点，如真空封装、防爆性能差、灯体体积大、布光难度大等。而新兴固态照明灯半导体发光器件 LED 可恰好弥补上述不足，并且比金属卤素灯有更长的使用寿命和更便利的布光方式。

5.4.3　在显示与背光领域的应用

LED 背光和 LED 显示都是基于 LED 技术。LED 背光是指用 LED 来作为液晶显示屏的背光源，而 LED 背光显示器只是液晶显示器的背光源由传统的冷光灯管（类似日光灯）过渡到 LED。液晶的成像原理可以简单理解为，外界施加电压使液晶分子偏转，便如闸门般地阻隔背光源发出光线的通透度，进而将光线投射在不同颜色的彩色滤光片中形成图像。

LED 信号显示屏是集微电子技术、计算机技术、信息处理于一体，以其色彩鲜艳、动态范围广、亮度高、寿命长、工作稳定可靠等优点，成为最具优势的公众显示媒体，LED 显示屏已广泛应用于大型广场、商业广告、体育场馆、信息传播、新闻发布、证券交易等，可以满足不同环境的需要。LED 显示屏是一种通过控制半导体 LED 的显示方式，其大概的样子就是由很多个通常是红色的 LED 组成，靠灯的亮灭来显示字符，用来显示文字、图形、图像、动画、视频、录像信号等各种信息的显示屏幕。

OLED 显示屏由于同时具备自发光，不需要背光源、对比度高、厚度小、视角广、反应速度快、可用于挠曲性面板、使用温度范围广、构造及制备过程较简单等优异特性，被认为是下一代的平面显示器新兴应用技术。

1. LED 背光源应用

背光源主要用于小型液晶显示器的背光照明，已经广泛应用于手机和笔记本式计算机等产品中，如前面板、按键及键盘背景照明等方面。随着科学技术的发展及日益增长的个人电子通信产品的需求，LED 背光源的需求也大幅增长。

在平板显示器件中，目前占据主流地位的是液晶显示屏（liquid crystal display，LCD）显示器件，而现大多采用的是投射型的 LCD 器件。对于投射型的 LCD 器件，背光源是其重要的组成部分。虽然目前冷阴极荧光灯（cold cathode fluorescent lamp，CCFL）在LCD背光源中占据着统治地位，但是因为LED具有宽色域、白点可调、高调光率和长寿命等优点，近年来LED逐渐被开发为新型的LCD背光源，并且已经成功应用在一些台式LCD监视器及LCD电视中。作为一种新型的发光器件，白光LED在移动电话、平板电脑及手持仪表等小型的电子设备中也得到了广泛应用[41]。

近年来，LED背光源技术发展迅速，LED性能不断改善，同时生产成本也不断降低。安捷伦科技有限公司开发出了LED背光源HDJD-JB01型亮度和颜色管理系统（ICM），可以用于液晶电视机照明，该LED背光源能使液晶电视机的颜色更真实、色彩层次更加丰富。日本欧姆龙集团尝试将多个LED发光器件放在同一个模块中，开发了用于液晶电视的LED背光源，解决了光源均匀性的问题。此外，LED也开始逐渐进入大中型背光市场。三星电子将LED背光技术应用于40英寸液晶电视产品，使用LED背光源后，显示器的色域能够增加到146%，对比度也可以高达10 000∶1，分辨率为1366×768，屏幕亮度为450cd/m^2。日本索尼公司也公开了全球最大尺寸的82英寸液晶电视试制机型，其使用的背光光源也都是当前热捧的LED而非传统的CCFL。中央电视台新闻演播室使用的大型LED背光显示屏，具有屏幕表面低反射率、大可视角、能有效抑制在摄像机中画面生成“摩尔纹”、超薄屏体、小尺寸LED单元体、无风扇热传导、低温升、超低亮度、高灰阶、高画面色彩还原度、低故障率和超低运维成本等特点。

2. LED信号显示应用

道路交通信号灯，就其本身的作用而言，主要是给道路使用者发出一个明确清晰的信号，以便于道路使用者能够正确地判别选择使用的道路。因此，交通信号灯最关键的技术性能在于其光强和色度。LED出现之前信号灯基本上都采用白炽灯作为光源，在LED出现之后，由于很快生产出成熟的红光、绿光及黄光LED，因此用作交通信号时可以直接采用。LED交通信号灯（图5.38）相比于传统信号灯具有以下优点：第一，可见度更佳。LED交通信号灯能够在持续恶劣的外部环境作用下，仍保持极佳的性能指标，且解决了传统信号灯存在幻象和色片褪色的问题，提高了光效。第二，节能。如前所述，LED最显著的特点就是节能，虽然单个LED信号灯的功率不大，但是对于数量庞大的交通信号灯来说，节能的意义是巨大的。第三，寿命长。

图5.38　LED交通信号灯

LED 交通信号灯的寿命显著长于白炽灯（1000h）和卤钨灯（2000h），显著降低了维护成本。第四，LED 交通信号灯的响应速度快，减少了交通事故的发生。事实上，交通信号灯是我国 LED 发展之初最为成功的应用之一。

3. OLED 显示屏应用

有机发光显示屏（organic light emitting display，OLED），被誉为“梦幻显示屏”。它无须背光灯，而是“主动发光”。从 OLED 使用的有机发光材料来看，一是以染料及颜料为材料的小分子器件系统，二是以共轭性高分子为材料的高分子器件系统。它摒弃了传统 LCD 的缺点，每个像素都可自行发光，不管在什么角度、什么光线下都可以呈现出比传统 LCD 更加清晰的画面，而且环境越黑屏幕越亮，犹如夜间的莹彩精灵。它拥有更好的图片显示效果，丰富的色彩表现力，屏幕超薄及低功耗。除了带来全新的视觉感受之外，OLED 还有很多 LCD 面板无法比拟的优点。其中，OLED 的新技术可制成柔性屏幕，使携带更方便，感受更真切，使折叠的显示技术变为可能。图 5.39 为采用最新 OLED 技术制作的 OLED 柔性手机屏和 OLED 电视。

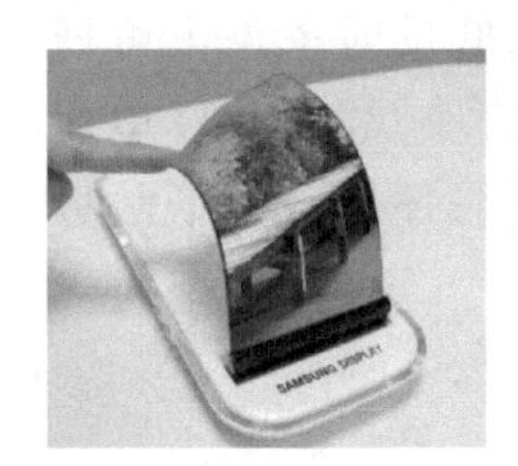
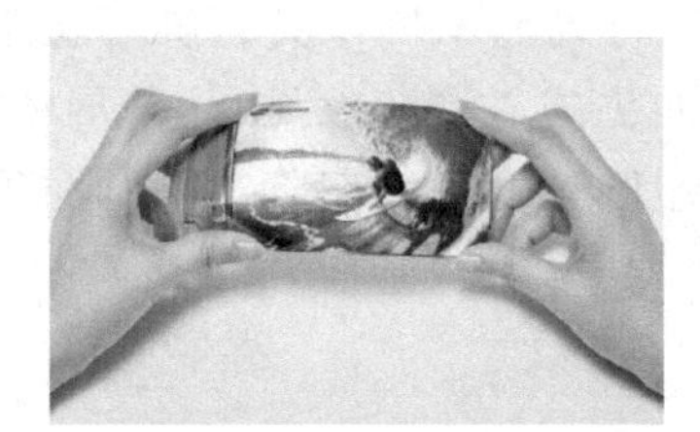

图 5.39　OLED 柔性手机屏和 OLED 电视

参考文献

[1] 陈郁阳，刘木清. LED 普通照明系统的思考. 中国照明电器，2009，7：1-6

[2] 刘虹，高飞. 近年国内外绿色照明新进展. 照明工程学报，2006，17（2）：37-46

[3] 葛葆珪. 电致发光原理及应用. 北京：测绘出版社，1985

[4] 王薇，孟广政. 有机薄膜材料的电致发光. 光谱学与光谱分析，2000，（2）：219-221

[5] 方志烈. 半导体照明技术. 北京：电子工业出版社，2009

[6] 茹考斯卡斯 A. 固体照明导论. 黄世华，译. 北京：化学工业出版社，2006

[7] 潘科夫 J I. 电致发光. 李维楠，译. 北京：科学出版社，1987

[8] 丁家磊. 大功率 LED 应用于照明的二次光学设计及散热研究. 广州：华南理工大学，2011

[9] 段恒勇. ZnO 薄膜发光特性的研究. 黑龙江大学自然科学学报，2004，21（2）：83-86

[10] Minami T，Kuroi Y，Miyata T，et al. $ZnGa_2O_4$ as host material for multicolor-emitting phosphor layer of electroluminescent devices. Journal of Luminescence，1997，72-74：997-998

[11] Thiyagarajan P，Kottaisamy M，Rao M S R. Low temperature synthesis of SrS:Ce phosphor by carbothermal reduction method：Influence of sulfur and charge compensator on the luminescent properties. Materials Research

Bulletin，2007，42（4）：753-761

[12] Ohmi K，Fujimoto K，Tanaka S，et al. Hot-wall deposition using alternative source supply for SrS based electroluminescent phosphor thin films. Journal of Crystal Growth，2000，214-215：950-953

[13] Wager J F，Hitt J C，Baukol B A，et al. Luminescent impurity doping trends in alternating-current thin-film electroluminescent phosphors. Journal of Luminescence，2002，97（1）：68-81

[14] Benalloul P，Barthou C，Benoit J，et al. $SrGa_2S_4$:RE phosphors for full colour electroluminescent displays. Journal of Alloys and Compounds，1998，275-277：709-715

[15] 杜晓晴，钟广明，董向坤，等. 基于不同衬底材料高出光效率LED芯片研究进展. 光学技术，2011，37（5）：521-527

[16] 李翠云，朱华，莫春兰，等. Si衬底InGaN/GaN多量子阱LED外延材料的微结构. 半导体学报，2006，27（11）：1950-1954

[17] 莫春兰，方文卿，刘和初，等. 硅衬底InGaN多量子阱材料生长及LED研制. 高技术通讯，2005，15（5）：58-61

[18] 邵嘉平，郭文平，胡卉，等. GaN基绿光LED材料蓝带发光对器件特性的影响. 半导体学报，2004，25（11）：1496-1499

[19] 王晓华，展望，刘国军. 408nm InGaN/GaN LED的材料生长及器件光学特性. 半导体学报，2007，28（1）：104-107

[20] 胡玉才，于学华，吕忆民，等. 小分子有机电致发光材料研究进展. 科技导报，2010，28（17）：100-111

[21] Wong K T，Chien Y Y，Chen R T，et al. Ter(9, 9-diarylfluorene)s：highly efficient blue emitter with promising electrochemical and thermal stability. Journal of the American Chemical Society，2002，124（39）：11576-11577

[22] Mysyk D D，Perepichka I F，Dmitrii F P，et al. Electron acceptors of the fluorene series. 9. derivatives of 9-(1, 2-dithiol-3-ylidene)-，9-(1, 3-dithiol-2-ylidene)-，and 9-(1, 3-selenathiol-2-ylidene)fluorenes：synthesis，intramolecular charge transfer，and redox properties. The Journal of Organic Chemistry，1999，64（19）：6937-6950

[23] Kim Y H，Shin D C，Kim S，et al. Novel blue emitting material with high color purity. Advanced Materials，2001，13（22）：1690-1693

[24] 余义开，蔡明中，章明，等. 新型含氰侧基可溶性聚芳酰胺的合成及表征. 石油化工新材料，2007，36（12）：1261-1265

[25] Xia C J，Meng J. Determination of P-acetaminophenol in tylenol by high performance liquid chromatography. Journal of Anhui Normal University，2001，24（4）：327-328

[26] 姜鸿基，冯嘉春，温贵安，等. 芴类电致发光材料研究进展. 化学进展，2005，17（5）：818-825

[27] Whan R E，Crosby G A. Luminescence studies of rare earth complexes：benzoylacetonate and dibenzoylmethide chelates. Journal of Molecular Spectroscopy，1962，8（1）：315-327

[28] 宋贤杰，屠其非，周伟，等. 高亮度发光二极管及其在照明领域中的应用. 半导体光电，2002，23（5）：356-360

[29] 黄春辉，李富友，黄维. 有机电致发光材料与器件导论. 上海：复旦大学出版社，2005

[30] Lawrence C J. The mechanics of spin coating of polymer films. Physics of Fluids，1988，31（10）：2786-2795

[31] 李元庆，杨洋，付绍云. LED封装用透明环氧树脂的改性. 合成树脂及塑料，2007，24（3）：13-17

[32] 陶长元，董福平，杜军，等. LED封装用环氧树脂的研究进展. 第十一届全国环氧树脂应用技术学术交流会论文集，北京：中国学术期刊（光盘版）电子杂志社，2005：10-14

[33] 幸松民，王一路. 有机硅合成工艺及产品应用. 北京：化学工业出版社，1999

[34] 李玉亭，张尼尼，蔡弘华，等. 有机硅改性环氧树脂的合成及其性能. 材料科学与工程学报，2009，27（1）：58-61

[35] 张哲，曾显华，尹荔松. 封装有机硅材料在 LED 电子器件中的应用进展. 材料导报，2013，5（27）：198-200
[36] 陈宇. LED 制造技术与应用. 北京：电子工业出版社，2013
[37] 刘木清. LED 及其应用技术. 北京：化学工业出版社，2013
[38] 包勇强，邹永良，邱红桐. LED 在交通信号灯中的应用及其评价. 公安大学学报（自然科学版），2000，4（4）：30-35
[39] 刘向，马小军，臧增辉. LED 隧道灯的应用分析. 照明工程学报，2009，20：80-82
[40] 陶永亮. LED 是汽车照明应用发展的趋势. 轻型汽车技术，2012，269-270：6-17
[41] 王晓明，郭伟玲，高国，等. LED 用于 LCD 背光源的前景展望. 现代显示，2005，7：24-28

第6章　化学能-电能能量转换材料与技术

6.1　引　　言

电化学能是指在化学反应过程中由于物相转换及电荷转移产生或消耗的化学能或电能。目前，最高效的电化学能量转换与存储装置即为化学电源，通常称为电池。其中，电池包括原电池、蓄电池和燃料电池等。与其他电源（如火力发电、水力发电、风能、太阳能等发电装置）相比，化学电源具有能量转换效率高、形状可调、便携、易维护、使用环境广泛、使用灵活等特点。

1786年，意大利的伽伐尼做解剖实验时发现，用不同的金属器械同时碰青蛙的大腿，青蛙腿部发生抽搐的现象，而同一种金属碰触时并无此种现象。伽伐尼认为这种现象是由动物躯体内部产生的一种“生物电”引起的。1800年，亚力山大将不同的金属（铜、锡）放入同种电解质溶液（食盐水）中，开发出了伏特电堆，伏特电堆提供了产生恒定电流的电源——化学电源。从此，电化学进入了一个飞速发展的时期。1836年，英国的丹尼尔对伏特电堆进行了改良，使用稀硫酸作为电解液，制造出第一个不极化、能保持平衡电流的锌铜电池，又称“丹尼尔电池”。但是，这类电池的电压随使用时间延长会下降。随后，燃料电池的原理也被德国化学家尚班提出，并被英国物理学家威廉·葛洛夫完善。1859年，法国的普朗特发明出用铅做电极的电池，因为这种电池能充电，可以反复使用，所以称它为“蓄电池”。同年，法国的雷克兰士发明了一种新型电池，负极使用锌和汞的合金棒，正极使用二氧化锰和碳的混合物。在此混合物中插有一根碳棒作为电流收集器。负极棒和正极材料都被浸在作为电解液的氯化铵溶液中，此系统被称为“湿电池”，直到1880年被改进的“干电池”取代。负极被改进成锌罐（即电池的外壳），电解液变为糊状，后来发展成人们所熟知和使用的锌碳电池。在随后的几十年，镍镉电池、碱性电池、锂电池、镍氢电池相继出现。在此期间，燃料电池的理论和类型也在不断丰富。1952年，英国剑桥大学的培根用高压氢氧制成了具有实用功率水平的燃料电池。由于载人航天对于大功率、高比功率与高比能量电池的迫切需求，燃料电池被高度重视。美国国家航空航天局采用氢氧燃料电池作为阿波罗登月飞船的主电源，为太空船提供电力和饮用水。在此之后，氢氧燃料电池广泛应用于宇航领域。同时，兆瓦级的磷酸燃料电池也研制成功。可见，燃料电池在当时已是一种被验证的相对成熟的技术。1970年以后，能源危机和航天军备竞赛大大推动了燃料电池的发展，各种小功率燃料电池也开始在宇航、军事、交通等各个领域中得到应用。以质子交换膜燃料电池为动力的电动汽车、直接甲醇燃料电池的便携式移动电源、高温燃料电池电站、用于潜艇和航天器的燃料电池等蓬勃发展。20 世纪 90 年代，索尼公司将锂离子电池商业化，使化学电源进入了另一个全新的时代。在所有的化学电源中，燃料电池、锌碳电池、碱性电池、碱性锌空气电池、锂电池属于一次电池。一次电池又称原电池，其内部电化学反应不可逆或可逆反应很难进行，放电后不能再充电。铅酸电池、镍镉电池、氢镍电池、钠硫电池、锂离子电池等属于二次电池。二次电池又称蓄电池，可反复充放电使用。

随着电子产品设备的快速发展，对电池的性能也提出了更多的要求，如高容量、长寿命、高能量密度、无污染等。为此，各国都在发展新一代电池。一次电池正朝着高容量、碱性化方向发展，无汞碱锰电池发展潜力巨大。二次电池中，锂离子电池优势明显，应用广泛。高能量密度、长寿命的锂离子电池具有更为广阔的发展前景。性能优越的锂离子电池、金属氮化物镍电池、无汞碱性锌锰电池、燃料电池是目前最受欢迎的绿色电池。新能源汽车可有效减少化石能源的消耗，降低对环境的污染，因此电动汽车用高比能量、高比功率、长寿命的化学电源是二次电池研究的重点。尽管电动机、控制系统、微处理器和轻型材料等都是电动汽车研究开发中的关键问题，但化学电源是决定电动汽车性能和价格的关键因素。此外，微小型电子电器设备的高速发展，小型可移动电源逐渐走进人们的生活，成为更多人不可或缺的物件。随着移动终端向小型化便携化方向发展，消费者对移动电源性能方面的需求更加旺盛，自主研发型化学电源更趋向于小型化、薄型化、轻量化，甚至柔性化[1]。

表 6.1 为几种电池性能及优缺点的对比，虽然铅酸电池、镍氢电池、锂离子电池等已经得到了商业化的应用，但是它们在容量、电压、能量密度、循环寿命、价格等某些方面的缺陷限制了它们在实际生产及生活中的应用。新型高效的能量转换技术，如锂/钠离子电池、锂硫电池、燃料电池、超级电容器等技术的出现为化学能与电能的转换和存储提供了更多可能的选择。无论何种能量转换技术，能量转换材料是实现能量转换的关键。本章将着重阐述几种高效的电化学能量转换技术，并对相关材料的性能、制备方法及能量转换技术的应用做简要介绍。

表 6.1　几种电池性能及优缺点比较

主要参数	铅酸电池	镍氢电池	锂离子电池	燃料电池
比能量/[(W·h)/kg]	35～40	60～80	100～190	500
比功率/(W/kg)	50	160～230	280～320	100
体积比能量/[(W·h)/L]	80	100～200	200～500	1000
电压/V	2	1.2	3.2～3.7	0.6～0.8

续表

主要参数	铅酸电池	镍氢电池	锂离子电池	燃料电池
工作温度/℃	−20～60	20～60	−20～60	—
自放电率/%	4～5	30～35	＜5	极低
循环寿命/次	300～500	600～800	＞2000	—
优点	原材料丰富、价廉，技术成熟	高倍率放电性好，耐过充、过放电能力强，安全性高	能量密度高，工作电压高，输出功率大，自放电小，寿命长	能量密度高，能量转换效率高，性能稳定，安全性好，环保
缺点	比能量低，寿命短，污染环境	工作电压低，过放电率高	成本高，高低温性能差，安全性低	成本高，储气技术和设施不足

6.2　化学能-电能能量转换原理及特征参数

6.2.1　化学能-电能相互转换装置及原理

可充电化学电源是化学能与电能相互转换的典型装置，它包括铅酸电池、镍镉电池、镍氢电池、锂（钠）硫电池、锂（钠）离子电池、锂空气电池、液流电池及超级电容器等，此类电源基本组成为正极、负极、电解质、隔膜等，能量转换核心材料多为正极材料和负极材料或催化剂。化学能与电能相互转换时，电源正负极板发生化学反应，使正负极材料产生相变或元素发生化合价变化，同时伴随着离子和电子的定向迁移。按原理大致可将化学能与电能相互转换装置分为两类：离子迁移型、氧化还原反应型，下面以几种典型的电池为代表进行说明。

1. 离子迁移型

离子迁移指离子嵌入和脱嵌[2]，也就是锂离子电池的充放电过程。在锂离子的嵌入和脱嵌过程中，同时伴随着与锂离子等当量电子的迁移（习惯上正极用嵌入或脱嵌表示，而负极用插入或脱插表示）。在充放电过程中，锂离子在正、负极之间往返嵌入/脱嵌和插入/脱插，被形象地称为“摇椅电池”。当对电池进行充电（即电能转换为化学能）时，电池的正极上发生锂离子脱嵌，脱嵌的锂离子经过电解液运动到负极。而作为负极的碳（以商业化锂离子电池的负极为例）呈层状结构，它有很多微孔，达到负极的锂离子就插入到碳层的微孔中，插入的锂离子越多，充电容量越高。同样，当对电池进行放电时（化学能转换为电能），插在负极碳层中的锂离子脱插，又运动回正极。回到正极的锂离子越多，放电容量越高。其工作原理如图 6.1 所示。

商品化的锂离子电池正极材料为钴酸锂，负极为石墨，其充放电化学反应方程如下：

$$正极：\ LiCoO_2 \underset{放电}{\overset{充电}{\rightleftharpoons}} Li_{1-x}CoO_2 + xLi^+ + xe^-$$

$$负极：\ 6C + xLi^+ + xe^- \underset{放电}{\overset{充电}{\rightleftharpoons}} Li_xC_6$$

$$总反应：\ 6C + LiCoO_2 \underset{放电}{\overset{充电}{\rightleftharpoons}} Li_{1-x}CoO_2 + Li_xC_6$$

钠与锂有着十分相似的物理和化学性质，因此，钠离子电池与锂离子电池的电化学反应原理基本相同。

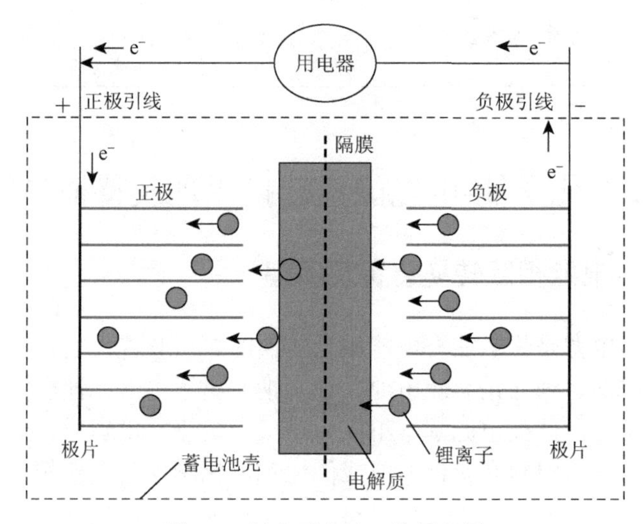

图 6.1　锂离子电池工作原理图

2. 氧化还原反应型

1）铅酸电池

铅酸电池主要部件有正极、负极、电解液、隔板（膜）及电池槽等。正极活性物质为二氧化铅（PbO_2），负极活性物质为铅（Pb）。化学能与电能的转换是由正负极板的氧化还原反应实现的。铅酸电池充放电反应机理可描述为“双极硫酸盐化理论”。放电时，正负极的活性物质均变为 $PbSO_4$，充电后正极恢复为 PbO_2，负极恢复为 Pb[3]。图 6.2 为铅酸电池放电机制示意图，放电时其电化学反应式为

$$负极：\ Pb - 2e^- + SO_4^{2-} \longrightarrow PbSO_4$$

$$正极：\ PbO_2 + 2e^- + 4H^+ + SO_4^{2-} \longrightarrow PbSO_4 + 2H_2O$$

$$总反应：\ Pb + 4H^+ + 2SO_4^{2-} + PbO_2 \longrightarrow 2PbSO_4 + 2H_2O$$

图 6.3 为铅酸电池充电机制示意图，充电时其电化学反应式为

$$负极：\ PbSO_4 + 2e^- \longrightarrow Pb + SO_4^{2-}$$

$$正极：\ PbSO_4 - 2e^- + 2H_2O \longrightarrow PbO_2 + 4H^+ + SO_4^{2-}$$

$$总反应：\ 2PbSO_4 + 2H_2O \longrightarrow Pb + 4H^+ + 2SO_4^{2-} + PbO_2$$

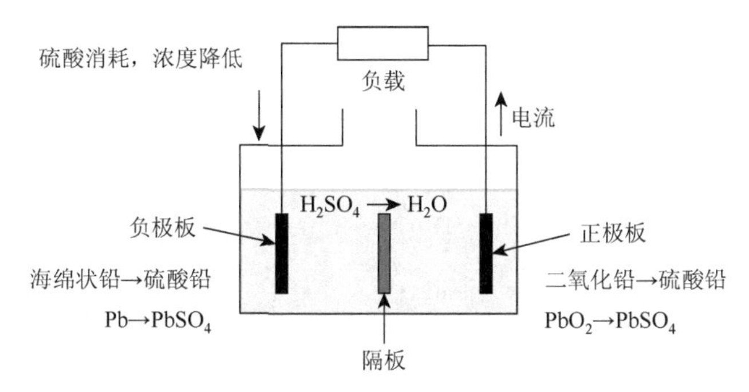

图 6.2　铅酸电池放电机制示意图

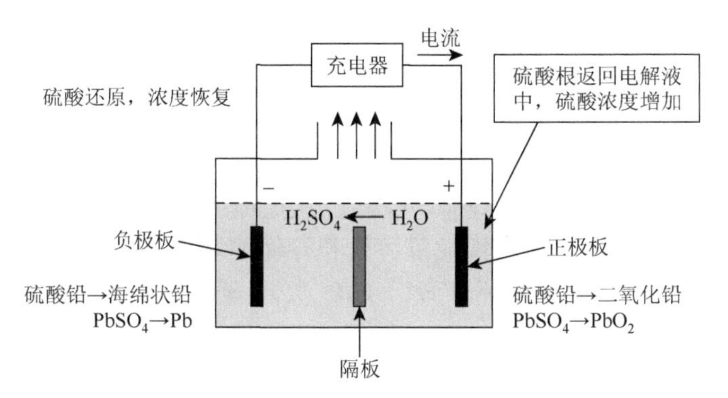

图 6.3　铅酸电池充电机制示意图

铅酸电池放电时，硫酸电解液逐渐消耗，同时产生水，电解液密度降低；充电时电解液逐渐恢复，密度升高。铅酸电池的充放电过程伴随着电解液的密度变化。铅酸电池是目前技术最为成熟的二次电池，应用广泛。

2）锂硫电池

与锂离子电池的离子脱嵌反应不同，锂硫电池是通过锂和硫之间的电化学反应实现能量转换[4]。锂硫电池的电化学反应过程如图 6.4 所示。其电化学过程基于氧化还原反应：

$$\text{正极：} S_8 + 16Li^+ + 16e^- \longrightarrow 8Li_2S$$

$$\text{负极：} 16Li \longrightarrow 16Li^+ + 16e^-$$

$$\text{总反应：} 16Li + S_8 \longrightarrow 8Li_2S$$

放电时（化学能转换为电能），正极 S_8 与锂离子反应生成长链多硫化物 Li_2S_8、Li_2S_6，随后 S 被进一步还原，生成短链的 Li_2S_4 和 Li_2S_2，最终形成 Li_2S；充电时（电能转换为化学能）则相反。反应中形成的部分多硫化物是可溶的，伴随着反应的进行穿梭于正极和负极之间，容易导致活性物质损失。

与锂硫电池电化学反应原理相似的化学电源有钠硫电池和锂空气电池。此外，镍镉电池、镍氢电池等均属于氧化还原型能量存储与转换装置。

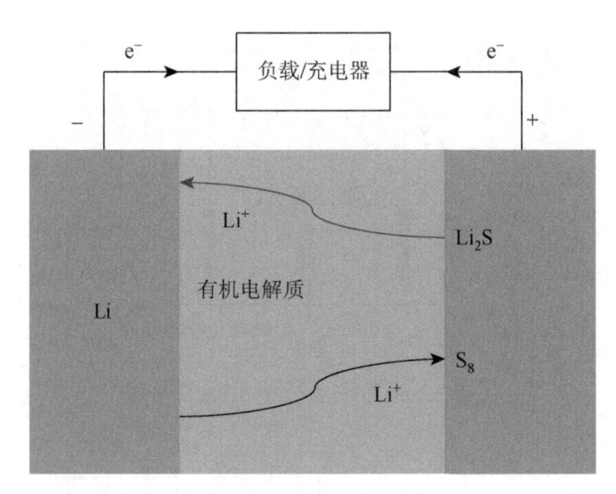

图 6.4　锂硫电池反应机理示意图

3）电化学电容器

电化学电容器又称超级电容器，它是利用电极/电解质界面上的双电层或电极界面上发生的氧化还原反应实现能量转换和存储的装置[5]。电化学电容器具有功率密度大（>1000W/kg）、循环寿命长（10^5 次）、充放电速度快（1～30s）、安全性高、工作温度范围宽（–40～70℃）等优点。按原理可分为双电层电容器、法拉第赝电容器和混合型电容器。图 6.5（a）为双电层电容器反应机理示意图。双电层电容器通过电荷的存储和释放从而完成充放电的过程。充电时电解液的正负离子聚集在电极材料/电解液的界面双层，以补偿电极表面的电子。放电时，随着两极板间的电位差降低，正负离子电荷返回到电解液中，电子流入外电路的负载，从而实现能量的释放。法拉第赝电容器，是在电极表面或体相中的二维或准二维空间上，电活性物质进行欠电位沉积，发生高度可逆的化学吸附、脱附或氧化还原反应，产生和电极充电电位有关的电容，如图 6.5（b）所示。混合型电容器又

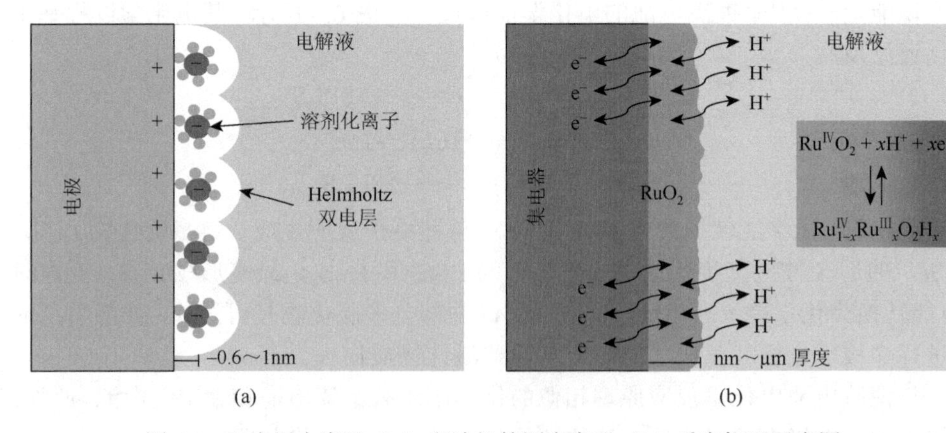

图 6.5　双电层电容器（a）和法拉第赝电容器（b）反应机理示意图

称不对称超级电容器，它由半个双层电容电极和半个赝电容电极组成。不对称超级电容器的比容量大、体系能量密度高。超级电容器的电压与电解质的类型有关，水溶液体系电压小于 2V，有机电解质体系电压为 2.5～3.5V。

6.2.2　化学能-电能单向转换装置及原理

化学能-电能单向转换装置即为由于电池反应本身不可逆或者可逆反应很难进行，化学能转换为电能后不能进行充电的化学电源装置。其中包括锌碳干电池、碱性锌锰电池、锂电池、燃料电池等，下面以燃料电池为例进行介绍。

燃料电池是一种燃料和氧化剂通过化学反应将化学能直接转换为电能的单向能量转换装置，因而实际过程是氧化还原反应。燃料电池主要由四部分组成，即阳极、阴极、电解质和外部电路[6]。燃料气和氧化气分别由燃料电池的阳极和阴极通入。燃料气在阳极上放出电子，电子经外电路传导到阴极并与氧化气结合生成离子。离子在电场作用下，通过电解质迁移到阳极上，与燃料气反应，构成回路，产生电流。电池的阴、阳两极除传导电子外，也作为氧化还原反应的催化剂或载体。阴、阳两极通常为多孔结构，以便于反应气体的通入和产物排出。电解质起传递离子和分离燃料气体、氧化气体的作用。为阻挡两种气体混合导致电池内短路，电解质通常为致密结构。

燃料电池可分为很多种类型。按燃料处理方式的不同，可分为直接式、间接式和再生式。直接式燃料电池按工作温度可分为低温型（＜200℃）、中温型（200～750℃）和高温型（＞750℃）三种。间接式燃料电池包括重整式燃料电池和生物燃料电池。再生式燃料电池中有光、电、热、放射化学燃料电池等。按照电解质类型的不同，可分为碱型、磷酸型、聚合物型、熔融碳酸盐型、固体氧化物型燃料电池[7]。

1. 碱性燃料电池

碱性燃料电池（AFC）是研发最早并成功应用于空间技术领域的燃料电池。由于氧气在碱性条件下比酸性条件下具有更高的活性，所以以氢氧为反应气的燃料电池中碱性燃料电池性能最高。低温（100℃）下它的能量转换效率可超过 60%。其结构如图 6.6 所示，在阳极，氢气与 OH^- 在催化剂的作用下发生氧化反应生成水，此时电子从外电路传输到阴极：

$$H_2 + 2OH^- \longrightarrow 2H_2O + 2e^-$$

在阴极，氧气在催化剂的作用下接收阳极传过来的电子，发生还原反应生成 OH^-，OH^- 通过电解质迁移到阳极：

$$1/2O_2 + H_2O + 2e^- \longrightarrow 2OH^-$$

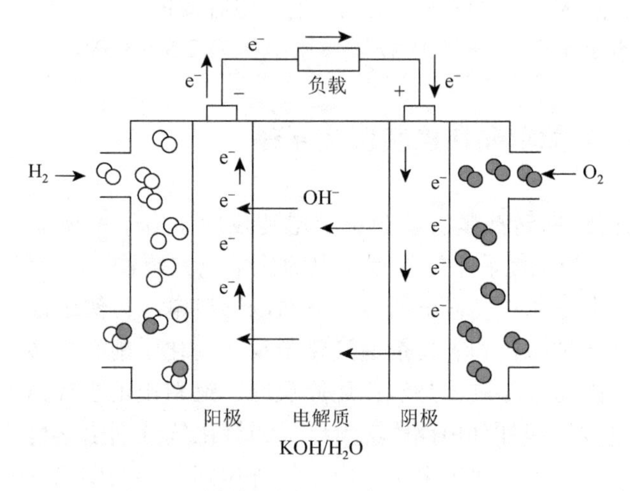

图 6.6　碱性燃料电池结构及原理示意图

在碱性溶液中，其催化剂可采用非 Pt 催化剂，通常采用多孔 Ni 作为电极材料和催化剂，阴极可用 Ag 作为催化剂。AFC 的电解质成本最低。但 AFC 中电解质容易受 CO_2 毒化生成碳酸盐，碳酸盐会堵塞电极孔隙和气体扩散通道，这极大地限制了 AFC 的应用。因此，使用纯氢气和氧气的 AFC 只能在某些特殊领域应用，如空间探测器等。

2. 质子交换膜燃料电池

质子交换膜燃料电池（PEMFC）也称固体聚合物电解质燃料电池，其性能很大程度上取决于离子交换膜的性质，其结构如图 6.7 所示。两电极的反应分别为

$$\text{阳极：} 2H_2 \longrightarrow 4H^+ + 4e^-$$

$$\text{阴极：} O_2 + 4H^+ + 4e^- \longrightarrow 2H_2O$$

由于质子交换膜只能传导质子，因此氢离子（即质子）可直接穿过质子交换膜到达阴极，而电子只能通过外电路才能到达阴极。当电子通过外电路流向阴极时就产生了直流电。其阳极和阴极催化剂均为 Pt/C。以阳极为参考时，阴极电位为 1.23V，即每一单电池的发电电压理论上限为 1.23V。接有负载时输出电压取决于输出电流密度，通常在 0.5～1V。将多个单电池层叠组合就能构成输出电压满足实际负载需要的燃料电池堆。

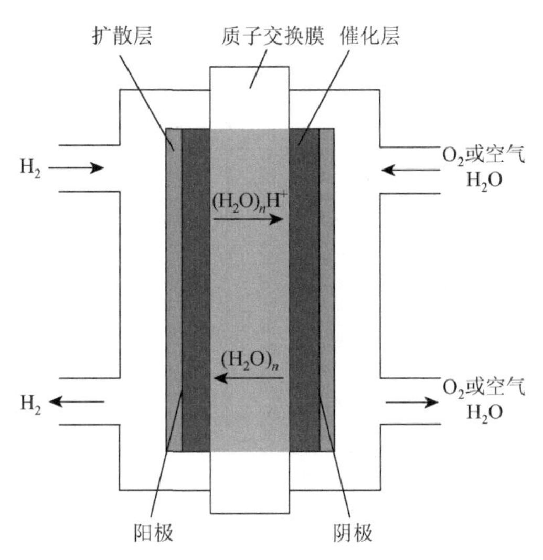

图 6.7　质子交换膜燃料电池结构及原理示意图

3. 磷酸燃料电池

磷酸燃料电池（PAFC）是当前商业化发展得最快的一种燃料电池。磷酸燃料电池使用液体磷酸为电解质，通常位于碳化硅基质中。磷酸燃料电池的工作温度要比质子交换膜燃料电池和碱性燃料电池的工作温度略高，位于 150～200℃，但仍需电极上的白金催化剂来加速反应。其阳极和阴极上的反应与质子交换膜燃料电池相同，但由于工作温度较高，所以其阴极上的反应速率要比质子交换膜燃料电池阴极的反应速率快。

如图 6.8 所示，电池中采用的是 100%磷酸电解质，其常温下是固体，相变温度是 42℃。氢气燃料被加入到阳极，在催化剂 Pt 或多孔合金的作用下被氧化成为质子，同时释放出两个自由电子。氢质子和磷酸结合成磷酸合质子，向正极移动。电子向正极运动，而水合质子通过磷酸电解质向阴极移动。因此，在正极上，电子、水合质子和氧气在催化剂的作用下生成水分子，阴极催化剂为 Pt/C。具体的电极反应表达式如下：

$$\text{阳极：}\ H_2 \longrightarrow 2H^+ + 2e^-$$

$$\text{阴极：}\ O_2 + 4H^+ + 4e^- \longrightarrow 2H_2O$$

磷酸燃料电池一般工作在 200℃左右，效率达到 40%以上。由于不受二氧化碳限制，磷酸燃料电池可以使用空气作为阴极反应气体，也可以采用重整气作为燃料，这使得它非常适合用做固定电站。

4. 熔融碳酸盐燃料电池

熔融碳酸盐燃料电池（MCFC）是由多孔陶瓷阴极、多孔陶瓷电解质隔膜、

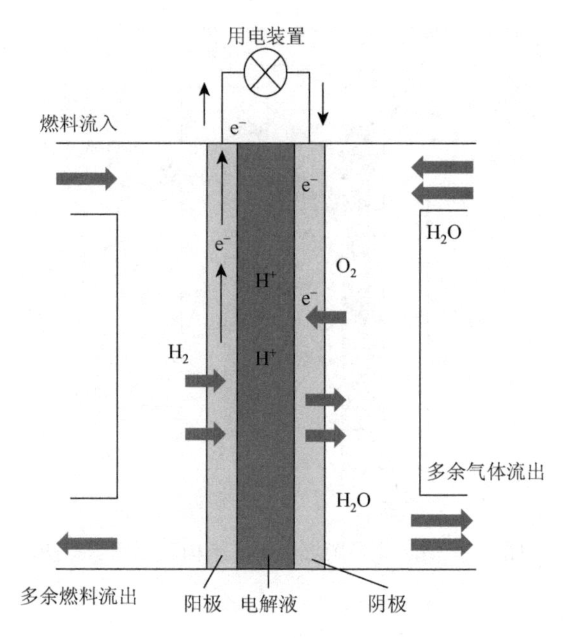

图 6.8　磷酸燃料电池结构及原理示意图

孔金属阳极（Ni）、金属极板构成的燃料电池。其电解质是熔融态碳酸盐。其结构如图 6.9 所示，反应原理如下：

$$阴极：O_2 + 2CO_2 + 4e^- \longrightarrow 2CO_3^{2-}$$

$$阳极：2H_2 + 2CO_3^{2-} - 4e^- \longrightarrow 2CO_2 + 2H_2O$$

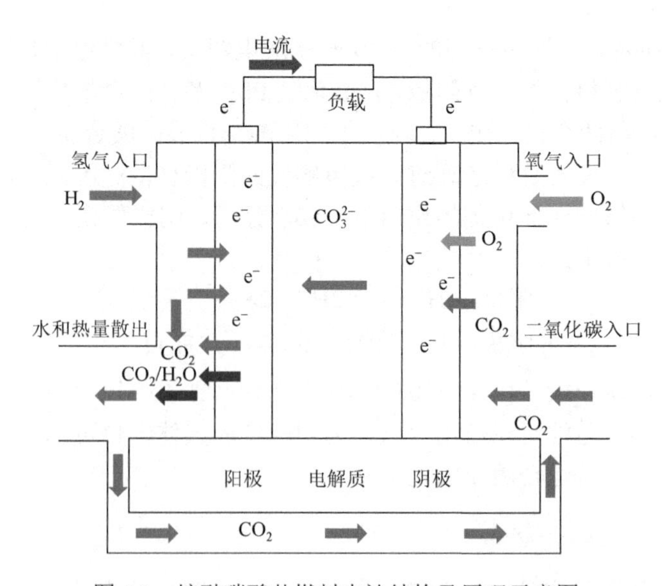

图 6.9　熔融碳酸盐燃料电池结构及原理示意图

MCFC 是一种高温电池，具有效率高、噪声低、无污染、燃料多样化（氢气、煤气、天然气和生物燃料等）、余热利用价值高和电池构造材料价廉等诸多优点，是 21 世纪的绿色电站。MCFC 也可使用 NiO 作为多孔阴极，但 NiO 溶于熔融的碳酸盐后，会被 H_2、CO 还原为 Ni，容易造成短路。

5. 固体氧化物燃料电池

固体氧化物燃料电池（SOFC）是一种在中高温下直接将储存在燃料和氧化剂中的化学能高效、环境友好地转换成电能的全固态化学发电装置。它被普遍认为是未来会与 PEMFC 一样得到广泛应用的一种燃料电池。其结构如图 6.10 所示，在原理上相当于水电解的“逆”装置。其单电池由阳极、阴极和固体氧化物电解质组成，阳极为燃料发生氧化的场所，阴极为氧化剂还原的场所，两极都含有加速电极电化学反应的催化剂，阳极催化剂为 Ni/ZrO_2，阴极为 $Sr/LaMnO_3$。工作时相当于直流电源，其阳极为电源负极，阴极为电源正极。

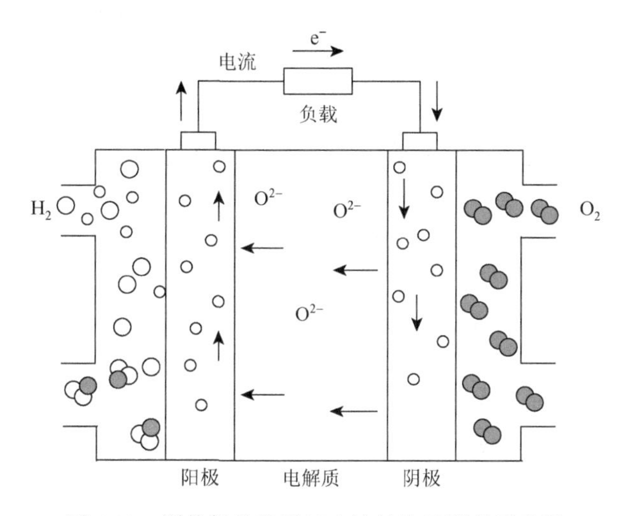

图 6.10　固体氧化物燃料电池结构及原理示意图

SOFC 与 PAFC、MCFC 相比有如下优点：①较高的电流密度和功率密度；②阳、阴极极化可忽略，极化损失集中在电解质内阻降；③可直接使用氢气、烃类（甲烷）、甲醇等作为燃料，而不必使用贵金属作为催化剂；④避免了中、低温燃料电池的酸碱电解质或熔盐电解质的腐蚀及封接问题；⑤能提供高质余热，实现热电联产，燃料利用率高，能量利用率高达 80%左右，是一种清洁高效的能源系统；⑥广泛采用陶瓷材料作为电解质、阴极和阳极，具有全固态结构；⑦陶瓷电解质要求中、高温运行，加快了电池的反应进行，还可以实现多种碳氢燃料气体的内部还原，简化了设备。此外，SOFC 使用全固态组件，不存在对漏液、腐蚀的管理问题；积木性强，规模和安装地点灵活等。这些特点使总的燃料发电效率在单循环时有超过 60%的潜力，总体来说，SOFC 的体系效率可高达 85%，功率密度达到 $1MW/m^3$，对块状设计来说有可能高达 $3MW/m^3$。

6.2.3 特征参数

在化学电源中，不同种类的装置结构可能存在一定的差异，但对能量转换过程的特征参数或评价参数基本一致，特征参数可作为衡量其性能“优劣”的主要标准。本节将以锂离子电池为例，详细列举在能量转换过程中涉及的特征参数[2, 8]。

1. 容量

电池容量是衡量电池性能的重要性能指标之一，它表示在一定条件（放电率、温度、终止电压等）下电池能放出的电量，即电池的容量，容量单位为 mA·h、A·h（1A·h = 1000mA·h，1A·h = 3600C）。电池容量按照不同条件分为实际容量、理论容量和额定容量。电池容量 C 的计算式为

$$C=\int_{t_0}^{t_1} I\mathrm{d}t \tag{6.1}$$

实际容量是指电池在一定的放电条件下所放出的实际电量，主要受放电倍率和温度的影响，故严格来讲，电池容量应指明充放电条件。

理论容量是指根据化学反应过程中得失电子数计算出的可能得到的容量的理论值。

额定容量是指电池在规定常温、恒流、恒压控制的充电条件下，充电后，再以恒定电流放电至截止电压所放出的电量。

实际容量总低于理论容量，它与温度、湿度、充放电倍率等直接相关。例如，中国北方的冬季，如果在室外使用手机，电池容量会迅速下降。图 6.11 为电池放电容量、电压与温度的关系图，随着温度的降低，电池的容量和电压逐渐衰减[9]。

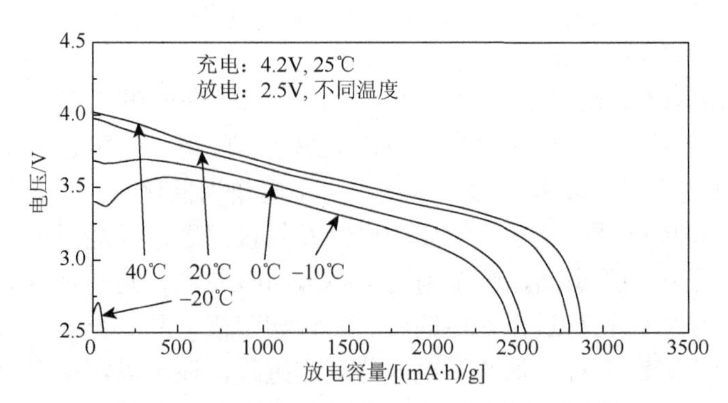

图 6.11　电池放电容量、电压与温度的关系[9]

为了对不同电池进行比较，引入比容量的概念。比容量指单位质量或体积电池所释放的容量，单位为(A·h)/g 或(A·h)/L。

锂离子电池中，正负极材料的理论比容量可通过式（6.2）计算：

$$C_0 = 26.8\,nm/M \tag{6.2}$$

式中，C_0——理论比容量，(mA·h)/g；

n——反应的得失电子数；

m——活性物质完全反应的质量，g；

M——活性物质的摩尔质量，g/mol。

与锂离子电池略有不同，超级电容器的容量表达式为

$$C = Q/V \tag{6.3}$$

式中，C——容量，F；

Q——电容器存储的电量，C；

V——电容器的端电压，V。

由此也可推断出电容器存储能量表达式为：$E = CV^2/2$，焦耳（J）。

2. 电池内阻

电池内阻有欧姆内阻与极化内阻两部分组成。欧姆内阻由电极材料、隔膜、电解液的电阻及部分零件的接触电阻组成。极化内阻指电化学反应中由于极化引起的电阻，包括电化学极化和浓差极化引起的电阻。电池内部阻抗可以通过电化学阻抗谱获得。电池内阻值大，会导致电池放电工作电压降低，放电时间缩短。

3. 电压

电压分为开路电压和工作电压。开路电压指电池在非工作状态下即电路中无电流流过时，电池正负极之间的电势差。一般情况下，锂离子电池充满电后开路电压为 4.1～4.2V，放电后开路电压为 3.0V 左右。工作电压指电池工作有电流通过外电路时电极间的电位差。由于电池工作时要克服电池电阻，所以工作电压总是低于开路电压。

4. 电压平台

电池在恒电流充放电时，电压都有一个平稳的过程，而这一平稳值就是电压平台。电池在恒电流充电时，电压的变化为上升、平稳、上升。在恒电流放电时，

电压的变化是下降、平稳、下降。图 6.12 为某材料在锂离子电池中的充放电曲线，电压平台越长代表电池能提供的容量越多。

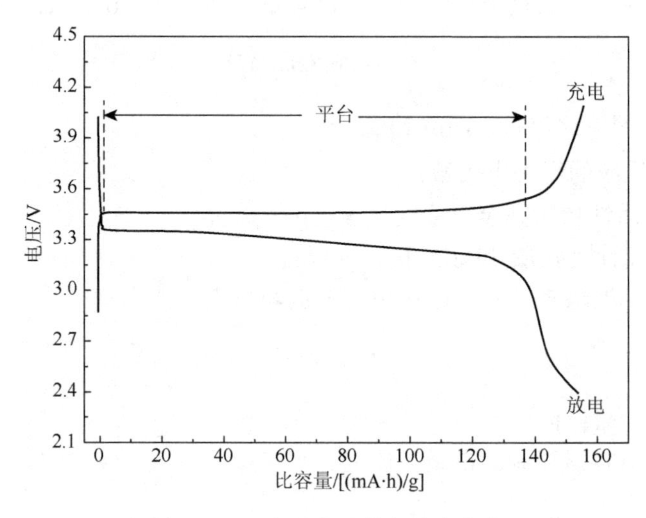

图 6.12　锂离子电池的充放电曲线

5. 充放电倍率

充放电倍率指电池充电或放电至额定电压或额定容量的速度大小，倍率性能影响锂离子电池工作时的连续电流和峰值电流，通常以字母 C 表示。1C 在数值上等于电池额定容量，如电池的标称额定容量为 10A·h，则 10A 为 1C（1 倍率），5A 则为 0.5C，100A 则为 10C，以此类推。图 6.13 为电池在不同放电倍率下比容量

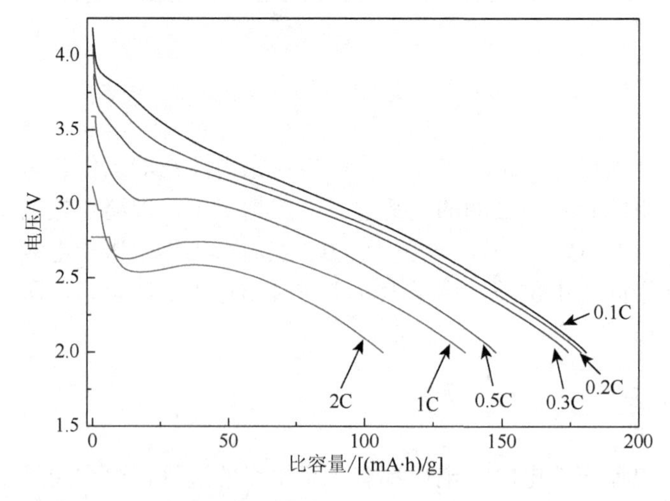

图 6.13　不同放电倍率条件下电池比容量与电压的关系图

与电压的关系图，其比容量和电压平台随着倍率的增大逐渐减小。另外一种计算方式为根据电池放电的时间直接估算，1C 为电池在一次充电或放电所用的时间为 1h，2C 表示一次充电或放电所用的时间为 0.5h，C 值与时间成反比。

充放电倍率对应的电流值乘以工作电压，就可以得出锂离子电池的连续功率和峰值功率指标。充放电倍率指标定义的越详细，对于使用时的指导意义越大。尤其是作为电动交通工具动力源的锂离子电池，需要规定不同温度条件下的连续和脉冲倍率指标，以确保锂离子电池的使用在合理范围之内。

6. 能量与功率

电池的能量指电池对外做功输出的电能，单位为 W·h。

理论能量：电池工作时，放电处于平衡状态且电压保持电动势电压（E），活性物质利用率为 100%，此时电池输出的能量为理论能量（W_0），$W_0 = C_0E$ 。

实际能量：电池放电时实际输出的能量。

$$W = CU_{av} \tag{6.4}$$

式中，W ——实际能量，W·h；

U_{av} ——电池平均工作电压，V。

能量密度：能量密度指单位体积或单位质量的电池，能够存储和释放的电量，其单位为(W·h)/kg、(W·h)/L，分别代表质量比能量和体积比能量，在实际应用中，能量密度具有十分重要的指导意义。

功率：电池的功率指在一定的放电条件下，单位时间内电池输出的能量，单位为 W 或 kW。

功率密度：功率密度指单位质量或体积电池在单位时间输出的能量，单位为 W/kg 或 W/L。功率密度的大小表示电池能承受的工作电流大小。

7. 自放电

电池在放置时，由于电极腐蚀或电极自放电引起的容量衰减称为电池的自放电。容量下降的速率称为自放电率，通常以百分数表示。电池的自放电会影响电池的使用容量，因此，电池的自放电越低对电池的使用越有利。锂离子电池的自放电导致电池过放，这通常是不可逆的，寿命会快速衰减。所以长期放置不用的电池要定期充电，避免因为自放电导致过放致使电池寿命衰减。

8. 电池寿命

电池在额定容量下能够使用的时间为电池寿命。锂离子电池的寿命分为循环寿命和日历寿命[10]。循环寿命一般以次数为单位，表征电池可以循环充放电的次数。在理想的温湿度下，以额定的充放电电流进行深度的充放电（放电深度 100% 或者 80%），计算电池容量衰减到额定容量的 80%时，所经历的循环次数。循环次数越多同时容量保持率越高表示电池稳定性越好、寿命越长，如图 6.14 所示。日历寿命就是电池在使用环境条件下，经过特定的使用工况，达到寿命终止条件（如容量衰减到 80%）的时间跨度。日历寿命与具体的使用要求是紧密结合的，通常需要规定具体的使用工况、环境条件、存储间隔等。日历寿命比循环寿命更具有实际意义，但由于日历寿命的测算非常复杂，而且耗时太长，所以一般电池厂家只给出循环寿命的数据。

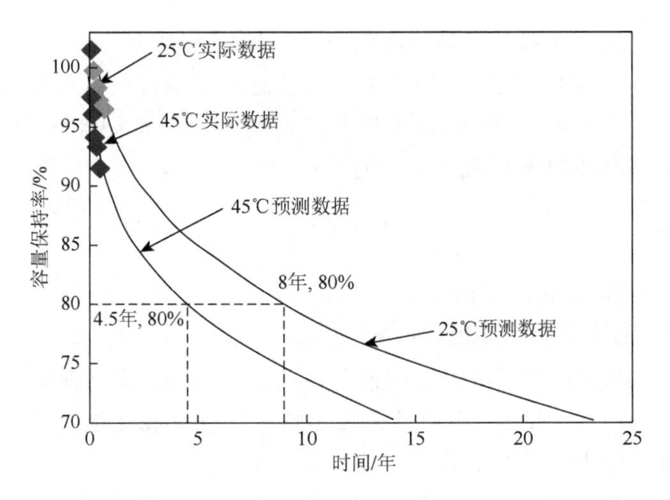

图 6.14　锂离子电池的日历寿命和容量保持率曲线图[10]

6.3　化学能-电能能量转换材料及制备

能量转换材料是化学能与电能发生转换行为的关键，电池正极材料和负极材料为能量转换的关键材料。本节将以几种新型二次电源（锂/钠离子电池、锂硫电池、超级电容器）和燃料电池、电化学电容器为主，从正极材料、负极材料及能量转换过程中的其他关键材料出发，详细阐述不同材料的特点及制备方法。

6.3.1　正极材料

1. 锂离子电池正极材料

正极材料是制约锂离子电池发展的一大瓶颈，锂离子电池的性能很大程度上取决于所采用的正极材料。理想的锂嵌入化合物正极材料应具有以下特点[2, 7, 8]：

（1）放电反应应具有较大的负吉布斯自由能变化，从而使电池的输出电压高；

（2）嵌入化合物的分子量应尽可能小并且允许大量的锂可逆嵌入和脱嵌，以获得高的比容量；

（3）主体结构应具有较好的电子电导率和离子电导率，减少极化，可以大电流充放电，以获得高的功率密度；

（4）在锂的嵌入/脱嵌过程中，主体结构及其氧化还原电位随嵌/脱锂量的变化应尽可能地小，以获得好的循环性能和平稳的输出电压平台；

（5）嵌入化合物在整个电位范围内应具有很好的化学稳定性，不与电解质发生反应；

（6）环境友好、价格低廉、易于制备。

2. 锂离子电池正极材料的分类及制备方法

常规锂离子电池中的正极材料不但是锂源，而且作为电极材料参与电化学反应。若按锂离子嵌入和脱嵌的通道，可分为三类：一维隧道结构正极材料，如 $LiFePO_4$；二维层状结构正极材料，如 $LiMO_2$（M = Co、Ni、Mn）、$Li_{1+x}V_3O_8$ 和 Li_2MSiO_4（M = Fe、Mn）；三维孔道/框架结构正极材料，如 $LiMn_2O_4$ 和 $Li_3V_2(PO_4)_3$。

1）一维隧道结构正极材料：橄榄石型 $LiFePO_4$

$LiFePO_4$ 具有资源丰富、制备成本低廉、安全性能好、无毒无害及对环境友好的优点，被看作是动力和储能锂离子电池领域中的理想正极材料，具有很强的离子传输能力，因此它也被列为钠离子快导体材料。其晶体结构如图 6.15 所示，它具有规则的橄榄石构型，归属立方晶系，*Pnma* 空间群[11]。$LiFePO_4$ 晶胞由八面体 FeO_6 与 LiO_6 和 PO_4 四面体三者交替排列而形成，其中 Li 原子和 Fe 原子分别占据八面体的（4*a*）和（4*c*）位，P 原子占据氧四面体（4*c*）位置，O 原子形成的密排六方结构作为一维锂离子传输通道，含磷的橄榄石结构为绝缘部分。$LiFePO_4$ 在室温下的电导率仅为 10^{-10} S/cm，由相的变化完成锂离子的嵌入和脱嵌。

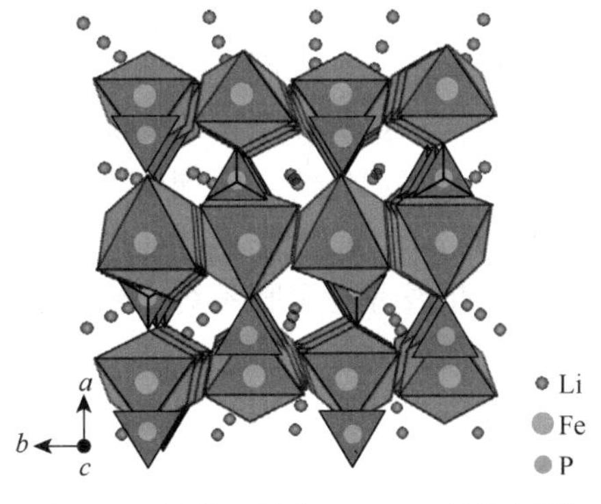

图 6.15　橄榄石结构 $LiFePO_4$ 结构图[11]

具体反应方程如下：

$$充电过程：LiFePO_4 = xFePO_4 + (1-x)LiFePO_4 + xLi^+ + xe^-$$

$$放电过程：FePO_4 + xLi^+ + xe^- = xLiFePO_4 + (1-x)FePO_4$$

$LiFePO_4$的理论比容量为 170(mA·h)/g，实际使用比容量约为 160(mA·h)/g，电位平台为 3.4V。$LiFePO_4$结构稳定、高温稳定性好、工作温度范围比较宽、电化学性能稳定，被认为是动力和储能锂离子电池的理想正极材料。

磷酸铁锂的制备方法有以下五种。

（1）固相合成法。固相合成法是最早用于磷酸铁锂合成的方法。通常采用碳酸锂、氢氧化锂为锂源，乙酸亚铁、草酸亚铁等铁盐及磷酸二氢铵等混合物为起始物，混合、烧结后即可得到磷酸铁锂[12]。高温固相法工艺简单、易实现产业化，但合成的磷酸铁锂颗粒较大，不利于其电化学性能的发挥；此外，合成过程中需要使用大量惰性气体和还原性气体，能源消耗较大，给大规模生产带来不便。因此，从商业化角度考虑需要进一步改进固相法或寻找可替代的合成方法。

（2）微波合成法。在微波的条件下，利用微波的强穿透能力进行加热，具有加热快速、均质与选择性等优点。以碳酸锂、磷酸二氢铵、乙酸亚铁为原料，研磨、压片，置于反应器中，调节微波至特定功率，加热数分钟后即可得到磷酸铁锂[13]。

（3）溶胶-凝胶法。在锂离子电池正极材料的制备方法中，溶胶-凝胶法是较为常用的一种方法。但用此方法制备磷酸铁锂却并不多见，原因主要是磷酸铁锂对合成过程中的气氛有特殊要求。

（4）水热合成法。由于水热反应的均相成核及非均相成核机理与固相反应的扩散机制不同，因而可以创造出其他方法无法制备的新化合物和新材料。水热合成法的优点是所得产物纯度高、分散性好、粒度易控制。

（5）溶剂热法。溶剂热法是水热法的发展，溶剂热法使用有机溶液作为化学反应的溶剂。该过程相对简单、易于控制，并且在密闭体系中可以有效防止有毒物质的挥发并便于制备对空气敏感的前驱体。另外，物相的形成、粒径的大小和形态也能够控制；而且，产物的分散性较好。在溶剂热条件下，溶剂的性质（密度、黏度、分散作用）相互影响，且其性质与通常条件下相差很大，反应物（通常是固体）的溶解、分散及化学活性大大提高或增强，可使反应能够在较低温度下发生。

虽然磷酸铁锂具有极大的潜在应用价值，但其电子电导率低、振实密度低、低温下电化学性能较差、离子扩散系数很低，因此需要对磷酸铁锂进行改性。目前磷酸铁锂的改性主要有以下三种形式。

（1）表面包覆。通常利用碳包覆，碳的加入除了能够增强电极材料的导电性能外，在产物结晶过程中还充当了成核剂，减小了产物的粒径。此外，还有导电聚合物、金属氧化物包覆等。包覆的方法多种多样，有水热法、碳热还原法、高温热解有机物法、原位聚合法及其他湿化学法等。采用聚多巴胺为碳源，经过原位聚合反应将聚多巴胺均匀包覆到磷酸铁锂表面，再经过高温热还原处理，可在磷酸铁锂表面得到均匀的碳层，控制包覆碳层的厚度可有效提高磷酸铁锂的性能。图 6.16 为聚多巴胺碳化后在磷酸铁锂表面的包覆情况，该方法可以将包覆碳层控制在几纳米[14]。

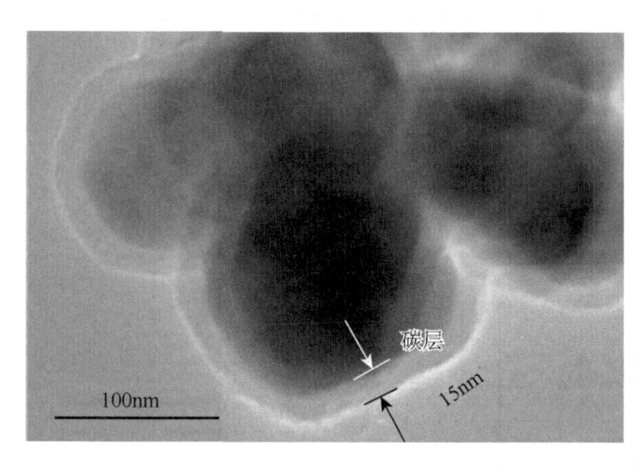

图 6.16　碳包覆磷酸铁锂的 TEM 图片[14]

（2）元素掺杂。通常用高价态的金属阳离子，如 Mn^{2+} 、Mg^{2+} 、Al^{3+} 、Ti^{4+} 等进行掺杂，掺杂后材料导电性得到明显提高。实验结果表明，在磷酸铁锂中掺杂少量金属离子可将电导率提高 8 个数量级。离子掺杂的方法有固相法、共沉淀法、碳热还原法等。

（3）提高比表面积。通过提高材料的比表面积，可以增大扩散界面面积，同时缩短 Li^+在颗粒内部的扩散路径，从而提高活性材料的利用率。通常将材料做成纳米尺寸颗粒或高比表面积的多孔材料来实现，如球磨法、模板法等。模板法是以模板为主体构型去控制、影响和修饰材料的形貌，控制尺寸进而改进材料性质的一种合成方法。以聚甲基丙烯酸甲酯（PMMA）和泊洛沙姆（F127）为模板制备的分级多孔结构的碳包覆磷酸铁锂材料，其特殊的纳米孔状结构使其比表面积高于普通的磷酸铁锂材料，使电池能达到较高的倍率和较好的电量保持率[15]。

2）二维层状结构正极材料

层状结构正极材料以 α-$NaFeO_2$ 型镍、钴、锰锂化合物为代表，其通式可表示为 $LiM_zCo_xNi_yMn_{1-x-y-z}O_2$，其中 M 为掺杂元素，掺杂含量在 1%以下。根据 Ni、Co、Mn 三种元素的不同组合可分为一元、二元和三元材料。

一元材料有 $LiCoO_2$、$LiNiO_2$、$LiMn_2O_4$。自首个以 $LiCoO_2$ 为正极的锂离子电池问世以来，$LiCoO_2$ 一直在正极材料市场占据非常重要的位置，是目前小型锂离子电池的重要正极材料。$LiCoO_2$ 的晶体结构如图 6.17（a）所示，该类材料具有典型二维层状结构，$R\text{-}3m$ 空间群，适宜 Li^+ 的脱嵌和迁移，Li^+ 和 Co^{3+} 分别占据晶胞中的（$3a$）和（$3b$）位置，两者交替排列，占据氧八面体间隙，O^{2-} 占据（$6c$）位，按立方体密堆积排列。此类结构中，锂层和过渡金属层分别平行于氧层而独立存在，彼此之间相互层叠堆积，构成六方晶系的超点阵结构[16]。$LiCoO_2$ 的理论比容量可达 274(mA·h)/g，电压平台约为 4.0V，循环寿命长，可快速充放电，但 $LiCoO_2$ 价格高，且实际容量只能达到理论容量的一半。图 6.17（b）为 $LiCoO_2$ 充放电曲线。

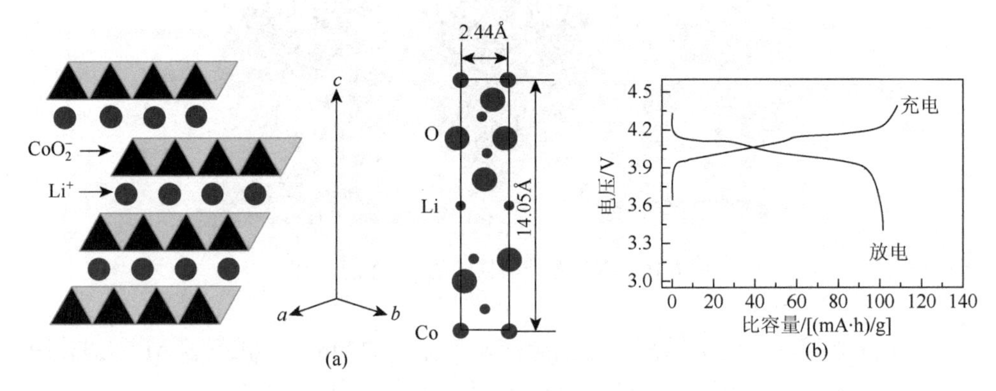

图 6.17　（a）$LiCoO_2$ 的晶体结构[16]；（b）$LiCoO_2$ 的充放电曲线

$LiCoO_2$ 的生产以高温固相合成为主，技术改进的手段是掺入其他元素。过量 Li 的掺入可以改变颗粒的生长特性，使单个一次颗粒尺寸增大，增强颗粒的致密性和表面光滑度，从而提高压实密度。其他掺杂元素 Ti、Zr、Al 能改善其电化学稳定性。$LiNiO_2$ 与 $LiCoO_2$ 结构相同，但 $LiNiO_2$ 过电位高，放电不充分。此外，$LiNiO_2$ 与锂反应容易形成缺陷，不利于 Li 在固相中的扩散。

二元材料以镍钴酸锂（$LiM_yCo_xNi_{1-x-y}O_2$）为代表，其比容量可达 200(mA·h)/g，其中铝掺杂的镍钴酸锂（NCA）具有较好的稳定性，也是为数不多的商品化正极材料。三元材料（Li-Ni-Co-Mn-O，NCM）是层状结构材料中得到大规模应用的另一种材料。其比容量为 150～200(mA·h)/g，电压平台约为 3.5V，适用于小型动力锂离子电池、高功率电池，也可以与尖晶石锰酸锂混合，用于大型动力锂离子电池。对于层状材料，以 $LiCoO_2$ 为例，理论比容量为 274(mA·h)/g，因 Ni、Co、Mn 相对原子质量相近，因此不管如何改变层状材料的制备技术，其比容量始终低于 274(mA·h)/g。研究发现，增加 Ni 的含量可以获得较高的容量；增加 Co 的含量可以获得较高的电压平台和较好的循环稳定性；增加 Mn 的含量可以降低材料的成本，同时提高电池的安全性能。

富锂层状固溶体材料（$Li_2MnO_3 \cdot LiCo_xNi_yMn_{1-x-y}O_2$）是高容量、高电压正极材料研究的热点，该材料被认为是 Li_2MnO_3 与 $LiCo_xNi_yMn_{1-x-y}O_2$ 的复合物。Li_2MnO_3 与 $LiCo_xNi_yMn_{1-x-y}O_2$ 在结构上都类似于 α-$NaFeO_2$ 的层状结构，但在结构上又不能完全将 Li_2MnO_3 与 $LiCo_xNi_yMn_{1-x-y}O_2$ 区分开来，因此又将该材料称作富锂层状固溶体材料。Li_2MnO_3 的理论比容量高达 458(mA·h)/g，$Li_2MnO_3 \cdot LiCo_xNi_yMn_{1-x-y}O_2$ 的实际比容量也有 200～300(mA·h)/g。因此，富锂层状固溶体材料具有一定的应用前景。但是，在电化学方面，富锂层状固溶体材料首次库仑效率较低、循环稳定性较差、倍率性能和安全性能有待改善，而且，该材料没有稳定的电压平台，电压变化区间较大。图 6.18（a）为共沉淀法制备的球形富锂层状固溶体，图 6.18（b）为其充放电曲线[17]，在 2.0～4.5V 的电压范围内其首次放电比容量约为 180(mA·h)/g，在 2.0～4.6V 的电压范围内其比容量大于 250(mA·h)/g，可见不同的电压范围对电池的性能也有很大的影响。虽然富锂层状固溶体材料具有较高的容量，但其结构复杂、电化学性能尚有缺陷、充放电机理尚不明确，还有待进一步改进和开发。

(a)

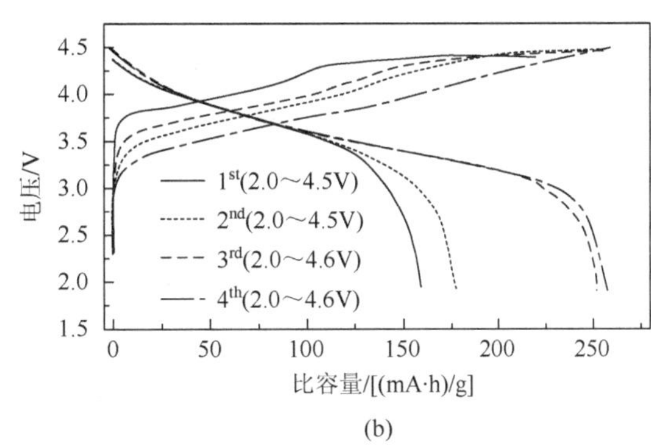

(b)

图 6.18 富锂层状固溶体的（a）形貌和（b）充放电曲线[17]

富锂层状固溶体材料的制备有共沉淀法、喷雾干燥法等。

（1）共沉淀法。共沉淀法是将适当的原材料溶解后，加入其他化合物以析出沉淀，干燥、煅烧后得到产物。图 6.19 为共沉淀反应装置示意图。由于溶解过程中原料间的均匀分散，故共沉淀的前驱体可实现低温合成。但是由于共沉淀前驱体沉淀沉积速度快，各元素的比例往往难于控制，经过煅烧后，很可能会导致产物中各元素的非化学计量性。将含有 Ni、Co、Mn 的盐按一定比例混合，控制温度和 pH，所得沉淀经过滤、洗涤即可得到前驱体材料，再经与锂盐混合煅烧即可得到富锂层状固溶体正极材料。

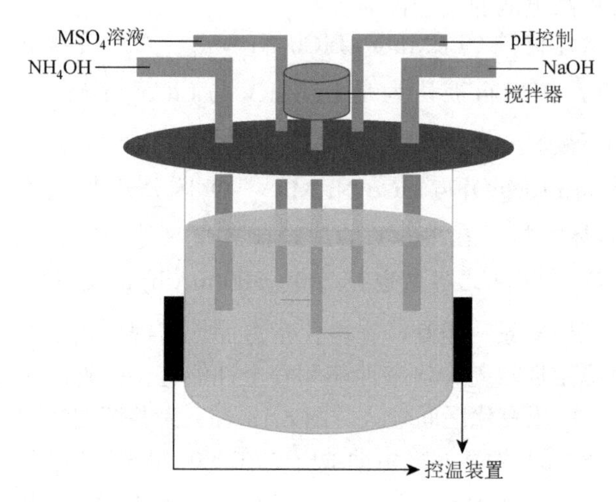

图 6.19　共沉淀反应装置示意图

（2）喷雾干燥法。喷雾干燥是系统化技术应用于物料干燥的一种方法[18]。图 6.20 为喷雾干燥法装置示意图，在干燥室中将配置好的溶液稀料雾化后，在与热空气的接触中，水分迅速汽化，即得到干燥产品。该法能直接使溶液、乳浊液干燥成粉状或颗粒状制品，可省去蒸发、粉碎等工序。该方法分为压力喷雾干燥法、离心喷雾干燥法和气流式喷雾干燥法。

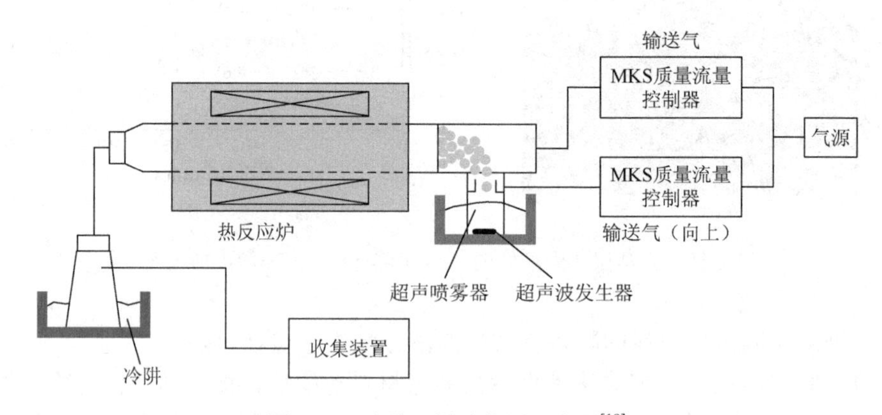

图 6.20　喷雾干燥法装置示意图[18]

3）三维孔道/框架结构正极材料

尖晶石型锰酸锂（$LiMn_2O_4$）具有四方对称框架结构，空间群为 *Fd*3*m*，其结构如图 6.21 所示。其理论比容量为 148(mA·h)/g，实际比容量可超过 120(mA·h)/g，电压平台高达 4V，具有较好的安全性和热稳定性，它耐过充、大电流充放电性能优越、资源丰富、价格低廉，是最有前景的动力电池正极材料之一。

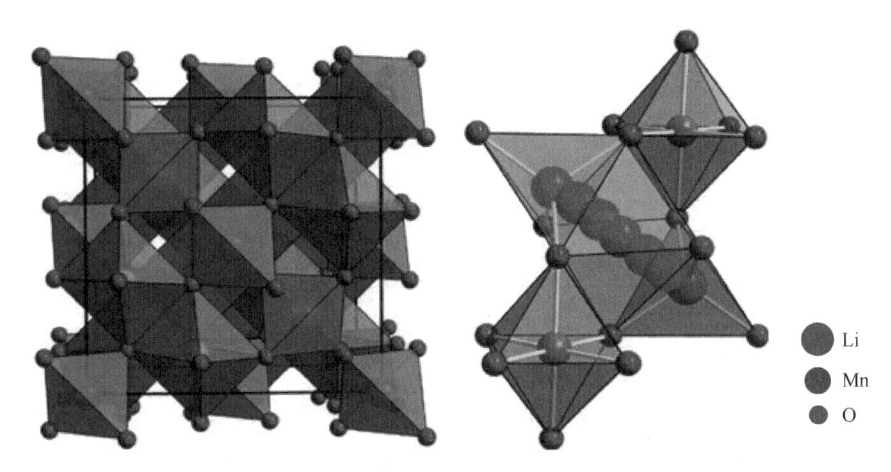

图 6.21　三维框架结构 $LiMn_2O_4$ 结构图[16]

尖晶石锰酸锂（$LiM_xMn_{2-x}O_4$）正极材料的研究较多，主要是从合成和改性的角度出发，合成方法主要有固相反应法、熔融盐法、溶胶-凝胶法、聚合物前驱体 Pechini 法等。

熔融盐法是无机合成化学的一个重要分支，熔融盐也是一种溶剂，特点是熔化时离解为离子，正负离子靠库仑力相互作用，可作为高温下的反应介质。

Pechini 法主要是利用柠檬酸及乙二醇形成网状高分子来稳定金属离子，再将此高分子经热处理形成所要的产物。Pechini 法是基于某些弱酸与某些阳离子能形成螯合物，它们在 Pechini 过程中起聚酯的作用，并可与多元醇聚合，形成固体聚合物树脂。由于阳离子与有机酸发生化学反应而均匀地分散在聚合物树脂中，能保证原子水平的混合，在相对较低的温度下生成均一、单相的超细氧化物粉末。

$LiMn_2O_4$ 正极材料的缺点是高温性能和循环稳定性较差。它的改性主要以元素掺杂和表面包覆为主。低价态元素 Cr、Mg、Li、B、Al、Co、Ga、Ni 等掺杂可以降低 Mn^{3+} 的含量，减少歧化溶解的发生，同时还可抑制姜-泰勒（Jahn-Teller）效应。通过金属氧化物、磷酸盐、聚合物的包覆可以减少 Mn^{3+} 与电解液的接触，碳材料的包覆还可以提高材料的导电性。图 6.22（a）为石墨烯复合 $LiMn_2O_4$ 的充放电曲线，复合后比容量提高了 20(mA·h)/g，循环稳定性也得到了明显的提高[19]，如图 6.22（b）所示。

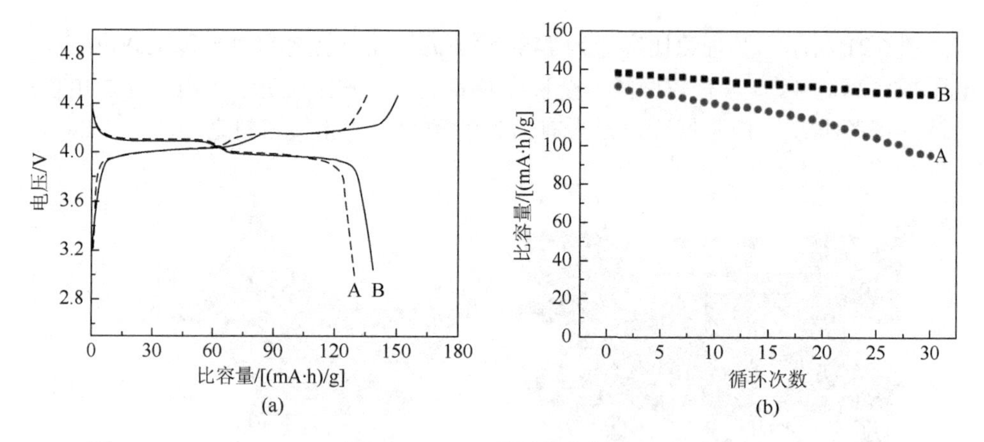

图 6.22 $LiMn_2O_4$（A）与 $LiMn_2O_4$/石墨烯复合材料（B）的充放电曲线（a）及其循环对比（b）[19]

$LiMn_2O_4$ 掺杂适量的过渡金属元素后电压平台可以提高到 4.5V 以上，其中 Ni 掺杂的 $LiM_xMn_{2-x}O_4$ 在高的电位区间具有较高的容量和较好的循环性能，被称为 5V 锰酸锂。虽然 5V 锰酸锂在容量和循环性能上具有一定的优势，但实际使用中电解液在高电压下易分解。与多元层状材料的合成方法类似，5V 高电压尖晶石锰酸锂的合成多采用液相制备前驱体后高温煅烧法，它的改性多采用元素掺杂和表面包覆的方法。

3. 钠离子电池正极材料

钠与锂具有极其相似的物理和化学性质，但钠离子半径较大，使得很多材料无法与钠离子发生电化学反应；此外，钠的相对原子质量较大，单位体积或质量能量密度偏低，因此，钠离子电池的发展落后于锂离子电池，至今还没有实现商业化应用。钠资源丰富、价格低廉，钠离子电池可作为大规模储能用装置的固定电源，合理的开发可配合风能、太阳能及电网中电力的合理分配和使用。因此，开发钠离子电池具有重要的意义。钠离子电池与锂离子电池结构相同，目前钠离子电池的开发主要借鉴锂离子电池的经验，电极材料的选取与制备方法也与锂离子电池电极材料基本相同。钠离子电池正极材料分为很多种，下面将对几种正极材料做简要介绍。

1）层状结构氧化物

层状金属氧化物如 $NaMO_2$（M＝Ni、Mn、Cr、Co、V 等）具有高容量、低价格、高安全性等优点，这类化合物被看作是比较有前景的钠离子电池正极材料。$NaMO_2$ 复合物的层状结构比较稳定，不会因为电化学反应发生和循环次数的增加而损失容量或破坏结构。与含锂层状化合物类似，这些层状氧化物是根据氧的堆叠不同分类的，每一种类型的化合物具有不同的电化学性质。例如，在 P2 型层状结构材料中，Na 占据三棱柱面体的中间位置（Na_{pri}），这种结构是按 ABBA 结构堆叠排列起来的。P2 型层状结构中的 Na 是完全共面的或者完全共边界的[20]，如图 6.23（a）所示。另一个典型的结构是 O3 型层状结构（Na_{oct}）。它是按 ABC 结构堆叠起来的，Na 占据八面体中某一共面的点，如图 6.23（b）所示。P2 型层状结构钠离子扩散性好，而且结构稳定，更适合作为钠离子电池的电极。

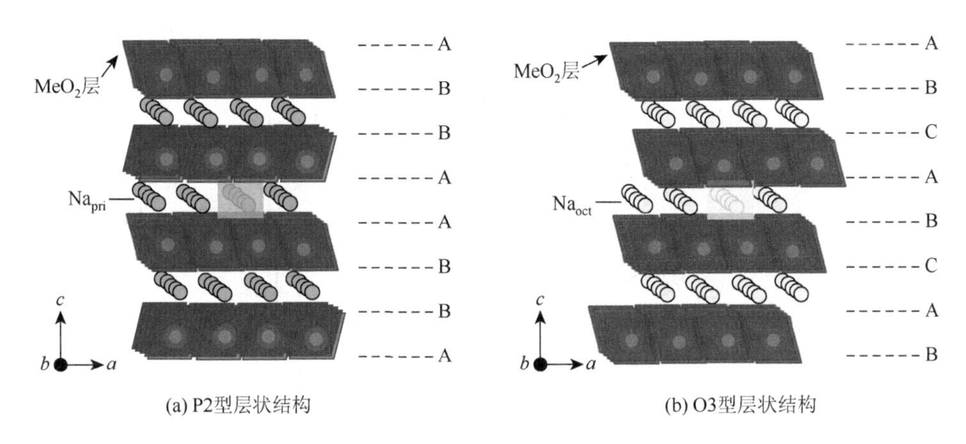

(a) P2型层状结构　(b) O3型层状结构

图 6.23　层状化合物的两种结构

例如，O3 型 $Na[Fe_{1/2}Mn_{1/2}]O_2$ 在电压为 1.5～4.3V 测试范围内有 100～110(mA·h)/g的比容量，在小电流密度下极化电压约为1V。而P2型 $Na_{2/3}[Fe_{1/2}Mn_{1/2}]O_2$ 在相同的测试条件下能释放出的比容量可达 190(mA·h)/g，约为理论比容量的 72%，如图 6.24 所示。

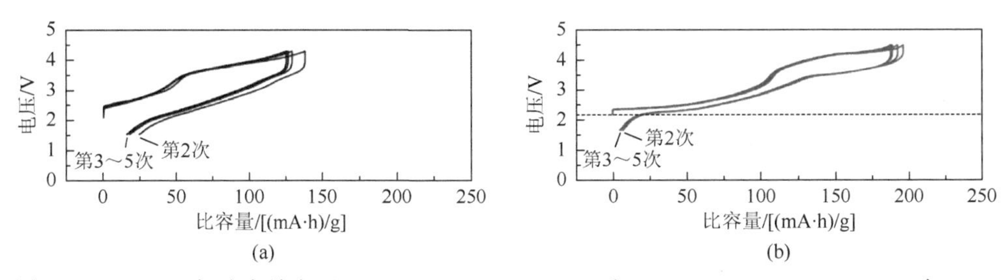

(a)　(b)

图 6.24　12mA/g 恒流充放电下（a）Na/ $Na[Fe_{1/2}Mn_{1/2}]O_2$ 和（b）Na/ $Na_{2/3}[Fe_{1/2}Mn_{1/2}]O_2$ 在 1.5～4.3V 的充放电曲线

过渡金属有很多的可变性，它们可以组合成很多种类似于 $NaMO_2$ 的层状复合物。每一种都有自己的运行电压范围、容量及对应的能量密度。图 6.25

对比了多种 P2 和 O3 型层状结构正极材料对应的电压和容量及能量密度曲线，可以看出，在层状结构材料体系中，P2 型层状结构正极材料的电池性能高于 O3 型层状结构正极材料，同时也说明 P2 型层状结构正极材料具有一定的开发前景。

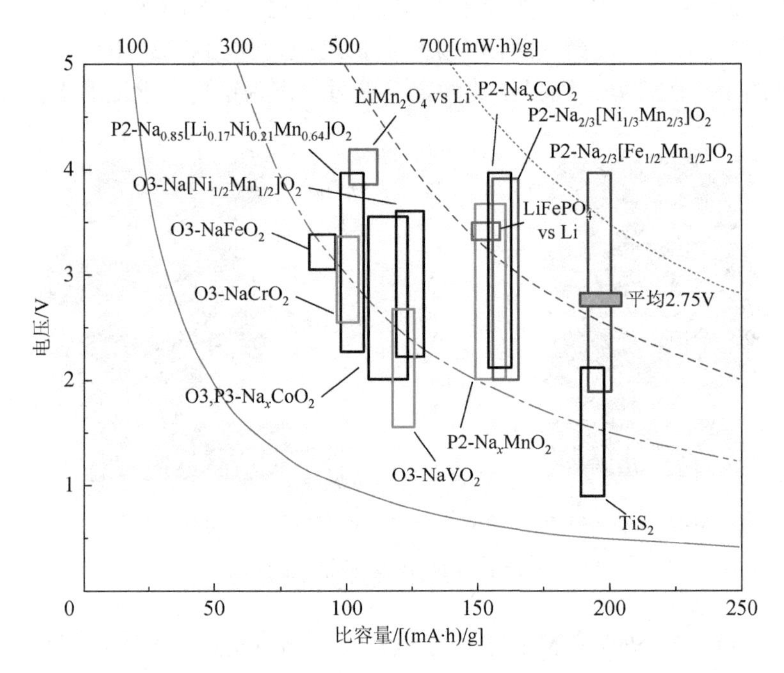

图 6.25 不同钠离子嵌入层状材料在可逆容量、运行电压范围的比较[20]

鉴于 $LiCoO_2$ 在锂离子电池中的成功应用，$NaCoO_2$ 也曾被视为非常有前景的钠离子电池正极材料。然而，$NaCoO_2$ 的容量及电位平台都不理想，放电电压在 2.3～3.2V，另一个放电电压约在 0.6V，比容量约为 105(mA·h)/g；此外，小尺寸的 $NaCoO_2$ 具有更好的容量保持率和较小的极化现象，说明小尺寸材料在电化学反应中具有更好的动力学特性[21]。

2）磷酸盐

磷酸盐具有很好的热稳定性和结构稳定性，由于过渡金属的电磁诱导效应会产生很高的氧化还原电势，所以磷酸盐被认为是潜在的钠离子电池正极材料的一种。在橄榄石型 $NaMPO_4$（M = Fe、Mn 等）中，对于 $NaFePO_4$ 而言稳定的结构并不是橄榄石型，而是磷铁钠矿结构。与 $NaMPO_4$ 不同的是，在磷铁钠矿中 Na^+ 与 Fe^{2+} 占据的位置恰好相反。通过一般的方法得到磷铁钠矿结构的 $NaMPO_4$（M = Fe、Mn、Co 等）缺少阳离子传输通道，所以它们一般没有电化学活性。将

$LiFePO_4$ 通过先脱锂再钠化的方式得到了橄榄石型的 $NaFePO_4$，这种 $NaFePO_4$ 具有较高的放电平台和较好的循环稳定性[22]。相比于 $NaFePO_4$ 和 $LiFePO_4$，橄榄石型的 $NaMn_{0.5}Fe_{0.5}PO_4$ 没有明显的充放电平台。$NaMn_xFe_{1-x}PO_4$ 随着 Mn 含量的增加电化学活性有所衰减，与 Mn 在磷酸盐中的动力学性质有关[23]。

3）钠离子快导体类—— $Na_xM_2(PO_4)_3$

$Na_xM_2(PO_4)_3$ 具有三维的框架结构[24]。例如，$Na_3V_2(PO_4)_3$ 的内部结构可以看作是每一个 VO_6 的八面体连接三个 PO_4 四面体，其中一个 Na^+ 占据 M1（6*b*），另外两个占据着框架间隙中 M2（18*e*）的位置[25]。$Na_3V_2(PO_4)_3$ 作为钠离子电池正极时，平均放电电压为 3.3V，比容量大于 100(mA·h)/g，如图 6.26（a）所示，是最有前景的钠离子电池正极材料。$Na_3V_2(PO_4)_3$ 的电化学反应是从 $Na_3V_2(PO_4)_3$ 到 $Na_3V_2(PO_4)_3$ 的两相转变过程，其内部主要是 V^{4+}/V^{3+} 的转换[26]，如图 6.26（b）所示（扫封底二维码可见本彩图）。

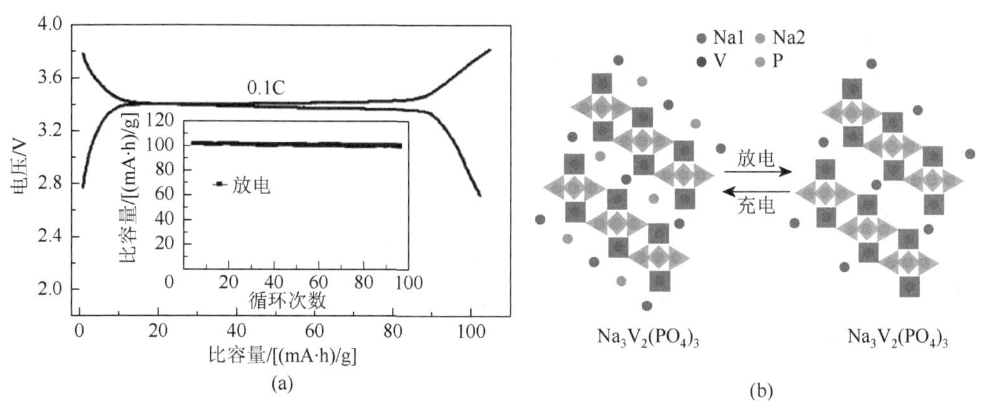

图 6.26　（a）$Na_3V_2(PO_4)_3$ 的充放电曲线和库仑效率[25]；（b）$Na_3V_2(PO_4)_3$ 反应机制图

共沉淀-高温烧结法可实现 $Na_3V_2(PO_4)_3$ 的制备[27]。将 NH_4VO_3、H_3PO_4、Na_2CO_3 按一定比例混合，反应后经过滤、烘干再经高温热处理即可得到 $Na_3V_2(PO_4)_3$。为了增加正极材料的导电性可在制备过程中添加碳纳米管、石墨等导电剂。

利用静电纺丝技术在实现 $Na_3V_2(PO_4)_3$ 纳米化的同时，可直接引入导电碳材料，实现碳材料与正极材料的直接复合。图 6.27（a）为静电纺丝装置示意图，在电场作用下，针头处的液滴会由球形变为圆锥形（即“泰勒锥”），并从圆锥尖端延展得到纤维细丝。静电纺丝就是高分子流体静电雾化的特殊形式，此时雾化分裂出的物质不是微小液滴，而是聚合物微小射流，可以运行相当长的距离，最终固化成纤维。图 6.27（b）为磷酸二氢钠、偏钒酸铵、柠檬酸、聚氧化乙烯（PEO）、水为原料，使用静电纺丝技术获得的 $Na_3V_2(PO_4)_3/C$ 复合纤维。

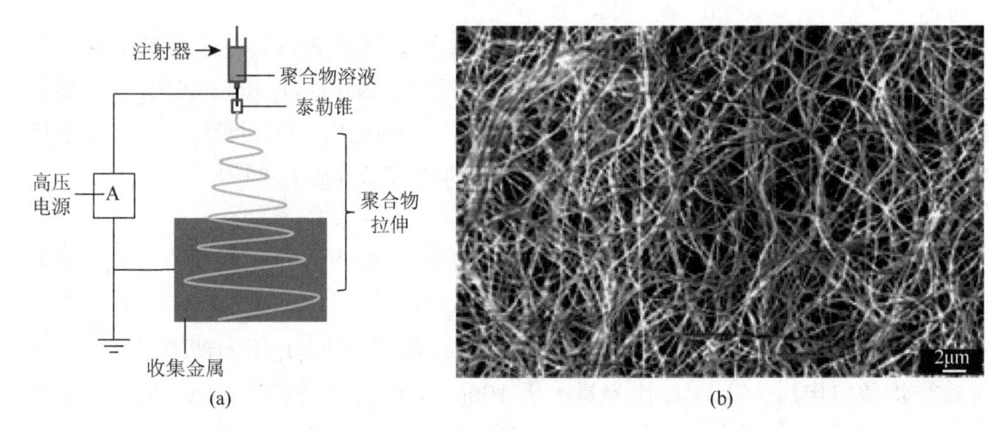

图 6.27　（a）静电纺丝装置示意图；（b）静电纺丝法制备的 $Na_3V_2(PO_4)_3$/C 复合纤维形貌图[26]

此外，还有其他多种正极材料在钠离子电池中具有一定的性能[28]，如 $Na_3M_2(PO_4)_3$（M = Fe、Mn 和 Ni）、氟化物（FeF_2、FeF_3、$NaFeF_3$）、亚铁氰化物、普鲁士蓝及其类似物、有机物等。

4. 锂硫电池正极材料

锂硫电池正极材料为单质硫，锂硫电池的电化学反应主要发生在正极区域，单质硫导电性差且放电过程中形成的多硫化物易溶解于电解液产生“穿梭效应”，导致电池性能降低[29]。针对硫正极的导电性差和多硫化物溶解的问题，通常使用的正极改性方法主要有：①加入导电剂，增强电极导电性；②构筑框架结构、包覆层等抑制多硫化物溶出；③加入多硫化物的吸附剂，将多硫化物吸附在正极；④“造孔”以提供电解液和锂离子的通道，缓冲充放电过程中引起的体积变化。正极改性材料具体可分为以下几类。

1）碳/硫复合正极材料

碳材料与硫的复合不仅可以增强电极的导电性，提高正极材料硫的利用率；还可以利用碳的孔道结构吸附/固定多硫化物，弱化“穿梭效应”。此外，碳的柔韧性和多孔性可以抑制或减缓电极的体积膨胀和挤压[30]。石墨烯、碳纳米管及其他多孔碳均可改善电池性能，复合方式主要有直接混合、硫包覆碳纳米管、多孔碳镶嵌硫等。多孔碳是单质硫最常用的一种复合材料。

将介孔分子筛 SBA-15 硬模板放入溶有蔗糖的硫酸溶液中超声，然后在惰性气体下高温碳化得到有序介孔 CMK-3 碳纳米棒。使用氢氟酸去除硅模板即可得到多孔结构 CMK-3 碳纳米棒。将 CMK-3 与硫按一定比例混合，加热使硫溶解并浸入孔道内即可实现碳/硫的高度复合，如图 6.28 所示，该方法可有效抑制多硫化物的穿梭，提高电池稳定性[31]。

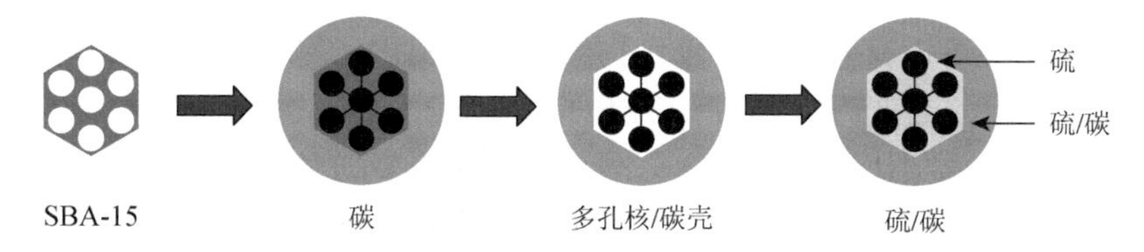

图 6.28　SBA-15 硬模板法制备碳/硫复合正极材料[31]

2）导电聚合物/硫复合正极材料

导电聚合物作为碳材料以外的一种单质硫载体材料，能够修饰正极材料表面，促进离子和电子传输，可以通过控制结构实现对硫及其氧化还原产物的束缚。导电聚合物包覆硫正极可以提高电极导电性、限制多硫化物溶解和穿梭、提高活性物质利用率、缓解电极体积膨胀、增强电极结构稳定性；此外，部分导电聚合物还可以参与反应提供一部分容量。常用的导电聚合物包括聚丙烯腈（PAN）、聚吡咯（PPy）、聚苯胺（PANI）、聚噻吩（PTh）和聚乙烯二氧噻吩（PEDOT）等。复合的方法有熔融硫法、化学沉积法、原位聚合法等。

导电聚合物还可和多孔碳同时与硫复合，利用碳的多孔特性和导电聚合物的高导电性共同提高电池性能。图 6.29（a）为 PEDOT:PSS（聚苯乙烯磺酸钠）与 CMK-3 共同与硫复合的正极反应机制图。当 CMK-3 与硫复合时，虽然电池性能会得到一定的提高，但仍然存在少量多硫化物的溶解[32]；在上述复合材料的外表面包覆导电聚合物后，锂离子可以很容易地穿过外层包覆物，同时电子也可快速地通过表面包覆材料导出。多硫化物被牢牢地固定在高分子包覆物内部，抑制多硫化物的“穿梭效应”，提高电极材料的利用率和循环性能，如图 6.29（b）所示。

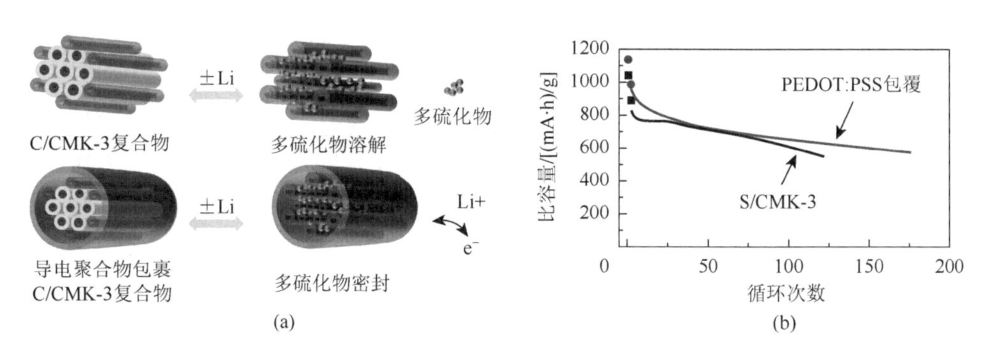

图 6.29　（a）PEDOT:PSS与 CMK-3 共同与硫复合的正极反应机制图；（b）聚合物包覆前后电池循环性能对比[32]

3）无机物/硫复合正极材料

无机材料也可作为锂硫电池中的载体材料，如 TiO_2 和 Al_2O_3 等。无机物与硫形成的核壳结构可以有效抑制多硫化物的溶解和析出，提高正极材料的利用率和结构稳定性。除此之外，蛋黄-壳结构除了具有核壳结构的稳定特性之外，还可为硫电极反应的体积变化提供更多的空间，可存储更多的多硫化物，增强电极的稳定性。如图 6.30（a）为 S/ TiO_2 蛋黄-壳结构的生长机制图[33]。首先，将硫纳米颗粒分散在含有聚乙烯基吡咯烷酮（PVP）的水溶液中，向其中加入氨水和异丙醇，加入二（乙酰丙酮基）钛酸二异丙酯，反应后可得到核壳结构的 S/TiO_2 复合物。将核壳结构 S/TiO_2 溶于异丙醇和甲苯中，控制反应时间，溶解部分硫即可得到蛋黄-壳结构的 S/TiO_2，图 6.30（b）和（c）为蛋黄-壳结构 S/TiO_2 的 SEM 及 TEM 图片，该结构的复合正极具有出色的循环稳定性。

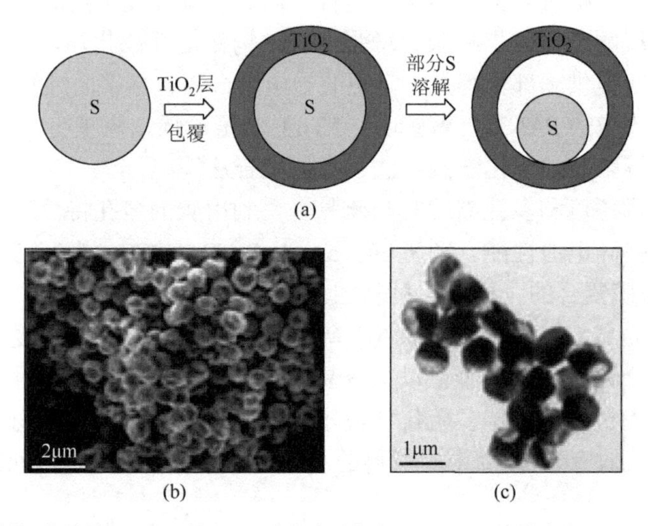

图 6.30　蛋黄-壳结构 S/TiO_2 的（a）生长机制图、（b）SEM 图片和（c）TEM 图片[33]

正极材料的复合方法主要可以分为两类：①物理方法，以单质硫为原料，通过球磨、加热熔融和溶剂蒸发的方法将单质硫与载体材料复合；②化学方法，通过加入酸将其他价态的硫元素（如 $Na_2S_2O_3$ 等）氧化或还原成单质硫，进而实现复合。

5. 铅酸电池正极材料

铅酸电池经过多年的发展，技术已经日趋成熟和完善，是目前应用最广泛的二次电池。铅酸电池正极材料为 PbO_2。PbO_2 有两种晶体结构，一种是斜方晶系的 α-PbO_2，Pb 原子被固定在八面体中心，周围环绕六个 O 原子；另一种是正方晶系的 β-PbO_2。两种 PbO_2 在一定条件下可相互转化。PbO_2 为半导体材料，其电阻率为 10^{-4} ～ 10^{-3} Ω·cm。虽然 α-PbO_2 与 β-PbO_2 放电产物同为 $PbSO_4$，但二者放电容量差别较大。其原因有：一方面，由于β-PbO_2的晶粒相对较小，具有更大的真实表面积，活性物质利用率高；另一方面，由于放电产物$PbSO_4$属于斜方晶系，容易在同是斜方晶系α-PbO_2表面生长，硫酸盐覆盖到活性物质α-PbO_2表面，阻碍了电化学反应的进行，而放电产物$PbSO_4$不能沿β-PbO_2晶格生长，而是分散在电极表面，不影响活性物质电化学反应的发生，因此β-PbO_2具有更高的放电容量。在充放电过程中，两种晶系PbO_2相互转化[7]。

尽管铅酸电池已经得到了广泛的应用，但是铅酸电池反应时产生的$PbSO_4$为不良导体，容易堵塞正极材料PbO_2的孔道，导致电解液不能与正极材料接触，降低了活性物质的利用率，同时增大了电池内部的电阻。目前，提高正极活性物质利用率的方法主要有两种：一种是添加具有孔状结构的导电添加剂促进电解液在活性物质中的扩散，从而增大活性物质与电解液的接触面积，提高活性物质利用率；另一种是将活性物质制备成特殊形貌来提高活性物质利用率。

铅酸电池正极板的工作电压较高，电解液腐蚀性强，因此添加剂必须具有一定的化学稳定性，并且与活性物质有黏附作用。将多孔或空心结构材料添加到正极材料的孔道内，如硅藻土或空心结构玻璃微球等[34, 35]，可提高正极活性物质利用率。电解液在空心结构中能够快速流通，保证与活性物质的接触面积，增加反应位点。用电沉积法将PbO_2沉积到人造纤维表面，PbO_2具有很高的导电性，同时纤维膜具有较大的比表面积，更容易与电解液接触，保证了电子和离子的快速传输，可有效提高活性物质利用率。

随着纳米技术的发展，纳米结构PbO_2在铅酸电池中也得到了广泛的研究。研究表明，PbO_2的表面形貌和结构对其电化学性能有显著的影响，PbO_2纳米化是提高铅酸电池性能的有效方法。以金属Pb为阳极，用阳极氧化法在不同的电压下制备PbO_2，在小于0.95V（vs. Hg/H_2SO_4）的电压下，电极表面生成的是α-PbO_2，在大于1.1V的电压下，电极表面覆盖的可能是α-PbO_2和β-PbO_2的混合物，其有效混合可能会提高PbO_2电极整体的电化学性能[36]。利用脉冲电流氧化法，通过改变脉冲电流的大小、脉冲电流时间和间歇时间，可以在Pb电极表面制备纳米线结构的PbO_2。在电解液中添加高氯酸盐也可有效避免$PbSO_4$在电极表面的形核和生长。此外，电解液pH、其他合金的添加对PbO_2电极的生长也有很重要的影响[37]。

电化学沉积法是将Pb^{2+}在导电基底上氧化的过程。在电沉积过程中，OH_{ads}先吸附到电极表面，然后与Pb^{2+}生成可溶性中间产物$Pb(OH)^{2+}$，最终被氧化成PbO_2。通过调节电解液种类、Pb^{2+}浓度、电流密度等方式可以有效调节产物的形貌。用电化学沉积法和模板法结合，将PbO_2制成微孔结构的薄膜电极，孔隙之间连接紧密，呈蜂窝状，如图6.31（a）所示。图6.31（b）为无模板法制备的PbO_2电极形貌，在无模板条件下PbO_2为颗粒结构。电极循环伏安结果表明，蜂窝状

PbO_2 具有较大的比表面积，与无模板法制备的 PbO_2 相比具有更高的活性物质利用率[38]。

(a)

(b)

图 6.31　模板法制备的 PbO_2（a）和无模板法制备的 PbO_2（b）的电极形貌[38]

除了上述方法之外，正极 PbO_2 的形貌还有纳米线状、海胆状等。虽然采用纳米结构有助于提高铅酸电池极板活性物质利用率，但是实际操作复杂、价格昂贵，不利于工业化生产。

6.3.2　负极材料

1. 锂离子电池负极材料

理想的锂离子电池负极材料应具有以下特点[1, 6, 7]。

（1）氧化还原电位要尽可能低，有利于提高全电池的输出电压；

（2）插入/脱插出锂的过程可逆，储锂量高；

（3）插入/脱插出锂的过程中体积变化小、结构稳定性好，有利于提高电池的循环性能；

（4）氧化还原反应电位变化不随循环次数变化，可保持稳定的充放电平台；

（5）具有较好的电子导电率和离子迁移率，可减小电极极化，并增强电池的倍率性能；

（6）电极材料表面结构良好，能与电解质形成良好、稳定的固态电解质界面（SEI）；

（7）在充放电电压范围内，化学稳定性良好；

（8）资源丰富，成本低廉，环境友好。

锂离子电池负极材料根据材质一般分为碳材料、合金及金属氧化物类负极材料。表 6.2 为各种负极材料的对比，虽然很多材料具有出色的容量和电位平台，但是受材料自身的缺陷（如导电性差、反应中体积变化大等）影响，很多材料无法实现高容量及长寿命等性能。为了提高负极材料的性能，通常使用以下方法：①纳米化。纳米材料具有较大的比表面积和表面能，有利于电池容量、倍率及循环性能的提高。②与碳或其他材料复合。与碳材料的复合可增强电极材料的导电性，提高材料利用率；同时碳材料还可缓解材料反应时的体积膨胀，有利于提高电池的循环稳定性。③构建特殊电极结构。三维大孔结构具有大的比表面积，可提高材料与电解液的接触面积，增强电解液在电极间的流动性，有利于材料容量的发挥。④元素掺杂。元素的掺杂可改变材料自身的结构缺陷，从而提高材料的离子或电子电导率。

表 6.2　锂离子电池负极材料对比

材料	理论比容量/[(mA·h)/g]	优点	缺点
硬碳	200～600	工作电压低，安全，廉价	库仑效率低，电压滞后，不可逆容量高
碳纳米管	1116		
石墨烯	780		
$Li_4Ti_5O_{12}$	175	安全，廉价，寿命长	容量低，能量密度低
TiO_2	335		
Si	4212	高比容量，高能量密度，安全	容量衰减快，循环稳定性差
Sn	993		
SnO_2	790		
金属氧化物（Fe_2O_3、CoO、CuO、NiO、MoO_3 等）	500～1200	高容量，廉价	库仑效率低，电压滞后

1）碳负极材料

碳材料是最早实现商业化的锂离子电池负极材料。锂在碳材料中嵌入反应的电位接近锂的电位，不容易与有机溶剂反应，并具有良好的循环性能，是应用最为广泛的锂离子电池负极材料。目前锂离子电池所用的负极材料仍然是碳材料，主要包括石墨类碳材料、无定形碳材料和碳纳米管等。

石墨类碳材料主要是指各种石墨及石墨化的碳材料，包括天然石墨、人工石墨和石墨改性后的材料。石墨类碳材料的碳原子为 sp^2 杂化并形成片层结构，层与层之间通过范德华力结合，层内原子间是共价键结合。由于石墨层间以较弱的范德华力结合，在电化学嵌入反应过程中，部分溶剂化的锂离子嵌入时会同时带入溶剂分子，造成溶剂共嵌入，会使石墨片层结构逐渐被剥离。其储锂机理一般为石墨层间化合物机理。随着中间相碳微球的出现和碳酸乙烯酯基电解液的使用，石墨类碳材料成为商业化锂电池的负极材料。石墨材料导电性好、结晶度高，具有良好的层状结构，适合锂离子的嵌入和脱嵌，形成锂-石墨层间化合物，理论比容量为 372(mA·h)/g，充放电效率在 90%以上，不可逆比容量低于 50(mA·h)/g。图 6.32（a）和（b）为石墨的结构和充放电曲线，锂离子在石墨中脱嵌反应发生在 0～0.25V，具有良好的充放电平台，电压滞后小[39]。与正极材料组成的电池平均输出电压高，是目前在锂离子电池中应用最多的负极材料。

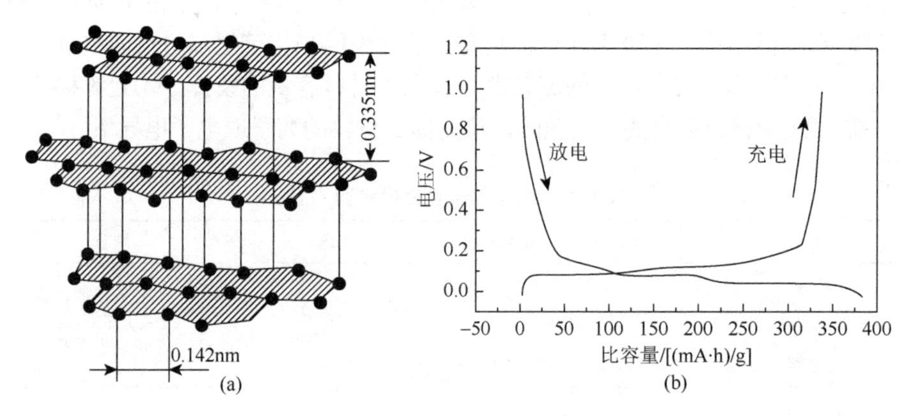

图 6.32　（a）天然鳞片石墨结构①；（b）充放电曲线[40]

另一类碳材料是无定形碳材料。无定形是指材料中没有完整的晶格结构，原子的排列只有短程有序。介于石墨和金刚石之间，碳原子存在 sp^2 和 sp^3 杂化。无定形碳材料一般结晶度较低、晶面间距较大、晶粒尺寸较小，它又分为软碳（易石墨化的碳）和硬碳（难以石墨化的碳）。软碳的嵌锂电位较高，首次放电平台不明显，导致电池输出电压不稳，循环性能也较差。硬碳的比容量高，层间距一般大于 0.38nm，有利于锂离子传输，可实现快速充放电。无定形碳材料的主要特点为制备温度低，一般在 500～1200℃。由于热处理温度低，石墨化进程进行得很不完全，所得碳材料主要由石墨微晶和无定形区组成。无定形碳材料的制备方法主要有三种：将小分子有机物在催化剂的作用下进行裂解、将高分子材料直接进行低温（＜1200℃）裂解和低温处理其他碳前驱体。无定形碳的比容量一般都会超过 372(mA·h)/g，有的甚至超过 1000(mA·h)/g，但存在电压滞后、循环性能差等问题。

石墨类碳材料具有离子传输率低和比容量低等缺点，因此特殊结构的碳材料如碳纤维、碳纳米管、石墨烯得到了广泛关注。碳纤维的锂离子电池负极性能和它自身的结晶度有关，石墨化程度越高，表现出的容量越高，循环性能也越好。碳纳米管储锂比容量超过 372(mA·h)/g，根据碳壁的数量，可以分为单壁碳纳米管（SWNTs）和多壁碳纳米管（MWCNTs）。单壁碳纳米管的比容量从 460～1000(mA·h)/g 都有，相对于单壁碳纳米管，多壁碳纳米管的导电性要稍差。在一

① 鳞片石墨. 中国百科网，2011。

般情况下，虽然碳纳米管在容量上有所提升，但是还存在着不可逆容量过大和电压滞后等问题。

2）合金类负极材料

早期的锂离子电池用金属锂作负极，其理论比容量高达 3860(mA·h)/g，但在循环过程中锂的不均匀沉积而形成锂枝晶，造成严重的安全问题。锂是一种活泼金属，可与多种金属或非金属（Si、Sn、Al、Ge、Sb 等）形成合金，反应过程如下：

$$M + xLi^+ + xe^- \rightleftharpoons Li_xM$$

形成锂合金的过程是可逆的，可以储存大量锂，反应电位相对较低，是较为理想的负极材料。锂合金作为负极材料可以很好地避免锂枝晶的产生，改善电池的安全问题，并具有容量高、导电性好、适应电解液能力强、可快速充放电等优点。但合金类负极材料反应前后体积变化巨大，材料在循环过程中易粉化，导致材料间、材料和集流体之间失去电接触，造成容量快速衰减。例如，Sn 合金嵌锂后体积膨胀为 360%，其中涉及多个中间相变过程。因此，缓解嵌锂过程中的体积膨胀是合金类负极材料要解决的关键问题。研究工作中一般采用减小活性物质尺寸或以两种及两种以上金属形成金属间化合物替代单一金属的方法来减小体积膨胀。合金类材料中，硅基材料和锡基材料的研究最多。

（1）硅基材料。

硅可以和锂形成一系列嵌锂化合物（如 Li_7Si_3、$Li_{12}Si_7$、$Li_{13}Si_4$ 和 $Li_{22}Si_5$），可以用作锂离子电池负极材料，其理论比容量高达 4200(mA·h)/g，电压平台约为 0.4V，高于石墨，因此不容易析出锂金属产生锂枝晶，安全性高于石墨。但硅材料导电性较差，脱嵌锂时体积膨胀大，容易与常规电解液中 $LiPF_6$ 水解产生 HF，影响电极材料的循环性能。虽然纳米化的硅可以缓解充放电前后体积变化，提高电池的容量和循环寿命，但循环性能衰减依然严重[40]。硅与碳材料的复合也可提高电池的容量和循环稳定性，碳的引入不仅可以增强电极的导电性，还可以缓解反应中的体积膨胀[41, 42]。

目前提高硅电极性能的方法主要是纳米化或与其他材料复合。纳米化包括纳米颗粒、纳米线、纳米管、纳米棒、纳米阵列多孔硅等；复合材料包括硅/碳复合材料、硅/金属氧化物复合材料等。硅材料电极制备方法也多种多样，其中包括静电纺丝法、球磨法、镁热还原法、模板法等。

模板法是制备多孔及特殊结构材料常用的方法。具有特定形貌的材料都可以当作模板，比较常见的有阳极氧化铝模板（AAO）、聚苯乙烯（PS）球模板、SiO_2 球模板等。将模板与前驱体溶液等混合后固化，然后经过高温煅烧或酸、碱溶液处理去除模板即可得到特定形貌的材料。这种方法在制备多孔或大孔材料里尤为常见。图 6.33 为模板法与镁热还原法结合制备 Si/C 复合材料的机制示意图[43]。

将 SBA-15 为模板，与镁混合后在惰性气体下高温处理得到有序介孔硅，再将有序介孔硅浸入含有蔗糖的硫酸溶液中，干燥后置于惰性气体中热处理，即可得到介孔碳/Si 的复合材料，介孔碳的引入不仅可以增强电极材料导电性，还可缓解因反应过程中体积膨胀导致的电极破碎，极大地提高电池循环稳定性。

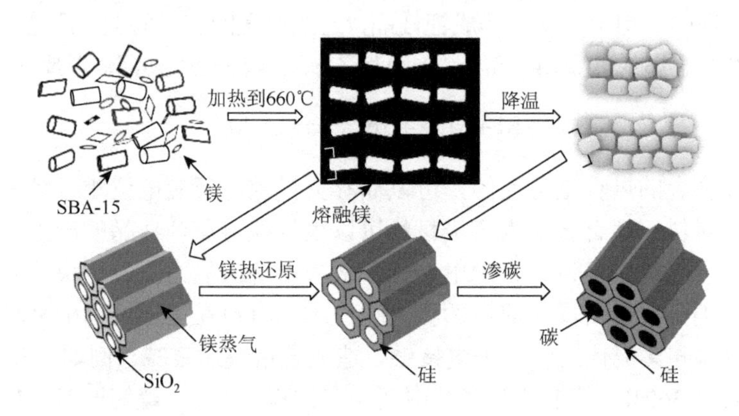

图 6.33　模板法与镁热还原法结合制备 Si/C 复合材料的机制示意图[43]

（2）锡基材料。

单质锡理论比容量为 993(mA·h)/g。锡在嵌锂时伴随着巨大的体积膨胀，而且锡锂合金脆性很大，导致充放电循环后电极材料快速粉化，循环性能迅速衰减。因此，缓解体积膨胀是提高锡基材料循环性能的关键。常规方法是引入其他材料分散活性物质来缓解体积膨胀。常见的锡基复合物有锡的氧化物、锡合金、锡碳复合物和锡盐等。

锡的氧化物有 SnO 和 SnO_2，理论比容量分别为 875(mA·h)/g 和 783(mA·h)/g。在首次充电过程中都可形成 Sn-Li 合金。反应式如下：

$$SnO_x + 2x\mathrm{Li} \longrightarrow \mathrm{Sn} + x\mathrm{Li_2O}$$

$$\mathrm{Sn} + 4.4\mathrm{Li} \rightleftharpoons \mathrm{Li_{4.4}Sn}$$

首次充电形成的 Li_2O 作为非活性的缓冲介质，可以有效缓解充放电过程中的体积膨胀，改善材料的循环性能。

锡合金分为两类，一类是锡与非活性金属形成的合金，另一类是锡与具有嵌锂活性的金属形成的合金。锡合金大多属于第一类，这些合金在充放电时非活性成分起到将锡分散的作用，并能限制电极材料的膨胀，而且具有很好导电性，可大大提升材料的电化学性能。另一类锡合金为 Sn-Sb 合金。金属 Sb 与 Sn 具有不同的嵌锂电位，在一种活性物质嵌锂时，另一种物质处于非活性状态，起到限制体积膨胀的作用，提高了材料的循环稳定性。锡基材料还有锡碳复合物、锡基复合氧化物及锡盐，其机理都是在锡的活性颗粒周围形成惰性介质，缓解锡在充放电过程中的体积膨胀，防止颗粒团聚，从而提升材料的循环性能。

3）金属氧化物

许多金属氧化物都具有较高的理论容量（表 6.3），由于这类材料的密度比碳高得多，因此其体积比容量是目前广泛应用的碳材料理论容量的 5～7 倍，并且能承受较大功率的充放电[44]。

表 6.3　常见金属氧化物的理论容量

氧化物	理论比容量/[(mA·h)/g]	氧化物	理论比容量/[(mA·h)/g]
WO_3	693	CuO	674
Fe_2O_3	1007	MoO_3	1117
Fe_3O_4	926	Mn_2O_3	1018
NiO	718	TiO_2	335
Co_3O_4	890	Bi_2MoO_6	791

根据材料不同的脱嵌锂机理，金属氧化物可分为两类，第一类材料为真正意义上的嵌锂氧化物，锂的嵌入只伴随着材料结构的改变，而没有氧化锂的形成。这种类型的代表有 TiO_2、WO_2、MoO_2、Nb_2O_5 等。这类氧化物通常具有良好的脱嵌锂可逆性，但其嵌锂电位高。其反应机理如下：

$$M_xO_y + ne^- + nLi^+ \rightleftharpoons Li_nM_xO_y$$

第二类金属氧化物以 MO（M = Co、Ni、Cu、Fe、Mn）为代表，材料嵌锂时伴随着 Li_2O 的形成，Li_2O 可以脱锂从而重新形成金属氧化物。反应机理为

$$M_xO_y + 2ye^- + 2yLi^+ \rightleftharpoons xM + yLi_2O$$

与石墨负极相比，过渡金属氧化物拥有高的理论容量。然而由于它们存在首次库仑效率低、充放电电位偏高、高倍率、充放电容量低和循环稳定性较差等缺点，限制了其商业化的应用。提高过渡金属氧化物材料的导电性、抑制材料颗粒在循环过程中发生粉化和团聚是解决上述缺陷的有效途径。目前，制备的特殊形貌纳米结构材料、纳米复合材料是解决上述问题常用而有效的方法。

钛类氧化物材料电压平台高于石墨，结构稳定，主要包括二氧化钛（锐钛矿、金红石、板钛矿、TiO_2-B 等）和钛酸盐（尖晶石 $Li_4Ti_5O_{12}$、斜方石 $Li_2Ti_3O_7$、尖晶石 $LiTi_2O_4$ 和锐钛矿 $Li_{0.2}TiO_2$ 等）及它们的改性材料。下面主要对 TiO_2 和 $Li_4Ti_5O_{12}$ 做简要介绍。

TiO_2 作为锂离子电池负极材料，放电平台为 1.7V、体积膨胀小、成本低、环境友好；同时 TiO_2 具有很好的循环稳定性和安全性。然而，TiO_2 的电子电导率低

（10^{-12}～10^{-7}S/cm）、锂离子扩散系数低（10^{-15}～10^{-9} cm^2/S），因此TiO_2并没有得到商业化应用。为了缩短锂离子和电子的传输，TiO_2被设计并制备成多种纳米结构，如纳米带、纳米线、纳米管等。当颗粒尺寸下降到纳米尺寸时，可以缩短锂离子扩散距离，提高材料的比表面积，从而增加锂离子插入的储锂位点。除了纳米化外，元素掺杂和表面包覆也可提高TiO_2的电化学性能。

$Li_4Ti_5O_{12}$是较为理想的锂离子电池负极材料。充放电平台稳定（约为1.5V），理论比容量约为175(mA·h)/g。$Li_4Ti_5O_{12}$作为锂离子电池负极材料具有以下优点：①“零应变”，在充放电过程中结构稳定几乎不发生变化，循环性能突出；②电压平台稳定，输出电压稳定，几乎没有电压滞后现象；③电位较高，不产生锂枝晶，安全性高；④不与电解液反应，价格低廉，易于制备。但$Li_4Ti_5O_{12}$作为负极材料其电子导电性差，因此，需要通过包覆或掺杂等手段对其进行改性[45]。虽然$Li_4Ti_5O_{12}$具有以上优点，但是其电位平台过高、理论容量偏低，很难实现高能量密度的锂离子全电池性能，因此，$Li_4Ti_5O_{12}$目前还没有得到广泛应用。

除上述材料外，硫化物、磷化物作为锂离子电池负极材料也有报道，虽然此类材料具有较高的理论容量，但是此类材料受原材料、制备方法、环境破坏性及成本等因素限制，实现商业化应用的可能较小。锂离子电池负极材料种类繁多，其制备方法及改性方法也多种多样，其中水热法、模板法、静电纺丝法、电沉积法、固相法及其他湿化学法在负极材料中最为常见。

2. 钠离子电池负极材料

石墨的放电平台低、容量适中，是锂离子电池中最常用的负极材料。但是，它在钠离子电池中却很难容许钠离子的嵌入。区别于锂离子，钠离子更加活泼，而且容易在电解液中产生不稳定的钝化层。所以，目前开发钠离子电池须找到一种适合钠离子存储的低电压、高容量、结构稳定的负极材料。钠离子电池负极材料可以分为碳材料、锡基材料、氧化物和硫化物，以及磷及磷化物等材料。

1）碳材料

虽然石墨不能与钠离子发生插层反应，但其他碳材料在钠离子电池中性能依然值得关注。从形貌上讲，碳材料可分为碳球、碳纳米片、纳米碳纤维、石墨烯等；从原材料上可分为葡萄糖、聚合物、泥煤苔、毛发、微生物、植物等。碳材料资源丰富、价格低廉，它们的钠离子电池性能也各有不同。

普通石墨层间距小，无法满足钠离子的嵌入，当把石墨经过不同时间的热处理后，石墨的层间距变大，同时钠离子电池性能得到明显提高[46]。经过1h热处理后层间距由原来的0.34nm提高到了0.43nm，而且放电比容量可达400(mA·h)/g，循环稳定性良好，如图6.34所示。碳在钠离子电池中的研究多为多孔、大比表面积碳材料，这样既可以增加碳的反应活性位点，又可以使电解液充分与材料浸润从而提高电池性能。

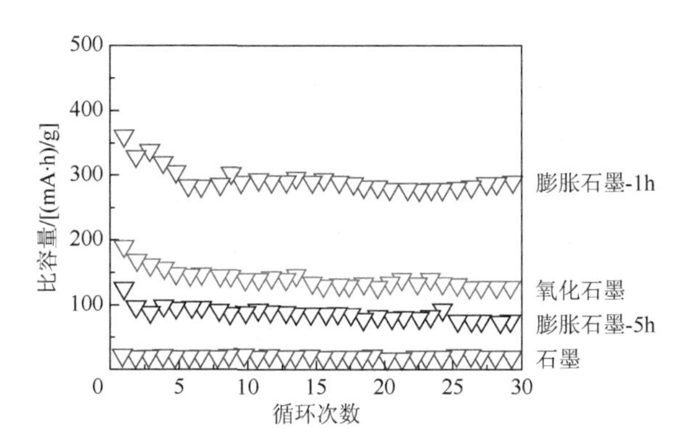

图 6.34　原始石墨、氧化石墨和膨胀石墨在 20mA/g 电流密度下的循环性能[46]

其他碳材料可以通过高温热解法、静电纺丝法、水热法等方法制备。此外，氮掺杂、酸化引入羰基（C ═ O）和其他缺陷等也可以大幅度增加碳材料的容量和倍率性能。

2）锡基材料

锡（Sn）不仅在锂离子电池中有较高的容量，在钠离子电池中同样可以形成 Na-Sn 合金释放较高的容量[47]。除单质外，Sn 还有各种与碳复合的形式出现，如 Sn/C 纤维、Sn/Ni/C 等。水热法原位得到的 SnO_2 /石墨烯的复合材料，在小电流密度下比容量可以大于 700(mA·h)/g。如图 6.35 所示，由于石墨烯在复合材料中既起

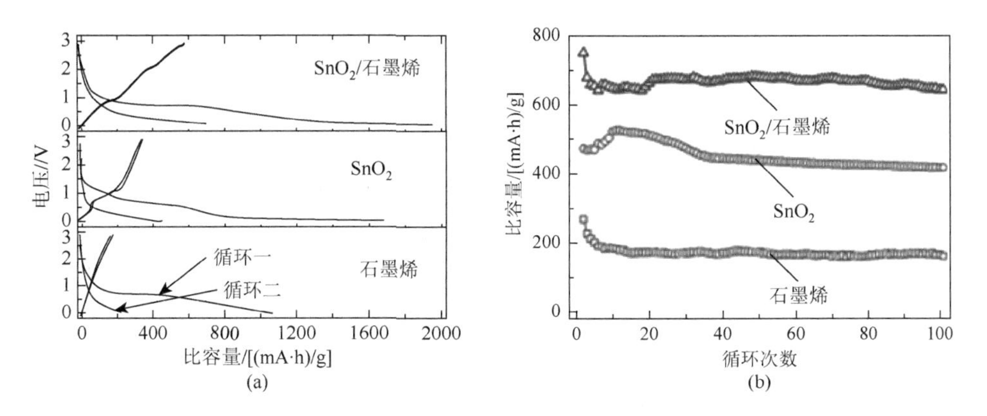

图 6.35　石墨烯、SnO_2 和 SnO_2 / 石墨烯复合物的（a）充放电曲线和（b）循环性能[48]

导电的作用，又可以抑制电化学过程中 SnO_2 的体积膨胀，所以 SnO_2/石墨烯的容量在相同的电流密度下远高于单质 SnO_2 纳米颗粒[48]。

3）氧化物和硫化物

大多氧化物和硫化物在钠离子电池中同样具有很高的理论容量，但某些氧化物和硫化物难于与钠离子发生电化学反应。此外，活性物质的形貌和结构对电池性能同样具有很大影响。例如，CuO 具有较高的理论比容量[674(mA·h)/g]，然而不同形貌和电极结构的 CuO 对电池性能影响极大。相比于块体或者微米结构的 CuO，纳米结构的 CuO 虽然性能具有明显的提高，但循环稳定性依然不理想。而 CuO 多孔纳米棒阵列一体化电极在钠离子电池中表现出了极高的循环稳定性和超高的容量。纳米结构一体化电极具有大比表面积、无黏结剂等特点，在电化学反应时有利于电子和离子的快速传输。一体化电极在制备过程是将集流体浸于碱性溶液中，在有氧条件下反应后可得到 $Cu(OH)_2$ 阵列，经热处理即可得到多孔的 CuO 一体化电极[49]。这种结构的电极活性物质利用率高、结构稳定，经过几百次的充放电反应后依然保持其原有的阵列结构。

硫化物及硫属族化合物，如 MoS_2、FeS_2、Cu_2NiSnS_4、SnSe 等，都具有较高的理论容量。然而，导电性差、充放电电位高等缺点限制了此类材料容量的发挥和利用。例如，Cu_2NiSnS_4 的理论比容量为 726(mA·h)/g。使用溶剂热法可将其微纳米化，容量得到明显的提升，但循环稳定性依然不理想。经与石墨烯复合后，其导电性提高，活性物质得到了更充分的利用，循环稳定性也得到了大幅的提高[50]。如图 6.36 所示，添加石墨烯后，首次放电比容量由原来的 630(mA·h)/g 提高到了 840(mA·h)/g，而且充电过电位明显降低。

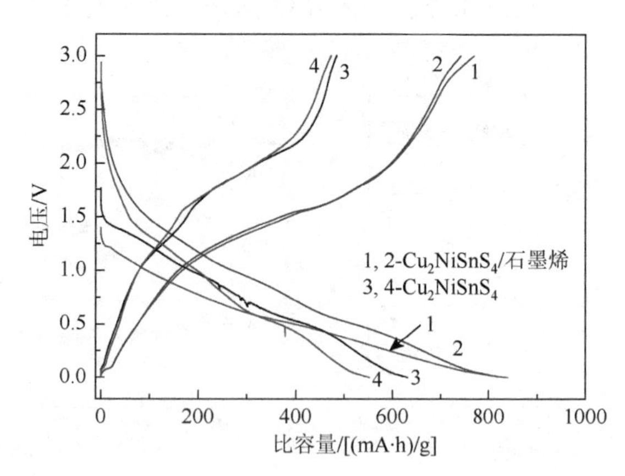

图 6.36　Cu_2NiSnS_4 与石墨烯复合前后的充放电曲线对比[50]

4）磷及磷化物

单质磷可以作为钠离子电池负极材料，磷与金属钠发生化学反应生成 Na_3P。将磷纳米化可以提高其电化学性能，但纳米尺寸的磷制备条件苛刻。此外，磷导电性差，目前的研究主要是将磷与导电碳材料复合提高其电极导电性。由于石墨烯具有超高的导电性，石墨烯与黑磷混合的三明治结构复合电极不仅可以提高电极导电性，还可缓解电化学反应过程中的体积膨胀，提高电极的循环稳定性。图 6.37（a）为透射电子显微镜下磷与石墨烯复合的形貌，磷与石墨烯交替堆叠。图 6.37（b）为不同比例磷与石墨烯复合后的电池循环性能。由于石墨烯不具有钠离子电池性能，因此石墨烯过量会牺牲电池容量[51]。

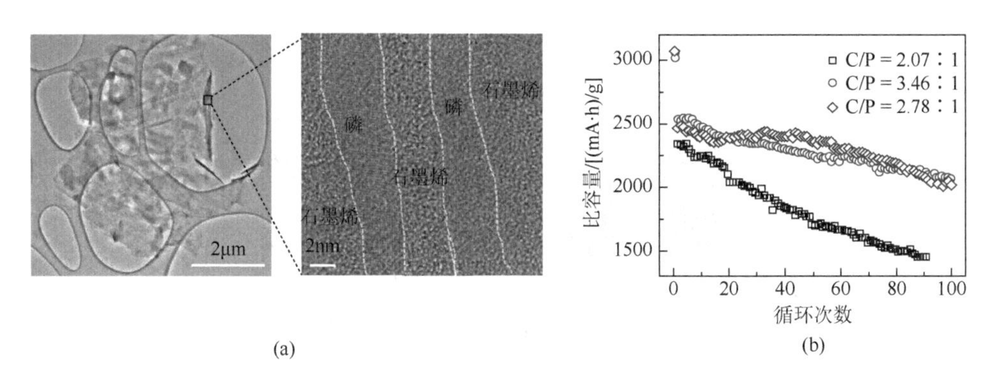

图 6.37　（a）石墨烯和黑磷混合物的三明治结构的 TEM 图片；（b）不同比例石墨烯和磷复合后的循环性能图[51]

某些磷化物也具有一定的钠离子电池性能。使用高能球磨法将单质 Sn 与红磷球磨，得到的 Sn-P 颗粒，比容量大于 700(mA·h)/g，且充放电电位较低。其他磷化物也具有一定的钠离子电池负极性能，但磷化物种类较多，某些特殊结构或特殊种类的磷化物制备困难，因此磷化物很难实现商业化应用。

3. 铅酸电池负极材料

目前，铅酸电池负极材料为泡沫铅，制备方法有铸造法、电沉积法、粉末冶金法等。通常使用电沉积法和铸造法将泡沫铅加工成板栅形状使用。用联合玻璃体碳作为板栅，在板栅上电沉积制备泡沫铅，将泡沫铅作为铅酸电池的电极板栅，与铸造铅板栅相比，泡沫铅板栅电池活性物质颗粒更小、孔状结构更多、更有利于活性物质性能的发挥[52]。以聚氨酯泡沫为模板，用电沉积法制备泡沫铜，再以泡沫铜为模板，使用电沉积法制备泡沫铅。将该泡沫铅作为阀控铅酸电池负极板板栅，铅箔作为正极板板栅，使用超细玻璃纤维隔板，与传统铅酸电池电极相比电池性能有大幅度提高[53]。泡沫铅电极不仅增大了活性物质的反应面积，而且还具有三维大孔结构，提高了极板活性物质利用率。但是，电解质浓度、添加剂等因素对泡沫铅的电化学性能影响较大，难以实现性能与结构的匹配。

在传统铅酸电池中，Pb 电极容易发生不可逆硫酸盐化反应，降低电池的容量和循环寿命。因此，为了提高铅酸电池的倍率性能和循环寿命，Pb-C 负极材料得到了广泛的研究。该负极材料的原理是将铅酸电池与非对称超级电容器结合，提高铅酸电池的倍率性能和循环稳定性[54]。

图 6.38 为 Pb-C 超级电池的结构示意图，Pb 作为铅酸电池负极，为电池提供能量；C 作为超级电容器的电极，为电池提供脉冲动力。非对称超级电容器存在，使电池既具有电池的特性，又具有电容器的快速充放电特性。

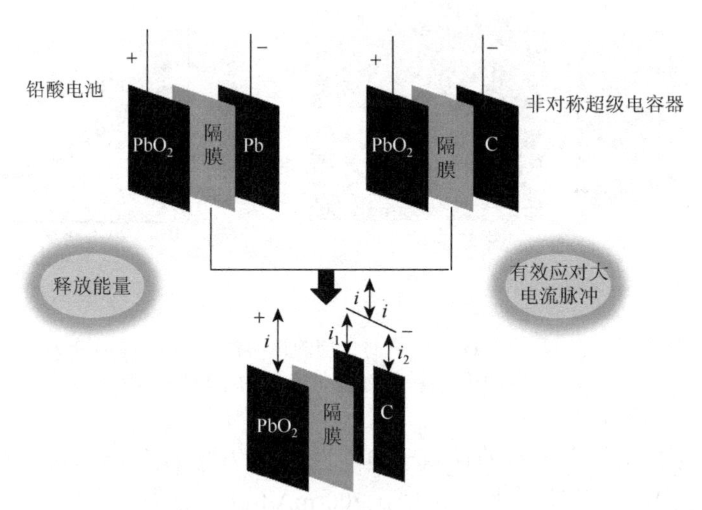

图 6.38　Pb-C 超级电池的结构示意图[55]

i 代表电流

将 Pb 负极板与 C 极板并联的电池称为内并式 Pb-C 电池，也称为超级电池。这种电池要求 C 负极具有较高的容量和与铅酸电池匹配的工作电位。碳电极的种类有乙炔黑、科琴炭黑、石墨、活性炭、碳纳米管等。将蔗糖高温碳化后的碳材料作为电容器的电极，具有很高的电化学性能，而且与铅酸电池配合较好。但是，铅酸电池电压约为 2V，在该电压下碳电极会发生析氢反应，会降低电池的性能。

除内并式 Pb-C 电池外，另一种 Pb-C 电池结构为内混式。内混式 Pb-C 电池是将碳材料直接添加到负极铅膏中，碳材料在实现电容器特性的同时，还可以减小电池的极化。碳材料不仅可以提高负极的电导率，还可以抑制铅负极硫酸盐化的发生。碳材料的种类和用量对电池性能也有不同影响。

6.3.3　超级电容器电极材料

按电极材料类型可将超级电容器分为碳材料、金属氧化物、导电聚合物和混合材料体系。其单体由电极、电解质、隔膜组成，电极材料是决定其化学性能的关键。

1. 碳材料

碳材料是最早被用于超级电容器的电极材料，也是目前工业化最为成功的电极材料，迄今对其已进行了 50 多年的研究。可用作超级电容器电极材料的碳材料主要有活性炭、活性碳纤维、碳气凝胶、碳纳米管及石墨烯等[55, 56]。

1）活性炭

高比表面积的活性炭是最早被应用于超级电容器的电极材料。活性炭的原料经预处理后进行活化，活化方法分为物理活化和化学活化两种。物理活化通常是指在水蒸气、二氧化碳和空气等氧化性气氛中，在 400～1200℃的高温下对活性炭原料进行处理。化学活化是在 400～700℃的温度下，采用磷酸、氢氧化钾、氢氧化钠或氯化锌等材料作为活化剂，对原料进行活化。活性炭微孔丰富，使得比表面积利用率低，因此不利于电解液的浸润及双电层的形成。此外，活性炭导电性也比较差，这也会大大影响超级电容器的功率密度。

2）活性碳纤维

活性碳纤维的孔道连接紧密、畅通，有利于电解液的传输和电荷的吸附，同时还具有优良的耐热性、低膨胀性及良好的化学稳定性，因此它是优良的电极材料。通过静电纺丝法由 PAN、聚丙烯腈-丁二烯（PAN-co-PB）和 *N*, *N*-二甲基甲酰胺（DMF）可制备碳纳米纤维。图 6.39（a）为 PAN 与 PAN-co-PB 所制备的碳纳米纤维 SEM 图片。当 PAN/PAN-co-PB 质量比为 9∶1 时，得到的碳纳米纤维比容量为 170.2F/g，高于纯聚丙烯腈衍生的碳纳米纤维的容量[57]，如图 6.39（b）所示。

3）碳气凝胶

碳气凝胶是一种多孔、轻质、块体纳米碳材料，具有大的比表面积和高的导电性，且密度变化范围大。纳米结构的三维网络碳气凝胶是制备双电层电容器的理想材料，由苯二酚-甲醛和苯酚-糠醛体系经溶胶-凝胶、高温裂解制备而成，其制备过程可分为凝胶、干燥和碳化三步。碳气凝胶是超级电容器电极的理想材料，但制备工艺复杂、价格昂贵，难于实现工业化生产。

4）碳纳米管

碳纳米管又称巴基管，是一种具有特殊结构（径向尺寸为纳米量级，轴向尺

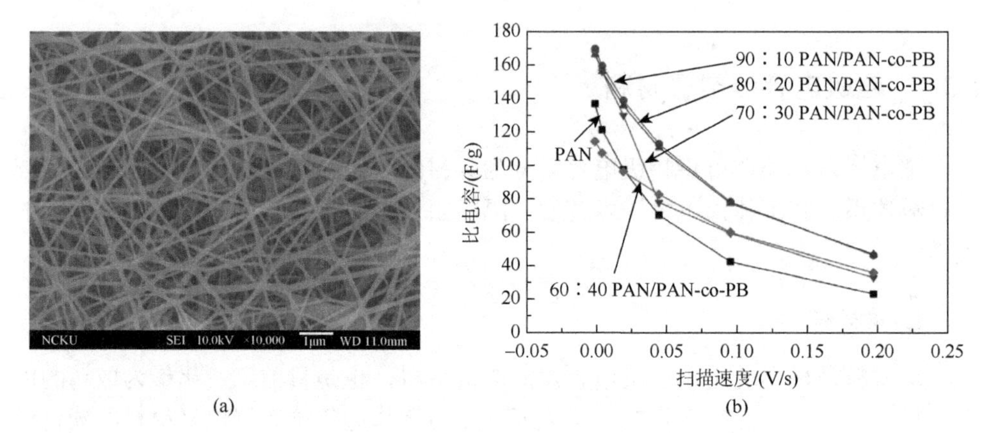

图 6.39　（a）PAN/PAN-co-PB 质量比为 9∶1 碳纳米纤维的 SEM 图片；（b）不同扫描速度下各比例材料的电容性能[58]

寸为微米量级，管子两端基本上都封口）的一维纳米材料。碳纳米管主要由呈六边形排列的碳原子构成数层到数十层的同轴圆管。层与层之间保持固定的距离，约 0.34nm，直径一般为 2～20nm。根据碳六边形沿轴向的不同取向，可以将其分成锯齿型、扶手椅型和螺旋型三种。其中螺旋型的碳纳米管具有手性，而锯齿型和扶手椅型碳纳米管没有手性。碳纳米管具有大比表面积、高导电性及特殊的中空结构，适合电解液中离子移动。碳纳米管可通过孔隙及交互缠绕形成三维大孔网状结构，被认为是可能的超级电容器理想电极材料。但是相比于活性炭电极材料，碳纳米管电极电容值偏低，难于满足实际应用需求。

5）石墨烯

石墨烯是一种由碳原子以 sp^2 杂化轨道组成六角形呈蜂巢晶格的平面薄膜，只有一个碳原子厚度的二维材料，它的厚度大约为 0.335nm。石墨烯是目前发现的最薄却也是最坚硬的纳米材料，它几乎是完全透明的，只吸收 2.3%的光，导热系数高达 5300W/(m·K)，高于碳纳米管和金刚石，常温下其电子迁移率超过 15 000cm^2/(V·s)，又比纳米碳管和金刚石高，而电阻率约为10^{-6} Ω·cm，比铜或银更低。相比碳纳米管，石墨烯具有更加优异的特性，如具有高电导率和热导率、高载流子迁移率、自由的电子移动空间、高强度和韧性、高理论比表面积等。因此，石墨烯是新型高性能超级电容器电极材料的首选。图 6.40（a）为激光处理的氧化石墨烯制备的柔性超级电容器结构[58]。该超级电容器在不同的弯折角度下循环伏安曲线形状并没有变化，如图 6.40（b）所示，表明石墨烯具有良好的电容器性能的同时，还具有非常优异的柔韧性。它为可穿戴电子器件的应用提供了可能的能量来源。

2. 金属氧化物

利用金属氧化物作为电极材料的超级电容器一般为法拉第赝电容型超级电容

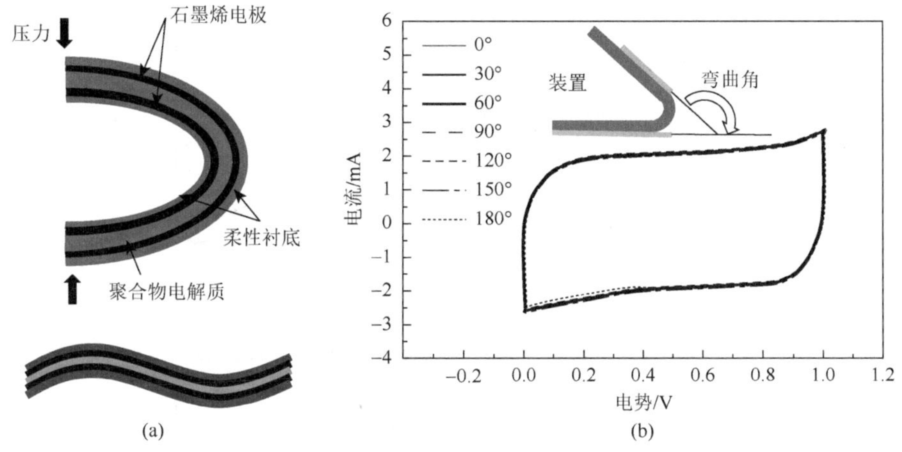

图 6.40　(a) 激光处理的石墨烯制成的柔性超级电容器结构；
(b) 在不同弯折条件下超级电容器的伏安曲线图[58]

器。提高活性物质的电化学活性、增大活性物质的活性面积是提高金属氧化物赝电容器性能的有效方法。氧化钌具有比电容大、导电性好、稳定性高等特点，是目前性能最好的超级电容器用电极材料。但是钌资源有限、价格昂贵，难以实现大规模应用。因此，法拉第赝电容型超级电容器目前的研究主要集中在二氧化锰、氧化钴等过渡金属氧化物。

1) 二氧化锰

二氧化锰是一种黑色或黑棕色结晶或无定形粉末，具有优良的电学、光学、磁学和热学等性质，而且储量大、价格低廉、环境友好。二氧化锰晶体结构可分为三大类：一维隧道状（或链状）结构；二维层状（或片状）结构和由一维隧道结构相连构成的三维网状结构。二氧化锰的理论比电容可达 1370F/g。为了提高电极材料的导电性、容量、功率特性和循环稳定性，常制备不同晶形、形貌和孔隙结构的二氧化锰并对其进行掺杂改性。二氧化锰的制备方法多为化学法，包括水热法、电沉积法等；改性方法有金属（如 Cu、Au 等）、金属氧化物（如 Co_3O_4、PbO_2 等）、碳材料等包覆或修饰[59]。

用水热法将 $ZnCo_2O_4/MnO_2$ 多孔纳米锥阵列生长在大孔泡沫镍基底上，$ZnCo_2O_4$ 与 MnO_2 的复合不仅提高了超级电容器的容量，循环稳定性也提高到了 95.9%[60]，如图 6.41 所示。泡沫镍具有三维大孔网络结构，导电性好，有利于电解液流动；阵列结构材料具有较大的比表面积和稳定的结构特性，有利于电解液的浸润，同时还可以吸附和存储更多的离子，有利于超级电容器性能的发挥和提高。

2) 镍、钴氧化物/氢氧化物

过渡金属镍、钴氧化物和氢氧化物的电化学性能良好，已成为优良的超级电容器电极材料。通过不同的制备技术，可以实现电极材料的结构化和纳米化，增大材

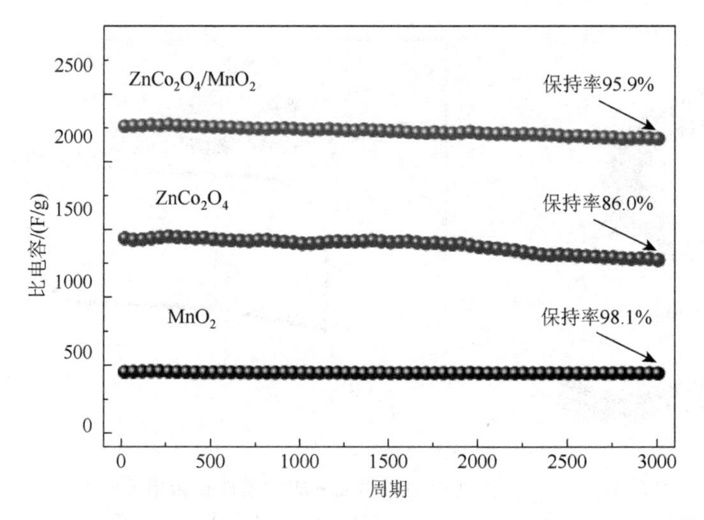

图 6.41　$ZnCo_2O_4/MnO_2$、$ZnCo_2O_4$ 和 MnO_2 的容量和循环性能[60]

料比表面积，从而获得更加良好的电化学性能。具有较大比表面积的纳米结构不仅提供了较大的双电层电荷储存面积，同时也提供了较多的电化学反应活性位点。放电时，离子从电极材料返回到电解液中，大量存储在电极中的电荷通过外电路而释放出来。但是，这些具有较大比表面积的纳米镍基、钴基材料大部分均为粉体结构。这类材料制备简便、快速，制备和改性方法包括水热法、电化学沉积法、模板法等。

3. 导电聚合物

导电聚合物具有环境稳定性好、掺杂状态下电导率高、电荷储存能力强、电化学可逆性好等特点，逐渐成为超级电容器电极材料的研究热点。导电聚合物电极材料最大的不足之处在于，在充放电过程中，其电容性能会出现明显的衰减。这是导电聚合物在充放电过程中，发生了溶胀和收缩的现象，这一现象会导致导电聚合物基电极在循环使用的过程中出现力学性能变差、电容性能衰退等问题。导电聚合物可分为以下几类：①聚苯胺类。聚苯胺具有特殊的电学、光学性质，经掺杂后可具有导电性及电化学活性。聚苯胺具有成本低、易聚合、稳定性好、易掺杂、高比容量等优点。高比表面积的纳米结构在聚苯胺电容器中有着独特的结构优势。②聚吡咯类。聚吡咯具有环境适应性好、电导率高、氧化还原性优异且易于制备等特点。聚吡咯类材料一般通过化学氧化聚合和电化学聚合单体吡咯得到，两种方式制备的电极材料电容性能相差较大。③聚噻吩类。聚噻吩是一种常见的导电聚合物，聚噻吩类用于超级电容器电极材料主要是通过对噻吩进行一定的修饰再制备成相应的电极材料。④复合电极材料。复合材料作为一种新型的超级电容器的电极材料，其主要特点是利用各组分之间的协同效应提高超级电容器的综合性能。超级电容器复合电极材料主要包括碳/金属氧化物复合材料、碳/导电聚合物复合材料及金属氧化物/导电聚合物复合材料等。

6.3.4　燃料电池催化材料

燃料在催化剂的作用下离子化，通过电解质到达阴极，在燃料的分解过程中释放出电子，电子通过负载被引出到阴极，这样就产生了电能。经过多年的发展，燃料电池技术趋于成熟。燃料电池的电极多采用多孔结构，电极具有催化活性或载有其他催化材料。表 6.4 为不同类型燃料电池的阳极和阴极电极及相应的催化剂材料。AFC、PEMFC 和 PAFC 均使用贵金属 Pt 或 Pt 的合金作为电极或负载催化剂；MCFC 和 SOFC 使用具有催化性质的多孔 Ni 或其他材料作为催化电极，使用时无须额外添加其他催化剂。

表 6.4　不同类型燃料电池电极材料表

电池类型	AFC	PEMFC	PAFC	MCFC	SOFC
阳极	Pt 或朗尼镍	Pt/C	Pt 或合金	多孔 Ni 电极	Ni/ZrO_2
阴极	Pt/Ag	Pt/C	碳、Pt/C	Ni/NiO	Sr/$LaMnO_3$

1. AFC 电极和催化剂

AFC 单体电池主要由阳极、阴极、电解质和氢、氧气室构成。电极结构主要有双层多孔和疏水型结构。双层多孔结构气体一侧孔径大，电解液一侧孔径小，可以使电解质溶液稳定在隔膜区内。疏水型结构由疏水透气层、催化层和集流体组成。疏水剂由聚四氟乙烯（PTFE）和乙炔黑构成，催化层由催化剂、PTFE 和导电材料构成。PTFE 具有疏水性，可提供疏水离子或分子的扩散通道；催化剂具有亲水性，可提供 OH^- 与其他亲水分子通过的通道。

催化剂的性能决定着燃料电池的性能。催化剂应具有良好的导电性（或催化剂负载材料具有良好的导电性）、良好的电化学稳定性、必要的催化活性和选择性等特点。

AFC 阳极主要采用贵金属作为催化剂。Pt 具有良好的催化活性，在 Pt 的表面吸附氢分子后，在吸附点由分子分裂成原子状态，低温下也容易产生反应。AFC 中常用 Pt/C 或 Pt-Pd/C 作为阳极催化剂。常规 AFC 一般不采用纯氢气和纯氧气作为燃料和氧化剂。二元或多元复合材料催化剂既可以提高催化剂的活性和抗毒化能力，又可以降低贵金属的使用剂量。其他非贵金属催化剂如 Ni 基材料、纳米结构负载电极等虽然具有一定的催化活性，但催化剂的活性和寿命与贵金属材料相差较大，很少应用于实际电池中。

关于 ACF 阴极催化剂的研究较多。燃料电池工作时阴极和阳极均发生化学反应，其阴极的氧化还原反应（ORR）是一个涉及四电子、多步骤的电化学反应，反应动力学非常慢，是阳极动力学性能的10^{-7}。因此，阴极 ORR 的催化剂是实现燃料电池能量快速转换的关键材料。

Pt 同样可以作为阴极催化剂。通过减小催化剂的粒径并使其均一分散，有助于增大反应的表面面积。目前 Pt 粒子的直径可减小到 2～3nm，然而，减小粒径后，粒子易凝集而无法扩大比表面面积。通过纳米技术将 Pt 分散在碳纳米管、石墨烯等高导电性、高比表面积载体上可表现出强稳定性和耐蚀性，在 ORR 中表现出更优异的复合效果。图 6.42（a）为 Pt 纳米颗粒沉积在 N 掺杂的碳纳米管表面的 TEM 图片，为了固定 Pt 颗粒，将 PVP 碳化在 Pt 颗粒外表面，实现了双层 N 掺杂的碳负载 Pt 纳米颗粒的 ORR 催化剂（N-CNT/Pt/NC）[61]。图 6.42（b）的 ORR 测试结果表明，在动力学-扩散混合控制区域（0.8～0.95V vs. RHE），N-CNT/Pt/NC 的电流密度最大，效果明显高于商业催化剂（CB/Pt）和没有碳层外包覆的 N-CNT/Pt 催化剂。图 6.42（c）为将该催化剂组装到燃料电池中的结果，表明 N-CNT/Pt/NC 具有高电压和高功率密度，性能明显优于 CB/Pt 和 N-CNT/Pt 催化剂，表明 N-CNT/Pt/NC 具有非常出色的 ORR 性能。

核-壳结构 CNT/ SnO_2，由于其优良的抗蚀能力，负载 Pt 后表现出优良的活性和长期稳定性。PtRu/C、PtSn/C、PtMo/C 等二元催化剂，以及在 PtRu/C 基础上掺杂的 MnO_2、CeO_2 等三元催化剂具有很好的抗 CO 中毒效果。在 ORR 过程中，通过修饰 Pt 纳米结构，可以有效促进四电子反应过程，避免双氧水的腐蚀。

贵金属催化剂的催化性能随着纳米科技进步得到了空前的发展，与此同时，非贵金属纳米材料的催化性能在粒径、结构、形貌研究中不断突破，对其电化学反

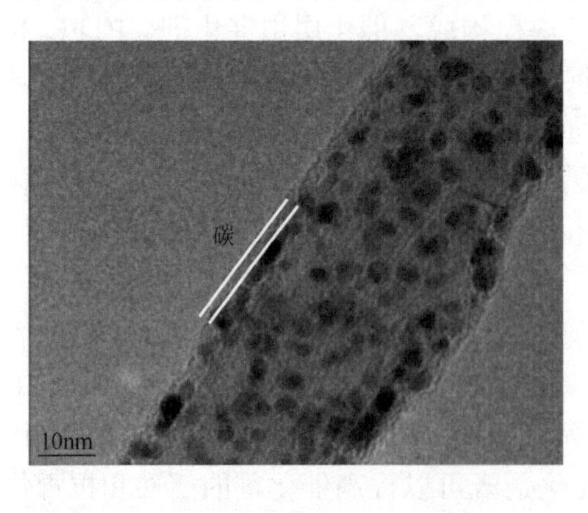

(a)

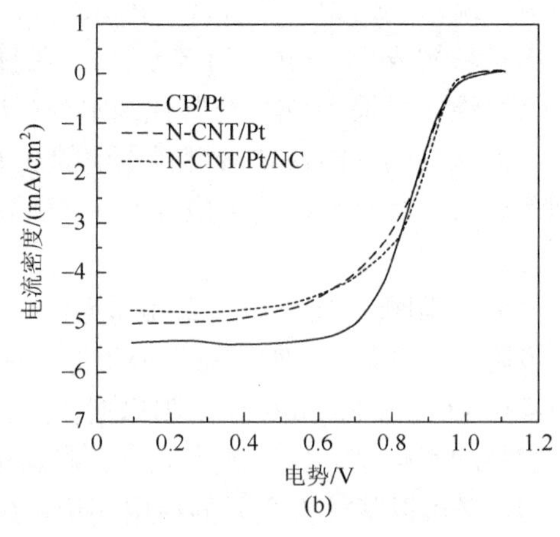

(b)

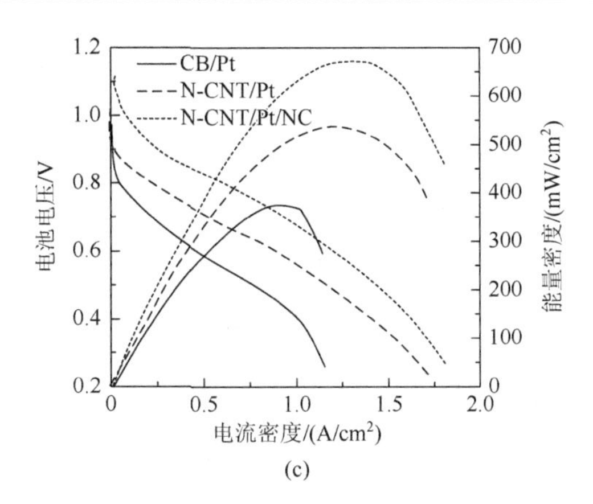

图 6.42　Pt 负载在碳纳米管的 TEM 图片（a）及不同 Pt 负载在碳纳米管的 ORR 测试结果（b）和燃料电池测试结果（c）[62]

应的认识也逐渐加深，非贵金属催化剂的研究逐渐成为催化剂领域的研究热点。

非贵金属催化剂主要集中于过渡金属大环化合物和簇合物，在过渡金属大环化合物中，Co、Fe、Ni 等是 ORR 的活性中心。过渡金属簇合物主要为 $Mo_{6-x}M_xX_8$（M = Os、Re、Rh、Ru 等，X = Se、Te、O、S 等）。另外，碳的部分修饰结构也表现出 ORR 特征，纳米壳碳由于具有球形中空结构，在掺杂 N、P 后 ORR 活性显著提高。Fe-N-C 等材料都表现出了与商业 Pt/C 相近甚至优于 Pt/C 的电催化性能[62]。

金属氮化物具有非常优异的催化性能，而且还具有一定的抗 CO 中毒特性，有希望作为碱性燃料电池阴极催化剂替代 Pt。以碳布（CC）为基底，原位聚合吡咯，然后碳化形成聚吡咯纤维网络/碳布结构基底（PNW/CC），然后利用化学法沉积 ZIF-67，形成 ZIF-67/PNW/CC，经氨气下高温碳化，生成 Co_4N、碳纳米纤维网络（CNW）和碳布的一体化电极结构（Co_4N/CNW/CC）[63]。图 6.43 为其 ORR 性能对比图。可以看出，Co_4N/CNW/CC 具有高的起始反应电位和半波电势（0.8V），而且，在电位为 0.2V 时具有最高的电流密度（–16.5mA/cm²），其 ORR 性能高于粉末结构的 Co_4N/CNW/CC（P-Co_4N/CNW/CC）和其他材料。

Ag 是 AFC 中研究最多的催化剂。Ag 的催化活性较高，可使 O_2 迅速分解和还原，在碱性和低温条件下可作为 Pt 的替代催化剂。基于 Ag 的催化剂有 Ag/C、Ag-Mg/C 等。

2. PEMFC 电极和催化剂

PEMFC 单体电池由质子交换膜、电催化剂（阳极和阴极）和双极板构成，核心部件为质子交换膜和由阳极、电解质和阴极组成的复合体。但采用 H_2 和 O_2

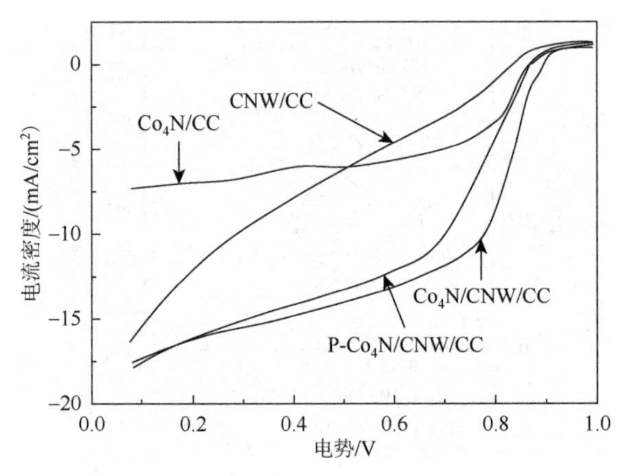

图 6.43　不同催化剂材料的 ORR 测试结果[63]

作为反应气时，H_2 的氧化和 O_2 的还原速度较慢，因此需要在扩散层添加一定量的催化剂。Pt 催化活性高，既适用于阴极又适用于阳极。但 Pt 系催化剂价格昂贵、利用率偏低，目前研究的主要方向是开发新型催化剂载体材料，降低 Pt 的使用量，提高 Pt 的利用率。碳载 Pt 和碳载 Pt 合金催化剂得到了广泛的研究。将碳载 Pt 催化剂用 Nafion 溶液浸渍处理后热压到质子交换膜上可将催化剂载量从 $4mg/cm^2$ 降低到 $0.4mg/cm^2$。碳载 Pt 合金催化剂使用廉价金属取代部分 Pt，在减小催化剂颗粒尺寸的同时还可提高催化剂的比活性。目前，商业化阳极催化剂为 Pt-Ru 合金材料，Pt 载量约为 $1mg/cm^2$；阴极催化剂需要寻找可降低 ORR 过电位的催化剂。

3. PAFC 电极及催化剂

PAFC 单体电池由阳极、阴极、磷酸电解质隔膜和氢、氧气室构成。PAFC 电极为疏水黏结型多孔结构，分为扩散层、整平层和催化层。扩散层为反应气体提供扩散通道和收集电流，其基底为碳布或碳纸，PTFE 为表面涂覆材料。催化剂层由催化剂、PTFE 乳液和 Nafion 溶液构成。为使催化层和扩散层更好的被利用，将活性炭与 PTFE 乳液混合后置于扩散层之上作为整平层。PAFC 催化剂以 Pt 或 Pt 合金为主。目前采用碳纸作为透气性支撑基底，在其表面涂覆 PTFE 黏合的 Pt/C 或 Pt-M/C 催化剂。

4. MCFC 电极及催化剂

MCFC 单体电池由电极（阴极和阳极）、电解质隔膜、集流板、隔板和波状板组成，其工作温度在 650℃左右。MCFC 阴极发生 ORR 反应，阳极发生 H_2 的氧化反应，要求电极具有很强的耐腐蚀性和高的电导率。MCFC 的燃料气和氧化气均为混合气，因此需要特殊结构的多孔电极，以保证在气、液、固三相界面气体传质、液相传质和电子传递稳定、高效的进行。由于 MCFC 在高温下运行，因此不需要额外添加阳极催化剂材料。阳极材料可采用导电性和电催化性能良好的 Ni。但 Ni 在电池组装和工作时会发生烧结和蠕变现象，因此一般采用 Co、Cr 等掺杂的 Ni-Cr、Ni-Al 合金作为电极材料，可用带铸法（strip casting）制备。MCFC 的阴极材料应具有导电性好、催化活性高、结构稳定、抗腐蚀能力强、易浸润等特点。目前，阴极材料一般采用多孔结构 NiO。为了提高 NiO 的离子导电能力，在多孔金属镍原位氧化的过程中使其部分锂化。

5. SOFC 电极及催化剂

SOFC 单体电池是由阴极、阳极和电解质组成的三合一结构。SOFC 的阳极不仅具有催化性能，而且还在电化学反应中起着转移电子和气体的作用。因此，阴极和阳极材料须具有良好的催化活性、良好的电子和离子电导率、物理及化学性质稳定、化学相容性好、匹配的热膨胀系数、孔隙率高、机械强度高、易加工、价格低廉等特点。金属陶瓷复合材料和混合导体氧化物作为 SOFC 阳极研究较多。将具有催化活性的金属离子分散到电解质中即可得到金属陶瓷复合阳极材料，这种材料具有良好的催化活性、电子和离子电导率、与电解质匹配的热膨胀系数等优点。此外，该结构还可阻止金属粒子的团聚，增加电化学活性材料的有效面积。Ni/YSZ（氧化钇稳定氧化锆）热力学性能稳定、电化学性能良好，被看作是理想的阳极材料。Ni/YSZ 阳极材料中，Ni/YSZ 的颗粒大小及 Ni 的含量对催化性能有很大影响。Pt、Au 等贵金属可以作为 SOFC 阴极材料，但价格昂贵；部分掺杂金属氧化物如 ZnO、SnO_2 等也可作为电极材料，但它们热稳定性较差。钙钛矿结构氧化物掺杂后具有较高的电子电导率，是较为理想的阴极材料。锰酸镧（$LaMnO_3$）在实际使用中可能会出现氧和镧过剩或不足的现象，导致材料的尺寸或结构发生变化。用 Sr^{2+}、Cr^{2+} 等低价阳离子取代 La^{3+} 时，会使原本氧离子空位的 p 型半导体 $LaMnO_3$ 出现更多的氧空位，从而提高 $LaMnO_3$ 的电导率。其中，Sr^{2+} 掺杂的 $LaMnO_3$ 应用最多。值得注意的是，掺杂的 $LaMnO_3$ 高温下会发生 Mn 的溶解，与 YSZ 制备复合膜时还会发生化学反应，因此，Sr^{2+} 掺杂的 $LaMnO_3$ 作为阴极材料还须进一步优化。此外，掺杂钴酸镧和类钙钛矿类材料作为阴极材料也有广泛的研究，但综合性能较差，目前还处于研究阶段。

6.3.5　其他关键材料

在化学能能量装换装置中，除了电极材料及催化材料之外，电解质和隔膜也是实现能量转换的关键材料[2, 7, 8]。

1. 锂离子电池电解质

在化学电源中，电解质是实现离子传输的重要介质，对电池的倍率、循环稳定性及使用温度都有重要的影响。不同类型的电池使用的电解质也有所不同。例如，铅酸电池电压为 2V，可使用水溶液型电解质。而锂离子电池电压为 3～4V，水溶液会在高电压下分解；此外，锂离子电池正极材料在水系电解液中稳定性较差。因此，锂离子电池一般由有机溶剂和电解质盐组成。与铅酸电池用 5% H_2SO_4 电解液和碱性电池的 6mol/L KOH 电解液相比，锂离子电池中的有机体系电解液电导率较低。因此，开发新型高导电率、高稳定性的电解质体系可提高锂离子电池的性能。根据电解质的形态，可将电解质分为液体和固体两大类。

1）锂离子电池电解液

锂离子电池的电解液应满足以下要求。

（1）化学和电化学稳定性好，不与电极材料、隔膜、集流体发生化学反应；

（2）电导率高；

（3）热稳定性好；

（4）电化学窗口宽，即使用电压范围大；

（5）溶质溶解度大；

（6）可促进电极可逆反应发生；

（7）无毒、易于制备、价格低廉、使用安全。

目前，常用的电解质锂盐有高氯酸锂（$LiClO_4$）、六氟磷酸锂（$LiPF_6$）、六氟砷酸锂（$LiAsF_6$）、四氟硼酸锂（$LiBF_4$）、三氟甲磺酸锂（$LiCF_3SO_3$）等。常用的有机溶剂有碳酸丙烯酯（PC）、碳酸乙烯酯（EC）、碳酸二甲酯（DMC）、碳酸二乙酯（DEC）及碳酸甲乙酯（EMC）等。常用的电解液体系有 1mol/L $LiClO_4$/PC；1mol/L $LiPF_6$/PC-DEC（1∶1）、PC-DMC（1∶1）、PC-EMC（1∶1）；1mol/L $LiPF_6$/EC-DEC（1∶1）、EC-DMC（1∶1）、EC-EMC（1∶1）等。在 1mol/L 电解液体系中，锂盐溶液的电导率均有如下关系：$LiPF_6 > LiAsF_6 > LiClO_4 > LiBF_4 > LiCF_3SO_3$。

2）锂离子电池固体聚合物电解质

以固体聚合物作为电解质的电池称为聚合物锂离子电池，这种聚合物可以是干态的，也可以是胶态的。固体聚合物电解质为聚合物与盐的混合物，这种电解质在常温下的离子电导率高，可在常温下使用。凝胶聚合物电解质是在固体聚合物电解质中加入增塑剂等添加剂，它具有固体聚合物的稳定性，同时还具有液态电解质的高离子传导率。聚合物主体材料主要有 PEO、PAN、PMMA、PVDF、聚偏氟乙烯-六氟丙烯共聚物（PVDF-HFP），聚合物电解质除了应该满足液态电解质的部分要求外，还应满足电导率高、易加工、耐高温、机械强度好等。目前，电导率最高的聚合物电解质为 PVDF-HFP/ $LiPO_4$ /PC + EC，室温下电导率约为 0.2S/m。

聚合物锂离子电池已成功商业化，大部分采用凝胶聚合物电解质。由于用固体电解质代替了液体电解质，与液态锂离子电池相比，聚合物锂离子电池具有可薄型化、任意面积化和任意形状化等优点，因此可以用铝塑复合薄膜制造电池外壳，从而改善电池的比容量。聚合物锂离子电池具有小型化、薄型化、轻量化的特点。

2. 锂离子电池隔膜

电池中隔膜的作用是将电池正负极分开，防止正负极直接接触而短路。此外，隔膜还具有“通离子，阻电子”的作用。所以要求隔膜具有以下特点。

（1）电子绝缘性好、离子透过性好；

（2）化学及电化学性能稳定；

（3）电解液浸润性好；

（4）厚度尽可能小，具有一定的机械强度。

根据材料类型可将隔膜分为高分子隔膜和无机隔膜。根据隔膜结构特点和加工方法又可将隔膜分为有机材料隔膜、编制隔膜、毡状膜、隔膜纸和陶瓷隔膜。锂离子电池中一般选用聚乙烯（PE）、聚丙烯（PP）、PP/PE/PP 复合膜。锂离子电池隔膜的制造分为干法（熔融拉伸法）和湿法（热致相分离法）。

3. 铅酸电池电解液及隔板（膜）

铅酸电池电解液为硫酸溶液，其浓度的选择与电池结构、用途有关。硫酸溶液在电池中的作用有三种：①参与电化学反应；②传导离子；③与活性物质表面形成双电层，形成电极电位。铅酸电池中的硫酸溶液应具有凝固点低、电阻率小、黏度低等特点。硫酸溶液的凝固点随密度变化有所变化，其最低凝固点为–72℃，密度为 $1.29g/cm^3$（15℃），该电解液可保证铅酸电池在严寒气候下正常工作。一般使用的硫酸溶液密度在 $1.15 \sim 1.30g/cm^3$（15℃），该密度下硫酸电阻率小、导电性好、黏度适中。

普通铅酸电池使用隔板将正负极分隔开，同时保证离子的通过，阀控式密封铅酸电池（VRLA）采用隔膜。隔板（膜）须具有良好的化学稳定性、能承受电化学反应产生体积变化的机械强度、保证离子高效传输的多孔性、电阻小等特点。目前使用的有 PP 隔板、PE 隔板、超细玻璃纤维隔膜及它们的复合膜。超细玻璃纤维隔膜具有孔隙率高、储液能力强的优点，广泛用于 VRLA 中。

4. 燃料电池电解质隔膜

燃料电池电解质隔膜的主要功能为分隔氧化剂与还原剂，并传导离子，故电解质隔膜越薄越好。

1）AFC 电解质隔膜

AFC 一般采用 KOH 溶液作为电解质，OH^- 为传输的导电离子。根据使用的方法可将电解质分为循环型和静止型。循环型电解质有利于电解质的更换，减少副反应的发生。此外，电解质循环可降低系统温度，有利于保持阴阳极电解质浓度，同时还可以带走阳极产生的水。静止型电解质采用石棉膜将 KOH 电解质稳定在隔膜的孔隙中。石棉膜还具有强度高、耐腐蚀的特点。负载碱性溶液的石棉膜在分隔燃料气和氧化气的同时，还为 OH^- 提供离子传输通道。石棉膜主要成分为氧化镁和氧化硅。钛酸钾也可用作隔膜材料，钛酸钾耐高温、不溶于 KOH，可提高隔膜使用寿命。

2）PEMFC 电解质隔膜

质子交换膜（PEM）是 PEMFC 中的关键材料。PEM 是一种选择透过性膜，它兼有电解质和隔膜的功能，同时也是催化剂的基底。PEM 须具有高的 H^+ 传导能力、良好的化学和电化学稳定性、有一定的机械强度、气体渗透系数低、不易膨胀、水合/脱水可逆性好等特点。目前使用最广泛的为全氟磺酸型 Nafion 和 Dow 膜。

3）PAFC 电解质隔膜

磷酸作为电解质有很多优点：沸点高、挥发性低、热化学及电化学稳定性好、腐蚀速率相对较低、与催化剂接触角度易于保持。磷酸的浓度对电池性能有很大影响，为了确保磷酸电解质的浓度范围，须将磷酸固定在多孔隔膜材料中。隔膜具有以下要求：孔隙率高、绝缘性好、气体阻隔性好、传热性好、化学稳定性高、有一定的机械强度。目前，PAFC 的隔膜由 SiC 粉、SiC 纤维和 PTFE 用造纸法制得。

4）MCFC 电解质隔膜

MCFC 采用 62% Li_2CO_3-38% K_2CO_3（摩尔分数）的混合物为标准电解质，熔点为 488℃。MCFC 要求电解质具有电导率高、气体溶解度高、扩散能力强、表面张力大及对催化有促进作用等特点。电解质的物理性质受隔膜控制。隔膜既是离子导体，又是阴、阳极隔板。隔膜须具备可塑性、离子导电性、高强度、耐高温腐蚀性、电解质浸入后可阻止气体通过的性能。MCFC 隔膜是由颗粒及纤维混合构成，颗粒的尺寸、形状及分布决定孔隙率和孔隙分布。目前，MCFC 隔膜大多使用偏铝酸锂（$LiAlO_2$），它具有很强的抗腐蚀能力。隔膜的制备方法有热压法、电沉积法、冷热法等。

5）SOFC 电解质隔膜

固体电解质是 SOFC 最核心的部分。电解质的电导率、稳定性、热膨胀系数等直接影响电池的工作环境和转换效率。SOFC 电解质须具有离子电导率高、电子电导率低、致密性好、晶体结构及化学稳定性好、热膨胀系数匹配、机械强度高等优点。固体电解质材料类型较多，包括 ZrO_2、CeO_2、Bi_2O_3 等。其中掺杂的 ZrO_2 有较多的氧空位，可以实现氧离子的有效传导。钇稳定氧化锆（YSZ）是目前应用最多的电解质材料。

除上述材料外，各类化学电源中还有很多其他关键部件或材料在电池的工作中起着重要的作用，如电池外壳、铅酸电池板栅、燃料电池气体扩散电极等。

6.4　化学能-电能能量转换技术与应用

6.4.1　锂离子电池

1. 锂离子电池的特点

锂离子电池相较于传统的铅酸电池、锌碳电池和镍铬电池，具有如下几个优点。

（1）容量大，工作电压高。锂离子电池的容量是同等 Ni-Cd 蓄电池的两倍，平均工作电压约 3.6V，远超其他种类蓄电池数倍之多。

（2）荷电保持能力强，自放电小，且使用温度范围广。锂离子电池可以长期储存，且高低温放电性能优良，尤其是高温性能明显优于其他各类电池。

（3）安全性能高，适应快速充放电。锂离子电池在抗短路、抗过充和过放等方面性能较强，特殊的碳负极适应快速充放电。

（4）循环寿命长。浅度充放电可循环超过 5000 次，深度充放电的循环次数可达 1200 次以上。

（5）对环境友好。锂离子电池不含重金属，因此不会引起环境的恶化。

（6）无记忆效应，可以随时、反复地对锂离子电池进行充放电。

（7）体积小，质量轻，比容量高。金属锂半径小、质量最轻，而且比能量密度高，是其他电池无法相比的。

锂离子电池也存在如下一些缺点。

（1）电池内部阻抗高。因为锂离子电池的电解液为有机溶剂，其导电率比镍镉、镍氢电池的水溶液要低很多，所以，锂离子电池的内部阻抗比镍镉、镍氢电池约大 11 倍。

（2）工作电压变化较大。电池放电到额定容量 80%时，镍镉电池的电压变化很小（约 20%），锂离子电池的电压变化较大（约 40%）。对电池供电的设备来说，这是严重的缺点。但是由于锂离子电池放电电压变化较大，也很容易测定电池的剩余电量。

（3）成本高。目前主要是正极材料 $LiCoO_2$ 的原材料价格较高。

（4）必须有特殊的保护电路，防止其过充。

（5）与普通电池兼容性差。由于工作电压高，所以一般的普通电池用三节的情况下，才可用一节锂离子电池替代。

同其优点相比，这些缺点都不是主要问题，特别是用在一些高科技、高附加值的产品中。因此，锂离子电池具有广泛的应用前景。

2. 锂离子电池的分类

根据外形特点，锂离子电池可分为扣式、圆柱状、方形、软包型和电池组等不同类型。图 6.44 为扣式、柱状和板状锂离子电池结构示意图。

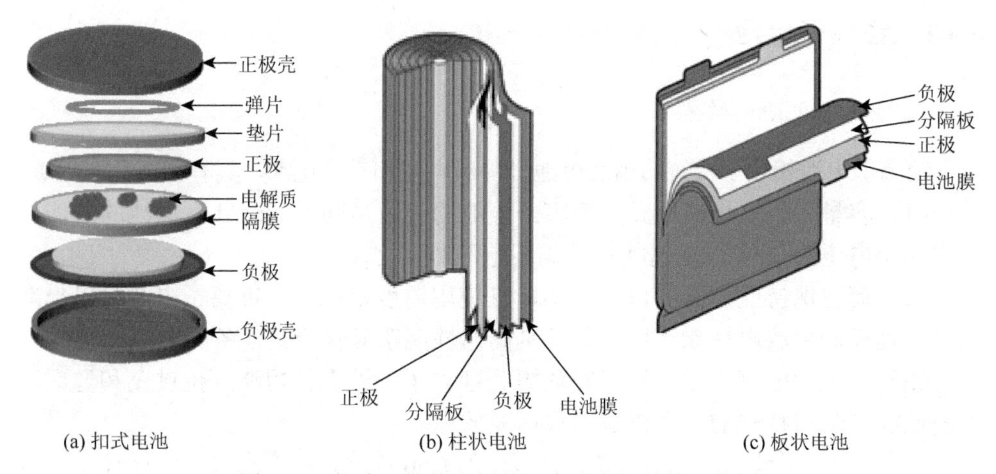

图 6.44　扣式、柱状和板状锂离子电池结构示意图

圆柱形电池一般用五位数表示，前两位代表直径，第三、四位表示高度。以常见的 18650 型电池为例：18 表示直径， 65 表示高度，单位为 mm。方形电池用六位数表示，前两位为电池厚度，中间两位为电池宽度，后两位为电池长度。例如 083448 型电池，08 表示厚度，34 表示宽度，48 表示长度，单位为 mm。

3. 锂离子电池的应用

锂离子电池经过多年的发展，已经占据了手机、计算机等数码产品的大部分市场，而且在新能源汽车的动力电池上也有了一定的应用。

1）在电子产品方面的应用

我国已经成为电池行业最大的生产国和消费国。我国内地电池的产量高达

100 亿只，已经成为世界电池顶级制造国。随着手机、计算机等数码产品的日益普及，锂离子电池的市场份额还会逐渐增加。笔记本式计算机电池是锂离子电池在电子产品应用的一大领域，笔记本式计算机电池由 6 节 18650 型柱状电池串联构成。

为满足这些需要，锂离子电池生产厂商也一直在致力于提高锂离子电池的体积能量密度和质量能量密度。目前，高压锂离子电池及硅/碳负极材料的研发也取得了一定的进展，相信在近几年还会有更高容量的电池出现。

2）在交通工具方面的应用

交通工具的能量消耗量占世界总能量的 40%，汽车的消耗量占其中的 1/4。目前我国汽车保有量年增长速度快，对燃油的需求量也在逐渐增加。因此，发展新能源及无废物排放的混合动力汽车及纯电动汽车是解决能源危机及环境污染的有效方法之一。

目前，奔驰、迷你宝马、特斯拉等车使用了柱状锂离子电池组；而电动汽车最具代表性的日产聆风和雪佛兰沃蓝达（Volt）则使用了新式的板状锂离子电池组。特斯拉电动汽车的动力源由七千多节电池串联组成，共有 16 组，每组有 444 节锂离子电池。特斯拉 Model S P100D 续航里程可超过 1000km。

3）国防军事方面的应用

锂离子电池是军用通信电池发展的重点，目前其能量密度已经达到 220(W·h)/kg。近年来，在提高电池能量密度的同时，也加强了电池安全性与低温性能的研究。安全性实验除了进行短路、过充、过放、刺穿、挤压、温度冲击、燃烧实验外，还增加了枪击实验的内容，以保证电池在战时及恶劣的条件下也不发生燃烧或者爆炸的危险。现代战争是高科技下的战争，部队的很多装备需要比能量高、高低温性能优良、轻量化、小型化、后勤装备简便、成本低廉的二次电池。

4）航空航天方面的应用

锂离子电池在航空领域主要应用于无人小/微型侦察机。应用于航天领域的蓄电池必须可靠性高、低温性能好、循环寿命长、能量密度高、体积和质量小。现有的锂离子电池比原用的镍镉电池和锌/氧化汞电池组成的电源性能要优越很多。而且，小型化和轻量化对航天器件特别重要。此外，锂离子电池的寿命也是原用电池的几十倍，为航天器件的运行和维护提供很大的便利。

5）储能方面的应用

锂离子电池在储能领域也有广阔的应用前景，它可与风能、太阳能等联用，构成新能源系统，如图 6.45 所示，锂离子电池与风力发电组合可以实现能源的存储，与电网搭配可实现电力的调节。能源是人类社会发展的重要组成部分，如何使各种能源之间相互协调的工作，使能源利用最大化是当今社会研究的重要课题。锂离子电池具有良好的荷电保持能力，被认为是高容量大功率储能电池的理想之选。

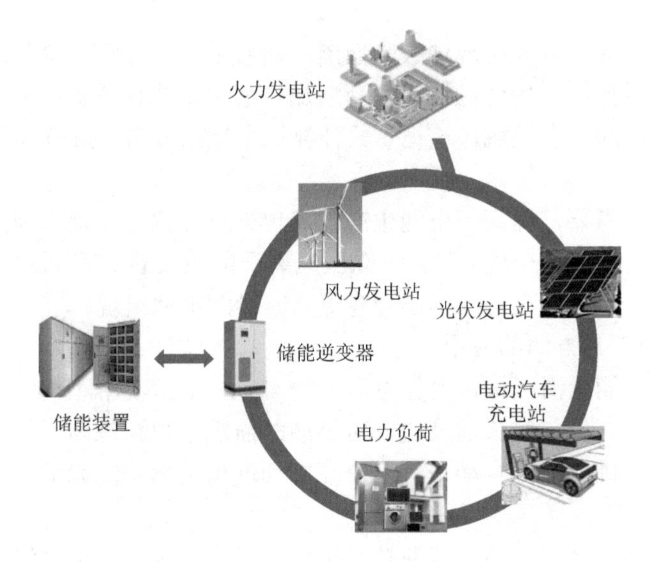

图 6.45　锂离子电池的应用示意图

6.4.2　铅酸电池

铅酸电池具有价格低廉、原料易得、使用安全、可反复充放电等特点，是应用范围广泛的二次电池。一个单格铅酸电池的标称电压是 2.0V，能放电到 1.5V，能充电到 2.4V；在应用中，经常用 6 个单格铅酸电池串联起来组成标称电压是 12V 的铅酸电池，还有 24V、36V、48V 等。其结构如图 6.46 所示。

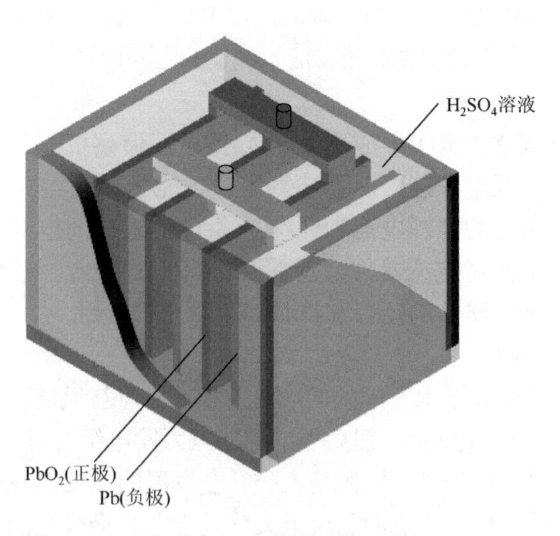

图 6.46　铅酸电池结构示意图

1. 铅酸电池的特点

（1）安全密封。在正常操作中，电解液不会从电池的端子或外壳中泄漏出。设有特殊的自由酸吸液隔板将酸保持在内。电池内部没有自由酸液，因此电池可放置在任意位置。

（2）泄气系统。电池内压超出正常水平后，铅酸电池会放出多余气体并自动重新密封，保证电池内没有多余气体。

（3）维护简单。独一无二的气体复合系统使产生的气体转化成水，在使用铅酸电池的过程中不需要加水。

（4）使用寿命长。采用了有抗腐蚀结构的铅钙合金栏板，铅酸电池可浮充使用 10～15 年。

（5）质量稳定、可靠性高。采用先进的生产工艺和严格的质量控制系统，铅酸电池的质量稳定、性能可靠。

2. 铅酸电池的分类

铅酸电池的使用非常广泛，按用途可将其分为以下几类。

（1）启动型。该类型主要供飞机、坦克、汽车、拖拉机、柴油机、船舶启动和照明。

（2）牵引型蓄电池。该类型用于电动车、电动自行车、叉车、潜艇等动力源。

（3）固定型蓄电池。该类型广泛用于通信、医疗等设备及公共场所的备用电源，还可用于大型储能系统等。

（4）便携式蓄电池。该类型用于便携工具及设备的电源，如矿灯及其他照明设备等。

铅酸蓄电池按荷电状态可分为以下几类。

（1）干式放电。极板处于放电状态，经过干燥处理后放入不含电解液的电池槽中，启用时灌注电解液并进行长时间的初充电方可使用。

（2）干式荷电。电极板处于干燥的已充电状态，放入不含电解液的电池槽中，启用时灌注电解液，静置几小时后即可使用，无须初充电。

（3）带液式充电。电池已经充足电并带有电解液。

（4）湿式荷电。电池处于充电状态，部分电解液吸储在极板和隔板内，在规定存储期内只须灌注电解液即可使用，如超过存储期须充电后方可使用。

不同用途的铅酸电池有不同的代号：启动型、固定型、牵引用、内燃机用、铁路客车用、摩托车用、船舶用、储能用、电动道路车用、电动助力车用及煤矿特殊用等，其标准代号分别为：Q、G、D、N、T、M、C、CN、EV、DZ 及 MT。按机构铅酸电池又分为密封式、免维护、干式电荷、湿式电荷、排气式、胶体式、卷绕式及阀控式，其标准代号分别为 M、W、A、H、P、J、JR 及 F。例如，铅酸电池标注型号为 6-DZM-20，表示 6 个单体电池串联（12V），额定容量为 20A·h 的密封式电动助力车电源。

3. 铅酸电池的应用

根据以上分类可知，铅酸电池应用广泛。

启动型铅酸电池是一种专门用于车辆、船舶和飞机启动、照明、点火和供电的电池，一般指汽车蓄电池，或者称汽车启动电池。电池的额定容量 C 为 36～210A·h，比能量为 35～45(W·h)/kg，可以数倍于 C 放电率放电。新型启动型铅酸电池的电容可以在−30～+ 60℃的环境温度下工作，同时还具有快速充电、大电流放电、内阻低、循环寿命达 10 万次以上等优势。

牵引用铅酸电池是用作电力牵引车辆或物料搬运设备动力电源的蓄电池，如电动汽车、电动自行车、叉车、潜艇等。牵引用铅酸电池，极板厚、容量大、更加坚固耐磨、不漏液。牵引用一般单体电池电压为 2V，设计成高形体，通常在工作结束后使用专用充电器充电。一般电池放电 20%～100%都要进行充电。牵引用铅酸电池适用于较长时间持续放电。它允许进行一定程度的深放电。通常厂家建议不要放电超过 80%，但在实践中发现，100%深放电对电池性能和寿命的影响远小于对其他类电池的影响。

固定型铅酸电池主要用在通信、计算机房、军事、储能等领域作为不间断电源或储能装置。固定型铅酸电池有防酸隔爆式和阀控式。防酸隔爆式铅酸电池槽为透明塑料，电池盖上装有微孔刚玉或微孔塑料制成的防酸隔爆帽，以减少电池在运行中酸雾的逸出和失水，防止爆炸。目前都已用阀控式铅酸电池，密封性好、维护工作量小（免维护电池）。通信机房中用的电池电压为 48V，容量达几千、上万安，平时就是浮充电状态，使用寿命一般为 15～20 年。风力发电和太阳能发电系统中使用的一般都是免维护铅酸电池，该系列蓄电池适合长时间小电流充放电，使用寿命长。风力发电机因风量不稳定，故其输出的是 13～25V 变化的交流电，须经充电器整流，再对蓄电瓶充电，使风力发电机产生的电能转换成化学能。然后用有保护电路的逆变电源，把电瓶里的化学能转换成交流 220V 市电，才能保证稳定使用。

6.4.3 燃料电池

燃料电池可直接将化学能转换为电能而不必经过热机过程，不受卡诺循环限制，因而能量转换效率高，且无噪声、无污染，正在成为理想的能源利用方式。

同时，随着燃料电池技术不断成熟，以及西气东输工程提供了充足天然气源，燃料电池的商业化应用存在着广阔的发展前景[64]。

1. 燃料电池的特点

表 6.5 为几种燃料电池的特点及参数，可以看出，燃料电池具有以下特点。

表 6.5　不同燃料电池的特点及参数

燃料电池类型	电解质	工作温度/℃	电化学效率/%	燃料、氧化剂	单电池输出电压/V	输出功率
AFC	氢氧化钾溶液	室温～90	60～70	氢气、氧气	0.80～0.95	300W～5kW
PEMFC	Nafion 膜等	室温～80	40～60	氢气、氧气（或空气）	0.70	1kW
PAFC	磷酸	160～220	55	天然气、沼气、双氧水、空气	0.65～0.75	200kW
MCFC	碱金属碳酸盐熔融混合物	620～660	65	天然气、沼气、煤气、双氧水、空气	0.76	2MW～10MW
SOFC	氧离子导电陶瓷	800～1000	60～65	天然气、沼气、煤气、双氧水、空气	0.68	100kW

（1）发电效率高。燃料电池发电不受卡诺循环的限制。理论上，它的发电效率可达到 85%～90%，但由于工作时各种极化的限制，实际使用时燃料电池的发电效率为 40%～60%。若实现热电联供，燃料的总利用率可高达 80%以上。

（2）环境污染小。燃料电池以天然气等富氢气体为燃料时，二氧化碳的排放量比热机过程减少 40%以上，这对缓解地球的温室效应是十分重要的。另外，由于燃料电池的燃料气在反应前必须脱硫，而且按电化学原理发电，没有高温燃烧过程，因此几乎不排放氮和硫的氧化物，减轻了对大气的污染。

（3）比能量高。液氢燃料电池的比能量是镍镉电池的 800 倍，直接甲醇燃料电池的比能量比锂离子电池（能量密度最高的充电电池）高 10 倍以上。目前，燃料电池的实际比能量尽管只有理论值的 10%，但仍比一般电池的实际比能量高很多。

（4）噪声低。燃料电池结构简单、运动部件少，工作时噪声很低。即使在 11MW 级的燃料电池发电厂附近，所测得的噪声也低于 55dB。

（5）燃料范围广。对于燃料电池而言，只要含有氢原子的物质都可以作为燃料，如天然气、石油、煤炭等化石产物，或是沼气、乙醇、甲醇等，因此燃料电池非常符合能源多样化的需求，可减缓主流能源的耗竭。

（6）负荷调节灵活，可靠性高。当燃料电池的负载有变动时，它会很快响应。无论处于额定功率以上过载运行还是低于额定功率运行，它都能承受且效率变化不大。由于燃料电池的运行高度可靠，可作为各种应急电源和不间断电源使用。

（7）易于建设。燃料电池具有组装式结构，安装维修方便，不需要很多辅助设施。燃料电池电站的设计和制造相当方便。

2. *燃料电池的应用*

燃料电池具有能量密度高、环境污染小、结构简单、运行平稳等特点，被誉为继水力、火力和核能之后的第四代发电装置。在众多燃料电池中，PEMFC 除了具有其他燃料电池的特点外，还具有可在室温快速启动、无电解液流失、寿命长、能量密度高等特点，是适用性最广的燃料电池。PEMFC 可作为固定式电源、动力式电源及移动式电源等。

1）固定式电源

PEMFC 固定式电源可以作为供电电源单独使用，用于山区、海岛等地区；也可与电网供电系统共用，用于调峰。PEMFC 固定式电源具有诸多优点，如可省去电网线路、外部环境影响小、利于热电联供等。加拿大巴拉德公司在 PEMFC 技术上全球领先，现在从交通工具到固定电站都是它的应用领域。其子公司巴拉德发电系统最初产品是 250kW 燃料电池电站，其基本构件是巴拉德燃料电池，利用氢气（由甲醇、天然气或石油得到）、氧气（由空气得到）不燃烧地发电。经过多年研究与发展，该公司已经在德国、瑞士、日本、美国等国家安装多个 PEMFC 固定式电源电站。

2）动力式电源

在巴拉德公司的带动下，许多汽车制造商参加了燃料电池车辆的研制。PEMFC 工作温度低、启动速度快、功率密度高，非常适用于汽车、火车、船舶等交通工具的动力源。随着燃料电池技术的发展，以氢气为燃料的 PEMFC 技术越来越成熟。英国政府计划在 2030 年之前使英国氢燃料电池车保有量达到 160 万辆，并在 2050 年之前使其市场占有率达到 30%～50%。政府从 2015 年起实现氢燃料电池汽车本土化生产，并自行研发相关技术，另外还将建设氢燃料补给站。现代、丰田、奔驰、宝马、奥迪等公司都将推出氢能源汽车。奥迪 A7 Sportbackh-tronquattro 作为一款氢燃料电池车，前后轴各配备了一台最大输出功率 85kW，最大扭矩 270Nm 的电动机，总功率达 170kW，更提供了高达 540Nm 的扭矩。该车 0～100km 加速用 7.9s，最高时速 180km/h，可与汽油车媲美。

图 6.47 为丰田燃料电池汽车 Mirai 的结构，其中氢燃料电池堆栈为核心组件的一套复杂混合动力系统，另外还包括升压变压器、高压储氢罐及驱动电机等部分。在氢燃料电池堆栈中，排布了诸多薄膜，可以产生大量的电子转移，形成供车辆行驶所需的电流。一般情况下，这些电流所产生的整体电压为 300V 左右，

不足以带动一台车用大功率电机。因此，像 Mirai 这样的氢燃料电池车还装备了升压变压器，将电压升至 600V 以上，从而顺利推动电动机。除了电能产生的氢燃料电池堆栈外，氢燃料电池车的动力系统中还包括高压储氢罐，用来存储产生电能需要的氢原料。丰田 Mirai 拥有三个高压储氢罐，奥迪 A7 Sportbackh-tronquattro 则有四个。此外，氢燃料电池车也搭载有一套蓄电池，平时将氢燃料堆栈所产生的多余电能储存起来，在制动时，回收的电能也可储存在里面①。

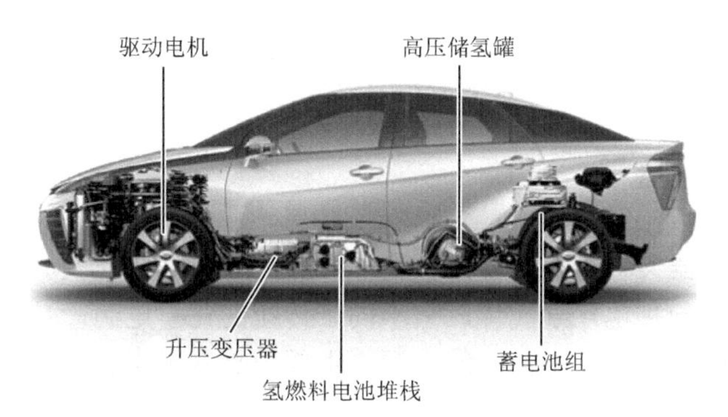

图 6.47　丰田燃料电池汽车 Mirai 及结构示意图①

目前，我国基本掌握了氢燃料电池汽车整车动力系统及关键零部件的核心技术，具备了百辆级燃料电池汽车动力系统平台与整车生产能力。2008 年，20 辆我国自主研制的氢燃料电池轿车服务于北京奥运会；2010 年，上海世博会上成功运行了近 200 辆具有自主知识产权的燃料电池汽车。客车领域，参与氢燃料电池客车研发的整车企业有郑州宇通客车股份有限公司、北汽福田汽车股份有限公司北京欧辉客车分公司、金龙联合汽车工业(苏州)有限公司、中通客车控股股份有限公司、上海申龙客车有限公司、厦门金龙旅行车有限公司、中植新能源汽车有限公司、佛山市飞驰汽车制造有限公司等，2017 年，国内在运行的氢燃料电池客车近 40 辆，建加氢站 8 座，实际运行 3 座②。

3）移动式电源

燃料电池可用作小型移动电源、车载电源、备用电源灯，适用于通信、计算机、军事、医院等场所，以满足应急供电、野外供电、高可靠性和高稳定性的需求。美国布鲁顿公司开发了一款氢燃料电池移动电源，该电池内部的反应堆使用的是可移除及重复补充能量的氢核电池，每一枚电池容量相当于 8500mA 的电量，可以重复使用 1000 次，并且报废之后布鲁顿公司还可以对其进行回收。这款电池组反应器的 USB 输出口支持在 5V 电压时 1A 或者 2A 的电流输出，1A 的电流输

① [技术解析]氢燃料电池车解读. 未来科技如何主宰未来. 新能源汽车网，2014-12-25。

② 2017 年氢燃料电池客车产业化之路如何启程？北极星储能网，2017。

出可以给手机、相机电池、GPS 设备充电；2A 标准可以给 iPad 充电。每个氢核可以给手机充五六次，每次充电时间大约只有 1h；燃料用光后就可以用附带的特殊设备给氢电池再次充满，而这款特殊设备则需要额外支付 250 美元（约合人民币 1500 元）。布鲁顿公司将会和零售商合作为用户提供免费的充电基站，这个充电基站则需要普通插座供电运转。

与锂离子电池相比，氢燃料电池当然是更优质的能源，但是现在还仅仅是实验阶段，在效率和安全性上还有待测试，不过也为日后的移动电源发展方向提供了新路标。

6.4.4 电化学电容器

电化学电容器又称超级电容器，是 20 世纪 70～80 年代发展起来的通过极化电解质来储能的一种电化学元件。它不同于传统的化学电源，是一种介于传统电容器与电池之间，具有特殊性能的电源，主要依靠双电层和氧化还原赝电容电荷储存电能。

1. *超级电容器的特点*

超级电容器具有以下优点[65]。

（1）充电速度快，充电 10s～10min 可达到其额定容量的 95%以上；

（2）循环使用寿命长，深度充放电循环使用次数可达 1～50 万次，没有“记忆效应”；

（3）大电流放电能力超强，能量转换效率高，过程损失小，大电流能量循环效率≥90%；

（4）功率密度高，可达 300～5000W/kg，相当于电池的 5～10 倍；

（5）产品原材料构成、生产、使用、储存及拆解过程均没有污染，是理想的绿色环保电源；

（6）充放电线路简单，无须充电电池那样的充电电路，安全系数高，长期使用免维护；

（7）超低温特性好，温度范围宽，为–40～＋70℃；

（8）检测方便，剩余电量可直接读出；

（9）容量范围通常为 0.1～1000F。

超级电容器之所以称为“超级”的原因：

（1）超级电容器可以被视为悬浮在电解质中的两个无反应活性的多孔电极板，在极板上加电，正极板吸引电解质中的负离子，负极板吸引正离子，实际上形成两个容性存储层，被分离开的正离子在负极板附近，负离子在正极板附近。

（2）超级电容器在分离出的电荷中存储能量，用于存储电荷的面积越大、分离出的电荷越密集，其电容量越大。

（3）传统电容器的面积是导体的平板面积，为了获得较大的容量，导体材料卷制得很长，有时用特殊的组织结构来增加它的表面积。传统电容器是用绝缘材料分离它的两极板，一般为塑料薄膜、纸等，这些材料通常要求尽可能的薄。

（4）超级电容器的面积是基于多孔碳材料，该材料的多孔结构允许其面积达到 $2000m^2/g$，通过一些措施可实现更大的表面积。超级电容器电荷分离开的距离是由被吸引到带电电极的电解质离子尺寸决定的。该距离比传统电容器薄膜材料所能实现的距离更小。

庞大的表面积再加上非常小的电荷分离距离使得超级电容器较传统电容器而言有大得惊人的静电容量，这也是其“超级”所在。

2. 超级电容器的应用

1）汽车领域

在汽车工业中，智能启停控制系统的应用为超级电容器提供了广阔的舞台，在插电式混合动力汽车上的表现尤为突出。电动汽车频繁启动和停车，使得蓄电池的放电过程变化很大。在正常行驶时，电动汽车从蓄电池中汲取的平均功率相当低，而加速和爬坡时的峰值又相当高。为了解决电动汽车续驶里程与加速和爬坡性能之间的矛盾，可以考虑采用两套能源系统，其中由主能源提高最佳的续驶里程，而由辅助能源在加速和爬坡时提供短时的辅助动力。辅助能源选用超级电容器。短期内，超级电容器极低的比能量使其不可能被单独用作电动汽车能源系统，但用做辅助能量源具有显著优点。在电动汽车上使用的最佳组合为电池-超级电容器混合能量系统，对电池的比能量和比功率要求分开。超级电容器具有负载均衡作用，电池的放电电流减少使用电池的可利用能量、使用寿命得到显著提高；与电池相比，超级电容器可以迅速高效地吸收电动汽车制动产生的再生动能。但系统要对电池、超级电容器、电动机和功率逆变器等做综合控制和优化匹配，功率变换器及其控制器的设计应用充分考虑电动机和超级电容器之间的匹配。

中国国内从事大容量超级电容器研发的厂家中能够批量生产并达到实用化水平的厂家不到20家。国内厂商大多生产液体双电层电容器，主要企业有锦州凯美能源有限公司、北京集星联合电子科技有限公司、上海奥威科技开发有限公司等十多家。锦州凯美能源有限公司是国内最大的超级电容器专业生产厂，主要生产纽扣型和卷绕型超级电容器。北京集星联合电子科技有限公司可生产卷绕型和大型电容器，而上海奥威科技开发有限公司的产品多集中在车用超级电容器上。

2）其他领域

微型超级电容器已经在小型机械设备上得到广泛应用，如计算机内存系统、照相机、音频设备和间歇性用电的辅助设施。而大尺寸的柱状超级电容器则多被用于汽车领域和自然能源采集上。就未来的发展而言，超级电容器将是运输行业和自然能源采集的重要组成部分。

大尺寸超级电容器（125V）可用在火车和地铁的刹车制动系统上，也可为物料搬运工程车提供能量输出；中等尺寸超级电容器（75V）可用在太阳能能量收集方面，因为其具备可在高温下工作的特性；48V 超级电容器应用于汽车；小尺寸超级电容器（<2.7V）则对通信设施的持续供电和计算机内存系统储存后备电源等有极大贡献。超级电容器的低阻抗对于当今许多高功率应用是必不可少的。对于快速充放电，超级电容器小的 ESR（等效串联内阻）意味着更大的功率输出，几秒钟充电，几分钟放电，如电动工具、电动玩具；在 UPS（无间断供电）系统中，超级电容器提供瞬时功率输出，作为发动机或其他不间断系统的备用电源的补充；小电流，长时间持续放电，如计算机存储器后备电源；瞬时功率脉冲应用，重要存储、记忆系统的短时间功率支持。

6.4.5 其他电化学能量转换技术

近些年，新型能量转换与存储技术不断涌现，如钠离子电池、锂空气电池、锂硫电池、液流电池等。面向大规模储能用钠离子电池和高能量密度动力型锂空气电池目前还处于实验室研究阶段，现阶段的研究技术、使用材料主要借鉴锂离子电池和燃料电池的经验，短时间内还无法实现商业化。对于钠离子电池而言，$Na_3V_2(PO_4)_3$ 是非常有前景的正极材料，其电化学性能、制备条件都符合商业化生产条件。但钠离子电池负极材料的选取还有待进一步考察，虽然某些材料电化学性能突出，但是从资源、成本、规模化生产的标准来看，还无法实现商业化。锂空气电池具有高能量密度，具有“终极能源”之称，但锂空气电池还有很多问题需要解决，如电化学反应机理尚不明确、正极碳的高电位分解、电解液的稳定性、金属锂负极的保护等。锂空气电池的商业化任重道远。近些年，锂硫电池和液流电池的研究取得了很大的进展。中国科学院大连化学物理研究所已经研制出比能量大于 300(W·h)/kg 的锂硫电池组，德日两国政府也制定了 2020 年锂硫电池能量密度达 500(W·h)/kg 的目标。探索新型硫正极材料、优化电解液成分和配比是实现高能量密度锂硫电池的关键。液流电池是一种新型化学储能装置，它将不同价态的活性物质溶液分别作为正负极的活性物质，分别储存在各自的电解液储罐中，通过外接泵将电解液泵入到电池堆体内，使其在不同的储液罐和半电池的闭合回路中循环流动。采用离子膜作为电池组的隔膜，电解液平行流过电极表面并发生电化学反应，将电解液中的化学能转换为电能，通过双极板收集和传导电流。液流电池可以分为全钒液流电池、锌溴液流电池、锂离子液流电池及有机体系液流电池。全钒液流电池采用不同价态的钒离子作为正负极活性物质，无活性物质的交叉污染，具有更安全、循环寿命更长的优势。在满充电状态下，电池开路电压为1.6V左右。全钒液流电池的能量密度偏低，约为25(W·h)/L，比能量为15～25(W·h)/kg，同等规模全钒液流电池的体积和质量较大。目前，全钒液流电池是当今世界上规模最大、技术最先进、最接近产业化的液流电池，在风力发电、光伏发电、电网调峰、分布式电站等领域有着极其广阔的应用前景。

参考文献

[1] 高华. 化学电源的起源、应用及发展. 散文百家（下），2015，12：244

[2] 黄可龙，王兆翔，刘素琴. 锂离子电池原理与关键技术. 北京：化学工业出版社，2007

[3] 陈海生. 国际电力储能技术分析（八）-铅酸电池. 工程热物理纵横，2012，9，3

[4] Duan L F, Zhang F F, Wang L M. Cathode materials for lithium sulfur batteries: design, synthesis, and electrochemical performance//Yang D F. Alkali-ion Batteries，Chapter 3. London：InTechOpen Limited，2016

[5] González A，Goikolea E，Barrena J A，et al. Review on supercapacitors：technologies and materials. Renewable and Sustainable Energy Reviews，2016，58，1189-1206

[6] 刘洁，王菊香，邢志娜，等. 燃料电池研究进展及发展探析. 节能技术，2010，28（4）：364-368

[7] 杨贵恒，杨玉祥，王秋虹，等. 化学电源技术及其应用. 北京：化学工业出版社，2017

[8] 郭炳焜，李新海，杨松青. 化学电源——电池原理及制造技术. 长沙：中南大学出版社，2009

[9] Fernandez S. Todo sobre la batería Panasonic NCR18650B. La batería utilizada por Tesla，2016

[10] 夏军. 手把手带你认识锂离子电池. 中国电器工业协会网，2015

[11] Molenda J，Molenda M. Composite cathode material for Li-ion batteries based on $LiFePO_4$ system//John C. Metal，Ceramic and Polymeric Composites for Various Uses. London：InTechOpen Limited，2011

[12] 刘恒，孙红刚，周大利，等. 改进的固相法制备磷酸铁锂电池材料. 四川大学学报（工程科学版），2004，36（4）：74-77

[13] Higuchi M，Katayama K，Azuma Y，et al. Synthesis of $LiFePO_4$ cathode material by microwave processing. Journal of Power Sources，2003，119-121：258-261

[14] Chi Z X，Zhang W，Cheng F Q，et al. Optimizing the carbon coating on $LiFePO_4$ for improved battery performance. RSC Advances，2014，4（15）：7795-7798

[15] Doherty C M，Caruso R A，Smarsly B M，et al. Hierarchically porous monolithic $LiFePO_4$ /carbon composite electrode materials for high power lithium ion batteries. Chemistry of Materials，2009，21（21）：5300-5306

[16] Julien C M，Mauger A，Zaghib K，et al. Comparative issues of cathode materials for Li-ion batteries. Inorganics，2014，2（1）：132-154

[17] Wu Y Q，Ming J，Zhuo L H，et al. Simultaneous surface coating and chemical activation of the Li-rich solid solution lithium rechargeable cathode and its improved performance. Electrochimica Acta，2013，113：54-62

[18] 徐志军，初瑞清，李国荣，等. 喷雾热分解合成技术及其在材料研究中的应用. 无机材料学报，2004，19（6）：1240-1248

[19] Rangappa D，Mohan E H，Siddhartha V，et al. Preparation of $LiMn_2O_4$ graphene hybrid nanostructure by combustion synthesis and their electrochemical properties. AIMS Materials Science，2014，1（4）：174-183

[20] Yabuuchi N，Kajiyama M，Iwatate J，et al. P2-type $Na_xFe_{1/2}Mn_{1/2}O_2$ made from earth-abundant elements for rechargeable Na batteries. Nature Materials，2012，11（6）：512-517

[21] Samin N K，Rusdi R，Kamarudin N，et al. Synthesis and battery studies of sodium cobalt oxides，$NaCoO_2$ cathodes. Advanced Materials Research，2012，545：185-189

[22] Moreau P，Guyomard D，Gaubicher J，et al. Structure and stability of sodium intercalated phases in olivine $FePO_4$. Chemistry of Materials，2010，22（14）：4126-4128

[23] Huang W，Zhou J，Li B，et al. Detailed investigation of $Na_{2.24}FePO_4CO_3$ as a cathode material for Na-ion batteries. Scientific Reports，2014，4（4）：4188

[24] Padhi A K，Nanjundaswamy K S，Masquelier C，et al. Mapping of transition metal redox energies in phosphates with NASICON structure by lithium intercalation. Cheminform，1997，28（47）：2581-2586

[25] Jian Z L，Zhao L，Pan H L，et al. Carbon coated $Na_3V_2(PO_4)_3$ as novel electrode material for sodiumion batteries. Electrochemistry Communications，2012，14（1）：86-89

[26] Liu J，Tang K，Song K，et al. Electrospun $Na_3V_2(PO_4)_3$/C nanofibers as stable cathode materials for sodium-ion batteries. Nanoscale，2014，6（10）：5081-5086

[27] Li S，Dong Y F，Xu L，et al. Effect of carbon matrix dimensions on the electrochemical properties of $Na_3V_2(PO_4)_3$ nanograins for high performance symmetric sodium-ion batteries. Advanced Materials，2014，26（21）：3545-3553

[28] Pan H，Hu Y S，Chen L. Room-temperature stationary sodium-ion batteries forlarge-scale electric energy storage. Energy & Environmental Science，2013，6（8）：2338-2360

[29] Yang Y，Zheng G Y，Cui Y. Nanostructured sulfur cathodes. Chemical Society Reviews，2013，42（7）：3018-3032

[30] Xu G，Ding B，Pan J，et al. High performance lithium-sulfur batteries：advances and challenges. Journal of Materials Chemistry A，2014，2（32）：12662-12676

[31] Li Z，Jiang Y，Yuan L X，et al. A highly ordered meso@microporous carbon-supported sulfur@smaller sulfur core-shell structured cathode for Li-S batteries. ACS Nano，2014，8（9）：9295-9303

[32] Yang Y，Yu G，Cha J J，et al. Improving the performance of lithium sulfur batteries by conductive polymer coating. ACS Nano，2011，5（11）：9187-9193

[33] Seh Z W，Li W，Cha J J，et al. Sulphur- TiO_2 yolk-shell nanoarchitecture with internal void space for long-cycle lithium-sulphur batteries. Nature Communications，2013，4：1331

[34] McAllister S D，Ponraj R，Cheng I F，et al. Increase of positive active material utilization in lead-acid batteries using diatomaceous earth additives. Journal of Power Sources，2007，173（2）：882-886

[35] McAllister S D，Patankar S N，Cheng I E，et al. Lead dioxide coated hollowglass microspheresas conductive additives for lead acid batteries. Scripta Materialia，2009，61（4）：375-378

[36] Pavlov D，Iordanov N. Growth processes of the anodic crystalline layer on potentiostatic oxidation of lead in sulfuric acid. Journal of the Electrochemical Society，1970，117（9）：1103-1109

[37] Ghasemi S，Mousavi M F，Karami H，et al. Energy storage capacity investigation of pulsed current formednano-structured lead dioxide. Electrochimica Acta，2006，52（4）：1596-1602

[38] Bartlett P N，Dunford T，Ghanem M A. Templated electrochemical deposition of nanostructured macroporous PbO_2. Journal of Materials Chemistry，2002，12（10）：3130-3135

[39] Endo M，Kim C，Nishimura K，et al. Recent development of carbon materials for Li ion batteries. Carbon，2000，

38（2）：183-197

[40] Jung H，Park M，Yoon Y G，et al. Amorphous silicon anode for lithium-ion rechargeable batteries. Journal of Power Sources，2003，115（2）：346-351

[41] Yang J，Wang B F，Wang K，et al. Si/C composites for high capacity lithium storage materials. Electrochemical and Solid-State Letters，2003，6（8）：A154-A156

[42] Ma D L，Cao Z Y，Hu A M. Si-based anode materials for Li-ion batteries：A mini review. Nano-Micro Letters，2014，6（4）：347-358

[43] 唐艳平，元莎，郭玉忠，等. 镁热还原法制备有序介孔 Si/C 锂离子电池负极材料及其电化学性能. 物理化学学报，2016，32（9）：2280-2286

[44] Poizot E，Laruelle S，Grugeon S，et al. Nano-sized transition-metal oxides as negative-electrode materials for lithium-ion batteries. Nature，2000，407（6803）：496-499

[45] Guo X，Xiang H F，Zhou T P，et al. Solid-state synthesis and electrochemical performance of $Li_4Ti_5O_{12}$/graphene composite for lithium-ion batteries. Electrochimica Acta，2013，109（11）：33-38

[46] Wen Y，He K，Zhu Y，et al. Expanded graphite as superior anode for sodium-ion batteries. Nature Communications，2014，5：4033

[47] Wang J W，Liu X H，Mao S X，et al. Microstructural evolution of tin nanoparticles during in situ sodium insertion and extraction. Nano Letters，2012，12（11）：5897-5902

[48] Su D，Ahn H J，Wang G. SnO_2 @graphene nanocomposites as anode materials for Na-ion batteries with superior electrochemical performance. Chemical Communications，2013，49（30）：3131-3133

[49] Yuan S，Huang X，Ma D，et al. Engraving copper foil to give large-scale binder-free porous CuO arrays for a high-performance sodium-ion battery anode. Advanced Materials，2014，26（14）：2273-2279

[50] Yuan S，Wang S，Zhu Y H，et al. Integrating 3D flower-like hierarchical Cu_2NiSnS_4 with reduced graphene oxide as advanced anode materials for Na-ion batteries. ACS Applied Materials & Interfaces，2016，8（14）：9178-9184

[51] Sun J，Lee H W，Pasta M，et al. A phosphorene-graphene hybrid material as a high-capacity anode for sodium-ion batteries. Nature Nanotechnology，2015，10（11）：980-985

[52] Gyenge E，Jung J，Mahato B. Electroplated reticulated vitreous carbon current collectors for lead-acid batteries：opportunities and challenges. Journal of Power Sources，2003，113（2）：388-395

[53] 刘永飞，王俊勃，胡新煜，等. 铅酸电池极板制备方法的研究进展. 价值工程，2016，35（12）：1-3

[54] 蔡克迪，郎笑石，王广进. 化学电源技术. 北京：化学工业出版社，2016

[55] Wang Y G，Song Y F，Xia Y Y. Electrochemical capacitors：mechanism，materials，systems，characterization and applications. Chemical Society Reviews，2016，45（21）：5925-5950

[56] 赵雪，邱平达，姜海静，等. 超级电容器电极材料研究最新进展. 电子元件与材料，2015，34（1）：1-8

[57] Hsu Y H，Lai C C，Ho C L，et al. Preparation of interconnected carbon nanofibers as electrodes for supercapacitors. Electrochimica Acta，2014，127（5）：369-376

[58] Elkady M F，Strong V，Dubin S，et al. Laser scribing of high-performance and flexible graphene-based electrochemical capacitors. Science，2012，335（6074）：1326

[59] Huang M，Li F，Dong F，et al. MnO_2 -based nanostructures for high-performance supercapacitors. Journal of Materials Chemistry A，2015，3（43）：21380-21423

[60] Qiu K，Lu Y，Zhang D，et al. Mesoporous，ierarchical core/shell structured $ZnCo_2O_4/MnO_2$，nanocone forests for high-performance supercapacitors. Nano Energy，2015，11：687-696

[61] Zhang Q，Yu X，Ling Y，et al. Ultrathin nitrogen doped carbon layer stabilized Pt electrocatalyst supported on

N-doped carbon nanotubes. International Journal of Hydrogen Energy，2017，42（15）：10354-10362

[62] Meng F，Zhong H，Yan J，et al. Iron-chelated hydrogel-derived bifunctional oxygen electrocatalyst for high-performance rechargeable Zn-air batteries. Nano Research，2017，10（12）：4436-4447

[63] Meng F，Zhong H，Bao D，et al. In situ coupling of strung CoN_4 and intertwined N-C fibers toward free-standing bifunctional cathode for robust，efficient，and flexible Zn-air batteries. Journal of the American Chemical Society，2016，138（32）：10226-10231

[64] 衣宝廉. 燃料电池——原理・技术・应用. 北京：化学工业出版社，2006

[65] Francois B，Elzbieta F. 超级电容器：材料、系统及应用. 张治安，等译. 北京：机械工业出版社，2014

第7章　磁能-机械能能量转换材料与技术

7.1　引　　言

磁能-机械能能量转换材料是指可以在外磁场的驱动下将磁能直接转换为机械能，也可以在力（矩）的驱动下将机械能转换为磁能的一类材料。目前，主要利用磁致伸缩材料来实现磁能同机械能之间的转换。磁致伸缩材料在外磁场的作用下可以发生不同程度的变形，反之，材料的变形也可以引起外磁场的改变，进而实现磁能同机械能之间的转换。

磁致伸缩现象是在1842年由Joule在Fe上发现的。但是由于测得的材料磁致伸缩系数很小，仅在$20\times10^{-6}\sim30\times10^{-6}$，无法得到实际应用，该现象没有引起足够的关注。20世纪20～30年代，纯Ni被发现其磁致伸缩系数可达-50×10^{-6}，因此被用于研制水声换能器、转矩仪表和振动器等，成为最早得到应用的磁致伸缩材料。与此同时，Ni-Fe、Ni-Cr、Ni-Mn和Ni-Co等Ni基合金也引起了研究者的关注，但是这些合金相对于纯Ni在磁致伸缩系数上都没有明显提高。随后，人们发现纯Fe和纯Co及它们同Ni组成的合金，如Fe-Ni、Fe-Co和Fe-Co-Ni等也具有较大的磁致伸缩系数。其中，纯Fe的磁致伸缩系数约为20×10^{-6}，纯Co的磁致伸缩系数约为-50×10^{-6}，Fe-Co合金的磁致伸缩系数可达130×10^{-6}。在20世纪50年代，又有研究者开发出Fe-Al和Fe-Si等软磁性合金，这些合金同样具有磁致伸缩特性。其中，Fe-Al合金的磁致伸缩系数在一定成分范围内随Al含量的增加呈线性增加，最高值接近130×10^{-6}。与此同时，研究者也发现铁氧体材料具有磁致伸缩性能，如$Co_{0.8}Fe_2O_4$单晶体的磁致伸缩系数可达-515×10^{-6}。上述Fe、Co、Ni和三者组成的合金及铁氧体由于磁致伸缩性能有限，应用范围受到了限制，主要用来制造水声或超声换能器。

20世纪60年代初，Legvold、Clark和Rhyne等先后发现，Tb（铽）、Dy（镝）和Er（铒）等稀土金属在低温时的磁致伸缩系数可达10^{-3}数量级，其中单晶Dy的磁致伸缩系数可达10^{-2}数量级。但是，这些稀土金属的居里温度远低于室温，在室温以上时由铁磁性转变为顺磁性，磁致伸缩性能变差而无法用于在室温下工作的磁致伸缩器件。为解决这一问题，根据过渡金属电子云的特征，研究者提出将稀土和过渡金属相结合形成化合物，在保证磁致伸缩性能降低不多的前提下提高材料的居里温度。Koon 和 Clark 分别在 1971 年和 1972 年报道了稀土铁 Laves 相（RFe_2，R 为稀土元素）化合物在室温下具有很高的磁致伸缩系数，其中 $TbFe_2$ 和 $SmFe_2$ 的室温磁致伸缩系数分别达到 1753×10^{-6} 和 -1590×10^{-6} 。Laves 相具有立方 *C*15 型结构，具有较强的磁晶各向异性，磁晶各向异性场大于 8000kA/m，磁化到饱和时所需要的磁场通常高达 20 000kA/m 以上，因此在实际应用中由于无法提供超高的驱动磁场而失去应用价值。1972 年，Clark 根据对 RFe_2 型金属间化合物磁晶各向异性的研究结果，提出各向异性成分补偿理论，即用磁致伸缩符号相同，而磁晶各向异性符号相反的两种二元稀土-铁化合物复合，在维持高磁致伸缩应变的基础上降低磁晶各向异性。根据该理论，通过将 $TbFe_2$ 和 $DyFe_2$ 两种化合物复合得到了 $Tb_{0.27}Dy_{0.73}Fe_2$ 稀土化合物磁致伸缩材料。该材料在沿易磁化轴 <111>方向上的磁致伸缩系数可以达到（1600～2400）$\times10^{-6}$，而饱和磁场仅为 1600kA/m。$Tb_{0.27}Dy_{0.73}Fe_2$ 合金具有优良的室温性能，很快得到了实际推广应用，1989 年开始商品化生产并被命名为 Terfenol-D。但是，该材料也存在着稀土原料价格昂贵、脆性大、塑性变形能力差、驱动磁场相对较大、电阻率过低易发生涡流损耗等缺点。针对这些缺点，研究者采用其他稀土和金属元素部分取代 Tb-Dy-Fe 合金中的稀土和 Fe 元素，通过材料的合金化减少稀土元素的用量、进一步降低磁晶各向异性、提高居里温度、改善低场磁致伸缩性能、提高电阻率和改善机械性能。另外，针对 $Tb_{0.27}Dy_{0.73}Fe_2$ 磁致伸缩材料力学性能差，不易加工及在高频使用范围内涡流损耗严重的问题，人们提出用黏结法制备磁致伸缩颗粒与树脂混合的磁致伸缩复合材料。塑性较好的绝缘性树脂聚合物的加入包围了磁致伸缩颗粒，减小了涡流损耗、增大了材料的电阻、提高了高频性能，同时改善了材料的机械性能。对于稀土铁 Laves 相化合物来说，沿易磁化轴<111>方向具有最大磁致伸缩系数，但是普通方法通常只能制备沿<112>和<110>方向取向的材料。近年来，有研究者尝试在稀土铁磁致伸缩材料的制备过程中施加强磁场，通过强磁场具有的磁力矩、洛伦兹力和磁化力等效应协同控制晶体生长过程，得到了 Laves 相沿<111>取向的多晶组织，显著提高了材料的磁致伸缩性能，有望在稀土铁磁致伸缩材料的性能优化上有进一步的突破。

2000 年，Clark 发现在 Fe 中加入非磁性原子 Ga 可以使 Fe 单晶的磁致伸缩系数提高 10 倍以上，通过成分优化的 Fe-Ga 合金磁致伸缩系数可达 400×10^{-6} 。该材料具有工作磁场低、磁化强度高、原料成本低、力学和加工性能好等优点，有望拓宽磁致伸缩材料的应用范围，是近十几年来磁致伸缩材料研究领域的焦点之一。

本章内容重点介绍磁致伸缩原理及特征参数、磁致伸缩材料及制备、磁能-机械能能量转换技术与应用。

7.2　磁致伸缩原理及特征参数

7.2.1　磁致伸缩原理

磁致伸缩效应又称焦耳磁致伸缩效应，是指物质在外磁场作用下，其尺寸在长度或体积上发生变化，而去掉外磁场后，又恢复到原来尺寸的一种现象。由于物质在形状上的变化具有机械执行和动作的效果，因此具有磁致伸缩功能的材料可以实现磁能同机械能之间的转换。从本质上讲，磁致伸缩是材料从外部形状的角度对内部磁化状态变化所做出的响应[1]。这种材料磁化状态的变化可以由环境温度变化引起，也可以由外部施加磁场引起。例如，当铁磁性物质的温度降低至居里温度以下呈铁磁性状态时，物质的体积会发生膨胀。任何物质都有磁性，在磁化过程中也都将表现出磁致伸缩现象。但是通常物质的磁致伸缩系数较小，仅有少部分材料才表现出相对明显的磁致伸缩效果。磁性材料产生磁致伸缩的机制可以用下述原因来说明[2-5]。

1. 温度诱发的磁致伸缩

铁磁体任一小区域内的所有原子磁矩都按一定的规则排列起来的现象称为自发磁化，这是铁磁性材料的基本特点。从相邻原子间电子的静电交换作用与原子距离的关系可以解释温度诱发磁致伸缩的物理机制。在 3d 金属中，当 3d 电子云重叠时，相邻原子的 3d 电子存在交换作用。设 i 原子的总自旋角动量为 $S_{\rm i}$，j 原子的总自旋角动量为 $S_{\rm j}$，根据量子力学理论，i、j 原子的总自旋角动量为

$$E_{\rm ij} = -2J_{\rm ij}S_{\rm i}S_{\rm j} \tag{7.1}$$

式中，$J_{\rm ij}$——i、j 原子的电子之间的交换积分。

交换积分与原子间距和电子轨道有着强烈的依赖关系，设 d 为近邻原子间的距离，$r_{\rm n}$ 为原子中未满壳层的半径，则交换积分与 $d/r_{\rm n}$ 之间的关系满足图 7.1 所示的 Slater-Bethe 曲线[6, 7]。

如图 7.2 所示，假设有一球形的单畴晶体，当温度 T 大于居里温度 $T_{\rm C}$（即 $T > T_{\rm C}$）时，原子热运动引起的热能较大，晶体内相邻原子的磁矩呈无序排列。当温度降低至等于或小于居里温度时，交换作用力使晶体发生自发磁化，由顺磁性转为铁磁性。假设晶体内的原子间距离为 d_1（对应图 7.1 曲线中位置 1）。根据能量最低原理，系统在变化过程中总是倾向于使交换能变小。由于交换积分越大交换能越小，所以球形晶体在从顺磁状态转变为铁磁状态时，原子间距离将由 d_1 增加至 d_2（对应图 7.1 曲线中位置 2），则晶体会产生体积膨胀现象，如图 7.2（b）

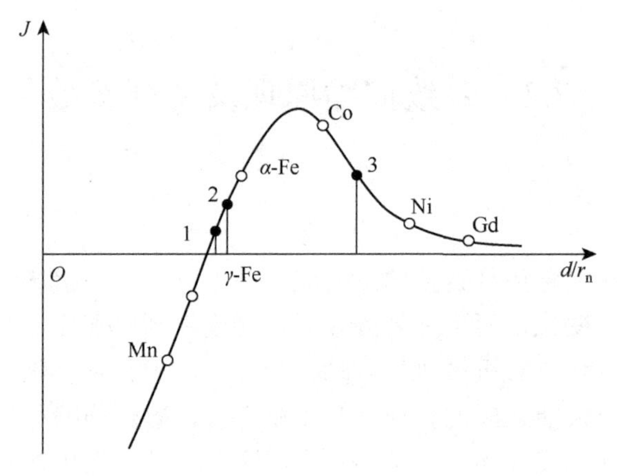

图 7.1　交换积分 J 与 d/r_n 的关系曲线[6, 7]

所示。同理，若某铁磁体的交换积分与 d/r_n 的关系处在曲线下降阶段（对应图 7.1 曲线中位置 3），则该铁磁体从顺磁状态转变到铁磁状态时就会发生体积收缩，如图 7.2（c）所示。

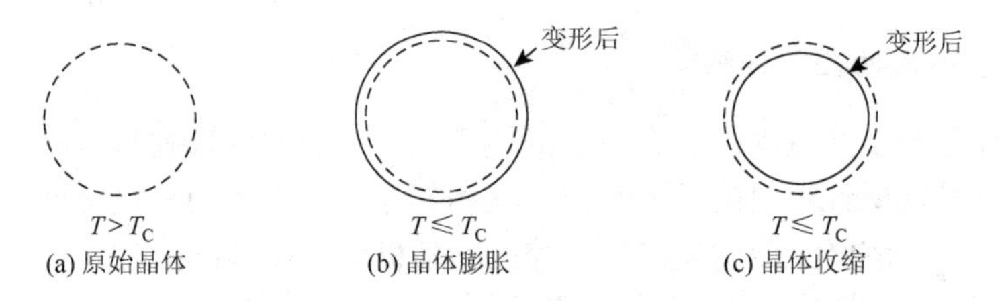

图 7.2　温度诱发的磁致伸缩示意图

2. *磁场诱发的磁致伸缩*

在外磁场的作用下多畴铁磁材料的磁畴要发生畴壁移动和磁畴转动，结果导致材料尺寸发生变化。如图 7.3（a）所示，当外磁场为零时，铁磁材料内部磁畴混乱排列，材料在宏观上无磁性也无宏观形变。当有较小的外磁场作用到铁磁材料时，其内部磁畴受到磁场作用产生畴壁移动，取向与外磁场方向夹角小的那些磁畴的体积增大，材料沿长度方向上发生微小形变。当外磁场继续增强时，磁畴内的磁矩发生偏转，材料的磁致伸缩量迅速增大，如图 7.3（b）所示。当外磁场增加到一定数值时，材料内部磁畴基本与外磁场方向平行，材料将不再伸长，即达到了饱和磁致伸缩状态，如图 7.3（c）所示。如果畴内的磁化强度方向是自发形变的长轴，则材料在外磁场方向将伸长，表现为正的磁致伸缩；如果磁化强度方向是自发形变的短轴，则材料在外磁场方向将缩短，表现为负的磁致伸缩。

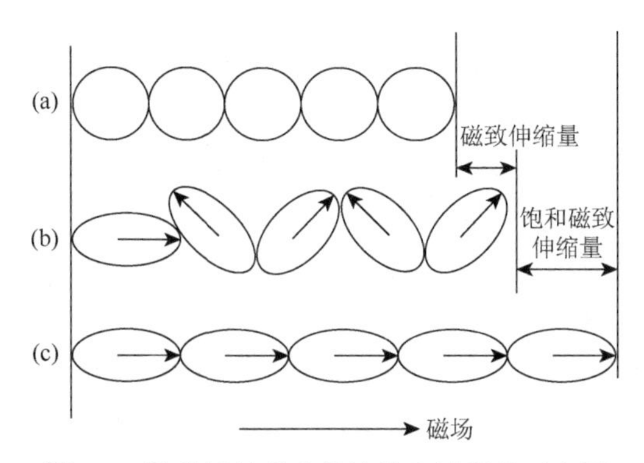

图 7.3　铁磁材料磁致伸缩发生过程的示意图

（a）无磁场作用时；（b）在场作用下磁化；（c）磁化至饱和状态

7.2.2　磁致伸缩材料的其他效应

维拉里效应：这是指磁致伸缩材料在外部施加的单向应力作用下引起自身磁化强度发生变化的现象。该效应是焦耳磁致伸缩效应的逆效应，可将机械能转换为磁能。如果在材料外部布置线圈，可以在线圈内部感生出电流或电势。该效应可以用于磁场传感器或压力传感器等。

魏德曼效应：在管状磁致伸缩材料的轴向同时施加电流和磁场，电流感生出的环形磁场同外加轴向磁场相互作用产生扭转磁场，材料在扭转磁场的作用下沿周向发生扭曲的现象。该效应可以用于扭转电机等。

麦修茨效应：当对管状磁致伸缩材料施加周向扭转力矩时，材料的磁化强度在沿扭转力矩的方向上出现变化的现象。该效应是魏德曼效应的逆效应，也可以将机械能转换为磁能。如果在管状材料外部布置线圈，可以在线圈内部感生出电流或电势。该效应可以用于扭矩传感器。

ΔE 效应：这是指磁致伸缩材料的弹性模量 E 随磁场改变而改变的现象。$\Delta E=(E_s-E_0)/E_0$，其中，E_0 为最小弹性模量，E_s 为材料在饱和磁化状态下的弹性模量。该效应可以用于声延迟线和光谱声呐系统等。

跳跃效应：当磁致伸缩材料在磁化过程中有外部施加的预应力时，磁致伸缩系数呈跳跃式变化，磁化率也发生变化的现象。该效应可以用于故障监测传感器。

7.2.3　特征参数

1. 磁致伸缩系数

1）磁致伸缩系数的概念

材料的磁致伸缩可分为线磁致伸缩和体磁致伸缩。磁化过程中，材料在单一方向上伸长或缩短，称为线磁致伸缩；在体积上发生膨胀或收缩，称为体磁致伸缩。

材料的磁致伸缩大小用磁致伸缩系数度量。线磁致伸缩系数用 λ 表示，$\lambda = \Delta l / l_0$，其中，l_0 为材料的原始长度，Δl 为材料在长度方向的变化量。以柱状体材料为例，当沿材料的轴向施加磁场时，如果磁致伸缩系数为正值（即 $\lambda > 0$），则材料沿轴向伸长，沿径向缩短，但是材料的体积始终保持不变，如图 7.4（a）所示。由于施加的磁场通常呈周期变化，材料的线磁致伸缩系数随外加磁场的增加呈近似线性对称分布。图 7.4（b）为典型的磁致伸缩曲线分布。如果施加的磁场在大小上保持不变而在方向上发生转动，则材料会发生旋转变形，如图 7.5（a）所示，相应的线磁致伸缩系数随磁场的转动角度（θ）呈图 7.5（b）所示的变化规律。如果磁致伸缩系数为负值（即 $\lambda < 0$），则材料沿轴向缩短，沿径向伸长。

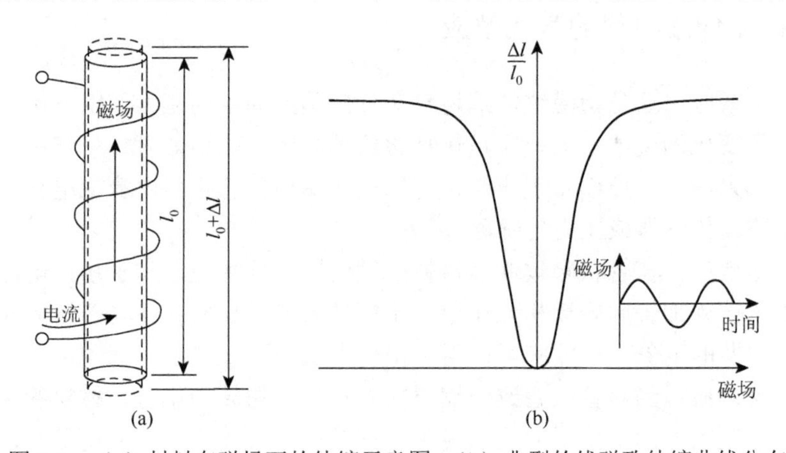

图 7.4　（a）材料在磁场下的伸缩示意图；（b）典型的线磁致伸缩曲线分布

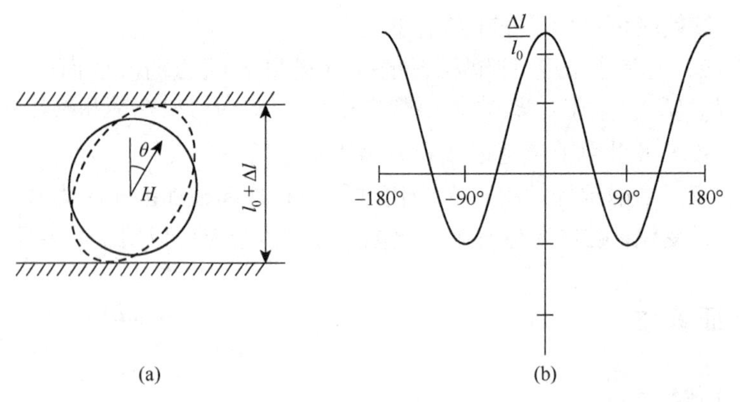

图 7.5　（a）饱和磁场旋转诱发的磁致伸缩示意图；（b）对应磁致伸缩曲线分布

材料的体磁致伸缩系数用 ω 表示，$\omega = \Delta V / V_0$，其中，V_0 为铁磁体的原始体积，

ΔV 为铁磁体磁化后的体积变化。当 $\omega > 0$ 时，为正体磁致伸缩，它表示铁磁体在磁化过程中发生膨胀；当 $\omega < 0$ 时，为负体磁致伸缩，表示铁磁体在磁化过程中发生收缩。对于大多数金属与合金来说体磁致伸缩数值很小，其数量级为 $10^{-13} \sim 10^{-11}$，仅在个别材料中才表现出相对较大的体磁致伸缩数值（如 Fe-Ni 合金的 ω 可达 10^{-5} 数量级）。因此，有关磁致伸缩材料的理论和应用研究主要集中在线磁致伸缩效应上，磁致伸缩一词通常指线磁致伸缩。λ 是磁场和温度的函数，在温度一定时，$|\lambda|$ 随磁场增加而增大，达到饱和磁化时，λ 达到稳定饱和值，称为饱和磁致伸缩系数，用 λ_s 表示。当铁磁体磁化时，随着磁化强度 M 的增加至饱和磁化强度 M_s，沿磁化方向铁磁体伸长，则 λ 为正；反之则 λ 为负。λ 是一个各向异性的物理量，当沿着不同晶向的 λ 不同时，用 λ_{100}（表示〈100〉方向）、λ_{111}（表示〈111〉方向）等表示。

2）磁致伸缩系数的测量

磁致伸缩材料的形状可以是棒状、圆盘状、板状、带状、丝状和薄膜状等。常用材料的磁致伸缩系数的测量方法主要有电阻应变法、电容法、小角转动法等。对于薄膜等薄样品的磁致伸缩系数，通常通过悬臂梁法进行测量。

（1）电阻应变法。

电阻应变法是一种将磁致伸缩引起的相对形变通过应变片转化为电阻变化的方法。通过测量电阻的变化，间接计算出材料的磁致伸缩系数。电阻应变法利用电阻片作为敏感元件。电阻片利用电阻丝的电阻率随其长度变化而改变的关系，把力学参数（如压力载荷、位移、应力或应变）转换成与之成比例的电学参数。典型的电阻应变片由盘成 S 形的细电阻丝或金属薄片黏结在小的纸片或薄片状聚合物上制成，如图 7.6 所示，当黏结有应变片的样品伸长时，应变片的电阻丝也随之伸长，其电阻也就发生了变化。根据电阻应变效应，电阻应变片电阻值的相对变化与应变片金属丝的几何形状的相对变形成正比。另外，磁致伸缩引起的应变片的电阻变化非常微小，需要采用特殊方法将电阻变化进行差动放大（常采用惠斯通电桥）。在测量过程中，应将电阻应变片贴于待测样品后固定于测试磁场内部，磁场按照一定程序施加在待测样品上产生连续变化的磁致伸缩应变，由检测系统自动记录应变引起的电阻变化后换算成应变值，进而得到随外加磁场变化的磁致伸缩曲线。该方法可用于测量晶体和非晶类材料，可用于测量棒状、块状、片状等多种形状的材料，也可以在 4.2～1273K 的温度范围内进行测量。另外，该测量方法的成本较低。因此，电阻应变法是测量磁致伸缩系数的最主要方法。但是该方法的测量精度大约为 10^{-6}，不适用于测量磁致伸缩系数较小的材料、薄膜材料和丝状材料。

（2）电容法。

电容法是将样品的磁致伸缩转换为电容器两极板之间的距离变化的测量技术，它通常用于测量小尺寸样品及薄膜材料的磁致伸缩系数。电容法的核心元件是电容位移传感器，它由传感头、前置器和数字显示器组成。电容位移传感器的测量

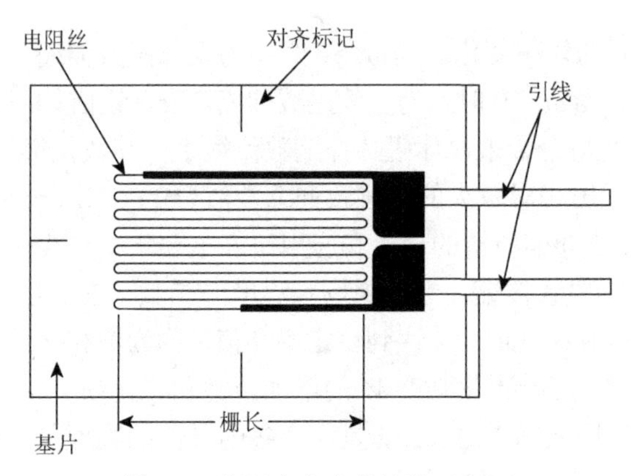

图 7.6　电阻应变片的结构示意图

原理是基于平板电容器，测量时传感头的测量极板和被测的磁致伸缩样品形成电容器的两个极板，当稳定的交流电流经过传感器电容时，两个极板之间的交流电压值与电容器电极的距离成正比。因此，当对磁致伸缩材料施加测试磁场时，样品磁致伸缩引起的两极板间的距离变化会导致极板间的电压变化，通过测量电压变化后可以计算出样品的磁致伸缩系数。

图 7.7 为基于电容法开发的隧道探针法磁致伸缩测量装置。该装置主要由产生测试磁场的电磁线圈、样品固定装置、位移探测装置和反馈控制电路等部分组成。测量过程中，使用压电致动器控制隧道探头的位置，当测试磁场驱动样品发生位移变化时，探头和样品之间的电压变化反馈给信号处理系统转换成长度数据，进而得到样品的长度变化。由于该装置采用尺寸较小的隧道探头来探测电压变化，因此测量精度较高，可以达到$10^{-9}\sim10^{-5}$数量级。该装置可用于测量棒状、条带状和丝状材料，以及测量低磁场下材料的磁致伸缩系数。

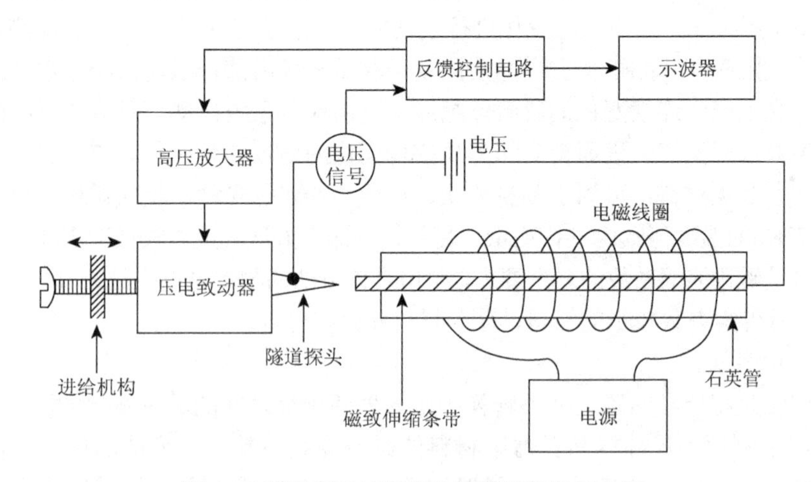

图 7.7　隧道探针法磁致伸缩测量装置示意图

（3）悬臂梁法。

悬臂梁法通常用来测量薄片状或细丝状材料的磁致伸缩系数。把薄膜放入磁场中，沿平行于薄膜方向施加直流磁场，从而使悬臂梁发生弯曲，薄膜自由端将产生位移 ΔD 。ΔD 值的测量采用电容法、干涉法和激光光杠杆法。与电容法和干涉法相比，激光光杠杆法具有操作简便、设备要求低的优点。薄膜的磁致伸缩系数利用式（7.2）～式（7.4）计算：

$$\lambda = \frac{2\Delta D(1+\upsilon_{\mathrm{f}})E_{\mathrm{s}}d_{\mathrm{s}}^2}{9L^2E_{\mathrm{f}}d_{\mathrm{f}}(1-\upsilon_{\mathrm{s}})} \tag{7.2}$$

$$b = \frac{\alpha}{l}\frac{d_{\mathrm{s}}^2}{d_{\mathrm{f}}}\frac{E_{\mathrm{s}}}{6(1+\upsilon_{\mathrm{s}})} \tag{7.3}$$

$$\lambda = \frac{b(1+\upsilon_{\mathrm{f}})}{E_{\mathrm{f}}} \tag{7.4}$$

式中，ΔD——位移量，m；

α——在外磁场下样品的偏转角度，°；

L——悬臂梁长度，m；

E——弹性模量，GPa；

υ——泊松比；

d——厚度，m；

b——磁弹性耦合系数；

下标 s——衬底；

下标 f——薄膜。

其中，式（7.2）适用于各种厚度薄膜的磁致伸缩系数的计算。式（7.3）和式（7.4）适用于薄膜厚度 $d_{\mathrm{f}} \geqslant$50nm，并且基片厚度远大于薄膜厚度（$d_{\mathrm{s}} \geqslant 1000\,d_{\mathrm{f}}$）的各向异性磁致伸缩薄膜。一般采用式（7.2）来计算单层薄膜的磁致伸缩系数，用式（7.3）来衡量多层薄膜的磁致伸缩性能。这主要是由于多层薄膜的弹性模量 E_{f} 和泊松比 υ_{f} 一般难以精确测量，无法得到精确的磁致伸缩值。利用悬臂梁法可以测量片状和薄膜状材料的磁致伸缩系数。其中，利用激光光杠杆法可以测量低于 1μm 的薄膜（薄膜衬底可低于 250μm）的磁致伸缩系数，测量精度可以达到10^{-8}数量级。图 7.8 为基于悬臂梁原理设计的激光光杠杆法测量磁致伸缩系数的装置。

2. 动态磁致伸缩系数

动态磁致伸缩系数又称压磁系数，是指在交变磁场的作用下磁致伸缩材料产生的交变应变与交变驱动磁场的磁场强度的比值。动态磁致伸缩系数是用来描述磁致伸缩材料动态性能的重要参数。

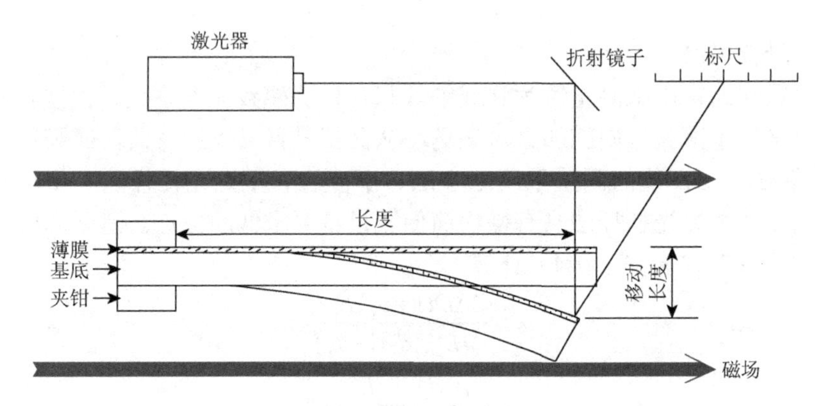

图 7.8　激光光杠杆法测量磁致伸缩系数的装置示意图

根据定义，动态磁致伸缩系数可表示成式（7.5）：

$$d_{33} = \frac{L_{AC}}{H_{AC}} \tag{7.5}$$

式中，d_{33}——动态磁致伸缩系数，m/A；

L_{AC}——交变应变；

H_{AC}——交变驱动磁场的磁场强度，A/m。

因此，动态磁致伸缩系数可以通过测量和计算得到。测量时，将一直流电流施加在样品的应变片上，然后将样品放在由交流电流驱动的辅助线圈产生的磁场中。交流驱动线圈产生的磁场可以诱导材料发生交变应变，使应变片的电阻发生周期振荡，加在应变片上的电压也发生交流振荡。测量应变片上电压的大小可以得到应变，进而确定材料的动态磁致伸缩系数。其中，H_{AC} 可由驱动磁场线圈的电流大小计算得到。当在应变片上通一恒定电流 I 时，应变片产生的电压因电阻值的振荡而发生振荡，测量应变片的电压可以测出材料应变 L_{AC}：

$$L_{AC} = \frac{V_{AC}}{RGI} \tag{7.6}$$

式中，V_{AC}——应变片两端电压，V；

R——应变片电阻，Ω；

G——应变因子；

I——流过应变片的电流，A。

对于一个 100A/m 的交流磁场，引起应变片的电压只有几微伏。为了得到精确的测量结果，采用矢量相减的方法测量 V_{AC}。在测量时，首先使电流为 0，由锁相放大器测出应变片的噪声信号 p_1。然后，使恒流源输出为预定值，测量应变片的交流信号 i，求出所测信号 p_1。应用锁相放大器可以得到 p_1 和 i 的两个正交分量，分别为 X_{p_1}、Y_{p_1} 和 X_1、Y_1。信号的模值为

$$V_{AC}=\sqrt{(X_1-X_{p_1})^2+(Y_1-Y_{p_1})^2} \tag{7.7}$$

将 V_{AC} 代入式（7.6）可得样品的交变应变为

$$L_{AC}=\frac{V_{AC}}{RGI}=\frac{\sqrt{(X_1-X_{p_1})^2+(Y_1-Y_{p_1})^2}}{RGI} \tag{7.8}$$

交变磁场与功率放大器输出的电流成正比，交变磁场的大小可表示为 $H_{AC}=kI_{AC}$。根据式（7.5），动态磁致伸缩系数 d_{33} 为

$$d_{33}=\frac{L_{AC}}{H_{AC}}=\frac{\sqrt{(X_1-X_{p_1})^2+(Y_1-Y_{p_1})^2}}{RGI}\Big/kI_{AC} \tag{7.9}$$

测量过程由计算机自动控制，改变直流偏置磁场的大小，可得出磁致伸缩材料的动态磁致伸缩系数与直流偏场 H 的关系曲线。

3. 增量磁导率

对材料低频完整磁化过程中叠加一个高频交流磁化场，交流分量的磁导率即为增量磁导率。由于磁致伸缩材料通常在交流磁场或者在直流磁场和交流磁场同时作用下工作，在此条件下，其增量磁导率是一个重要的性能参数。增量磁导率 μ_{33} 可表示为

$$\mu_{33}=\frac{B_{AC}}{\mu_0 H_{AC}} \tag{7.10}$$

式中，B_{AC} ——交流磁感应强度，T；

μ_0 ——真空磁导率，H/m。

测量时，由磁感应强度线圈测量材料的交流磁感应强度 B_{AC}，由磁场强度线圈测量交变驱动磁场的磁场强度 H_{AC}。样品的交流磁感应强度 B_{AC} 可表示为

$$B_{AC}=\frac{V_{BAC}}{\omega N_B S_B} \tag{7.11}$$

式中，V_{BAC} ——磁感应强度线圈两端的电压，V；

ω ——交流磁场的角频率，rad/s；

N_B ——磁感应强度线圈的匝数；

S_B ——磁感应强度线圈的面积，m^2。

交变驱动磁场的磁场强度可以表示为

$$H_{AC}=\frac{V_{HAC}}{\mu_0 \omega N_H S_H} \tag{7.12}$$

式中，V_{HAC} ——磁场强度线圈两端的感应电压，V；

N_H ——磁场线圈的匝数；

S_H ——磁场线圈的面积，m^2。

则增量磁导率为

$$\mu_{33}=\frac{V_{\mathrm{BAC}}N_{\mathrm{H}}S_{\mathrm{H}}\mu_0}{V_{\mathrm{BAC}}N_{\mathrm{B}}S_{\mathrm{B}}} \tag{7.13}$$

4. 柔顺系数的测量

弹性体在单位应力下所发生的应变即为柔顺系数（S_{33}^{H}）。柔顺系数S_{33}^{H}为杨氏模量E_{33}的倒数，可以通过测量样品的轴向共振频率测得。当声波在密度为ρ的材料中传播时，声波的传播速度v可表示为

$$v=\sqrt{\frac{E_{33}}{\rho}}=\sqrt{\frac{1}{S_{33}^{\mathrm{H}}\rho}} \tag{7.14}$$

对于长度为L的棒材，其共振频率f_{r}发生在$f_{\mathrm{r}}=\dfrac{v}{2L}$处，则柔顺系数为

$$S_{33}^{\mathrm{H}}=\frac{1}{4L^2f_{\mathrm{r}}^2\rho} \tag{7.15}$$

5. 磁机械耦合系数

磁机械耦合系数是磁致伸缩材料的重要特性参数之一，它是指磁致伸缩材料的输出机械能与输入磁能的比值。对系统输入等量的功率，具有较高磁机械耦合系数的系统将输出较大的功率。磁机械耦合系数可以反映磁致伸缩材料在工作时的能量转换效率，是磁致伸缩材料或器件把磁能转换成机械能效率的量度。磁机械耦合系数分为轴向磁机械耦合系数、横向磁机械耦合系数和径向磁机械耦合系数。由于大部分磁致伸缩材料都为圆棒状，工作状态是沿轴向产生线磁致伸缩，因此主要考察轴向磁机械耦合系数。磁机械耦合系数的测试方法主要有三参数法和共振法。

1）三参数法

通过磁致伸缩本构方程可导出单向应力下磁机械耦合系数的计算公式：

$$k_{33}=\frac{d_{33}}{\sqrt{S_{33}^{\mathrm{H}}\mu^{\sigma}}} \tag{7.16}$$

式中，k_{33}——磁机械耦合系数；

u^{σ}——样品所受应力为σ时的磁导率，H/m。

对于水声换能器件，磁致伸缩材料是由交流信号驱动的，则式（7.16）中的磁导率应为增量磁导率，则磁机械耦合系数可表示为

$$k_{33}=\frac{d_{33}}{\sqrt{S_{33}^{\mathrm{H}}\mu_0\mu_{33}}} \tag{7.17}$$

三参数法需要测定电磁场与应力场共同作用下的增量磁导率、动态磁致伸缩系数和柔顺系数，因此测量过程比较复杂。

2）共振法

共振法是利用磁致伸缩材料在直流偏振磁场与交流激励磁场的共同作用下发生谐振。通过测定其阻抗谐振频率可以求出磁机械耦合系数。通过共振法测量的磁机械耦合系数可以用式（7.18）计算：

$$k_{33}=\frac{\pi}{\sqrt{8[1-(f_{\mathrm{r}}/f_{\alpha})^2]}} \tag{7.18}$$

式中，f_{r}——系统的共振频率，Hz；

f_{α}——反共振频率，Hz。

共振法简便实用，也比较准确，是目前最常用的方法。

7.3　磁致伸缩材料及制备

磁致伸缩材料按其组成可以分为：①稀土金属及其合金，如 Tb、Dy 和 Tb-Dy 合金等；②稀土-过渡金属间化合物，如 $\mathrm{R}_x\mathrm{Fe}_y$ 型合金，$x:y=1:1$、$1:2$、$1:3$、$6:23$ 等；③过渡金属及其合金，包括 Ni 及 Ni 基合金（如 Ni-Co 合金、Ni-Co-Cr 合金等），Fe 和 Fe 基合金（如 Fe-Ni 合金、Fe-Al 合金、Fe-Ga 合金、Fe-Co-V 合金等）；④铁氧体，如 Ni-Co 铁氧体和 Ni-Co-Cu 铁氧体等。磁致伸缩材料按其组织结构可以分为晶体材料和非晶材料。其中，晶体材料按照晶粒数量又可分为单晶材料和多晶材料，多晶材料按照晶体学特征又可分为取向多晶材料和非取向多晶材料。磁致伸缩材料按维度可以分为块体材料、二维薄膜材料、一维纳米线材料及零维粉体材料。而块体材料按其形状又可分为块状、柱状、管状、盘状、带状和丝状等。下面将对磁致伸缩材料的结构、磁致伸缩性能和制备方法进行逐一介绍。

7.3.1　稀土金属及其合金

1. 稀土金属

稀土金属特别是重稀土金属在低于居里温度呈铁磁性状态时均表现出极高的磁致伸缩效应。当处于较低温度时，其磁致伸缩系数可达$10^{-3}\sim10^{-2}$数量级。Dy 单晶在 4.2K 时磁致伸缩系数高达8300×10^{-6}，是迄今测得的最大磁致伸缩系数。Tb、Dy 和 Er 均为密排六方结构，居里温度分别为 219.5K、89K 和 20K。图 7.9

为 Tb 单晶的 a 、b 、c 轴的磁致伸缩系数随外磁场的变化。当磁场超过 6kOe 时，沿 a 轴的磁致伸缩系数约为-3000×10^{-6}（79.6K）；沿 b 轴的磁致伸缩系数约为 3400×10^{-6}（78.7K）；沿 c 轴的磁致伸缩系数较小，且在较高温度时为正值在较低温度时为负值，表现出明显的磁晶各向异性。图 7.10 为 Dy 单晶的 a 、b 、c 轴的磁致伸缩系数随温度变化曲线。在 80K 左右时，沿 a 轴的磁致伸缩系数约为 840×10^{-6}；沿 b 轴的磁致伸缩系数约为-6000×10^{-6}。随着温度的升高，沿 a 轴的磁致伸缩系数先减小再反方向增加后再减小，而沿 b 轴的磁致伸缩系数急剧减小。当温度升高到大约 170K 以上时，沿 a 轴和 b 轴的磁致伸缩系数差别变小，并且随着温度进一步升高缓慢减小，最后趋近于零。该曲线说明由于重稀土金属的居里温度远低于室温，在高于居里温度尤其是接近室温的条件下其磁致伸缩效应几乎消失。图 7.11 为 Er 单晶

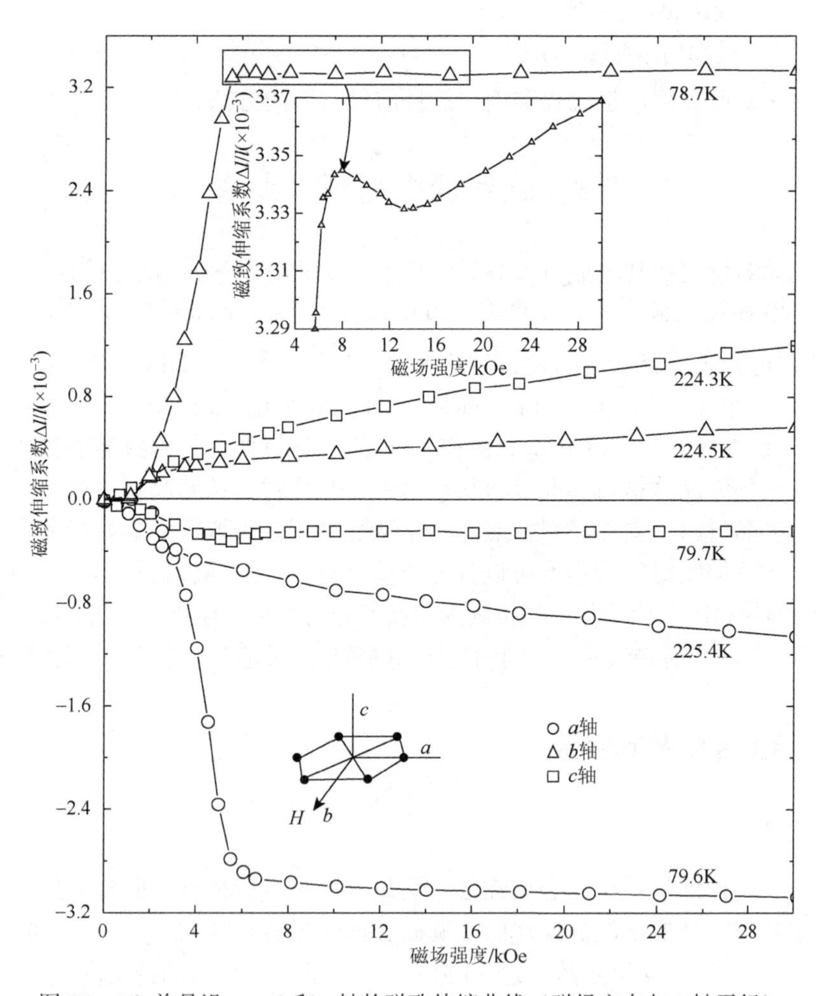

图 7.9　Tb 单晶沿 a 、b 和 c 轴的磁致伸缩曲线（磁场方向与 b 轴平行）

的 a 轴和 b 轴的磁致伸缩应变随外磁场的变化。从曲线中可以看出，只有当磁场超过 18kOe 以后 Er 单晶才表现出明显的磁致伸缩效应，说明 Er 单晶的磁致伸缩应变需要较高的外磁场驱动。在室温时重稀土金属从铁磁状态转变为顺磁状态，磁致伸缩系数几乎为零，在室温下不能直接应用。但是，稀土金属具有极高的磁致伸缩效应这一发现为后来稀土铁基巨磁致伸缩材料的开发指明了方向。

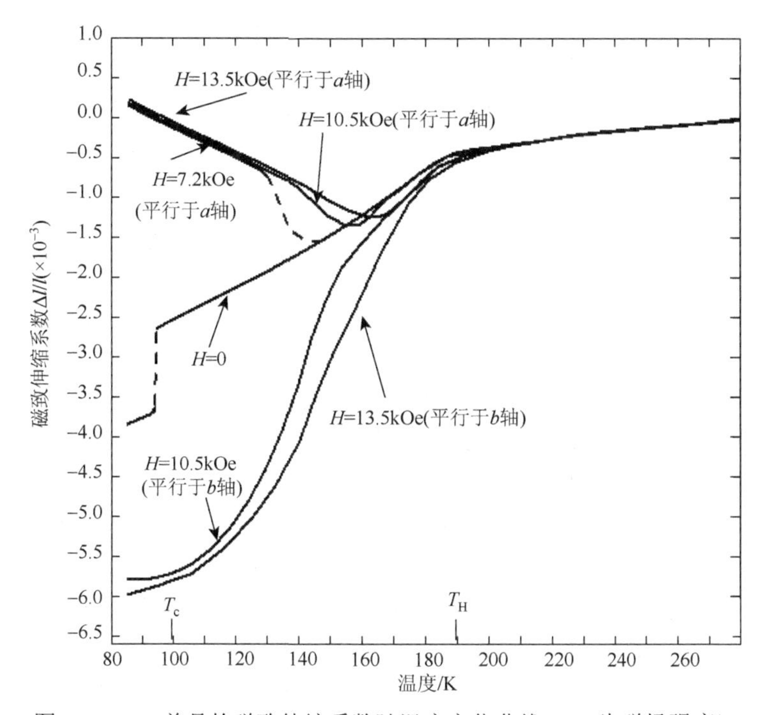

图 7.10　Dy 单晶的磁致伸缩系数随温度变化曲线（ H 为磁场强度）

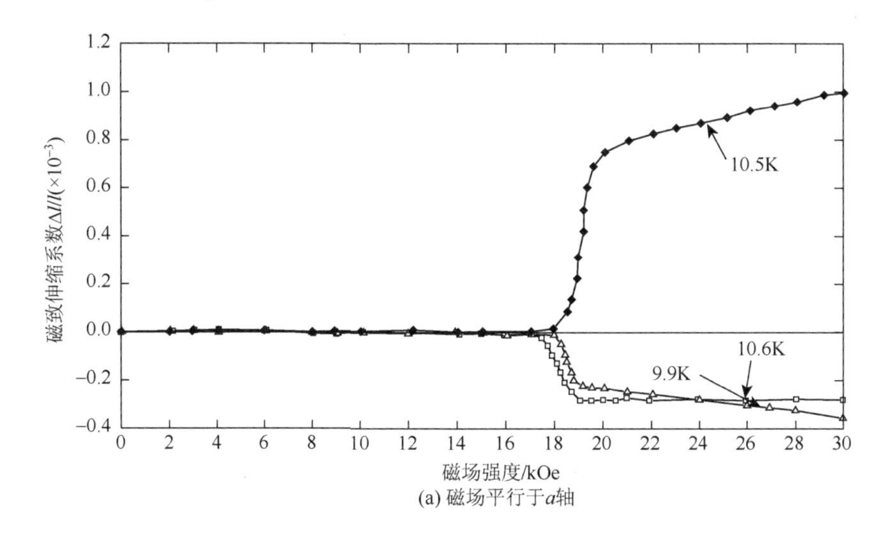

(a) 磁场平行于 a 轴

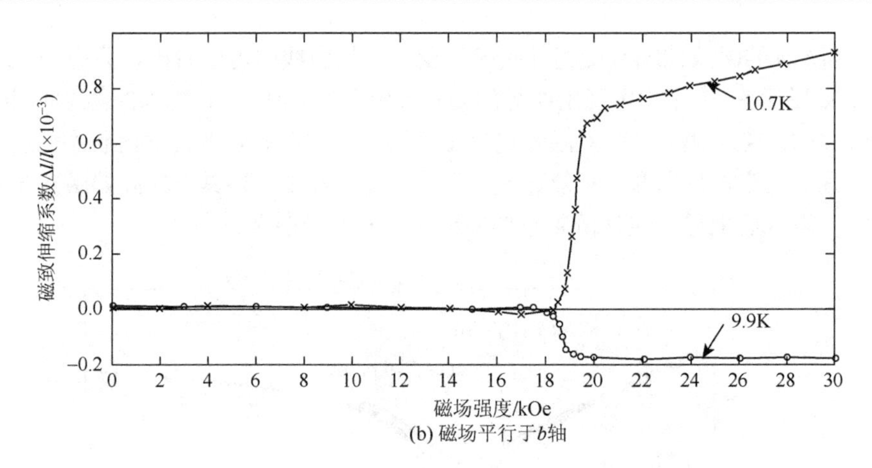

(b) 磁场平行于b轴

图 7.11　Er 单晶沿 *a* 轴和 *b* 轴的磁致伸缩曲线

2. 稀土合金

不同稀土元素在磁致伸缩系数和磁晶各向异性上有正负之分。如果两种稀土元素在固态下可以互溶形成连续固溶体，合理组合稀土元素使形成的稀土合金在磁晶各向异性上起到相互抵消的效果，就可以构造出高磁致伸缩系数、低磁晶各向异性的合金。表 7.1 列出了典型稀土金属的磁致伸缩与磁晶各向异性的符号。其中，Tb 和 Dy 元素具有相反的磁晶各向异性性质，二者结合形成的合金具有较高的磁致伸缩性能。图 7.12 为 Tb-Dy 合金的磁晶各向异性与饱和磁化强度的比值（K_6^6/M_s）和磁致伸缩系数随温度变化的关系曲线[8]。不同成分的 Tb-Dy 合金磁晶各向异性是随温度变化的，当 Tb 的原子分数在 0.33%～0.50% 时，合金的磁晶各向异性较小，而磁致伸缩系数也相对较高。通过合金化，$Tb_{0.6}Dy_{0.4}$ 单晶的磁晶各向异性明显降低，在温度 77K、压应力 4.4MPa 和磁场 48kA/m 作用下，磁致伸缩系数达到 6500×10^{-6}（图 7.13）[9]。而 $Tb_{0.6}Dy_{0.4}$ 多晶在温度 77K、压应力 4.4MPa 和磁场 350kA/m 作用下，可以得到 3000×10^{-6} 的磁致伸缩系数。

表 7.1　稀土金属的磁致伸缩与磁晶各向异性的符号

稀土金属	Pr	Nd	Sm	Gd	Tb	Dy	Ho	Er	Tm
λ，K_2	+	+	−	0	+	+	+	−	−
K_4	+	+	−	0	−	+	+	−	−
K_2，K_6^6	−	+	+	0	+	−	+	−	+

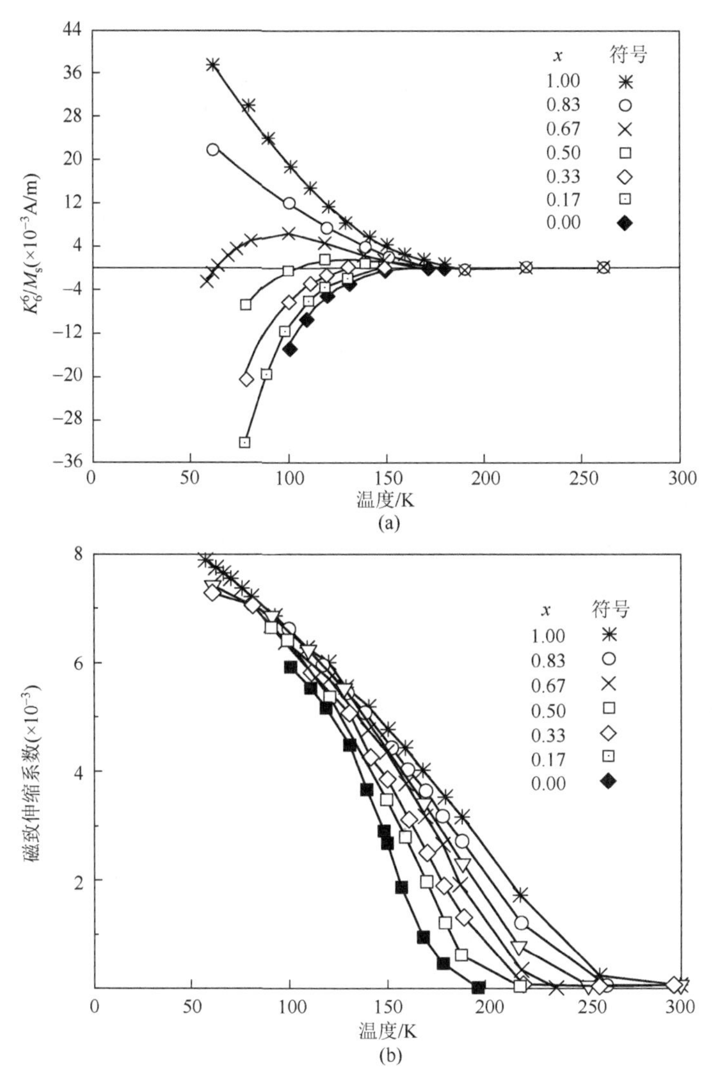

图 7.12　Tb_xDy_{1-x} 合金（a）磁晶各向异性与饱和磁化强度的比值 (K_6^6/M_s) 和（b）磁致伸缩系数与温度的关系曲线[8]

7.3.2　稀土-过渡金属间化合物

由于稀土金属及其合金的居里温度低而无法在室温下工作，研究者尝试将稀土金属同过渡金属结合形成化合物，在保留稀土金属或合金高磁致伸缩系数的前提下，提高材料的居里温度[10]。将稀土金属同过渡金属 Fe、Co 和 Ni 进行化合形成了多种 R-Fe、R-Co 和 R-Ni 二元金属间化合物。在制备出的 RFe_2、RFe_3、R_6Fe_{23}、R_2Fe_{17}、R_2Ni_{17} 和 R_2Co_{17} 化合物中，发现 $TbFe_2$、$DyFe_2$ 和 $SmFe_2$ 三种二元化合

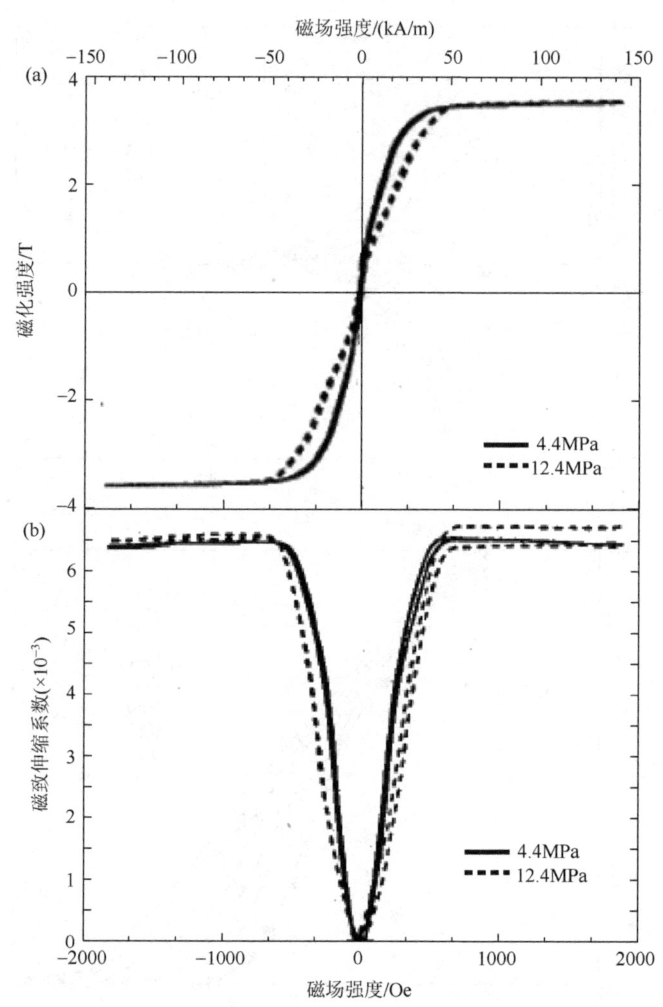

图 7.13　沿 *a* 轴生长的 $Tb_{0.6}Dy_{0.4}$ 单晶在 77K 下的（a）磁化曲线；（b）磁致伸缩曲线[9]

物的居里温度高于室温，在室温时磁致伸缩系数较高，其他 R-Fe、R-Co 和 R-Ni 二元化合物的室温磁致伸缩系数相对较低。1972 年，Clark 等在 RFe_2 合金体系中开发出具有低磁晶各向异性和高室温磁致伸缩性能的 Tb-Dy-Fe 和 Sm-Dy-Fe 等三元金属间化合物，其中，$Tb_xDy_{1-x}Fe_y$（$x = 0.27$～0.30，$y = 1.90$～1.95）合金综合室温磁致伸缩性能最优。

1. 晶体结构

RFe_2 型稀土-铁二元金属间化合物由一个稀土原子和两个铁原子构成，如 $TbFe_2$、$DyFe_2$ 和 $SmFe_2$。这类金属间化合物属于 Laves 相化合物，Laves 相具有三种不同的晶体结构类型，分别为立方 $MgCu_2$ 结构、六方 $MgZn_2$ 结构和复合六方 $MgNi_2$ 结构。

$TbFe_2$ 和 $DyFe_2$ 属于立方 $MgCu_2$（$C15$）型晶体结构。该结构由稀土原子和铁原子点阵穿插而成，图 7.14（a）为 $MgCu_2$ 型单胞结构的立体示意图。一个单胞由 8 个 RFe_2 分子组成，8 个稀土原子（R）按面心立方结构排列构成金刚石结构，如图 7.14（b）所示（其中，与 A 原子近邻的 4 个面心原子 BCDE 构成正四面体，将 A 原子围于中心，构成四面体配位单元）；16 个铁原子（Fe）组成四面体亚点阵，如图 7.14（c）所示。稀土原子组成立方点阵与 Fe 原子组成的四面体亚点阵相互穿插形成单胞结构。在 $MgCu_2$ 型稀土-铁金属间化合物中，每个 R 原子最近邻有 4 个稀土原子和 12 个 Fe 原子，配位数为 16，而每个 Fe 原子的最近邻有 6 个稀土原子和 6 个 Fe 原子，配位数为 12[2, 11]。

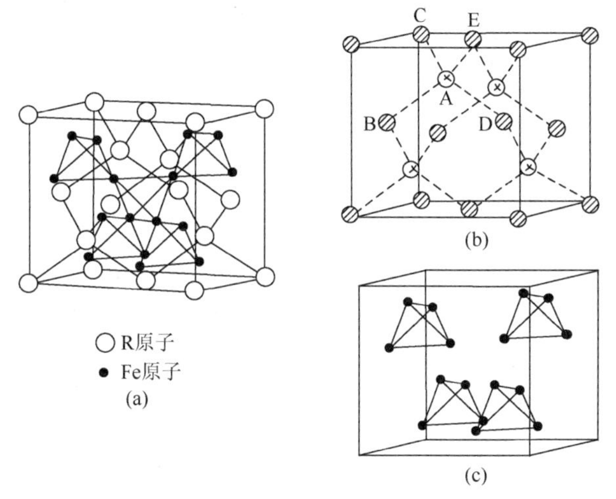

图 7.14　RFe_2 相单胞晶体结构立体图（a）$MgCu_2$ 型立方 Laves 相晶体结构（$C15$ 型）；（b）稀土元素的金刚石亚点阵和（c）Fe 的四面体亚点阵

具有 $MgCu_2$（$C15$）型晶体结构的 RFe_2 金属间化合物磁致伸缩的产生机理可以从稀土原子同 Fe 原子间的交互作用的角度解释。在 $MgCu_2$ 型晶体结构中有两个不等效四面体位置，使沿着〈111〉方向出现内部畸变，因此有很大的 λ_{111} 值。图 7.15 为 $TbFe_2$ 化合物扁球形电荷分布的畸变情况示意图。图中画出两个稀土原子的不等效位置，分别用 A 和 B 或 A′ 和 B′ 表示。若磁化沿着〈111〉方向，则扁椭球形电子云–e 垂直于磁化轴。当只考虑静电库仑作用时，在 A 上的 4f 电子云离 B′原子的距离比 B 原子的距离更近，所以 A—B 键被拉长，造成距离 a 的增加大于距离 b 的减小，在〈111〉方向上产生正磁致伸缩。对 $SmFe_2$、$ErFe_2$ 和 $TmFe_2$ 这样的 4f 电子云分布为长椭球形的稀土-铁金属间化合物来说，距离 a 的减小大于距离 b 的增大，所以产生负磁致伸缩。在 Laves 相化合物中，沿着晶体<111>方向的磁致伸缩量最大，因此对于实际应用来说，制备 Laves 相金属间化合物沿着<111>方向生长的稀土铁材料将具有更优异的磁致伸缩性能。

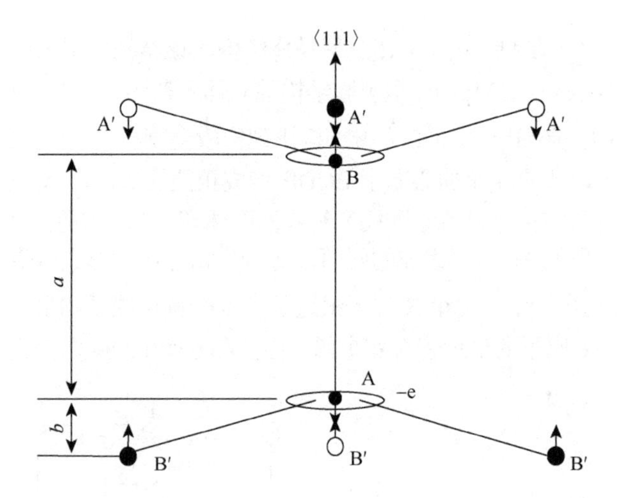

图 7.15　立方 Laves 相化合物沿〈111〉方向的磁致伸缩模型

2. 磁致伸缩性能

图 7.16～图 7.19 分别给出了 RFe_2、RFe_3、R_6Fe_{23} 和 R_2Fe_{17} 二元金属间化合物的室温磁致伸缩系数与磁场强度的关系曲线。在所有化合物中，$TbFe_2$ 和 $SmFe_2$

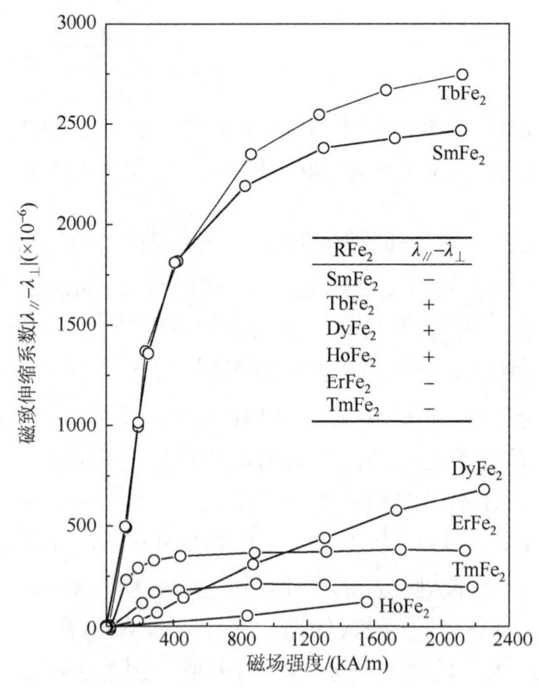

图 7.16　RFe_2 化合物室温磁致伸缩系数与磁场强度的关系曲线

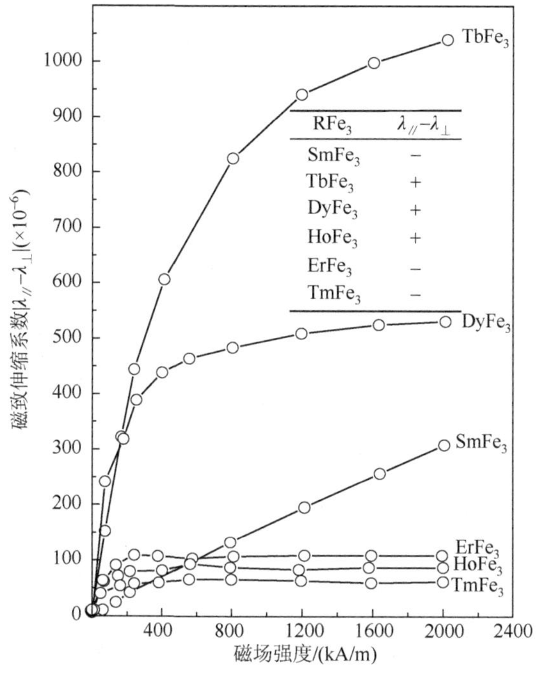

图7.17　RFe_3化合物室温磁致伸缩系数与磁场强度的关系曲线

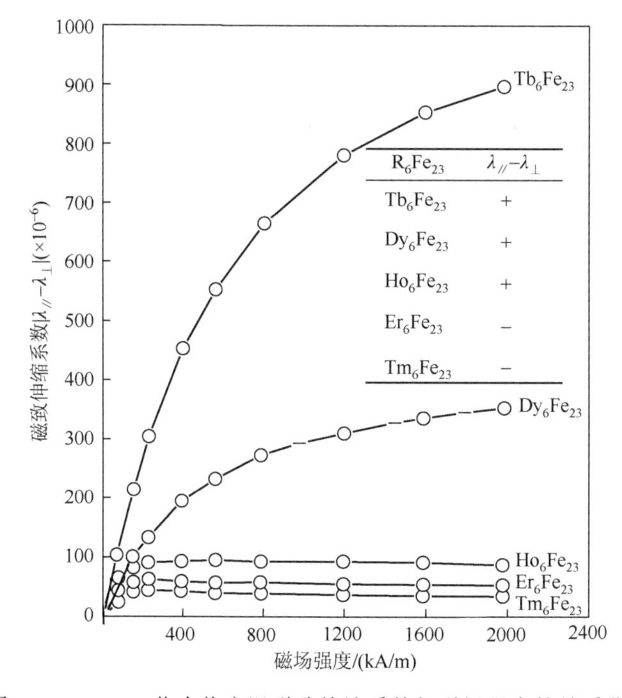

图7.18　R_6Fe_{23}化合物室温磁致伸缩系数与磁场强度的关系曲线

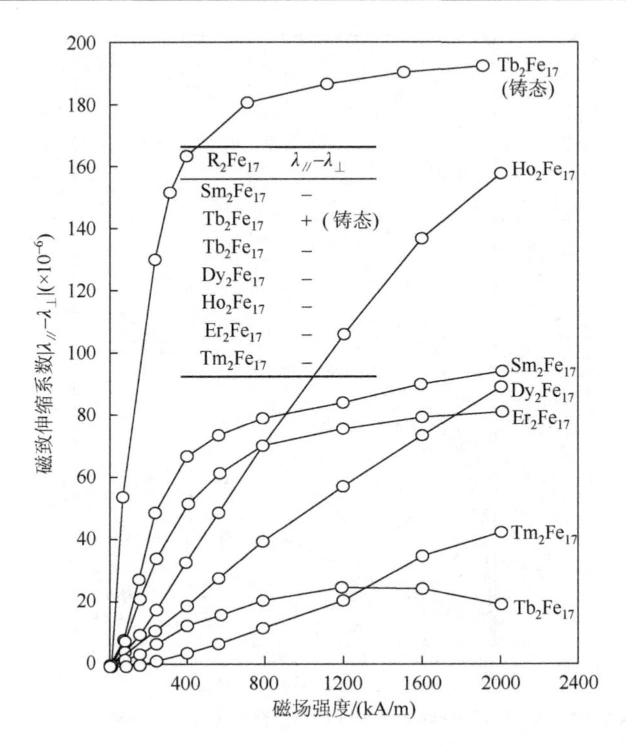

图 7.19　R_2Fe_{17} 化合物室温磁致伸缩系数与磁场强度的关系曲线

具有最大磁致伸缩系数，分别为 2800×10^{-6} 和 2500×10^{-6}。RFe_3 和 R_6Fe_{23} 化合物中，$TbFe_3$ 和 Tb_6Fe_{23} 也具有相对高的磁致伸缩系数，分别为 1050×10^{-6} 和 900×10^{-6}。而 R_2Fe_{17} 化合物的磁致伸缩系数较低，均不超过 200×10^{-6}。尽管 $TbFe_2$ 和 $SmFe_2$ 具有较高的磁致伸缩系数值，但是它们也具有非常高的磁晶各向异性，需要很强的驱动磁场才可以产生较大的磁致伸缩系数。对于多晶 $TbFe_2$ 和 $SmFe_2$ 化合物来说，外加驱动磁场通常需要大于 400kA/m，因此 RFe_2 化合物很难得到实际应用。

从实际应用的角度来说，磁致伸缩材料应该具有高磁致伸缩系数、高居里温度、低磁晶各向异性和高饱和磁化强度。根据磁晶各向异性成分补偿理论，利用磁致伸缩符号相同、磁晶各向异性符号相反的 Dy 元素替代一部分 Tb 元素制备出了赝二元 $(Tb_xDy_{1-x})\ Fe_{2-y}$（$x=0.3$，$y=0.03\sim1$）合金。该合金中的 Laves 相（Tb, Dy）Fe_2 具有立方 $MgCu_2$ 型晶体结构，易生长方向为<100>方向，易磁化轴方向为<111>方向。因为在 $MgCu_2$ 型晶体结构中有两个不等效四面体位置，它们使得沿<111>方向可以出现内部畸变，所以 Tb-Dy-Fe 合金在<111>方向上磁致伸缩系数最大。$Tb_{0.3}Dy_{0.7}Fe_2$ 单晶在不同晶轴方向上的磁致伸缩系数随磁场强度的变化曲线如图 7.20 所示。晶体的磁致伸缩具有磁晶各向异性。相比之下，在易磁化轴<111>方向，磁致伸缩系数最大；<112>方向，磁致伸缩系数次之；<110>方向，磁致伸缩系数最小。

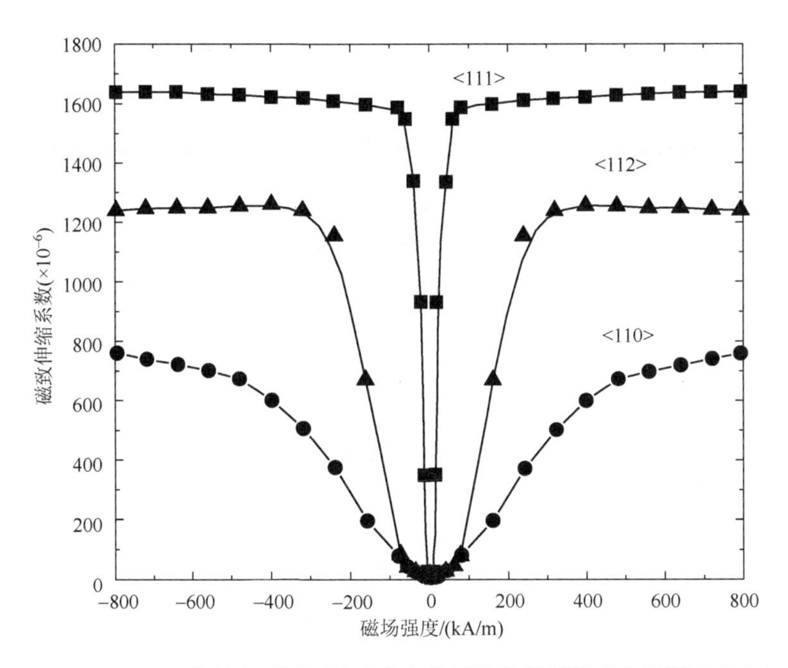

图 7.20　$Tb_{0.3}Dy_{0.7}Fe_2$ 单晶在不同晶轴方向上的磁致伸缩系数随磁场强度的变化曲线

$(Tb_xDy_{1-x})Fe_y$（$x = 0.27$～0.3，$y = 1.9$～1.95）合金的磁致伸缩性能同合金内部的磁畴结构和磁畴运动有关，而合金的磁畴结构和磁畴运动状态又受到压应力的影响，因此可以通过调节压应力来控制材料的性能。在预应力的作用下，$(Tb_xDy_{1-x})Fe_y$（$x = 0.27$～0.3，$y = 1.9$～1.95）合金沿轴向的磁致伸缩应变发生显著跃变，表现出明显的“跳跃效应”（图 7.21）。另外，制造孪生单晶 Tb-Dy-Fe 材料可以大幅度提高材料在低磁场下的磁致伸缩性能。例如，对于以<112>方向取向且以{111}面为孪晶晶面的 $Tb_{0.27}Dy_{0.73}Fe_{1.95}$ 来说，在较小的压应力（7.6MPa）下，20～40kA/m 的磁场就可以使材料出现 900×10^{-6}～1000×10^{-6} 的跳跃值。$Tb_{0.27}Dy_{0.73}Fe_2$ 材料的磁致伸缩系数可达 1500×10^{-6}～2400×10^{-6}，饱和磁场仅为 1.6×10^{-3}kA/m，这使材料很快得到实际应用，商品化后被命名为 Terfenol-D。又由于 $Tb_{0.27}Dy_{0.73}Fe_2$ 材料具有的超强磁致伸缩性能（磁致伸缩系数是压电陶瓷的 5～25 倍、镍基材料的 40～50 倍），也被称为“超磁致伸缩材料”。

稀土铁超磁致伸缩材料具有如下优点：①磁致伸缩系数大；②机电转换效率高，磁机械耦合系数高达 0.70～0.75；③能量密度高，为 14 000～25 000J/m³；④输出应力大，同时可以承受 200～700MPa 的压应力；⑤响应速度快，可达微秒

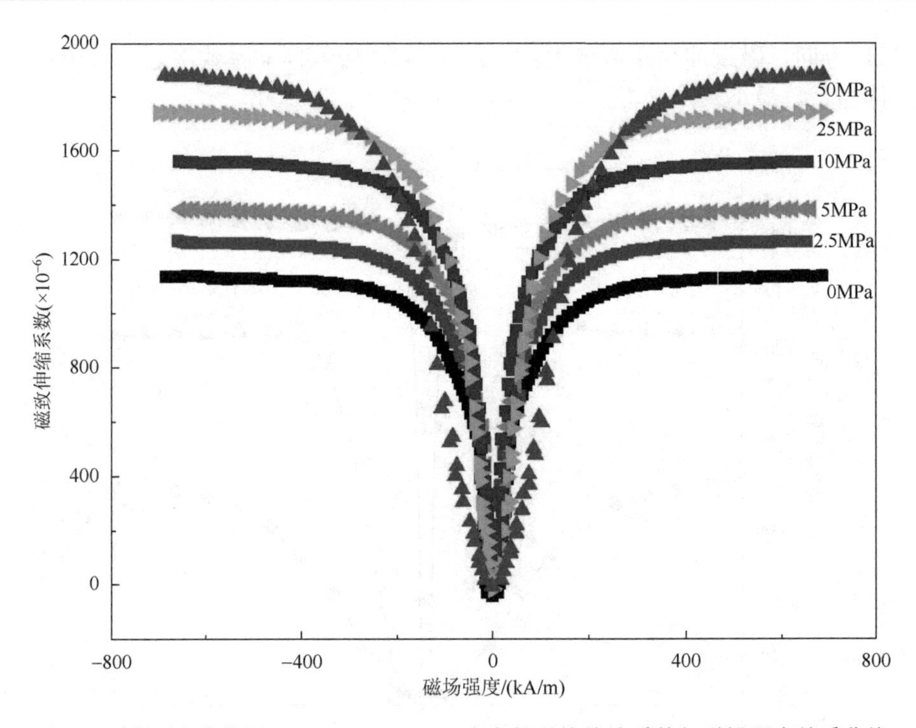

图 7.21　在压应力作用下 $Tb_{0.27}Dy_{0.73}Fe_{1.95}$ 合金的磁致伸缩系数与磁场强度关系曲线

级；⑥居里温度高，为 380～420℃，适用于高温环境；⑦线性范围大，可实现纳米级高精度控制；⑧频率特性好、频带宽，可在几十赫兹到几千赫兹的范围内工作。

3. 合金元素对 Tb-Dy-Fe 合金磁致伸缩性能的影响

以 Tb-Dy-Fe 合金为基础，通过使用 Mn、Co、Al、Ni、Be、C、B、Ti、V、Cr、Zn、Si、Ga 等金属或非金属元素部分替代 Fe；或者采用 Sm、Pr、Ce、Er、Ho 等稀土元素部分代替 Tb、Dy；或者通过改变 Tb 和 Dy 的比例，进一步提高材料的磁致伸缩性能、机械性能及居里温度。但是，替代元素往往在改善材料某一方面性能的同时，又会使其他性能降低，因此需要根据材料的实际应用合理设计。

元素替代，就是用其他元素部分或全部替代原合金基体中的基本组元，产生有利于磁致伸缩的新相或改变合金的微结构，从而达到改善合金磁致伸缩性能的目的。

使用金属或非金属元素部分代替 Tb-Dy-Fe 中的 Fe 元素可以组成成分为 $Tb_{1-x}Dy_x(Fe_{1-y}M_y)_z$（$x = 0.27$～$0.30$，$z = 1.95$～$2.00$，M 为替代元素）的合金。其中，Mn 的加入可以提高材料在低温下的磁致伸缩性能，但是会使材料的饱和磁致伸缩系数降低。添加少量的高居里温度元素 Co，可以提高材料的居里温度，但是材料的饱和磁致伸缩系数会有一定程度的降低。Al 的加入可改善材料的机械性能，但不能改善材料的居里温度和磁致伸缩性能。Ni 的加入在降低材料居里温度的同时，也降低了磁致伸缩性能。Be 的加入能提高材料的硬度、改善材料在低场范围的磁致伸缩性能，但是会降低饱和磁致伸缩系数和居里温度。在一定范围内增加 C 的含量，可以增大材料的饱和磁致伸缩系数，但随着 C 含量的增加，RFe_3 相也逐渐增多。B 的加入能有效抑制 RFe_3 相形成，可以提高材料的磁致伸缩性能。Ti 的加入能引起 $TiFe_2$ 相的生成，降低材料的磁致伸缩性能和居里温度。V 的加入能提高材料的居里温度。Cr 替代 Fe 会降低材料的居里温度和磁致伸缩系数。Si 的加入可以大幅提高材料的电阻率，降低涡流损耗，但同时也降低居里温度及饱和磁致伸缩系数。其他稀土元素，Sm、Pr、Ce、Er、Ho 等部分替代 Tb 或 Dy，其综合性能均远不如 $Tb_xDy_{1-x}Fe_y$（$x = 0.20$～0.35，$y = 1.9$～2.0）。元素替代改性可能是一种优化稀土铁基合金磁致伸缩性能的方法，但对合金磁致伸缩性能的提高有限，暂时还没有发现可以同时大幅提高稀土铁基合金居里温度和磁致伸缩性能的替代元素。

4. 材料的制备方法

根据磁致伸缩材料的体积和形状不同，通常采用凝固法、粉末冶金法、机械加工法、黏结法制备块体材料，物理和化学气相沉积法制备薄膜材料，电化学沉积法制备一维纳米线材料，气体雾化法和机械合金化法制备粉体材料。其中，凝固法又分为定向凝固法和磁场辅助凝固法制备取向材料、真空感应和电弧熔炼法制备无取向材料、快速凝固法制备非晶材料。稀土铁磁致伸缩材料主要采用定向凝固方法制备，如布里奇曼法、区域熔炼法和丘克拉斯基法。制备出取向多晶或单晶结构是实现其优异磁致伸缩特性的关键。

1）布里奇曼法

布里奇曼法，又称坩埚下降法，是一种常用的从熔体中生长晶体的方法。其基本原理是将欲生长的材料装入坩埚内，用电阻加热或者感应加热的方法将材料熔化后保持温度恒定，使盛装熔体的坩埚在结晶炉中下降，当通过温度梯度较大的区域时，坩埚底部的温度先下降到材料的熔点以下，并开始结晶，随后晶体随坩埚下降而自下而上持续结晶为整块晶体。这个过程也可采用加热单元沿着坩埚上升的方式完成。该方法的主要控制参数是抽拉速率和固/液界面温度梯度。

采用布里奇曼法制备的 Tb-Dy-Fe 合金呈枝晶或胞状晶长大的多层薄片状组织，生长速率越高，片层结构越窄。薄片之间夹着稀土金属层，薄片内还有与薄片平行的孪晶边界。如图 7.22 所示，当枝晶薄片沿着<112>方向生长时，其平面与{111}面平行。采用布里奇曼法，通常可以得到沿<110>或<112>方向取向的多晶材料。在满足定向生长的条件下，较快的生长速率会产生<112>取向，较慢的生长速率会产生<110>取向。图 7.23 为利用布里奇曼法制备的典型 $Tb_{0.3}Dy_{0.7}Fe_{1.95}$ 合金微观组织。

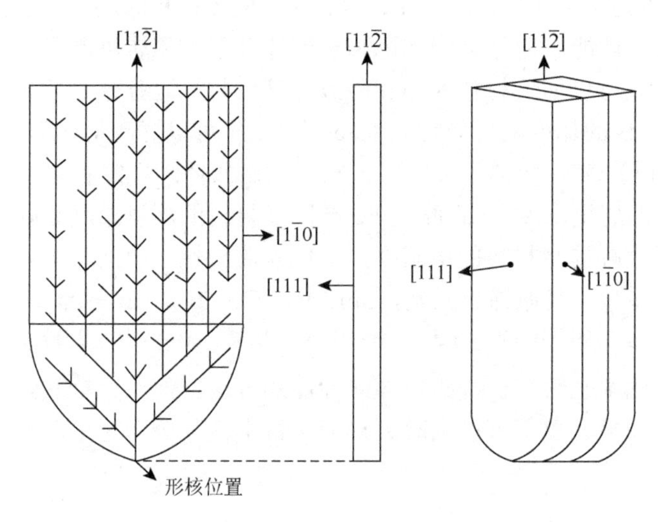

图 7.22　$Tb_{0.3}Dy_{0.7}Fe_2$ 合金枝晶片层示意图

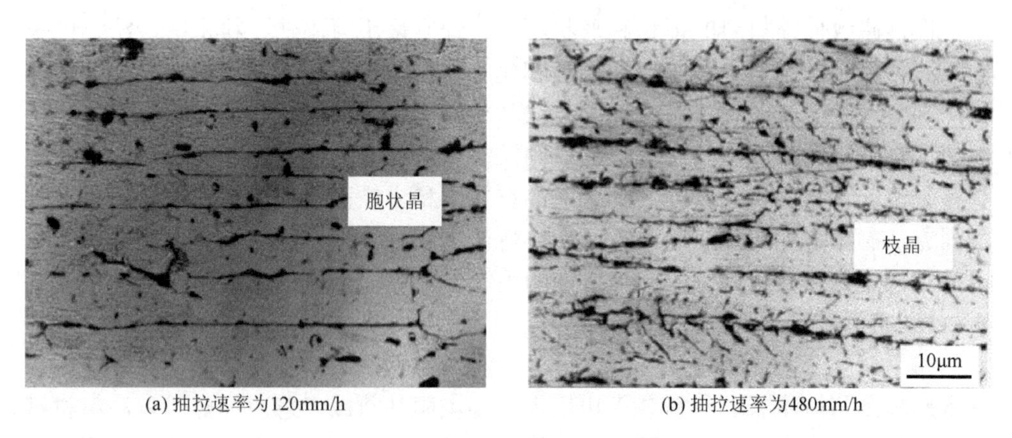

(a) 抽拉速率为120mm/h　　(b) 抽拉速率为480mm/h

图 7.23　在不同抽拉速率下获得的<110>取向的 $Tb_{0.3}Dy_{0.7}Fe_{1.95}$ 合金微观组织

布里奇曼法制备磁致伸缩材料的优点主要有：①采用全封闭或半封闭的坩埚，成分容易控制；②晶体在坩埚中生长，可生长大块晶体，也可一炉同时生长几块晶体；③由于工艺条件容易掌握，易于实现自动控制，有利于大规模生产。布里奇曼法制备磁致伸缩材料的缺点主要有：①生长速率过慢，导致元素挥发严重；②晶体的生长方向不易控制；③沿晶体生长方向的成分波动较大，导致性能不均匀；④晶体的生长过程难于直接观察。

2）区域熔炼法

区域熔炼法又称浮区法。其基本原理是先将预生长的晶体制备成母合金棒料。该棒料可以采用凝固、烧结或压制产生。将棒料用两个卡盘固定并垂直安放在保温腔体内。利用盘式感应线圈加热棒料的局部，形成宽度为 8～10mm 的熔区，熔区依靠熔体的表面张力和电磁浮力维持柱状而不下塌，接下来使熔区从一端逐渐移至另一端以完成定向结晶过程。使熔区移动可采用固定棒料、移动加热器或固定加热器、移动棒料来实现。除了采用感应线圈加热棒料，还可以采用电子束、激光束、等离子束等方式加热。

由于表面张力和感应线圈的电磁浮力对熔体产生的束缚作用有限，利用该方法制备的金属棒尺寸较小，通常材料直径在 20mm 以下，长度在 25～200mm。同布里奇曼法相似，利用区域熔炼法制备的稀土铁磁致伸缩材料主要呈枝晶或胞状晶长大的多层薄片状组织。采用区域熔炼法，通常可以得到沿<110>、<112>或<113>方向取向的多晶材料。

区域熔炼法制备磁致伸缩材料的优点主要有：①不使用坩埚，避免了坩埚杂质污染，晶体纯度高；②合金熔化区域小、熔化时间短、无须整体加热、元素挥发少；③晶体沿轴向成分波动小，磁致伸缩性能均匀。区域熔炼法制备磁致伸缩材料的缺点主要有：①制备的晶体尺寸较小；②加热器或棒料移动速率与熔化区宽度、加热功率、液相温度和液相表面张力等有严格的匹配关系，使控制难度增大。

3）丘克拉斯基法

丘克拉斯基法又称直拉法、提拉法。其基本原理是将欲生长的材料放入坩埚中，加热熔化并保持温度恒定，坩埚上方有一根能同时旋转和升降的提拉杆，提拉杆内部可通入冷却水，产生单向冷却条件，提拉杆的下端有夹持装置，上面装有籽晶，调整提拉杆的高度，使籽晶和熔体接触，在适当温度下，籽晶既不熔化也不长大，然后按所需提拉速度向上提拉和转动提拉杆，晶体就会以籽晶为晶核，慢慢定向凝固生长。旋转提拉杆一方面是为了使晶体对称生长，另一方面可以搅拌熔体。

为了保证样品在旋转提拉过程中的连续性和晶粒生长界面无成分过冷，要求提拉和旋转速度平稳，熔体温度控制精确，提拉速度较低，一般只有每秒几微米。晶体的直径取决于熔体温度和提拉速度，降低熔体温度和提拉速度，晶体直径增加，反之晶体直径减少。丘克拉斯基法以籽晶为基体长成具有几个晶粒的多晶或单晶体，因此用这种方式生产的材料晶体取向与籽晶的晶体取向一致。通过控制籽晶的晶体取向可获得具有<100>或<110>取向的磁致伸缩材料。另外，采用<111>取向的籽晶，通过合理控制生长条件也可以制备出具有<111>取向的稀土铁磁致伸缩材料。

丘克拉斯基法制备磁致伸缩材料的优点主要有：①可以方便地观察晶体生长过程；②晶体在熔体的自由表面处生长，不与坩埚接触，可以防止污染，还可以减少晶体的应力；③使用定向籽晶和籽晶细颈工艺可以减少晶体中的缺陷，得到所需取向的晶体。丘克拉斯基法制备磁致伸缩材料的缺点主要有：①晶体生长时间过长，导致元素挥发严重；②熔体的对流、传动装置的振动和温度的波动对晶体的质量产生不良影响。

4）粉末冶金法

定向凝固法常用于制备单晶及取向多晶材料，但是定向凝固法的生产设备相对复杂、生产效率低，同时对产品的尺寸及形状限制较大，因而也采用粉末冶金法制备磁致伸缩材料。由于粉末冶金的生产工艺与陶瓷的生产工艺类似，这种工艺方法又被称为金属陶瓷法。

利用粉末冶金法制备磁致伸缩材料的基本工艺是：①原料粉末的制备，其中包括母合金的制备、粉末的制取和粉料的混合，磁致伸缩粉末主要使用球磨工艺制备。②压制成型，将粉料在一定压力下压制成所需形状的坯块，通常在压制过程中同时施加磁场使粉料在成型过程中发生预取向。③烧结，在保护气氛的高温炉或真空炉中在物料主要组元熔点以下的温度进行烧结，烧结过程中粉末颗粒间通过扩散、再结晶、熔焊、化合、溶解等一系列物理化学过程，形成具有一定致密度的合金。通常，烧结温度为1100～1200℃，烧结时间为1～12h。④热处理，通常热处理温度为900～950℃，热处理时间为2～48h。

粉末冶金法制备磁致伸缩材料工艺的主要影响参数是：①粉末尺寸，随着粉末尺寸的增加，材料的磁致伸缩性能和密度均先增加后降低；②成型压力，成型压力越大、保压时间越高，材料的磁致伸缩性能和密度越高；③烧结温度，随着烧结温度的升高，材料的磁致伸缩性能先增加后降低。粉末压型时的磁场取向和后续样品的磁场热处理对提高材料磁致伸缩性能具有非常重要的作用，通过磁场预取向后烧结的方法可以制备出<111>取向的多晶 Tb-Dy-Fe 合金，其最大磁致伸缩系数可达 1400×10^{-6}，样品具有明显的跳跃效应。

粉末冶金法制备磁致伸缩材料的优点有：①材料的均匀性和一致性高；②材料取向度高，可以获得<111>取向；③材料采用压制成型，可以制成相对复杂形状；④材料利用率高、成本低；⑤易于实现批量生产。该方法的缺点主要有：①相对于定向凝固制备的稀土-铁磁致伸缩材料，磁致伸缩性能有一定程度降低；②材料内部的孔洞等缺陷较多；③在没有大批量生产的情况下，成本较高。

5）强磁场诱导凝固法

稀土-铁磁致伸缩材料中的磁性 Laves 相的易磁化轴方向为<111>方向，沿<111>方向的磁致伸缩性能最优。但是，Laves 相的易生长方向为<100>方向，在普通定向凝固条件下通常得到沿<112>和<110>取向的组织。采用籽晶法可以得到沿<111>取向的组织，但是该方法对凝固工艺和条件要求极为苛刻。采用强磁场诱导凝固法可以制备出沿<111>方向生长的稀土-铁磁致伸缩材料。

强磁场诱导凝固法是近几年发展起来的一种凝固技术。该方法将强磁场同传统凝固技术相结合，在合金的凝固过程中施加强磁场，通过强磁场对合金熔体产生的洛伦兹力、磁化力和磁力矩作用效果控制合金的凝固过程，进而实现对合金凝固组织的控制。该合金的凝固过程既可以是自由凝固，也可以是定向凝固；既可以从 Laves 相同液相混合的半固态开始，也可以从全熔的液态开始。图 7.24 为强磁场条件下的布里奇曼定向凝固装置示意图。该装置将布里奇曼定向凝固炉置于环形超导强磁体内，可以在零至十几特斯拉的稳恒强磁场条件下进行合金的定向凝固。

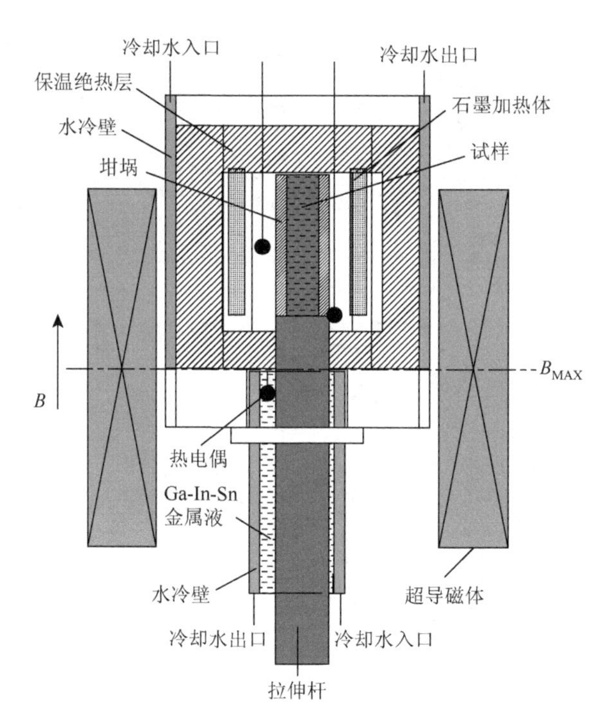

图 7.24　强磁场条件下的布里奇曼定向凝固装置示意图

利用强磁场诱导凝固法可以制备出具有<111>取向的稀土-铁磁致伸缩材料。机制如下：强磁场的磁力矩在稀土-铁磁致伸缩材料的凝固过程中，驱动 Laves 相晶粒在液相中旋转使其易磁化轴<111>方向平行于磁场，取向后的晶粒继续长大，直至凝固结束形成<111>取向的多晶材料。当强磁场施加到合金的自由凝固过程时，在磁力矩、洛伦兹力和磁化力的共同作用下，晶粒的<111>方向沿强磁场方向形成定向生长，形成沿<111>方向取向，且沿强磁场方向呈定向排列的组织，如

图 7.25 所示。在合金的半固态等温处理、自由凝固和定向凝固过程中施加强磁场，均得到了<111>取向的组织。另外，合金在凝固过程中熔体受到磁化力作用，产生压应力效果，减少了合金中气孔等缺陷的数量，提高了合金的致密度。该技术的主要控制参数是磁感应强度、凝固速率和磁场梯度。在强磁场的作用下，合金在较快的凝固速率下仍然可以形成<111>取向，有利于减少稀土元素的挥发。利用强磁场诱导凝固法制备的稀土-铁材料的磁致伸缩系数及其在低场下的性能得到显著提高。

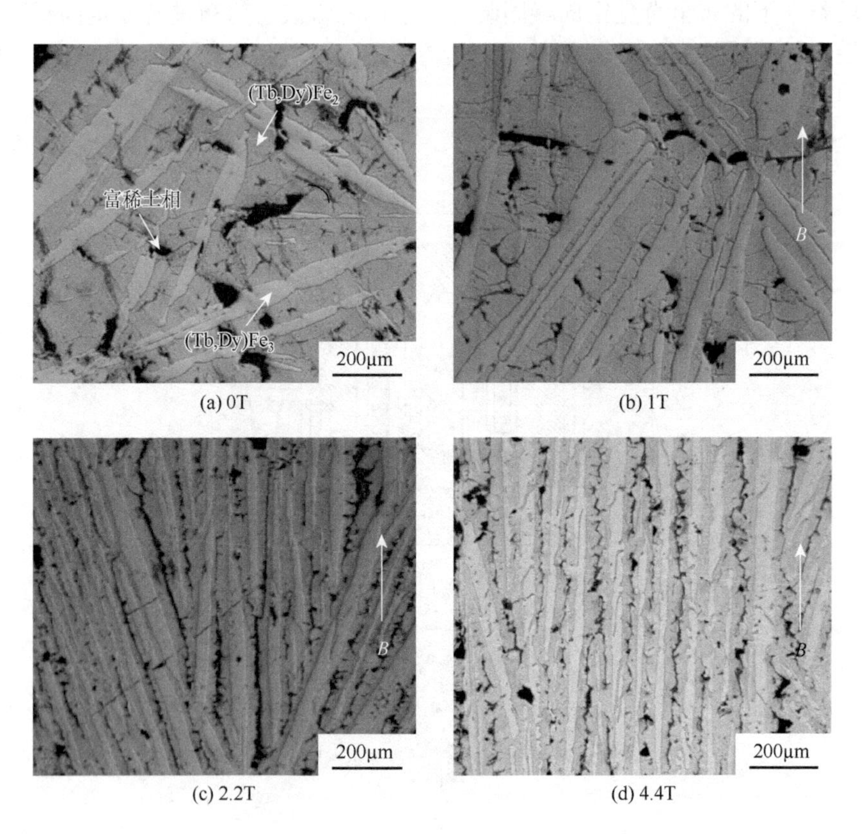

图 7.25　不同磁场条件下 $Tb_{0.27}Dy_{0.73}Fe_{1.95}$ 合金纵截面金相组织

强磁场诱导凝固法制备磁致伸缩材料的优点是：①可以得到<111>取向的晶体，磁致伸缩性能显著提高；②可以用自由凝固的方法得到定向生长组织；③可以在较快的凝固速率下生长晶体，减少稀土元素挥发；④凝固工艺和条件控制简单；⑤材料致密度提高，缺陷减少。

6）磁致伸缩材料的热处理

Tb-Dy-Fe 磁致伸缩材料大都采用定向凝固方法制备成棒状材料。用定向凝固方法制备的材料冷却速率远大于平衡态生长时所对应的冷却速率，得到的凝固组织为非平衡凝固组织。该组织中存在着合金成分不均匀、富稀土相的数量与形貌在合金不同位置存在差异等问题。Laves 相内也存在如孪晶界、空位、位错、堆垛层错等缺陷。另外，材料内部尤其是晶界处存在热应力。Tb-Dy-Fe 材料在显微结构上的不均匀性和缺陷及热应力的残留将降低材料的磁致伸缩性能。为了提高材料的磁致伸缩系数、改善其在低场下的磁致伸缩性能，对定向凝固制备的 Tb-Dy-Fe 磁致伸缩材料通常还需要进行热处理。

热处理温度通常在 900～1050℃，在该温度范围内，$Tb_xDy_{1-x}Fe_y$（$x = 0.20$～0.35，$y = 1.9$～2.0）合金处于 Laves 相单相区。热处理时间通常在 2～24h。在材料的热处理过程中还可以施加磁场，称为磁致伸缩材料的磁场热处理。在对沿轴向取向的 Tb-Dy-Fe 棒材进行磁场热处理时，磁场沿与棒材轴向垂直的方向施加，加热温度为高于材料居里温度以上的某一温度，保温一定时间后冷却至居里温度以下的某一温度。Tb-Dy-Fe 合金在定向凝固过程中，以枝晶或胞状晶形貌的多层薄片状方式生长，层片间夹杂着富稀土薄层。经过热处理后，富稀土薄层由于溶解而减少或者消失，溶解掉的富稀土相通过扩散迁移到 Laves 相内部，减少了稀土原子空位和缺陷。热处理后 Tb-Dy-Fe 合金的磁致伸缩系数、在低场下的磁致伸缩性能均有不同程度的提高，合金的磁致伸缩跳跃效应得到显著增强。磁场的施加使合金的上述性能得到进一步提高。

磁致伸缩材料的热处理具有如下优点：①提高材料显微结构的均匀性；②减少材料的内部缺陷；③降低 Laves 相和富稀土相之间的热应力。

7.3.3　过渡金属及合金

相对于广泛研究的稀土-铁磁致伸缩材料而言，Fe-Ga 合金为金属固溶体，强度高、脆性小，同时具有较高的抗拉强度，显示出优良的机械加工性能，是一类具有广泛应用前景和商业价值的新型磁致伸缩材料。

1. Fe-Ga 合金的相组成与晶体结构

Fe 中加入 Ga 原子后形成固溶体，Ga 原子受合金成分、制备方法和热处理条件的影响，在固溶体中表现为不同的占位形式，进而直接决定着该合金的有序化程度，并对原子磁矩的大小造成影响，最终使材料的磁致伸缩性能发生改变。从 Fe-Ga 二元合金平衡相图（图 7.26）可以看出，不同的制备工艺下可能出现多种物相结构，主要有 γFe、αFe（A2）、α'（B2）、α''（类 B2 相）、α'''（DO_3）、βFe_3Ga（DO_{19}）、αFe_3Ga（Ll_2）、βFe_6Ga_5、αFe_6Ga_5、Fe_3Ga_4、$FeGa_3$ 及 αGa 相。具体来看，当 Ga 的原子分数小于 11%时，室温下的 Fe-Ga 合金为单一的 αFe（A2）相结构，Ga 元素在 αFe 中的平衡固溶度约为 12%，在 1037℃时可以达到 36%；当 Ga 的原子分数在 11%～36%变化时，αFe（A2）相在低温下转变为 α‴（DO_3）、αFe_3Ga（Ll_2）、α′（B2）或 βFe_3Ga（DO_{19}）相；当 Ga 的原子分数为 36%时，该合金在 1037℃高温以上仍可保持单一的 αFe（A2）相。

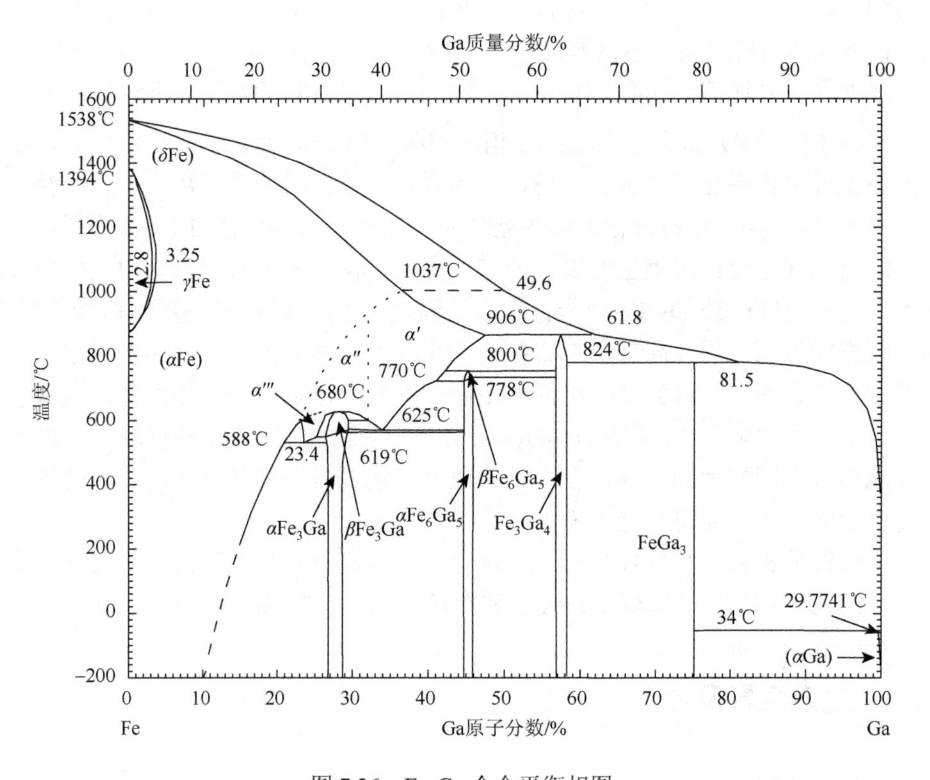

图 7.26　Fe-Ga 合金平衡相图

图 7.27 是 αFe（A2）、α′（B2）、α‴（DO_3）、αFe_3Ga（Ll_2）、βFe_3Ga（DO_{19}）及 α″（类 B2 相）晶体结构的简图。从微观角度看，αFe（A2）为无序的体心立方（*bcc*）αFe 固溶体，Fe 原子被 Ga 原子无序替代；α′（A2）、α‴（DO_3）、αFe_3Ga（Ll_2）和 βFe_3Ga（DO_{19}）相均为有序结构，α′（B2）为 Ga 原子占据体心位置，Fe 原子占据顶点位置的 *bcc* 结构，α‴（DO_3）为 Ga 原子占据特殊的 4*a*（添加）位置的 *bcc* 结构，其单胞体积是 αFe 的两倍，为 αFe（A2）的超点阵结构；αFe_3Ga（Ll_2）相为面心立方（*fcc*）结构，其中 Ga 原子占据顶点位置，Fe 原子占据面心位置；βFe_3Ga（DO_{19}）相为六方（*hcp*）结构。

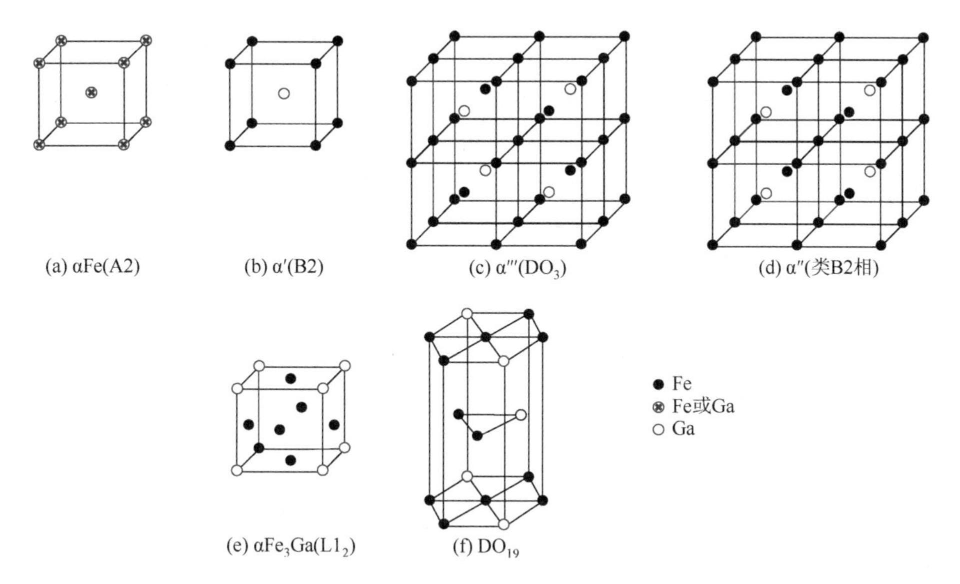

图 7.27　A2、B2、DO_3、类 B2 相及 Ll_2、DO_{19} 结构简图

2. Fe-Ga 合金的基本成分优化

Fe-Ga 合金中，Ga 的成分直接决定着合金的相类型，而各个相的结构又决定着 Fe-Ga 合金的磁致伸缩性能，因此合金的磁致伸缩系数随着 Ga 含量的变化而呈非线性变化。另外，相同成分合金的磁致伸缩系数也随制备合金时的冷却强度（即热历史）不同而有所不同。如图 7.28 所示，Fe-Ga 合金磁致伸缩性能根据 Ga 含量可以划分为 4 个部分。Ⅰ区：合金由无序的 A2 单相组成。快冷条件下，在 5.0%～21.4%Ga，合金的磁致伸缩随 Ga 含量增加而近似线性升高，在 21.4%Ga 时合金的（3/2）λ_{110} 达到峰值 420×10^{-6}；慢冷条件下，合金在 17.9%Ga 时合金的（3/2）λ_{110} 达到峰值 320×10^{-6}，随着 Ga 含量继续增加至 21.4%Ga，（3/2）λ_{110} 下降；Ⅱ区：合金为 A2 同 DO_3 两相混合组成，快冷条件下，在 21.4%～22.5%Ga，合金的磁致伸缩随 Ga 含量增加而降低，在 22.5%Ga 时合金的（3/2）λ_{110} 降低到最低值 250×10^{-6}；慢冷条件下，在 22.5%Ga 时合金的（3/2）λ_{110} 降低到最低值 200×10^{-6}；Ⅲ区：合金由 DO_3 单相组成，快冷条件下，在 22.5%～28.5%Ga，合金的磁致伸缩随 Ga 含量增加再次升高，在 28.5%Ga 时合金的（3/2）λ_{100} 达到第二个峰值 440×10^{-6}；慢冷条件下，合金的（3/2）λ_{110} 也达到第二个峰值 380×10^{-6}；Ⅳ区：合金中出现不利于磁致伸缩性能的第二相，当 Ga 含量超过 28.5%时，合金的（3/2）λ_{110} 迅速降低。

从图 7.28 中也可以看出，当 Ga 含量小于等于 17.9%时，合金在快冷和慢冷条件下的磁致伸缩系数数值相近，说明磁致伸缩独立于冷却条件。而当 Ga 含量大于 17.9%时，合金的磁致伸缩系数则强烈依赖于冷却条件，更高的冷却速率可以提高合金的磁致伸缩系数。冷却速率变化引起的合金磁致伸缩变化同合金在室温时的相结构变化有关。Fe-Ga 合金的磁致伸缩性能增加主要是因为 Ga 原子替代 αFe（A2）*bcc* 结构中<110>方向上次近邻的 Fe 原子，形成 Ga-Ga 原子对及非对称的 Ga 原子团簇。次近邻 Ga-Ga 原子对的替代，在结构上能引起周围晶格畸变，从而提高合金的磁致伸缩性能。

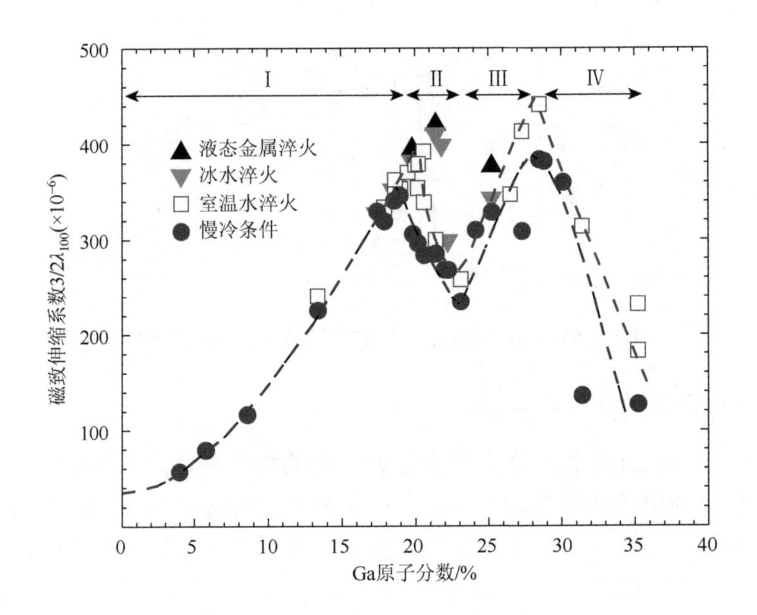

图 7.28　Ga 含量对 Fe-Ga 合金磁致伸缩性能的影响

3. 第三元素对 Fe-Ga 合金磁致伸缩性能的影响

虽然 Fe-Ga 合金表现出较好的综合磁致伸缩性能，但同稀土超磁致伸缩材料相比，在磁致伸缩系数上还相差甚远。对 Fe-Ga 合金进行第三元素的替代，合金的基本相结构不会发生变化，因此在不降低合金磁致伸缩性能的基础上，可以改善居里温度、机械加工性能等。

通过对 Fe-Ga 合金进行不同种类第三合金元素的替代，可以对合金的相结构和性能产生如下影响：①提高 Ga 原子在 αFe 固溶体中的固溶极限，提高 A2 相的稳定性；②提高 DO_3 相的稳定性，促进 A2 相的分解；③改善合金的塑性，提高其机械加工性能；④促进 A2 相的晶粒取向，形成织构组织；⑤提高 A2 相的电阻率、声学等物理性能。

当利用第三元素替代 Fe-Ga 合金中的 Ga 时，多采用与 Ga 同主族或邻主族、同周期或邻周期的元素，如 Si、In、Ge、Al、Cu 和 Sn。用 Si 和 Ge 元素少量替代 Ga，对合金的饱和磁致伸缩系数影响不大。用 In 和 Cu 元素替代 Ga 后，合金的磁致伸缩系数降低。添加 Sn 元素可以小幅提高合金的磁致伸缩性能。Al 元素的添加对 Fe-Ga 多晶和单晶的磁致伸缩性能起到了截然不同的作用效果。对于 Fe-Ga 单晶来说，Al 元素的添加降低合金的 3/2 λ_{100}；但对于特定成分的 Fe-Ga 多晶合金来说，添加一定量的 Al 可以提高合金的饱和磁致伸缩系数。

当利用第三元素替代 Fe-Ga 合金中的 Fe 时，根据 Fe 的电子结构特点，通常选择 3d 和 4d 过渡族元素 V、Cr、Mn、Mo、Co、Ni、Rh 等元素。添加 Al、V、Cr、Mn、Mo、Ni、Rh 元素均降低了 Fe-Ga 单晶的 3/2 λ_{100}。图 7.29 给出了 Fe-Ga 合金中第三元素（V、Cr、Mo、Mn、Co、Ni、Rh）对 3/2 λ_{100} 的影响。但是，添加少量的 Co 元素替代 Fe 可以提高合金的居里温度；利用 Ni 元素少量替代 Fe 可以降低合金的磁晶各向异性；少量添加 Mn 可以提高合金的机械性能。另外，同利用 Al 元素替代 Ga 的效果相同，Cr 元素的添加导致 Fe-Ga 单晶的磁致伸缩性能降低，但可以提高多晶合金的饱和磁致伸缩系数。

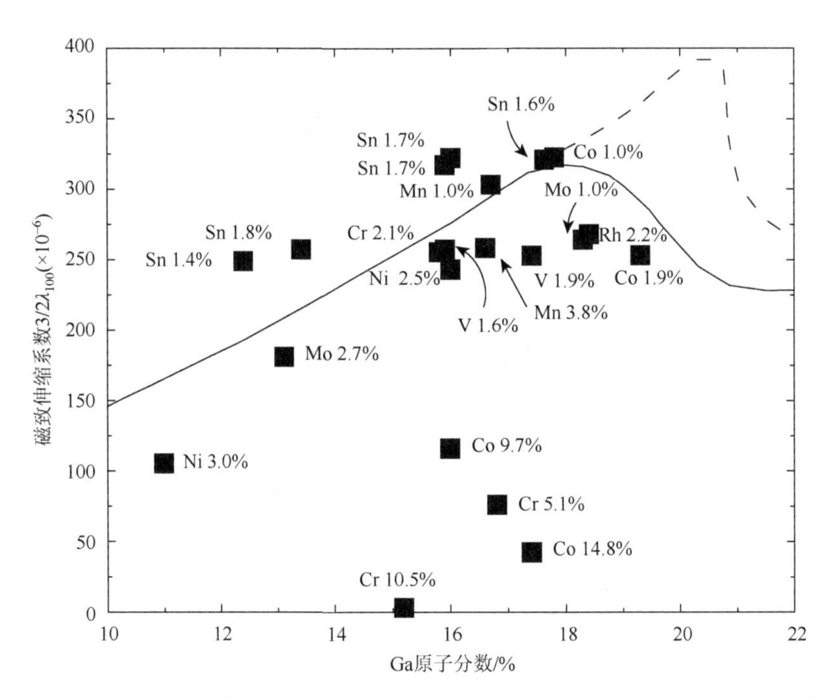

图 7.29 Fe-Ga 合金中第三元素（V、Cr、Mo、Mn、Co、Ni、Rh）对 3/2 λ_{100} 的影响

实线代表非淬火样品，虚线代表淬火样品

少量添加间隙原子，如 C、B、N 元素，也能影响 Fe-Ga 合金的磁致伸缩性能。

当 Ga 原子分数小于 12%时，添加少量 C 对 Fe-Ga 合金的磁致伸缩性能没有明显影响；当 Ga 原子分数大于 12%时，添加 C 可以提高合金的磁致伸缩系数。例如，Fe-20.9Ga-0.1C 合金单晶和 Fe-26.7Ga-0.1C 合金单晶在快冷条件下的 3/2 λ_{100} 分别为 432×10^{-6} 和 450×10^{-6}。当 Ga 原子分数大于 18.7%时，添加少量 B 和 N 可以起到与添加 C 相同的效果，使 Fe-Ga 合金的磁致伸缩性能有一定程度的提高。

4. *磁学性能与磁致伸缩性能*

A2、B2、DO_3 三个相的易磁化方向均为<100>。在<111>方向上磁化的难易程度接近<100>方向，<110>是难磁化方向，如图 7.30 所示。对于 Ga 原子分数在 24%～25%的 Fe-Ga 合金来说，A2、B2、DO_3 三个相的饱和磁化强度几乎相等，约为 $150(A\cdot m^2)/kg$。相对于易磁化方向，A2 和 B2 两个相在易磁化方向<100>方向上表

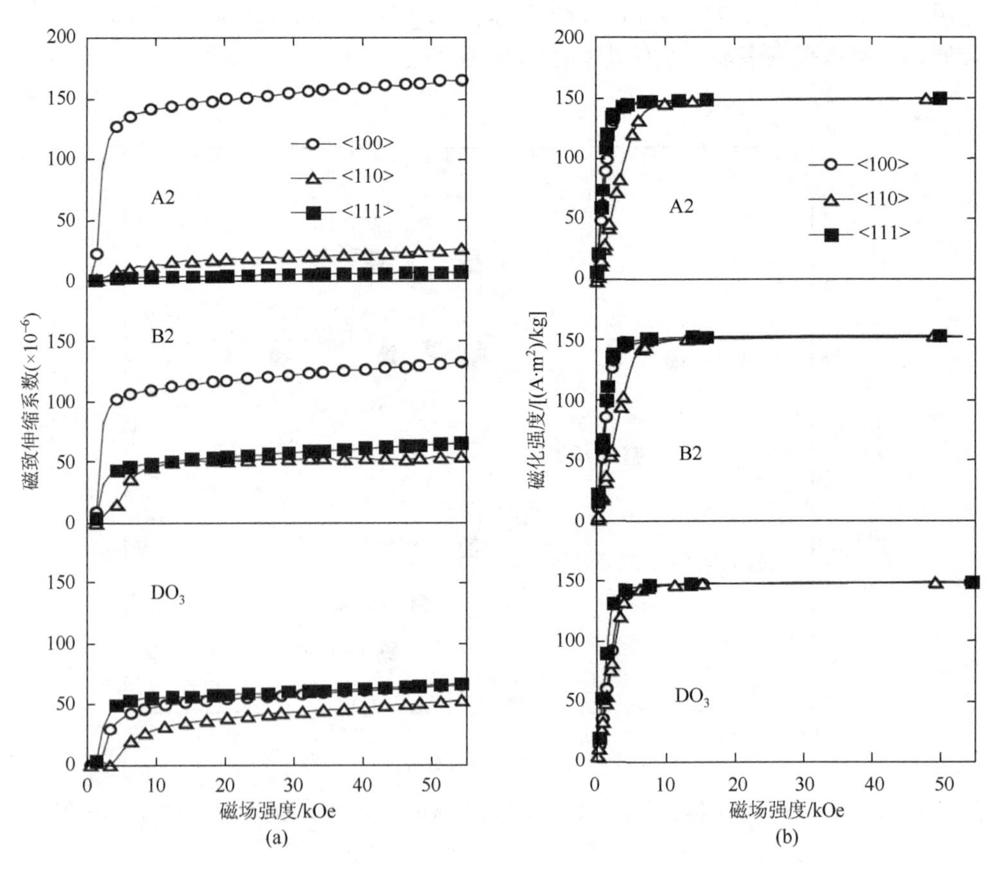

图 7.30　Ga 原子分数在 24%～25%的 Fe-Ga 合金中 A2、B2、DO_3 三个相沿<100>、<111>和<110>方向上的（a）磁致伸缩曲线和（b）磁化曲线

现出更优异的磁致伸缩性能。在相同外加磁场下，两个相在<100>方向上具有最大磁致伸缩系数值，且在低磁场区域具有更加优异的磁致伸缩性能。在 4kOe 时，A2 和 B2 两个相的磁致伸缩值分别达到 140×10^{-6} 和 100×10^{-6}。但是，DO_3 相在<100>和<111>两个方向上的磁致伸缩系数变化相差不大，在 4kOe 时，磁致伸缩值为 50×10^{-6}。Fe-Ga 合金的居里温度可以达到 500℃以上，在 28.5%Ga 成分附近的最大磁致伸缩系数 3/2 λ_{100} 可以达到 440×10^{-6}，具有优良的综合性能，被命名为 Galfenol。Fe-Ga 合金的取向是决定材料磁致伸缩性能的关键因素，对于体心立方的 Fe-Ga 合金来说，<100>方向是其易磁化方向。因此，无论对于多晶材料还是单晶材料，获得沿易磁化方向生长的晶体至关重要。

Fe-Ga 磁致伸缩材料具有如下优点：①具有较高的磁致伸缩系数；②低磁场下的磁致伸缩性能优异；③材料的居里温度高；④磁致伸缩应变的滞后性小，有利于精确定位；⑤机械强度高；⑥材料塑性好，可以进行轧制等机械加工；⑦原材料成本较稀土化合物低。

5. 预压力对 Fe-Ga 合金磁致伸缩性能的影响

与稀土-铁磁致伸缩材料类似，Fe-Ga 合金在预压力的作用下，沿轴向的磁致伸缩应变也发生显著跃变，即表现出“跳跃效应”。对于沿轴向<100>取向的 Fe-Ga 单晶和轴向为<100>织构的多晶材料而言，轴向预压力对其磁致伸缩性能的提高都有积极作用。各个组分的 Fe-Ga 合金在不同预压力下的磁致伸缩性能如表 7.2 所示。Fe-Ga 合金具有的跳跃效应对磁致伸缩材料器件的设计十分有利，可通过施加预压力来调节外加偏磁场与磁致伸缩输出的比例关系。

Fe-Ga 合金弹性模量高、强度高，有良好的力学性能，可进行拉伸变形。拉应力退火处理可以使 Fe-Ga 合金中的晶粒在生长方向择优排列。Fe-Ga 棒<001>择优生长方向的磁晶各向异性和织构中多晶条形颗粒的形状各向异性方向一致。在无外应力条件下，$Fe_{81}Ga_{19}$ 的磁致伸缩系数为 200×10^{-6}，而在压应力下，磁致伸缩值最大变化量可达 180×10^{-6}。$Fe_{81}Ga_{19}$ 合金<001>取向晶体在大载荷（0～431MPa）条件下具有稳定的饱和磁致伸缩性能，如图 7.31（a）和（b）所示，其磁致伸缩行为随压应力呈两阶段变化规律：在 0～90MPa 的低压应力范围内，随着压应力的增加，合金的饱和磁致伸缩系数逐渐增加；当压应力增加至 90MPa 以上时，合金的饱和磁致伸缩系数的增加有所降低。$Fe_{81}Ga_{19}$ 合金<001>取向晶体在不同载荷下的两个阶段磁致伸缩行为具有完全不同的物理机制：在低压应力载荷下，磁晶各向异性能主导 FeGa 合金<001>取向晶体的磁致伸缩行为；在大压应力载荷下，磁弹性能对 FeGa 合金的磁致伸缩行为起主导作用。

表 7.2　Fe-Ga 合金在不同预压力下的磁致伸缩性能

合金	不同压应力（MPa）下的磁致伸缩系数（$\times10^{-6}$）						
	0	5	10	20	30	40	50
定向凝固 Fe-15at% Ga	—	—	—	9	—	27	53
铸态 Fe-20at% Ga	76	—	84	91	98	107	111
铸态 Fe-27.5at% Ga	51	—	59	66	73	73	77
铸态 Fe-15at% Ga	27	47	54	54	—	57	57
退火工艺 600℃-1h							
Fe-20at% Ga	—	39[a]	79[b]	—	—	—	117[c]
退火工艺 1100℃-1h，600℃-1h							
Fe-27.5at% Ga	56	—	73	75	82	84	81
退火工艺 1100℃-1h							
Fe-27.5at% Ga	88	—	101	106	124	127	132
退火工艺 1100℃-1h，875℃-1h							
Fe-15at% Ga-5at% Al	67	—	108	—	137	—	142
退火工艺 1100℃-1h，730℃-1h							
Fe-10at% Ga-10at% Al	56	—	58	—	69	—	73
退火工艺 1100℃-1h，730℃-1h							
Fe-5at% Ga-15at% Al	53	—	83	—	92	—	93
退火工艺 1100℃-1h，730℃-1h							
Fe-13.75at% Ga-13.75at% Al	31	—	59	—	70	—	71
退火工艺 1100℃-1h，730℃-1h							
定向生长速率为 22.5mm/h							
Fe-15at% Ga	170	182	163	182	196	155	—
Fe-20at% Ga	228	219	214	204	—	180	—
Fe-27.5at% Ga	259	271	253	241	260	233	—
Fe-15at%Ga-5at% Al	234	190	173	169	162	160	—
Fe-10at% Ga-10at% Al	93	99	94	83	—	69	—
Fe-5at% Ga-15at% Al	83	141	148	152	—	154	—
定向生长速率为 203mm/h							
Fe-20at% Ga	165	—	174	218	220	250	—

注：a 压应力为 2.7MPa；b 压应力为 6.2MPa；c 压应力为 58MPa

6. Fe-Ga 合金的制备

大块 Fe-Ga 合金主要采用凝固的方法（包括定向凝固和普通熔炼法）制备。根据应用领域的不同，也采用快速凝固法（包括熔体快淬法、吹铸法、深过冷快

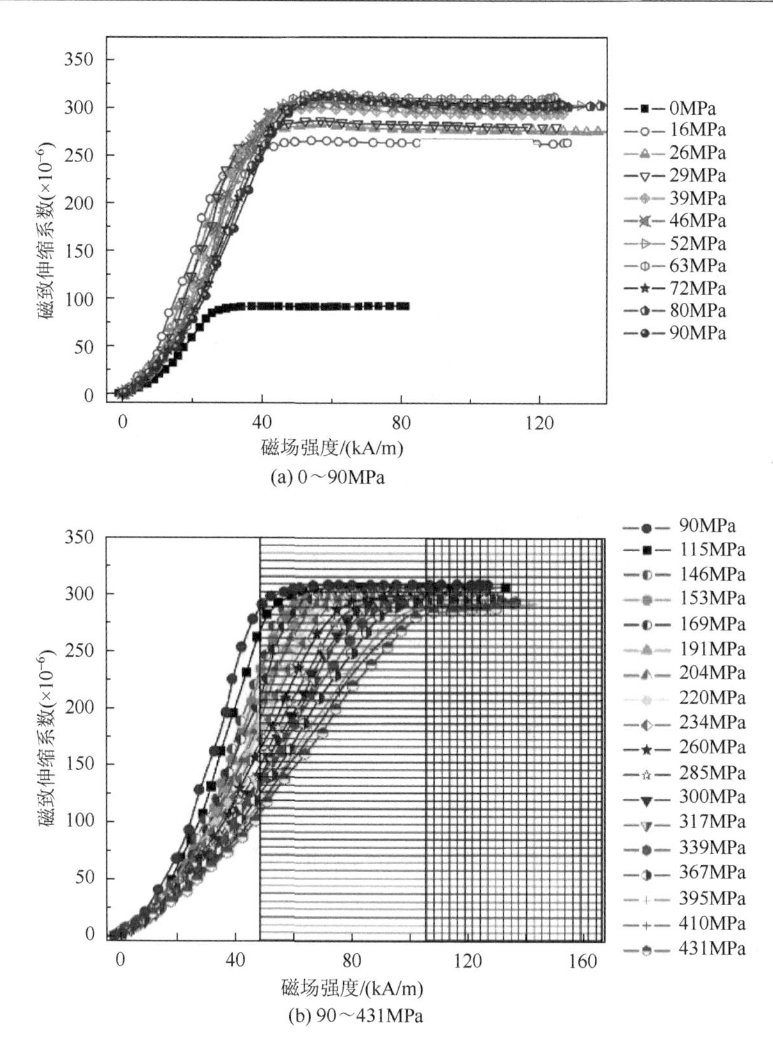

图 7.31　不同预压力下 $Fe_{81}Ga_{19}$ 合金的磁致伸缩系数随磁场强度的变化曲线

速定向凝固法等）、机械合金化法、气体雾化法、磁控溅射法、机械加工法（包括轧制、锻造、拔丝等）等方法，制备 Fe-Ga 薄板带、粉末、薄膜、合金丝等材料。磁致伸缩材料只有在单晶体或取向多晶体的状态下沿易磁化方向或沿与其相近的方向磁化时才具有较好的磁致伸缩性能，而当材料中存在第二相或晶体缺陷时，材料的磁致伸缩性能将降低，所以制备磁致伸缩材料通常需要制备单晶或者取向多晶材料。对于 Fe-Ga 合金而言，单晶在<100>方向具有最优磁致伸缩性能，但是单晶的制备工艺复杂、成本高、无法制备大尺寸材料，另外机械性能也较多晶差，在 Fe-Ga 磁致伸缩器件上普遍使用多晶材料。因此，制备沿<100>方向或者接近该方向取向的多晶，是制备 Fe-Ga 磁致伸缩材料的关键所在。

1）定向凝固法

制备 Fe-Ga 合金单晶或取向多晶材料主要采用定向凝固技术。该技术根据晶体生长时晶粒的竞争淘汰机制，可以得到表面规整、沿轴向成分和性能均匀一致的单晶材料。常用于制备磁致伸缩单晶棒材的方法有布里奇曼法、区域熔炼法和丘克拉斯基法。

采用改进的布里奇曼定向凝固技术可以制备具有<100>、<110>和<111>方向取向的单晶 Fe-Ga 合金，其中，沿<100>方向取向的单晶 $Fe_{81}Ga_{19}$ 合金，磁致伸缩系数接近 400×10^{-6}。高温度梯度定向凝固法在布里奇曼法的基础上，采用高频感应加热方式和冷却能力强的液态 Ga-In 合金冷区获得高温度梯度，通过控制温度梯度和定向凝固速率来获得所需要的 Fe-Ga 晶体组织。采用区域熔炼法制备出了沿<110>方向取向的多晶 Fe-Ga 合金，其饱和磁致伸缩系数达到 220×10^{-6}。采用无籽晶的垂直布里奇曼法，制备出了与轴向大约偏差 14°、沿<100>方向取向的 Fe-Ga 多晶棒材，该棒材的饱和磁致伸缩系数达到 271×10^{-6}。

2）快速凝固法

快速凝固法是通过提高合金的凝固速率，实现其在非平衡状态下快速凝固的一种方法。为改善 Fe-Ga 合金的磁致伸缩性能，可以通过非平衡凝固工艺来改善合金的结构，从而进一步优化 Fe-Ga 合金的磁致伸缩性能。Fe-Ga 合金在快速凝固时，Ga 原子来不及扩散，在富 Ga 区域形成大量非对称结构的 DO_3 相。非对称结构 DO_3 相的出现，会在合金内部产生大量弹性和磁弹性缺陷，提高合金的能量密度，进而促进了磁致伸缩性能的提高。通常使用熔体快淬法、吹铸法和深过冷快速凝固法三种方法制备 Fe-Ga 磁致伸缩材料。

（1）熔体快淬法。

熔体快淬法又称甩带法。常见的单辊熔体快淬法的基本原理是：将合金经感应加热熔化，从石英管上端通入氩气或其他惰性气体，熔体在气体压力下克服表面张力从石英管下端的喷嘴中喷到下方高速旋转的辊轮表面，熔体在与辊轮表面接触的瞬间迅速凝固形成合金薄带，薄带在离心力作用下向前抛射后收集起来。应用熔体快淬法主要制备 Fe-Ga 磁致伸缩薄带材料。采用这种方法制备的 Fe-Ga 合金薄带通常还须进行退火处理，退火处理可以增强薄带沿<100>方向的取向程度。另外，由于用熔体快淬法制备的材料中晶粒沿与冷却辊面垂直的方向生长，具有很强的形状各向异性。利用熔体快淬法制备的 Fe-Ga 合金薄带的磁致伸缩性能较块体材料会有较大程度的提高。采用熔体快淬法制备的 Fe-Ga 合金薄带晶体呈现较高的无序结构，沿厚度方向存在着择优晶体取向，有利于获得大的磁致伸缩系数，但是由于薄带材料的厚度有限，作为激励器或驱动器不能在工程上提供更大的驱动力，在后续加工及应用上都有一定程度的限制。

（2）吹铸法。

吹铸法是另一种快速凝固方法，其基本原理是：将合金经感应加热熔化，从坩埚顶部吹入具有一定压力的高纯氩气或其他惰性气体，使合金熔体从坩埚底部小孔中喷射进入铜模内快速凝固形成合金。为了获得足够快的冷却速率，在吹铸过程中，需要对铜模进行强制冷却。铜模有两种冷却方式：一种是在铜模内壁放置绝热材料，而在底部放置通有循环水冷却的铜砧，形成单向散热条件；另一种是在铜模壁内通有冷却水，熔体温度梯度沿铜模径向分布。吹铸成型也是一种非平衡态凝固方法，由于冷却速率比熔体快淬法更大，Fe-Ga 合金更多地保留了液态金属无序的相结构。另外，由于采用铜模，该方法制备的材料具有一定的形状和体积。考虑影响 Fe-Ga 合金磁致伸缩性能的多物相性因素，使用该方法为 Fe-Ga 磁致伸缩材料的制备提供了一种手段。

（3）深过冷快速凝固法。

深过冷技术是一种快速凝固技术，其基本原理是：通常采用熔融玻璃包覆和无容器处理等手段，阻断金属熔体同坩埚等潜在的异质形核基底之间的接触，推迟合金的形核，进而形成深过冷凝固条件。在深过冷条件下，一旦受到激发形核，合金熔体可以高达数米每秒的速度高速生长，通过人为控制合金晶体生长时的形核条件，可以制备出成分均匀的取向材料。采用深过冷方法可以制备出大块 Fe-Ga 合金。以 $Fe_{81}Ga_{19}$ 成分的合金为例，合金在 0～315K 宽的过冷度范围内具有三种典型凝固组织，即在低过冷度（$\Delta T \leqslant 50K$）下为熔断的枝晶；在中间过冷度范围（$50K < \Delta T < 200K$）内为细小的等轴晶，在高过冷度（$\Delta T > 200K$）下为再结晶组织。将快速凝固技术与定向凝固技术相结合通过诱发 $Fe_{81}Ga_{19}$ 合金熔体形成过冷，制备出沿轴向具有<100>取向的块体合金，在 1.2T 磁场下，材料的磁致伸缩系数达到 830×10^{-6}。

3）其他制备方法

（1）非取向 Fe-Ga 多晶的制备。

非取向 Fe-Ga 多晶材料通常采用非自耗真空电弧炉或者真空感应炉熔炼制备。通过该方法得到的合金磁致伸缩性能较低，无法制作磁致伸缩器件，仅为后续取向晶体材料的制备和热处理等提供原料。为了保证多晶合金内部元素混合均匀，通常需要经过反复翻转熔炼。另外，也采用均匀化热处理工艺来消除凝固过程中组织和成分的不均匀性。除了上述传统熔炼方法之外，铜模铸造法、放电等离子烧结堆叠法、粉末冶金法、电爆法、碾压法等也用于制备非取向 Fe-Ga 磁致伸缩多晶材料。

（2）Fe-Ga 低维材料的制备。

低维材料具有独特的表面效应、体积效应、量子尺寸和宏观隧道效应等，因而在电学、力学、热学、磁学等方面表现出异于传统材料的各种性能。Fe-Ga 低维材料主要包括二维薄膜材料、一维纳米线材料和零维粉体材料。通常采用磁控溅射法制备 Fe-Ga 合金纳米薄膜，采用电化学沉积法制备 Fe-Ga 合金一维纳米线。也采用其他方法制备 Fe-Ga 合金薄膜和粉体材料。例如，采用电沉积法制备 Fe-Ga 合金薄膜，得到的 $Fe_{80}Ga_{20}$ 合金薄膜的磁致伸缩系数约为 112×10^{-6}。采用气体雾化法制备 Fe-Ga 合金粉末，得到的雾化粉体要经过热处理水淬或炉冷到室温。雾化粉末中大部分为多晶体，以 A2 相为主相，含有少量的 DO_3 有序相。还采用机械合金化法制备出了仅由 A2 相组成的 Fe-Ga 合金粉末。

4）Fe-Ga 合金加工

Fe-Ga 合金具有优良的综合磁致伸缩性能，具有广泛的应用前景。但由于 Fe-Ga 合金的电阻率低（约为 $9\times10^{-7}\Omega\cdot m$），在较高频率下使用时会产生严重的涡流损耗，不仅降低能量的转换效率，还会因发热导致材料失效。将 Fe-Ga 合金加工成薄板或带材可以有效降低涡流损耗，进而实现其在大功率磁致伸缩超声换能器等高频领域的应用。通常采用两种方法制备 Fe-Ga 合金薄板或带材：一种是首先制备 Fe-Ga 合金块体材料，再通过线切割等方法，将材料切割成一定厚度的 Fe-Ga 合金薄板；另一种是利用锻造和轧制等加工方式，将块体 Fe-Ga 材料加工成具有一定厚度的薄板或薄带，再通过热处理进一步提高 Fe-Ga 合金薄板或薄带的磁致伸缩性能。两种方法相比，前者生产效率低、材料利用率低、生产周期长、成本高，通常只能加工厚度大于 0.2mm 的薄板；而后者生产效率高、材料利用率高、可以加工成厚度更小的板材和带材，有望实现大规模的工业化生产，但该方法也存在着合金取向难以控制，导致材料磁致伸缩性能较低的缺点。

利用磁致伸缩材料制造的传感器，如扭转传感器、压力传感器、位移传感器、液面传感器等均需要使用磁致伸缩丝材。Fe-Ga 合金塑性好，具有优良的机械加工性能，有利于加工成丝材，在传感器领域具有广泛的应用前景。Fe-Ga 合金丝材的加工主要采用锻造或轧制等热加工结合拉拔的方式。通过热锻和冷拔制备的 $Fe_{85}Ga_{15}$ 合金丝材在低于 80Oe 的磁场下磁致伸缩系数达到 66×10^{-6}，是 Fe-Ni 磁致伸缩丝材的 3 倍。利用热锻结合温拔的方法可以制备 $(Fe_{83}Ga_{17})_{1-x}M_x$（M 为金属元素）丝材。

7.3.4 铁氧体材料

铁氧体材料（如 Ni-Co-Cu、Ni-Co 等铁氧体）的电阻率高、涡流损耗很低。但是这类材料的饱和磁致伸缩系数较小，因此还无法广泛应用于超声换能器领域。表 7.3 和表 7.4 分别为部分单晶和多晶铁氧体材料在室温下的磁致伸缩系数。通过对比发现，相同铁氧体材料在不同晶轴方向上的磁致伸缩系数大小不同，且有正负之分，表明单晶铁氧体材料的磁致伸缩具有各向异性。铁氧体材料的成分对其磁致伸缩系数有较大影响。含 Co 的材料，无论是合金还是铁氧体材料，都具有很大的磁致伸缩系数。另外，铁氧体的磁致伸缩系数随温度变化而发生变化，与温度具有特定函数关系。对部分铁氧体材料，如 MFe_2O_4 铁氧体（M = Mn、Fe、Co、Ni）进行磁场下退火处理，可以提高铁氧体的磁致伸缩系数[12]。

表 7.3　部分单晶铁氧体材料在室温下的磁致伸缩系数

单晶体	$\lambda_{[100]}$ （$\times 10^{-5}$）	$\lambda_{[111]}$ （$\times 10^{-5}$）	$\overline{\lambda_0}=\frac{2\lambda_{[100]}+3\lambda_{[111]}}{5}$ （$\times 10^{-5}$）
Fe	20.7	−21.2	−4.4
Ni	−45.9	−24.3	−33
85%Ni-Fe	−3	−3	−3
40%Co-Fe	146.8	8.7	64
Fe_3O_4	−20	78	39
$Mn_{0.1}Fe_{2.9}O_4$	−16	75	39
$Mn_{0.6}Fe_{2.4}O_4$	−5	45	25
$Mn_{1.05}Fe_{1.95}O_4$	−28	4	−8.8
$Mn_{0.6}Zn_{0.1}Fe_{2.3}O_4$	−14	14	3
$Mn_{0.4}Co_{0.6}Fe_{2.0}O_4$	−200	65	−41
$Ni_{0.8}Fe_{2.2}O_4$	−36	−4	−17
$Ni_{0.3}Zn_{0.45}Fe_{2.25}O_4$	−15	11	0.6
$Co_{0.8}Fe_{2.2}O_4$	−590	120	−164
$Co_{0.3}Zn_{0.2}Fe_{2.5}O_4$	−210	110	−18

表 7.4　部分多晶铁氧体材料在室温下的磁致伸缩系数

多晶体	$\overline{\lambda_0}$ （$\times 10^{-5}$，测量值）	多晶体	$\overline{\lambda_0}$ （$\times 10^{-5}$，测量值）
Fe_3O_4	40	$MnFe_2O_4$	−5
MnZn-铁氧体	−0.5	$Ni_{0.3}Zn_{0.56}Fe_2O_4$	−5
$NiFe_2O_4$	−27	$Ni_{0.28}Zn_{0.02}Fe_2O_4$	−26
$CoFe_2O_4$	～200	$BaFe_{12}O_{19}$	～−5
$LiFeO_4$	−8		

铁氧体材料具有如下优点：①电阻率高，比金属磁致伸缩材料高 10^6 倍，涡流损耗小；②磁导率高；③能量损耗小，适合在 10^7～10^8Hz 的高频率下使用；④化学稳定性好；⑤原材料成本低；⑥制备方法简单。

7.3.5 磁致伸缩复合材料

稀土-铁磁致伸缩材料具有优良的磁致伸缩性能，表现出巨大的应用潜力。然而，该类材料也存在着许多不足，如材料脆性较大、电阻较小等。脆性大既导致材料难于加工成型又限制了其在大应力条件下的应用；而电阻小导致材料内部产生涡流效应，限制了其在高频领域中的应用。借助材料复合的方法，将稀土-铁磁致伸缩材料与功能高分子材料相结合形成磁致伸缩复合材料较好地解决了上述问题。根据复合方式的不同，可以将磁致伸缩复合材料分为颗粒黏结磁致伸缩复合材料和切割黏结磁致伸缩复合材料。

1. 颗粒黏结磁致伸缩复合材料

1）材料的性能

颗粒黏结磁致伸缩复合材料是将稀土-铁金属间化合物磁性功能颗粒均匀分散于高分子材料构成的基体内而形成的复合材料。

相对于稀土-铁磁致伸缩材料，该复合材料具有如下优点：①磁致伸缩性能高，虽然高分子材料的加入使材料内稀土-铁金属间化合物的含量相对降低，但复合后的材料在整体上仍具有较高的磁致伸缩性能；②高频性能好，包裹在颗粒周围的绝缘高分子材料阻隔了颗粒与颗粒之间的接触进而提高了材料的电阻率，使涡流不能在大范围内形成回路，降低了涡流损耗，提高了材料的使用频率；③机械性能优良，韧性较好的高分子材料在复合材料内形成“骨架”，既提高了材料的机械强度（尤其是抗拉强度），又提高了材料的加工性能，高分子基体在固化时产生应力，在实际应用中可以减少甚至无须对材料施加压力载荷；④生产成本低，因为稀土-铁金属间化合物材料用量少、制备工艺简单、降低了生产成本。通过对比 $Tb_{0.27}Dy_{0.73}Fe_{1.95}$ 合金棒材和 $Tb_{0.27}Dy_{0.73}Fe_{1.95}$ 颗粒黏结磁致伸缩复合棒材，发现复合棒材的饱和磁致伸缩系数仅降低 30%，但拉应力提高了 4 倍，电阻率提高了近 17 000 倍。

2）材料的制备

颗粒黏结磁致伸缩复合材料主要采用压制成型和注射成型两种方法。压制成型又称浇注成型，该工艺是颗粒黏结磁致伸缩复合材料最基本的制备方法。压制成型的主要流程如下：将磁致伸缩材料在保护气氛下破碎成颗粒后清洗、干燥，经硅烷偶联剂进行表面处理后与高分子黏结剂液体按一定比例混合，经搅拌脱气后注入模具中，模压成型，经固化得到颗粒黏结磁致伸缩复合材料。利用该方法制备的材料中，磁致伸缩颗粒在高分子材料基体中呈随机取向。如果在压制成型的过程中施加磁场，稀土-铁金属间化合物在高分子液体中发生一定程度的取向，形成规则排列，有利于提高复合材料的磁致伸缩性能。图 7.32 为通过磁场取向诱导磁性颗粒沿特定方向排列的颗粒黏结磁致伸缩复合材料结构示意图。

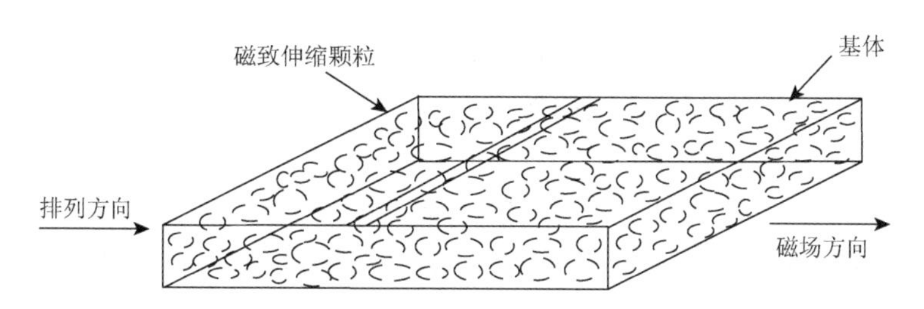

图 7.32　磁性粉末沿特定方向排列的颗粒黏结磁致伸缩复合材料结构示意图

图 7.33 是在有、无磁场条件下固化的颗粒黏结磁致伸缩复合材料的微观结构。采用直径为 200～300μm 的 Tb-Dy-Fe 单晶颗粒与树脂混合后在磁场取向中固化，合金颗粒在树脂中呈近链状排列。材料在 17MPa 下的磁致伸缩系数达到 1360×10^{-6}。

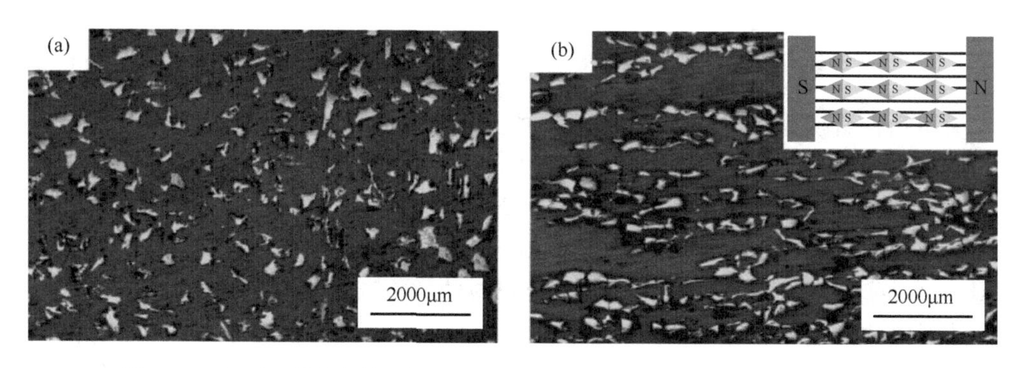

图 7.33　在不同磁场条件下固化的颗粒黏结磁致伸缩复合材料的横截面照片

（a）无磁场；（b）8000Oe 的磁场下，嵌入图为磁场下磁针排列示意图

对于长径比较大的磁致伸缩粒子，也可以采用注射成型工艺。该工艺的主要流程如下：将模具放置于磁场中，磁致伸缩颗粒通过与模具相连的滑道进入模具，在磁场作用下发生取向。颗粒在模具内取向完成后将模具密封，利用真空系统对模具进行抽气，抽气的同时在预留的注射口处将液态的高分子黏结剂注入模具，高分子液体在真空作用下与磁致伸缩颗粒混合固化后形成复合材料。注射成型工艺中，磁致伸缩颗粒的取向在干燥的状态下进行，因此颗粒转动自由度大，相对于压制成型取向效率更高。

3）制备工艺的影响参数

磁致伸缩颗粒材料通常采用单晶或者多晶 $Tb_{0.27}Dy_{0.73}Fe_{1.95}$、$Sm_{0.88}Dy_{0.12}Fe_2$、$SmFe_2$ 等具有较高磁致伸缩性能的稀土-铁金属间化合物。

高分子黏结剂主要采用环氧树脂，也可以使用酚醛树脂、橡胶和热塑性树脂。黏结剂的种类、黏度系数和含量可以影响复合材料的磁致伸缩系数、极限频率、机电耦合系数、弹性模量及机械强度等性能。以环氧树脂黏结剂为例，环氧树脂的黏度系数越小，复合材料的磁致伸缩性能越好，机电耦合系数越小。随着环氧树脂含量的增加，复合材料的极限频率和抗拉强度提高，但是过高的环氧树脂含量会恶化复合材料的磁致伸缩性能。

磁致伸缩颗粒的形状和尺寸可以影响复合材料的磁致伸缩系数和极限频率。常用的 $Tb_{0.27}Dy_{0.73}Fe_{1.95}$ 颗粒形状有粒状、针状和块状。在一定颗粒尺寸范围内，随着颗粒尺寸的增大，复合材料的磁致伸缩性能提高、材料涡流损耗减小、极限频率提高，但是，复合材料的抗拉强度逐渐降低。粒子长径比的增大有利于提高复合材料的磁致伸缩性能。复合材料在制备过程中高分子黏结剂的黏度较大，内部的气孔排出困难，会导致复合材料中产生缺陷，从而降低材料的磁致伸缩性能。因此，在压制成型过程中，高分子黏结剂固化之前必须反复进行脱气，减少复合材料内部的气孔数量。

2. 切割黏结磁致伸缩复合材料

切割黏结磁致伸缩复合材料又称层状磁致伸缩复合材料，是利用高分子黏结剂将磁致伸缩材料薄片交替黏结形成的层状复合材料。按照磁致伸缩材料的加工方式，制备方法可以分为叠片式和灌注式两种。叠片式是将材料沿纵向切割成薄片状或条状，再逐层堆叠，每层之间利用高分子黏结剂黏结形成层状复合材料。图 7.34 为叠片式切割黏结磁致伸缩复合材料的结构示意图。灌注式是采用切割的办法对磁致伸缩棒进行切割，切割时在棒料中间留有圆形实心体，余下部分沿径向均匀切割出道缝，再将高分子黏结剂加压灌注切缝中，固化后形成层状复合材料。类似于颗粒黏结磁致伸缩复合材料，切割黏结磁致伸缩复合材料也具有较高的磁致伸缩性能。磁致伸缩薄片间的高分子黏结剂增大了复合材料的整体电阻率，

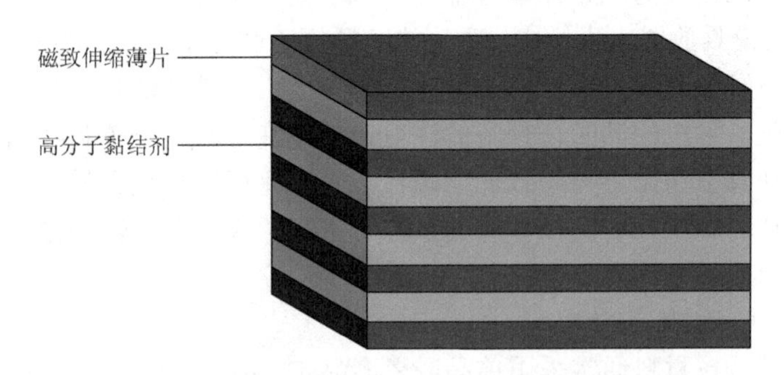

图 7.34　叠片式切割黏结磁致伸缩复合材料的结构示意图

降低了涡流损耗，提高了材料的高频性能。同时，高分子黏结剂也提高了材料的机械强度。

切割黏结磁致伸缩复合材料每层薄片间使用的高分子黏结剂没有磁致伸缩能力，在工作中会对伸长的磁致伸缩薄片产生压应力作用，该作用不同于磁致伸缩器件在工作时施加的预应力，会降低材料的整体磁致伸缩性能，因此在保证黏结效果的前提下高分子黏结剂的使用量应尽可能减少。对于切割加灌注方式加工的复合材料，切缝的减小将增加加工难度，需要在减少高分子黏结剂用量与降低加工难度两个方面综合考虑。另外，在叠片式复合材料的加工过程中，为减少高分子黏结剂中的孔洞，通常在固化的过程中对材料沿垂直于薄片的方向上施加一定大小的压应力。

7.3.6　磁致伸缩非晶合金

非晶态合金具有原子排列长程无序、短程有序的特殊微观结构，显示出独特的物理、力学、化学和磁学性能。磁致伸缩非晶材料主要采用前面介绍的熔体快淬法、吹铸法和深过冷快速凝固法等快速凝固法制备。较高的冷却速率使得磁致伸缩非晶材料主要以低维尺寸和形状出现，如薄带状、丝状或者粉末状。目前，成功开发出来的磁致伸缩非晶材料主要集中在Fe基合金体系。其中，$Fe_{65}Co_{15}P_{13}C_7$非晶合金丝带宽为0.8mm、厚为30μm。图7.35为该非晶合金丝带的磁致伸缩系数与磁场强度关系曲线，其中磁场方向沿着*a*轴方向施加。从图可知，当磁场强

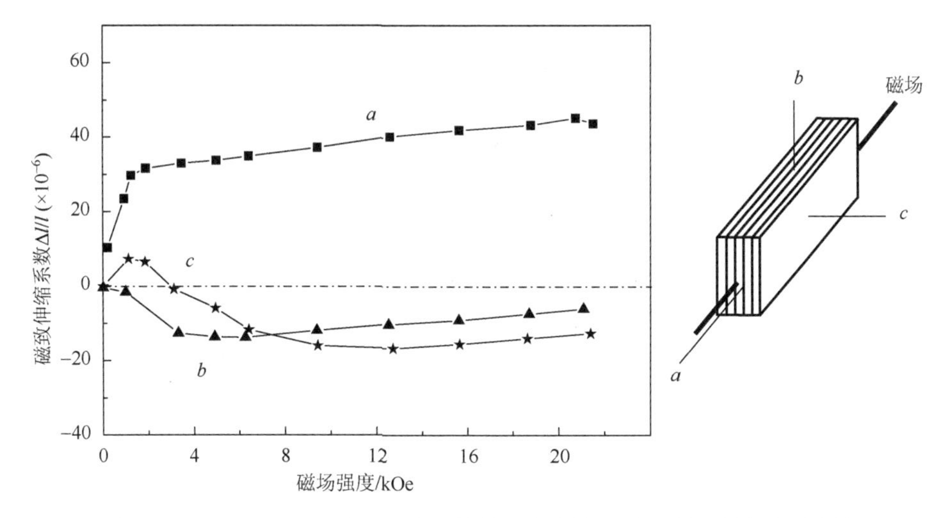

图7.35　$Fe_{65}Co_{15}P_{13}C_7$非晶合金丝带的磁致伸缩系数与磁场强度关系曲线

图中曲线分别对应示意图中样品的三个方向

度施加到 23kOe 时，非晶合金的磁致伸缩系数约为 45×10^{-6}。将稀土元素添加到 Fe 基非晶合金系中，将大幅提高非晶合金的磁致伸缩性能至 10^{-4} 数量级。图 7.36 为将稀土元素 Sm 和 Tb 分别添加到 Fe-B 系合金形成 $(SmFe_2)_{1-x}B_x$ 和 $(TbFe_2)_{1-x}B_x$

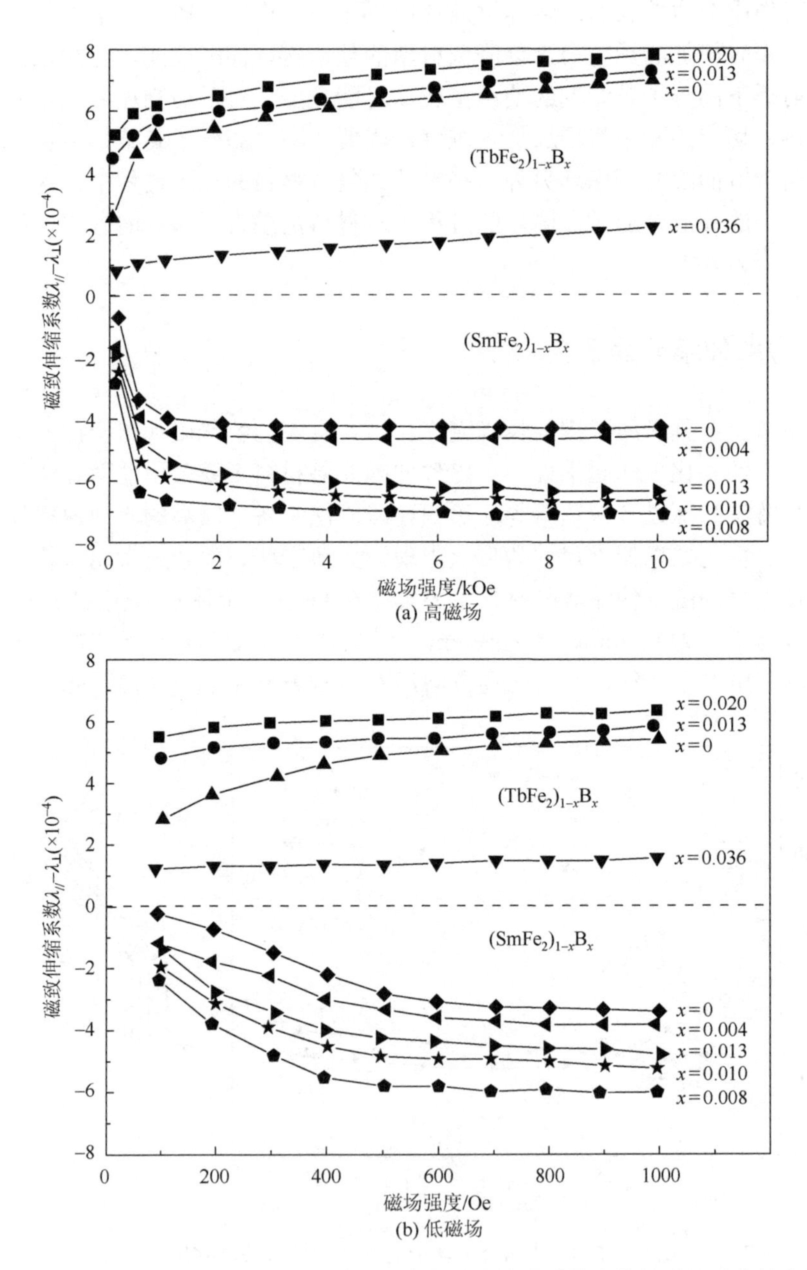

图 7.36　$(SmFe_2)_{1-x}B_x$ 和 $(TbFe_2)_{1-x}B_x$ 系非晶合金磁致伸缩系数随外部磁场强度的变化曲线

系非晶合金后，其磁致伸缩系数随外部磁场强度的变化曲线[13]。从图中可以看出在 300Oe 的磁场强度作用下，$(SmFe_2)_{0.992}B_{0.008}$ 的磁致伸缩系数为-490×10^{-6}，$(TbFe_2)_{0.980}B_{0.020}$ 的磁致伸缩系数为-600×10^{-6}。表 7.5 列出了不同 Fe 基合金系非晶丝带的磁致伸缩性能及其随合金成分变化的数据，其中丝带的尺寸为 10mm 宽，40μm 厚。

表 7.5 室温下各组分 Fe 基非晶丝带的磁致伸缩性能[13]

成分 a	λ（10^{-6}）	σ_x/(emu/g)	成分 a	λ（10^{-6}）	σ_x/(emu/g)
$Fe_{76}P_{15.6}C_{8.4}$	25.0	145.7	$Fe_{80}B_{20}$	31.9	170.7
$Fe_{80}P_{13}C_7$	30.0	156.4	$Fe_{78}Si_3B_{19}$	34.4	175.2
$Fe_{78}Cr_2P_{13}C_7$	23.0	136.8	$Fe_{75}Si_7B_{18}$	31.9	169.5
$Fe_{77}V_3P_{13}C_7$	21.6	133.0	$Fe_{80}Si_6B_6C_8$	32.0	172.3
$Fe_{76}Cr_4P_{13}C_7$	18.5	123.1	$Fe_{78}Si_6B_2C_{12}$	31.7	169.4
$Fe_{76}Mn_4P_{13}C_7$	21.1	131.7	$Fe_{78}Si_6B_8C_8$	31.4	171.2
$Fe_{76}Mo_4P_{13}C_7$	17.9	116.8	$Fe_{78}Si_6B_{16}$	37.6	174.2
$Fe_{76}Ti_4P_{13}C_7$	29.4	146.3	$Fe_{76}Ru_2Si_6B_{16}$	32.1	161.9
$Fe_{76}Al_4P_{13}C_7$	24.0	146.0	$Fe_{74}Ru_4Si_6B_{16}$	27.7	141.1
$Fe_{75}Si_5P_{13}C_7$	27.0	146.9	$Fe_{72}Ru_6Si_6B_{16}$	25.2	134.7
$Fe_{74}Cr_6P_{13}C_7$	13.6	105.6	$Fe_{70}Ru_8Si_6B_{16}$	21.9	123.8
$Fe_{74}Ru_6P_{13}C_7$	17.7	118.2	$Fe_{72}Cr_6Si_6B_{16}$	18.1	123.0
$Fe_{74}Cr_3Ru_3P_{13}C_7$	16.0	112.1	$Fe_{70}Cr_8Si_6B_{16}$	12.0	107.7
$Fe_{72}Cr_8P_{13}C_7$	10.0	90.4	$Fe_{68}Cr_{10}Si_6B_{16}$	6.6	77.9
$Fe_{72}Al_8P_{13}C_7$	20.3	135.0	$Fe_{68}Cr_{10}Si_{10}B_{12}$	7.3	80.9
$Fe_{72}Ru_8P_{13}C_7$	14.0	104.3	$Fe_{69}Cr_{10}Si_{10}B_{11}$	6.7	79.6
$Fe_{75}Al_8P_{11}C_6$	25.0	138.8	$Fe_{72}Cr_{10}Si_5B_{13}$	6.7	84.1
$Fe_{72}Al_{11}P_{11}C_6$	21.4	134.5	$Fe_{72}Cr_{10}Si_8B_{10}$	6.2	81,8
$Fe_{80}Cr_2P_{12}C_6$	25.0	145.3	$Fe_{80}P_{15}Si_5$	32.0	151.7
$Fe_{80}Mo_{15}Ge_5$	36.1	153.8	$Fe_{80}P_{10}Si_{10}$	27.9	156.8
$Fe_{80}P_{16}B_3C_1$	35.8	164.8			

a 表示原子百分数

7.3.7 磁致伸缩薄膜材料

块体磁致伸缩材料具有优异的磁学、力学、声学和热学等性能得到了广泛应用。但块体磁致伸缩材料也具有如下缺点和不足：①器件工作时需要对磁致伸缩材料施加预压力，造成装置结构复杂；②材料在交变磁场中工作产生涡流损耗，降低能量转换效率；③磁晶各向异性大。在保持块体材料磁致伸缩系数不显著改变的前提下，降低材料在单方向的尺寸形成二维薄膜材料，可以改善块体磁致伸缩材料的上述不足，拓宽磁致伸缩材料的应用领域。

1. *磁致伸缩薄膜材料的性能*

磁致伸缩薄膜材料是把磁致伸缩材料沉积在适当厚度的衬底材料上，再以悬臂梁或膜片的形式用于微型驱动器。当对其施加磁场时，薄膜因磁致伸缩效应会产生变形，带动基片进行偏转或弯曲，从而达到驱动目的。磁致伸缩薄膜材料具有如下优点：①强磁致伸缩效应；②高机电耦合系数；③较高的响应速度；④非接触式驱动。

按照薄膜材料的磁致伸缩特性和作用方式，可以将其分为：单层正磁致伸缩薄膜、单层负磁致伸缩薄膜，以及由正负磁致伸缩材料共同作用的双层正负磁致伸缩复合薄膜。其中正负磁致伸缩复合薄膜的磁致伸缩应变、能量密度及高频响应等性能优于单层薄膜。为进一步提高磁致伸缩材料的软磁特性和低场特性，还发展了磁致伸缩多层膜。多层膜一般是由磁致伸缩材料与其他软磁材料（如 Fe、FeNi、FeB、FeCo 等）交替沉积而成。不同膜层之间存在强烈的交换耦合作用，薄膜的平均饱和磁化强度提高，使得多层膜的饱和磁场大幅度减小，软磁性能得到明显改善。在现有的材料体系中，稀土-铁 RFe_2 型金属间化合物薄膜及其非晶薄膜不但磁致伸缩系数大、居里温度高，而且磁晶各向异性也小，最具有实际应用价值。图 7.37 为 Tb_xFe_{100-x} 合金薄膜的磁致伸缩系数与磁场强度关系曲线。当 $x = 33$ 时，薄膜的磁致伸缩系数最大；当 $x = 42$ 时，薄膜在低场下的磁致伸缩系数最大。图 7.38 为$(Tb_{1-y}Dy_y)_{42}Fe_{58}$ 合金薄膜的磁致伸缩系数与磁场强度关系曲线。当 $y = 0$ 时，合金薄膜的磁致伸缩系数最大；当 $y = 1.0$ 时，合金薄膜的磁致伸缩系数最小。图 7.39 为 Sm-Fe-B 合金薄膜的磁致伸缩系数与磁场强度关系曲线。当 Sm 的原子分数达到 36.8%，B 的原子分数达到 1%时，合金薄膜的磁致伸缩系数最大。

2. *磁致伸缩薄膜材料的制备*

目前均采用物理气相沉积法制备磁致伸缩薄膜材料，其基本原理如下：采用

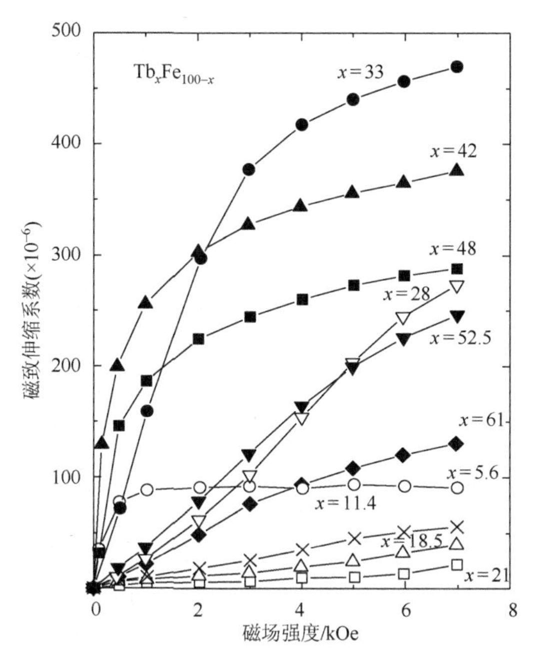

图 7.37　Tb_xFe_{100-x} 合金薄膜的磁致伸缩系数与磁场强度关系曲线

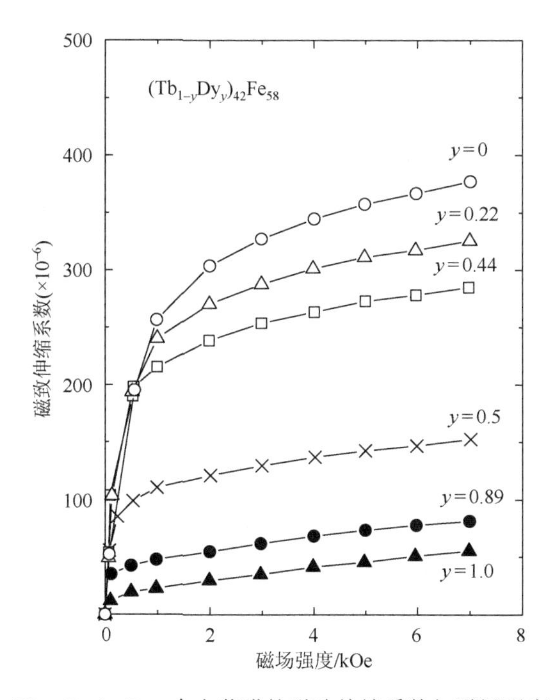

图 7.38　$(Tb_{1-y}Dy_y)_{42}Fe_{58}$ 合金薄膜的磁致伸缩系数与磁场强度关系曲线

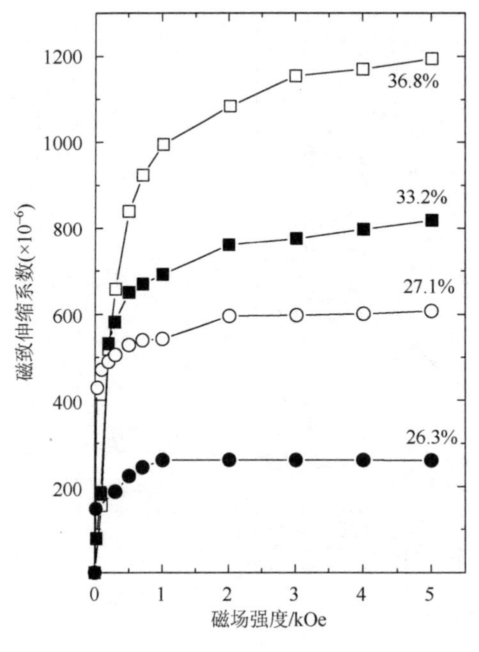

图 7.39 Sm-Fe-B 合金薄膜的磁致伸缩系数与磁场强度关系曲线

图中数字为 Sm 的原子分数

非磁性材料作为基片和块体磁致伸缩材料作为靶材，采用物理气相沉积法进行镀膜，在基片上形成具有磁致伸缩特性的薄膜材料。常用的衬底材料有单晶或多晶硅、玻璃、铜、聚合物等，按设计要求加工成数十至数百微米厚的薄片。采用的物理气相沉积法有（直流和射频）磁控溅射法、分子束外延法、离子束溅射法、离子镀法、闪蒸镀法等。其中，磁控溅射法是最常用的制备方法，靶材一般采用纯度高的真空熔炼靶材。在溅射磁致伸缩薄膜过程中，样品台可以采用水冷或者加热的方式来控制薄膜结构为晶态或非晶态，以及薄膜与衬底之间的结合力。为了避免薄膜的表面氧化，可以在其表面镀一层很薄的保护层。采用直流磁控溅射可以获得非晶态的 Tb-Dy-Fe 薄膜，经热处理后沿薄膜表面的易磁化方向表现出磁晶各向异性。

7.4 磁能-机械能能量转换技术与应用

磁致伸缩材料是高新技术产业中重要的功能材料之一，除了具有磁致伸缩性能好外，还具有输出功率大、能量密度高、响应速度快、居里温度高等特点[14]，作为磁能-机械能能量转换材料，性能远优于压电陶瓷等其他材料。其中，稀土-铁超磁致伸缩材料在军民两用高技术领域显示了广阔的应用前景，是 21 世纪军工与高新技术的重要战略材料。迄今已有 1000 多种超磁致伸缩材料器件问世，应用面涉及航空航天、国防军工、电子、机械、石油、纺织、医疗、农业等诸多领域。在国防军工及航空航天领域的应用，涉及水下舰艇移动通信、探/检测系统、声音模拟系统、航空飞行器、地面运载工具和武器等。在高精密控制方面的应用，涉及超精密机床、机器人、主动减震系统、线性马达、高速阀门、伺服阀、超声清洗、打孔、破碎、超声医疗器具、各种精密仪器、计算机光盘驱动器、打印机等。在超大规模集成电路的制作上，使用该材料制作精密定位系统，使集成电路成几十倍增加，体积大大缩小，对电子工业将产生深刻的影响。在民用方面，主要应用领域有照相机快门、编织驱动器、助听器、高保真喇叭、超声洗衣机、家用机器人等[3, 15-17]。

7.4.1　在精密致动器中的应用

精密致动器是精密加工、精密定位及精密测量的关键设备，具有行程小（一般小于毫米级）、精度高和灵敏度高等优点，广泛应用于精密阀门控制、精密流量控制和精密机床的进给系统等领域。

目前，功能材料驱动的致动器根据其驱动方式主要分为三种：①压电式致动器，该类型制动器理论研究及控制技术比较成熟，其位移分辨率和频响比较高，具有精度高、不发热、响应速度快等优点，因此应用广泛；但同时也存在输出力小、驱动电压高、位移范围比较小，尤其是压电叠堆在工作负荷下产生不规则应变和螺动导致漂移现象等缺点；②形状记忆合金式驱动器，该类型驱动器虽然变形量大，但它的响应速度较慢且变形不连续；③磁致伸缩式致动器，驱动器基于超磁致伸缩材料开发成，具有分辨率高（微米级）、响应速度快（微秒级）、输出力大、产生位移大、驱动电压低、传动无间隙、使用温度范围宽等优点，具有更广泛的应用前景。以下对磁致伸缩式致动器进行详细介绍。

典型的磁致伸缩式致动器结构如图 7.40 所示，主要由磁致伸缩棒、驱动线圈、预压机构、输出轴、偏置线圈及冷却机构等部分组成。有些磁致伸缩式微位移致动器还需要设置冷却系统。其工作原理为：驱动线圈中通入激励电流产生励磁磁

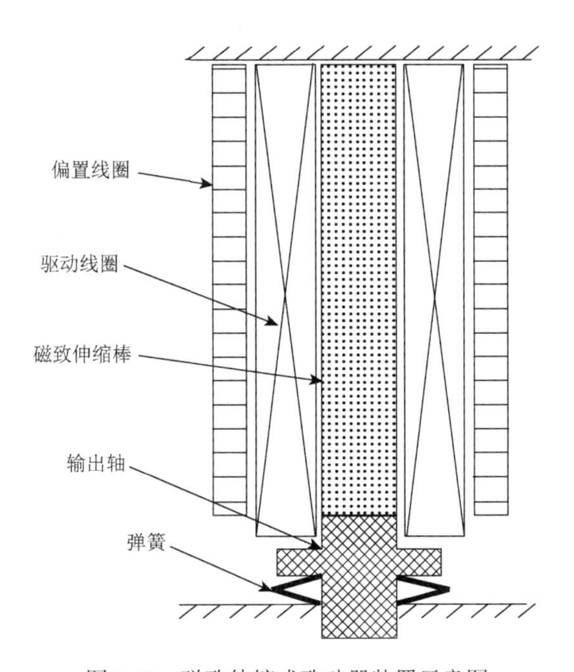

图 7.40　磁致伸缩式致动器装置示意图

场，磁致伸缩棒在磁场驱动下将磁能转换为机械能，通过变形推动输出轴产生所需的力和位移。

工作过程中，由输出轴、磁致伸缩棒、驱动线圈等组合成闭合磁路，以防止漏磁，提高驱动磁场的均匀性。驱动线圈的电流由电压信号控制功率驱动器提供。为了使磁致伸缩棒产生更大的轴向磁致伸缩应变，以增大位移和力的输出量，需要对磁致伸缩棒施加轴向预压力。同时，由于磁致伸缩材料为脆性材料，具有较高的抗压强度但抗拉强度较低，施加一定的预压力可以避免超磁致伸缩材料工作时受到拉伸作用。预压力由弹簧和输出轴组成的预压力组件施加，其中，预紧弹簧为棒提供轴向预压力，通过调整螺栓调整预压力大小。另外在材料磁致伸缩减小过程中，弹簧还用于促使顶杆回缩。偏置线圈可以给磁致伸缩棒施加一定强度的直流偏置磁场，使得磁致伸缩棒磁致变形输出处于线性区域，减小响应的不灵敏区。另外，磁致伸缩棒的磁致伸缩应变仅与励磁磁场的大小有关，而与励磁磁场的方向无关，因此施加一定强度的偏置磁场还可以使磁致伸缩棒处于极化状态，消除材料的“倍频现象”。为了简化设计，偏置磁场也可以采用永磁材料施加，但永磁材料产生的磁场强度恒定不变，无法像偏置线圈一样可以根据不同的工况进行调节。冷却机构主要用于控制磁致伸缩材料在工作过程中的温升，以减少温度变化对致动器控制性能的影响。

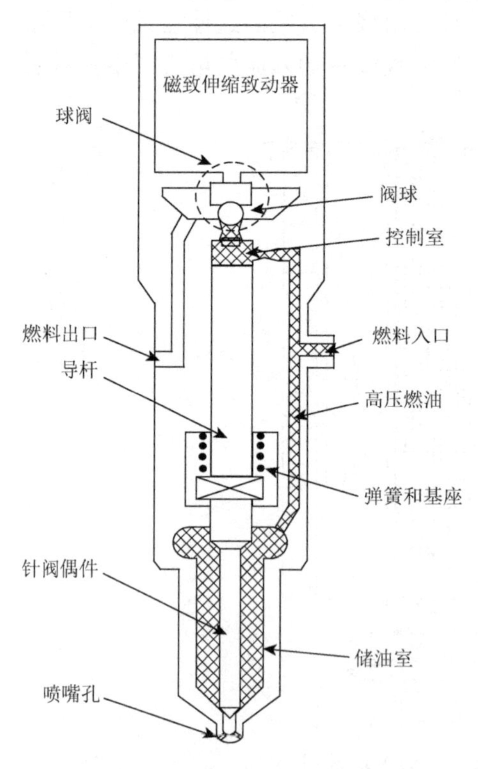

图 7.41　电控喷油器结构示意图

依据巨磁致伸缩材料响应速度快、输出应力大的特点，磁致伸缩式致动器可应用在新型驱动阀门和液压系统中。在驱动方式上，根据不同应用需求，可采用单个或多个巨磁致伸缩材料致动器，位移输出为直接驱动或位移放大式。

以磁致伸缩精密致动器为基础，通过其他机械转动机构及传感、检测和控制系统的合理设计，可以完成流量控制、燃料注入、电液伺服、光学调焦、纳米定位等多种精密动作。采用巨磁致伸缩材料开发的精密致动器显著提高了系统的输出功率、响应速度和控制精度。图 7.41 为以磁致伸缩驱动器为驱动单元的电控喷油器示意图。该电控喷油器由精密致动器、腔体、球阀、导杆系统、喷嘴等组成。在断电状态，致动器处于最大行程位置压迫阀球使球阀关闭，腔体内燃料的压力迫使喷油阀针关闭燃油流。当处于通电状态时，具有负磁致伸缩系数的控制棒动作使致动器处于最小行程位置使球阀开启，控制腔内的压力降低，高压燃油驱动针阀开启实现燃油喷射。该电控喷油器中致动器是系统的核心部分，高性能的磁致伸缩精密致动器可以实现对燃油喷射量的精密控制和瞬时控制，提高燃烧效率。

7.4.2　在换能器中的应用

广义地说，换能器就是将一种形式的能量转换成另一种形式能量的器件。通常，换能器包括储能元件和机械振动系统。按其物理效应的不同，可分为两大类：一类是由电-力效应形成换能器的器件，称为电场性换能器，如电容式、压电式、压电陶瓷式、高分子材料式、铁电反铁电相变式均属此类换能器；另一类是由磁-力效应形成换能器的器件，称为磁场性换能器，如电动式、电磁式、磁致伸缩式、超导电式、铁磁流体等均属此类换能器[18]。

磁-声换能器是将磁能转换为声能的一种换能器，可以在许多领域应用，如声呐、超声换能器、扬声器等。在超声波领域，超声换能器可应用于超声清洗、切割、焊接、加工、声化学、分散和浮化、医疗等方面。应用磁致伸缩材料制备的换能器，具有体积小、功率大、换能效率良好、可靠性高等优点。

1. 水声换能器

利用声波在水中进行观察和通信的设备称为水声换能设备，这个设备中产生发射和接收声波的器件称水声换能器，是声呐的核心部分。在陆地上或在水面上进行观察和通信时，目前普遍应用电子设备，如雷达、无线电广播、电视、电报、无线电话等。这些都是利用电磁波来传递信息的。但是在海水中，电磁波传播时衰减很快。而声信号在液体和固体中衰减很小，因而广泛应用于固体中的探测、通信、侦查等。

水声换能器发射的声波频率越低，声信号在水中的衰减就越小，传送的距离越远，同时频率低受潜艇涂层噪声的干扰也较小。为了提高声信号的分辨率，还要求换能器具有较宽的频带响应和多指向性。由于超磁致伸缩材料具有应变大、低频响应好、频带宽等特点，是制作大功率、低频、宽频带水声换能器的理想材料。因而，超磁致伸缩材料的最早应用是作为水声换能器的核心材料。水声换能器按照结构特点主要分为纵向振动型换能器、弯张型换能器和圆环型换能器。

纵向振动型换能器也被称为活塞型、夹心型、喇叭型或者 Tonpilz 型换能器。以 Tonpilz 型换能器为例，纵向振动型换能器主要由磁致伸缩棒、励磁线圈、前辐射头和后部的质量配重块组成，如图 7.42（a）所示。前辐射头通常由铝合金等轻金属制成，后部的质量配重块由铜合金等大质量金属制成。工作过程中，磁致伸缩棒在励磁线圈驱动下发生振动，产生的声波主要通过前辐射头向外辐射。前辐射头设计成喇叭状，以增加辐射面积，提高声波的发射效率。该类型水声换能器具有结构简单、机电转换效率高及单方向性的特点。以纵向换能器为基础，又开发了弯张型换能器和圆环型换能器。

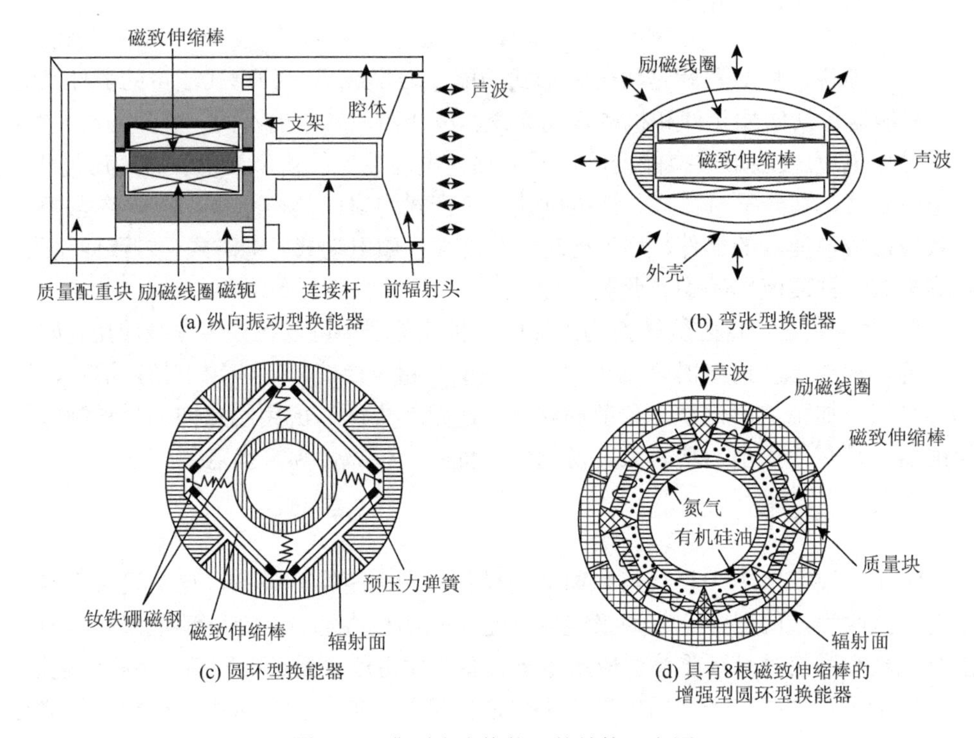

图 7.42　典型水声换能器的结构示意图

弯张型换能器主要由磁致伸缩棒、励磁线圈和壳体组成，如图 7.42（b）所示。同纵向振动型换能器的工作原理类似，磁致伸缩棒在励磁线圈的作用下产生振动源，但是由于弯曲形状的壳体同磁致伸缩棒具有硬连接，磁致伸缩棒的伸张振动会带动壳体产生弯曲振动，进而在换能器的周向产生声波辐射。另外，磁致伸缩材料产生的伸张振动和换能器壳体产生的弯曲振动耦合将振幅放大，可以获得更大的体积位移。根据壳体的形状不同，弯张型换能器又分为凸型、凹型和凸凹混合型。在工作时需要利用螺杆对壳体施加预压力。弯张型换能器具有结构紧凑、质量轻、频率低和功率大的特点。

圆环型换能器外形呈圆环状，它是将若干类似于纵向振动型换能器采用的磁致伸缩棒振动单元对称地串联在一起，外部与同振动单元数量相同的振动块错位连接共同组成圆环型换能器。如图 7.42（c）所示，由 4 个磁致伸缩棒振动单元和 4 个振动块共同组成了一个圆环型换能器，每个磁致伸缩棒由一个径向布置的弹簧提供预压力。圆环型换能器在工作时励磁线圈中的驱动电流以相同的位相励磁，使磁致伸缩棒产生纵向同步振动，推动振动块产生径向振动最终使换能器沿壳体径向发出具有多指向性的声波。对于圆环型换能器来说，可以通过增加磁致伸缩棒振动单元的数量来进一步提高水声换能器的性能。图 7.42（d）为海洋声学层析仪提供声源的换能器结构示意图。它是由 8 个超磁致伸缩棒驱动单元和 8 个分离的圆柱壳组成。这种结构具有将超磁致伸缩棒或其振子的位移放大 1.3 倍的功能。橡皮膜之间的空隙中充满有机硅油。圆柱中间有一个气体腔室，以减少该换能器的刚性和质量。用高压惰性气体充填腔室，以平衡周围海水的静压力。该设备可以在 15m 深度范围的水下开展工作，其谐振频率可以达到 236Hz，带宽在 3dB 下为 60Hz，最大声压级达到 190.5dB，电声转换效率约为 20%。

2. *超声转换器*

超声是频率高于两万赫兹的声波，属于振动状态的高频率传播。超声具有声束指向性好、声压声强大、传播距离远、穿透能力强等特点。另外，超声也可以在不同物质的界面处产生反射、透射、衍射等变化，具有显著的力学、热学和化学效应。例如，超声能在被作用的媒质质点间产生振动、加速度冲击和剪切等力效应；被作用物质由于吸收声能引起自身温度升高可以产生局部或整体加热的热效应；超声也会改变化学反应的发生条件、反应时间、反应效率及诱发新型化学反应。基于上述特点和效应，超声可以被分为检测超声和功率超声两种类型。检测超声可以用来进行材料的信息探测和采集，频率较高在 0.25～15MHz，功率较小对被检测材料没有破坏性。功率超声主要利用超声的振动能量对物体进行加工和处理。用超磁致伸缩材料制造的大功率超声换能器，在清洗、加工、破碎、焊接、除垢、分离、降解、探测、医疗等方面具有广泛的应用前景。

如图 7.43 所示，以磁致伸缩材料作为驱动元件的超声换能器主要由以下几部分组成：线圈组件、磁致伸缩棒、预压力装置、波导杆和壳体等。通常该类超声换能器还需要有冷却装置。超声换能器的工作原理为：在驱动线圈中通入交变电流产生驱动磁场，驱动磁场驱动磁致伸缩棒沿轴向产生周期性的伸长和缩短，磁致伸缩棒带动波导杆产生振动向外输出超声波。在工作过程中，偏置线圈中同时通入直流电流，产生偏置磁场抑制倍频现象的产生，使磁致伸缩棒在线性范围内工作。预压力装置对磁致伸缩棒施加预压力。当驱动线圈中通入高频电流时，在磁致伸缩棒中将感生涡流进而产生大量焦耳热，大大限制了磁致伸缩材料的驱动性能。因此，用稀土-铁超磁致伸缩材料作为驱动元件的大功率超声换能器，驱动元件常采用薄片叠层的方法制成（也有采用磁致伸缩颗粒/树脂基复合材料），以最大程度减小涡流效应造成的影响，提高换能器的工作频率。另外，大功率超声换能器在工作过程中，除了涡流，磁滞、线路电阻及机械阻尼也会引起换能器发热，合理设置冷却系统可以提高换能器的工作温度范围，提高工作稳定性。

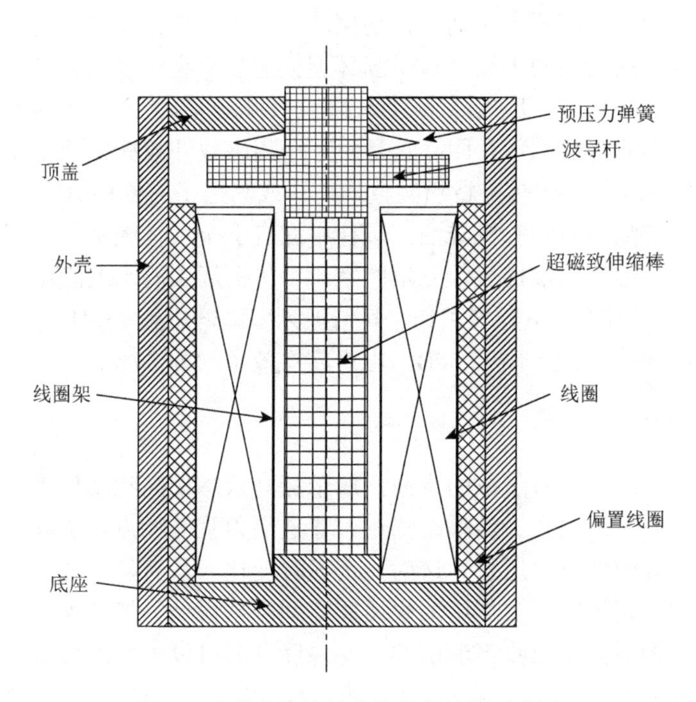

图 7.43　磁致伸缩超声换能器结构示意图

美国 Etrema 公司研发的 CU18A 磁致伸缩超声换能器，其额定电压为 250V，额定电流为 10A，采用风冷的冷却方式，通入 4.1×10^5Pa 冷空气，可承受的最高温度为 150℃，正常工作温度范围 0～100℃，内部设有温度保护装置；使用频率为 15～20kHz，最佳谐振频率为 18kHz，轴向载荷为 8500N，输出振幅为 6～10μm；其可以用于超声焊头驱动、微位移定位等。

7.4.3　在动力输出领域的应用

利用稀土超磁致伸缩材料的高能量密度这一特性，可制作大功率微型马达动力输出装置。与传统的电磁马达或压电超声波马达相比，超磁致伸缩马达的体积很小，而且输出力大、控制精度高。微型马达主要有步进式和椭圆模态驱动式马达，其中步进式马达又是由一种尺蠖式马达发展而来的。

尺蠖式马达利用超磁致伸缩棒作为驱动元件，是世界上第一台超磁致伸缩马达。当线圈通入电流并且位置发生变化时，超磁致伸缩棒交替伸缩，像虫子一样蠕动前进，故称为尺蠖式马达[19]，见图 7.44。到了 20 世纪 90 年代初，在尺蠖式马达蠕动原理的基础上，开发出了转动步进式马达。

椭圆模态运动的稀土超磁致伸缩马达工作效率比较低，这是定子运动到椭圆轨道下半部分时，作空载回程运动，因而不能推动转子运动所致。新型超磁致伸缩马达解决了这一问题，该马达的定子由一个环和两个 Terfenol-D 线性驱动器构成。其中结构相同的稀土超磁致伸缩材料驱动器 a 和 b 相隔 90°，均匀分布于定子外圆周上。当 a 和 b 的驱动器电压相位差为 90°时，定子将做半径为 L 的圆周平动，最后通过定子和转子间的接触摩擦力推动转子运动。

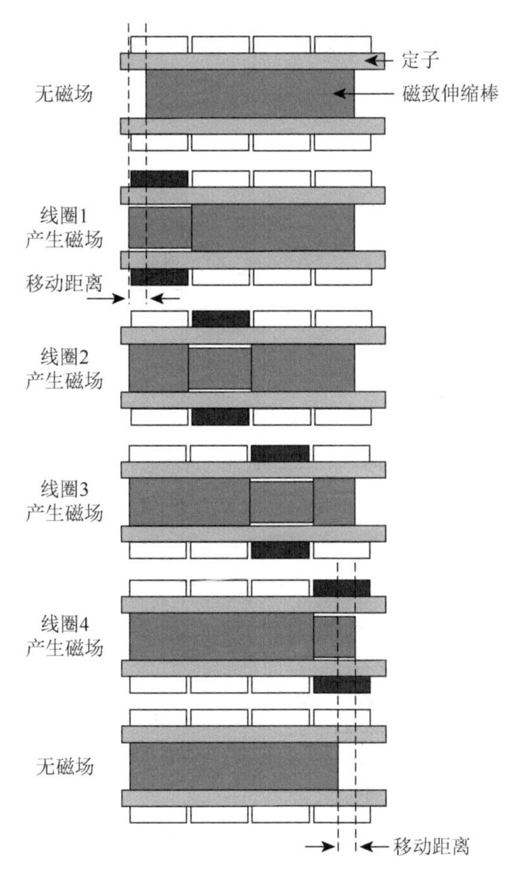

图 7.44　尺蠖式马达结构示意图

黑色的长方形代表通电的励磁线圈，
白色长方形代表未通电的励磁线圈

7.4.4　在其他领域中的应用

利用磁致伸缩薄膜开发出了双金属片层式磁致伸缩悬臂梁（图 7.45）。基片厚为 3μm，由商用的厚为 7.5μm 的聚酰亚胺薄膜用氧气进行反应性离子蚀刻而成，这种材料的弹性模量小、热稳定性高。基片上层采用射频磁控溅射法制备 1μm 的 TbFe 薄膜（$\lambda > 0$），下层采用同厚度的 SmFe 薄膜（$\lambda < 0$）。该结构的动作原理如图 7.46 所示。悬臂梁长度方向外加磁场时，产生正磁致伸缩的 TbFe 薄膜便伸长，而产生负磁致伸缩的 SmFe 薄膜会缩短，悬臂梁的未固定端便向下弯曲产生位移 δ 。当在横向施加磁场时，悬臂梁则向上弯曲产生位移 δ 。这是一种典型的磁致伸缩薄膜驱动方式，具有以下优点：①将具有正磁致伸缩效应和负磁致伸缩效应的材料结合在一起可得到较大的变形；②可实现由外部磁场进行非接触式驱动；③结构简单，便于制造。

超磁致伸缩薄膜材料的应变大、频响快、滞后小且驱动场低，因此被应用于线性超声微马达中，其结构如图 7.47 所示。超磁致伸缩薄膜线性超声微马达由硅基片和具有正磁致伸缩效应的 TbFe 薄膜制成，其中 TbFe 薄膜厚 13μm。当偏置磁场大小为 30mT，外加频率约为 750Hz，大小为 15mT 的驱动磁场时，这种线性马达的步进速度可达 3mm/s[20]。

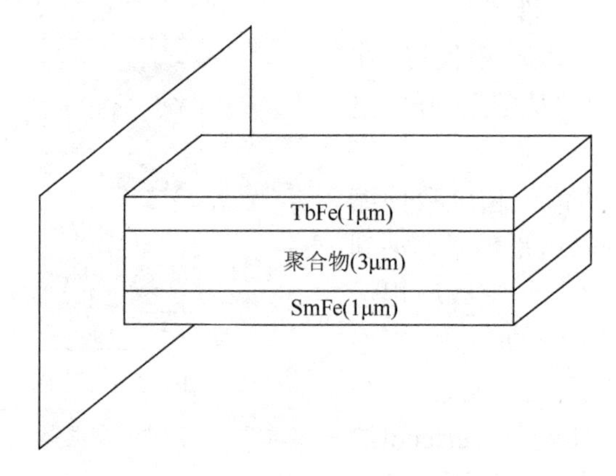

图 7.45　双金属片层式磁致伸缩悬梁臂结构示意图

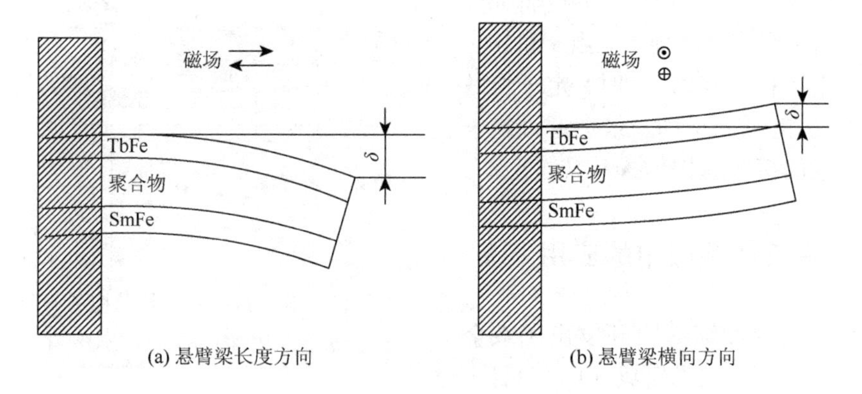

图 7.46　双金属片层式磁致伸缩悬梁臂结构驱动动作示意图

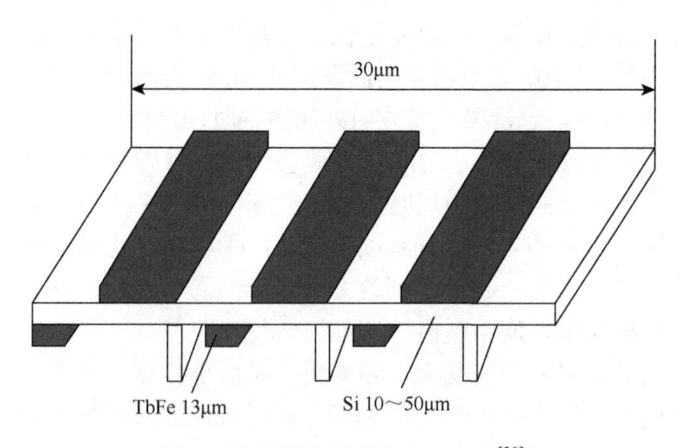

图 7.47　线性超声微马达示意图[20]

磁致伸缩薄膜还可应用于微型行走机械中。随着微型化的发展，行走机械的能源供给问题现在还没有有效的解决方法，并成为开发微型行走机械的难关。该能源供给问题的一个解决方法，便是利用非接触式驱动的磁致伸缩微驱动元件。它的工作原理是，利用外加磁场与行走机械共振，来大幅度地提高机构的行走速度。图 7.48 为微型行走机械的截面图[21]，在厚为 7.5μm 的聚酰亚胺基片上、下各镀一层 1μm 的分别具有正、负磁致伸缩效应的磁致伸缩薄膜。基片两端是倾斜的“腿”，用来支撑和行走。此微型行走机械可向前或向后运动。当外加磁场强度为 40kA/m，激励频率为 70Hz 时，其向前行走的速度能达到 65mm/s。该行走机械不仅可在管道中，还可在平面上、水中、天棚上行走。

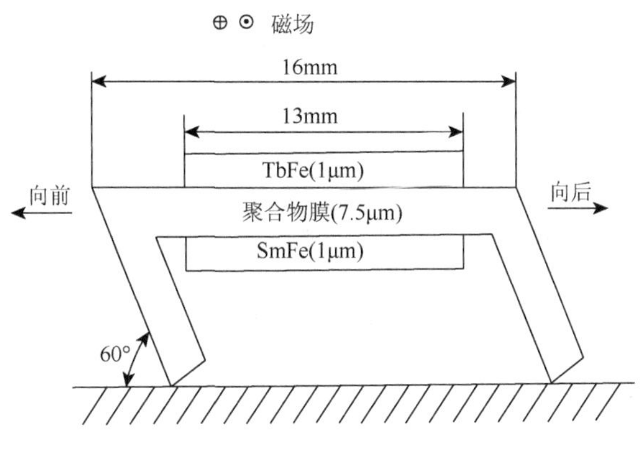

图 7.48　微型行走机械的截面图[21]

目前，对包括微管道、微阀、微流量计、微泵等元件的微流量控制系统的研究已成为微机械研究的热点之一。而薄膜型磁致伸缩微执行器的出现，又为微流体元件的驱动提供了新方法。图 7.49 所示的是一种悬臂梁式磁致伸缩微型阀，

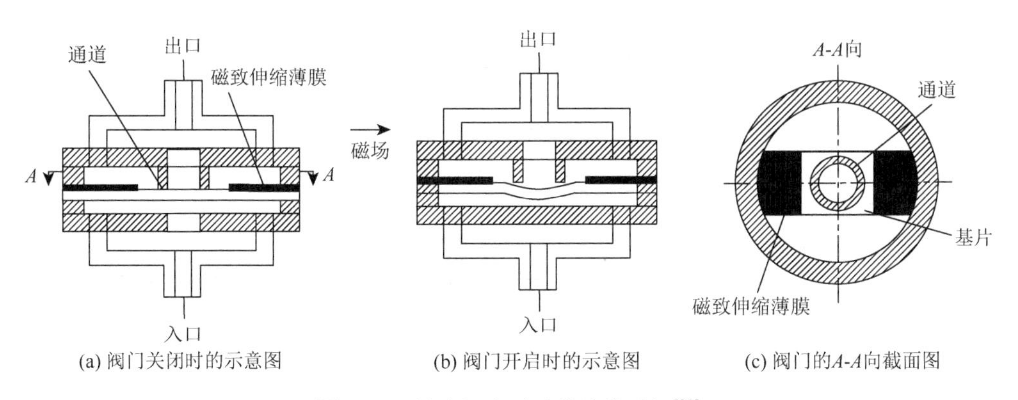

图 7.49　悬臂梁式磁致伸缩微型阀[22]

图 7.49（a）和（b）分别为阀门关闭和开启时的示意图，图 7.49（c）为阀门的 *A-A* 向截面图。

当阀门关闭时，通道口与镀有磁致伸缩薄膜的基片紧紧相接，液体在连通的上下两个腔体中同时存在但并不能外流。当有外加磁场时，磁致伸缩薄膜发生形变从而使基片产生弯曲，这时通道口与基片相分离，液体便从上腔经过出口流出，当外磁感应强度为 30mT 时阀门产生最大开口量，驱动磁场较以往设计的执行器大大减小。悬臂梁上镀层与非镀层的尺寸结构对变形有很大影响。目前，磁致伸缩薄膜已经应用于微型泵中，当频率在 2kHz 时最大流量为 10μL/min，出口压力可达 100Pa。

参 考 文 献

[1] 周寿增，高学绪. 磁致伸缩材料. 北京：冶金工业出版社，2017

[2] 王博文，黄淑瑛，黄文美. 磁致伸缩材料与器件. 北京：冶金工业出版社，2008

[3] 杨大智. 智能材料与智能系统. 天津：天津大学出版社，2000

[4] 姚占全. 稀土掺杂 Fe-Ga 合金的制备、结构与磁致伸缩性能研究. 呼和浩特：内蒙古工业大学，2014

[5] 宛德福. 磁性理论及其应用. 武汉：华中理工大学出版社，1996

[6] Slater J C. Atomic shielding constants. Physical Review，1930，36（1）：57-64

[7] Azumi K，Goldman J E. Volume magnetostriction in nickel and the bethe-slater interaction curve. Physical Review，1954，93（3）：630-631

[8] Engdahl G. Handbook of Giant Magnetostrictive Materials. Salt Lake City：Academic Press，2000

[9] Clark A E，Wun-Fogle M，Restorff J B，et al. Magnetomechanical properties of single crystal Tb_xDy_{1-x} under compressive stress. IEEE Transactions on Magnetics，1992，28（5）：3156-3158

[10] Koon N C，Schindler A I，Carter F L. Giant magnetostriction in cubic rare earth-iron compounds of the type RFe_2. Physics Letters，1971，37A（5）：413-414

[11] 田民波. 磁性材料. 北京：清华大学出版社，2001

[12] Bozorth R M，Tilden E F，Williams A J. Anisotropy and magnetostriction of some ferrites. Physical Review，1955，99（6）：1788-1798

[13] Fujimori H，Kim J Y，Suzuki S，et al. Huge magnetostriction of amorphous bulk（Sm，Tb）Fe_2-B with low exciting fields. Journal of Magnetism & Magnetic Materials，1993，124（1-2）：115-118

[14] 张成明. 超磁致伸缩致动器的电-磁-热基础理论研究与应用. 哈尔滨：哈尔滨工业大学，2013

[15] Dapino M J. On magnetostrictive materials and their use in smart material transducer. Structural Engineering and Mechanics，2004，17（3-4）：303-329

[16] Engdahl G，Bright C B. Device Application Examples. San Diego：Academic Press，2000

[17] Claeyssen F，Lhermet N，Letty R L，et al. Actuators，transducers and motors based on giant magnetostrictive materials. Journal of Alloys & Compounds，1997，258（1）：61-73

[18] 贺西平. 稀土超磁致伸缩换能器. 北京：科学出版社，2006

[19] Snoek J L. Volume magnetostriction of iron and nickel. Physica，1937，4（9）：853-862

[20] Quandt E. Giant magnetostrictive thin film materials and applications. Journal of Alloys & Compounds，1997，

258（1-2）：126-132

[21] Honda T，Arai K I. Basic properties of a walking micromechanism using magnetostrictive thin films. Journal of the Magnetics Society of Japan，1996，（20）：537-540

[22] Quandt E，Seemann K. Fabrication and simulation of magnetostrictive thin-film actuators. Sensors & Actuators a Physical，1995，50（1）：105-109

第 8 章　其他能量转换材料与技术

其他能量转换材料还包括将光能转换成化学能的光催化材料、将磁能转换成热能的磁热材料，以及将相变能转换成热能的相变储能材料。本章将阐述这几种能量转换材料与技术。

8.1　光能-化学能能量转换材料与技术

8.1.1　概念及发展历程

工业的飞速发展在带来经济快速增长的同时，也产生了很多问题。例如，废渣、废气和废液等工业“三废”的排放量逐年增加，对环境造成的污染日益严重。在治理环境污染特别是水污染方面，传统上采用的废液处理技术基本上都属于物理分离过程，如沉降、絮凝、过滤、吸附等。这类过程具有工艺成熟、易于大规模工业化应用等优点。然而，这类过程只是将污染物从一相转移到另外一相中，或是将污染物分离浓缩，并且通常不可避免地产生废料或二次污染。近年来，有关污染物治理研究方面已逐步从物理分离法转向化学转化法，即化学反应使污染物降解而实现无害化。

光催化是指光催化剂在光照下产生光生电子和光生空穴，从而具有还原和氧化能力，使催化剂上的物质发生氧化还原反应，实现光能向化学能的转换。光催化技术是近年来日益受到重视的污染物处理新技术。光催化过程一般采用半导体材料作为光催化剂，在太阳光的照射下，价带电子会被激发到导带上，从而产生光生电子-空穴对，这些电子-空穴对迁移到光催化材料表面后产生活性自由基，它们能使污染物氧化分解。光催化剂是一种在光的照射下，自身不起变化，却可以促使与之接触的物质发生化学反应的材料。它将自然界存在的光能转换为化学能来进行催化作用，使吸附于自身的氧气及水分子生成具有极强氧化性的自由基，这些自由基几乎可降解所有对人体和环境有害的有机物及部分无机物，并且不会造成资源浪费与附加污染。

由于是借助光的力量促进氧化分解反应，因此人们将这类材料称为光触媒。在废水中的各类污染物中，有机物是最主要的一类。美国环境保护署公布的 129 种基本污染物中，有 114 种为有机物，而且均已被尝试采用光催化技术进行分解。

光催化在废水有机污染物治理方面有良好的应用前景。另外，由于光催化反应过程中能够产生强氧化活性基团，也可以运用于抗菌、除臭、防霉、防藻等领域，拓宽了光催化的应用范围。光催化技术除在环境保护方面的应用之外，其在能源方面也具有广阔的应用前景。1972 年，日本东京大学 Fujishima 和 Honda 发现，水中二氧化钛电极受到紫外光照射时，水可以被分解为氧气和氢气，这一现象被命名为“本多-藤岛效应”。这说明利用太阳的紫外光可以实现清洁能源氢能的制备，实现太阳能的转化和利用，这对于解决化石能源的短缺具有重要的应用价值。

光催化技术具有工艺简单、能耗低、易于控制、材料易得、降解彻底和无二次污染等特点，被认为是具有良好发展前景的环保新技术，在水质、土壤和大气污染治理等方面展现出了广泛的应用前景。美国、日本、欧盟等国家和地区投入巨资建立了专门的研究中心进行光催化方面的基础研究和应用开发。总之，光催化技术被认为是 21 世纪最重要的科学技术之一，在解决环境和能源方面有着重要的应用前景。

8.1.2　光能-化学能转换原理及特征参数

光催化反应始于光的激发，激发光源的波长一般位于紫外（$1nm < \lambda \leqslant 380nm$）和可见光区（$380nm < \lambda < 780nm$），在实验室中，通常采用氙灯、汞灯或激光作为光催化反应的光源。当光源辐射的能量大于或等于光催化半导体材料的带隙时，光生电子由价带跃迁到导带，其结果是产生了大量电子-空穴对。光生电子和光生空穴通常经历图 8.1 所示的Ⅰ、Ⅱ、Ⅲ、Ⅳ四个反应途径。途径Ⅰ：电子和空穴迁移至光催化材料表面发生复合；途径Ⅱ：电子和空穴在光催化材料的体内发生复合；途径Ⅲ：电子迁移至材料表面并且还原一个电子受体（在含有空气的水溶

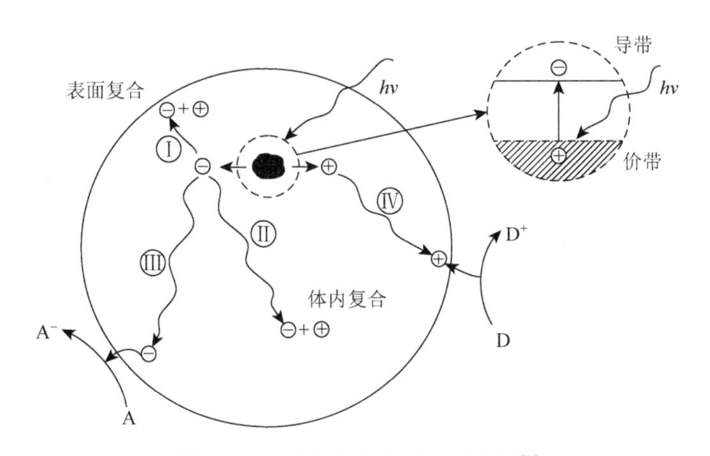

图 8.1　半导体光催化原理示意图[1]

液中通常是氧气）；途径Ⅳ：空穴迁移至材料表面并且与电子给体结合，使其氧化。电子和空穴的迁移和复合是一个竞争的过程，只有迁移到材料表面的电子和空穴才能参与光催化反应，即途径Ⅲ和Ⅳ，而电子-空穴对的复合（途径Ⅰ和Ⅱ）导致其以热能或其他形式能量散发掉，这不利于光催化反应的进行。

对光催化反应来说，光生空穴（或电子）的捕获并与电子给体（或受体）发生作用才会起到催化效果。对于光生电子和空穴来说，载流子迁移的速率和概率取决于光催化材料导带和价带的能量及吸附材料的氧化还原电位。光催化氧化还原反应发生的基本要求是：半导体的导带电位比受体电位更低，半导体的价带电位要比给体电位更高。只有这样，半导体被激发产生的光生电子或空穴才能传递给基态的吸附材料。

量子效率（φ）是用于表征光催化剂活性的重要参数，它描述光化学反应过程中光子利用程度。即在给定波长下，消耗反应物的分子数或者产物的分子数与光催化剂吸收的给定波长的光子数之比，可以表示为

$$\varphi = \frac{N_{\mathrm{m}}}{N_{h\nu}} \tag{8.1}$$

式中，N_{m}——消耗反应物的分子数或者产物的分子数；

$N_{h\nu}$——光催化剂吸收的给定波长的光子数。

通常，量子效率会以速率的形式给出，如式（8.2）所示，分子表示反应速率，分母表示光子的吸收速率。

$$\varphi = \frac{\mathrm{d}N_{\mathrm{m}} / \mathrm{d}t}{\mathrm{d}N_{h\nu} / \mathrm{d}t} \tag{8.2}$$

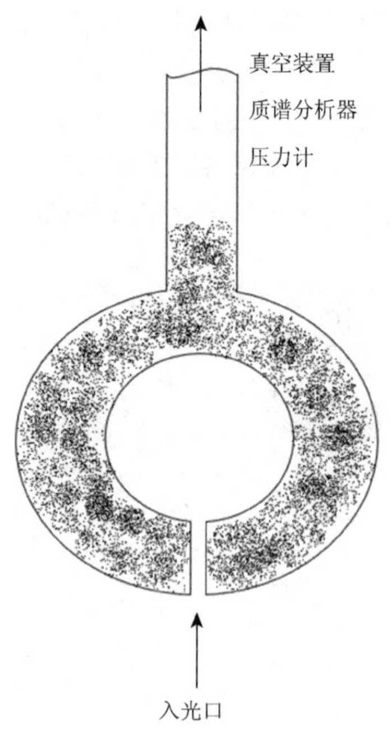

图 8.2　黑体反应器结构示意图

黑体反应器可用于测量气-固异质系统中光化学反应的量子效率，其结构示意如图 8.2 所示，具有特定波长的光束通过一个细小的入射窗口（直径约为 2mm）射入内部的球形区域（直径约为 25mm），反应器的内壁与外壁之间的空间（3～5mm 厚）用光催化剂粉末进行填充。由于具有很高的光学密度，粉末层的透光率可以假设为零。同样，由于入射窗口的面积相对于反应器内腔的面积很小，通过窗口反射出去的光也可以假设为零。射入内部的光束经过多次反射后，最终被光催化剂吸收。因此，通过测量反应速率和入射窗口的光束强度就可以确定光化学反应的量子效率。这种方法成功地应用于测量氧、氢，以及甲烷在 ZnO 和 TiO_2 及其他金属氧化物上光激发吸附的量子效率，见表 8.1。

表 8.1　氧、氢及甲烷在金属氧化物上光激发吸附的量子效率[2]

金属氧化物	带隙/eV	比表面积/(m^2/g)	φ_{max}（$h\nu_{max}$ /eV）		
			O_2	H_2	CH_4
TiO_2（金红石）	3	10	0.0065（4.08）	0.014（2.95）	0.062（4.42）
ZnO	3.37	5	0.56（2.87）	—	0.97（3.24）
ZrO_2	5	7	0.043（4.60）	0.041（4.84）	0.045（4.83）
Sc_2O_3	5.4	9	0.016（3.43）	0.039（3.64）	0.0077（4.72）
MgO	8.7	50	0.015（4.62）	0.074（4.46）	0.029（4.62）
CaO	7.5	25	0.0025（4.24）	0.0036（4.09）	0.002 75（4.12）
Bi_2O_3	3.2	—	0.056（3.94）	—	—
CeO_2	3.4	—	0.043（3.91）	0.024（3.91）	0.038（3.91）
Ga_2O_3	4.4	10	0.031（4.14）	—	—
In_2O_3	3.1	—	—	—	0.019（2.48）
Nb_2O_5	3.3	3.5	—	0.0077（2.87）	0.046（2.81）
Y_2O_3	5.5	11	—	0.011（4.16）	0.023（4.16）

8.1.3　光能-化学能能量转换材料

光催化材料的种类很多，按材料的组成可分为无机和有机光催化材料。无机光催化材料中以金属氧化物、硫化物为主，广泛研究的半导体光催化材料大多数都属于 n 型半导体化合物，如 CdS、SnO_2、TiO_2 等。一些新型光催化材料也先后被发现，如 $BiVO_4$、Bi_2WO_6 等三元氧化物。有机光催化材料主要是线型共轭聚合物、*C*, *N*-基聚合物等聚合物。下面分别进行介绍。

1. 二元氧化物

1）TiO_2

TiO_2 作为一种光催化材料具有以下优点：来源丰富、成本低、耐酸碱性好、化学性质稳定、对生物体无毒性、光电性能优异[10, 11]。另外，TiO_2 带隙较大，产生光生电子和空穴的电位高，导致其具有很强的氧化性和还原性。除此之外，TiO_2 为白色粉末，根据需要，可制成白色或无色块体和薄膜，能够满足很多实际应用需要。所以，TiO_2 是目前应用最广泛的光催化材料，也是最具有开发前景的绿色环保型光催化材料。然而，TiO_2 存在着可见光吸收利用率低和光催化活性低的问题，在实际应用方面特别是在处理重度污染物方面面临很大的挑战。所以，实现 TiO_2 的可见光响应，降低其光生电子和空穴复合率，提高 TiO_2 光催化活性成为目前光催化领域的研究热点。

实现 TiO_2 可见光光催化和提高光催化活性主要有以下 4 种方法。

（1）表面光敏化。

将光活性化合物化学吸附或物理吸附于光催化剂 TiO_2 表面，从而拓宽激发波长范围，实现可见光响应，这一过程称为催化剂表面光敏化作用。常用的光敏化剂有赤藓红 B、曙红 Y、亚甲基蓝和罗丹明 B（RhB）等染料分子，以及一些聚合物，如聚对苯二甲酸乙二醇酯（PET）等。这些光活性物质在可见光照射下有较大的激发因子，能有效地被可见光激发，只要活性物质的激发态电位比 TiO_2 的导带电位更低，就有可能将光生电子转移到 TiO_2 的导带上，从而实现可见光响应，电子转移过程如图 8.3 所示。

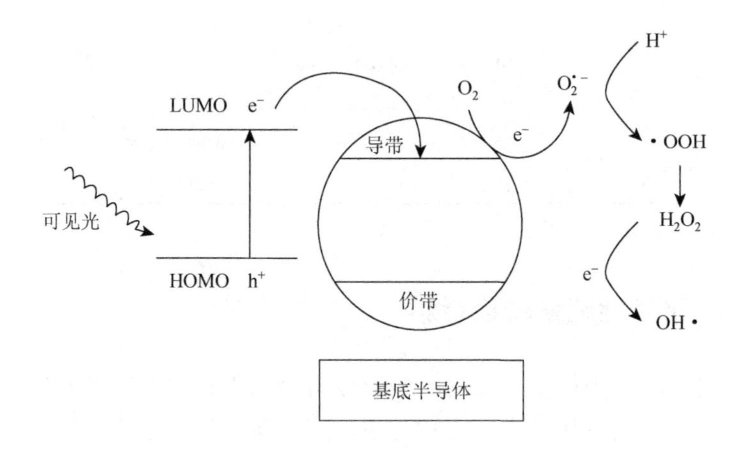

图 8.3　表面光敏化光催化材料电子迁移示意图

（2）离子掺杂。

掺杂非金属离子和金属离子，实现对 TiO_2 能带结构的调整，使其能够吸收利用可见光。常用的掺杂金属元素有 Fe、V、La、Ce、Mo 等，非金属元素有 N、C、F、S 等。其中，N 掺杂的研究最多，因为 N 与 TiO_2 中的 O 原子半径、电负性都比较相近，N 原子容易取代 TiO_2 中的 O 原子，形成了 Ti—N 键，从而在 TiO_2 带隙间产生一个能够吸收可见光的附加能级 N2p 态。N2p 态能和 TiO_2 中的 O2p 态充分重叠杂化，保证了光生载流子在它们的寿命周期内能到达 TiO_2 表面进行反应。因此，N 掺杂 TiO_2 可实现对可见光的吸收，表现出可见光光催化活性。

（3）贵金属沉积。

表面沉积贵金属被认为是一种可以捕获光生电子的有效方法，它是通过改变体系中的电子分布来影响 TiO_2 的表面性质，进而改善 TiO_2 的光电特性。这是由于贵金属的费米能级比 TiO_2 低，TiO_2 表面的电子会自发向贵金属团簇迁移产生富集，从而抑制 TiO_2 光生电子与空穴的复合，提高 TiO_2 的光催化效率，如图 8.4 所示。常见的被用来沉积在 TiO_2 表面的贵金属包括 Ag、Pd、Pt、Rh、Au 等。

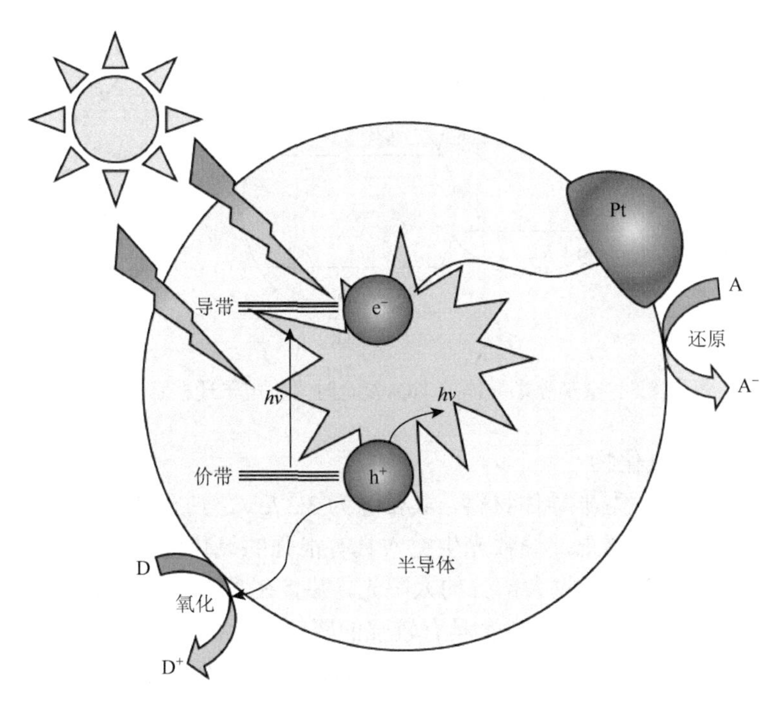

图 8.4　贵金属 Pt 沉积半导体材料实现光生电子-空穴对分离的示意图[3]

（4）复合半导体。

复合半导体一般分为半导体/绝缘体复合及半导体/半导体复合。与 TiO_2 复合的常见绝缘体包括 Al_2O_3、SiO_2 等，这些绝缘体大多起载体作用。TiO_2 负载于这些适当的载体后，可获得较大的表面积和适当的孔结构，并具有一定的机械强度。另外，载体与 TiO_2 之间的相互作用也可能产生一些特殊的性能。例如，由于不同金属离子的配位及电负性不同，而产生过剩电荷，增加 TiO_2 吸引质子或电子的能力等，从而提高 TiO_2 的催化活性。在半导体/半导体复合体系中，两种半导体之间的能级差可以使光生电子和空穴有效分离。常用来与 TiO_2 复合的半导体材料有 ZnO、SnO_2、CdS、WO_3、Bi_2MoO_6、PbS、CdSe 等。在这些半导体中，窄带隙半导体受到了更多的关注，是因为它与 TiO_2 复合后不仅可以实现对可见光的响应，而且能通过促进光生电子和空穴的分离提高催化活性。图 8.5 为窄带隙半导体与 TiO_2 复合时光生电子迁移示意图。要实现光生电子的迁移，必须考虑窄带隙半导体与 TiO_2 的导带、价带电位。以 CdS 为例，其导带和价带电位分别为−0.52V（与标准氢电极对比，下同）和 + 1.88V，而 TiO_2 的导带、价带电位分别为−0.29V

和 + 2.91V。可见，CdS 的导带电位比 TiO_2 的更负，能实现 CdS 的光生电子向 TiO_2 导带的迁移，从而达到了光生电子-空穴对分离的目的，导致光催化活性的提高。

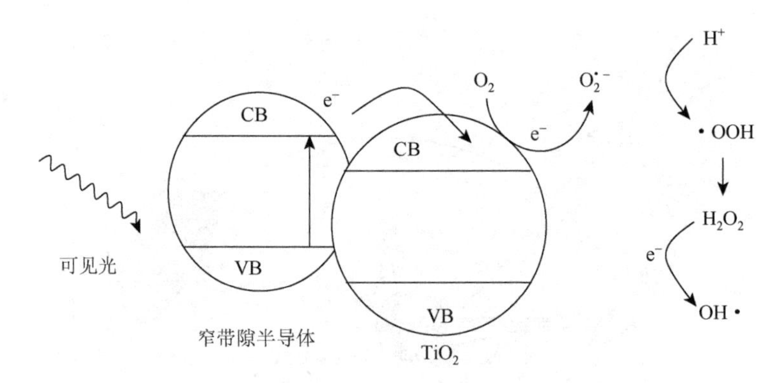

图 8.5 窄带隙半导体与 TiO_2 复合时光生电子迁移示意图

2）其他二元氧化物

ZnO 作为一种 n 型半导体材料，其带隙为 3.37eV，具有良好的光电特性和低的成本，其价带电势更正，导致光生空穴具有很强的氧化能力，能将大多数有机污染物降解。ZnO 能够吸收大部分的太阳光，并且在太阳光照射下 ZnO 能够有效降解酸性橙 14 污染物，对苯酚也具有较强的降解能力。单晶 ZnO 的光催化活性与其晶体学取向密切相关。通过不同方法制备出多种形貌的 ZnO 纳米材料，如纳米颗粒、纳米片、纳米棒、纳米棒阵列、ZnO 空心颗粒、三维花状层级微结构等，这些纳米结构相比于商用的 ZnO 粉末具有更高的光催化活性。虽然 ZnO 具有较强的光催化降解能力，但是，ZnO 在光催化降解过程中存在严重的光腐蚀问题，并且在酸性和强碱性条件下能够溶解，这也限制了它在光催化领域的应用。

Cu_2O 是一种具有直接带隙的 p 型半导体，其带隙约为 2.2eV，能够被可见光激发，常用在太阳能转换领域。Cu_2O 的光催化活性跟晶形密切相关，其中，八面体表现出比立方体更高的光催化活性，这是因为八面体暴露的{111}面具有悬挂的化学键，而立方体暴露的{100}面没有悬挂键，其化学键是饱和的。一些微纳米结构的 Cu_2O 是研究的重点，Cu_2O 纳米颗粒在大气环境下是稳定的，微米颗粒以 Cu_2O/CuO 核壳结构形式存在，而这种 Cu_2O/CuO 核壳结构的微米颗粒相比于 Cu_2O 纳米颗粒，其光腐蚀速率较低、光催化活性较强。采用两步水热法制备的 Cu_2O/Cu 纳米复合材料的光催化活性要高于纯 Cu_2O，这是因为金属 Cu 和半导体 Cu_2O 界面之间的电荷迁移能有效促进 Cu_2O 光生电子-空穴对的分离。尽管 Cu_2O 是一种具有较高活性的可见光响应光催化材料，但是在光催化反应过程中存在易氧化、稳定性差等缺点，限制了其应用前景。除此之外，WO_3、V_2O_5、Fe_2O_3、Bi_2O_3、Nb_2O_5 等二元氧化物也是较为常见的光催化材料。

3）三元氧化物

三元氧化物是继二元氧化物后出现的新型光催化材料，这些三元氧化物最初多被用于光解 H_2O 生产 H_2 和 O_2，后来发现，这些三元氧化物可用于降解各种类型的污染物。在这些三元氧化物中，$BiVO_4$ 的研究较为广泛，其带隙为 2.4eV，在可见光照射下可以光解 H_2O 产生 H_2 和 O_2，有效分解长链的烷基酚和芳香性有机物。一般情况下，采用不同方法制备的 $BiVO_4$ 的性能也会有所差异。通过简单的水溶液过程制备的单斜相 $BiVO_4$ 的光催化活性明显优于另一产物四角 $BiVO_4$ 的光催化活性。

除 $BiVO_4$ 外，其他三元氧化物有 $BiWO_6$、Ag_3VO_4、$InVO_4$、Bi_2MoO_6、$SrTiO_3$、卤氧铋化合物等。其中，$SrTiO_3$ 是一种典型的三元钛矿型氧化物，带隙为 3.2eV。$SrTiO_3$ 粉末能够在紫外光或太阳光照射下降解 NO 和甲基橙。卤氧铋化合物 BiOX（X = Cl、Br、I），是一类具有四角氟氯铅矿型结构的化合物，为层状结构，各层由[Bi_2O_2]片组成，层与层之间填充着卤素原子 X。BiOCl、BiOBr 和 BiOI 的带隙分别为 3.19eV、2.75eV 和 1.76eV，其中 BiOI 由于具有窄的带隙，在氙灯照射下，对污染物的降解最有效；同时，BiOCl 表现出与商业化 TiO_2（P25）相近的光催化活性。通过制备一些特殊形貌的纳米结构可以有效提高其性能。

2. 硫化物

一些过渡金属硫化物可以作为光催化材料去除有机污染物，这是因为过渡金属硫化物具有窄的带隙和合适的能带势垒，这导致其能利用可见光并且满足许多有机物降解的热力学条件。

CdS 的带隙为 2.42eV，在可见光光解水和光电器件领域被广泛研究。由于 CdS 在光照下不稳定而面临着光腐蚀的问题，并且在溶液中会释放有毒的 Cd^{2+}，因此，CdS 并不适合应用在有机污染物的光催化降解领域。另一类金属硫化物，如通过固相反应制备的具有窄带隙（1.55eV）的 Sb_2S_3，在可见光照射下降解甲基橙时具有比 Bi_2S_3、P25 和 CdS 更高的光催化活性。Sb_2S_3 的高光催化活性归因于宽的光谱响应范围和合适的价带位置。在回流条件下通过简单的湿化学法合成的 Sb_2S_3 纳米棒，在可见光照射下降解甲基橙时其光催化活性高于 $TiO_{2-x}N_x$ 和 CdS，并且 Sb_2S_3 纳米棒经过 5 次光催化降解实验后，光催化活性的损失也是很低的。

3. 有机光催化材料

有机光催化材料主要为一些共轭聚合物，包括线型共轭聚合物、*C*, *N*-基聚合物等。早期关于线型共轭聚合物的光催化性能的研究主要集中在质子还原成氢和一氧化氮的还原等方面。线型共轭聚合物在很宽的光谱范围内，包括可见光和近红外光区都具有很好的量子效率，而且它们的光电化学性能可以较容易地进行调控。

1）线型共轭聚合物

聚对亚苯基（PPP）是最先用于光催化反应的共轭聚合物。线型 PPP 由不含侧链的 1, 4-二溴苯合成，带隙为 2.9eV，还原电位为–1.5V（与饱和甘汞电极对比）。当使用二乙胺（DEA）作为牺牲供体时，在 λ<290nm 的光照射时产生约 2mmol/h 的 H_2；在 λ>290nm 的光照射时同样有 H_2 生成，但是量子效率很低；λ>400nm 的光照射时无 H_2 生成，说明线型 PPP 在可见光区不受激发。但是将平面化的氟、咔唑、二苯并[*b*, *d*]噻吩或二苯并[*b*, *d*]噻吩砜引入线型 PPP 的骨架中形成对亚苯基与平面化单元的交替共聚物时，在电子供体的参与下，其析氢性能有大幅度的提高，在紫外光区的光催化活性与 TiO_2 相近。但是在可见光区，其活性高于 TiO_2，在波长为 420nm 的光照射下，量子效率为 2.3%。

聚吡啶-2, 5-二基（PPy）是继 PPP 之后另一用于光催化反应的线型共轭聚合物。PPy 的带隙为 2.4eV，比 PPP 的带隙窄，还原电位为–1.3V（与饱和甘汞电极对比）。相比于 PPP，PPy 具有更好的光催化活性，原因普遍认为是 PPy 具有更高效的电荷转移能力。

2）*C*, *N*-基聚合物

C, *N*-基聚合物光催化材料中主要为氮化碳（C_3N_4）。氮化碳是一种可见光响应的非金属光催化剂。氮化碳存在多种物相，如 α-C_3N_4、立方相（c-C_3N_4）、准立方相（pc-C_3N_4）、β-C_3N_4 和石墨相（g-C_3N_4）等，其中，石墨相在常温常压下是最稳定的，具有半导体特性。

与传统的金属催化剂相比，石墨相氮化碳具有稳定性高、耐酸碱和便于改性等优点。石墨相氮化碳具有类似于石墨的层状结构，且其层间距 d = 0.326nm，层与层之间的范德华力使其具有良好的热稳定性和化学稳定性。具体表现为 g-C_3N_4 在空气中加热到 600℃也不分解，在 pH = 1 的 HCl 溶液和 pH = 14 的 NaOH 溶液中依然能够保持稳定。

g-C_3N_4 对紫外可见光的吸收截止波长约在 420nm，对应的带宽为 2.7eV。不同制备条件对 g-C_3N_4 的截止波长略有影响。g-C_3N_4 既可以氧化水制得氧气，又可以还原水得到氢气。

g-C_3N_4 的析氢性能不佳，量子效率低（0.1%）。通过形貌控制、金属掺杂、与其他半导体耦合等方式可以对其光催化性能进行改进。对 g-C_3N_4 的形貌进行调控，可以提高其光学性能、比表面积，促进光生电荷的分离及反应过程中的传质过程等。金属掺杂是将各种金属物质如碱金属、过渡金属、稀土金属和贵金属掺杂到 g-C_3N_4 中，可以提高其在去除环境污染物方面的光催化效率。两个半导体耦合是将 TiO_2 与 g-C_3N_4 耦合，在光催化分解 RhB 反应中具有更好的光催化活性。

8.1.4　光能-化学能能量转换材料的制备

制备光催化材料的方法可归纳为气相法和液相法两大类，具体方法和制备出的材料及特点分别见表 8.2 和表 8.3。

表 8.2　光催化材料的气相法制备

方法	制备材料	材料类型	优点	缺点
$TiCl_4$ 氢氧焰水解法	TiO_2	锐钛矿型和金红石型的混合物	纯度高，粒径分布窄，表面光滑，无孔，分散性好，团聚程度较小	设备材质要求较严，工艺参数控制要求精确
气相水解法	TiO_2	非晶形、锐钛矿型、金红石型	工艺操作温度低，能耗小，对材质的要求不是很高，可以连续化生产	原料成本高，不能直接合成金红石型纳米材料
气相氧化法	TiO_2	锐钛矿型、混晶型、金红石型	节能，环保，成本低，自动化程度高	工艺过程复杂，难以工程放大
气相热解法	TiO_2	锐钛矿型、金红石型	—	原料成本较高，产物中残碳含量高
低温等离子体化学法 激光化学反应法 金属有机化合物气相沉积法 强光离子束蒸发法 乳液燃烧法	TiO_2	—	粉体纯度高，粒径分布窄	生产成本高

表 8.3　光催化材料的液相法制备

方法	制备材料	材料类型	优点	缺点
溶胶-凝胶法	氧化锆、钛酸锶、氧化锌、WO_3、TiO_2	锐钛矿型、金红石型	反应温度低，产品纯度高，粒径均一	工艺条件复杂而难以控制，反应时间较长及干燥后收缩性较大，原料对人体有害，成本较高
水热法	TiO_2	锐钛矿型、金红石型	粉体结晶良好，避免团聚，可控性好，制得粉体纯度高	设备要求高，操作复杂，能耗较大，成本偏高
溶剂热法	氧化锆、氧化铈、Fe_2O_3	锐钛矿型	结构可控性好，粒径分布窄和集聚程度小	合成粉体尺寸较小
微乳液法	TiO_2	锐钛矿型、金红石型	工艺简单，能耗低，颗粒均一，粒径形貌结构可控，分散性和稳定性较好	消耗的表面活性剂的种类及溶剂的量较多，产物所含杂质较多，合成成本高
微波辅助法	TiO_2	锐钛矿型、金红石型	反应时间短，热分布均匀	只是一种辅助合成的方法，必须结合溶胶-凝胶法、水热法或溶剂热法获得所需产品

续表

方法	制备材料	材料类型	优点	缺点
模板法	复合 Fe_2O_3/TiO_2 纳米颗粒、TiO_2	—	简单，重复率高，预见性好，合成材料的大小，形貌和结构可控	存在界面作用
沉淀法	TiO_2	锐钛矿型、金红石型	原料便宜易得	工艺流程长，废液多，产物损失较大

8.1.5　光能-化学能能量转换技术与应用

光催化技术发展至今已经成为一门新兴的化学边缘学科。广泛而深入的研究已经证明许多半导体材料具有光催化作用，其机理也已经被深入理解。与此同时，光催化技术的应用也是人们所关注的。研究发现数百种主要的有机或无机污染物都可用光催化氧化的方法分解，在土壤、水质和大气的污染治理方面展现出十分光明的应用前景。此外，利用光催化剂将太阳能转换为氢能（或碳氢燃料），也就是人工光合作用，有望成为新能源利用和环境净化的关键，为未来能源利用和环境污染处理提供一个可行的突破口。总而言之，光催化技术的应用代表了当前最前沿的新能源利用和环境净化的发展趋势，展现新能源开发和利用的广阔前景。

1. *在环境治理方面的应用*

半导体光催化技术具有低能耗、易操作的特点，能使几乎所有有机污染物降解为 CO_2、H_2O 和其他无机物，不产生二次污染，是目前光化学方法应用于污染控制的一个热点。光催化技术能将多种有机污染物彻底矿化去除，特别是生物难降解的有毒有害物质，为环境污染深度净化提供了一种极具前途的技术。其过程可大致分为以下几个步骤：①有机污染物从本体溶液扩散到半导体表面；②半导体被激发产生光生电子-空穴对，有机污染物吸附到半导体表面并同时激发半导体；③有机污染物被氧化降解；④降解产物从催化剂表面脱附；⑤产物从界面扩散至本体溶液中，见图 8.6。

TiO_2 和 AgBr-Ag-Bi_2WO_6 固态 Z 型光催化体系是在环境治理方面应用的典型光催化材料。其中，TiO_2 颗粒在水相体系中可以光催化氧化对多氯联苯，反应物即可全部脱氯，且中间产物中没有联苯，使其完全矿化转变为 CO_2 和 H_2O 等小分子，从而开辟了光催化降解污染物的研究。TiO_2 还对水中芳香烃类化合物也能够进行光催化降解，而且这些有机污染物能够完全被降解为 CO_2 和 H_2O 等无害物质。

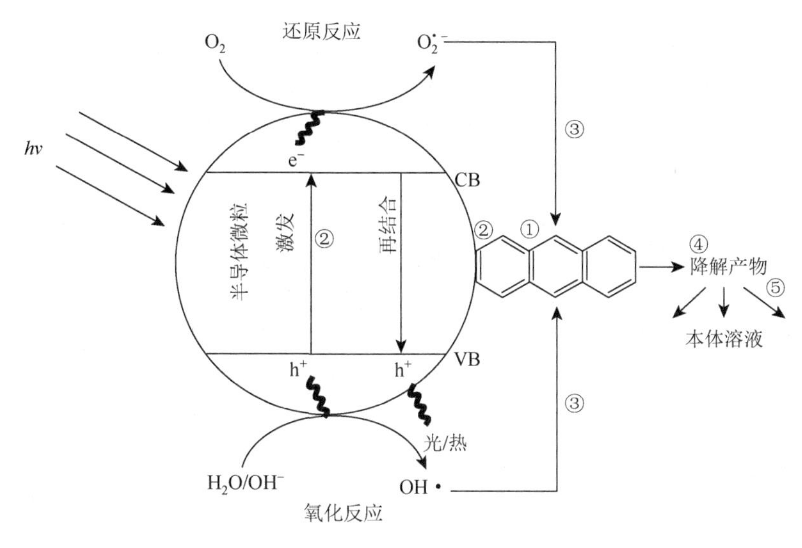

图 8.6　半导体光催化过程的关键步骤[4]

在 AgBr-Ag-Bi_2WO_6 固态 Z 型光催化体系中，Ag 作为 AgBr、Bi_2WO_6 光生载流子复合中心，AgBr 导带上的光电子用于染料的光还原，Bi_2WO_6 价带上的光生空穴用于染料的光氧化。固态 Z 模型体系用于光降解由此开始。Z 型光催化材料相对于单一半导体材料，性能得到大大提升，这归因于 Z 型光催化材料高的载流子分离效率，宽的光响应范围和相对强的氧化还原能力。

2. 光催化辅助有机合成

光催化辅助有机合成具有实验条件简单、选择性高、转化效率高等优点。利用商品化锐钛矿 TiO_2 即可在光照下以甲醇为原料在室温下合成甲酸甲酯，选择性高达 87%～91%；采用 $SiO_2/H_3PW_{12}O_{40}$ 异质结光催化材料，可以将乙醇选择性部分氧化为苯乙酮，两小时的产率能达到 84%；Au 负载的层状钛酸盐结构在可见光下可将硝基苯转化为苯酚，能够得到 62%的产率，96%的选择性。

3. 光催化分解水

氢能具有无污染、燃烧值高、资源广泛等优点。目前主要的制氢途径有化石资源重整和电解水，但是化石资源重整需要消耗自然界有限的化石资源且造成环境污染，电解水需要消耗额外的电能。而利用丰富的太阳能和水资源，光分解水制氢，不会产生环境污染和消耗额外的能源，被认为是最理想的制氢途径，是未来新能源发展的方向。

传统的光催化分解水主要是将粉体催化剂分散在水中，利用催化剂在光照下的催化作用将水分解为氢气和氧气。这种方法的优点是可以大规模应用，但是有氢气和氧气难以分离的问题。而且，将水直接分解为氢气和氧气对催化剂的要求较高，因此往往加入牺牲剂来获得氢气或氧气。牺牲剂的作用是消耗光生空穴或电子，如甲醇、乙醇、乙二醇、乳酸等。Z 型光催化体系的出现则解决了氢气和氧气难以分离的问题，避免牺牲剂的使用。

对于单个半导体，吸收大于带隙的光子，电子被激发至半导体的导带，用于水还原产生氢气，同时空穴在价带上产生并用于水氧化产生氧气。对半导体带隙 E_g 的要求是大于 1.23eV。窄带隙的半导体有利于光吸收，但还原氧化能力受限。Z 型光催化材料可以选择窄带隙，既能保证对光的充分利用，强的氧化还原能力，还为水的全分解实现提供途径。近年来，Z 型光催化材料已经被广泛地用于水的全分解。随着 Z 型光催化材料广泛应用，光催化全水分解的量子效率得到很大提升。可见，Z 型光催化体系在光解水制氢方面表现出巨大潜力。另外，固态 Z 型光催化体系也逐渐应用于光催化分解水反应，但其量子效率普遍低于离子型 Z 型光催化体系。

4. 光催化还原 CO_2

CO_2 还原，即人工光合作用，CO_2 被还原为碳氢燃料（如甲烷），是一个多电子参与的光催化还原反应。相比于光解水体系，作为最接近植物光合作用的光催化还原 CO_2 体系，不仅涉及 H_2O 的氧化，而且还关系到形成的电子和 H^+ 传递给 CO_2，如 CO_2 转化成 CH_4 反应，是一个 8 电子转移过程。光催化还原 CO_2 所涉及的体系和反应机理、中间态和产物更为复杂。

当入射光的能量大于或等于半导体的带隙 E_g 时，半导体价带上的电子吸收光子被激发，变成的光生电子具有很强的还原能力，以 H_2O 作为还原剂，能将 CO_2 还原，从而得到 HCHO、HCOOH、CH_3OH、CH_3COOH 和 CH_4 等碳氢化合物，如图 8.7 所示。相对于光催化分解 H_2O，光催化还原 CO_2 对材料的还原能力具有更高要求。Z 型光催化体系中的光生电子与空穴能够有效分离与传输，能够保持较强的氧化还原能力，在光催化还原 CO_2 领域具有极大应用潜力。要实现 CO_2 的还原，Z 型光催化体系就需要选择价带电位比 O_2/H_2O 氧化电位更正的材料提供氧化反应位点，导带电位比 CO_2/碳氢化合物的还原电位更负的材料提供还原反应位点。

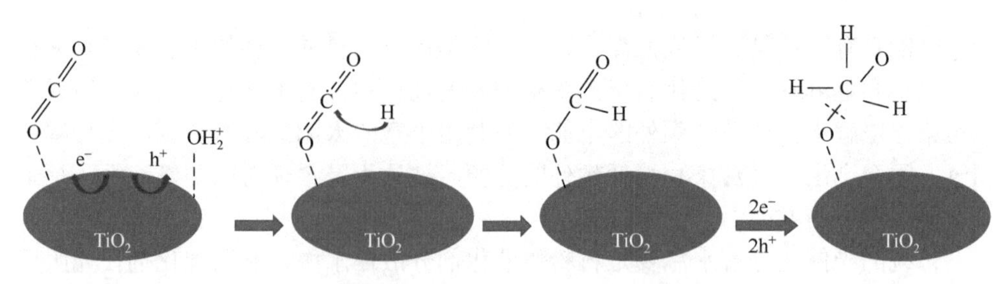

图 8.7　TiO_2 光催化还原 CO_2 过程示意图[5]

尽管光催化还原 CO_2 制备碳氢燃料取得了长足进展，但是转化效率仍然比较低。这一方面是由于 CO_2 作为碳的最高价化合物具有非常高的化学稳定性。CO_2 的还原过程不论从热力学角度还是从动力学角度来讲都是非常不容易的。多电子还原过程不仅涉及 TiO_2 的氧化，还关系到光生电荷的分离与传输，而且两者必须同时进行。另一方面，单一的光催化材料及一些复合光催化材料中光生电子与空穴的复合率仍然较高，只有很少部分载流子参与了光催化反应，很难高效地还原 CO_2。因此，设计和制备高效还原 CO_2 光催化体系仍然是未来 Z 型光催化材料的发展方向。

8.2　磁能-热能能量转换材料与技术

8.2.1　概念及发展历程

磁热效应又称磁卡效应，是指磁性材料在磁场增强或减弱时伴随放热或吸热的物理现象。磁热效应可以实现磁能同热能之间的转换。早在 1881 年，Warburg 就发现将铁放入磁场时会向外放热的现象，这就是后来被广泛研究的磁热效应现象。这一发现不仅使人们增进了对材料物理性质的认识，更重要的是为后来基于材料的磁热效应发展而来的磁制冷技术的产生、发展和广泛应用奠定了基础。1905 年，Langevin 首次证明顺磁体磁化强度的改变可以引起可逆的温度变化。1926 年 Debye 和 1927 年 Giauque 两人分别在理论上推导出利用绝热去磁可以制冷的结论，并且提出利用顺磁盐在磁场下的可逆温变而获得超低温的构想。在 1933 年，Giauque 等根据这一构想成功实现 0.25K 的低温，此后许多顺磁盐被用作磁制冷材料。随着对磁热材料的不断研究，磁制冷技术在低温及中温区的实际应用不断成熟并逐渐进入室温磁制冷的研究阶段。制冷技术特别是室温制冷技术在日常生活、气体液化、现代工业、农业、交通、医疗、航空航天、军事和科学研究等领域有十分广泛的应用。传统的制冷技术主要依靠气体的膨胀与压缩产生冷热效应实现，存在效率低、价格昂贵、噪声大、氟利昂等制冷剂的使用会造成大气环境污染及地球臭氧层破坏等诸多缺陷。而磁制冷技术具有高效低耗（磁制冷可达 60%理论极限）、机械振动小，以及噪声小、稳定可靠、易维护、寿命长、绿色环保等独特的优势，被科学界和工业界视为绿色高科技制冷技术。室温磁制冷技术一旦得到应用和推广，将产生巨大的经济效益，会直接影响人们的工作和生存环境，甚至可能改变人们的生活方式。

8.2.2　磁能-热能能量转换原理及特征参数

1. 磁热能量转换原理

磁热效应的本质是在磁场作用下磁性材料有序度的改变，即磁熵变。如图 8.8 所示，在无磁场条件下，磁体内磁矩的取向是无序的，此时磁熵较大，体系绝热温度较低；外加磁场后，磁矩在磁场的力矩作用下趋于与磁场平行，导致磁熵减小，绝热温度上升，进而通过热交换向环境放热；当磁场变小，由于磁性原子或离子的热运动，其磁矩又趋于无序，绝热温度降低，进而通过热交换从环境中吸热。将等温磁化和绝热退磁两个过程之间用适当的热力学过程加以连接即可完成循环磁制冷操作，如图 8.9 所示。

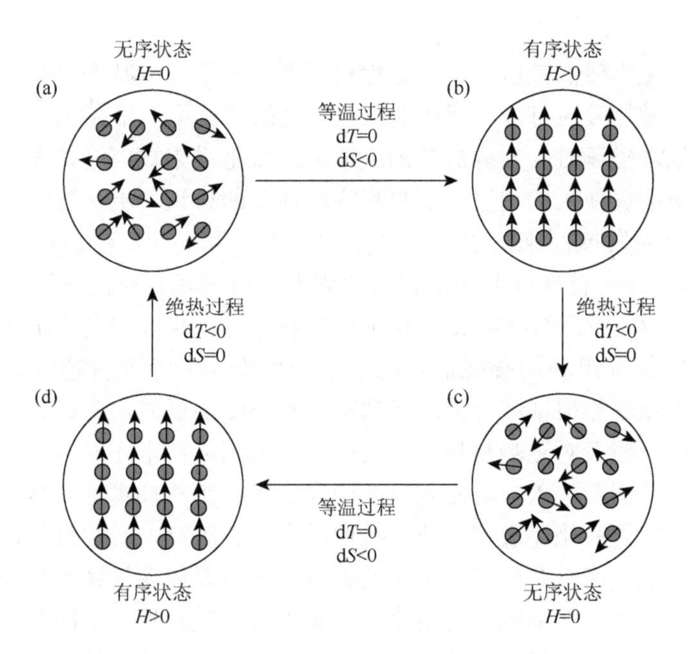

图 8.8　磁性系统在施加磁场或移除磁场时等温磁化和绝热退磁的过程

（a）→（b）或者（c）→（d）导致熵变的等温过程；（b）→（c）或者（d）→（a）产生温度改变的绝热过程

2. 磁热能量转换特征参数

磁热效应是所有磁性材料的内禀特性之一，可以通过等温磁熵 ΔS_m 和绝热温变 ΔT_{ad} 来衡量。当外加磁场变化 ΔH 时，材料的温度变化 ΔT_{ad}；在等温条件下，

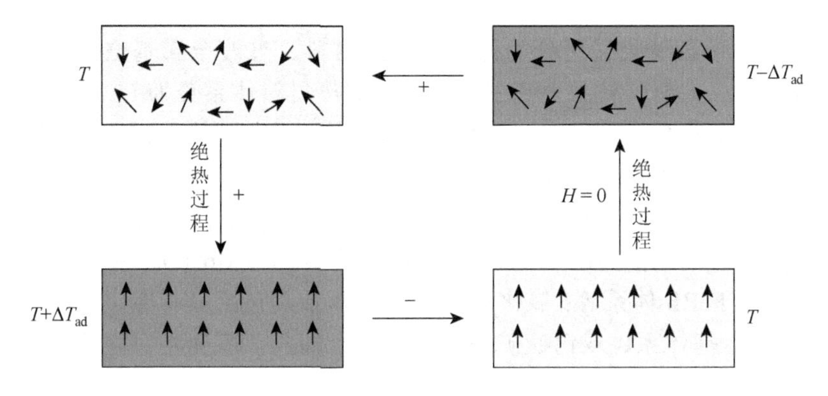

图 8.9　循环磁制冷示意图

当外加磁场变化 ΔH 时，材料的熵变化 ΔS，ΔS 和 ΔT_{ad} 的大小与材料的初始温度 T_0、外加磁场变化 ΔH 及所处压力 P 有关，这两个量通常表示为 ΔT_{ad}（$T_0, P, \Delta H$）和 ΔS（$T_0, P, \Delta H$），可用来表征材料磁热效应的大小。从热力学基本理论出发，建立体系的熵 S、温度 T、磁场 H 及磁化强度 M 之间的关系，可以给出磁热效应的热力学理论表述：

$$\Delta S_{\mathrm{T}}(T,\Delta H)=\mu_0\int_0^{H_{\max}}\left(\frac{\partial M}{\partial T}\right)_{\mathrm{H}}\mathrm{d}H \tag{8.3}$$

$$\Delta T_{ad}(T,\Delta H)=\mu_0\int_0^{H_{\max}}\frac{T}{C_p(T,H)}\left(\frac{\partial M}{\partial T}\right)\mathrm{d}H \tag{8.4}$$

式中，C_p——定压比热容。

加磁场前后对于铁磁体和顺磁体，磁矩对应从无序到有序，ΔS_{m} 一般为负值，而 ΔT_{ad} 一般为正值，$|\Delta S_{\mathrm{m}}|$ 或 ΔT_{ad} 越大，则该材料的磁热效应就越大，磁制冷能力就越强，具有大磁热效应的材料应该具有大的总角动量量子数，即大的饱和磁矩及在磁有序温度附近应具有显著的磁化强度变化。

8.2.3　磁能-热能能量转换材料

具有显著磁热效应的材料可在磁能与热能转换中（主要为制冷）得到广泛应用。按照磁热材料的发展历程和磁制冷技术应用温区可将磁热材料分为低温区磁热材料（20K 以下）、中温区磁热材料（20～77K）和高温区磁热材料（77K 以上至室温附近）。由于磁制冷起源于磁相变，因而从磁相变等级角度，磁热材料可以分为一级磁相变制冷材料和二级磁相变制冷材料。根据材料体系的晶体形态，磁热材料则可分为晶态磁热材料和非晶态磁热材料。而在晶态磁热材料中，根据所含元素种类又可分为稀土基磁热材料、过渡金属基磁热材料及氧化物磁热材料等三大材料体系。其中，稀土基磁热材料体系分为 Laves 相 RM_2（R 为稀土元素，M 为 Fe、Co、Ni、Al、Mn 等过渡族金属）基化合物、$Gd_5(Si_{1-x}Ge_x)_4$ 基化合物和 $NaZn_{13}$ 型 $La(Fe, Si)_{13}$ 基化合物；过渡金属磁热材料体系分为六角基 MnFe（P, X）（X 为 Ge、Si、Ga、B 等）体系、具有马氏体相变的 Heusler-X_2YZ 体系、具有六方结构的 MnAs 体系、具有反钙钛矿的 $Mn_3(Ga,Ge)C$ 体系、具有马氏体相变的 FeRh 体系等；氧化物磁热材料体系则包括具有庞磁电阻的钙钛矿型 La-Sr-Mn-O 基体系、双钙钛矿型体系及稀土酸盐。下面将对磁热材料进行一一介绍。

1. 稀土 Gd 及其固溶体

由于稀土中 Gd 有 7 个未配对 4f 电子，是未配对电子最多的稀土元素，因而具有最大饱和磁化强度，居里温度在 293K 左右，可以在室温条件下使用。通过与其他稀土元素（如 Nd、Pr 等）形成固溶体，可以调控材料的居里温度和磁熵变。在取代量不超过 5%时，居里温度近似线性降低[6]，在 265～293K 宽温区内可获得较大磁熵变。非金属 C、H 等小原子也可以用于固溶调控。C 的饱和固溶度只有 2.5%。H 原子引入 Gd 中后形成 GdH_x（$x \leqslant 0.15$），居里温度稍有增加而磁相变温区变宽。还可以采用过渡族金属，如 Mn、In、Ga、Fe、Co 等进行微量调控 Gd。例如，通过 Fe、Co 替代，材料的居里温度和磁热效应提高了 10%。

2. 稀土基 Laves 相

大多数稀土基 Laves 相的磁热效应发生在 100K 以下，而当过渡金属为 Co 时居里温度可以提升至 100K 以上。在二元 RCo_2 相化合物的研究上，开发了赝二元 RCo_2 基 Laves 相，如 $(Ho,Tb)Co_2$、$(Ho,Gd)Co_2$、$(Er,Dy)Co_2$、$(Er,Dy,Gd)Co_2$、$(Er,Ho)Co_2$、$(Ho,Dy)Co_2$、$(Tb,Er)Co_2$ 和 $(Tb,Ho)Co_2$。在这类 Laves 相化合物中，磁熵变通常与相变温度呈指数级的变化趋势。通常，当相变温度逐渐提高时，一级相变会逐渐转变成二级相变。利用非磁性原子少量替代 RCo_2 中的 Co 原子，也可以提升其居里温度。例如，在 $Dy(Co_{1-x}Al_x)_2$ 中，$x = 0.1$ 的 Al 替代后可以使居里温度升高 60K 以上。利用 Ga、Si 原子取代 $DyCo_2$ 中的 Co 原子也有类似效果。

3. 轻稀土 $La(Fe,Si)_{13}$ 基体系

$La(Fe, Si)_{13}$ 相具有立方 $NaZn_{13}$ 结构，在 210K 时，磁熵变值可以达到 2018J/(kg·K)。

通过掺入 Ce、Nd、Pr、Gd 和 Er 等稀土元素替代 La，可以提高材料的居里温度，但是磁熵变有所降低。利用过渡金属 Co 替代 Fe 可以有效提高材料的居里温度。添加 Ni、Cu、Cr、V、Mn、Mo 时，材料的最大磁熵变都有不同程度的降低。利用 C、H、N、B 等小原子可以调整 $La(Fe, Si)_{13}$ 体系的磁熵变和磁滞。H 可以降低磁滞至 1K 左右，并在 5T 外磁场下将绝热温变提升至 15.4K。C 可以大幅度减小磁滞并提高居里温度，但最大磁熵变有小幅降低。B 作为间隙原子时，当添加量在 0.1～0.5（原子百分比）时，居里温度可以提高 7～8K，同时减小热滞和磁滞。

4. Heusler 合金

德国科学家 Fredrich Heusler 在 20 世纪初发现金属间化合物 Cu_2MnAl 具有铁磁性，因此命名该金属间化合物为 Heusler 合金。该合金的化学构成为 X_2YZ，具有 $L2_1$ 立方结构，其中，X 为 3d 金属，通常为 Ni、Fe、Co、Pt 等；Y 一般为 Mn，合金的磁性通常由 Y 决定；Z 元素通常为主族元素 Ga、In、Sn 和 Sb 等。Heusler 合金存在从高温奥氏体相到低温马氏体相的转变。在低温反铁磁性的马氏体区域内由磁场触发向铁磁奥氏体相转变。与铁磁态向顺磁态转变时产生的负磁熵变不同，由于相变后磁化强度比相变前高，产生的磁熵变为正，即出现反常磁卡效应。可以通过 Fe、Cu、Co、Cr、Nb、Sb、In、Ge、Al 和 B 等元素替代合金中的元素，对合金的磁热性能和机械性能进行调控。

5. MnFe(P, As)系合金

MnFe（P, As）化合物具有 Fe_2P 六角结构，对称群为 *P*-62*m*，磁滞和热滞很小。在 300K 和 5T 磁场下，MnFe（P, As）化合物的磁熵变可达 18J/(kg·K)。在 $Mn_{2-x}FeP_{0.5}As_{0.5}$ 中，当 $x = 1$ 时，在 275K 下发生从顺磁态到铁磁态的一级磁相变；当 $x = 0.7$ 时，磁结构一级磁相变劈裂成两个二级磁相变。通过调控 Fe/Mn 比例，可以将热滞控制在 1K 以内。利用 Si 和 Ge 替代 As 可以在减少或者不使用 As 的前提下保持材料高磁熵变和低热滞。利用 Ge 替代 As，可以将居里温度提高至 570K，但 Ge 替代 P 却使得相变等级转变为二级相变，弱化了磁熵变。利用 Ni、Ru 等元素替代 Fe 后，可以保持高的磁熵变值，但降低热滞。添加 B 和 N 也可以对机械性能、磁熵变和居里温度等产生影响。

6. MnAs 系合金

MnAs 体系具有一级磁结构相变，随着温度的升高，从低温的六角 NiAs 型晶体结构转变到顺磁正交 MnP 型结构，居里温度为 315.5℃。在 5T 磁场下，MnAs

的磁熵变高达 30J/(kg·K)。可以采用其他元素替代 MnAs 中的元素来调节材料的磁熵变、居里温度和滞后现象。可以利用 Fe、Co、Cr、Ba、Cu、Al 替代或 V、Ti 共同替代 Mn，但由于合金的磁性来源于 Mn，对 Mn 的替代量一般较小，也可以利用 Sb、Si、P 替代 As。

7. 含 Mn 钙钛矿氧化物与反钙钛矿金属间化合物

钙钛矿是一类化学表达式可以写为 ABO_3，具有面心立方结构的氧化物，其中 A 为碱土金属、稀土元素，B 为 Cr、Mn、Ni 等过渡金属。$La_{1-x}Ca_xMnO_3$（$x = 0.2$、0.33）是该类材料的典型体系。该类型化合物中的巨磁熵变起源于居里温度附近磁化强度的剧烈变化，同时伴随着 Mn—O 键长与 Mn—O—Mn 夹角的变化。$La_{1-x}Ca_xMnO_3$ 体系的居里温度低于室温，利用 Sr 替代 Ca，$La_{0.75}Sr_{0.25}MnO_3$ 的居里温度可以提高到 348K。因此，A 位阳离子替代是调控 Mn 基钙钛矿的主要手段。

反钙钛矿是在 ABO_3 的基础上，利用阳离子 Mn 替代阴离子 O 的位置，用非金属元素 C 替代阳离子 A 的位置，B 位置为 Ga、Ge、Sn 等处于元素周期表中金属/非金属分界线附近的元素。例如，Mn_3GaC 在 164K 时发生二级相变，产生 −15J/(kg·K)的磁熵变。利用 Co、Ni 等铁磁性元素替代 Mn，利用 Al、Ge、Sn 等替代 Ga 可以调控材料的磁熵变值和居里温度。

8. 非晶合金

具有磁热效应的非晶合金，按照元素组成可以分为稀土基非晶和过渡金属基非晶。前者主要利用稀土与过渡金属、非金属等元素形成二元、三元及更多元的体系；后者主要指由 Fe、Co 元素构成的非晶体系。稀土基非晶包括二元稀土体系和二元稀土-过渡金属体系。为了提高非晶形成能力，二元稀土-过渡金属体系也少量引入 B、Al 等元素。例如，$Gd_{65}Mn_{35-x}Si_x$（$x = 5$、10）非晶条带，在 5T 和 230K 下的磁熵变为 4.7J/(kg·K)。稀土基非晶分为重稀土基非晶和轻稀土基非晶。重稀土原子磁矩更大，因此重稀土基非晶的磁热效应更加明显。添加 Fe、Co、Ni 可以提高非晶形成能力，也有助于提高居里温度。但是，Fe、Co、Ni 的添加会引起重稀土非晶磁熵变降低，对轻稀土非晶却没有明显影响。过渡金属基非晶主要包括 Fe 基、Co 基和 Pd 基，如赝二元 $(Fe_{1-x}Ni_x)_{90}Zr_{10}$ 和 $(Fe_{0.95}M_{0.05})Zr_{10}$（M = Al、Si、Ga、Ge 和 Sn）非晶，主要以非晶形成能力作为成分选择的依据。在非晶体系中，磁熵变来源于二级铁磁-顺磁相变，最大磁熵变值低于具有一级磁结构耦合相变的晶体材料体系，但制冷工作温区宽且制冷能力较强。

以上为典型的磁热材料种类及主要性能，图 8.10 总结了典型的磁热材料在居里温度处的磁熵变。

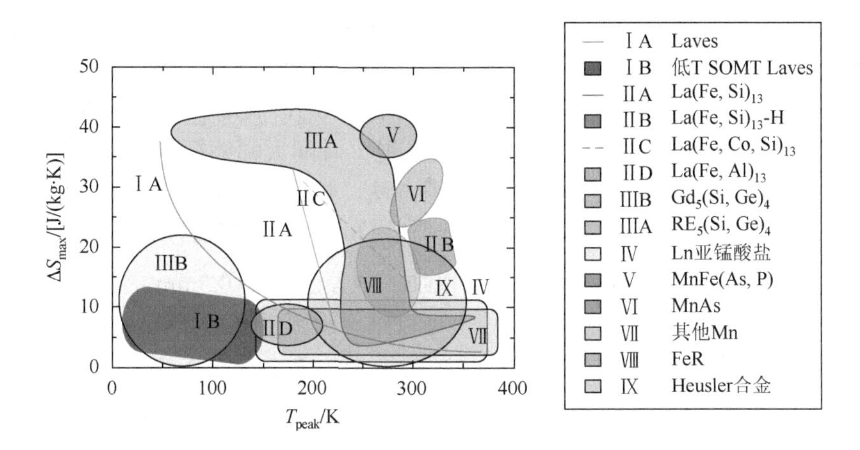

图 8.10　不同磁制冷体系中，所获得的最大磁熵变及相应温度示意图

低 T SOMT Laves 是低温下表现出二级磁相变的 Laves 相体系；$La(Fe,Si)_{13}-H$ 是氢化后的 $La(Fe,Si)_{13}$；Ln 亚锰酸盐是稀土镧系锰铁氧体 $(La,X)MnO_3$ [7]

8.2.4　磁能-热能能量转换材料的制备

通常单相合金具有最优的磁热性能，但是，目前大部分已经发现的磁热材料均属于多元合金体系，相组成复杂，在制备过程中单相区域相对“狭窄”，导致合金的相组成及相含量随制备方法和制备条件的变化差别较大。例如，La-Fe-Si 系材料的制备过程中存在包晶反应，其固液反应特性通常导致反应不彻底，铸态组织为多相混合，“杂相”的产生在不同程度上降低了材料的磁热性能。因此，磁热材料通常需要几种制备方法相结合，尤其是制备出来的材料往往需要进行长时间的后续热处理，以便进一步调控材料的微观组织，提高其磁热性能。磁热材料的制备方法主要有电弧或感应熔炼、熔体快淬、粉末冶金、机械合金化、化学合成等方法及这些方法之间的组合，材料制备完成后通常还要进行热处理。

电弧熔炼通常采用非自耗真空电弧炉，为保证材料的成分均匀需要反复熔炼 3～5 次，熔炼结束后须将样品在真空下高温均匀化退火处理。例如，利用该方法制备的 $TmNi_{1-x}Cu_xAl$（$x = 0$～1）系列化合物，在 5T 磁场下，材料的最大磁熵变为 24.3J/(kg·K)。感应熔炼通常采用真空高频磁悬浮炉，同样，为保证材料的成分均匀需要反复熔炼 3～5 次，熔炼后的材料需要在真空条件下退火处理。利用该方

法制备的 $Gd_3Al_{1.8}Ga_{0.2}$ 合金的最大磁熵变为 4.28J/(kg·K)。电弧和感应熔炼也通常用于为其他制备方法准备初始材料。

熔体快淬法可以直接得到成分非常均匀的单相组织，同时可以省去或者缩短后续的长时间高温热处理过程，磁熵变较常规凝固材料也有较大提升。另外，用该方法制备的薄带材料横截面上形成长轴垂直表面的柱状晶，这种织构组织有利于在某一特定方向上改善磁热效应。例如，$Mn_{1.1}Fe_{0.9}P_{0.76}Ge_{0.24}$ 快凝薄带在 5T 下磁熵变达到 35.4J/(kg·K)，居里温度 317K，且退火时间大幅缩短（由 48h 降至 1h）。

粉末冶金法也是制备磁热材料的常用方法，该方法制备出来的材料机械性能相对较好，有利于材料的后续加工。例如，利用粉末冶金法制备的 $LaFe_{13-x-y}Co_ySi_x$ 化合物，抗弯强度大于 250N/mm^2，可以加工成厚度小于 0.5mm 的薄片。

机械合金化法既可以直接使用，也可以结合电弧或感应熔炼法制备磁热粉体材料。例如，科研人员采用高能球磨法制备了 $Mn_{1.0}Fe_{0.9-x}Cr_xP_{0.5}Si_{0.5}$（$x = 0$、0.02、0.04、0.06、0.08、0.10）和 $Mn_{1.0-x}Cr_xFe_{0.9}P_{0.5}Si_{0.5}$（$x = 0$、0.02、0.04、0.06、0.08）两个系列化合物，通过调整 Cr 元素的掺杂量，可将该磁热材料的居里温度调节在 155～375K。另外，科研人员采用电弧熔炼法制备了 $Gd_5Si_{1.8}Ge_{1.8}Si_{0.4}$ 母合金，然后在不同时间条件下对其进行高能球磨。通过降低晶粒尺寸，降低了磁热材料通常具有的滞后现象。

此外，还可以将机械合金化法同粉末冶金法相结合，制备磁热材料。例如，科研人员利用机械合金化和放电等离子烧结技术制备了 $Mn_{2-x}Fe_xP_{1-y}Ge_y$（$x = 0.8$、0.9，$y = 0.2$、0.24、0.26）磁制冷材料。其中 $Mn_{1.2}Fe_{0.8}P_{0.74}Ge_{0.26}$ 的居里温度为 277.4K，接近于室温区间，滞后为 3K，熵变为 24.3J/(kg·K)。

化学合成法通常用来制备磁热纳米材料，其中最常采用的是溶胶-凝胶法。例如，科研人员利用溶胶-凝胶法制备了 $La_{0.65}Sr_{0.35-x}Gd_xMnO_3$ 系列纳米多晶材料，材料的居里温度在 280～350K，$La_{0.65}Sr_{0.2}Gd_{0.15}MnO_3$ 样品在 300K、3.0T 的外场下磁熵变为 1.87J/(kg·K)。

8.2.5 磁能-热能能量转换技术与应用

随着国防科技、医疗卫生等领域的飞速发展，国家对液氦、液氢、液氮、液氧的需求越来越大。液氦和液氮作为重要的制冷剂，在物性测量、超导应用、低温物理、医疗卫生等方面具有广泛的应用，它们的重要温度点分别为 4.2K 和 77K；液氢和液氧作为重要的燃料和氧化剂，在航空航天、军事国防、工业生产等方面具有广泛的应用，它们的重要温度点分别为 20.4K 和 90K。其中，“重要温度点”具体指在一个大气压下物质液化/气化的温度。液氦、液氮、液氢、液氧的获得都需要用到制冷技术，可以通过磁制冷来实现。另外，低温和极低温环境的获得也是当今科学研究实现高精尖发展的必备条件，这些极端环境科研平台的搭建也可以通过磁制冷技术来实现。还需要指出的是，制冷技术特别是室温制冷技术在日常生活、气体液化、现代工业、农业、交通、医疗、航空航天、军事和科学研究等领域有十分广泛的应用。

1976 年，美国国家航空航天局（NASA）采用稀土金属钆搭建了第一台室温磁制冷样机，并引入“回热”概念，在 7T 超导磁场下获得 47K 无负荷制冷温跨。基于回热器式室温系统的实践经验，1982 年 Barclay 与 Steyert 进一步提出了主动磁回热器（AMR）原理。作为室温磁制冷机的核心部件，主动磁回热器与普通蓄冷器的不同之处在于前者的磁性材料既是制冷工质又是蓄冷材料，目前绝大多数室温磁制冷机采用 AMR 技术。如图 8.11 所示，常见的 AMR 循环由四个阶段构成：①压缩过程，膨胀活塞静止，压缩活塞左移，冷却工质被等温压缩，内部压力升高，其产生的热量被冷却器带走；②放热与退磁过程，高压工质由压缩腔（左侧腔体）向膨胀腔（右侧腔体）移动，向回热器释放热量，同时，磁场强度由大变小，磁热材料退磁引起磁熵增加、吸收热量；③膨胀过程，压缩活塞静止，膨胀活塞运动，工质等温膨胀，从低温环境吸收热量；④吸热与励磁过程，低压工质由膨胀腔向压缩腔移动，从回热器吸收热量，同时，磁场强度增加，回热器中的磁热工质励磁后磁熵减小并释放热量。室温磁制冷样机的核心部件主要集中在磁路系统、回热器系统，根据部件运转形式的不同将磁制冷系统分成磁体运动型、回热器运动型，进一步考虑磁体或回热器的运动形式（往复式运动与旋转式运动），室温磁制冷系统可分为往复磁体式、往复回热器式、旋转磁体式和旋转回热器式四种，下面加以具体阐述。

1. 往复磁体式系统

在往复磁体式室温磁制冷系统中，磁体往复运动，回热器保持静止。该类型室温磁制冷系统的结构简单，流体系统可保持静止，不易泄露。低场强区域可接近零场强，可充分发挥材料的磁热效应，在采用双回热器反向工作的结构中还可以保证磁体较高的利用率。由于永磁体质量较大，需要大功率电机带动，同时运行频率也不容易提高，整机制冷性能参数并不显著。

2. 往复回热器式系统

往复回热器式的运动方式是当前室温磁制冷系统中采用较多的运动形式。该类型的样机一般具有 1～2 个回热器，回热器沿轴向做往复运动，其工质填充量为几十至几百克不等。相比磁体质量，回热器质量较小，因此驱动系统功耗较小。但由于流路系统中存在运动部件——回热器，增加了流路布置和设计的困难，如需要考虑防止流体泄漏等问题。

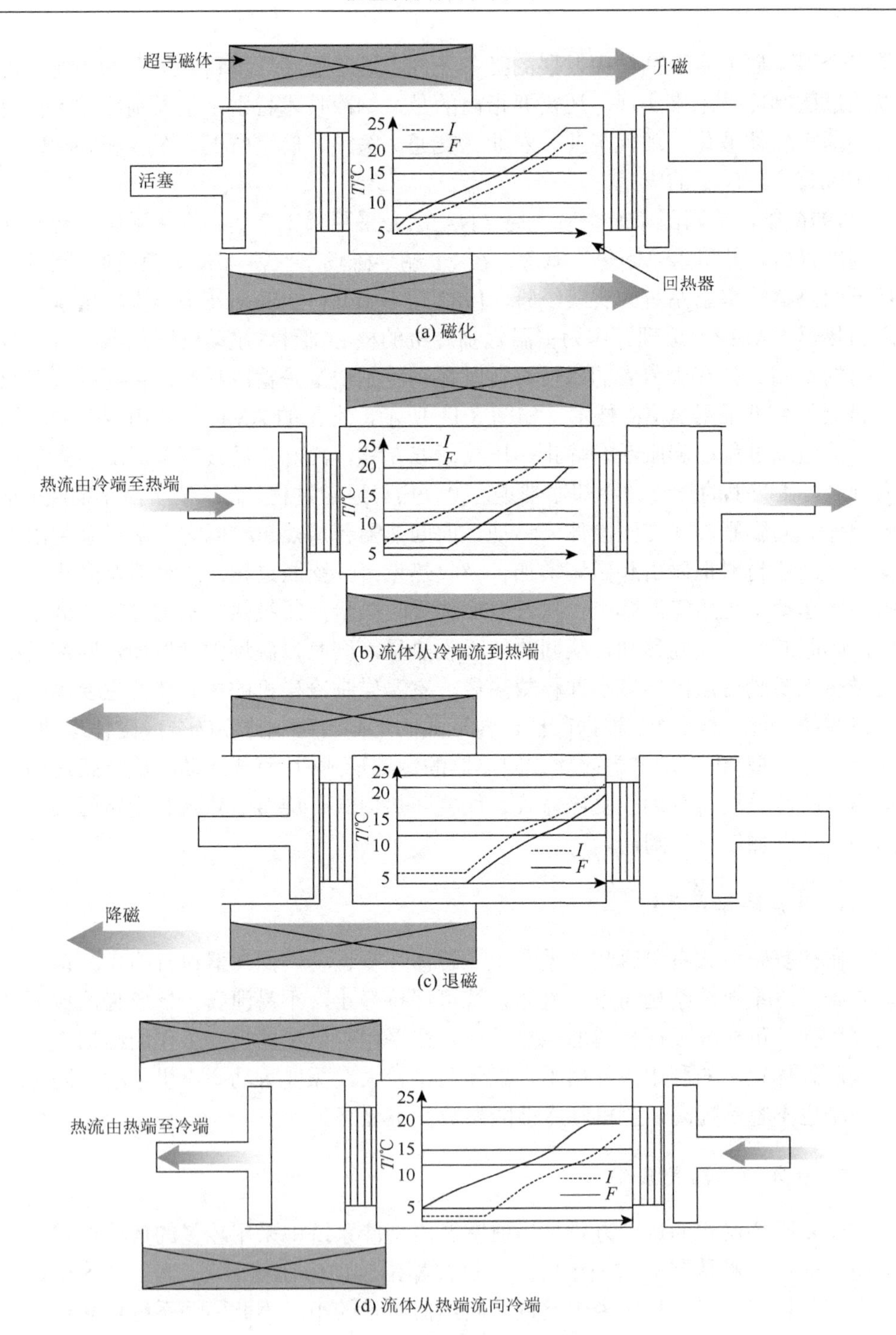

图 8.11　基于 AMR 循环的磁制冷机的四个循环步骤

I 代表初始温度，*F* 代表终了温度

3. 旋转磁体式系统

由于室温磁制冷系统采用往复磁体/回热器式结构不易增加系统的运行频率，旋转磁体式的运动方式成为主要研究方向之一。相比往复磁体式样机，旋转磁体式室温磁制冷系统运行时不需要推拉空间，系统结构更加紧凑，运行频率较容易提高。但如果采用 Halbach 磁路，磁体的利用率不高，同时与往复磁体式系统类似，磁体质量大造成启动等过程对驱动电机力矩要求高。

4. 旋转回热器式系统

旋转回热器式系统的开发相对较少。旋转回热器式室温磁制冷系统，一般回热器数量较多，或者磁极数量较多，当回热器旋转时，系统 AMR 的运行频率将成倍增加，容易在低驱动功耗下获得更好的制冷性能。与往复回热器式系统类似，该系统的结构复杂，存在连接处多、管路复杂等问题，尤其需要充分考虑流路系统的结构等防止流体泄漏等问题。

8.3　相变能-热能能量转换材料与技术

8.3.1　概念及发展历程

提高能源的利用率、最大限度地利用低品位能源、开发可利用的新能源成为当今社会的研究热点。储能技术作为一种合理、高效、清洁利用能源的重要手段，已广泛用于工农业生产、交通运输、航空航天乃至日常生活。而储能技术的核心是储能材料，其中，与一般储能材料相比，相变储能材料（PCM）具有储能密度大、体积小、热效率高及吸热放热温度恒定等优点。PCM 是指在其物相变化过程中，可以从环境吸收热（冷）量或向环境放出热（冷）量，这部分能量称为相变潜热，可达到能量的储存和释放的目的。利用此特性，可以在太阳能利用、电力的“移峰填谷”、余热的回收利用、建筑和空调的节能等领域，提高能源利用率，同时由于其相变时温度近似恒定，可以用于调整控制周围环境的温度，并且可以多次重复使用。

PCM 在日常生活中的应用可追溯到古代利用冰来储冷。19 世纪人们就利用 PCM 做成“热瓶”用于人体取暖。20 世纪 70 年代，随着航天工业的发展及能源危机日益严重，PCM 才逐步进入人们的视野。美国国家航空航天局大力发展了相变储能技术在航天领域的应用。阿波罗 15 的月球车就将 PCM 系统用于信号处理单元、驱动控制电子器件和月球通信中继单元[8]。美国国家航空航天局发布了有关 PCM 的《相变热控储能装置设计手册》技术报告[9]，至今仍被广泛引用和使用。

从此，相变储能技术的基础理论和应用技术研究在发达国家迅速崛起并得到不断发展。

随着能源危机的全球化，太阳能和建筑节能领域也逐渐使用 PCM。20 世纪 70 年代末 80 年代初，人们开始将 PCM 应用到大型太阳能电厂和家庭用热水系统的太阳能热存储单元中。在建筑节能领域，人们也开始将 PCM 应用到建筑材料中，如墙板和地板。采用相变储能建筑材料可以建造具有较低冷、热负荷的住宅和办公室等，达到保存热量、节省能源的目的[10]。随着计算能力的不断加强，集成电路开始消耗大量的热量，20 世纪 90 年代末，人们又将 PCM 应用于高性能的大功率集成电路及电子元件的散热技术中。

相变储能技术可解决能量供求在时间和空间上不匹配的矛盾，因而是提高能源利用率的有效手段。世界各国在推广应用相对比较成熟的储能技术的同时，纷纷投入巨资开发新的储能技术和储能材料，以期不断提高其技术性能、经济性和可靠性。其应用领域正在迅速扩大，涉及工业、农业、建筑、国防和医疗卫生等领域。目前，PCM 的开发已逐步进入实用阶段，中低温蓄热主要用于余热回收、太阳能储存、特种服装及供暖和空调系统；高温蓄热用于热机、太阳能电站、磁流体发电及人造卫星等方面。

8.3.2 相变储能原理及特征参数

相变储能的原理如图 8.12 所示，由于物相转变时，即在相变过程中，将吸收或释放较大的被称为潜热的热能，并保持温度不变，利用这个过程，把热（冷）能通过一定的方式储存起来，待需要时再把热（冷）能通过一定的方式释放出来。相对于物质温度变化时的吸收热量（显热）来讲，相变热要大得多。由于相变储能材料能将一定形式的能量在特定条件下储存起来，并能释放和利用，因此可以实现能量供应与人们需求均衡的目的，并起节能降耗的作用。以冰-水相变的过程

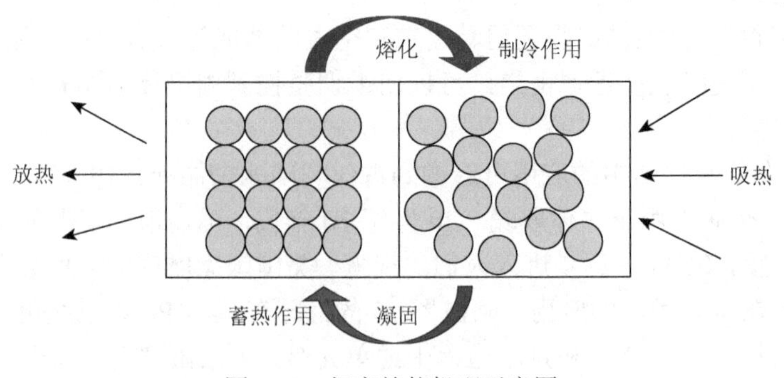

图 8.12 相变储能机理示意图

为例，对相变储能材料在相变时所吸收的潜热及普通加热条件下所吸收的热量做比较：当冰融化时，吸收 335J/g 的潜热，当水进一步加热，温度每升高 1℃，只吸收大约 4J/g 的能量。因此，由冰到水的相变过程中所吸收的潜热几乎比温度升高 1℃所吸收的显热高 80 多倍。

根据自由能的变化，相变储能材料的熔化过程表达式为

$$\Delta G = \Delta H - T_{\mathrm{m}} \Delta S \tag{8.5}$$

式中，H ——焓，J/g；

T_{m} ——相变温度，K。

如果是平衡状态，则 $\Delta G = 0$ ，即

$$\Delta H = T_{\mathrm{m}} \Delta S \tag{8.6}$$

从式（8.5）、式（8.6）可以看出，给定相变温度 T_{m} ，熵的变化越大，相变储能材料的相变潜热（ ΔH 为相变焓差）也就越大。相变焓也称为相变潜热，是单位质量的物质在相转变过程中所吸收或释放的热量，单位为 J/g，工程上常用的单位为 kcal/g。

对于单组元物质，在处于热动力学平衡时，具有如下的性质：

$$T\mathrm{d}S = \mathrm{d}H - V\mathrm{d}P \tag{8.7}$$

式中，V ——体积，m^3；

P ——压力，MPa。

如果在熔化期间，压力保持恒定，那么对单组元相变储能材料而言，就有

$$T\mathrm{d}S = \mathrm{d}H \tag{8.8}$$

式（8.8）表明，相变过程中体系焓的变化来自体系熵的变化。化合物在熔化过程中熵的变化可以近似地用组成化合物元素的熵变之和得到，因此化合物的相变潜热较大。式（8.8）还表明，相变潜热和相变温度有关，在相同相变熵的情况下，相变温度越高，相变潜热也越大。

通常，相转变过程为恒压过程。由热力学的基本定义可知，恒压过程物质体系的熵变，等于化学势的改变量对温度的偏微商，即

$$\partial \Delta \mu / \partial T = -\Delta S \tag{8.9}$$

式中，$\Delta \mu$ ——化学势的改变量，J/mol。

若要利用相变储能材料的相变潜热来进行热能存储和温度调节，相变过程必须伴随着焓的变化，因此相变熵 ΔS 不能等于零。根据式（8.9）可知，相变过程中体系的化学势对温度的一级导数是不连续的，即为一级相转变。对于一级相转变，化学势对压力的一级偏微商也必定是不连续的，也就是说，化学势的改变量对压力的偏微商必须不等于零，即

$$\partial \Delta \mu / \partial P = \Delta V \neq 0 \tag{8.10}$$

式中，ΔV ——相变过程中体系体积的变化，m^3。

由式（8.10）可知，用作热能储存和温度调控的相变储能材料在相变过程中必定会发生体积的变化。相变体积变化给相变储能材料的实际应用带来很大的困难，是相变储能材料应用研究中需要解决的主要问题之一。

由热力学还可知：

$$\Delta H = \Delta U - P\Delta V \tag{8.11}$$

式中，ΔU ——相变过程中体系内能的变化，J；

$P\Delta V$ ——相变过程中由于体积变化相变体系所做的功，称为体积功，J。

由式（8.11）可知，相变焓来自两部分，一是内能的变化，二是体积功。相变体积的变化是相变储能材料要尽可能避免的问题，因此在新型相变储能材料的应用研究中，总是力求内能的变化越大越好，成为相变潜热的主要部分，而体积功所占的部分则越小越好。

由于相变储能材料对相变温度、相变焓、相变体积、热稳定性等方面都具有特殊的要求，并不是所有可以发生一级相变的物质都可以作为热能储存和温度调控的相变储能材料，并且不同的应用领域对相变储能材料有不同的需求。总体来说，理想的相变储能材料应具有以下性质：

（1）相变潜热高，在相变中能储能或放出较多的热量；

（2）相变温度适当，能满足应用需求；

（3）相变过程的可逆性好，能尽量避免过冷或过热现象；

（4）材料导热系数大；

（5）相变过程有较小的膨胀收缩性；

（6）相变储能材料的密度大、比热容大，可以降低容器成本；

（7）化学性能稳定、无毒、无腐蚀性；

（8）吸热和放热时温度变化尽可能小、对生态友好、使用寿命长；

（9）成本低、制造方便；

（10）在相变过程中性能稳定、易于操作。

但是在实际应用过程中，要找到满足这些理想条件的相变储能材料非常困难。因此，人们往往先考虑有合适相变温度和较大相变潜热的材料，而后再考虑各种影响研究和应用的综合性因素。

8.3.3 相变储能材料

相变储能材料的分类方式有很多种，按材料的相变温度范围分为高温（>250℃）、中温（100～250℃）和低温（＜100℃）相变储能材料；按相变储能材料的科学属性分为无机类、有机类和复合类；按材料的相变行为或相变性质分为固-液相变储能材料、固-固相变储能材料、固-气相变储能材料和液-气相变储能材料，如图 8.13 所示。

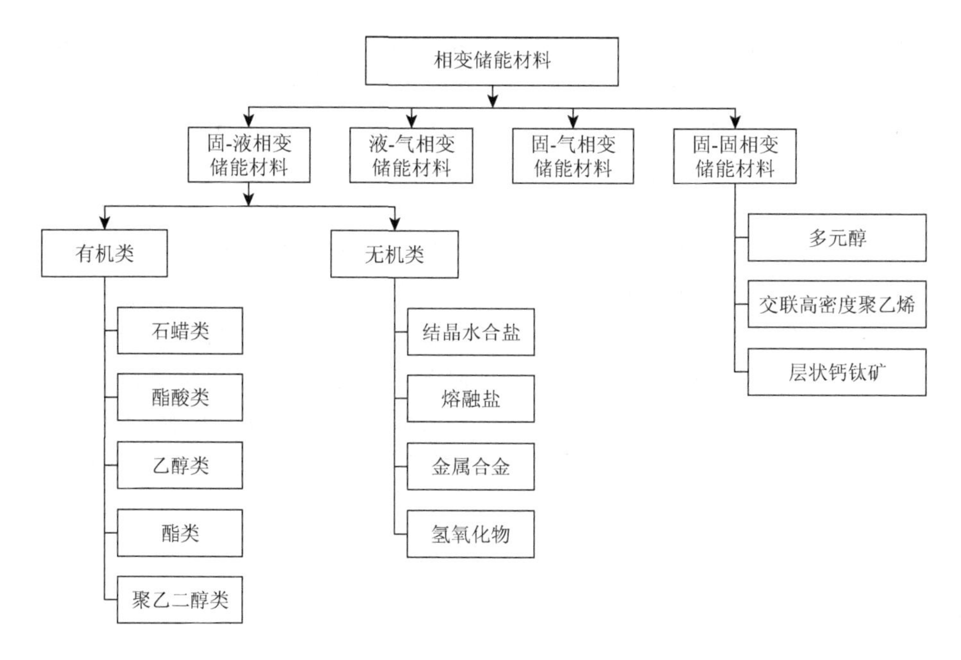

图 8.13　相变储能材料的分类

固-气和液-气两种相变，虽然有很高的潜热，但是在这两种形式的相变过程中，气体所占的体积大，实际很少应用。固-液相变潜热虽然比汽化潜热小很多，但与其他储能方式相比还是大得多。并且在固-液相变过程中，材料的体积变化较小，因此，固-液相变是最可行的相变储能方式。固-固相变过程中，物相从一种晶体结构转变为另一种结构，同时也释放相变潜热，但与固-液相变的相变潜热相比较小。固-固相变过程的体积变化很小，过冷也小，不需要容器，因此，固-固相变也是可行的相变储能方式。目前，常用的是固-液和固-固相变储能材料。

1. 固-液相变储能材料

目前，大多数实用化且研究较为成熟的相变储能材料为固-液相变储能材料，主要包括无机类和有机类相变储能材料，以及它们之间的复合物，如无机结晶水合盐及熔融盐、金属合金、石蜡、脂肪酸、聚乙二醇等，但由于固-液相变储能材料在相变过程中会出现液体状态，必须用容器包装，这样不但增加系统的成本，而且不能应用于许多无法携带的场合，使其应用范围受到一定的限制。

1）无机类

无机类固-液相变储能材料包括结晶水合盐、金属合金、熔融盐等无机物。其中应用最广泛的是结晶水合盐。结晶水合盐种类繁多，通式可以表达为$AB\cdot nH_2O$。其熔点从几摄氏度到几百摄氏度可供选择，是中、低温相变储能材料中重要的一类。这类材料具有熔化热大、导热系数大（与有机类相变储能材料相比）、密度较大、相变时体积变化小、价格较便宜、一般呈中性并且使用范围广等特点。但结晶水合盐存在过冷现象和相分层现象两大缺点，一直以来这两大问题都是影响此类相变储能材料应用性能的关键因素。为适合应用的要求，须加入柔软剂，如硅酸钠、聚丙烯酰胺、甘油等；为调节相变温度，可以采用混合相变材料，如不同摩尔比的水合硫酸钠和水合碳酸钠，可调节24～32℃相变点。使用较多的主要有碱及碱土金属的卤化物、硝酸盐、硫酸盐、磷酸盐、碳酸盐及乙酸盐的水合物等，表 8.4 给出了一些结晶水合盐的热物性参数。

表 8.4 结晶水合盐的热物性参数

化合物	熔化温度/℃	熔化热/(J/g)	热导率/［W/(m·K)］		密度（固体）/(10^3kg/m^3)
			液体	固体	
$LiClO_3\cdot 3H_2O$	8	253	—	—	—
$KF\cdot 4H_2O$	18.5～19	231	—	—	1.45
$Mn(NO_3)_2\cdot 6H_2O$	25.3	125.9	—	—	—
$CaCl_2\cdot 6H_2O$	28.0～30.0	190～200	0.540	1.088	1.80
$LiNO_3\cdot 3H_2O$	30	256	—	—	—
$Na_2SO_4\cdot 10H_2O$	34	256	—	0.544	1.48
$Na_2CO_3\cdot 10H_2O$	33	247	—	—	—
$NaCH_3COO\cdot 3H_2O$	55.6～56.5	237～243	—	—	—
$Ca_2Br_2\cdot 6H_2O$	34	115.5	—	—	2.19
$Na_2HPO_4\cdot 12H_2O$	35～45	279.6	0.476	0.514	1.52
$Zn(NO_3)_2\cdot 6H_2O$	36	146.9	0.464	—	—
$Na_2S_2O_3\cdot 5H_2O$	48～55	201	—	—	1.75

续表

化合物	熔化温度/℃	熔化热/(J/g)	热导率/［W/(m·K)］		密度（固体）/($10^3kg/m^3$)
			液体	固体	
$Na_2P_2O_7 \cdot 10H_2O$	70	184	—	—	—
$Ba(OH)_2 \cdot 8H_2O$	78	266	—	—	—
$NH_4Al(SO_4)_2 \cdot 12H_2O$	95	269	—	—	—
$MgCl_2 \cdot 6H_2O$	117	169	0.579	0.694	1.57
$Mg(NO_3)_2 \cdot 6H_2O$	89.3	150	—	—	—

金属或合金相变储能材料相变潜热大，导热系数是其他相变储能材料的几十倍到几百倍，并且还具有抗高温氧化性强、热稳定好、相变时过冷度小、相偏析小及性价比较好等优点，在高温相变储能过程中有着广泛应用。但金属或合金相变储能材料在高温下有强烈的腐蚀性。与其他金属或合金相变储能材料相比，铝合金高温相变储热材料的综合性能最好，也是目前人们研究最多的合金体系，主要包括 Al-Si、Al-Si-Mg、Al-Si-Cu 和 Al-Mg-Zn 等合金。表 8.5 给出了一些常见金属合金相变储能材料的热物性参数。

熔融盐相变储能材料主要是某些碱金属的氟化物、氯化物、氧化物及碳酸盐、硝酸盐等，一般具有较高的相变温度和较大的相变潜热，但热导率较低，且在高温下具有较强的腐蚀性或者对人体有害。目前研究及应用较多的熔融盐相变储能材料有 NaCl、NaF、$MgCl_2$、$CaCl_2$、KCl、Na_2CO_3、Na_2SO_4、$Na_2Si_2O_3$、NaOH 和 KOH 等。

2）有机类

常用的有机相变储能材料包括石蜡、脂肪酸、聚醚、聚酯、糖醇及其他有机相变储能材料，如脂肪酸酯、正烷醇、卤代直链烷烃、离子液体等。有机类相变储能材料具有成型状态较好、一般无过冷和相分离现象、对封装材料的腐蚀性较小、性能比较稳定、毒性较小等优点。该类材料的缺点是导热系数小（常采用加入金属粉末提高导热系数）、密度较小、能量存储密度较小、价格较高。应用范围和使用效果受到一定程度的限制。通常将两种或者多种有机或无机相变材料复合形成多元相变材料来提高其性能。由于有机物的熔点一般较低不适合高温使用，且易挥发、易氧化老化、易燃烧或爆炸。一般，同系有机物的相变温度和相变焓会随着其碳链的增长而增大，这样可以得到具有一系列相变温度的储能材料，但随着碳链的增长，相变温度的增加值会逐渐减小。由于高分子化合物类的相变材料是具有一定分子量分布的混合物，并且分子链较长，结晶并不完全，因此它的相变过程有一个熔融温度范围。

表 8.5　一些常见金属合金相变储能材料的热物性参数

名称	T_m/℃	潜热/(kJ/kg)	ρ/(kg/m^3)	C_P/(kJ/kg)	k/[W/(m·K)]
Cs	28.65	16.4	1796	0.236	17.4
Ga	29.8	80.1	5907	0.237	29.4
In	156.8	28.59	7030	0.23	36.4
Sn	232	60.5	730	0.221	15.08
Bi	271.4	53.3	979	0.122	8.1
Zn	419	112	7140	0.39（固体） 0.48（液体）	116
Al-35Mg-6Zn	443	310	2380	1.63（固体） 1.46（液体）	—
Al-22Cu-18Mg-6Zn	520	305	3140	1.51（固体） 1.13（液体）	—
Al-30Cu-5Si	571	422	2730	1.3（固体） 1.2（液体）	—
Al-12Si	576	560	2700	1.038（固体） 1.741（液体）	160
Mg	648	365	1740	1.27（固体） 1.37（液体）	156
Al	661	388	2700	0.9（固体） 0.9（液体）	237

石蜡主要由直链烷烃混合而成，可用通式 C_nH_{2n+2} 表示，短链烷烃熔点较低，但链增长时熔点开始增长较快，而后逐渐减慢并趋于一定值。随着链的增长，烷烃的相变潜热也增大，由于空间的影响，奇数和偶数碳原子的烷烃有所不同，偶数碳原子烷烃的同系物有较高的相变潜热，链更长时相变潜热趋于相等。在 C_7H_{16} 以上的奇数烷烃和在 $C_{20}H_{44}$ 以上的偶数烷烃在 7～22℃会产生两次相变，在低温处先发生固-固相变，是碳链围绕长轴旋转形成的，温度略高时发生固-液相变，从固体到液体相变过程的总潜热接近于固-液相变时的熔化热。表 8.6 给出了部分石蜡的热物性参数。石蜡作为相变储能材料的优点是无过冷及析出现象、性能稳定、无毒、无腐蚀性、价格便宜；缺点是导热系数小、密度小、单位体积储能能力差。

表 8.6　部分石蜡的热物性参数

相变储能材料	熔点/℃	相变焓/(kJ/kg)	密度/(kg/m³)	导热系数/[W/(m·K)]
正十四烷	5.5	225.72	4℃固态 0.825 10℃液态 0.771	0.149
正十五烷	8	153	—	—
正十六烷	18	236.58	15℃固态 0.835 16.8℃液态 0.776	0.150
正十七烷	21.4	171.54	—	—
正十八烷	28.0	242.44	0.774（40℃） 0.814（25℃）	0.148（40℃） 0.358（25℃）
正十九烷	32.6	222	—	0.150
正二十烷	36.7	246.62	35℃固态 0.856 37℃液态 0.774	0.150
正二十一烷	40.2	200.83	—	0.21
正二十二烷	44.5	251.04	（固态）0.864 （液态）0.780	0.21
正二十三烷	47.5	234.30	—	0.21
正二十四烷	50.6	248.95	—	0.21

脂肪酸是一端含有一个羧基的长的脂肪族碳氢链有机物，其通式可用 $CH_3(CH_2)_{2n}COOH$ 表示，主要来源于水解动物、植物的油脂，属于一种易得的可再生资源。脂肪酸的很多性能接近于石蜡，如其熔化温度及相变温度有一定的变化范围、化学性质稳定、蓄热放热性好、热循环性稳定、无毒、对环境污染小、可通过微生物降解等。其优异的热性能和物理特性，使得脂肪酸非常适合制作复合相变储能材料。尽管脂肪酸有很多优良的性能，但是也有一些自身的缺点，如有臭味、对某些材质有腐蚀性、自身升华率高等。表 8.7 给出了一些脂肪酸类相变储能材料的热物性参数。

目前，为了克服固-液相变储热材料流动性的缺点，科研人员开发出一大类形状稳定的固-液相变储热材料，即在相变时，外形可以保持固体形状不使其流动。这类材料主要是在有机类（工作物质）相变储能材料中加入高分子树脂类（载体基质），如聚乙烯、聚甲基丙烯酸、聚苯乙烯等，使它们熔融在一起或采用物理共混法和化学反应法将工作物质灌注于载体内制备而得。

表 8.7　部分脂肪酸类相变储能材料的热物性参数

脂肪酸	分子中的碳原子数	熔化温度/℃	熔化热/(J/g)	密度/(g/cm^3)
羊脂酸	8	16.3	148	—
羊蜡酸	10	31.3～31.6	163	—
月桂酸	12	41～44	183～212	0.87
肉豆蔻酸	14	51.5～53.6	190～204.5	0.86
软脂酸	16	61～63	203.4～212	0.942
硬脂酸	18	70.0	222	0.94
二十烷酸	20	74.0	227	—
十一碳烯酸	22	24.6	141	—

2. 固-固相变储能材料

固-液相变储能材料虽有不少优点，但通常也有易发生相分层、过冷较严重、储热性能衰退和容器价格高等缺点。而固-固相变储能材料相变前后一直是固态，因而不存在封装材料的泄漏问题，无须盛装容器、可以直接加工成型、转变时体积变化小、无过冷和相分离现象、无毒无腐蚀无污染、使用方便简单、热效率高、性能稳定、寿命长等优点而受到人们的重视。但其存在相变潜热较小、相变温度不适宜中低温使用、价格昂贵等缺点。具有技术和经济潜力的固-固相变储能材料目前有三类，即多元醇、交联高密度聚乙烯和层状钙钛矿。

1）多元醇

多元醇是目前国内研究较多的一类固-固相变储能材料，主要有季戊四醇（PE）、新戊二醇（NPG）、2-氨基-2-甲基-1, 3-丙二醇（AMP）、三羟甲基乙烷、三羟甲基氨基甲烷等。表 8.8 给出了该类材料的相变温度和相变潜热。多元醇种类不多，但通过两两结合可以配制出二元体系或多元体系来满足不同相变体系的需要。低温时，该类材料具有高对称的层状体心结构，同一层中的分子以范德华力连接，层与层之间的分子由—OH 形成氢键连接，当达到固-固相变温度时，将变为低对称的各向同性的面心结构，同时氢键断裂，分子发生由结晶态变为无定形态的相转变，放出氢键能。若继续升温，则达到熔点而熔化为液态。这些多元醇的固-液相变温度都较高，所以在发生相变后仍可以有较大的温度上升幅度而不至于发生固-液相变，从而在储能时体积变化小，对容器封装技术要求不高。多元醇的固-固相变潜热较大，其大小与该多元醇每一分子中所含的羟基数目有关，每一分子所含羟基数越多，则固-固相变焓越大，相变焓来自于氢键全部断裂而释放出的氢键能。

表 8.8　多元醇材料的相变温度和相变潜热

相变材料	相变温度/℃	相变潜热/(J/g)
丙三醇	18.2	—
季戊四醇	185～187	—
三羟甲基乙烷	82	172.58
新戊二醇	42～44	110.4～119.1

多元醇相变储能材料具有可操作性强、性能稳定、使用寿命长、相变焓较大、无液相产生、体积变化小、过冷现象不严重等优点。但该类材料价格高、易升华，即将其加热到固-固相变温度以上，由晶态固体变成塑性晶体时，有很大的蒸气压，易挥发损失，使用时仍需要容器封装，体现不出固-固相变储能材料的优越性。并且多元醇传热能力差，在储热时需要较高的传热温差作为驱动力，同时也增加了储热、取热所需要的时间；长期运行后性能会发生变化，稳定性降低；应用时有潜在的可燃性。

2）交联高密度聚乙烯

这类相变储能材料主要是指一些高分子交联树脂。目前使用较多的是聚乙烯。聚乙烯价廉、易加工成各种形状、表面光滑、易与发热体表面紧密结合、导热率高，且结晶度越高其导热率也越高。尤其是结构规整性较高的聚乙烯，如高密度聚乙烯、线型低密度聚乙烯等，具有较高的结晶度，因而单位质量的熔化热值较大，但在某些使用场合下，相变温度太高。

高密度聚乙烯的熔点虽然一般都在 125℃以上，但通常在 100℃以上使用时会出现软化。经过辐射交联或化学交联之后，其软化点可提高到 150℃以上，而晶体的转变却发生在 120～135℃。这种材料的使用寿命长、性能稳定、无过冷和层析现象、力学性能较好、便于加工成型，是真正意义上的固-固相变储能材料，具有较大的应用价值。但是交联会使高密度聚乙烯的相变潜热有较大降低，普通高密度聚乙烯的相变潜热为 210～220J/g，而交联高密度聚乙烯只有 180J/g。在氦气气氛下，采用等离子体轰击是高密度聚乙烯表面产生交联的方法，基本上可以避免因交联而导致相变潜热的降低，但因技术原因，这种方法目前还没有大规模使用。

3）层状钙钛矿

层状钙钛矿是一种有机金属化合物，它被称为层状钙钛矿是因为其晶体结构是层型的，和矿物钙钛矿的结构相似，是一类由有机组元和无机组元在分子尺度上复合而成的新型长程有序晶体材料，可兼具有机材料和无机材料的部分优异性能。纯的层状钙钛矿及它们的混合物在固-固相变时有较高的相变焓（42～146kJ/kg），体积变化较小（5%～10%），适合高温范围内的储能和控温使用。该材料的化学性质稳定、相变可逆性好，但由于其导热性差、相变温度高、价格较贵等原因较少使用。

固-固相变储能材料的开发时间相对较短，大量的研究工作还没有深入开展，因此其应用范围没有固-液相变储能材料广泛。

8.3.4　相变储能材料的制备

1. 固-液复合相变储能材料的制备

固-液复合相变储能材料通过材料的固-液相转变对其进行能量的储存和释放。此类材料的相变潜热较大、使用温度范围较广、传热效率高及导热系数大，目前研究相对较多，也有一些实际的应用。

1）熔融浸渍混合法

熔融浸渍混合法制备定形复合相变储能材料是以高孔隙率无机多孔介质作为基体，通过毛细管力和表面吸附将相变材料进行固定，常用基体有二氧化硅、膨胀石墨、硅藻土等。此类方法所制得的定形相变储能材料稳定性好，在固-液相变中表现为宏观固相、微观液相。

2）溶胶-凝胶法

溶胶-凝胶法用于制备有机-无机纳米复合材料始于 20 世纪 80 年代，具体方法是将烷氧金属或金属盐等前驱体溶于水或有机溶剂中形成均匀溶液，溶质发生水解反应生成纳米级微粒并形成溶胶，溶胶经溶剂挥发、加热等处理转变为凝胶。溶胶-凝胶法合成纳米复合材料的特点是反应条件温和、两相分散均匀，改变反应组分可制备多种具有不同性能的聚合物基纳米复合材料。用硅酸乙酯和聚合物通过溶胶-凝胶反应可以制备复合体系。

3）静电纺丝法

静电纺丝法是依靠电场力的作用来制备纤维。在电场力的作用下聚合物液滴被逐渐拉伸形成泰勒锥，当电场力大于聚合物溶液或熔体的表面张力时，射流将从泰勒锥表面喷出，最终收集到接收装置上形成纤维毡。通过静电纺丝法制备的定形相变复合材料具有结构形貌和性能可控、外观尺寸可调节和直接使用等优点。

4）真空渗入法

通过真空渗入法可以制备硝酸盐混合物/SiC 蜂窝陶瓷（SCH）复合相变材料，硝酸盐混合物被分散和嵌入到 SiC 墙的多孔结构中。在复合相变材料中加入不同质量分数的 SiC 蜂窝陶瓷，可使复合相变材料的热储存和释放速率随着 SCH 质量分数的增加而增加。与纯相变材料相比，复合相变材料的熔化温度和凝固温度变化很小，但其热储存和释放的时间有很大程度的降低。

5）超声波法

利用超声波法将质量比为 6∶4 的 $NaNO_3$ 和 KNO_3 的熔融盐与膨胀石墨进行复合，膨胀石墨的加入可以有效提高复合相变材料的导热系数。因此，熔融盐/膨胀石墨的复合相变材料适合作为热转换和热能储存材料。

2. 固-固复合相变储能材料的制备

固-固相变储能材料是通过材料的固-固相变进行储能和释能，因而不存在液体泄漏的问题。一般固-固复合相变储能材料采用共混熔融法来进行制备。共混熔融法是将有机相变材料与高分子材料进行复合，制备出在相变前后均呈固态且形状不变的定形复合相变储能材料。将聚合物分别与棕榈酸、聚乙二醇复合制备固-固复合相变储能材料，该材料耐久性好、热衰减率低、热稳定性较好。

3. 封装型复合相变储能材料的制备

目前国内外对相变储能材料的封装方法研究主要有四种：直接浸泡法、微胶囊法、定形法和多孔材料吸附法。直接浸泡法制备的相变材料经多次相变循环后热物理性质下降、相变材料泄漏、相变材料载体破坏。定形相变材料的热导率低，储能效果不好。微胶囊相变材料目前价格昂贵。采用多孔介质作为有机相变物质的储藏介质是近年来在相变储能技术领域出现的一种新的有机相变物质封装方法，这种方法简单易行，制备的复合相变材料性能稳定[11]。

8.3.5 相变储能材料技术与应用

相变储能材料具有储能性能和热循环性能，能量的利用不受时空的限制，因此，相变储能材料被广泛应用于许多领域，包括节能建筑材料、太阳能利用、电子器件热保护、农业作物保温、工业废热和余热利用、服装纺织品、跨季节储冷和储热、食品保鲜等方面。

1. 节能建筑领域

出于节能、环保和利用太阳能的目的，人们将相变储能材料掺入到建筑材料中，一般称为相变储能建筑材料，主要有相变混凝土、相变砂浆、相变天花板、相变墙板、相变玻璃等。相变储能建筑材料能够有效地利用太阳能来储存热量或在电网负荷低谷期来蓄热，使建筑物内外热量传递的作用时间被延迟，实现能量在不同时间、空间位置上的转换，从而提高室内环境的舒适度，此外还减少了空调系统的运行能耗。将相变材料加入到建筑墙体中制成相变墙体。一般室外温度的变化对室内温度的影响很大，当室外温度较高时，相变墙体储存热量，当室外温度较低时，相变墙体释放热量，因此，室外环境温度变化的波动就被衰减或者延迟，人体的舒适度得到提高，同时空调和供暖系统的运行时间也得到减少。将相变材料加入到混凝土中，利用相变材料的热效应，降低大体积混凝土内外及各部位的温度梯度，控制大体积混凝土的内部温度应力，能够防止大体积混凝土温度裂缝的形成。图 8.14 给出了相变天花板工作原理示意图[12]。白天的室内通风循环使热空气通过 PCM 冷却来降低室内温度。夜晚采用室外冷空气带走 PCM 储存的热能。这样就可以在不用额外能量输入的情况下达到室内冷却降温的目的。目前，市场上供应的建筑类相变储能材料主要为石蜡类与水合盐类，相变温度大都在 20～30℃。

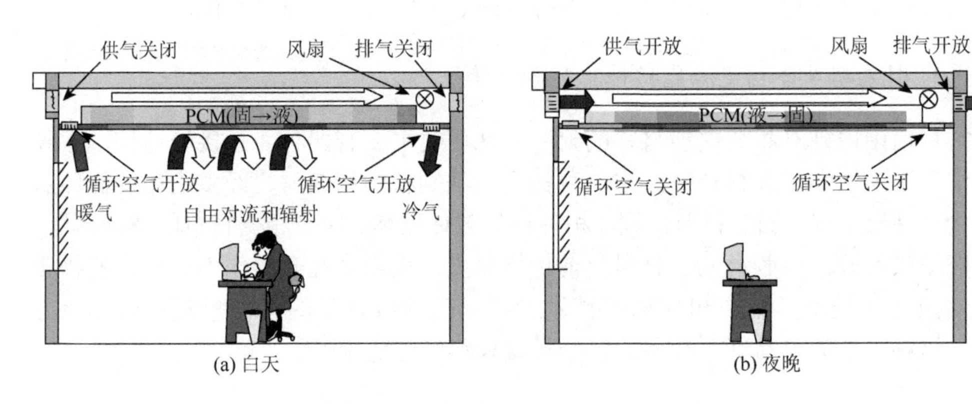

(a) 白天　　(b) 夜晚

图 8.14　相变天花板工作原理示意图

2. 太阳能储能领域

太阳能具有很强的间歇性和不稳定性，使得太阳能相变储能技术应运而生。太阳能储能系统一般都具备三个功能：收集太阳能、储存热量及在需要时释放热量。太阳能应用可以分为被动式系统和主动式系统两种。被动式太阳能储能系统不用任何机械动力，主动式太阳能储能系统利用动力进行热循环。一般情况下，收集太阳能、储存热量及在需要时释放热量这三个功能往往在不同设备中实现。图 8.15 给出了传统的被动式太阳能热水系统中 PCM 储能器结构示意图[13]。在聚乙烯瓶内填充 PCM，并将其放入储能器中，排成三行。与传统的不使用 PCM 的太阳能热水系统相比，该系统具有高的储热性能，其蓄热时间、产生的热水总量及总热量提高 2.59～3.45 倍。采用 PCM 的太阳能水箱较普通水箱具有以下优势：采用具有合适相变温度的 PCM 进行储能时可以极大地减少储能空间，而且在放热过程中的换热流体温度也较为稳定；除此之外，还有一个突出的优势，在太阳能不足时，PCM 不能完全融化或是不融化，这时能量以显热形式储存于 PCM 内，由于水的比热容一般要比常见的 PCM 大得多，所以当二者都进行显热储存时，采用 PCM 的储能单元的温度比水的温度高，这样有利于用户的使用。

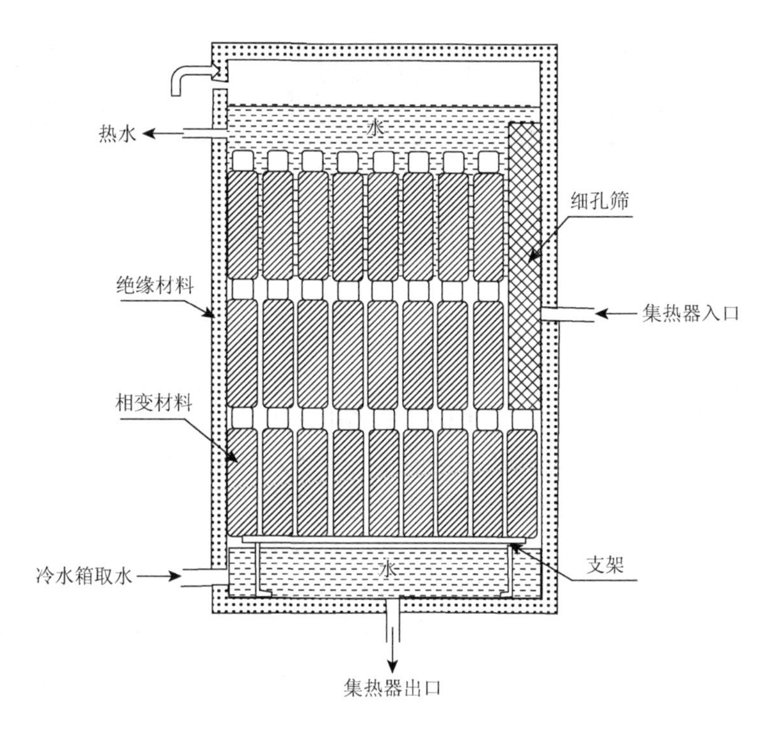

图 8.15　圆柱形 PCM 储能器截面示意图

3. 电子领域

近年来，随着电子设备向高速、小型、高功率等方向发展，集成电路的集成度、运算速度和功率迅速提高，导致集成块内产生的热量大幅度增加。如果集成块产生的热量不能及时扩散，将使集成块的温度急剧上升，影响其正常运行，严重时还可能造成集成块的烧损。而如果在集成块上应用 PCM，可以有效缓解其过热问题。因为 PCM 的相变过程中，在很小的温升范围内吸收大量热量，从而降低其温度上升幅度。图 8.16 为微处理器冷却用 PCM 翅管散热器示意图[13]。散热器底部的基板与所要冷却的电子器件接触，基板的上表面焊接薄壁管，这些薄壁管内充满有机类 PCM。该散热器由于大量管道的存在具有高的散热表面，并且 PCM 的存在使其具有高的热容量，与不含有 PCM 的散热器相比，热容量提高近 3 倍。

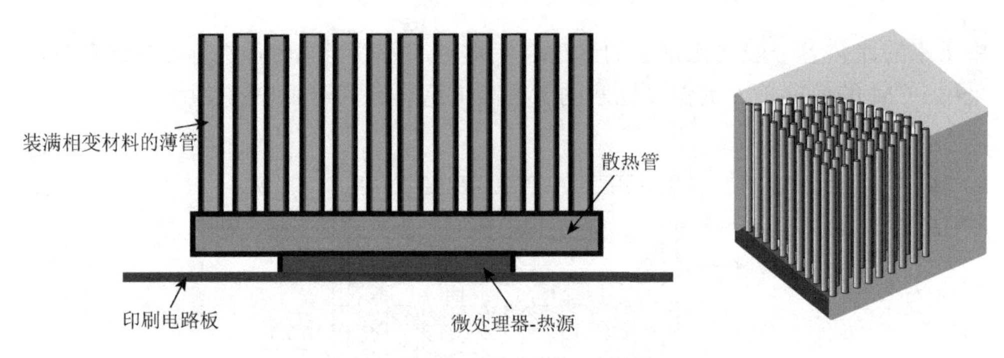

图 8.16　相变储能材料翅管散热器示意图

4. 其他领域的应用

1）农业领域

相变储能材料可以用于温室大棚、苗圃中，用来存储太阳能以保证植物生长所需要的合适温度，具有广阔的应用前景。将含水的相变材料胶囊与种子一起埋入土壤，以保证种子能够在沙漠等环境恶劣地区发芽生长。温室大棚在现代设施农业中有着举足轻重的作用。而温室大棚内是否装升温和降温系统对栽培条件、产品质量有很大的影响。目前采取的升温和降温措施普遍存在高能耗和高运行成本及污染环境等问题，因此相变储能材料在温室环境的调控模式，便成了温室大棚工程技术领域追求的新目标。利用高效的相变储能技术可解决热能供求在时间和空间上的分配矛盾，使白天和夜晚的棚内温度保持相对恒定，这既保证农作物的正常生长，又无须增设额外的增温设备，提高能源利用率。对于适合温室大棚用的相变储能材料，迄今为止国内外研究较集中的还是无机水和盐、石蜡、脂肪酸及它们之间的复合物。

近年来，低温储粮是国际上应用较广的一项绿色储粮技术。目前，世界上有60多个国家和地区均采用该技术储存粮食。低温储粮技术是指在储粮过程中，利用自然冷却或人工制冷使仓内的粮食处于较低的温度环境，预防和消除粮食储藏过程中自然发热现象，降低粮食的呼吸强度，防止或减缓有害生物的侵袭及粮食品质劣变的技术。低温储粮技术是绿色生态储粮技术推广应用的首选方法和发展方向。采用相变储能材料储藏稻谷，能有效控制粮仓温度和表层粮温，使表层粮温升高缓慢，实现准低温储粮。

2）纺织领域

相变储能材料在纺织领域的应用最早开始于美国宇航员的宇航服，为了适应太空环境的温度变化，保护宇航员的安全，在制备宇航服时加入了相变储能纤维材料。后来，随着社会的发展，相变储能纤维材料逐渐进入民用领域。根据人体对温度舒适感的需要，选择相变温度适宜的相变储能材料，在纤维和纺织品中加入这些相变储能材料，制得温度可控的纤维、纱线、织物、非织造布等，从而得到自动调温被褥、自动调温服装、自动调温窗帘等一系列产品。这些含相变储能材料的纺织品能调节人体所处的微环境，使人体长时间处于舒适的状态。把相变储能材料植入纺织品中，如果外界环境温度升高，则相变储能材料熔化吸热，使体表温度不随外界环境温度的变化而出现显著升高；如果外界环境温度降低，则相变储能材料固化放热，使体表温度不随外界环境温度的变化而出现显著降低。也可以根据使用要求生产具有不同相变温度的纺织品，如用于严寒气候的服装或用于运动的服装。当人体处于剧烈活动阶段会产生较多的热量，利用相变储能材料将这些热量储藏起来，当人体处于静止时期，相变储能材料储藏的热量又会缓慢地释放出来，用于维持服装内的温度恒定。在服装上应用相变储能材料时，相变温度应和人体温度变化范围相似，作为人体环境适用的相变储能材料的相变温度一般在 25～35℃。

3）工业领域

在冶金、玻璃、水泥、陶瓷等工业领域都有大量的各式高温炉窑，它们的能耗非常之大，但热效率通常低于 30%。而在加热设备的余热利用系统中，传统的储热器通常是采用耐火材料作为吸收余热的储热材料，由于热量的吸收仅仅是依靠耐火材料的显热容变化，这种储热室具有体积大、造价高、热惯性大、输出功率逐渐下降等缺点，在工业加热领域难以普遍应用。相变储能系统是一种可以替代传统储热器的新型余热利用系统。与常规的储热室相比，相变储热系统体积可以减少 30%～50%，同时可节能 15%～45%。因此，利用相变储能系统替代传统的储热器，不仅可以克服原有蓄热器的缺点，使加热系统在采用节能设备后仍能稳定地运行，而且有利于余热利用技术在工业加热过程的广泛应用。另外，在采暖锅炉的使用过程中，需求的波动导致锅炉启停频繁，在启停过程中的能量损失非常大。如果采用相变储能材料蓄热，就可以增加系统蓄热量，在一定范围内可以满足波动负荷的要求，从而降低锅炉启停的频率，降低能量消耗。

参 考 文 献

[1] 高濂，郑珊，张青红. 纳米氧化钛光催化材料及应用. 北京：化学工业出版社，2002

[2] Emeline A V，Kuzmin G N，Purevdorj D，et al. Spectral dependencies of the quantum yield of photochemical processes on the surface of wide band gap solids. 3. gas/solid systems. The Journal of Physical Chemistry B，2000，104（14）：2989-2999

[3] Maeda K. Rhodium-doped barium titanate perovskite as a stable p-type semiconductor photocatalyst for hydrogen evolution under visible light. ACS Applied Materials & Interfaces，2014，6（3）：2167-2173

[4] Mamba G，Mishra A K. Graphitic carbon nitride（g-C_3N_4）nanocomposites：a new and exciting generation of visible light driven photocatalysts for environmental pollution remediation. Applied Catalysis B：Environmental，2016，198：347-377

[5] Dimitrijevic N M，Vijayan B K，Poluektov O G，et al. Role of water and carbonates in photocatalytic transformation of CO_2 to CH_4 on titania. Journal of the American Chemical Society，2011，133（11）：3964-3971
[6] 郑新奇，沈俊，胡凤霞，等. 磁热效应材料的研究进展. 物理学报，2016，65（21）：1-34
[7] Franco V，Blázquez J S，Ingale B，et al. The magnetocaloric effect and magnetic refrigeration near room temperature：materials and models. Annual Review of Materials Research，2012，42（42）：305-342
[8] Hale D V，Hoover M J，O'Neill M J. Phase change materials handbook. NASA Contractor Report，NASA CR-61 363，1971
[9] Humphries W R，Griggs E I. A design handbook for phase change thermal control and energy storage devices. NASA technical paper 1074，1977
[10] Solomon A D. Design criteria in PCM wall thermal storage. Energy，1979，4（4）：701-709
[11] Vesligaj M J，Amon C H. Transient thermal management of temperature fluctuations during time varying workloads on portable electronics. IEEE Transactions on Components and Packaging Technologies，1999，22（4）：541-550
[12] Weinlädera H，Körnera W，Strieder B. A ventilated cooling ceiling with integrated latent heatstorage—Monitoring results. Energy and Buildings，2014，82：65-72
[13] Jaworski M. Thermal performance of heat spreader for electronics cooling with incorporated phase change material. Applied Thermal Engineering，2012，35：212-219